벡터해석학

Vector Analysis

KM 경문사

벡터해석학

Vector Analysis

김상목
김영희
김태균
송영권
이종우
이진우
이현근
이호석
이흥수
최윤철
최종성

KM 경문사

머리말

이 책은 변수가 한 개인 일변수 함수의 미분과 적분을 이해하고 있는 대학 이공계 학생들에게 변수가 두 개 이상인 함수, 곧 다변수 함수와 벡터 함수의 미분과 적분을 다루는 벡터해석학이라는 분야를 소개하고 있다.

다변수 함수와 벡터 함수의 미분과 적분은 자연과학, 공학, 사회과학을 포함해서 많은 분야에서 널리 응용되고 있다. 이런 응용의 폭을 한정해서 제시하기 어렵고, 그 모든 내용을 이 책에 소개하는 것도 불가능하다. 이에 따라 이 책에서는 이공계 학문을 전공하는 데 필수적인 주제인 원기둥 좌표계, 구면 좌표계, 벡터, 공간 기하, 벡터 함수와 곡선, 다변수 함수의 미분과 그 응용, 다중 적분과 그 응용, 벡터 마당의 선 적분과 면 적분, 그린 정리, 스토크스 정리, 발산 정리 등을 다룬다. 그리고 언급한 각 주제와 관련된 기본적인 개념, 중요한 수학적 결과 및 간단한 응용을 쉽고 친절하게 독자들에게 소개한다.

일변수 함수의 미분과 적분을 배운 학생이면 누구나 이 책의 모든 내용을 큰 어려움 없이 이해할 수 있도록 이론적인 내용은 상세하게 설명했고 많은 예제를 제시했으며, 직관적인 이해를 돕기 위해 적절한 그림도 충분히 넣었다. 몇 가지 중요한 정리에 대해서는 엄밀하고 명료한 수학적 이해를 돕기 위해서 그 증명을 실었다. 부록에는 행렬의 연산, 행렬식에 관한 기초 이론, 유용한 수학 공식 등을 실어서 학습에 참고할 수 있도록 했으며, 연습 문제와 종합 문제의 대부분에 해당하는 문제들의 해답을 실어 독자들이 풀이 결과를 확인하면서 벡터해석학의 이론들을 스스로 학습하는 데 도움이 되도록 하였다.

이 책의 출판을 맡아준 경문사 사장님과 관계자 여러분들에게 깊이 감사드린다.

2024년 8월

지은이 씀

차 례

제4장 다중 적분 *chapter*

제5장 벡터 해석 *chapter*

● 부록

제 1 장

벡터와 공간 기하

공간에서 위치를 나타내는 데 널리 쓰이는 직교 좌표계와 원기둥 좌표계 및 구면 좌표계를 살펴보고, 벡터의 개념과 이의 여러 가지 성질을 알아본다. 그리고 직선과 평면의 방정식 및 이차 곡면을 다룬다.

1.1 좌표 공간

직선에 있는 각 점의 위치는 한 개의 실수로 나타내고, 평면에 있는 각 점의 위치는 두 실수의 순서쌍으로 나타낼 수 있다. 이와 비슷하게, 세 실수의 순서조[1]를 이용한 좌표를 도입하면, 삼차원 공간에 있는 점의 위치를 간편하게 나타낼 수 있다. 이 절에서는 삼차원 공간에서 점의 위치를 나타내는 데 널리 이용하는 세 가지 좌표계를 살펴본다. 흔히 좌표가 도입된 공간을 **좌표 공간**(coordinate space)이라 한다.

직교 좌표계

공간에서 그림 1.1-1과 같이 한 점 O에서 만나고 각각 반직선 Ox, Oy, Oz를 포함하며 서로 직교하는 세 개의 직선을 생각하자. 이때 반직선 Ox, Oy, Oz를 포함하는 직선을 각각 x축, y축, z축이라 한다. 이것들은 점 O에 실수 0을, 반직선 Ox, Oy, Oz의 방향으로 양의 실수를, 그 반대 방향으로는 음의 실수를 각각 대응시킨 실 직선[2]이다. x축, y축, z축을 통틀어 **좌표축**(coordinate axis)이라 한다. 특히 반직선 Ox, Oy, Oz 방향을 각 좌표축의 **양의 방향**, 그 반대 방향을 각 좌표축의 **음의 방향**이라 한다.

공간의 점 P에 대해 그림 1.1-1과 같이 P를 지나고 각 축에 수직인 평면과 각 축의 교점을 생각하자. 이때 x축, y축, z축에 있는 교점에 대응하는 실수를 각각 x_0, y_0, z_0이라 하면, 점 P에 세 실수의 순서조 (x_0, y_0, z_0)을 대응시킬 수 있다.

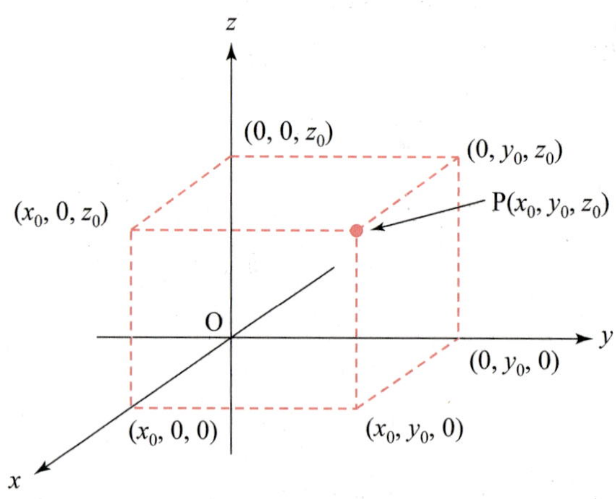

‖ 그림 1.1-1 ‖ 직교 좌표계

---

1) 'ordered pair'는 '순서쌍', 'ordered triple'은 '순서삼조' 또는 간단히 '순서조'로 나타내기로 한다.
2) 각 점에 실수를 대응시킨 직선을 실 직선(real line) 또는 수 직선(number line)이라 한다.

역으로 세 실수의 순서조 (x_0, y_0, z_0)에 x축, y축, z축에 각각 있는 점 x_0, y_0, z_0을 지나며 각 축에 수직인 세 평면의 교점 P가 유일하게 대응한다. 따라서 공간의 점을 세 실수의 순서조로, 또 세 실수의 순서조를 공간의 점으로 생각할 수 있다.

이와 같이 공간의 점 P에 유일하게 대응하는 세 실수의 순서조 (x_0, y_0, z_0)을 점 P의 **직교 좌표**(rectangular coordinate) 또는 **좌표**라고 하며, 세 실수 x_0, y_0, z_0을 각각 점 P의 x**성분**, y**성분**, z**성분**이라 한다. 특히, 각 성분이 0인 점 O를 **원점**(origin)이라 한다. 이런 직교 좌표를 이용해서 공간의 점을 나타내는 좌표계를 **직교 좌표계**[3](rectangular coordinate system)라고 한다.

그림 1.1-1과 같이 서로 직교하는 세 개의 직선으로 이루어진 좌표계는 오른손의 엄지손가락을 세우고 나머지 손가락을 반직선 Ox방향을 향하게 해서 Oy방향으로 감아쥘 때 엄지손가락이 Oz방향을 가리키므로 **오른손 좌표계**라고 한다(그림 1.1-2).

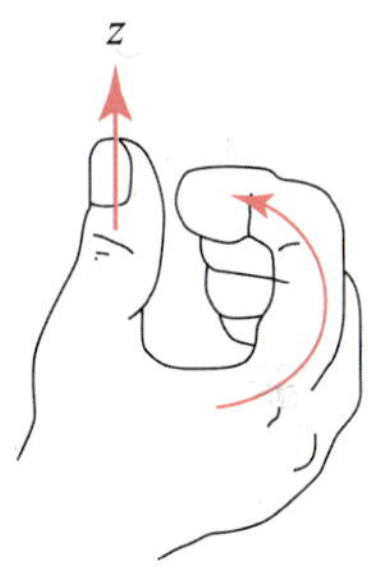

‖ 그림 1.1-2 ‖ 오른손 좌표계

한편 x축과 y축을 포함하는 평면을 xy**평면**이라 하고, 비슷하게 yz**평면**과 xz**평면**을 정의한다. 이런 평면을 통틀어 **좌표 평면**이라 하며 세 좌표 평면을 각각 방정식 $z=0$, $x=0$, $y=0$으로 나타내기도 한다.[4]

세 좌표 평면은 공간을 여덟 개의 부분으로 분할한다. 이때 각 부분을 **팔분 공간**(octant)이라 하며, 특히 좌표의 각 성분이 모두 양수인 부분을 **제1팔분 공간**이라 한다. 그러나 나머지 팔분 공간에 대해서는 순서를 매겨 부르지 않는다.

예제 1.1-1 (1) y축에 수직인 평면에 있는 점의 y좌표는 모두 같다. 따라서 xz평면으로부터 y축의 양의 방향으로 단위 길이의 세 배만큼 떨어져 있고 y축에 수직인 평면에 있는 점의 좌표는 모두 $(x, 3, z)$ 꼴이다. 여기서 x와 z는 임의의 실수이다. 이 평면은 방정식 $y=3$으로 표현된다.

(2) $x=a$, $y=b$는 각각 x축과 y축에 수직인 평면을 나타낸다.

(3) 세 개의 평면 $x=1$, $y=2$, $z=3$의 교점의 좌표는 $(1, 2, 3)$이다.

예제 1.1-2 방정식 $y=x$로 주어지는 곡면을 설명하고, 그 그래프를 그려라.

풀이 주어진 방정식은 x좌표와 y좌표가 같은 점 전체의 집합을 나타낸다. 이것은 xy평면에 있는 직선 $y=x$에서 xy평면과 수직으로 만나는 평면이다. 그림 1.1-3은 이 평면의 그래프 중에서 제1팔분 공간에 놓여 있는 부분이다. ▮

---

3) 이것을 데카르트 좌표계(Cartesian coordinate system)라고도 한다.

4) 엄밀히 말하면 각 좌표 평면은 공간에서 일차 방정식 $x=0$, $y=0$, $z=0$의 해집합이다.

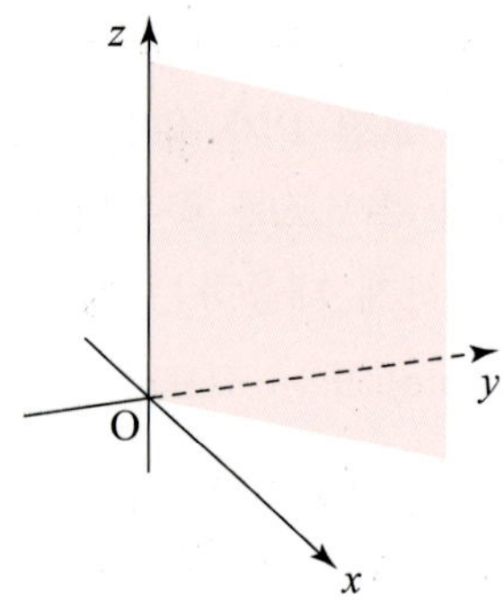

‖ 그림 1.1-3 ‖ 공간에서의 평면 $y=x$

앞으로 '점 $(x_0,\ y_0,\ z_0)$'은 좌표가 $(x_0,\ y_0,\ z_0)$인 점을 나타내고, '점 P $(x_0,\ y_0,\ z_0)$'은 직교 좌표가 $(x_0,\ y_0,\ z_0)$인 점 P를 뜻하는 것으로 하겠다.

좌표 공간에서 두 점 $\mathrm{P}_1(x_1,\ y_1,\ z_1)$과 $\mathrm{P}_2(x_2,\ y_2,\ z_2)$ 사이의 거리 $d=d(\mathrm{P}_1,\ \mathrm{P}_2)$를 다음과 같이 정의한다.

$$d=d(\mathrm{P}_1,\ \mathrm{P}_2)=\sqrt{(x_2-x_1)^2+(y_2-y_1)^2+(z_2-z_1)^2} \qquad (1.1\text{-}1)$$

여기서 거리 d는 그림 1.1-4와 같이 각 변의 길이가 $|x_2-x_1|$, $|y_2-y_1|$, $|z_2-z_1|$이고 두 점 P_1과 P_2가 대각선의 양 끝점인 직육면체의 대각선 $\overline{\mathrm{P}_1\mathrm{P}_2}$의 길이이다.

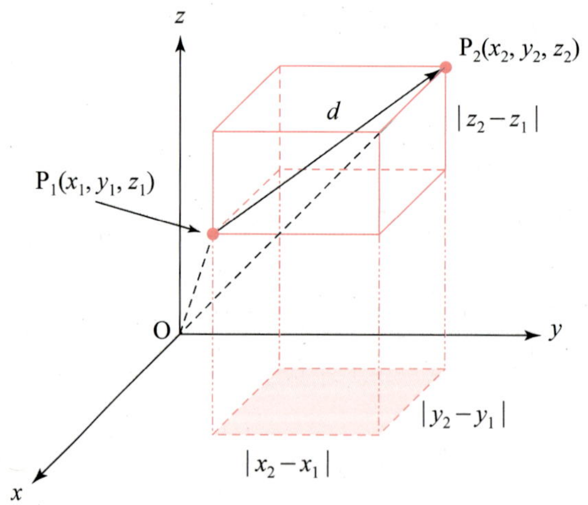

‖ 그림 1.1-4 ‖ 공간의 두 점 P_1과 P_2 사이의 거리 d

예제 1.1-3 점 P(1, 1, 1)과 점 Q(3, 4, 2) 사이의 거리를 찾아라.

풀이

$$d(\mathrm{P},\ \mathrm{Q})=\sqrt{(3-1)^2+(4-1)^2+(2-1)^2}=\sqrt{14}$$

예제 1.1-4 (1) 방정식 $(x+2)^2+(y-1)^2+(z-5)^2=4$ 의 해집합은 무엇인가?

(2) 연립 방정식 $x^2+y^2=1$, $z=3$의 해집합은 무엇인가?

(3) 두 점 $\mathrm{P}(0, 0, 0)$과 $\mathrm{Q}(1, 1, 1)$에서 같은 거리에 있는 점 $\mathrm{X}(x, y, z)$의 집합은 무엇인가?

풀이 (1) 점 $(-2, 1, 5)$에서 거리가 2인 점 (x, y, z) 전체의 집합, 즉 중심이 점 $(-2, 1, 5)$이고 반지름이 2인 구면이다.

(2) 방정식 $x^2+y^2=1$의 해집합은 대칭축이 z축이고 반지름이 1인 원기둥면이고, 방정식 $z=3$의 해집합은 xy평면과 평행이고 z축의 점 $(0, 0, 3)$을 지나는 평면이다. 따라서 평면 $z=3$에 있는 단위 원 $x^2+y^2=1$의 점들이 주어진 연립 방정식의 해집합이다.

(3) 조건에서 $d(\mathrm{P}, \mathrm{X})=d(\mathrm{Q}, \mathrm{X})$이므로 다음을 얻는다.

$$(x-0)^2+(y-0)^2+(z-0)^2=(x-1)^2+(y-1)^2+(z-1)^2$$

그러므로 찾는 점들의 집합은 $\{(x, y, z) \mid x+y+z=3/2\}$이다. 이것은 공간에서 평면을 나타낸다(1.3절 참조). ▮

예제 1.1-5 다음 연립 부등식이 나타내는 영역은 무엇인가?

$$1 \le x^2+y^2+z^2 \le 4, \quad z \le 0$$

풀이 부등식 $1 \le x^2+y^2+z^2 \le 4$을 다음과 같이 나타내자.

$$1 \le \sqrt{x^2+y^2+z^2} \le 2$$

이는 원점으로부터 거리가 1 이상이고 2 이하인 점 (x, y, z) 전체의 집합이다. 그러나 $z \le 0$이기 때문에 (x, y, z)는 xy 평면의 아래에 놓여 있어야 한다. 따라서 연립 부등식이 나타내는 영역은 xy 평면의 아래에 놓여 있는 두 구면 $x^2+y^2+z^2=1$과 $x^2+y^2+z^2=4$ 사이의 점들로 이루어진 집합이다(그림 1.1-5 참조). ▮

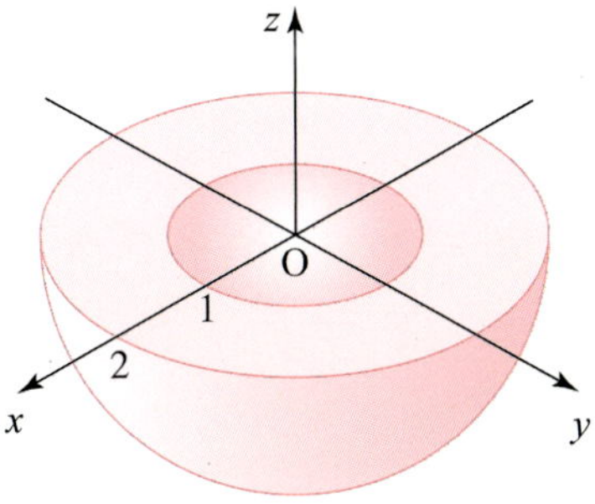

‖ 그림 1.1-5 ‖

원기둥 좌표계

공간에서 대칭축이 있는 대상, 이를테면 원기둥면 등을 표현하는 경우에 **원기둥 좌표** 또는 **원주 좌표**[5](cylindrical coordinate)를 이용하는 것이 편리할 때가 많다.

공간의 점 $\mathrm{P}(x,\ y,\ z)$에 대해, 대칭축이 z축이고 반지름이 $r=\sqrt{x^2+y^2}$ 인 원기둥면을 생각하자. 이 원기둥면은 점 P를 지난다. 이때 직교 좌표의 x성분과 y성분을 xy평면의 극 좌표 r과 θ를 이용해서 나타내면 점 P의 좌표를 세 실수 $r,\ \theta,\ z$로 나타낼 수 있다(그림 1.1-6 참조). 여기서 순서조 $(r,\ \theta,\ z)$를 점 P의 **원기둥 좌표**라 하고 원기둥 좌표로 표현된 점 P를 $\mathrm{P}(r,\ \theta,\ z)$와 같이 나타낸다. 그림 1.1-6에서 원점 O를 **극**(pole), r을 **동경**(radius), θ를 **방위각**(azimuthal angle)이라 한다.

점 P의 원기둥 좌표 $(r,\ \theta,\ z)$와 직교 좌표 $(x,\ y,\ z)$는 다음과 같은 관계가 있다.

$$r=\sqrt{x^2+y^2},\quad x=r\cos\theta, \tag{1.1-2}$$

$$\tan\theta=\frac{y}{x},\quad y=r\sin\theta,$$

$$z=z$$

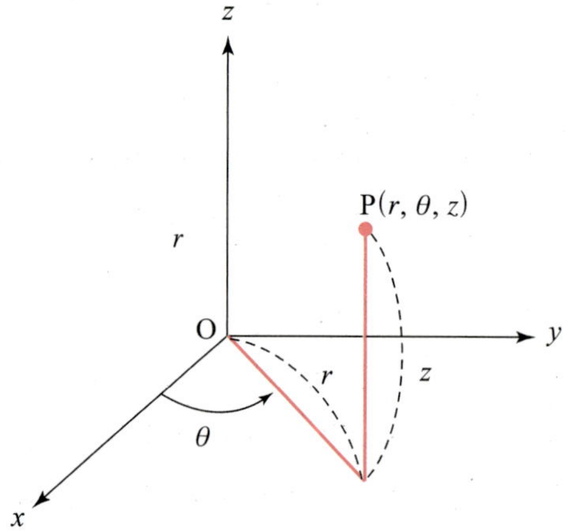

‖ 그림 1.1-6 ‖ 원기둥 좌표계

예제 1.1-6 방정식 $z=c$(c는 상수)는 직교 좌표계에서와 마찬가지로 xy평면에 평행한 평면을 나타낸다. 방정식 $r=c$는 z축을 중심으로 반지름이 c인 원기둥면을 나타내고, $r=0$은 z축을 나타낸다. 방정식 $\theta=c$는 xz평면으로부터 방위각이 c이고 z축을 포함하는 반평면을 나타낸다(그림 1.1-7 참조).

---

5) 주면 좌표라고도 한다.

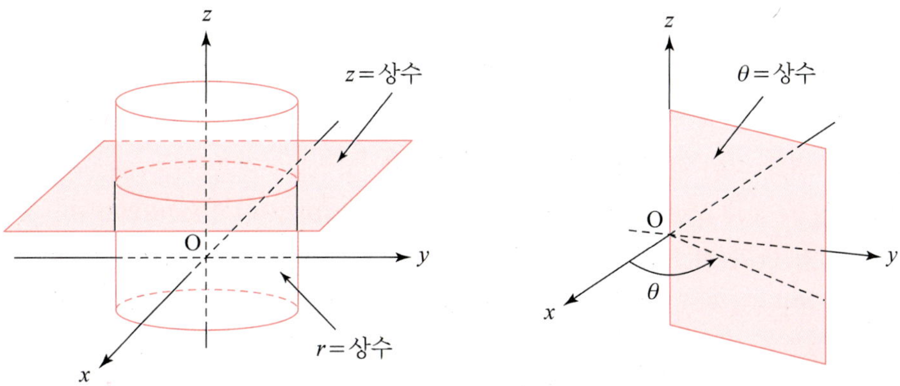

‖ 그림 1.1-7 ‖ 원기둥 좌표계에서 r=(상수), z=(상수), θ=(상수)의 그래프

예제 1.1-7 공간에서 원기둥 좌표 $(r,\ \theta,\ z)$로 나타낸 연립 방정식 $r=2,\ \theta=\pi/4$를 만족시키는 점의 집합은 무엇인가?

풀이 대칭축이 z축이고 반지름이 2인 원기둥면에 있으면서 동시에 반평면 $\theta=\pi/4$에 있는 점들의 집합이므로, 찾는 집합은 점 $(2,\pi/4,0)$을 지나고 z축에 평행한 직선이다. ▮

예제 1.1-8 (1) 원기둥 좌표가 $(2,\ 2\pi/3,\ 1)$인 점의 직교 좌표를 찾아라.
(2) 직교 좌표가 $(3,\ -3,\ 7)$인 점의 원기둥 좌표를 찾아라.

풀이 (1) 식 (1.1-2)에 따라 계산하면 다음과 같다.

$$x=2\cos\frac{2\pi}{3}=2\left(-\frac{1}{2}\right)=-1,$$

$$y=2\sin\frac{2\pi}{3}=2\left(\frac{\sqrt{3}}{2}\right)=\sqrt{3},$$

$$z=1$$

따라서 찾는 점의 직교 좌표는 $(-1,\ \sqrt{3},\ 1)$이다.

(2) 식 (1.1-2)에 따라 계산하면 다음과 같다.

$$r=\sqrt{3^2+(-3)^2}=3\sqrt{2},\quad (\text{단, } n\text{은 정수}),$$

$$\tan\theta=\frac{-3}{3}=-1 \text{ 이므로 } \theta=\frac{7\pi}{4}+2n\pi$$

$$z=7$$

따라서 하나의 원기둥 좌표는 $(3\sqrt{2},\ 7\pi/4,\ 7)$이고, 또 다른 하나의 원기둥 좌표는 $(3\sqrt{2},\ -\pi/4,\ 7)$이다. 극좌표에서와 마찬가지로 무수히 많은 선택의 여지가 있다. ▮

구면 좌표계

공간에서 직교 좌표가 (x, y, z)인 점 P의 **구면 좌표**(spherical coordinates) (ρ, θ, ϕ)는 그림 1.1-8과 같이 중심이 원점이고 반지름이 $\overline{OP}$인 구면을 따라 표현된다.

구면 좌표의 첫째 좌표 ρ는 원점 O에서 점 P까지의 거리이고, **방위각** θ는 반직선 Ox에서 원점 O와 점 P의 xy평면으로의 정사영 H를 잇는 반직선 OH가 반시계 방향[6]을 따라 이루는 각을 나타내며, **천장각** ϕ는 반직선 Oz와 반직선 OP가 이루는 각을 의미한다.

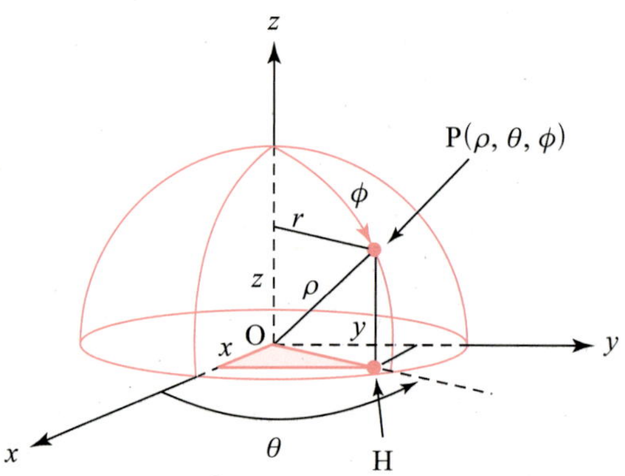

‖ 그림 1.1-8 ‖ 구면 좌표계

직교 좌표 (x, y, z)와 구면 좌표 (ρ, θ, ϕ) 사이에 다음이 성립한다.

$$\rho = \sqrt{x^2+y^2+z^2}, \quad x = \rho\sin\phi\cos\theta, \tag{1.1-3}$$
$$\tan\theta = \frac{y}{x}, \quad y = \rho\sin\phi\sin\theta,$$
$$\tan\phi = \frac{\sqrt{x^2+y^2}}{z}, \quad z = \rho\cos\phi$$

구면 좌표를 이용하는 **구면 좌표계**[7](spherical coordinate system)는 점대칭인 대상을 다루는 데 편리하다.

예제 1.1-9 방정식 $\rho = c$ (c는 상수)는 중심이 원점이며 반지름이 ρ인 구면을 나타낸다. 방정식 $\phi = c$는 천장각이 c이고 원점을 시점으로 하는 반직선의 집합인 '원뿔면'이다. 여기

6) 시계 바늘이 도는 방향과 같은 방향을 시계 방향이라 하고, 시계 바늘이 도는 방향과 반대 방향을 반시계 방향 또는 역시계 방향이라 한다.

7) 공간에서 극 좌표계라고도 한다.

서 $\phi=\pi/2$는 xy 평면이고, ϕ가 $\pi/2$와 π 사이에 있는 값일 경우는 천장각이 $\pi/2$보다 큰 원뿔면이다. 방정식 $\theta=c$는 원기둥 좌표계와 마찬가지로 z축을 포함하는 반평면을 나타낸다.

예제 1.1-10 다음 연립 방정식을 만족시키는 구면 좌표가 $(\rho,\ \theta,\ \phi)$인 점들의 집합은 무엇인가?

$$\rho=3, \quad \phi=\frac{\pi}{3}$$

풀이 방정식 $\rho=3$의 해집합은 중심이 원점이고 반지름이 3인 구면, 방정식 $\phi=\pi/3$의 해집합은 양의 z축에서 잰 천장각이 $\pi/3$이며 z축이 대칭축이고 원점이 꼭짓점인 원뿔면이다. 따라서 두 곡면의 교점의 z좌표는 $z=3\cos(\pi/3)=3/2$이다. 따라서 찾는 집합은 평면 $z=3/2$에 있고 중심이 직교 좌표로 $(0,\ 0,\ 3/2)$인 점들의 집합이며 반지름이 $3\sin(\pi/3)=3\sqrt{3}/2$인 원이다(그림 1.1-9 참조). ∎

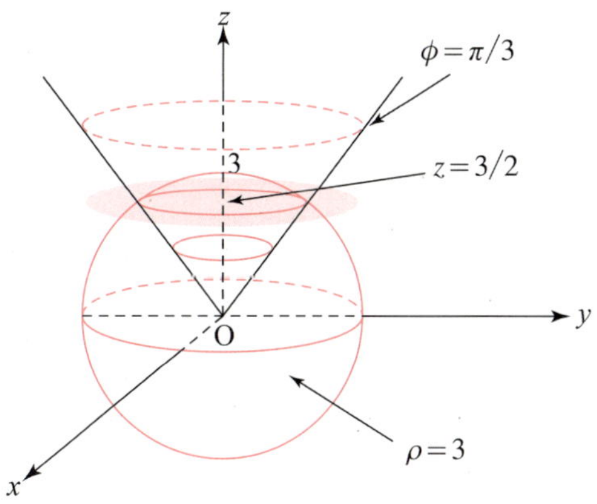

‖ 그림 1.1-9 ‖ $\rho=3$과 $\phi=\pi/3$의 그래프

예제 1.1-11 (1) 구면 좌표가 $(2,\ \pi/6,\ \pi/3)$인 점 P의 직교 좌표 $(x,\ y,\ z)$를 찾아라.
(2) 직교 좌표가 $(1,\ 1,\ \sqrt{2})$인 점 Q의 구면 좌표 $(\rho,\ \theta,\ \phi)$를 찾아라.

풀이 (1) 식 (1.1-3)을 이용해서 다음과 같이 계산하면 점 P의 직교 좌표는 $(3/2,\ \sqrt{3}/2,\ 1)$이다.

$$x=2\sin\frac{\pi}{3}\cos\frac{\pi}{6}=\frac{3}{2}, \quad y=2\sin\frac{\pi}{3}\sin\frac{\pi}{6}=\frac{\sqrt{3}}{2}, \quad z=2\cos\frac{\pi}{3}=1$$

(2) 식 (1.1-3)을 이용하면 점 Q의 구면 좌표는 $(2,\ \pi/4,\ \pi/4)$이다. ∎

연습 문제 1.1

Exercises

1. 다음과 같이 직교 좌표로 표현된 세 점 P, Q, R로 주어진 삼각형 PQR은 어떤 삼각형인지 밝혀라.

   (1) P(1, 0, 0), Q(0, 1, 0), R(0, 0, 1)

   (2) P(2, 1, 0), Q(2, 1, 4), R(5, 7, 0)

2. 중심이 $(0, 0, \sqrt{3})$이고 반지름이 2인 구면의 방정식을 찾아라. 이 구면과 xy 평면의 교점의 집합은 어떤 모양을 이루는가?

3. 두 점 $(-1, 2, 1)$과 $(3, 4, 3)$을 지름의 양 끝점으로 하는 구면의 방정식을 찾아라.

4. 공간에서 다음 연립 방정식을 만족시키는 직교 좌표의 집합을 찾아라.

   (1) $x = 2z,\ y = 3$
   (2) $(x-1)^2 + (z+2)^2 = 4,\ y = \sqrt{3}$

   (3) $x = 3$
   (4) $x = y^2,\ z = 3$

5. 곡선 $r = 1 - \cos\theta$ 위의 점 $\left(1, \dfrac{\pi}{2}\right)$에서의 접선의 방정식을 찾아라.

6. $0 \le \theta \le 2\pi$에 대하여 두 곡선 $r = 1 + \sin\theta$와 $r = 3\sin\theta$의 교점의 개수를 찾아라.

7. 원기둥 좌표 (r, θ, z)와 구면 좌표 (ρ, θ, ϕ)는 다음 관계식을 만족시킴을 보여라.

$$\begin{aligned} r &= \rho\sin\phi, & \rho^2 &= z^2 + r^2 \\ \theta &= \theta, & \theta &= \theta \\ z &= \rho\cos\phi, & \tan\phi &= \frac{r}{z} \end{aligned} \tag{1.1-4}$$

8. 본문의 관계식 (1.1-2), (1.1-3), (1.1-4)를 이용하여 주어진 좌표계로 표현된 점을 다른 두 좌표계의 좌표를 써서 나타내라.

   (1) $(1, \sqrt{3}, 2)$, 직교
   (2) $\left(1, \dfrac{\pi}{2}, 1\right)$, 원기둥

   (3) $\left(2\sqrt{2}, \dfrac{3\pi}{2}, \dfrac{\pi}{2}\right)$, 구면

9. 다음과 같이 극 좌표계로 표현된 방정식을 직교 좌표계의 방정식으로 나타내라.

   (1) $r = \dfrac{1}{\sin\theta + \cos\theta}$
   (2) $r = 4\sin\theta$

   (3) $\theta = \dfrac{\pi}{4}$

10. 구면 좌표계로 주어진 다음 방정식을 직교 좌표계로 나타내라.

(1) $\rho = \sec\phi$ (2) $\rho\sin^2\phi = \cos\phi$

11. 공간에서 다음 부등식을 만족시키는 점의 집합을 설명하라.

(1) $r \geq 2,\ 0 \leq \rho \leq 5$

(2) $0 \leq \theta \leq \dfrac{\pi}{4},\ 0 \leq \phi \leq \dfrac{\pi}{4},\ \rho \geq 0$

(3) $4x^2 + 9y^2 \leq 36$

(4) $0 \leq \rho \leq 1,\ 0 \leq \phi \leq \dfrac{\pi}{6},\ 0 \leq \theta \leq 2\pi$

12. 뿔면 $z = \sqrt{x^2 + y^2}$ 의 윗부분과 구면 $x^2 + y^2 + z^2 = 2z$ 의 아랫부분으로 둘러싸인 입체를 구면 좌표계를 이용하여 나타내라.

1.2 벡터

벡터의 정의

평면 또는 공간에서 도형의 평행 이동은 도형의 한 점 A가 옮겨진 점 B에 의해 결정되며, 이것은 A에서 B로 향하는 방향과 A에서 B까지의 거리에 의해 완전히 결정된다. 이 평행 이동은, 점 A에서 점 B로 향하는 선분에 화살표를 붙인 **유향 선분**(directed line segment)으로 나타낼 수 있다. 점 A에서 점 B로 향하는 유향 선분을 $\overrightarrow{AB}$로 나타내고 A를 **시점**(initial point), B를 **종점**(terminal point)이라 한다. 이와 같이 일반적으로 방향과 크기가 있는 유향 선분으로 나타나는 양을 **벡터**(vector)라 하고, 크기만으로 나타나는 양을 **스칼라**(scalar)라고 한다. 흔히 실수 또는 복소수를 스칼라라고 한다. 이 책에서 스칼라는 모두 실수인 것으로 한다. 벡터의 예로는 힘, 속도, 가속도 등을 들 수 있고, 스칼라로는 길이, 시간, 질량, 온도 등을 들 수 있다.

벡터 $\overrightarrow{AB}$의 **크기**는 점 A와 점 B를 잇는 선분의 길이로 정의한다. 두 유향 선분 $\overrightarrow{AB}$와 $\overrightarrow{CD}$의 방향과 크기가 모두 같으면, 두 벡터는 서로 같다고 한다. 그러므로 주어진 벡터는 시점이 한 점, 특히 원점인 **위치 벡터**로 가정할 수 있다(그림 1.2-1 참조). 특히 크기가 0인 벡터를 **영 벡터**(zero vector)라 하고, 진한 숫자 **0**으로 나타내며, 크기가 1인 벡터를 **단위 벡터**(unit vector)라 한다. 벡터를 한 문자만으로 나타낼 경우에는 $\mathbf{u}$, $\mathbf{v}$, $\mathbf{w}$, $\mathbf{x}$, $\mathbf{y}$, $\mathbf{z}$ 등과 같은 진한 글자를 이용해서 나타내도록 한다.

xy평면에서 시점이 원점 O이고 영 벡터가 아닌 위치 벡터 $\mathbf{u}$의 **방향**을 양의 x축과 벡터 $\mathbf{u}$가 이루는 각, 즉 양의 x축으로부터 반시계 방향으로 잴 때의 크기를 θ로 정의하고, 흔히 라디안을 써서 나타낸다. 이때 θ의 범위는 $0 \le \theta \le 2\pi$이다(그림 1.2-2 참조).

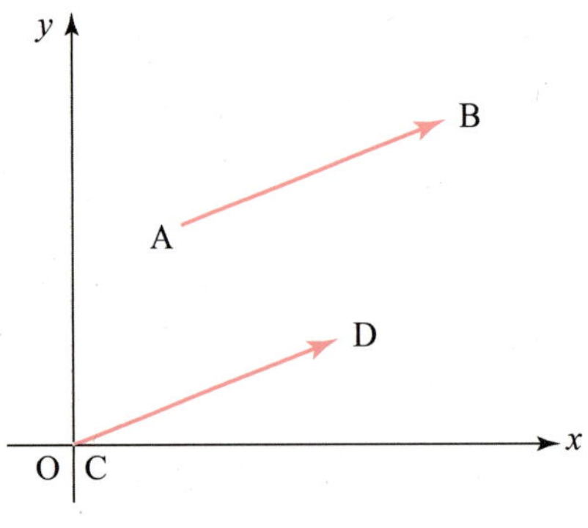

‖ 그림 1.2-1 ‖

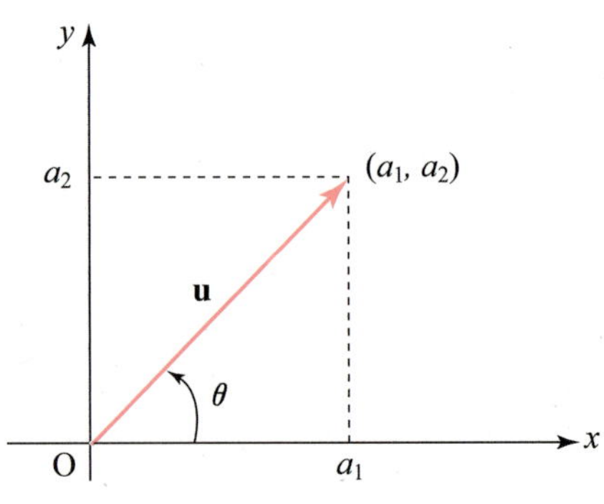

‖ 그림 1.2-2 ‖

xy평면의 위치 벡터 $\mathbf{u}$는 그림 1.2-2의 직각 삼각형을 이용해서 실수의 순서쌍 $(a_1,\ a_2)$로 나타낼 수 있는데, 두 실수 a_1과 a_2를 각각 벡터 $\mathbf{u}$의 x**성분**과 y**성분**이라 한다. 또 평면의 점 $(a_1,\ a_2)$는 원점이 시점이고 $(a_1,\ a_2)$가 종점인 위치 벡터를 나타내기도 한다. 따라서 평면의 점 $\mathrm{U}(a_1,\ a_2)$와 벡터 $\mathbf{u}=(a_1,\ a_2)$를 상황에 따라 동일하게 취급하기로 하자.

벡터 $\mathbf{u}=(a_1,\ a_2)$의 **크기** 또는 **놈**(norm)은 다음과 같이 정의한다.

$$|\mathbf{u}|=\sqrt{a_1^2+a_2^2}$$

그리고 벡터 $\mathbf{u}=(a_1,\ a_2)$의 **방향** θ는 $a_1\neq 0$이면, 방정식 $\tan\theta=a_2/a_1$로 주어진다. $a_1=0$일 때 $a_2>0$이면 $\theta=\pi/2$로 정의하고, $a_2<0$이면 $\theta=3\pi/2$로 정의한다.

두 벡터에 대해 각 벡터의 방향 θ_1과 θ_2가 같으면, 두 벡터의 **방향이 같다** 또는 두 벡터는 **같은 방향**이라 한다. 영 벡터에 대해서는 방향을 말하지 않는다.

예제 1.2-1 벡터 $\mathbf{u}=(1,\ -\sqrt{3})$의 크기와 방향을 찾아라.

풀이 $|\mathbf{u}|=\sqrt{1^2+(-\sqrt{3})^2}=2,\quad \theta=\tan^{-1}(-\sqrt{3})+2\pi=5\pi/3$ ∎

벡터의 상등과 연산

영 벡터는 방향이 없고 크기가 0이므로 각 성분이 모두 0이다. 영 벡터를 포함해서 일반적으로 두 벡터의 상등에 대해 다음의 결과를 얻는다. 증명은 연습 문제로 남긴다.

정리 1.2-1 (벡터의 상등)

평면에서 성분으로 표현된 두 벡터 $\mathbf{u}=(a_1,\ a_2)$와 $\mathbf{v}=(b_1,\ b_2)$가 같을 필요 충분 조건은 다음과 같다.

$$a_1=b_1,\qquad a_2=b_2$$

두 벡터 $\mathbf{u}=(a_1,\ a_2)$와 $\mathbf{v}=(b_1,\ b_2)$ 및 스칼라 α에 대해 **덧셈**(vector addition)과 **스칼라 배**(scalar multiple)를 각각 다음과 같이 정의한다.

$$\mathbf{u}+\mathbf{v}=(a_1+b_1,\ a_2+b_2),$$
$$\alpha\mathbf{u}=(\alpha a_1,\ \alpha a_2)$$

특히 $(-1)\mathbf{u}$를 $-\mathbf{u}$로 나타낸다.

예제 1.2-2 $\mathbf{u}=(2,\ 0)$이고 $\mathbf{v}=(-7,\ 5)$일 때, $2\mathbf{u}+\mathbf{v}$를 찾아라.

풀이 $2\mathbf{u}+\mathbf{v}=2(2,\ 0)+(-7,\ 5)=(4,\ 0)+(-7,\ 5)=(4-7,\ 0+5)=(-3,\ 5)$ ▮

영 벡터가 아닌 두 벡터 $\mathbf{u}$와 $\mathbf{v}$ 및 양수인 스칼라 α에 대해 $\mathbf{u}=\alpha\mathbf{v}$이면, 두 벡터는 방향이 같음을 방향의 정의로부터 알 수 있다. 한편 두 벡터가 음수인 스칼라 α에 대해 $\mathbf{u}=\alpha\mathbf{v}$이면 두 벡터는 서로 반대 방향이라 한다.

$\mathbf{u}$가 영 벡터가 아닌 벡터이면 $\mathbf{u}/|\mathbf{u}|$는 $\mathbf{u}$와 방향이 같은 단위 벡터이다. 또 방향이 θ인 단위 벡터 $\mathbf{u}$는 $\mathbf{u}=(\cos\theta,\ \sin\theta)$로 유일하게 표현된다(단, $0 \le \theta < 2\pi$).

예제 1.2-3 벡터 $\mathbf{u}=(3,\ 1)$과 방향이 같은 단위 벡터를 찾아라.

풀이 $|\mathbf{u}|=\sqrt{3^2+1^2}=\sqrt{10}$이고 $\mathbf{u}/|\mathbf{u}|=(1/\sqrt{10})(3,\ 1)$이다. 그러므로 찾는 단위 벡터는 $(3/\sqrt{10},\ 1/\sqrt{10})$이다. ▮

각각 양의 x축과 양의 y축 방향의 단위 벡터인 $\mathbf{i}=(1,\ 0)$과 $\mathbf{j}=(0,\ 1)$에 대해, 평면의 임의의 벡터 $\mathbf{u}=(a_1,\ a_2)$는 다음과 같이 표현된다(그림 1.2-3 참조).

$$\mathbf{u}=a_1(1,\ 0)+a_2(0,\ 1)=a_1\mathbf{i}+a_2\mathbf{j}$$

이때 벡터 $\mathbf{u}$는 수평 성분 a_1과 수직 성분 a_2로 분해된다고 한다.

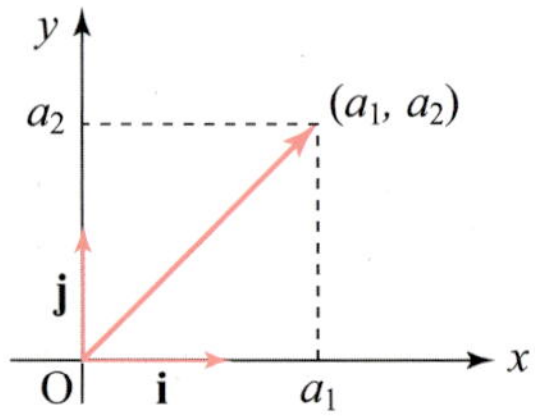

‖ 그림 1.2-3 ‖

이제 공간 $\mathbb{R}^3$의 벡터를 살펴보자. 공간의 벡터 $\mathbf{u}$는 세 실수의 순서조 $(a_1,\ a_2,\ a_3)$으로 나타내고, $a_1,\ a_2,\ a_3$을 각각 $\mathbf{u}$의 x성분, y성분, z성분이라 한다. 평면의 경우와 마찬가지로 $(a_1,\ a_2,\ a_3)$은 편의에 따라 $\mathbb{R}^3$의 성분으로 표시된 점으로 취급하기도 하고 때로는 벡터로 취급하기도 한다.

두 공간 벡터 $\mathbf{u}=(a_1,\ a_2,\ a_3)$과 $\mathbf{v}=(b_1,\ b_2,\ b_3)$ 및 $\alpha\in\mathbb{R}$에 대해 벡터의 상등과 벡터의 덧셈 및 스칼라 배를 다음과 같이 정의한다.

$$\begin{aligned}\mathbf{u}=\mathbf{v} &\Leftrightarrow a_1=b_1,\ a_2=b_2,\ a_3=b_3,\\ \mathbf{u}+\mathbf{v} &=(a_1+b_1,\ a_2+b_2,\ a_3+b_3),\\ \alpha\mathbf{u} &=(\alpha a_1,\ \alpha a_2,\ \alpha a_3)\end{aligned}$$

특히 영 벡터는 각 성분이 0인 벡터로 정의하고 진한 숫자 $\mathbf{0}$으로 나타낸다. 또한 $(-1)\mathbf{u}$를 $-\mathbf{u}$로 나타낸다.

예제 1.2-4 $\mathbf{u}=(1, -3, 2)$이고 $\mathbf{v}=(-4, -1, 0)$일 때, $\mathbf{u}+\mathbf{v}$, $\mathbf{u}-\mathbf{v}$와 $(1/2)\mathbf{u}$를 찾아라.

풀이 정의에 따라 계산하면 다음과 같다.

$$\mathbf{u}+\mathbf{v}=(1-4, -3-1, 2+0)=(-3, -4, 2),$$
$$\mathbf{u}-\mathbf{v}=(1+4, -3+1, 2-0)=(5, -2, 2),$$
$$\frac{1}{2}\mathbf{u}=\left(\frac{1}{2}, -\frac{3}{2}, 1\right)$$

물리적인 많은 양이 벡터의 합에 의하여 결합되는데, 벡터의 합은 위와 같이 정의된다. 여러 개의 힘이 물체의 한 점 P에 작용하면, 물체는 마치 각 힘의 벡터 합과 같은 하나의 힘이 물체에 작용하는 것과 같이 반응한다.

또한 벡터 $\mathbf{u}=(a_1, a_2, a_3)\in\mathbb{R}^3$의 **크기** 또는 **놈**을 다음과 같이 정의한다.

$$|\mathbf{u}|=\sqrt{a_1^2+a_2^2+a_3^2}$$

그리고 벡터 $\mathbf{u}$의 **방향**을 단위 벡터 $\mathbf{u}/|\mathbf{u}|$로 정의한다. $\mathbf{u}=\alpha\mathbf{v}$일 때, 스칼라 α가 양수이면 $\mathbf{u}$와 $\mathbf{v}$는 서로 같은 방향의 벡터이고, α가 음수이면 서로 반대 방향의 벡터라고 한다.

예제 1.2-5 $\mathbf{u}=(0, -3, 4)$일 때, 벡터 $\mathbf{u}$의 방향을 찾아라.

풀이 $\mathbf{u}$의 크기가 $|\mathbf{u}|=\sqrt{0^2+(-3)^2+4^2}=5$이므로 $\mathbf{u}$의 방향은 $(0, -3/5, 4/5)$이다.

삼차원 공간의 벡터 $\mathbf{u}=(a_1, a_2, a_3)$은 양의 x축, 양의 y축, 양의 z축 방향의 세 개의 단위 벡터 $\mathbf{i}=(1, 0, 0)$, $\mathbf{j}=(0, 1, 0)$, $\mathbf{k}=(0, 0, 1)$을 이용해서 평면 벡터와 같은 방법으로 다음과 같이 각 성분으로 분해해서 나타낼 수 있다.

$$\mathbf{u}=a_1\mathbf{i}+a_2\mathbf{j}+a_3\mathbf{k}$$

예제 1.2-6 두 어린이가 1.2m 길이의 밧줄을 썰매의 앞면 중앙에 묶어서 끌고 있다. 작은 어린이가 묶은 점으로부터 썰매 위로 0.6 m, 옆으로 0.6 m 향하여 밧줄을 잡고 있고, 큰 어린이는 묶은 점으로부터 썰매 위로 0.9 m, 반대편 옆으로 0.6 m 향하여 밧줄을 잡고 있다(그림 1.2-4(a) 참조). 작은 어린이가 24 N 크기의 힘 $\mathbf{F}_1$을, 큰 어린이는 36 N 크기의 힘 $\mathbf{F}_2$를 주고 있다. 썰매에 가해지는 최종적인 힘 $\mathbf{F}_1+\mathbf{F}_2$를 찾아라.

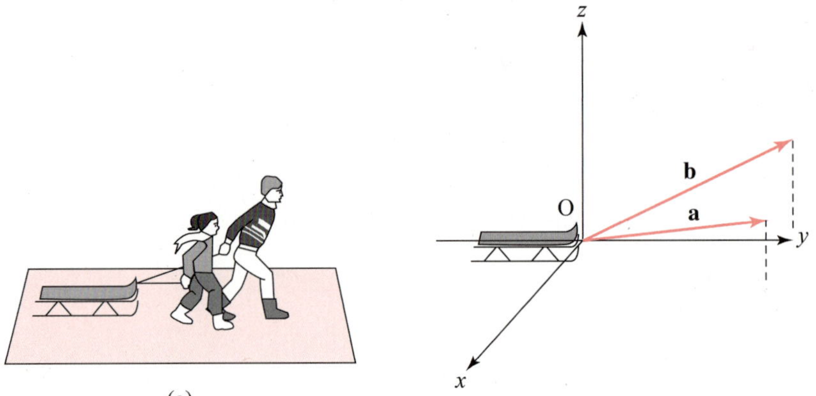

(a)

(b)

‖ 그림 1.2-4 ‖

풀이 먼저 그림 1.2-4(b)와 같이 좌표계를 도입하여, $\mathbf{a}$가 작은 어린이가 잡아당기는 힘의 방향을 나타내고, $\mathbf{b}$가 큰 어린이가 잡아당기는 힘의 방향을 나타낸다고 하자. 힘 $\mathbf{F}_1$과 $\mathbf{F}_2$는 각각 밧줄이 나타내는 벡터 $\mathbf{a}$와 $\mathbf{b}$에 평행하다. 주어진 정보로부터 다음을 얻는다.

$$\mathbf{a}=0.6\mathbf{i}+a_2\mathbf{j}+0.6\mathbf{k}, \qquad \mathbf{b}=-0.6\mathbf{i}+b_2\mathbf{j}+0.9\mathbf{k}$$

여기서 a_2와 b_2는 결정해야 한다. 가정에 의해 각 밧줄의 길이가 1.2이므로 다음을 얻는다.

$$1.44=|\mathbf{a}|^2=0.36+a_2^2+0.36, \qquad 1.44=|\mathbf{b}|^2=0.36+b_2^2+0.81$$

이로부터 $a_2=0.6\sqrt{2}$, $b_2=0.3\sqrt{3}$이다. 결국 벡터 $\mathbf{a}$와 $\mathbf{b}$는 다음과 같다.

$$\mathbf{a}=0.6\mathbf{i}+0.6\sqrt{2}\mathbf{j}+0.6\mathbf{k}, \qquad \mathbf{b}=-0.6\mathbf{i}+0.3\sqrt{3}\mathbf{j}+0.9\mathbf{k}$$

힘 $\mathbf{F}_1$과 $\mathbf{F}_2$의 크기가 각각 24와 36이고 또한 벡터 $\mathbf{a}$와 $\mathbf{b}$에 각각 평행하므로 다음을 얻는다.

$$\mathbf{F}_1=24\frac{\mathbf{a}}{|\mathbf{a}|}=\frac{24}{1.2}(0.6\mathbf{i}+0.6\sqrt{2}\mathbf{j}+0.6\mathbf{k})=12\mathbf{i}+12\sqrt{2}\mathbf{j}+12\mathbf{k},$$

$$\mathbf{F}_2=36\frac{\mathbf{b}}{|\mathbf{b}|}=\frac{36}{1.2}(-0.6\mathbf{i}+0.3\sqrt{3}\mathbf{j}+0.9\mathbf{k})=-18\mathbf{i}+9\sqrt{3}\mathbf{j}+27\mathbf{k}$$

따라서 썰매에 가해지는 최종적인 힘 $\mathbf{F}_1+\mathbf{F}_2$는 다음과 같다.

$$\mathbf{F}_1+\mathbf{F}_2=-6\mathbf{i}+(12\sqrt{2}+9\sqrt{3})\mathbf{j}+39\mathbf{k}$$ ∎

평면 또는 공간 벡터의 덧셈과 스칼라 배에 대해 다음이 성립한다. 증명은 연습 문제로 남긴다.

정리 1.2-2

평면 또는 공간의 임의의 벡터 $\mathbf{u}$, $\mathbf{v}$, $\mathbf{w}$와 스칼라 α와 β에 대해 다음이 성립한다.

(1) $\mathbf{u}+\mathbf{v}=\mathbf{v}+\mathbf{u}$
(2) $(\mathbf{u}+\mathbf{v})+\mathbf{w}=\mathbf{u}+(\mathbf{v}+\mathbf{w})$
(3) $\mathbf{u}+\mathbf{0}=\mathbf{u}$
(4) $\mathbf{u}+(-\mathbf{u})=\mathbf{0}$
(5) $\alpha(\mathbf{u}+\mathbf{v})=\alpha\mathbf{u}+\alpha\mathbf{v}$
(6) $(\alpha+\beta)\mathbf{u}=\alpha\mathbf{u}+\beta\mathbf{u}$
(7) $\alpha(\beta\mathbf{u})=(\alpha\beta)\mathbf{u}$
(8) $1\mathbf{u}=\mathbf{u}$

벡터의 내적

이제 벡터의 곱셈을 정의하자. 평면의 두 벡터 $\mathbf{u}=(a_1,\ a_2)$와 $\mathbf{v}=(b_1,\ b_2)$의 **내적**(dot product, inner product, scalar product)을 $\mathbf{u}\cdot\mathbf{v}$로 나타내고, 다음과 같이 정의한다.

$$\mathbf{u}\cdot\mathbf{v}=a_1b_1+a_2b_2$$

공간의 두 벡터 $\mathbf{u}=a_1\mathbf{i}+a_2\mathbf{j}+a_3\mathbf{k}$와 $\mathbf{v}=b_1\mathbf{i}+b_2\mathbf{j}+b_3\mathbf{k}$에 대해서도 내적을 다음과 같이 정의한다.

$$\mathbf{u}\cdot\mathbf{v}=a_1b_1+a_2b_2+a_3b_3$$

여기서 내적의 결과가 실수라는 사실에 주목하자.

예제 1.2-7 (1) 평면의 두 벡터 $\mathbf{u}=(1,\ 2)$와 $\mathbf{v}=(-1,\ 3)$의 내적을 찾아라.
(2) 공간의 두 벡터 $\mathbf{u}=3\mathbf{i}+\mathbf{j}-5\mathbf{k}$와 $\mathbf{v}=\mathbf{i}+4\mathbf{j}+3\mathbf{k}$의 내적을 찾아라.

풀이 (1) $\mathbf{u}\cdot\mathbf{v}=(1)(-1)+(2)(3)=5$
(2) $\mathbf{u}\cdot\mathbf{v}=(3)(1)+(1)(4)+(-5)(3)=-8$ ∎

앞으로 특별히 언급하지 않으면 벡터는 평면 또는 공간의 벡터로 생각한다. 한편 내적의 정의를 써서 어렵지 않게 다음 정리를 얻는다. 증명은 연습 문제로 남긴다.

정리 1.2-3

임의의 벡터 $\mathbf{u}$, $\mathbf{v}$, $\mathbf{w}$와 스칼라 α에 대해 다음이 성립한다.

(1) $\mathbf{u} \cdot \mathbf{v} = \mathbf{v} \cdot \mathbf{u}$

(2) $(\mathbf{u}+\mathbf{v}) \cdot \mathbf{w} = \mathbf{u} \cdot \mathbf{w} + \mathbf{v} \cdot \mathbf{w}$

(3) $(\alpha\mathbf{u}) \cdot \mathbf{v} = \alpha(\mathbf{u} \cdot \mathbf{v})$

(4) $|\mathbf{u}| = \sqrt{\mathbf{u} \cdot \mathbf{u}}$ 또는 $|\mathbf{u}|^2 = \mathbf{u} \cdot \mathbf{u}$

(5) $|\mathbf{u}| \geq 0$ (단, 등호는 $\mathbf{u} = \mathbf{0}$일 때만 성립한다.)

영 벡터가 아닌 두 벡터 $\mathbf{u}$와 $\mathbf{v}$의 시점이 원점에 놓일 때, 두 벡터 $\mathbf{u}$와 $\mathbf{v}$가 이루는 각 중에서 크기가 작은 각 θ를 두 벡터의 사잇각으로 정의한다. 그러면 두 벡터 $\mathbf{u}$와 $\mathbf{v}$의 사잇각 θ가 놓이는 범위는 $0 \leq \theta \leq \pi$이다. 특히 $\mathbf{u}$와 $\mathbf{v}$의 사잇각 θ가 0 또는 π이면 두 벡터는 서로 **평행**(paraellel)이라 하며, 사잇각 θ가 $\pi/2$이면 두 벡터는 서로 **수직** 또는 **직교**(perpendicular 또는 orthogonal)한다고 한다.

영 벡터가 아닌 두 벡터 $\mathbf{u}$와 $\mathbf{v}$의 사잇각에 대해 다음 정리가 성립한다.

정리 1.2-4

영 벡터가 아닌 두 벡터 $\mathbf{u}$와 $\mathbf{v}$의 사잇각을 θ라고 하면 다음이 성립한다.

$$\cos\theta = \frac{\mathbf{u} \cdot \mathbf{v}}{|\mathbf{u}||\mathbf{v}|} \tag{1.2-1}$$

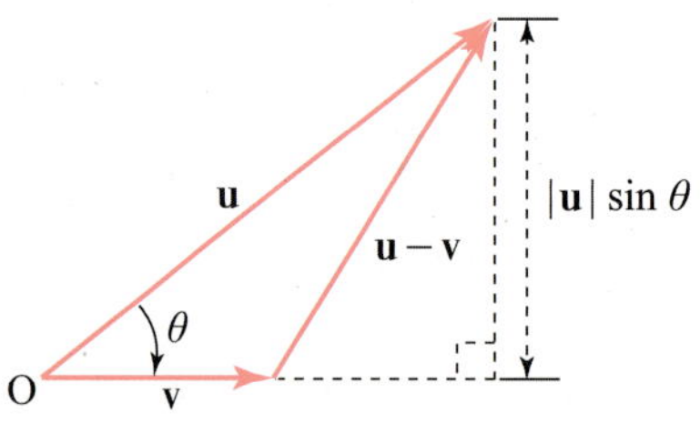

‖ 그림 1.2-5 ‖

증명 다음과 같이 삼각형의 코사인 법칙을 이용한다(그림 1.2-5 참조).

$$|\mathbf{u}-\mathbf{v}|^2 = |\mathbf{u}|^2 + |\mathbf{v}|^2 - 2|\mathbf{u}||\mathbf{v}|\cos\theta, \quad \cos\theta = \frac{|\mathbf{u}|^2 + |\mathbf{v}|^2 - |\mathbf{u}-\mathbf{v}|^2}{2|\mathbf{u}||\mathbf{v}|}$$

위 식의 분자는 다음과 같다.

$$
\begin{aligned}
|\mathbf{u}|^2+|\mathbf{v}|^2-|\mathbf{u}-\mathbf{v}|^2 &= \mathbf{u}\cdot\mathbf{u}+\mathbf{v}\cdot\mathbf{v}-(\mathbf{u}-\mathbf{v})\cdot(\mathbf{u}-\mathbf{v}) \\
&= \mathbf{u}\cdot\mathbf{u}+\mathbf{v}\cdot\mathbf{v}-(\mathbf{u}\cdot\mathbf{u}-2\mathbf{u}\cdot\mathbf{v}+\mathbf{v}\cdot\mathbf{v}) \\
&= 2\mathbf{u}\cdot\mathbf{v}
\end{aligned}
$$

따라서 식 (1.2-1)이 성립한다. ▌

정리 1.2-4에 의해, 영 벡터가 아닌 두 벡터 $\mathbf{u}$와 $\mathbf{v}$가 서로 직교하기 위한 필요 충분 조건이 두 벡터의 내적이 0이라는 사실을 알 수 있다.

예제 1.2-8 두 벡터 $\mathbf{u}=(-1,\ 0)$과 $\mathbf{v}=(0,\ 1)$의 사잇각 θ를 찾아라.

풀이 식 (1.2-1)에 의해 $\cos\theta = (\mathbf{u}\cdot\mathbf{v})/(|\mathbf{u}||\mathbf{v}|)=0/1=0$이므로 $\theta=\pi/2$이다. ▌

예제 1.2-9 벡터 $\mathbf{u}=2\mathbf{i}-\mathbf{j}+2\mathbf{k}$와 $\mathbf{v}=\mathbf{i}-\mathbf{j}$의 사잇각을 찾아라.

풀이 $|\mathbf{u}|=\sqrt{2^2+(-1)^2+2^2}=3$이고 $|v|=\sqrt{1^2+(-1)^2+0^2}=\sqrt{2}$이며 내적은 다음과 같다.

$$\mathbf{u}\cdot\mathbf{v}=(2)(1)+(-1)(-1)+(2)(0)=3$$

그러므로 식 (1.2-1)에 의해 다음을 얻는다.

$$\cos\theta=\frac{3}{3\sqrt{2}}=\frac{1}{\sqrt{2}}$$

따라서 사잇각은 $\pi/4$이다. ▌

식 (1.2-1)에서 $|\cos\theta|\le 1$이므로, $|\mathbf{u}\cdot\mathbf{v}|\le|\mathbf{u}||\mathbf{v}|$임을 알 수 있다. 이것은 코시·슈바르츠 부등식으로 알려진 매우 중요한 결과이다. 여기서는 정리 1.2-4의 증명과 같은 기하학적인 방법과는 다르게 대수적인 방법으로 증명한다.

정리 1.2-5 (코시 · 슈바르츠 부등식)

임의의 두 벡터 $\mathbf{u}$와 $\mathbf{v}$에 대해 다음이 성립한다.

$$|\mathbf{u}\cdot\mathbf{v}|\le|\mathbf{u}||\mathbf{v}| \tag{1.2-2}$$

단, 등호가 성립할 필요 충분 조건은 두 벡터 $\mathbf{u}$와 $\mathbf{v}$가 서로 평행인 것이다.

증명 $\mathbf{u}$ 또는 $\mathbf{v}$가 영 벡터이면 부등식 (1.2-2)는 당연히 성립한다. 이제 영 벡터가 아닌 두 벡터와 임의의 스칼라 t에 대해 $\mathbf{u}-t\mathbf{v}$의 크기를 생각하면, 다음과 같이 t에 대한 이차식을 얻는다.

$$\begin{aligned} |\mathbf{u}-t\mathbf{v}|^2 &= (\mathbf{u}-t\mathbf{v})\cdot(\mathbf{u}-t\mathbf{v}) \\ &= |\mathbf{u}|^2 - 2(\mathbf{u}\cdot\mathbf{v})t + |\mathbf{v}|^2 t^2 \end{aligned} \tag{1.2-3}$$

$|\mathbf{u}-t\mathbf{v}|^2 \geq 0$이므로, 이차식 (1.2-3)의 판별식은 다음 부등식을 만족시켜야 한다.

$$(\mathbf{u}\cdot\mathbf{v})^2 - |\mathbf{u}|^2|\mathbf{v}|^2 \leq 0$$

즉 $|\mathbf{u}\cdot\mathbf{v}| \leq |\mathbf{u}||\mathbf{v}|$이다.

한편 부등식 (1.2-2)의 등호가 성립하면 $t_0 = (\mathbf{u}\cdot\mathbf{v})/|\mathbf{v}|^2$는 방정식 $|\mathbf{u}-t\mathbf{v}|^2 = 0$의 근이고, 크기가 0인 벡터는 영 벡터뿐이므로 $\mathbf{u} = t_0\mathbf{v}$이다. 즉 벡터 $\mathbf{u}$와 $\mathbf{v}$가 서로 평행하다. 역으로 두 벡터가 평행이면, 즉 적당한 스칼라 α에 대해 $\mathbf{u}=\alpha\mathbf{v}$이면 부등식 (1.2-2)의 등호는 명백히 성립한다. 따라서 (1.2-2)의 등호가 성립하기 위한 필요 충분 조건은 $\mathbf{u}$와 $\mathbf{v}$가 평행하다는 것을 알 수 있다. ∎

기하학적으로 삼각형의 세 변의 길이에 관한 다음 부등식이 성립한다. 이것은 코시·슈바르츠 부등식을 이용해서 대수적으로 증명할 수 있다.

정리 1.2-6 (삼각 부등식)

임의의 두 벡터 $\mathbf{u}$와 $\mathbf{v}$에 대해 다음이 성립한다.

$$|\mathbf{u}+\mathbf{v}| \leq |\mathbf{u}|+|\mathbf{v}| \tag{1.2-4}$$

증명 코시·슈바르츠 부등식을 이용하면 다음을 얻는다.

$$\begin{aligned} |\mathbf{u}+\mathbf{v}|^2 &= (\mathbf{u}+\mathbf{v})\cdot(\mathbf{u}+\mathbf{v}) \\ &= |\mathbf{u}|^2 + 2\mathbf{u}\cdot\mathbf{v} + |\mathbf{v}|^2 \leq |\mathbf{u}|^2 + 2|\mathbf{u}||\mathbf{v}| + |\mathbf{v}|^2 = (|\mathbf{u}|+|\mathbf{v}|)^2 \end{aligned}$$

따라서 $|\mathbf{u}+\mathbf{v}| \leq |\mathbf{u}|+|\mathbf{v}|$가 성립한다. ∎

정사영

두 벡터의 내적은 어느 한 벡터의 다른 벡터 방향의 성분을 찾는 데 유용하게 쓰인다. 영 벡터가 아닌 두 벡터 $\mathbf{u}$와 $\mathbf{v}$에 대해, 두 벡터를 품는 평면에서 그림 1.2-6과 같이 $\mathbf{u}$의 종점에서 $\mathbf{v}$방향의 직선에 수선을 그어 얻은 직각 삼각형을 생각하자. 그러면

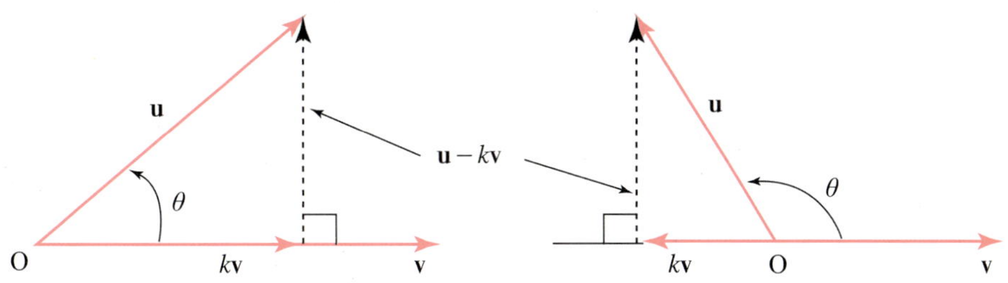

‖ 그림 1.2-6 ‖

원점 O가 시점이고 수선의 발이 종점인 벡터는 $\mathbf{v}$와 평행이므로, $\mathbf{v}$와 적당한 스칼라 k의 스칼라곱 $k\mathbf{v}$이다. 그리고 같은 직각 삼각형에서 수선의 발이 시점이고 $\mathbf{u}$의 종점이 종점인 벡터는 $\mathbf{u}-k\mathbf{v}$이다. 따라서 벡터 $\mathbf{u}-k\mathbf{v}$와 $\mathbf{v}$는 서로 직교한다. 즉 $(\mathbf{u}-k\mathbf{v})\cdot\mathbf{v}=0$이므로, $k=(\mathbf{u}\cdot\mathbf{v})/|\mathbf{v}|^2$이다. 이와 같은 관찰로부터 영 벡터가 아닌 두 벡터 $\mathbf{u}$와 $\mathbf{v}$에 대해 $\mathbf{u}$의 $\mathbf{v}$ 위로의 정사영(projection)을 다음 식으로 정의한다.

$$\mathrm{Proj}_{\mathbf{v}}\,\mathbf{u}=\frac{\mathbf{u}\cdot\mathbf{v}}{|\mathbf{v}|^2}\mathbf{v}=\left(\frac{\mathbf{u}\cdot\mathbf{v}}{|\mathbf{v}|}\right)\frac{\mathbf{v}}{|\mathbf{v}|}\qquad(1.2\text{-}5)$$

즉 벡터 $\mathbf{u}$의 $\mathbf{v}$ 위로의 정사영은 벡터 $\mathbf{v}$와 평행이고 크기가 $|\mathbf{u}\cdot\mathbf{v}|/|\mathbf{v}|$인 벡터이다. 이때 $\mathbf{u}\cdot\mathbf{v}/|\mathbf{v}|$를 벡터 $\mathbf{v}$방향의 벡터 $\mathbf{u}$의 성분이라 한다.

예제 1.2-10 $\mathbf{u}=(2,-1,3)$과 $\mathbf{v}=(4,-1,2)$에 대해 $\mathrm{Proj}_{\mathbf{v}}\,\mathbf{u}$를 찾아라.

풀이 식 (1.2-5)로부터 다음을 얻는다.

$$\mathrm{Proj}_{\mathbf{v}}\,\mathbf{u}=\{(\mathbf{u}\cdot\mathbf{v})/|\mathbf{v}|^2\}\mathbf{v}=(15/21)(4,-1,2)=(20/7,\ -5/7,\ 10/7)$$

$\mathbf{v}$와 $\mathbf{v}'$이 수직이면, $\mathbf{v}$와 $\mathbf{v}'$가 놓여 있는 평면에 속한 영 아닌 벡터 $\mathbf{u}$는 $\mathbf{v}$와 $\mathbf{v}'$과 평행한 두 벡터 $\mathrm{Proj}_{\mathbf{v}}\,\mathbf{u}$와 $\mathrm{Proj}_{\mathbf{v}'}\,\mathbf{u}$의 합으로 다음과 같이 표현된다(그림 1.2-7).

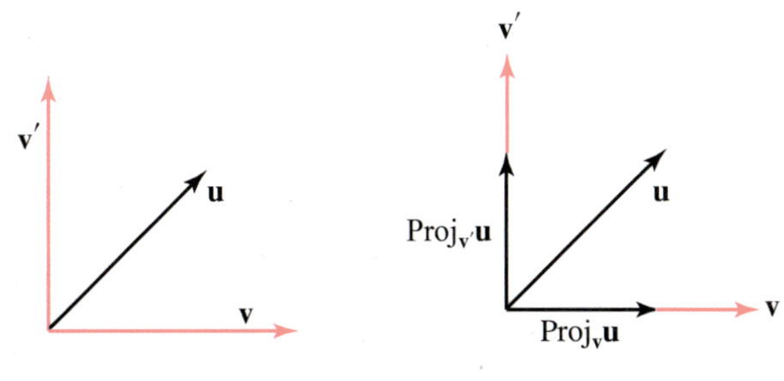

‖ 그림 1.2-7 ‖

$$\mathbf{u} = \mathrm{Proj}_{\mathbf{v}}\,\mathbf{u} + \mathrm{Proj}_{\mathbf{v}'}\,\mathbf{u}$$

이때 $\mathbf{u}$가 $\mathbf{v}$와 $\mathbf{v}'$에 평행한 벡터들로 분해되었다고 말한다.

기하적으로 $\mathrm{Proj}_{\mathbf{v}}\,\mathbf{u}$와 $\mathrm{Proj}_{\mathbf{v}'}\,\mathbf{u}$는 $\mathbf{u}$를 빗변으로 하는 직각 삼각형의 두 변인데 각각 $\mathbf{v}$와 $\mathbf{v}'$에 평행이다. $\mathrm{Proj}_{\mathbf{v}}\,\mathbf{u}$와 $\mathrm{Proj}_{\mathbf{v}'}\,\mathbf{u}$는 독립적으로 계산할 수 있는데 만일 $\mathbf{u}$와 $\mathrm{Proj}_{\mathbf{v}}\,\mathbf{u}$를 알면 $\mathrm{Proj}_{\mathbf{v}'}\,\mathbf{u}$는 다음과 같이 뺄셈으로도 알 수 있다.

$$\mathrm{Proj}_{\mathbf{v}'}\,\mathbf{u} = \mathbf{u} - \mathrm{Proj}_{\mathbf{v}}\,\mathbf{u} \tag{1.2-6}$$

예제 1.2-11 $\mathbf{v} = \mathbf{i} + \mathbf{j}$이고 $\mathbf{v}' = \mathbf{i} - \mathbf{j}$이며 $\mathbf{u} = 3\mathbf{i} - 4\mathbf{j}$라 하자. 벡터 $\mathbf{u}$를 $\mathbf{v}$와 $\mathbf{v}'$에 평행한 벡터들로 분해하라.

풀이 1 세 벡터가 모두 xy 평면에 있고 $\mathbf{v} \cdot \mathbf{v}' = 0$이므로 $\mathbf{v}$와 $\mathbf{v}'$는 서로 수직이다. $\mathbf{u}$를 분해하기 위해 $\mathrm{Proj}_{\mathbf{v}}\,\mathbf{u}$를 계산하면 다음과 같다.

$$\mathrm{Proj}_{\mathbf{v}}\,\mathbf{u} = \frac{\mathbf{u} \cdot \mathbf{v}}{|\mathbf{v}|^2}\mathbf{v} = -\frac{1}{2}(\mathbf{i}+\mathbf{j}) = -\frac{1}{2}\mathbf{v}$$

이제 식 (1.2-6)에 의해 $\mathrm{Proj}_{\mathbf{v}'}\,\mathbf{u}$는 다음과 같다.

$$\mathrm{Proj}_{\mathbf{v}'}\,\mathbf{u} = (3\mathbf{i} - 4\mathbf{j}) + \frac{1}{2}(\mathbf{i}+\mathbf{j}) = \frac{7}{2}(\mathbf{i}-\mathbf{j}) = \frac{7}{2}\mathbf{v}'$$

따라서 $\mathbf{u} = -(1/2)\mathbf{v} + (7/2)\mathbf{v}'$이다. ▌

풀이 2 적당한 실수 a와 b에 대해 $\mathbf{u} = \mathrm{a}\mathbf{v} + \mathrm{b}\mathbf{v}'$라 하면 다음 등식을 얻는다.

$$3\mathbf{i} - 4\mathbf{j} = \mathrm{a}(\mathbf{i} + \mathbf{j}) + \mathrm{b}(\mathbf{i} - \mathbf{j}) = (\mathrm{a}+\mathrm{b})\mathbf{i} + (\mathrm{a}-\mathrm{b})\mathbf{j}$$

여기서 $a+b=3$, $a-b=-4$임을 알 수 있고, 이로부터 $a=-1/2$, $b=7/2$임을 쉽게 알 수 있다. ▌

외적

이제 내적과 구별되고 삼차원 공간 $\mathbb{R}^3$에서만 정의되는 벡터의 곱을 알아보자. 공간의 두 벡터 $\mathbf{u} = a_1\mathbf{i} + a_2\mathbf{j} + a_3\mathbf{k}$와 $\mathbf{v} = \mathrm{b}_1\mathbf{i} + b_2\mathbf{j} + b_3\mathbf{k}$에 대해 $\mathbf{u} \times \mathbf{v}$는 다음 식으로 정의하는데, 이를 두 벡터 $\mathbf{u}$와 $\mathbf{v}$의 **외적(cross product)** 또는 **벡터곱(vector product)**이라 한다.

$$\mathbf{u} \times \mathbf{v} = (a_2b_3 - a_3b_2)\mathbf{i} + (a_3b_1 - a_1b_3)\mathbf{j} + (a_1b_2 - a_2b_1)\mathbf{k} \tag{1.2-7}$$

공간의 두 벡터의 내적은 실수이고 외적은 벡터라는 점에 유의해야 한다. 3×3 정사각 행렬의 행렬식을 이용하여 벡터의 외적을 다음과 같이 형식적으로 나타내기도 한다.

$$\begin{aligned} \mathbf{u} \times \mathbf{v} &= \begin{vmatrix} \mathbf{i} & \mathbf{j} & \mathbf{k} \\ a_1 & a_2 & a_3 \\ b_1 & b_2 & b_3 \end{vmatrix} \\ &= \begin{vmatrix} a_2 & a_3 \\ b_2 & b_3 \end{vmatrix}\mathbf{i} - \begin{vmatrix} a_1 & a_3 \\ b_1 & b_3 \end{vmatrix}\mathbf{j} + \begin{vmatrix} a_1 & a_2 \\ b_1 & b_2 \end{vmatrix}\mathbf{k} \end{aligned} \tag{1.2-8}$$

단, 식 (1.2-8)에서 $\begin{vmatrix} a & b \\ c & d \end{vmatrix} = ad - bc$이다.

예제 1.2-12 공간의 두 벡터 $\mathbf{u} = -2\mathbf{i} + 3\mathbf{j}$와 $\mathbf{v} = \mathbf{i} + 5\mathbf{k}$의 외적을 찾아라.

풀이 외적의 정의 (1.2-7)을 써서 다음을 얻는다.

$$\mathbf{u} \times \mathbf{v} = \{(3)(5) - (0)(0)\}\mathbf{i} + \{(0)(1) - (-2)(5)\}\mathbf{j} + \{(-2)(0) - (3)(1)\}\mathbf{k}$$

따라서 두 벡터의 외적은 $15\mathbf{i} + 10\mathbf{j} - 3\mathbf{k}$이다. ▮

벡터의 외적에는 다음과 같은 성질이 있다.

정리 1.2-7

공간의 세 벡터 $\mathbf{u}$, $\mathbf{v}$, $\mathbf{w}$와 스칼라 α에 대해 다음이 성립한다.

(1) $\mathbf{u} \times \mathbf{0} = \mathbf{0} \times \mathbf{u} = \mathbf{0}$
(2) $\mathbf{u} \times \mathbf{v} = -(\mathbf{v} \times \mathbf{u})$
(3) $(\alpha\mathbf{u}) \times \mathbf{v} = \alpha(\mathbf{u} \times \mathbf{v})$
(4) $(\mathbf{u} \times \mathbf{v}) \cdot \mathbf{w} = \mathbf{u} \cdot (\mathbf{v} \times \mathbf{w})$
(5) $\mathbf{u} \times (\mathbf{v} + \mathbf{w}) = (\mathbf{u} \times \mathbf{v}) + (\mathbf{u} \times \mathbf{w})$
(6) $\mathbf{u} \cdot (\mathbf{u} \times \mathbf{v}) = \mathbf{v} \cdot (\mathbf{u} \times \mathbf{v}) = 0$

증명 $\mathbf{u} = a_1\mathbf{i} + a_2\mathbf{j} + a_3\mathbf{k}$와 $\mathbf{v} = b_1\mathbf{i} + b_2\mathbf{j} + b_3\mathbf{k}$라고 하면 다음을 얻는다.

$$\begin{aligned} \mathbf{u} \times \mathbf{v} &= (a_2b_3 - a_3b_2)\mathbf{i} + (a_3b_1 - a_1b_3)\mathbf{j} + (a_1b_2 - a_2b_1)\mathbf{k} \\ &= -(b_2a_3 - b_3a_2)\mathbf{i} - (b_3a_1 - b_1a_3)\mathbf{j} - (b_1a_2 - b_2a_1)\mathbf{k} \\ &= -(\mathbf{v} \times \mathbf{u}) \end{aligned}$$

그러므로 (2)가 성립한다. 나머지 성질도 성분을 써서 증명할 수 있다. ▮

위 정리의 (6)은 $\mathbf{u} \times \mathbf{v}$는 두 벡터 $\mathbf{u}$와 $\mathbf{v}$에 모두 수직인 벡터임을 말하고 있다.

예제 1.2-13 두 벡터 $\mathbf{u} = -2\mathbf{i} + 3\mathbf{j}$와 $\mathbf{v} = \mathbf{i} + \mathbf{j} - \mathbf{k}$에 모두 수직인 단위 벡터를 찾아라.

풀이 $\mathbf{w} = \mathbf{u} \times \mathbf{v}$라고 하면 이는 주어진 두 벡터에 수직이고 외적의 정의로부터 다음을 얻는다.

$$\begin{aligned}\mathbf{w} &= \{(3)(-1)-(0)(1)\}\mathbf{i} + \{(0)(1)-(-2)(-1)\}\mathbf{j} + \{(-2)(1)-(3)(1)\}\mathbf{k} \\ &= -3\mathbf{i} - 2\mathbf{j} - 5\mathbf{k}\end{aligned}$$

한편 $|\mathbf{w}| = \sqrt{(-3)^2 + (-2)^2 + (-5)^2} = \sqrt{38}$ 이므로 주어진 두 벡터에 수직인 단위 벡터는 $(3/\sqrt{38})\mathbf{i} + (2/\sqrt{38})\mathbf{j} + (5/\sqrt{38})\mathbf{k}$라고 할 수도 있고 방향이 반대인 또 다른 단위 벡터로 $-(3/\sqrt{38})\mathbf{i} - (2/\sqrt{38})\mathbf{j} - (5/\sqrt{38})\mathbf{k}$를 들 수 있다. ▮

$\mathbf{u} \times \mathbf{v}$가 실제로 향하는 방향을 알기 위해 θ를 $\mathbf{u}$와 $\mathbf{v}$의 사잇각이라 하고, $0 < \theta < \pi$라고 가정하자. 오른손가락을 $\mathbf{u}$로부터 $\mathbf{v}$로 θ를 따라 오므리면 엄지손가락은 $\mathbf{u} \times \mathbf{v}$의 방향을 향한다(그림 1.2-8). 이렇게 $\mathbf{u} \times \mathbf{v}$의 방향을 결정하는 방법을 오른손 법칙이라 한다.

한편 $\theta = 0$ 또는 $\theta = \pi$인 경우는 아래 정리 1.2-8로부터 $\mathbf{u} \times \mathbf{v} = \mathbf{0}$이다. 즉 이 경우에는 $\mathbf{u}$와 $\mathbf{v}$에 모두 수직인 벡터가 결정되지 않는다.

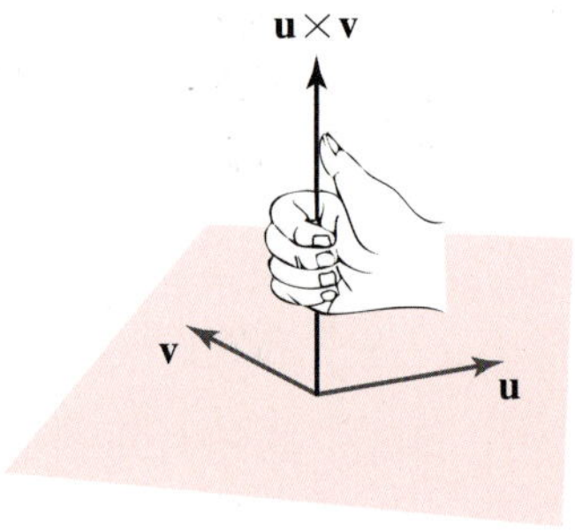

‖ 그림 1.2-8 ‖

정리 1.2-8

영 벡터가 아닌 두 벡터 $\mathbf{u}$와 $\mathbf{v}$의 사잇각을 θ라고 하면, 다음이 성립한다.

$$|\mathbf{u} \times \mathbf{v}|^2 = |\mathbf{u}|^2|\mathbf{v}|^2 - (\mathbf{u} \cdot \mathbf{v})^2 = |\mathbf{u}|^2|\mathbf{v}|^2\sin^2\theta$$

증명 $\mathbf{u} = (a_1, a_2, a_3)$과 $\mathbf{v} = (b_1, b_2, b_3)$으로 놓고, 직접 계산하면 다음을 얻는다.

$$\begin{aligned}|\mathbf{u} \times \mathbf{v}|^2 &= (a_2b_3 - a_3b_2)^2 + (a_3b_1 - a_1b_3)^2 + (a_1b_2 - a_2b_1)^2 \\ &= (a_1^2 + a_2^2 + a_3^2)(b_1^2 + b_2^2 + b_3^2) - (a_1b_1 + a_2b_2 + a_3b_3)^2 \\ &= |\mathbf{u}|^2|\mathbf{v}|^2 - (\mathbf{u} \cdot \mathbf{v})^2 = |\mathbf{u}|^2|\mathbf{v}|^2(1 - \cos^2\theta) \\ &= |\mathbf{u}|^2|\mathbf{v}|^2\sin^2\theta\end{aligned}$$
▮

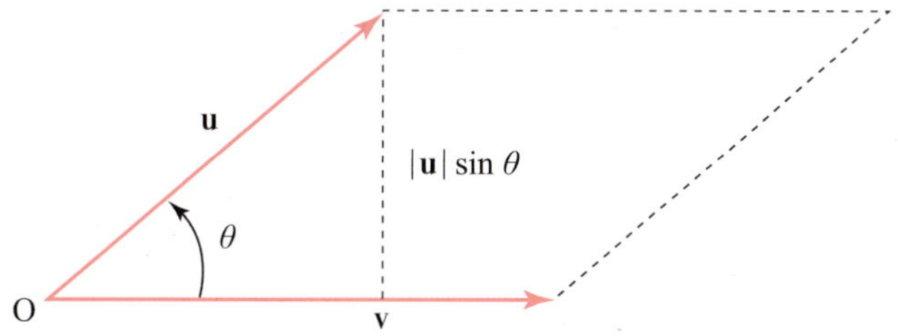

‖ 그림 1.2-9 ‖

정리 1.2-8에서 $|\mathbf{u}\times\mathbf{v}|=|\mathbf{u}||\mathbf{v}|\sin\theta$임을 알 수 있다. 그림 1.2-9에서 $|\mathbf{u}\times\mathbf{v}|$는 기하학적으로 두 벡터 $\mathbf{u}$와 $\mathbf{v}$가 두 변인 평행사변형의 넓이와 같다.

예제 1.2-14 세 꼭짓점이 $A(2,\ -1,\ 0)$, $B(3,\ 0,\ 1)$, $C(0,\ 2,\ -1)$인 평행사변형의 넓이를 찾아라.

풀이 $\overrightarrow{AB}=(1,\ 1,\ 1)$이고 $\overrightarrow{AC}=(-2,\ 3,\ -1)$이므로 찾는 넓이는 다음과 같다.

$$|\overrightarrow{AB}\times\overrightarrow{AC}|=|-4\mathbf{i}-\mathbf{j}+5\mathbf{k}|=\sqrt{42}$$

예제 1.2-15 세 꼭짓점이 $P(3,\ -2,\ 1)$, $Q(7,\ -3,\ 4)$, $R(5,\ 1,\ 0)$인 삼각형의 넓이를 찾아라.

풀이 $\overrightarrow{PQ}=(4,\ -1,\ 3)$이고 $\overrightarrow{PR}=(2,\ 3,\ -1)$이므로 찾는 넓이는 다음과 같다.

$$\frac{1}{2}|\overrightarrow{PQ}\times\overrightarrow{PR}|=\frac{1}{2}|-8\mathbf{i}+10\mathbf{j}+14\mathbf{k}|=\frac{6\sqrt{10}}{2}=3\sqrt{10}$$

외적이 물리학에 응용되는 상황을 알아보기 위해, 그림 1.2-10과 같이 나사못을 렌치로 느슨하게 한다고 생각해 보자. 점 P에서 볼트와 결합된 렌치의 끝점 Q에 힘 $\mathbf{F}$를 가한다고 가정하자. 렌치가 P를 지나고 $\mathbf{F}$와 $\overrightarrow{PQ}$가 이루는 평면에 수직인 축에 대해 회전하려는 경향을 $\mathbf{F}$의 **비틀림 모멘트(torque)** 또는 $\mathbf{F}$의 **모멘트**라 부르고 다음과 같이 정의한다.

$$\mathbf{M}=\overrightarrow{PQ}\times\mathbf{F}$$

$\theta(0\le\theta\le\pi)$가 $\overrightarrow{PQ}$와 $\mathbf{F}$의 사잇각이면 다음을 얻는다(그림 1.2-10).

$$|\mathbf{M}|=|\overrightarrow{PQ}||\mathbf{F}|\sin\theta$$

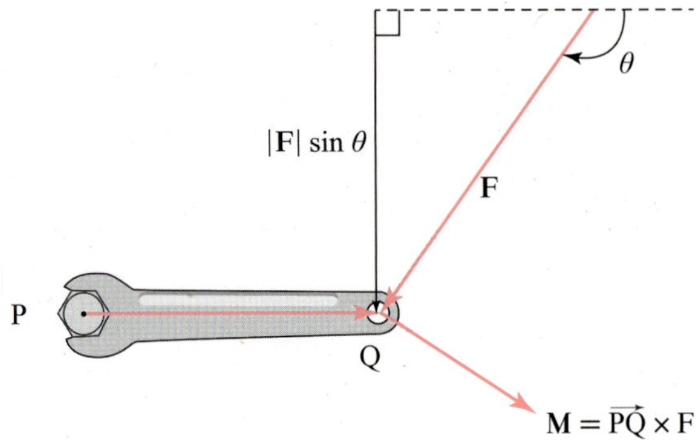

‖ 그림 1.2-10 ‖

$|\overrightarrow{PQ}|$는 점 P로부터 힘이 작용하는 점 Q까지의 거리이고, $|\mathbf{F}|\sin\theta$는 $\overrightarrow{PQ}$와 수직인 벡터 위로의 $\mathbf{F}$의 정사영의 크기임에 유의하자. 힘이 P로부터 멀리서 가해질수록 또는 $\mathbf{F}$의 크기가 증가할수록 또는 힘이 벡터 $\overrightarrow{PQ}$와 수직에 가까워질수록 비틀림 모멘트는 커진다. 이것을 렌치와 나사못을 가지고 말하면, 렌치가 커질수록 또는 더 세게 밀수록 또는 렌치와 수직에 가깝게 힘을 가할수록 비틀림 모멘트가 커진다. 한편 P를 지나고 $\mathbf{M}$에 평행한 직선을 **회전축**이라 부른다.

삼중적과 삼중곱

다음은 공간의 영벡터가 아닌 세 벡터 $\mathbf{u}$, $\mathbf{v}$, $\mathbf{w}$로 결정되는 평행육면체의 부피와 벡터의 **삼중곱**(triple scalar product), 즉 $(\mathbf{u}\times\mathbf{v})\cdot\mathbf{w}$와의 관계를 알아보자. 실제로 내적과 외적의 정의로부터 다음을 얻는다(θ는 $\mathbf{u}\times\mathbf{v}$와 $\mathbf{w}$의 사잇각).

$$(\mathbf{u}\times\mathbf{v})\cdot\mathbf{w} = |\mathbf{u}\times\mathbf{v}||\mathbf{w}|\cos\theta$$

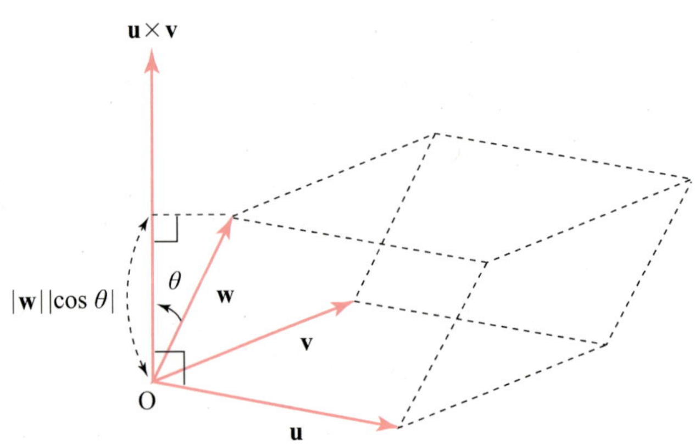

‖ 그림 1.2-11 ‖

여기서 $|\mathbf{u}\times\mathbf{v}|$은 두 벡터 $\mathbf{u}$와 $\mathbf{v}$로 결정되는 평행사변형의 넓이고 $|\mathbf{w}||\cos\theta|$는 평행육면체의 높이므로, $(\mathbf{u}\times\mathbf{v})\cdot\mathbf{w}$의 절댓값은 주어진 평행육면체의 부피다(그림 1.2-11 참조). 또한 벡터의 삼중곱에 대해 다음과 같은 회전 이동(circular shift) 법칙이 성립한다.

$$(\mathbf{u}\times\mathbf{v})\cdot\mathbf{w}=(\mathbf{w}\times\mathbf{u})\cdot\mathbf{v}=(\mathbf{v}\times\mathbf{w})\cdot\mathbf{u}$$

한편 세 벡터 $\mathbf{u}$, $\mathbf{v}$, $\mathbf{w}$에 대해 $\mathbf{u}\times(\mathbf{v}\times\mathbf{w})$를 삼중적(triple cross product)이라 한다. 그런데 $(\mathbf{i}\times\mathbf{j})\times\mathbf{i}=\mathbf{k}\times\mathbf{i}=\mathbf{j}$이고, $\mathbf{i}\times(\mathbf{j}\times\mathbf{i})=\mathbf{i}\times(-\mathbf{k})=-\mathbf{j}$이다. 따라서 $(\mathbf{i}\times\mathbf{j})\times\mathbf{i}\neq\mathbf{i}\times(\mathbf{j}\times\mathbf{i})$이므로, 벡터의 삼중적에 대해 결합 법칙이 성립하지 않는다.

n차원 벡터

평면 또는 공간 벡터의 정의는 다음과 같이 'n차원 공간'으로 확장할 수 있다. 실수 $x_1,\ x_2,\ \cdots,\ x_n$에 대해 $(x_1,\ x_2,\ \cdots,\ x_n)$을 순서 n조(ordered n-tuple)라고 하고, $x_1,\ x_2,\ \cdots,\ x_n$을 각각 $(x_1,\ x_2,\ \cdots,\ x_n)$의 성분(component)이라 한다. 또 두 순서 n조 $(x_1,\ x_2,\ \cdots,\ x_n)$과 $(y_1,\ y_2,\ \cdots,\ y_n)$의 대응하는 성분이 각각 서로 같을 때, 즉 모든 $i=1,\ \cdots,\ n$에 대해 $x_i=y_i$일 때, 두 순서 n조는 서로 같다고 한다. 모든 실수 $x_1,\ x_2,\ \cdots,\ x_n$에 대한 순서 n조 전체의 집합을 $\mathbb{R}^n$으로 나타낸다. 즉 $\mathbb{R}^n=\{(x_1,\ x_2,\ \cdots,\ x_n)\,|\,x_i\in\mathbb{R},\ i=1,\ \cdots,\ n\}$으로 정의한다.

이제 집합 $\mathbb{R}^n$의 두 순서 n조 $\mathbf{x}=(x_1,\ x_2,\ \cdots,\ x_n)$과 $\mathbf{y}=(y_1,\ y_2,\ \cdots,\ y_n)$ 및 실수 α에 대해, '덧셈'과 '스칼라 곱셈'을 각각 다음과 같이 정의한다.

$$\mathbf{x}+\mathbf{y}=(x_1+y_1,\ x_2+y_2,\ \cdots,\ x_n+y_n),$$
$$\alpha\mathbf{x}=(\alpha x_1,\ \alpha x_2,\ \cdots,\ \alpha x_n)$$

또 벡터 공간 $\mathbb{R}^n$에 속한 두 벡터 $\mathbf{x}=(x_1,\ x_2,\ \cdots,\ x_n)$과 $\mathbf{y}=(y_1,\ y_2,\ \cdots,\ y_n)$의 내적을 다음과 같이 정의한다.

$$\mathbf{x}\cdot\mathbf{y}=x_1y_1+\cdots+x_ny_n$$

이때 $\mathbb{R}^3$에서와 마찬가지로 $\mathbf{x}\cdot\mathbf{y}=0$인 두 벡터 $\mathbf{x}$와 $\mathbf{y}$를 서로 수직 또는 직교(perpendicular 또는 orthogonal)한다고 정의한다. 또한 $|\mathbf{x}|=\sqrt{\mathbf{x}\cdot\mathbf{x}}$를 n차원 벡터 $\mathbf{x}$의 크기 또는 놈(norm)이라 일반화해서 정의할 수 있다.

이와 같이 정의된 n차원 공간 $\mathbb{R}^n$에서 성분으로 표시된 벡터의 연산과 내적, 놈 등에 대해 정리 1.2-2(기본 연산 법칙), 정리 1.2-3(내적의 성질), 정리 1.2-4(벡터의 사잇각), 정리 1.2-5(코시·슈바르츠 부등식) 등의 명제들은 일반적인 n차원 공간 $\mathbb{R}^n$으로 확장되어 성립함을 쉽게 증명할 수 있다. 단, 벡터의 외적은 3차원 공간 $\mathbb{R}^3$에서만 정의되고 의미를 갖는 연산이며 $n \neq 3$인 $\mathbb{R}^n$으로 확장될 수 없는 연산임을 잊지 말자.

일반적으로, 집합 V와 V 위에서 정의된 연산 +와 스칼라 곱이 정리 1.2-2에서 기술된 것과 같은 연산의 기본 법칙을 만족시키면, 이 집합 V를 벡터 공간이라 정의하고, 위의 벡터 공간 V의 원소를 벡터라고 한다. 하지만 여기서는 $\mathbb{R}^n$을 n차원 벡터 공간으로 정의하고 $\mathbb{R}^n$의 성분으로 표시된 점 $\mathbf{x} = (x_1, \cdots, x_n)$를 벡터라고 부르기로 하자.

특히 이 책에서는 $\mathbb{R}^2$(평면), $\mathbb{R}^3$(공간)의 벡터를 주로 다루고 있다.(벡터 공간의 일반적인 정의는 선형 대수학에서 자세히 다루고 있으며, 관심 있는 독자는 부록을 참고하기 바란다.)

연습 문제 1.2 Exercises

1. 다음에 주어진 벡터와 방향이 같은 단위 벡터를 찾아라.
   (1) $\mathbf{i} - \sqrt{3}\mathbf{j}$ (2) $3\mathbf{i} + 3\mathbf{j}$ (3) $(2, 1, -2)$

2. 평면 벡터 $\mathbf{u}$가 제 1 사분면에 있고 다음을 만족시킬 때, $\mathbf{u}$를 성분으로 나타내라.
   (1) 양의 x축과 이루는 각이 $\pi/3$이며 $|\mathbf{u}| = 4$
   (2) 양의 x축과 이루는 각이 $\pi/4$이며 $|\mathbf{u}| = 4$

3. 두 벡터 $\mathbf{a}$와 $\mathbf{b}$의 내적 $\mathbf{a} \cdot \mathbf{b}$를 찾아라.
   (1) $\mathbf{a} = (0, 1/3)$, $\mathbf{b} = (-5, 12)$
   (2) $\mathbf{a} = (-3, 1, 2)$, $\mathbf{b} = (3, -1, 5)$
   (3) $\mathbf{a} = \mathbf{i} + \mathbf{j} + 3\mathbf{k}$, $\mathbf{b} = 5\mathbf{i} - 4\mathbf{k}$
   (4) $|\mathbf{a}| = 6$, $|\mathbf{b}| = 5$, $\mathbf{a}$와 $\mathbf{b}$의 사잇각은 $2\pi/3$

4. 두 벡터 $\mathbf{u}$, $\mathbf{v}$와 실수 k에 대해 다음 식이 계산 가능한지 밝혀라.
   (1) $\mathbf{u} \cdot (\mathbf{u} \cdot \mathbf{v})$ (2) $\mathbf{u} \cdot (\mathbf{u} + \mathbf{v})$
   (3) $(\mathbf{u} \cdot \mathbf{v}) - |\mathbf{u}|$ (4) $k|\mathbf{u}|$

5. $\mathbf{i} + \mathbf{j}$와 $\mathbf{i} + 2\mathbf{j}$에 수직인 단위 벡터를 찾아라.

6. $\mathbf{v}$의 $\mathbf{u}$ 위로의 정사영을 찾아라.
   (1) $\mathbf{u} = (3, -1)$, $\mathbf{v} = (0, 2)$ (2) $\mathbf{u} = (1, -1, 0)$, $\mathbf{v} = (2, 1, -1)$

7. 주어진 두 벡터 $\mathbf{a}$와 $\mathbf{b}$에 대해 명제가 참인지 거짓인지 밝혀라.

(1) $\mathbf{a} \cdot \mathbf{b} = 0$이면, $\mathbf{a} = 0$ 또는 $\mathbf{b} = 0$이다.

(2) $|\mathbf{a}| = 2$, $|\mathbf{b}| = 1$이고 $\mathbf{a} \cdot \mathbf{b} = 1$이면 $\mathbf{a}$와 $\mathbf{b}$ 사이의 각은 $\pi/3$이다.

8. 세 꼭짓점이 $A(2, 2, 0)$, $B(-1, 0, 2)$, $C(0, 4, 3)$인 삼각형의 넓이를 찾아라.

9. 두 벡터 $\mathbf{u} = (\sqrt{3}, 1)$과 $\mathbf{v} = (0, 2)$에 대해 다음을 찾아라.

(1) $2\mathbf{u} - 3\mathbf{v}$

(2) $|\mathbf{u}|$

(3) $\mathbf{u} \cdot \mathbf{v}$

(4) $\mathbf{u}$와 $\mathbf{v}$의 사잇각

(5) $\mathrm{Proj}_{\mathbf{v}}\, \mathbf{u}$

10. 두 벡터 $\mathbf{u} = (1, -3, 2)$와 $\mathbf{v} = (0, 1, 5)$에 대해 다음을 찾아라.

(1) $\mathbf{u} \cdot \mathbf{v}$

(2) $\mathbf{u} \times \mathbf{v}$

(3) $(\mathbf{u} \times \mathbf{v}) \cdot \mathbf{v}$

(4) $(\mathbf{u} \times \mathbf{v}) \times \mathbf{v}$

(5) $\mathbf{u}$의 크기

(6) $\mathbf{v}$와 방향이 같은 단위 벡터

11. 두 벡터 $\mathbf{u} = a\mathbf{i} + 3\mathbf{j}$와 $\mathbf{v} = -\mathbf{i} + 2\mathbf{j}$에 대해 다음 각 경우에 실수 a의 값을 결정하라.

(1) $\mathbf{u}$와 $\mathbf{v}$는 서로 평행이다.

(2) $\mathbf{u}$와 $\mathbf{v}$는 서로 직교한다.

(3) $\mathbf{u}$와 $\mathbf{v}$의 사잇각은 $\pi/4$이다.

12. 세 점 $\mathrm{A}(2, 7)$, $\mathrm{B}(1, 2)$, $\mathrm{C}(5, 3)$에 대해 다음 물음에 답하라.

(1) 점 A에서 선분 BC에 내린 수선의 발을 D라 할 때, 두 벡터 $\overrightarrow{\mathrm{BD}}$와 $\overrightarrow{\mathrm{BA}} - \overrightarrow{\mathrm{BD}}$를 찾아라.

(2) 삼각형 ABC의 넓이를 찾아라.

13. 공간 벡터 $\mathbf{v}$, $\mathbf{w}$에 대해 $|\mathbf{v}| = 2$이고 $|\mathbf{w}| = 3$일 때, $|\mathbf{v} - \mathbf{w}|$의 최솟값은 얼마인가?

14. 평행사변형의 두 대각선은 서로를 이등분함을 보여라.

15. 공간 벡터 $\mathbf{u}$, $\mathbf{v}$, $\mathbf{w}$, $\mathbf{z}$에 대해 다음을 증명하라.

(1) $(\mathbf{u} - \mathbf{v}) \times (\mathbf{u} + \mathbf{v}) = 2(\mathbf{u} \times \mathbf{v})$

(2) $\mathbf{u} \times (\mathbf{v} \times \mathbf{w}) = (\mathbf{u} \cdot \mathbf{w})\mathbf{v} - (\mathbf{u} \cdot \mathbf{v})\mathbf{w}$

(3) $(\mathbf{u} \times \mathbf{v}) \cdot (\mathbf{w} \times \mathbf{z}) = (\mathbf{u} \cdot \mathbf{w})(\mathbf{v} \cdot \mathbf{z}) - (\mathbf{u} \cdot \mathbf{z})(\mathbf{v} \cdot \mathbf{w})$

(4) $(\mathbf{u} \times \mathbf{v}) \times (\mathbf{w} \times \mathbf{z}) = \{\mathbf{u} \cdot (\mathbf{v} \times \mathbf{z})\}\mathbf{w} - \{\mathbf{u} \cdot (\mathbf{v} \times \mathbf{w})\}\mathbf{z}$

(5) $\mathbf{u} \times (\mathbf{v} \times \mathbf{w}) + \mathbf{v} \times (\mathbf{w} \times \mathbf{u}) + \mathbf{w} \times (\mathbf{u} \times \mathbf{v}) = \mathbf{0}$

16. (피타고라스 정리) 직교하는 두 공간 벡터 $\mathbf{x}$와 $\mathbf{y}$에 대해 다음 등식이 성립함을 보여라.

$$|\mathbf{x} + \mathbf{y}|^2 = |\mathbf{x}|^2 + |\mathbf{y}|^2$$

17. 두 공간 벡터 $\mathbf{u}$와 $\mathbf{v}$에 대해 다음이 성립하면 증명하고, 성립하지 않으면 반례를 들어라.

$$|\mathbf{u}+\mathbf{v}|=|\mathbf{u}|+|\mathbf{v}|$$

18. (평행사변형의 법칙) 두 공간 벡터 $\mathbf{u}$와 $\mathbf{v}$에 대해 다음이 성립함을 보여라.

$$|\mathbf{u}-\mathbf{v}|^2+|\mathbf{u}+\mathbf{v}|^2=2|\mathbf{u}|^2+2|\mathbf{v}|^2$$

19. $\mathbf{u}$, $\mathbf{v}$, $\mathbf{w}$에 대해 $|\mathbf{u}+\mathbf{v}+\mathbf{w}| \le |\mathbf{u}|+|\mathbf{v}|+|\mathbf{w}|$가 성립함을 보여라.

20. 두 벡터 $\mathbf{u}=(-2, 3, 1, 4)$와 $\mathbf{v}=(1, 2, 0, -1)$에 대해 다음을 찾아라.
(1) $\mathbf{u}+\mathbf{v}$ (2) $\mathbf{u}\cdot\mathbf{v}$

21. 공간의 네 점 $P(2, 0, -1)$, $Q(4, 1, 0)$, $R(3, -1, 1)$, $S(2, -2, 2)$에 대해 $\overline{PQ}$, $\overline{PR}$, $\overline{PS}$가 모서리인 평행육면체의 부피를 찾아라.

22. 30 cm 길이의 렌치가 y축의 양의 방향에 놓여 있고 원점에 위치한 볼트를 조이려 한다. 손잡이 부분의 렌치의 끝점에서 $(0, 3, -4)$ 방향으로 힘이 주어진다. 볼트에 가해지는 모멘트가 100N·m라 할 때 힘의 크기는 얼마인가?

23. 다음에서 $\mathbf{a}$, $\mathbf{a}'$, $\mathbf{b}$는 한 평면에 놓여 있다. $\mathbf{a}$와 $\mathbf{a}'$이 수직임을 보이고 $\mathbf{b}$를 $\mathbf{a}$와 $\mathbf{a}'$에 평행한 벡터로 분해하라.
(1) $\mathbf{a}=\mathbf{i}+2\mathbf{j}-\mathbf{k}$, $\mathbf{a}'=\mathbf{j}+2\mathbf{k}$, $\mathbf{b}=3\mathbf{i}+\mathbf{j}-13\mathbf{k}$
(2) $\mathbf{a}=2\mathbf{i}-4\mathbf{j}+5\mathbf{k}$, $\mathbf{a}'=2+6\mathbf{j}+4\mathbf{k}$, $\mathbf{b}=\mathbf{i}+13\mathbf{j}+\mathbf{k}$

24. 500N과 300N의 힘이 같은 점에 작용하고, 두 힘 사이의 각이 $\pi/3$라고 가정하자. 합력의 크기를 찾고, 합력이 500N의 힘과 이루는 각 θ의 코사인 값을 찾아라.

25. 폭이 1/2 km인 강의 강물이 기슭과 평행하게 시속 5km의 속력으로 흐른다. 모터보트가 정지한 물에서 시속 10km의 속력으로 움직일 수 있다면, 기슭과 얼마만큼의 각을 향해야 기슭과 수직으로 진행할 수 있는가? 강을 가로지르는 데 얼마의 시간이 걸리는가?

1.3 공간 기하

직선의 방정식

공간에서 직선 L이 점 $P_0(x_0,\ y_0,\ z_0)$를 지나고 벡터 $\mathbf{v}(\neq \mathbf{0})$와 평행한 직선일 때 L 위의 임의의 점 $\mathbf{x}$는 다음 벡터 방정식을 만족시킨다(그림 1.3-1 참조).

$$\mathbf{x} = \mathbf{x}(t) = \overrightarrow{OP_0} + t\mathbf{v} \qquad (t \in \mathbb{R}) \tag{1.3-1}$$

여기서 t를 **매개 변수**, 벡터 $\mathbf{v}$를 직선 L의 **방향 벡터(direction vector)**라고 하며, 벡터 $\mathbf{v}$의 방향을 **직선의 방향**이라 한다.

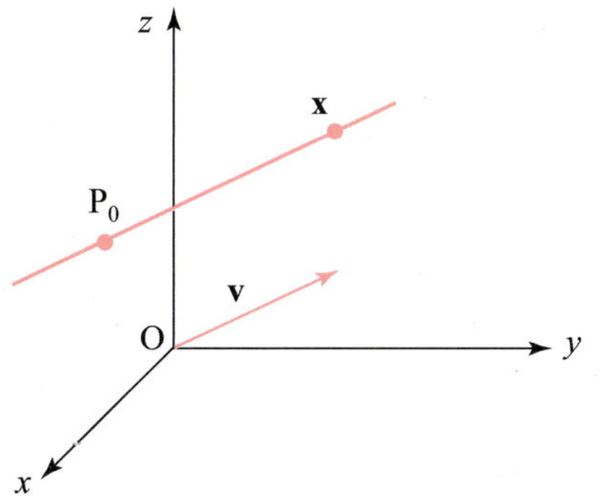

‖ 그림 1.3-1 ‖

한편, $\mathbf{x} = (x,\ y,\ z)$, $\mathbf{v} = (l,\ m,\ n)$이라 놓으면 직선의 방정식 (1.3-1)은 다음과 같다.

$$x = x_0 + tl, \qquad y = y_0 + tm, \qquad z = z_0 + tn \tag{1.3-2}$$

방정식 (1.3-2)를 공간에서 **직선의 매개 변수 방정식(parametric equation)**이라 한다. 만일, $\ell \neq 0,\ m \neq 0,\ n \neq 0$이면 식 (1.3-2)에서 매개 변수 t를 소거하여 다음을 얻는다.

$$\frac{x - x_0}{l} = \frac{y - y_0}{m} = \frac{z - z_0}{n} \tag{1.3-3}$$

방정식 (1.3-3)을 **직선의 대칭 방정식(symmetric equation)**이라 한다.

예제 1.3-1 (1) 두 점 $(1,\ 1,\ 1)$과 $(2,\ 3,\ 4)$를 지나는 직선의 방정식을 찾아라.
(2) 점 $(1,\ 2,\ 3)$을 지나고 벡터 $(0,\ 1,\ 2)$와 평행인 직선의 방정식을 찾아라.

풀이 (1) 식 (1.3-1)을 이용하면 직선의 방정식은 다음과 같다.

$$(x,\ y,\ z) = (1,\ 1,\ 1) + t(1,\ 2,\ 3) \qquad (t \in \mathbb{R})$$

또는 식 (1.3-3)을 이용하면 다음을 얻는다.

$$\frac{x-1}{1} = \frac{y-1}{2} = \frac{z-1}{3}$$

(2) 식 (1.3-1)을 이용하면 직선의 방정식은 다음과 같다.

$$(x,\ y,\ z) = (1,\ 2,\ 3) + t(0,\ 1,\ 2) \qquad (t \in \mathbb{R})$$

또는 식 (1.3-2)를 이용하면 다음과 같다.

$$x = 1, \qquad y = 2 + t, \qquad z = 3 + 2t$$

여기서 t를 소거하면 다음을 얻는다.

$$x = 1, \qquad y - 2 = \frac{z-3}{2}$$

∎

주어진 직선과 그 직선에 놓여 있지 않은 점 사이의 거리를 다음과 같이 찾을 수 있다.

정리 1.3-1

L을 벡터 $\mathbf{v}$에 평행한 직선이라 하고 P_1을 L 위에 있지 않은 점이라 하자. 그러면 점 P_1과 직선 L 사이의 거리 d는 다음과 같다.

$$d = \frac{\left|\mathbf{v} \times \overrightarrow{\mathrm{P}_0\mathrm{P}_1}\right|}{|\mathbf{v}|} \tag{1.3-4}$$

여기서 P_0는 L 위에 있는 임의의 점이다.

증명 θ를 $\mathbf{v}$와 $\overrightarrow{\mathrm{P}_0\mathrm{P}_1}$ 사이의 각이라 하면 $0 \le \theta \le \pi$ (그림 1.3-2)이므로 거리 d는 다음과 같다.

$$d = \left|\overrightarrow{\mathrm{P}_0\mathrm{P}_1}\right| \sin\theta$$

한편, $\left|\mathbf{v} \times \overrightarrow{\mathrm{P}_0\mathrm{P}_1}\right| = |\mathbf{v}|\left|\overrightarrow{\mathrm{P}_0\mathrm{P}_1}\right| \sin\theta$이므로 식 (1.3-4)가 성립한다. ∎

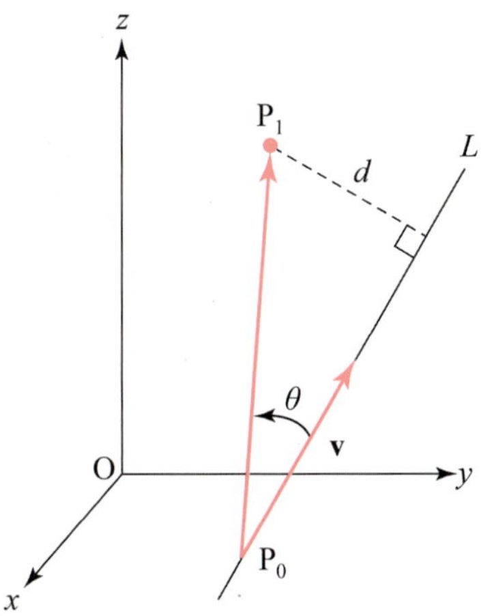

‖ 그림 1.3-2 ‖

예제 1.3-2 점 $(2,\ 1,\ -1)$과 매개 변수 방정식 $x=3t$, $y=1+2t$, $z=-5-t$가 나타내는 직선 L 사이의 거리 d를 찾아라.

풀이 직선 L은 벡터 $\mathbf{v}=3\mathbf{i}+2\mathbf{j}-\mathbf{k}$에 평행하고 점 $(0,\ 1,\ -5)$을 지나는 직선이다. 따라서 직선 L과 점 $(2,\ 1,\ -1)$ 사이의 거리 d는 다음과 같다.

$$d=\frac{|(3\mathbf{i}+2\mathbf{j}-\mathbf{k})\times(2\mathbf{i}+4\mathbf{k})|}{|3\mathbf{i}+2\mathbf{j}-\mathbf{k}|}=\frac{|8\mathbf{i}-14\mathbf{j}-4\mathbf{k}|}{|3\mathbf{i}+2\mathbf{j}-\mathbf{k}|}=\frac{\sqrt{138}}{\sqrt{7}}$$ ▮

평면의 방정식

xy평면에서 직선의 방정식은 직선 위의 한 점 $P_0=(x_0,\ y_0)$와 직선에 수직인 영 벡터가 아닌 벡터 $\mathbf{n}=(l,\ m)$에 의하여 유일하게 결정된다. 이때 직선 위의 임의의 점을 $\mathbf{x}=(x,\ y)$라 하면 다음이 성립한다.

$$(\mathbf{x}-\overrightarrow{OP_0})\cdot\mathbf{n}=0$$

따라서 직선의 방정식은 다음과 같다.

$$l(x-x_0)+m(y-y_0)=0 \quad \text{또는} \quad lx+my=lx_0+my_0$$

일반적으로 방정식 $lx+my=d$는 벡터 $(l,\ m)$에 수직인 직선의 방정식을 나타낸다(그림 1.3-3(a) 참조).

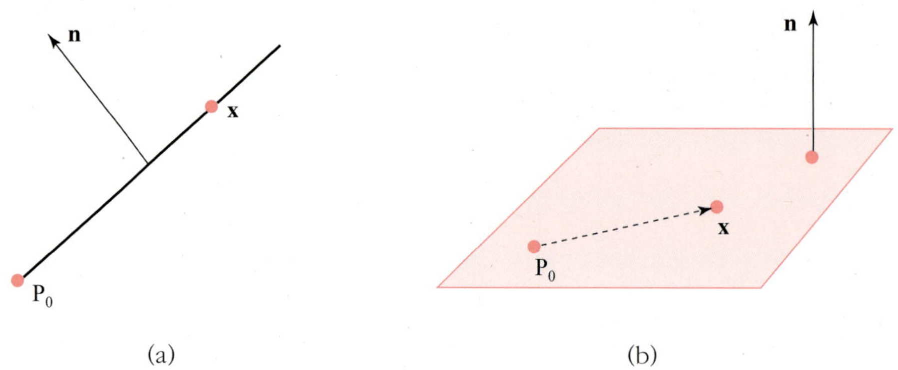

‖ 그림 1.3-3 ‖

공간에서 주어진 점 $P_0(x_0, y_0, z_0)$을 포함하는 평면은 무수히 많이 존재한다. 그러나 점 P_0을 포함하고 영 벡터가 아닌 벡터 $\mathbf{n}$에 수직인 평면은 유일하게 결정된다. 이때 평면에 있는 임의의 점을 $\mathbf{x}$라 하면 다음이 성립한다(그림 1.3-3(b) 참조).

$$(\mathbf{x} - \overrightarrow{OP_0}) \cdot \mathbf{n} = 0 \tag{1.3-5}$$

여기서 $\mathbf{x} = (x, y, z)$이고 $\mathbf{n} = (a, b, c)$일 때 점 P_0을 포함하고 벡터 $\mathbf{n}$에 수직인 **평면의 방정식**은 식 (1.3-5)를 이용하면 다음과 같다.

$$a(x - x_0) + b(y - y_0) + c(z - z_0) = 0 \tag{1.3-6}$$

예제 1.3-3 점 $(3, -1, 4)$를 포함하고 벡터 $\mathbf{n} = (-2, 8, 2)$에 수직인 평면의 방정식을 찾아라.

풀이 방정식 (1.3-6)을 이용하면 구하는 평면의 방정식은 다음과 같다.

$$-2(x-3) + 8(y+1) + 2(z-4) = 0 \quad \text{또는} \quad -x + 4y + z = -3$$

평면의 방정식 (1.3-6)는 실수 $d = ax_0 + by_0 + cz_0$에 대하여 $ax + by + cz = d$로 나타낼 수 있다.

또한 $a^2 + b^2 + c^2 \neq 0$일 때 일차 방정식 $ax + by + cz = d$는 평면의 방정식임을 다음과 같이 보일 수 있다.

만일 점 (x_0, y_0, z_0)가 주어진 일차 방정식을 만족시키면 $d = ax_0 + by_0 + cz_0$이므로 이를 주어진 방정식에 대입해서 정리하면 다음과 같다.

$$a(x - x_0) + b(y - y_0) + c(z - z_0) = 0$$

이 방정식은 점 (x_0, y_0, z_0)을 포함하고 벡터 (a, b, c)에 수직인 평면의 방정식이다.

정리 1.3-2

방정식 $ax+by+cz=d$는 벡터 $\mathbf{n}=(a, b, c)$에 수직인 평면의 방정식이다. 또한 벡터 $\mathbf{n}=(a, b, c)$에 수직인 평면의 방정식은 적당한 실수 d에 대하여 $ax+by+cz=d$로 나타낼 수 있다(단, $a^2+b^2+c^2 \neq 0$).

예제 1.3-4 벡터 $\mathbf{n}=(8, -3, 4)$는 평면 $8x-3y+4z=5$에 수직이다.

평행이 아닌 두 평면은 반드시 하나의 직선에서 만난다. 또한 평면 내에 포함되어 있지 않고 평면과 평행이 아닌 직선은 평면과 한 점에서 만난다.

예제 1.3-5 다음 두 평면이 만나서 이루는 직선의 방정식을 찾아라.

$$x-y+2z=10, \qquad 2x-y-3z=5$$

풀이 $(1, -1, 2)\times(2, -1, -3)\neq \mathbf{0}$이므로 두 평면은 평행하지 않다. 또한 $z=t$로 놓고 x와 y를 t로 나타내면, 다음과 같은 직선의 매개 방정식을 얻는다.

$$x=-5+5t, \quad y=-15+7t, \quad z=t$$

예제 1.3-6 평면 $3x-2y+z=-5$와 직선 $x=1+t$, $y=-2+2t$, $z=4t$의 교점을 찾아라.

풀이 $(3, -2, 1)\times(1, 2, 4)\neq 0$이므로 평면과 직선은 평행하지 않다. 평면과 직선의 교점을 (x_0, y_0, z_0)이라 놓으면, 적당한 실수 t_0에 대해 다음을 얻는다.

$$3x_0-2y_0+z_0=-5,$$
$$x_0=1+t_0, \quad y_0=-2+2t_0, \quad z_0=4t_0$$

여기서 둘째 식의 x_0, y_0, z_0을 첫째 식에 대입하면 $t_0=-4$이므로 평면과 직선의 교점은 $(-3, -10, -16)$이다.

예제 1.3-7 세 점 $P_0(1, 0, 2)$, $P_1(-1, 3, 4)$, $P_2(3, 5, 7)$을 포함하는 평면의 방정식을 찾아라.

풀이 평면에 수직인 벡터 $\mathbf{n}$을 찾으면 다음과 같다(그림 1.3-4 참조).

$$\mathbf{n} = \overrightarrow{P_0P_1} \times \overrightarrow{P_0P_2} = 5\mathbf{i} + 14\mathbf{j} - 16\mathbf{k}$$

또한 점 $P_0(1,\ 0,\ 2)$는 평면에 놓여 있으므로 평면의 방정식은 다음과 같다.

$$5(x-1) + 14(y-0) - 16(z-2) = 0 \quad \text{또는} \quad 5x + 14y - 16z = -27$$

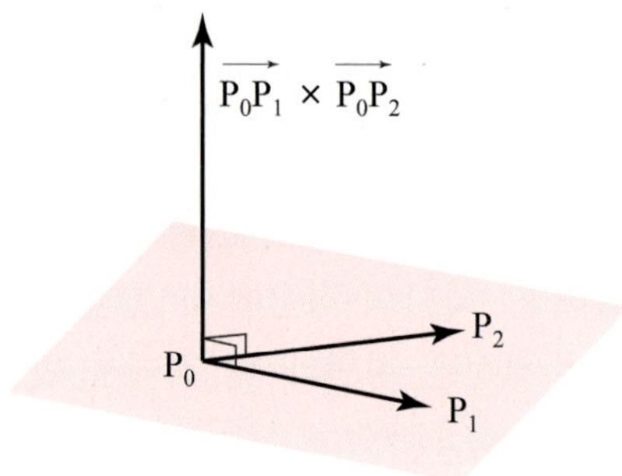

‖ 그림 1.3-4 ‖

예제 1.3-8 다음과 같이 주어진 평면 α_0과 α_1이 서로 만남을 보이고, 교선 L의 방정식을 찾아라.

$$\alpha_0 : x - 2y + 4z = 1, \qquad \alpha_1 : 2x + y - 4z = -1$$

풀이 두 벡터 $\mathbf{n}_0 = \mathbf{i} - 2\mathbf{j} + 4\mathbf{k}$와 $\mathbf{n}_1 = 2\mathbf{i} + \mathbf{j} - 4\mathbf{k}$는 각각 두 평면 α_0과 α_1에 수직인 벡터이다. 이 두 벡터의 외적을 계산하면

$$\mathbf{n}_0 \times \mathbf{n}_1 = 4\mathbf{i} + 12\mathbf{j} + 5\mathbf{k} \neq \mathbf{0}$$

이므로 두 평면은 평행하지 않다. 그러므로 두 평면은 한 직선 L에서 만난다. L이 평면 α_0에 놓여 있으므로 L과 $\mathbf{n}_0$은 서로 수직이다. 마찬가지로 L은 $\mathbf{n}_1$과 서로 수직이다. 그러므로 $\mathbf{n}_0 \times \mathbf{n}_1 = 4\mathbf{i} + 12\mathbf{j} + 5\mathbf{k}$는 직선 L과 평행하다. L에 놓여있는 한 점을 찾기 위해 $x = 1$이라 놓으면 두 평면의 식으로부터 다음을 얻는다.

$$\begin{aligned} &1 - 2y + 4z = 1, \quad \text{즉} \quad y = 2z \\ &2 + y - 4z = -1, \quad \text{즉} \quad y = 4z - 3 \end{aligned}$$

따라서 $y = 3$, $z = 3/2$이므로 직선 L에 놓여있는 한 점 $(1,\ 3,\ 3/2)$을 찾을 수 있다. 그러므로 교선 L의 방정식은 다음과 같다.

$$\frac{x-1}{4} = \frac{y-3}{12} = \frac{2z-3}{10}$$

점과 직선 사이의 거리에서와 같이, 점과 평면 사이의 거리를 계산하는 것도 벡터를 이용하면 매우 간단하다.

n을 평면 α에 수직인 벡터, P_0를 α에 놓여 있는 한 점, P_1을 임의의 점이라 하자. 그러면 P_1과 α 사이의 거리 d는 다음과 같다(그림 1.3-5 참조).

$$d = \left|\text{Proj}_{\mathbf{n}} \overrightarrow{P_0P_1}\right|$$

따라서 1.2절의 식 (1.2-5)로부터 다음을 얻는다.

$$d = \frac{\left|\mathbf{n} \cdot \overrightarrow{P_0P_1}\right|}{|\mathbf{n}|}$$

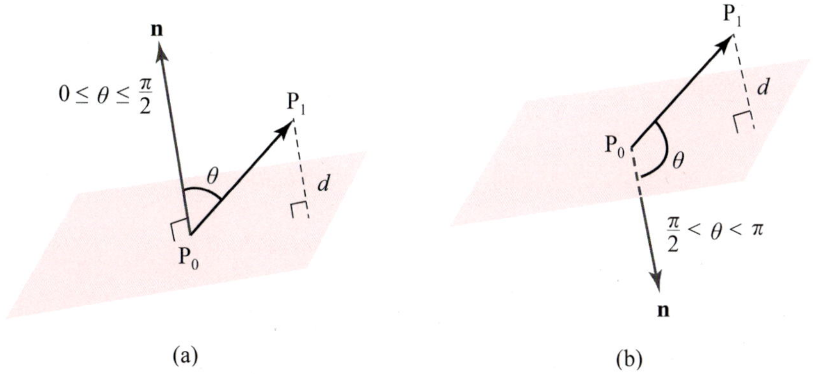

‖ 그림 1.3 5 ‖

정리 1.3-3

n을 평면 α에 수직인 벡터, P_0는 α에 있는 한 점, P_1은 임의의 점이라 하자. 그러면 P_1과 α 사이의 거리 d는 다음과 같다.

$$d = \frac{\left|\mathbf{n} \cdot \overrightarrow{P_0P_1}\right|}{|\mathbf{n}|}$$

예제 1.3-9 점 $P_1(-1,\ 1,\ 2)$와 평면 $3x-2y+z=1$ 사이의 거리 d를 찾아라.

풀이 $\mathbf{n} = 3\mathbf{i} - 2\mathbf{j} + \mathbf{k}$는 평면에 수직인 벡터이다. 한편 평면에 놓여 있는 한 점을 찾기 위해 $x = y = 0$이라 하면 $z = 1$이므로 점 $P_0(0,\ 0,\ 1)$은 평면에 놓여 있는 점이다. 따라서

$$\overrightarrow{P_0P_1} = -\mathbf{i} + \mathbf{j} + \mathbf{k},$$
$$\mathbf{n} \cdot \overrightarrow{P_0P_1} = (3)(-1) + (-2)(1) + (1)(1) = -4$$

그러므로 정리 1.3-3에 의해 거리 d는 다음과 같다.

$$d = \frac{|-4|}{\sqrt{3^2 + (-2)^2 + 1^2}} = \frac{4}{\sqrt{14}} = \frac{2\sqrt{14}}{7}$$

이차 곡면

방정식 $f(x, y, z) = 0$을 만족시키는 점들의 집합을 **방정식** $f(x, y, z) = 0$**의 그래프**라고 한다. 이는 일반적으로 공간에 있는 곡면을 나타낸다. 방정식 $f(x, y, z) = 0$의 그래프로 표현되는 곡면을 간단히 곡면 $f(x, y, z) = 0$이라 한다.

예제 1.3-10 방정식 $f(x, y, z) = x^2 + y^2 + z^2 - 1 = 0$의 그래프는 중심이 원점이고 반지름이 1 인 구면이다.

이제 공간에서 세 변수 x, y, z에 관한 다음 방정식의 그래프의 개형을 알아보자.

$$ax^2 + by^2 + cz^2 + \alpha xy + \beta yz + \gamma xz + Ax + By + Cz + D = 0 \qquad (1.3\text{-}7)$$

특히 방정식 (1.3-7)에서 $a^2 + b^2 + c^2 + \alpha^2 + \beta^2 + \gamma^2 \neq 0$ 인 이차 방정식의 그래프를 **이차 곡면(quadratic surface)**이라 한다. 식 (1.3-7)은 평행 이동과 회전에 의해 다음의 두 가지 **표준형** 중의 하나로 바꿀 수 있다.

$$ax^2 + by^2 + cz^2 + d = 0 \qquad \text{또는} \qquad ax^2 + by^2 + cz = 0$$

한편 이차 곡면은 다음과 같은 사항을 고려하면 그 모양의 대강을 알 수 있다.

- **범위**: 곡면의 범위(extent)는 곡면에 있는 점의 x, y, z성분의 범위를 말한다. 예를 들면 이차 곡면 $x^2 + 4y^2 + z^2 = 1$의 범위는 $-1 \leq x \leq 1$, $-1/2 \leq y \leq 1/2$, $-1 \leq z \leq 1$이다.
- **절편**: 곡면이 x축과 만나는 점의 x성분을 곡면의 x절편(intercept), 곡면이 y축과 만나는 점의 y성분을 곡면의 y절편, 곡면이 z축과 만나는 점의 z성분을 곡면의 z절편이라 한다. 곡면 $x + y^2 - z^2 = 4$의 x절편은 4, y절편은 ± 2이고 z절편은 없다.
- **절단선**: 곡면의 절단선(section)은 특정한 평면과의 교선을 말한다. 예를 들면 이차 곡면 $x^2 + y^2 + z = 4$에 대해 xy평면, yz평면, xz평면과의 절단선은 원 $x^2 + y^2 = 4$,

포물선 $y^2+z=4$, 포물선 $x^2+z=4$이다. 또한, 곡면 $z=xy$의 평면 $x=y$와의 절단선은 $z=x^2$이다.

- 대칭성: 다음과 같은 대칭성을 알면 곡면의 대강을 이해하는 데 도움이 된다.
  - 좌표 평면: 곡면의 방정식에 x 대신에 $-x$를 대입해도 방정식이 바뀌지 않는 곡면은 yz평면에 대해 대칭이다. 다른 좌표 평면에 대한 대칭성도 같은 방법으로 알 수 있다. 예를 들면 곡면 $x+y^2+z^2=1$은 xz평면과 xy평면에 대해 대칭이다.
  - 좌표축: 곡면의 방정식에 x와 y 대신에 각각 $-x$와 $-y$를 대입해도 방정식이 바뀌지 않는 곡면은 z축에 대해 대칭이다. 다른 좌표축에 대한 대칭성도 같은 방법으로 알 수 있다. 예를 들면 곡면 $x+y^2+z^2=y^4$은 x축에 대해 대칭이다.
  - 원점: 곡면의 방정식에 x, y, z 대신에 차례로 $-x$, $-y$, $-z$를 대입해도 방정식이 바뀌지 않는 곡면은 원점에 대해 대칭이다. 예를 들면 이차 곡면 $xy+yz+zx=4$는 원점에 대해 대칭이다.

예제 1.3-11 평면의 방정식 $2x+3y+4z=12$의 그래프를 그려라.

풀이 주어진 방정식에 $x=0$, $y=0$; $y=0$, $z=0$; $z=0$, $x=0$을 차례로 대입해서 절편을 찾으면 각각 $z=3$, $x=6$, $y=4$이다. 이를 이용해서 제 1 팔분 공간에 주어진 방정식의 그래프를 그리면 그림 1.3-6과 같다. ▮

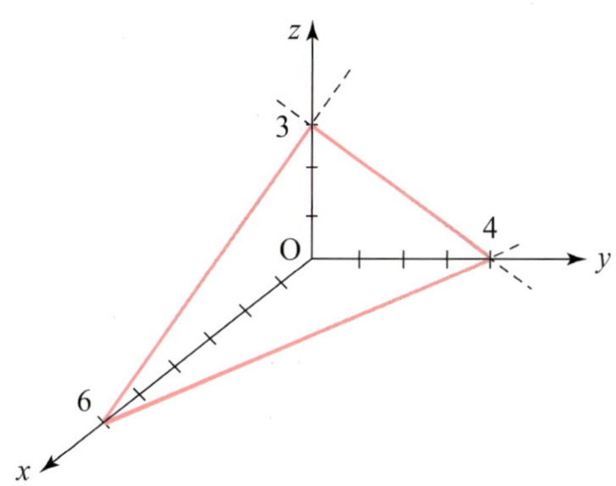

‖ 그림 1.3-6 ‖ $2x+3y+4z=12$의 그래프

예제 1.3-12 곡면 $x^2/16+y^2/9+z^2/4=1$의 그래프를 그려라.

풀이 이 곡면의 범위는 $-4\le x\le 4$, $-3\le y\le 3$, $-2\le z\le 2$이다. 또한 $x=0$, $y=0$; $y=0$, $z=0$; $z=0$, $x=0$을 차례로 주어진 방정식에 대입해서 절편을 찾으면 각각 $z=\pm 2$, $x=\pm 4$, $y=\pm 3$이다. 변수 x, y, z에 차례로 0을 대입해서 yz, xz, xy평

면과의 절단선을 찾으면 각각 다음과 같다.

$$\frac{y^2}{9}+\frac{z^2}{4}=1,\quad \frac{x^2}{16}+\frac{z^2}{4}=1,\quad \frac{x^2}{16}+\frac{y^2}{9}=1$$

이 곡면은 원점과 각 좌표축 및 각 좌표 평면에 대해 대칭이므로 제 1 팔분 공간 내의 그래프를 이용하여 곡면의 그래프를 그릴 수 있다(그림 1.3-7 참조). ∎

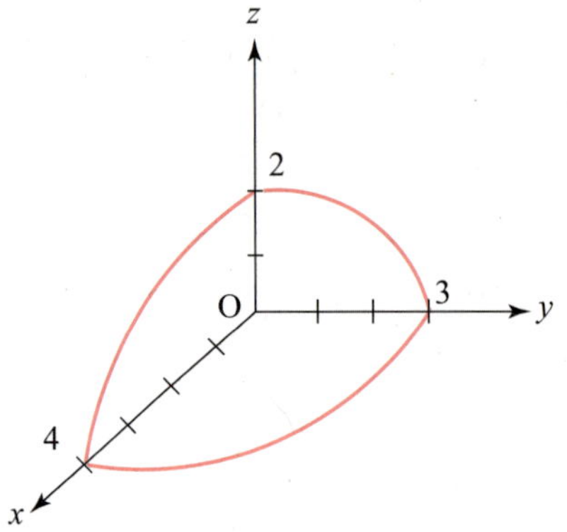

‖ 그림 1.3-7 ‖ $x^2/16+y^2/9+z^2/4=1$의 그래프

예제 1.3-13 곡면 $z^2=x^2+y^2$의 그래프를 그려라.

풀이 이 곡면의 각 좌표축에서의 절편이 모두 0이라는 것과 주어진 곡면과 xz평면과 yz평면과의 절단선이 각각 $z=\pm x$, $z=\pm y$라는 사실만으로는 곡면의 모양을 알기에는 충분하지 못하다. 이런 경우에 xy평면에 평행인 평면에 대한 절단선을 생각하자. 예를 들어 평면 $z=\pm 2$에서의 절단선은 $x^2+y^2=4$이다. 이 절단선과 좌표 평면과의 절단선을 이용해서 그래프를 그리면 그림 1.3-8과 같다. ∎

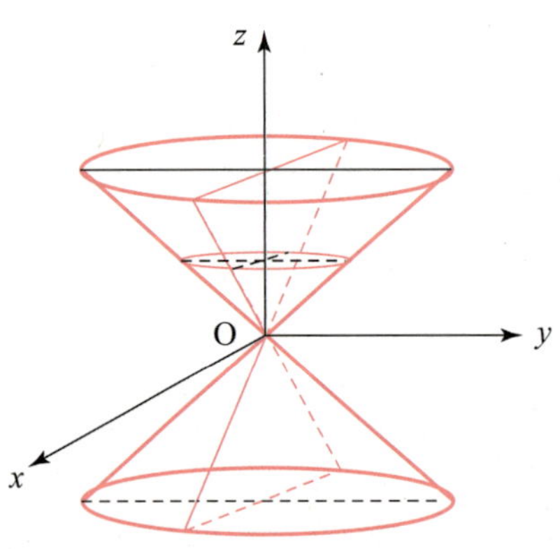

‖ 그림 1.3-8 ‖ $z^2=x^2+y^2$의 그래프

흔히 이차 곡면은 그 형태에 따라 크게 일곱 가지(기둥면[주면], 타원면, 단엽 쌍곡면, 이엽 쌍곡면, 타원 포물면, 쌍곡 포물면, 타원 뿔면)로 분류한다. 이차 곡면의 명칭은 좌표 평면과 평행인 적당한 평면과의 곡면의 절단선과 이차 곡선의 모양과의 유사성 및 전체적인 곡면의 형태에 따라 분류된다.

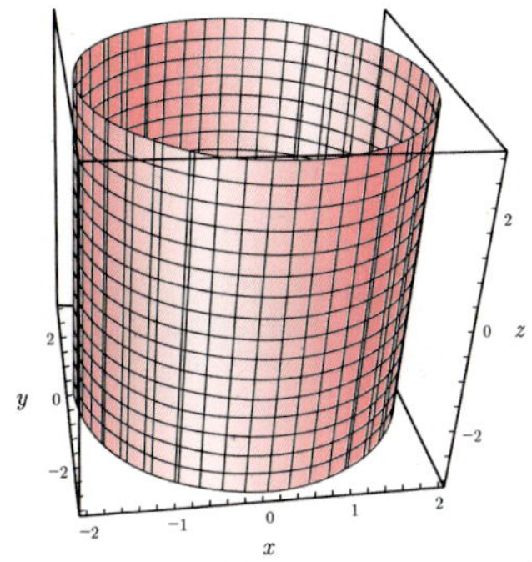

‖ 그림 1.3-9 ‖ 타원 기둥면 $\dfrac{x^2}{a^2}+\dfrac{y^2}{b^2}=1$

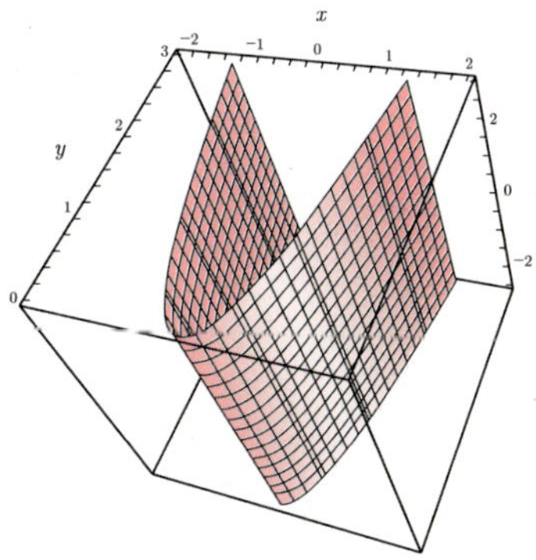

‖ 그림 1.3-10 ‖ 포물 기둥면 $\dfrac{x^2}{a^2}=\dfrac{y}{b}$

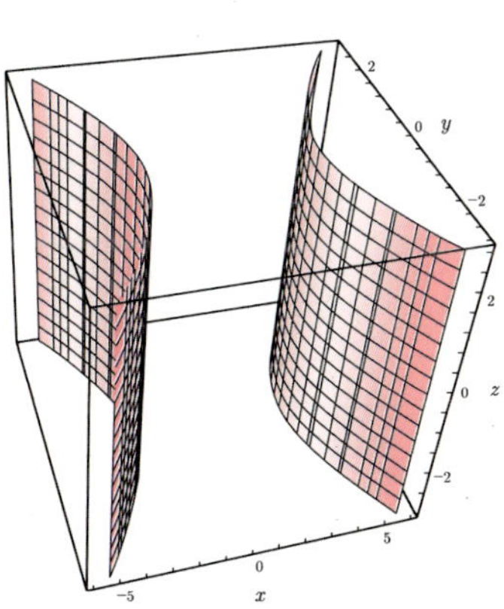

‖ 그림 1.3-11 ‖ 쌍곡 기둥면 $\dfrac{x^2}{a^2}-\dfrac{y^2}{b^2}=1$

일반적으로 기둥면 또는 **주면(cylinder)**은 주어진 직선에 평행이고 (**모선(ruling)**이라 부르는) 주어진 평면 곡선을 지나는 직선들로 이루어진 곡면을 말한다. 이차 기둥면은 주어진 평면 곡선이 이차 곡선인 기둥면으로 **타원 기둥면(elliptic cylinder)**, **포물 기둥면(parabolic cylinder)**, **쌍곡 기둥면(hyperbolic cylinder)**으로 나눈다. 모선이 z축에 평행인 이차 기둥면의 방정식과 a와 b에 0이 아닌 값을 넣어 그린 그래프는 위와 같다.

나머지 여섯 가지 이차 곡면의 그래프와 방정식은 아래 표에서 볼 수 있다. 표에서 a, b, c는 모두 0이 아닌 실수이며, 그래프는 a, b, c에 값을 정해서 그린 것이다.

곡면	방정식
타원면(ellipsoid) 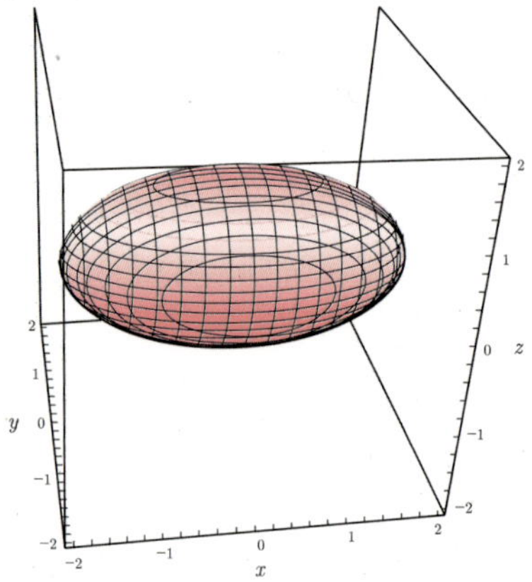	$\dfrac{x^2}{a^2}+\dfrac{y^2}{b^2}+\dfrac{z^2}{c^2}=1$ 모든 수평 절단선이 타원이다. $a=b=c$인 경우는 반지름이 a인 구가 된다.
단엽 쌍곡면(hyperboloid of one sheet) 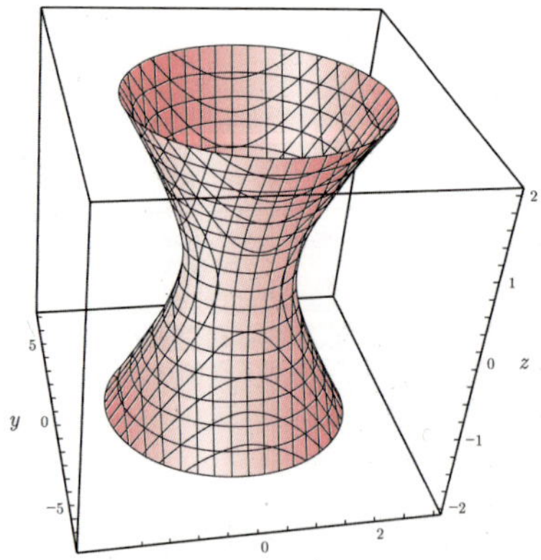	$\dfrac{x^2}{a^2}+\dfrac{y^2}{b^2}-\dfrac{z^2}{c^2}=1$ 수평 절단선은 타원이고 $x=k$ 또는 $y=k$인 평면과의 수직 절단선은 $k\neq 0$이면 쌍곡선이고 $k=0$이면 xz평면, yz평면과의 절단선은 두 직선이다.

이엽 쌍곡면(hyperboloid of two sheets)

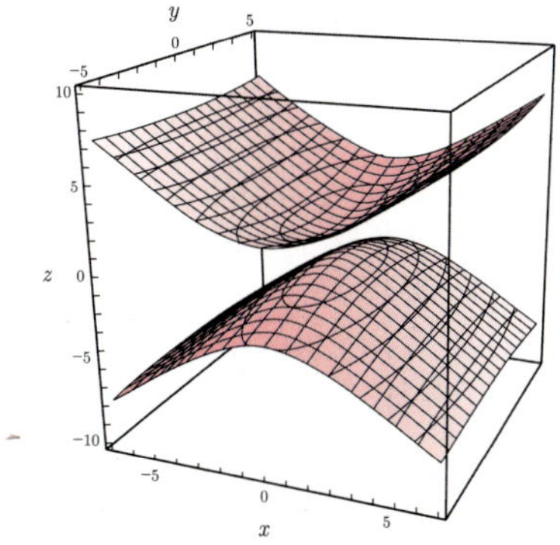

$$-\frac{x^2}{a^2}-\frac{y^2}{b^2}+\frac{z^2}{c^2}=1$$

$k>c$ 또는 $k<-c$ 일 때 $x=k$ 평면과의 절단선은 타원이다.
수직 절단선은 쌍곡선이다.

타원 포물면(elliptic paraboloid)

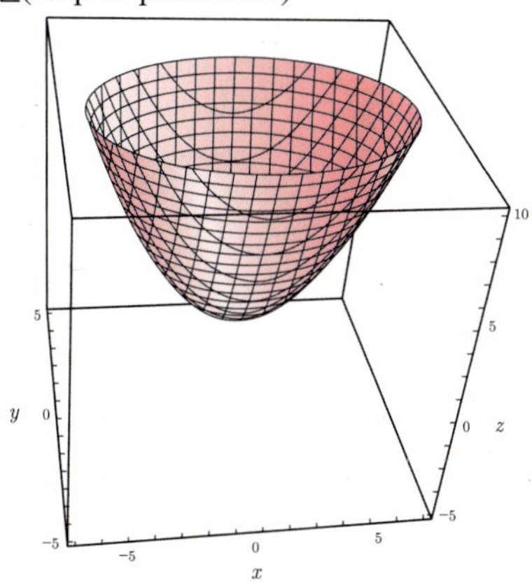

$$\frac{x^2}{a^2}+\frac{y^2}{b^2}=\frac{z}{c}$$

수평 절단선은 타원이고 수직 절단선은 포물선이다. 차수가 1인 변수가 포물면의 축을 결정한다.

쌍곡 포물면(hyperbolic paraboloid)

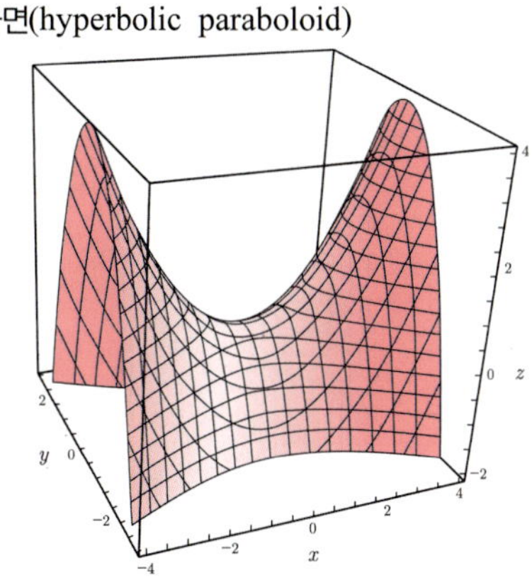

$$\frac{x^2}{a^2}-\frac{y^2}{b^2}=\frac{z}{c}$$

수평 절단선은 쌍곡선이고 수직 절단선은 포물선이다. 왼쪽 그림은 $c<0$인 경우이다.

타원 뿔면(elliptic cone)	
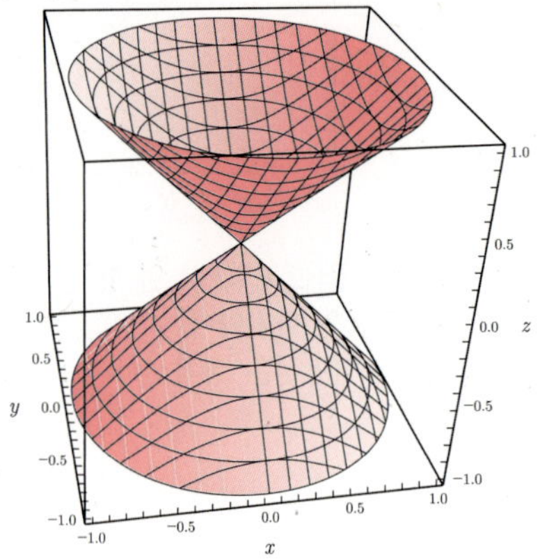	$$\frac{z^2}{c^2}=\frac{x^2}{a^2}+\frac{y^2}{b^2}$$ 수평 자취는 타원이다. $k\neq 0$일 때 평면 $x=k$와 $y=k$ 위의 수직 자취는 쌍곡선이고 $k=0$일 때의 수직 자취는 각각 한 쌍의 직선이다.

일반적으로 공간에서 주어진 방정식의 그래프를 구하는 것은 쉽지 않다. 그런데 함수 또는 방정식의 그래프를 그리는 기능을 가진 컴퓨터 소프트웨어를 이용하면 방정식의 그래프를 구하는데 도움을 받을 수 있다.

연습 문제 1.3 *Exercises*

1. 다음에서 직선의 방정식을 찾아라.
   (1) 두 점 $(2, 0, 5)$와 $(0, -2, 8)$을 지나는 직선
   (2) 점 $(2, 0, 5)$을 지나고 벡터 $(0, -2, 8)$과 평행한 직선
   (3) 점 $(1, 7, -2)$을 지나고 직선 $x-8=y+3=z-1$에 평행인 직선
   (4) 점 $(-3, 1, 7)$을 지나고 평면 $5x+y+2z=0$와 수직인 직선

2. 다음 평면의 그래프를 그려라.
   (1) $2x+5y+z=10$ (2) $6x-3y+4z=6$

3. 다음 직선과 평면의 교점을 찾아라.
   (1) $x=1+2t,\ y=8t,\ z=t+3,\ 5x+y-2z=3$
   (2) $x-1=3y=z+1,\ 2x-y+z=1$

4. 다음 방정식을 표준형으로 변형하고, 곡면의 유형과 그래프를 그려라.
   (1) $z^2=4x^2+9y^2+36$ (2) $x=2y^2+3z^2$
   (3) $4x^2+y^2+4z^2-4y-24z+36=0$ (4) $x^2-y^2+z^2-4x-2y-2z+4=0$

5. 점 $(1,\ -2,\ 0)$로부터 다음 직선까지의 거리를 찾아라.

$$x=\frac{y-3}{2}=\frac{z+1}{2}$$

6. 다음 두 직선 사이의 거리를 찾아라.

$$\frac{x-1}{2}=\frac{y+1}{-1}=\frac{z-2}{-2},\qquad \frac{x}{2}=\frac{y-2}{-1}=\frac{z-3}{-2}$$

7. 점 $(10,\ 0,\ 3)$를 포함하고 평면 $2x+2y-z=5$과 평행인 평면의 방정식을 찾아라.

8. 점 $(-1,\ 2,\ 0)$과 직선 $x=t,\ y=3t,\ z=t-1$을 포함하는 평면의 방정식을 찾아라.

9. 점 $(0, 0, -2)$을 포함하고 두 점 $(-5, 3, 0)$과 $(3,\ -1,\ 2)$를 잇는 직선에 수직인 평면의 방정식을 찾아라.

10. 점 $(-1, 2, 3)$를 포함하고 두 평면 $x+y-2z=10$와 $x-5y+2z=3$에 동시에 수직인 평면의 방정식을 찾아라.

11. 두 평면 $3x-y+2z=21$과 $x-5y+z=1$ 사이의 거리를 찾아라.

13. 두 곡면 $x^2+2y^2-z^2+4x=2$와 $2x^2+4y^2-2z^2-5y=0$이 만나는 곡선이 한 평면에 있음을 증명하라.

14. 평면 $2x+y+3z=7$에 접하고 원점이 중심인 구면의 방정식을 찾아라.

15. (1) 평면의 점 $\mathrm{P}(p,\ q)$와 직선 $ax+by+d=0$ 사이의 거리가 다음과 같음을 증명하라.

$$\frac{|ap+bq+d|}{\sqrt{a^2+b^2}}$$

(2) 공간의 점 $\mathrm{P}(p,\ q,\ r)$과 평면 $ax+by+cz+d=0$ 사이의 거리는 다음과 같음을 증명하라.

$$\frac{|ap+bq+cr+d|}{\sqrt{a^2+b^2+c^2}}$$

16. 평행인 두 평면 $ax+by+cz=d_1$과 $ax+by+cz=d_2$ 사이의 거리가 다음과 같음을 증명하라.

$$\frac{|d_1-d_2|}{\sqrt{a^2+b^2+c^2}}$$

17. 다음 두 평면이 만나서 생기는 직선을 포함하고 원점 (0, 0, 0)을 포함하는 평면의 방정식을 찾아라.

$$5x-2y+3z=1, \quad x+2y-z=2$$

18. 다음 곡면의 그래프 개형을 그려라.

(1) $x^2+(y-1)^2=5$ (2) $5x^2+21y^2+z=0$

(3) $9x^2+y^2+4z^2=16$ (4) $\dfrac{x^2}{25}=\dfrac{y}{12}$

(5) $\dfrac{x^2}{9}+z^2=\dfrac{y}{23}$ (6) $\dfrac{x^2}{8}-\dfrac{z^2}{12}=25$

(7) $x^2+\dfrac{y^2}{5}-\dfrac{z^2}{12}=48$ (8) $-\dfrac{x^2}{36}-y^2+\dfrac{z^2}{10}-12=0$

(9) $64x^2-\dfrac{y^2}{2}-9z=0$ (10) $\dfrac{x^2}{36}-y^2+25z^2=0$

19. 다음 곡면의 그래프 개형을 그려라.

(1) $2y^2-16y=40$ (2) $24x^2y+5yz^2=0$

20. yz평면과의 절단선이 타원 $2y^2+z^2=4$이고 꼭짓점이 (2, 0, 0)인 타원 뿔면의 방정식을 찾아라.

21. 원기둥 좌표계로 주어진 다음 방정식이 나타내는 곡면의 개형을 찾아라.

(1) $r^2=9-z^2$ (2) $r^2+10z^2=5$

1장 종합 문제

Exercises

1. 임의의 실수 x에 대하여 직교 좌표계 $(x,\ -\sqrt{3x},\ 2x)$를 주어진 좌표계로 표현하라.
(1) 원기둥 좌표계　　　　(2) 구면 좌표계

2. $\mathbf{u}=(2,\ 1,\ 0,\ 1,\ -1)$, $\mathbf{v}=(-2,\ 3,\ 1,\ 0,\ 2)$일 때, $a\mathbf{u}+b\mathbf{v}=(-8,\ 8,\ 3,\ -1,\ 7)$이 되도록 하는 스칼라 a, b의 값을 찾아라.

3. $|\mathbf{v}|=2$, $|\mathbf{w}|=3$일 때, $|\mathbf{v}-\mathbf{w}|$의 최댓값과 최솟값을 찾아라.

4. 세 벡터 $\mathbf{u}=(6,\ 3,\ 1)\}$, $\mathbf{v}=(0,\ 1,\ 2)$, $\mathbf{w}=(4,\ -2,\ 5)$에 의해 결정되는 평행육면체의 부피를 찾아라.

5. $\mathbf{v}_0=(x_0,\ y_0,\ z_0)$와 $\mathbf{v}=(x,\ y,\ z)$일 때, $|\mathbf{v_0}-\mathbf{v}|=1$을 만족시키는 점 $(x,\ y,\ z)$들의 집합은 무엇인가?

6. 두 벡터 $\mathbf{u}=(1,\ -1,\ 0)$ 와 $\mathbf{v}=(2,\ 0,\ 1)$ 에 대하여 다음을 찾아라.
(1) $|\mathrm{Proj}_{\mathbf{v}}\mathbf{u}-\mathrm{Proj}_{\mathbf{u}}\mathbf{v}|$　　　　(2) $\mathbf{u}$와 $\mathbf{v}$에 수직인 단위벡터

7. 점 $(2,\ 5,\ 0)$을 지나고 평면 $x-7y=-2z$와 수직인 직선의 방정식을 찾아라.

8. 곡면 $x^2/4+y^2/4+z^2=2$의 범위를 찾아라.

9. 다음 직선과 평면의 교점을 찾아라.

$$x-2=2t,\quad y=t,\quad z=5t-3,\quad x+11y-3z-2=0$$

10. 다음에 주어진 곡면의 유형을 찾아라.
(1) $x^2-2x+2y^2+4z^2=0$
(2) $9x^2-18x-4y^2+16y-9z=-7$

11. xy평면과의 절단선이 타원 $x^2+\dfrac{y^2}{4}=\dfrac{25}{3}$이고 꼭짓점이 $(0,\ 0,\ 5)$인 타원 뿔면의 방정식을 찾아라.

제 2 장

벡터 함수와 곡선

평면이나 공간에서 운동하는 물체를 벡터 함수로 나타낼 수 있다. 또한 운동하는 물체의 궤적을 곡선으로 나타낼 수 있다. 여기서는 물체의 운동을 나타내고 이해하는 데 유용한 개념인 벡터 함수의 도함수, 곡선의 길이, 곡률, 비틀림률 등에 대해 알아본다.

2.1 벡터 함수

이번 절에서는 벡터 함수를 정의하고, 벡터 함수의 미분과 적분을 알아본다.

벡터 함수

실수 집합 $\mathbb{R}$의 부분 집합 I의 각 점 $t\in I$에 공간 $\mathbb{R}^n(n>1)$의 벡터 $\mathbf{f}(t)$를 대응시키는 함수 $\mathbf{f}: I\to\mathbb{R}^n$를 **일변수 벡터 함수** 또는 간단히 **벡터 함수**라고 한다. 이때 집합 I를 벡터 함수 $\mathbf{f}$의 정의역과 집합 $\{\mathbf{f}(t)\in\mathbb{R}^n | t\in I\}$를 $\mathbf{f}$의 치역이라고 한다.

벡터 함수 $\mathbf{f}$의 정의역 I의 각 원소 $t\in I$에 대응하는 $\mathbf{f}(t)$는 공간 $\mathbb{R}^n$의 벡터이다. 따라서 벡터 $\mathbf{f}(t)$의 성분을 차례로 $f_1(t), \cdots, f_n(t)$라고 하면 $\mathbf{f}(t)$를 다음과 같이 나타낼 수 있다.

$$\mathbf{f}(t)=(f_1(t),\ f_2(t),\ \cdots,\ f_n(t)),\quad t\in I$$

이때 집합 I에서 정의된 실함수 $f_1, f_2, \cdots, f_n$을 $\mathbf{f}$의 **성분** 또는 **성분 함수**라 한다.

성분을 이용하여 벡터 함수 $\mathbf{f}$와 $\mathbf{g}$의 합 $\mathbf{f}+\mathbf{g}$, 내적 $\mathbf{f}\cdot\mathbf{g}$, 외적[1] $\mathbf{f}\times\mathbf{g}$, 벡터 함수 $\mathbf{f}$와 스칼라 함수 h와의 스칼라 배 $h\mathbf{f}$를 다음과 같이 정의한다.

$$(\mathbf{f}+\mathbf{g})(t)=\mathbf{f}(t)+\mathbf{g}(t),\quad (\mathbf{f}\cdot\mathbf{g})(t)=\mathbf{f}(t)\cdot\mathbf{g}(t)$$
$$(\mathbf{f}\times\mathbf{g})(t)=\mathbf{f}(t)\times\mathbf{g}(t),\quad (h\mathbf{f})(t)=h(t)\mathbf{f}(t)$$

이제 이러한 벡터 함수의 연속과 미분에 대해 알아보자.

점 $t=t_0\in\mathbb{R}$의 어떤 근방 또는 빠진 근방[2]에서 정의되어 있는 벡터 함수 $\mathbf{f}$의 각 성분 함수 $f_i\ (i=1, \cdots, n)$의 점 $t=t_0$에서의 극한이 있으면 $t=t_0$에서 벡터 함수 $\mathbf{f}$의 극한이 있다고 한다. 따라서 $t=t_0$에서 벡터 함수 $\mathbf{f}$의 **극한(limit)**은 다음과 같다.

$$\lim_{t\to t_0}\mathbf{f}(t)=\left(\lim_{t\to t_0}f_1(t),\ \cdots,\ \lim_{t\to t_0}f_n(t)\right)$$

예제 2.1-1 벡터 함수 $\mathbf{f}(t)=((\sin t)/t,\ \ln(3+t))$에 대해 $\lim_{t\to t_0}\mathbf{f}(t)$를 찾아라.

---

1) 벡터 함수의 외적은 공역이 삼차원 공간인 벡터 함수에 대해서만 정의한다.
2) 실수 t_0의 근방이란 열린 구간 $J=(t_0-\epsilon,\ t_0+\epsilon)$을 의미한다. 여기서 ϵ은 양수이다. 점 t_0의 빠진 근방이란 열린 구간 J에서 t_0을 제외한 집합이다.

풀이 $\lim_{t \to t_0} \sin t/t = 1$, $\lim_{t \to t_0} \ln(3+t) = \ln 3$이므로 $\lim_{t \to t_0} \mathbf{f}(t) = (1, \ln 3)$이다. ▎

벡터 함수 $\mathbf{f}$의 각 성분 함수 $f_i\ (i=1, \cdots, n)$가 점 $t=t_0$에서 연속이면, 즉 다음 식이 성립하면 함수 $\mathbf{f}$는 점 $t=t_0$에서 **연속**이라 한다.

$$\lim_{t \to t_0} \mathbf{f}(t) = \left(\lim_{t \to t_0} f_1(t),\ \cdots,\ \lim_{t \to t_0} f_n(t)\right) = \mathbf{f}(t_0)$$

함수 $\mathbf{f}$가 점 t_0에서 연속이 아니면 함수 $\mathbf{f}$는 점 t_0에서 **불연속**이라 한다. 한편 벡터 함수 $\mathbf{f}$가 집합 I의 모든 점에서 연속이면 함수 $\mathbf{f}$는 집합 I에서 연속이라 한다.

예제 2.1-2 벡터 함수 $\mathbf{f}(t) = (1/\sqrt{t})\mathbf{i} + \sin t\,\mathbf{j} + \ln(3+t^2)\mathbf{k}$ 의 연속인 점을 찾아라.

풀이 벡터 함수 $\mathbf{f}$의 성분 함수는 $t > 0$인 점에서 모두 연속이므로 함수 $\mathbf{f}$는 $t > 0$인 점에서 연속이다. ▎

예제 2.1-3 벡터 함수 $\mathbf{f}(t) = (\sin t/t,\ \ln(3+t))$가 $t=0$에서 연속이 되도록 $\mathbf{f}(0)$의 값을 정하라.

풀이 예제 2.1-1에서 $\lim_{t \to 0} \mathbf{f}(t) = (1, \ln 3)$이므로 $\mathbf{f}(0) = (1, \ln 3)$로 정의하면 주어진 함수는 $t=0$에서 연속이다. ▎

벡터 함수의 미분

점 t의 어떤 근방에서 정의되어 있는 벡터 함수 $\mathbf{f}$에 대해 다음의 극한이 존재하면 $\mathbf{f}$는 점 t에서 **미분 가능**하다고 하고 그 극한을 $\mathbf{f}'(t)$ 또는 $d\mathbf{f}(t)/dt$로 나타낸다.

$$\lim_{\Delta t \to 0} \frac{\mathbf{f}(t+\Delta t) - \mathbf{f}(t)}{\Delta t} \tag{2.1-1}$$

벡터 함수 $\mathbf{f}$가 집합 I의 모든 점에서 미분 가능하면 $\mathbf{f}$는 I에서 **미분 가능**하다고 한다. 식 (2.1-1)의 극한이 존재하는 실수 $\mathbb{R}$ 의 부분 집합의 각 점 t에 유일한 벡터 $\mathbf{f}'(t)$가 대응된다. 이러한 대응 관계에 의해 유도(derive)되는 벡터 함수를 $\mathbf{f}'$로 나타내고, 이를 벡터 함수 $\mathbf{f}$의 **도함수(derivative)**라고 한다. 벡터 함수의 도함수를 다음과 같은 기호로 나타내기도 한다.

$$\mathbf{f}'(t),\quad \frac{d}{dt}\mathbf{f}(t),\quad \frac{d\mathbf{f}(t)}{dt},\quad \frac{d}{dt}\mathbf{f},\quad \frac{d\mathbf{f}}{dt},\quad d\mathbf{f}(t)/dt,\quad d\mathbf{f}/dt$$

정리 2.1-1

벡터 함수 $\mathbf{f} = (f_1, \cdots, f_n)$가 점 t에서 미분 가능할 필요 충분 조건은 성분 함수 $f_1, \cdots, f_n$이 모두 t에서 미분 가능한 것이다. 이때 $\mathbf{f}'(t) = (f_1'(t), \cdots, f_n'(t))$가 성립한다.

증명 점 t에서 미분 가능성의 정의와 벡터 함수 $\mathbf{f}$의 성분을 이용하면 다음을 얻는다.

$$\begin{aligned}\mathbf{f}'(t) &= \frac{d\mathbf{f}(t)}{dt} = \lim_{\Delta t \to 0} \frac{\mathbf{f}(t+\Delta t) - \mathbf{f}(t)}{\Delta t} \\ &= \left(\lim_{\Delta t \to 0} \frac{f_1(t+\Delta t) - f_1(t)}{\Delta t}, \ \cdots, \ \lim_{\Delta t \to 0} \frac{f_n(t+\Delta t) - f_n(t)}{\Delta t} \right) \qquad (2.1\text{-}2)\end{aligned}$$

따라서 $\mathbf{f}'(t)$가 존재하면 식 (2.1-2)의 각 성분 함수의 극한 $f_1'(t), \cdots, f_n'(t)$가 존재한다. 역으로 식 (2.1-2)에서 각 성분 함수의 극한이 존재하면 $\mathbf{f}'(t)$가 존재한다. ▮

벡터 함수의 **고계 도함수**는 일변수 함수의 경우와 같은 방법으로 정의한다. 즉 $\mathbf{f}$의 이계 도함수 $\mathbf{f}''$은 $\mathbf{f}'$의 도함수, 즉 $\mathbf{f}'' = \{\mathbf{f}'\}'$이며, 일반적으로 $n = 1, 2, \cdots$에 대해 벡터 함수 $\mathbf{f}$의 n계 도함수 $\mathbf{f}^{(n)}$를 $\mathbf{f}^{(n)} = \{\mathbf{f}^{(n-1)}\}'$과 같이 정의한다.

예제 2.1-4 벡터 함수 $\mathbf{f}(t) = (\cos t, e^{2t})$의 도함수와 이계 도함수를 찾아라.

풀이 $\{\cos t\}' = -\sin t$, $\{\cos t\}'' = -\cos t$이고 $\{e^{2t}\}' = 2e^{2t}$, $\{e^{2t}\}'' = 4e^{2t}$이므로 $\mathbf{f}'(t) = (-\sin t, 2e^{2t})$이고 $\mathbf{f}''(t) = (-\cos t, 4e^{2t})$이다. ▮

일변수 실함수의 미분법을 벡터 함수의 각 성분에 적용하면 다음 정리를 얻는다. 증명은 연습 문제로 남긴다.

정리 2.1-2 (벡터 함수의 미분법)

벡터 함수 $\mathbf{f}$, $\mathbf{g}$, $\mathbf{p}$와 실함수 h가 점 t에서 미분 가능하면 다음이 성립한다.

(1) $\frac{d}{dt}(\mathbf{c}) = \mathbf{0}$ ($\mathbf{c}$는 상수 벡터)
(2) $\frac{d}{dt}(\mathbf{f}+\mathbf{g})(t) = \mathbf{f}'(t) + \mathbf{g}'(t)$
(3) $\frac{d}{dt}(\alpha\mathbf{f})(t) = \alpha\mathbf{f}'(t)$ $(\alpha \in \mathbb{R})$
(4) $\frac{d}{dt}(h\mathbf{f})(t) = h(t)\mathbf{f}'(t) + h'(t)\mathbf{f}(t)$
(5) $(\mathbf{f} \cdot \mathbf{g})'(t) = \mathbf{f}'(t) \cdot \mathbf{g}(t) + \mathbf{f}(t) \cdot \mathbf{g}'(t)$
(6) $(\mathbf{f} \times \mathbf{g})'(t) = \mathbf{f}'(t) \times \mathbf{g}(t) + \mathbf{f}(t) \times \mathbf{g}'(t)$
(7) $\{\mathbf{p} \cdot (\mathbf{f} \times \mathbf{g})\}'(t) = \mathbf{p}'(t) \cdot (\mathbf{f} \times \mathbf{g})(t) + \mathbf{p}(t) \cdot (\mathbf{f}' \times \mathbf{g})(t) + \mathbf{p}(t) \cdot (\mathbf{f} \times \mathbf{g}')(t)$

다음은 벡터 함수의 연쇄 법칙이다.

정리 2.1-3 (연쇄 법칙)

벡터 함수 $\mathbf{f}$가 구간 (a, b)에서 미분 가능하고, 미분 가능한 실함수 $\phi : (c, d) \to (a, b)$에 대해 $t = \phi(s)$이라 하면 다음이 성립한다.

$$\mathbf{f}'(s) = \frac{d\mathbf{f}}{ds} = \frac{dt}{ds}\frac{d\mathbf{f}}{dt} = \frac{d\phi}{ds}\frac{d\mathbf{f}}{dt}$$

예제 2.1-5 벡터 함수 $\mathbf{f}(t) = (1, \sin(t+1), e^{t+1})$에 대해 $t = s^2 - 1$이라 할 때, 벡터 $d\mathbf{f}(t)/ds$를 변수 s로 나타내라.

풀이 연쇄 법칙을 이용하여 다음을 얻는다.

$$\frac{d\mathbf{f}(t)}{ds} = \frac{dt}{ds}\frac{d\mathbf{f}(t)}{dt} = (2s)(0, \cos(t+1), e^{t+1}) = \left(0, 2s\cos(s^2), 2se^{s^2}\right)$$

이는 함수 $\mathbf{f}(t)$에 $t = s^2 - 1$을 대입한 후에 s에 관해 미분하여 얻을 수도 있다. ∎

벡터 함수의 적분

실수 집합의 부분 집합 I에서 정의된 벡터 함수 $\mathbf{f} : I \to \mathbb{R}^n$에 대하여 다음 식을 만족시키는 벡터 함수 $\mathbf{F} : I \to \mathbb{R}^n$를 함수 $\mathbf{f}$의 **부정 적분**이라고 한다.

$$\frac{d\mathbf{F}(t)}{dt} = \mathbf{f}(t), \quad t \in I$$

이때 벡터 함수 $\mathbf{f}$의 부정 적분 $\mathbf{F}$를 다음과 같이 나타낸다.

$$\mathbf{F}(t) = \int \mathbf{f}(t)\,dt = \int \mathbf{f}\,dt$$

함수 $f_1, \cdots, f_n$이 벡터 함수 $\mathbf{f}$의 성분 함수라면 다음이 성립한다.

$$\int \mathbf{f}(t)\,dt = \left(\int f_1(t)\,dt, \cdots, \int f_n(t)\,dt\right)$$

부정 적분의 정의와 정리 2.1-2를 이용하여 다음을 얻는다.

정리 2.1-4 (벡터 함수의 적분법)

두 벡터 함수 $\mathbf{f}$와 $\mathbf{g}$ 및 실함수 h의 부정 적분이 존재하면 다음이 성립한다.

(1) $\int (\mathbf{f}+\mathbf{g})(t)\,dt = \int \mathbf{f}(t)\,dt + \int \mathbf{g}(t)\,dt$

(2) $\int (\alpha\mathbf{f})(t)\,dt = \alpha\int \mathbf{f}(t)\,dt$ (단, α는 임의의 실수)

(3) $\int \mathbf{c}\cdot\mathbf{f}(t)\,dt = \mathbf{c}\cdot\int \mathbf{f}(t)\,dt$ (단, $\mathbf{c}\in\mathbb{R}^n$은 임의의 벡터)

(4) $\int h(t)\mathbf{f}'(t)\,dt = h(t)\mathbf{f}(t) - \int h'(t)\mathbf{f}(t)\,dt$

(5) $\int \mathbf{f}(t)\cdot\mathbf{g}'(t)\,dt = \mathbf{f}(t)\cdot\mathbf{g}(t) - \int \mathbf{f}'(t)\cdot\mathbf{g}(t)\,dt$

(6) $\int \mathbf{f}(t)\times\mathbf{g}'(t)\,dt = \mathbf{f}(t)\times\mathbf{g}(t) - \int \mathbf{f}'(t)\times\mathbf{g}(t)\,dt$

예제 2.1-6 $\int \mathbf{v}(t)\cdot\dfrac{d\mathbf{v}(t)}{dt}\,dt$를 찾아라.

풀이 $\dfrac{d(\mathbf{v}\cdot\mathbf{v})}{dt} = 2\mathbf{v}\cdot\dfrac{d\mathbf{v}}{dt}$이므로 $\int \mathbf{v}(t)\cdot\dfrac{d\mathbf{v}(t)}{dt}\,dt = \dfrac{1}{2}|\mathbf{v}|^2 + C$이다($C$는 적분 상수). ▮

벡터 함수의 정 적분을 일변수 실함수인 성분 함수의 정 적분을 이용하여 정의한다. 즉 구간 $[a, b]$에서 모든 성분 함수가 적분 가능한 벡터 함수 $\mathbf{f}$의 부정 적분이 $\mathbf{F}$이면 구간 $[a, b]$에서 함수 $\mathbf{f}$의 정 적분은 다음과 같다.

$$\int_a^b \mathbf{f}(t)\,dt = \left(\int_a^b f_1(t)\,dt,\ \cdots,\ \int_a^b f_n(t)\,dt\right) = [\mathbf{F}(t)]_a^b = \mathbf{F}(b) - \mathbf{F}(a) \qquad (2.1\text{-}3)$$

벡터 함수의 특이 적분도 일변수 함수인 성분 함수의 특이 적분[3)]을 이용하여 정의한다.

예제 2.1-7 벡터 함수 $\mathbf{f}(t) = (-3t^2 + 2t,\ t^3,\ 7)$의 정 적분 $\int_1^2 \mathbf{f}(t)\,dt$를 찾아라.

풀이 다음과 같이 직접 계산하여 찾는다.

$$\int_1^2 \mathbf{f}(t)\,dt = \left(\int_1^2 (-3t^2 + 2t)\,dt,\ \int_1^2 t^3\,dt,\ \int_1^2 7dt\right) = \left(-4,\ \frac{15}{4},\ 7\right)$$ ▮

---

3) 적분 구간의 길이가 유한하지 않거나 적분 구간 내의 한 점 또는 구간의 끝점에서 피적분 함수의 좌극한 또는 우극한이 양 또는 음의 무한대로 발산하는 경우의 정 적분을 말한다.

연습 문제 2.1 *Exercises*

1. 다음 벡터 함수 $\mathbf{f}(t)$에 대해 $\lim_{t\to0}\mathbf{f}(t)$를 찾아라.

(1) $\mathbf{f}(t)=\left(\dfrac{t}{\sin t},\ \dfrac{1-\cos t}{t}\right)$　　(2) $\mathbf{f}(t)=\left(\dfrac{t}{\cos t},\ t\left(1+\dfrac{1}{t}\right),\ 2+\sin t\right)$

(3) $\mathbf{f}(t)=(e^t,\ te^2)$　　(4) $\mathbf{f}(t)=(e^t\sin t,\ e^t\cos t,\ -e^t)$

2. 다음 극한을 찾아라.

(1) $\mathbf{f}(t)=(t-1,\ 3,\ 7)$일 때, $\lim_{t\to1}\mathbf{f}(t)$

(2) $\mathbf{f}(t)=\left(0,\ \dfrac{t^2+4t+3}{t+3},\ \ln(t+4)\right)$일 때, $\lim_{t\to-3}\mathbf{f}(t)$

3. 다음 벡터 함수가 연속인 점 t의 집합을 찾아라.

(1) $\mathbf{f}(t)=(\tan^{-1}t,\ 0,\ t^2)$　　(2) $\mathbf{f}(t)=\left(e^t,\ \cos\dfrac{1}{1+t},\ \ln|1+t|\right)$

(3) $\mathbf{f}(t)=\left(\sqrt{1-t^2},\ 3t,\ -7\right)$　　(4) $\mathbf{f}(t)=\left(\dfrac{1}{t-1},\ \dfrac{1}{t-2},\ \dfrac{1}{t-3}\right)$

4. 다음 벡터 함수의 도함수와 도함수가 정의되는 t의 집합을 찾아라.

(1) $\mathbf{f}(t)=\left(\ln\sqrt{1+t},\ \sqrt{1-t^2}\right)$　　(2) $\mathbf{f}(t)=\left(\sin^{-1}(2t),\ \tan^{-1}(3t),\ 1/t\right)$

(3) $\mathbf{f}(t)=\left(\dfrac{2t-1}{2t+1},\ \ln(1-4t^2)\right)$

(4) $\mathbf{f}(t)=\left(\sec^{-1}(3t),\ \cosh(2t),\ \tanh(4t)\right)$

(5) $\mathbf{f}(t)=\sin^{-1}(2t)\mathbf{i}+\sqrt{1-t^2}\mathbf{j}+\mathbf{k}$

(6) $\mathbf{f}(t)=t\mathbf{a}\times(\mathbf{b}+t\mathbf{c})$　(**a**, **b**, **c**는 상수 벡터)

5. 함수 $s(t)$가 아래와 같을 때 벡터 함수 $\mathbf{f}(s)=\left(se^s,\ \ln(3s)\right)$에 대해 $\mathbf{f}'(t)$를 찾아라.

(1) $s(t)=\ln t$　　(2) $s(t)=e^t$

6. 다음 벡터 함수 $\mathbf{f}(t)$와 함수 $t(s)$에 대해 $\mathbf{f}'(s)$를 찾아라.

(1) $\mathbf{f}(t)=\left(1/\sqrt{t},\ \sin t,\ \ln(1+t^2)\right)$,　$t=\sqrt{s-1}$

(2) $\mathbf{f}(t)=\left(\cos t,\ \tan^{-1}t,\ -1/(1+\sqrt{t})\right)$,　$t=s^2+2s+1$,　$s+1>0$

7. 변수 s와 t가 $dt/ds=t$를 만족시킬 때, 다음 함수 $\mathbf{f}$에 대해 $\mathbf{f}'(s)=d\mathbf{f}(s)/ds$를 변수 t에 관한 함수로 나타내라.

$$\mathbf{f}(t)=(t\sin t+\cos t)\mathbf{i}-(t\cos t-\sin t)\mathbf{j}$$

8. 다음 벡터 함수의 이계 도함수를 찾아라.

(1) $\mathbf{f}(t)=(t,\ t^5)$ (2) $\mathbf{f}(t)=(\ln t,\ e^{3t})$

9. 정리 2.1-2와 2.1-3을 증명하라.

10. 다음 적분을 계산하라(단, $\mathbf{p}$, $\mathbf{q}$는 상수 벡터).

(1) $\int ((\cos t)\mathbf{p}+(\sin t)\mathbf{q})\,dt$ (2) $\int_0^1 \left(\frac{1}{1+t^2}\mathbf{p}+\frac{1}{\sqrt{1-t^2}}\mathbf{q}\right)dt$

11. 정리 2.1-4를 증명하라.

12. $\mathbf{r}'(t)=2t\mathbf{i}+3t^2\mathbf{j}+\sqrt{t}\,\mathbf{k}$ 이고 $\mathbf{r}(1)=2\mathbf{i}+\mathbf{j}$ 일 때, $\mathbf{r}(t)$를 찾아라.

13. $|\mathbf{r}(t)|\neq \mathbf{0}$ 일 때, 다음이 성립함을 증명하라.

$$\frac{d}{dt}|\mathbf{r}(t)|=\frac{1}{|\mathbf{r}(t)|}\boldsymbol{r}(t)\cdot\boldsymbol{r}'(t)$$

2.2 곡선

평면 또는 공간에서 운동하는 물체의 위치 벡터의 궤적이 나타내는 곡선을 일변수 벡터 함수로 나타낼 수 있다. 이 절에서는 벡터 함수를 이용하여 곡선의 접선 벡터, 길이와 곡률 등을 다루고 곡선의 기하학적 성질과 응용에 대해 알아본다.

곡선과 매개 곡선

집합 C를 n차원 공간 $\mathbb{R}^n$ $(n>1)$의 부분 집합이라고 하자. 이때 다음을 만족시키는 구간 $I\subset\mathbb{R}$에서 연속인 벡터 함수 $\mathbf{x}: I\to\mathbb{R}^n$가 존재하면 집합 C를 공간 $\mathbb{R}^n$의 **매개 곡선(parametric curve)**이라고 한다.

$$C=\{\mathbf{x}(t)\in\mathbb{R}^n \mid t\in I\}$$

여기서 변수 t를 **매개 변수(parameter)**, 벡터 함수 $\mathbf{x}: I\to\mathbb{R}^n$를 곡선 C의 **매개화(parametrization)**라고 한다. 흔히 벡터 함수 $\mathbf{x}: I\to\mathbb{R}^n$가 매개화인 곡선 C를 다음과 같이 나타낸다.

$$C: \mathbf{x}(t),\ t\in I \quad \text{또는} \quad C: \mathbf{x}(t)=(x_1(t),\ \cdots,\ x_n(t)),\ t\in I$$

따라서 구간 $I\subset\mathbb{R}$에서 연속인 벡터 함수 $\mathbf{x}: I\to\mathbb{R}^n$의 치역 $\{\mathbf{x}(t)\in\mathbb{R}^n \mid t\in I\}$는 공간 $\mathbb{R}^n$의 곡선이다. 앞으로 연속인 벡터 함수 $\mathbf{x}$의 치역으로 주어지는 매개 곡선을 간단히 곡선 $\mathbf{x}$ 또는 곡선 $\mathbf{x}(t)$로 나타내기로 한다.

일반적으로 한 곡선의 매개화는 여러 가지가 있다. 예를 들면 평면에서 중심이 원점인 단위 원의 매개화는 다음과 같이 적어도 세 가지가 있다.

$$\mathbf{x}(t)=(\cos t,\ \sin t),\ t\in[0,\ 2\pi]$$
$$\mathbf{y}(t)=(\cos 2\pi t,\ \sin 2\pi t),\ t\in[0,\ 1]$$
$$\mathbf{z}(t)=\left(\frac{1-t^2}{1+t^2},\ \frac{2t}{1+t^2}\right),\ t\in\mathbb{R}$$

곡선의 접선 벡터

매개화 $\mathbf{x}(t)$가 미분 가능한 곡선 C를 **미분 가능한 곡선(differentiable curve)**이라 한다. 이때 함수 $\mathbf{x}(t)$의 도함수 $\mathbf{x}'(t)$를 곡선의 **속도 벡터** 또는 **속도(velocity)**라 하고 $\mathbf{v}(t)$로

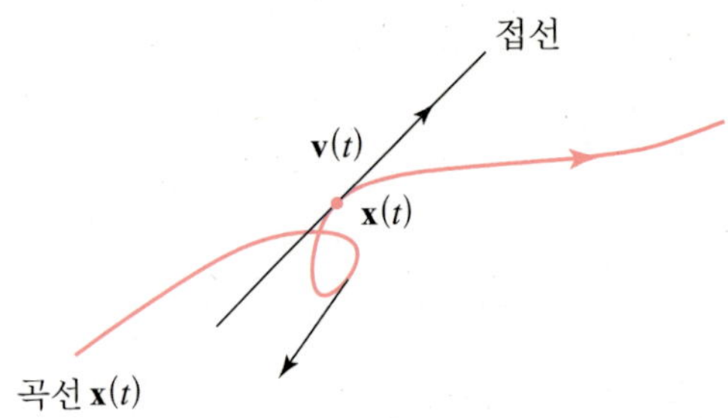

‖ 그림 2.2-1 ‖ 곡선의 접선 벡터와 접선

나타낸다. 특히 모든 점 t에서 속도 $\mathbf{v}(t)$가 영 벡터가 아닌 미분 가능한 곡선을 **정규 곡선**(normal curve)이라 한다.

미분 가능한 곡선 $\mathbf{x}$의 속도 $\mathbf{v}(t)$가 영 벡터가 아니고 시점이 $\mathbf{x}(t)$이면, $\mathbf{v}(t)$는 그림 2.2-1에서와 같이 곡선의 점 $\mathbf{x}(t)$에서 곡선에 접하므로 벡터 $\mathbf{v}(t)$를 점 $\mathbf{x}(t)$에서 곡선 $\mathbf{x}$의 **접선 벡터**(tangent vector)라고도 한다. 이때 점 $\mathbf{x}(t)$를 지나고 방향 벡터가 $\mathbf{v}(t)$인 직선을 점 $\mathbf{x}(t)$에서의 곡선 $\mathbf{x}$의 **접선**(tangent line)이라고 한다.

한편 두 번 미분 가능한 함수 $\mathbf{x}$로 주어지는 곡선에서 $\mathbf{x}''(t)$를 곡선의 **가속도 벡터** 또는 **가속도**(acceleration)라 하며 $\mathbf{a}(t)$로 나타낸다.

예제 2.2-1 그림 2.2-2의 **원형 나선**(circular helix) $\mathbf{x}(t)=(\cos t,\ \sin t,\ t),\ t\in\mathbb{R}$에 있는 점 $\mathbf{x}(\pi/2)$에서의 접선의 방정식을 찾아라.

풀이 먼저 $\mathbf{x}(\pi/2)=(0,\ 1,\ \pi/2)$이다. 그리고 $\mathbf{x}'(t)=(-\sin t,\ \cos t,\ 1)$이므로 접선 벡터는 $\mathbf{x}'(\pi/2)=(-1,\ 0,\ 1)$이다. 따라서 접선의 방정식은 식 (1.3-3)에 의해 다음과 같다.

$$-x=z-\frac{\pi}{2},\ y=1$$

∎

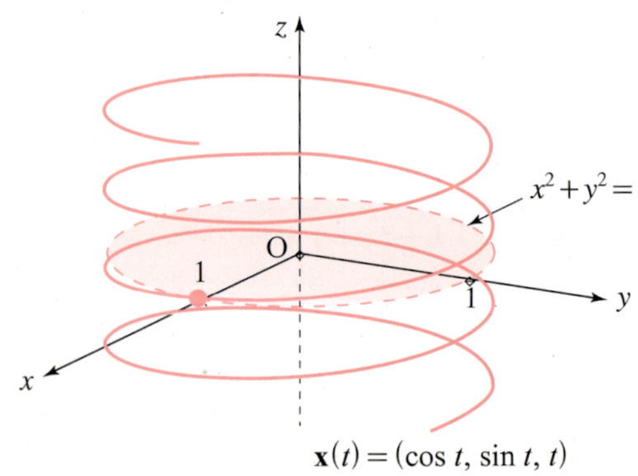

‖ 그림 2.2-2 ‖ 원형 나선

예제 2.2-2 질량이 m인 질점 $P(x, y)$가 쌍곡선 $x^2 - y^2 = r^2$을 따라 다음과 같이 운동한다고 하자(단, r과 ω는 양의 상수).

$$x(t) = r\cosh\omega t, \quad y(t) = r\sinh\omega t \ (t \geq 0)$$

이때 질점 P의 속도 벡터 $\mathbf{v}(t)$, 가속도 벡터 $\mathbf{a}(t)$와 힘 $\mathbf{F}(t)$를 찾아라.

풀이 점 $P(x, y)$의 운동 곡선을 $\mathbf{x}(t)$라 하면 $\mathbf{x}(t) = (r\cosh\omega t, r\sinh\omega t)$이다. 따라서 $\mathbf{v}(t) = \omega(r\sinh\omega t, r\cosh\omega t)$, $\mathbf{a}(t) = \omega^2(r\cosh\omega t, r\sinh\omega t) = \omega^2\mathbf{x}(t)$이다. 그리고 뉴턴의 제2 법칙 $\mathbf{F}(t) = m\mathbf{a}(t)$로부터 힘 $\mathbf{F}(t)$는 $m\omega^2\mathbf{x}(t)$이므로 힘의 크기는 $m\omega^2|\mathbf{x}(t)|$이다. 즉 힘의 크기는 원점과 질점 사이의 거리에 비례한다. 또 힘의 방향은 벡터 $\mathbf{x}(t)$의 방향과 같다(그림 2.2-3 참조). ∎

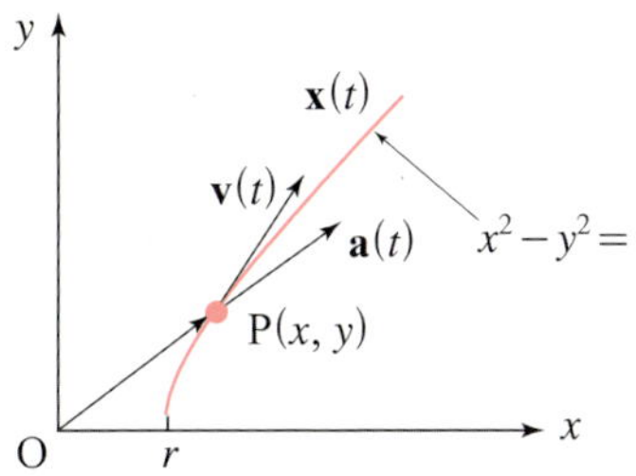

‖ 그림 2.2-3 ‖ 쌍곡선 $x^2 - y^2 = r^2$을 따라 운동하는 질점의 위치, 속도, 가속도 벡터

곡선의 길이

닫힌 구간 $I = [a, b]$에 대해 다음과 같은 유한 개의 점 $t_0, t_1, \cdots, t_k$를 생각하자.

$$a = t_0 < t_1 < \cdots < t_{i-1} < t_i < \cdots < t_{k-1} < t_k = b$$

여기서 집합 $P = \{t_0, t_1, \cdots, t_k\}$를 닫힌 구간 I의 분할(partition)이라 한다. 이때 작은 구간 $[t_{i-1}, t_i]$, $i = 1, \cdots, k$ 중에서 그 길이가 가장 큰 값을 분할 P의 크기라 하며 $\|P\|$로 나타낸다. 즉 $\|P\| = \max\limits_{1 \leq i \leq k} \Delta t_i$이다(단, $\Delta t_i = t_i - t_{i-1}$, $i = 1, \cdots, k$).

곡선 $C : \mathbf{x}(t)$, $t \in I = [a, b]$에 대해 집합 $P = \{t_0, t_1, \cdots, t_k\}$를 구간 I의 분할이라 하고, 각각의 작은 구간 $[t_{i-1}, t_i]$에 대응하는 곡선 C의 두 점 $\mathbf{x}(t_{i-1})$과 $\mathbf{x}(t_i)$ 사이의 거리 $\Delta s_i = |\mathbf{x}(t_i) - \mathbf{x}(t_{i-1})|$를 생각하자(그림 2.2-4 참조). 이때 k가 충분히 큰 자연수라고 하면 곡선 C의 길이의 근삿값을 다음과 같이 쓸 수 있다.

$$(\text{곡선 } C\text{의 길이}) \approx \sum_{i=1}^{k} \Delta s_i = \sum_{i=1}^{k} |\mathbf{x}(t_i) - \mathbf{x}(t_{i-1})| \tag{2.2-1}$$

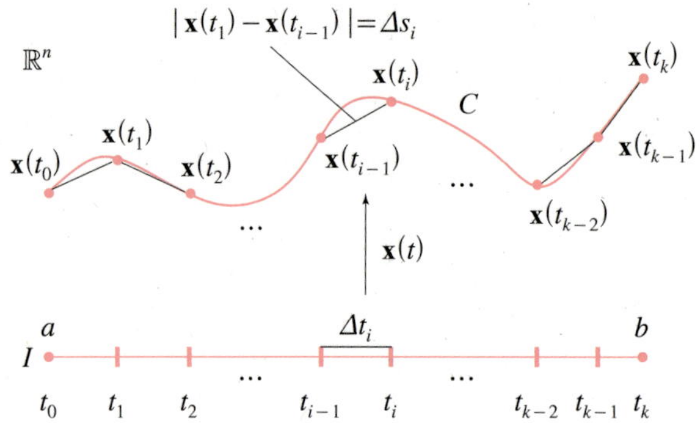

‖ 그림 2.2-4 ‖ 곡선의 길이

구간 I의 분할 P의 크기 $\|P\|$가 0이 되도록 구간 I를 더욱 분할하면 각 분할 P에 대응하는 식 (2.2-1)의 우변의 합은 점점 곡선 C의 길이에 가까워질 것이다. 만일 $\|P\| \to 0$일 때 식 (2.2-1)의 우변의 합의 극한이 존재하면 그 극한을 곡선 C의 길이(arc length)라고 하고 다음과 같이 나타낸다.

$$(\text{곡선 } C\text{의 길이}) = \int_C ds$$

한편 $\mathbf{x}(t)$의 도함수가 연속이고 분할의 크기가 충분히 작다면 벡터 함수의 미분의 정의로부터 식 (2.2-1)을 다음과 같이 쓸 수 있다.

$$\sum_{i=1}^{k} \Delta s_i = \sum_{i=1}^{k} |\mathbf{x}(t_i) - \mathbf{x}(t_{i-1})| \approx \sum_{i=1}^{k} |\mathbf{x}'(t_{i-1})| \Delta t_i$$

이제 $\|P\| \to 0$일 때의 극한을 생각하면 다음을 얻는다.

$$\int_C ds = \int_a^b |\mathbf{x}'(t)|\, dt = \int_a^b \sqrt{\{x_1{}'(t)\}^2 + \cdots + \{x_n{}'(t)\}^2}\, dt \tag{2.2-2}$$

곡선의 도함수 $\mathbf{x}'(t)$가 연속이므로 식 (2.2-2)의 우변의 두 적분은 존재한다.

참고 식 (2.2-2)에서 $ds = |\mathbf{x}'(t)|dt$로 나타내고 ds를 곡선 $\mathbf{x}$의 선 요소 또는 선소(line element)라 한다. 또 $|\mathbf{x}(t_k) - \mathbf{x}(t_{k-1})| = \Delta s_k$이므로 다음이 성립한다.

$$\Delta s_k = \sqrt{\sum_{m=1}^{n} |x_m(t_k) - x_m(t_{k-1})|^2}$$

이로부터 $\Delta x_m = |x_m(t_k) - x_m(t_{k-1})|$로 놓아 $ds = \sqrt{dx_1^2 + \cdots + dx_n^2}$과 같이 쓰기도 한다.

식 (2.2-2)로부터 곡선 $\mathbf{x}$의 두 점 $\mathbf{x}(t_0)$과 $\mathbf{x}(t)$ 사이의 길이 $s(t)$는 다음과 같다.

$$s(t) = \int_{t_0}^{t} |\mathbf{x}'(\tau)|\,d\tau = \int_{t_0}^{t} \sqrt{\{x_1'(\tau)\}^2 + \cdots + \{x_n'(\tau)\}^2}\,d\tau \tag{2.2-3}$$

한편 함수 $|\mathbf{x}'(t)|$가 연속이므로, 미적분학의 기본 정리로부터 함수 $s(t)$는 미분 가능한 함수이고 도함수 $s'(t)$는 다음과 같다.

$$s'(t) = \frac{ds}{dt} = |\mathbf{x}'(t)| = \left|\frac{d\mathbf{x}(t)}{dt}\right| = |\mathbf{v}(t)|$$

속도의 크기 $|\mathbf{v}(t)|$를 곡선 $\mathbf{x}(t)$의 **속력(speed)**이라 하고 $v(t) = |\mathbf{v}(t)|$로 나타낸다. 따라서 $s'(t) = v(t)$이다.

예제 2.2-3 그림 2.2-2의 원형 나선 $\mathbf{x}(t) = (\cos t,\ \sin t,\ t)$의 두 점 $\mathbf{x}(0)$과 $\mathbf{x}(2\pi)$ 사이의 길이를 찾아라.

풀이 예제 2.2-1에서 $v(t) = \sqrt{2}$이므로 찾는 길이는 다음과 같다.

$$s(2\pi) = \int_0^{2\pi} v(t)\,dt = 2\sqrt{2}\,\pi$$

■

곡선의 길이로 매개화

예제 2.2-2에서 서로 다른 ω에 대한 벡터 함수는 쌍곡선 $x^2 - y^2 = r^2$에 대한 서로 다른 매개화이다. 따라서 곡선을 질점의 운동 궤적으로 생각하면, 곡선의 매개화는 힘과 속력 등과 같은 질점의 운동 특성과 밀접한 관련이 있다. 이제 매개화에 의존하지 않는 곡률, 비틀림률 등과 같은 곡선의 기하학적 특성에 대해 알아본다. 이를 위해 먼저 곡선을 곡선의 길이로 매개화하는 것에 대해 알아보자.

곡선 $\mathbf{x}$를 도함수가 연속인 정규 곡선이라고 하자. 그러면 $ds/dt = v(t) \neq 0$이므로 일변수 실함수의 역 함수 정리[4]에 의해 곡선의 길이를 나타내는 함수 $s(t)$의 다음을 만족시키는 역 함수 $t(s)$가 존재하고 그 도함수는 연속이다.

$$\frac{dt}{ds} = \frac{1}{v(t)}$$

---

4) 미분 가능한 함수 f가 구간 I의 모든 점 x에서 $f'(x) \neq 0$이면, 함수 $y = f(x)$의 미분 가능한 역 함수 $x = g(y)$가 존재한다. 이때 $dg/dy = 1/(dy/dx)$ 또는 $dx/dy = 1/(dy/dx)$가 성립한다.

이제 $t=t(s)$는 s에 관해 미분 가능한 함수이고 $\mathbf{x}(t) = \mathbf{x}(t(s)) = \mathbf{x}(s)$이므로 벡터 함수 $\mathbf{x}$는 변수 s에 관해 미분 가능한 함수이다. 이때 곡선 $\mathbf{x}$의 길이 s를 매개 변수로 한 벡터 함수 $\mathbf{x}(s)$를 **길이를 이용한 곡선 $\mathbf{x}$의 매개화**라고 하며, 이 경우에 곡선 $\mathbf{x}$는 **길이로 매개화되었다**고 하고 곡선 $\mathbf{x}(s)$로 나타낸다.

이제 길이로 매개화된 곡선 $\mathbf{x}(s)$의 성질을 알아보자. 먼저 정리 2.1-2의 연쇄 법칙에 의하면 다음이 성립한다.

$$\frac{d\mathbf{x}}{ds} = \frac{dt}{ds}\frac{d\mathbf{x}}{dt} = \frac{dt}{ds}\mathbf{v}$$

여기서 $|d\mathbf{x}/ds| = |\mathbf{v}||dt/ds| = v(t)/v(t) = 1$이므로 $d\mathbf{x}/ds$는 단위 벡터이다. 또한 $dt/ds = 1/v(t)$은 스칼라 함수이므로 벡터 $d\mathbf{x}(s)/ds$는 곡선 $\mathbf{x}(t)$의 접선 벡터 $\mathbf{x}'(t)$와 같은 방향을 가진다.

한편 $\mathbf{T}(t) := \mathbf{x}'(t)/|\mathbf{x}'(t)| = \mathbf{v}(t)/v(t)$를 **단위 접선 벡터**라고 한다. 위의 논의로부터 $d\mathbf{x}(s)/ds$는 단위 접선 벡터, 즉 $d\mathbf{x}/ds = \mathbf{T}(s)$임을 알 수 있다.

만일 $\mathbf{x}(s)$가 두 번 미분 가능하면, 식 $|d\mathbf{x}(s)/ds|^2 = |\mathbf{x}'(s)|^2 = 1$의 양변을 s에 관해 미분하여 $2\mathbf{x}'(s)\cdot\mathbf{x}''(s) = 0$을 얻는다. 즉 길이로 매개화된 곡선의 속도와 가속도는 항상 직교한다. 이를 정리하면 다음과 같다.

정리 2.2-1

(1) 도함수가 연속인 정규 곡선은 곡선의 길이로 매개화할 수 있다.
(2) 길이로 매개화된 곡선의 속력은 항상 1이다. $v(t) = 1$인 곡선은 길이로 매개화된 곡선이다.
(3) 길이로 매개화된 곡선이 두 번 미분 가능하면 속도와 가속도는 직교한다.

예제 2.2-4 원형 나선 $\mathbf{x}(t) = (\cos t,\ \sin t,\ t)$를 길이로 매개화하라.

풀이 $\mathbf{x}'(t) = (-\sin t,\ \cos t,\ 1)$이므로 $v(t) = |\mathbf{x}(t)| = \sqrt{2}$, 즉 $ds/dt = v(t) = \sqrt{2}$이다. 적분 구간을 구간 $[0,\ t]$로 택하여 속력 $v(t)$를 t에 대해 적분하면 $s(t) = \sqrt{2}t$이다. 따라서 $t = s/\sqrt{2}$를 이용하여 곡선 $\mathbf{x}$를 길이로 매개화하면 다음과 같다.

$$\mathbf{x}(s) = \mathbf{x}(t(s)) = \left(\cos\frac{s}{\sqrt{2}},\ \sin\frac{s}{\sqrt{2}},\ \frac{s}{\sqrt{2}}\right)$$

곡선의 곡률

곡선 $\mathbf{x}$를 두 번 미분 가능한 정규 곡선이라 하고, $\mathbf{x}(s)$를 길이를 이용한 매개화라고 하자. 이때 단위 접선 벡터의 도함수 $d\mathbf{T}(s)/ds$를 곡선 $\mathbf{x}$의 **곡률 벡터**(curvature vector), 그 크기를 곡선 $\mathbf{x}$의 **곡률**(curvature)이라 하고 $\kappa(s)$로 나타낸다. 따라서 곡선 $\mathbf{x}$의 곡률 $\kappa(s)$는 다음과 같다.

$$\kappa(s) = \left| \frac{d\mathbf{T}(s)}{ds} \right| \tag{2.2-4}$$

참고 곡선 $\mathbf{x}$의 곡률 벡터 $d\mathbf{T}(s)/ds$는 곡선을 따라 진행할 때 접선 벡터 $\mathbf{T}(s)$의 곡선의 길이 s에 관한 미분, 즉 곡선의 길이 s의 변화에 대한 접선 벡터 $\mathbf{T}$의 순간 변화율을 뜻한다. 곡선 $\mathbf{x}$를 따라 진행할 때 단위 접선 벡터 $\mathbf{T}(s)$의 크기가 상수이므로 크기는 변하지 않고 방향만 변한다. 따라서 곡선의 곡률은 곡선을 따라 진행할 때 단위 접선 벡터의 방향의 변화율의 크기, 즉 곡선의 휜 정도를 나타낸다.

예제 2.2-5 평면에서 원 $(x-p)^2+(y-q)^2 = r^2$ $(r>0)$의 곡률을 찾아라.

풀이 주어진 원의 매개화로 다음과 같은 벡터 함수를 생각하자.

$$\mathbf{x}(t) = (r\cos t + p,\ r\sin t + q) \quad (0 \le t \le 2\pi)$$

그러면 $\mathbf{x}'(t) = (-r\sin t,\ r\cos t)$이므로 다음을 얻는다.

$$s(t) = \int_0^t |\mathbf{x}'(\tau)|\, d\tau = \int_0^t r\, d\tau = rt$$

따라서 곡선 $\mathbf{x}(t)$를 곡선의 길이 s로 매개화하여 나타내면 다음과 같다.

$$\mathbf{x}(s) = \left(r\cos\frac{s}{r} + p,\ r\sin\frac{s}{r} + q\right) \quad (0 \le s \le 2\pi r)$$

그러므로 주어진 원의 단위 접선 벡터 $\mathbf{T}(s)$와 곡률 벡터 $d\mathbf{T}(s)/ds$는 다음과 같다.

$$\mathbf{T}(s) = \frac{d\mathbf{x}}{ds} = \left(-\sin\frac{s}{r},\ \cos\frac{s}{r}\right), \quad \frac{d\mathbf{T}(s)}{ds} = -\frac{1}{r}\left(\cos\frac{s}{r},\ \sin\frac{s}{r}\right)$$

따라서 반지름이 r인 원의 곡률은 $1/r$이다.

만일 곡선 $\mathbf{x}$에 있는 점 $\mathbf{x}(s)$에서 $\kappa(s)>0$이면 곡률의 역수 $\rho(s) = 1/\kappa(s)$를 점 $\mathbf{x}(s)$에서 곡선 $\mathbf{x}$의 **곡률 반지름**(radius of curvature)이라고 한다. 특히 $\kappa(s) = 0$인 경우

는 곡률 반지름 $\rho(s)$를 무한대(∞)로 정의한다.

예제 2.2-5에서 반지름이 r인 원의 곡률은 $1/r$이고 곡률 반지름은 r이다. 일반적으로 곡선에 있는 점 P에서 곡선의 곡률이 $1/r$이면 그림 2.2-5에 보인 것과 같이 점 P에서 곡선에 접하는 반지름이 r인 원을 생각할 수 있다. 이러한 원을 점 P에서의 곡선의 **곡률 원**(circle of curvature 또는 osculating circle)이라고 한다.

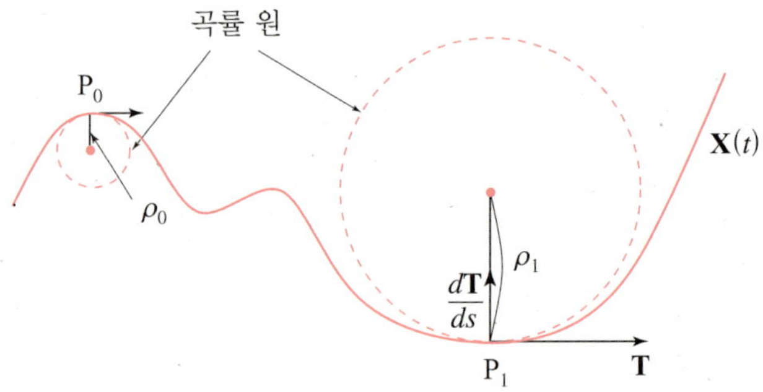

‖ 그림 2.2-5 ‖ 곡률과 곡률 원: ρ_0과 ρ_1은 각각 점 P_0과 P_1에서의 곡률 반지름

참고 곡률이 크면 그 점에서 곡선이 많이 휘어 있다는 것이고, 곡률 벡터의 방향은 곡선이 휘는 방향을 나타낸다. 곡률이 0인 점에서는 곡률 벡터가 영 벡터이므로 곡선의 단위 접선 벡터의 방향이 일정하다는 것, 즉 휘지 않았음을 말한다. 이 경우에 반지름이 무한대인 원, 즉 직선을 그 점에서의 곡률 원으로 생각할 수 있다.

평면 $\mathbb{R}^2$의 경우에 영 아닌 벡터에 수직인 단위 벡터는 방향을 무시하면 한 개다. 따라서 두 번 미분 가능하고 길이로 매개화된 정규 곡선의 가속도 방향의 단위 벡터가 주어진 곡선의 유일한 단위 법선 벡터이다(정리 2.2-1의 (3) 참조).

삼차원 공간 $\mathbb{R}^3$의 경우에는 정리 2.2-1의 (3)을 이용하여 단위 접선 벡터 $\mathbf{T}(s)$와 직교하는 단위 벡터 $\mathbf{N}(s)$를 다음과 같이 정의하고 **주 단위 법선 벡터**(principal unit normal vector)라고 부른다.

$$\mathbf{N}(s) = \frac{d\mathbf{T}/ds}{|d\mathbf{T}/ds|} = \frac{1}{\kappa(s)}\frac{d\mathbf{T}(s)}{ds} \tag{2.2-5}$$

곡선 위의 점 P에서 주 법선 방정식(principal normal line)은 점 P를 지나고 방향 벡터가 주 단위 법선 벡터 $\mathbf{N}(s)$와 평행한 직선으로 정의한다.

길이로 매개화하기 힘든 경우에 식 (2.2-4)를 이용하여 곡선의 곡률을 찾기는 쉽지 않다. 그러므로 다음은 유용한 정리이다.

정리 2.2-2

두 번 미분 가능한 정규 곡선 $\mathbf{x}(t)$에 대하여 다음이 성립한다.

(1) $\kappa(t) = \dfrac{1}{|\mathbf{x}'(t)|}\left|\dfrac{d}{dt}\left(\dfrac{\mathbf{x}'(t)}{|\mathbf{x}'(t)|}\right)\right|$ (2.2-6)

(2) $\kappa(t) = \dfrac{|\mathbf{x}'(t)\times\mathbf{x}''(t)|}{|\mathbf{x}'(t)|^3}$ (2.2-7)

증명 (1) $ds/dt = v(t)$이므로 $\mathbf{x}(s) = \mathbf{x}(s(t))$에 연쇄 법칙을 적용하면 다음을 얻는다.

$$\mathbf{T}(s) = \frac{d\mathbf{x}(s)}{ds} = \frac{dt}{ds}\frac{d\mathbf{x}(t)}{dt} = \frac{\mathbf{x}'(t)}{v(t)} \tag{2.2-8}$$

이 식을 s에 대해 한 번 더 미분하여 다음을 얻는다.

$$\frac{d\mathbf{T}(s)}{ds} = \frac{dt}{ds}\frac{d}{dt}\left(\frac{\mathbf{x}'(t)}{v(t)}\right) = \frac{1}{v(t)}\frac{d}{dt}\left(\frac{\mathbf{x}'(t)}{v(t)}\right)$$

따라서 곡률의 정의로부터 다음을 얻는다.

$$\kappa(t) = \kappa(s(t)) = \left|\frac{d\mathbf{T}(s)}{ds}\right| = \frac{1}{v(t)}\left|\frac{d}{dt}\left(\frac{\mathbf{x}'(t)}{v(t)}\right)\right|$$

(2) 식 (2.2-8)로부터 $\mathbf{x}'(t) = (ds/dt)\mathbf{T}(s)$이다. 이 식의 양변을 t에 관해 미분하면 식 (2.2-5)를 이용하여 다음을 얻는다.

$$\mathbf{x}''(t) = \frac{d^2s}{dt^2}\mathbf{T}(s) + \left(\frac{ds}{dt}\right)^2\frac{d\mathbf{T}(s)}{ds} = \frac{d^2s}{dt^2}\mathbf{T}(s) + \kappa\left(\frac{ds}{dt}\right)^2\mathbf{N}(s) \tag{2.2-9}$$

위 식의 양변에 $\mathbf{T}$를 외적하고, 외적의 성질과 $\mathbf{T}(s) = \mathbf{x}'(t)/|\mathbf{x}'(t)|$, $\mathbf{T}\times\mathbf{T} = 0$임을 이용하여 다음 식을 얻는다.

$$\mathbf{T}\times\mathbf{x}'' = \mathbf{T}\times\left\{\frac{d^2s}{dt^2}\mathbf{T} + \kappa\left(\frac{ds}{dt}\right)^2\mathbf{N}\right\},$$

$$\frac{\mathbf{x}'}{|\mathbf{x}'|}\times\mathbf{x}'' = \mathbf{T}\times\left(\frac{d^2s}{dt^2}\mathbf{T}\right) + \mathbf{T}\times\left\{\kappa\left(\frac{ds}{dt}\right)^2\mathbf{N}\right\},$$

$$\frac{1}{ds/dt}(\mathbf{x}'\times\mathbf{x}'') = \frac{d^2s}{dt^2}(\mathbf{T}\times\mathbf{T}) + \kappa\left(\frac{ds}{dt}\right)^2(\mathbf{T}\times\mathbf{N}) = \kappa\left(\frac{ds}{dt}\right)^2(\mathbf{T}\times\mathbf{N}),$$

$$\mathbf{x}'\times\mathbf{x}'' = \kappa\left(\frac{ds}{dt}\right)^3(\mathbf{T}\times\mathbf{N}) \tag{2.2-10}$$

이제 식 (2.2-10)에서 $ds/dt = |\mathbf{x}'(t)|$와 $|\mathbf{T}\times\mathbf{N}| = 1$임을 이용하면 다음을 얻는다.

$$\kappa(t) = \frac{|\mathbf{x}' \times \mathbf{x}''|}{|\mathbf{x}'|^3}$$ ▮

예제 2.2-6 원형 나선 $\mathbf{x}(t) = (\cos t,\ \sin t,\ t)$의 곡률을 찾아라.

풀이 먼저 $\mathbf{x}'(t) = (-\sin t,\ \cos t,\ 1)$이고 $\mathbf{x}''(t) = -(\cos t,\ \sin t,\ 0)$이므로 $\mathbf{x}' \times \mathbf{x}''$은 다음과 같다.

$$\mathbf{x}' \times \mathbf{x}'' = \begin{vmatrix} \mathbf{i} & \mathbf{j} & \mathbf{k} \\ -\sin t & \cos t & 1 \\ -\cos t & -\sin t & 0 \end{vmatrix} = (\sin t,\ -\cos t,\ 1)$$

그런데 $|\mathbf{x}'(t)| = \sqrt{2}$이고 $|\mathbf{x}' \times \mathbf{x}''| = \sqrt{\sin^2 t + \cos^2 t + 1} = \sqrt{2}$이므로 찾는 곡률은 식 (2.2-7)에 의하여 다음과 같다.

$$\kappa = \frac{|\mathbf{x}' \times \mathbf{x}''|}{|\mathbf{x}'|^3} = \frac{\sqrt{2}}{2\sqrt{2}} = \frac{1}{2}$$ ▮

정리 2.2-2의 증명에서 식 (2.2-9)는 곡선 $\mathbf{x}$의 가속도 벡터 $\mathbf{x}''(t)$를 단위 접선 벡터 $\mathbf{T}$와 주 단위 법선 벡터 $\mathbf{N}$으로 분해하여 표현할 수 있다는 사실을 말하고 있다. 따라서 식 (2.2-9)에서 단위 접선 벡터 $\mathbf{T}$의 계수 d^2s/dt^2를 가속도 벡터 $\mathbf{x}''(t)$의 접선 성분, 주 단위 법선 벡터 $\mathbf{N}$의 계수 $\kappa(ds/dt)^2$을 가속도 벡터 $\mathbf{x}''(t)$의 법선 성분이라 하고 각각 a_T와 a_N으로 나타낸다(그림 2.2-6 참조).

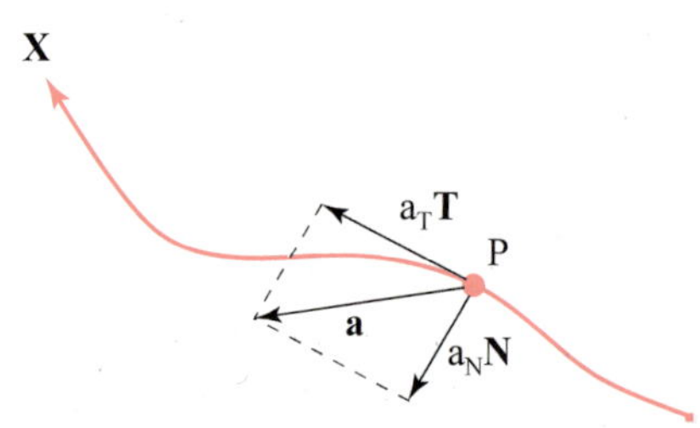

‖ 그림 2.2-6 ‖ 가속도 벡터의 분해

두 번 미분 가능하고 길이로 매개화된 정규 곡선 $\mathbf{x}$에 있는 점 P에서 접선과 주 법선을 포함하는 평면은 $\mathbf{T}$와 $\mathbf{N}$에 의해 결정된다. 이 평면은 $\mathbf{x}(t) = P$이 되는 순간에 곡선이 접촉하는 평면이다. 이러한 의미에서 곡선 $\mathbf{x}$에 있는 점 P에서 두 벡터 $\mathbf{T}$와 $\mathbf{N}$에 의해 결정되는 평면을 곡선 $\mathbf{x}$의 점 P에서의 **접촉 평면**(osculating plane 또는 kissing plane)이라 한다. 이 접촉 평면은 점 P에 접하는 곡률 원을 포함하는 평면이며, 곡선의 '비틀림'이 없다면 곡선은 항상 이 평면에 있게 된다.

곡선의 비틀림률

공간 $\mathbb{R}^3$에서 곡선의 접촉 평면은 방향을 바꿀 수 있다. 따라서 '접촉 평면의 변화율'을 이용하여 곡선이 얼마나 '비틀렸는지'를 다음과 같은 방법으로 알 수 있다.

벡터 $\mathbf{B} = \mathbf{T} \times \mathbf{N}$는 서로 직교하는 두 벡터 $\mathbf{T}$와 $\mathbf{N}$에 의하여 결정되는 접촉 평면에 수직인 단위 벡터이다. 이때 벡터 $\mathbf{B}$를 **단위 종 법선 벡터(unit binormal vector)**라고 부르고 접촉 평면의 방향으로 정의한다.

단위 종 법선 벡터 $\mathbf{B}$는 크기가 1이므로 방향만 바꿀 수 있다. 그러므로 곡선을 따라 진행할 때 접촉 평면의 방향의 변화율(곡선의 비틀림)은 $d\mathbf{B}/ds$를 이용하여 측정할 수 있을 것이다. 이에 대해 자세히 알아보자.

먼저 $\mathbf{B} \cdot \mathbf{T} = 0$이므로 이 식의 양변을 s에 관해 미분하고 $\mathbf{N} = (1/\kappa)\mathbf{T}'$임을 이용하면 다음을 얻는다.

$$\mathbf{B}' \cdot \mathbf{T} + \mathbf{B} \cdot \mathbf{T}' = \mathbf{B}' \cdot \mathbf{T} + \kappa\mathbf{B} \cdot \mathbf{N} = 0$$

그런데 $\mathbf{B} \cdot \mathbf{N} = 0$이므로 $\mathbf{B}' \cdot \mathbf{T} = 0$이다. 또 $\mathbf{B} \cdot \mathbf{B} = 1$이므로 $\mathbf{B}' \cdot \mathbf{B} = 0$이다. 즉 벡터 $\mathbf{B}'$은 벡터 $\mathbf{T}$와 $\mathbf{B}$가 결정하는 평면에 수직이다. 따라서 $\mathbf{B}'$은 주 단위 법선 벡터 $\mathbf{N}$과 평행하므로 다음 식을 만족시키는 적당한 실함수 $\tau(s)$가 존재한다.[5)]

$$\frac{d\mathbf{B}}{ds} = -\tau(s)\mathbf{N}(s) \tag{2.2-11}$$

이때 실함수 $\tau(s)$를 곡선 $\mathbf{x}$의 **비틀림률(torsion)**이라고 한다.

곡선의 곡률 $\kappa = |d\mathbf{T}/ds|$은 단위 접선 벡터 $\mathbf{T}$의 방향의 변화율을 나타낸다. 비틀림률의 크기 $|\tau(s)| = |d\mathbf{B}/ds|$는 단위 종 법선 벡터 $\mathbf{B}$, 즉 접촉 평면이 방향을 바꾸는(turning) 정도를 나타낸다. 여기서 곡률의 값은 항상 양수이지만, 비틀림률의 값은 임의의 실수가 될 수 있음에 주의하라.

곡선 $\mathbf{x}$가 곡선의 길이 s로 매개화되어 있는 경우에 식 (2.2-11)의 양변에 $\mathbf{N}$을 내적하여 얻는 다음 식을 이용하여 곡선 $\mathbf{x}$의 비틀림률 τ를 찾을 수 있다.

$$\tau(s) = \tau(s)\mathbf{N}(s) \cdot \mathbf{N}(s) = -\frac{d\mathbf{B}}{ds} \cdot \mathbf{N}(s) \tag{2.2-12}$$

일반적으로 길이로 매개화되어 있지 않은 곡선의 비틀림률은 다음을 이용하여 찾을 수 있다. 증명은 연습 문제로 남긴다.

5) 음의 부호는 전통적인 비틀림률의 정의와 부호를 맞추기 위한 것이다.

정리 2.2-3

세 번 미분 가능한 정규 곡선 $\mathbf{x}(t)$에 대하여 다음이 성립한다.

$$\tau(t) = \frac{(\mathbf{x}' \times \mathbf{x}'') \cdot \mathbf{x}'''}{|\mathbf{x}' \times \mathbf{x}''|^2} \tag{2.2-13}$$

예제 2.2-7 원형 나선 $\mathbf{x}(t) = (\cos t,\ \sin t,\ t)$의 비틀림률을 찾아라.

풀이 예제 2.2-6의 풀이에서 $\mathbf{x}'(t) \times \mathbf{x}''(t) = (\sin t,\ -\cos t,\ 1)$임을 알고 있다. 그리고 $\mathbf{x}'''(t) = (\sin t,\ -\cos t,\ 0)$이므로 $(\mathbf{x}'(t) \times \mathbf{x}''(t)) \cdot \mathbf{x}'''(t) = \sin^2 t + \cos^2 t = 1$이다. 또 $|\mathbf{x}'(t) \times \mathbf{x}''(t)| = \sqrt{2}$이므로 식 (2.2-13)을 이용하면 $\tau = 1/2$이다. ∎

움직이는 삼면

공간에서 두 번 미분 가능한 정규 곡선 $\mathbf{x}$에 있는 한 점 P에 세 개의 단위 벡터 $\mathbf{T}$, $\mathbf{N}$, $\mathbf{B}$가 대응된다. 이는 점 P에서 오른손 직교 좌표계를 이루는데, 두 벡터 $\mathbf{T}$와 $\mathbf{N}$이 만드는 평면을 접촉 평면, 두 벡터 $\mathbf{N}$과 $\mathbf{B}$가 만드는 평면을 **법 평면(normal plane)**, 두 벡터 $\mathbf{B}$와 $\mathbf{T}$가 만드는 평면을 **전직 평면(rectifying plane)**이라고 한다(그림 2.2-7 참조). 이 세 평면은 곡선 위의 점의 위치에 따라 변하므로 **움직이는 삼면(moving trihedral)**이라고 한다.

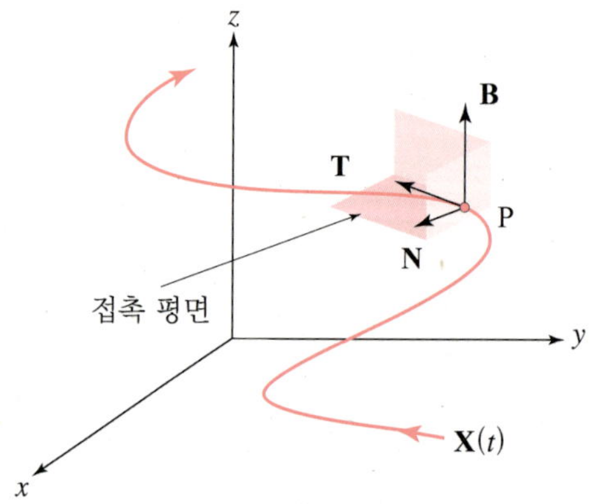

‖ 그림 2.2-7 ‖ 접촉 평면과 $\mathbf{T}$, $\mathbf{N}$, $\mathbf{B}$

예제 2.2-8 공간의 원점에서 시작한 질점의 운동 곡선이 다음과 같이 구면 좌표계의 매개 방정식으로 주어졌다.

$$\rho = t,\ \theta = t,\ \phi = \frac{\pi}{6}\ \ (t \geq 0)$$

시각 $t=0$일 때 질점의 운동 곡선과 그의 운동에 대하여 논하라(그림 2.2-8 참조).

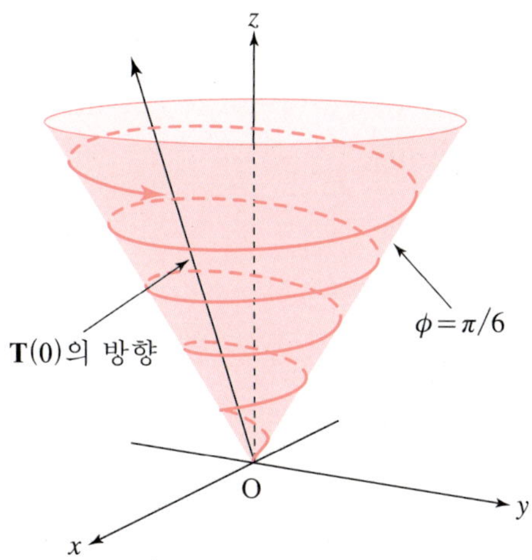

‖ 그림 2.2-8 ‖ 원뿔 나선(conical helix): $\rho = t,\ \theta = t,\ \phi = \frac{\pi}{6}\ \ (t \geq 0)$

풀이 원점에서, 즉 $t=0$일 때 운동 곡선의 성질을 접선의 방정식, 곡률 $\kappa(0)$, 비틀림률 $\tau(0)$, 가속도 벡터 $\mathbf{a}(0)$, 주 단위 법선 벡터 $\mathbf{N}(0)$, 단위 종 법선 벡터 $\mathbf{B}(0)$와 접촉 평면의 방정식을 찾아서 살펴보기로 한다. 먼저 질점의 운동을 나타내는 곡선 $\mathbf{x}$를 직교 좌표로 쓰면 다음과 같다.

$$\mathbf{x}(t) = (x,\ y,\ z) = (\rho\sin\phi\cos\theta,\ \rho\sin\phi\sin\theta,\ \rho\cos\phi) = \frac{1}{2}(t\cos t,\ t\sin t,\ \sqrt{3}\,t)$$

이로부터 $\mathbf{x}'$, $\mathbf{x}''$, $\mathbf{x}'''$을 찾으면 각각 다음과 같다.

$$\begin{aligned}
\mathbf{x}'(t) &= \frac{1}{2}(\cos t - t\sin t,\ \sin t + t\cos t,\ \sqrt{3}), \\
\mathbf{x}''(t) &= \frac{1}{2}(-2\sin t - t\cos t,\ 2\cos t - t\sin t,\ 0), \\
\mathbf{x}'''(t) &= \frac{1}{2}(-3\cos t + t\sin t,\ -3\sin t - t\cos t,\ 0)
\end{aligned}$$

따라서 $t=0$일 때 다음을 얻는다.

$$\mathbf{x} = (0,\ 0,\ 0),\ \mathbf{x}' = \frac{1}{2}(1,\ 0,\ \sqrt{3}),\ \mathbf{x}'' = \frac{1}{2}(0,\ 2,\ 0),\ \mathbf{x}''' = \frac{1}{2}(-3,\ 0,\ 0)$$

벡터 $\mathbf{x}'(0)$은 $t=0$일 때 곡선의 접선 벡터이므로 접선의 방정식은 다음과 같다.

$$\frac{x}{1/2} = \frac{z}{\sqrt{3}/2},\ y=0$$

질점이 원점에서 운동을 시작할 때의 속력 $v(0)$은 $|\mathbf{x}'(0)| = 1$이고, θ가 t와 같이 증가하므로 곧 반시계 방향으로 움직인다. 또한 $t=0$이면 $|\mathbf{x}' \times \mathbf{x}''| = 1$이므로, 식 (2.2-7)로부터 $t=0$일 때 곡선의 곡률 $\kappa(0)$은 1이다.

그리고 $(\mathbf{x}' \times \mathbf{x}'') \cdot \mathbf{x}''' = 3\sqrt{3}/4$이므로 식 (2.2-13)을 이용하면 $t=0$일 때 곡선의 비틀림률 $\tau(0)$은 $3\sqrt{3}/4$이다.

임의의 시각 t에서의 질점의 속력은 $v(t) = ds/dt = |\mathbf{x}'(t)| = \sqrt{4+t^2}/2$이고, 또한 시각 $t=0$일 때 $d^2s/dt^2 = t/(2\sqrt{4+t^2}) = 0$이다. 따라서 식 (2.2-9)로부터 시각 $t=0$에서 가속도 벡터 $\mathbf{a}(0)$는 다음 식과 같이 주 단위 법선 벡터 $\mathbf{N}(0)$이다.

$$\mathbf{a} = \frac{d^2s}{dt^2}\mathbf{T} + \kappa\left(\frac{ds}{dt}\right)^2\mathbf{N} = (0)\mathbf{T} + (1)(1)^2\mathbf{N} = \mathbf{N}$$

그런데 $\mathbf{a}(0) = \mathbf{x}''(0) = (1/2)(0,\ 2,\ 0) = \mathbf{j}$이므로 주 단위 법선 벡터 $\mathbf{N}(0)$은 $\mathbf{j}$이다. 따라서 $t=0$일 때 접촉 평면은 직선 $z=\sqrt{3}x$와 y축을 포함하는 평면이다. 그런데 $\mathbf{T}(0) = (1/2,\ 0,\ \sqrt{3}/2)$이고 접촉 평면의 방향인 단위 종 법선 벡터는 $\mathbf{B}(0) = \mathbf{T}(0) \times \mathbf{N}(0)$이므로 $(-\sqrt{3}/2,\ 0,\ 1/2)$이다. 그러므로 원점에서 접촉 평면의 방정식은 $z=\sqrt{3}x$이다. ▮

연습 문제 2.2 *Exercises*

1. 주어진 시각에서 다음 곡선의 접선의 방정식을 찾아라.
   (1) $\mathbf{x}(t) = (t,\ 2t,\ t^2),\ t=1$ (2) $\mathbf{x}(t) = (e^{3t},\ e^{-3t},\ 3\sqrt{2}t),\ t=1$

2. 다음 두 곡선은 점 $(1,\ 1,\ 0)$에서 만남을 보이고, 그 점에서 두 접선의 교각을 찾아라.

$$\mathbf{x}(t) = (e^t,\ e^{2t},\ 1-e^{-t}),\ \ \mathbf{y}(t) = (1-t,\ \cos t,\ \sin t)$$

3. 곡선 $\mathbf{x}(t) = (2t^2,\ 1-t,\ 3+t^2)$과 평면 $3x-14y+z=10$의 교점을 찾아라.

4. 다음 곡선이 운동하는 질점의 궤적을 나타낸다고 할 때, 주어진 시각 t에서 속도 벡터 $\mathbf{v}$, 가속도 벡터 $\mathbf{a}$, 속력 v를 찾아라.

(1) $\mathbf{x}(t) = (a\cos\omega t,\ a\sin\omega t),\ t = \pi/(3\omega)$　(2) $\mathbf{x}(t) = (t+1,\ t^2-1),\ t=2$

(3) $\mathbf{x}(t) = (\sec t,\ \tan t),\ t = \pi/6$　(4) $\mathbf{x}(t) = (\cosh 3t,\ 2\sinh t),\ t=0$

(5) $\mathbf{x}(t) = (2\cos t,\ \sin 2t),\ t=0$　(6) $\mathbf{x}(t) = (\ln(t+1),\ t^2),\ t=1$

5. 질점의 운동을 나타내는 다음 곡선에서 속도 벡터와 가속도 벡터가 직교하는 시각 $t > 0$을 찾아라.

(1) $\mathbf{x}(t) = (t^2/2+3,\ 5\ln t,\ -5t)$　(2) $\mathbf{x}(t) = (\sin t,\ \cos t,\ t)$

6. 미분 가능한 곡선 $\mathbf{x}$가 $|\mathbf{x}(t)| = a\ (a>0)$를 만족시킨다면 위치 벡터 $\mathbf{x}(t)$와 접선 벡터 $\mathbf{x}'(t)$는 직교함을 보여라.

7. 평면 곡선 $\mathbf{x}$에 있는 점 중에서 점 $\mathbf{x}_0 = (x_0,\ y_0)$이 원점으로부터 가장 가까운 점이라 할 때, 점 $\mathbf{x}_0$의 위치 벡터 $\mathbf{x}$와 접선 벡터 $\mathbf{x}'$이 직교함을 보여라.

8. 공간에서 정규 곡선 $\mathbf{x}$가 원점이 중심인 구면에 있을 필요 충분 조건은 $\mathbf{x}(t)$와 $\mathbf{x}'(t)$가 직교하는 경우임을 보여라.

9. 다음 곡선에 대하여 주어진 구간에서 곡선의 길이를 찾아라.

(1) $\mathbf{x}(t) = (t,\ t,\ 4-t^2),\ 0 \le t \le 1$

(2) $\mathbf{x}(t) = (\cos t,\ \sin t,\ t^2),\ 0 \le t \le 1$

(3) $\mathbf{x}(t) = (2t,\ \ln t,\ t^2),\ 1 \le t \le e$

(4) $\mathbf{x}(t) = (6t^3,\ -2t^3,\ -3t^3),\ 0 \le t \le \alpha$

(5) $\mathbf{x}(t) = (2\sin t,\ 2\cos t,\ 3t),\ 0 \le t \le \pi$

(6) $\mathbf{x}(t) = (e^t\cos t,\ e^t\sin t,\ e^t),\ 0 \le t \le \beta$

10. 시각 $t \ge 0$일 때 공간을 운동하는 물체의 위치 벡터 $\mathbf{x}$가 다음과 같다고 한다.

$$\mathbf{x}(t) = (e^{-t}\cos t,\ e^{-t}\sin t,\ e^{-t}),\quad t \ge 0$$

(1) 물체의 속력이 $ds/dt = \sqrt{3}\,e^{-t}$임을 보여라.

(2) 물체가 만드는 곡선의 길이가 $\sqrt{3}$임을 보여라.

11. 다음 곡선의 곡률 κ를 찾아라.

(1) $\mathbf{x}(t) = (a\cos t,\ b\sin t,\ ct),\ a,\ b,\ c > 0$: 타원 나선(elliptical helix)

(2) $\mathbf{x}(t) = (a\cos t,\ b\sin t,\ c),\ a,\ b,\ c > 0$: 타원 궤도

(3) $\mathbf{x}(t) = (t,\ t^2,\ t^3)$

12. 직선의 곡률 κ는 0임을 증명하라.

13. 다음 평면 곡선에 대하여 $\mathbf{T}$, $\mathbf{N}$, κ를 찾아라.

(1) $\mathbf{x}(t) = (\cos t + t\sin t,\ \sin t - t\cos t)$ (2) $\mathbf{x}(t) = (e^t\cos t,\ e^t\sin t)$

(3) $\mathbf{x}(t) = (a(t - \sin t),\ a(1 - \cos t))$ (4) $\mathbf{x}(t) = (\cos^3 t,\ \sin^3 t)$

14. 다음 공간 곡선에 대하여 $\mathbf{T}$, $\mathbf{N}$, $\mathbf{B}$, κ를 찾아라.

(1) $\mathbf{x}(t) = ((1+t)^{3/2}/3,\ (1-t)^{3/2}/3,\ t/2),\ -1 < t < 1$

(2) $\mathbf{x}(t) = (3\cosh 2t,\ 3\sinh 2t,\ 6t)$

(3) $\mathbf{x}(t) = (\sin 2t,\ \cos 2t,\ 2t)$

(4) $\mathbf{x}(t) = (\cos 3t,\ \sin 3t,\ t)$

15. 다음 곡선 $\mathbf{x}$에 대하여 주어진 시각 t에서 속도 벡터와 속력 및 가속도 벡터의 접선 성분 $a_{\mathbf{T}}$와 법선 성분 $a_{\mathbf{N}}$을 찾아라.

(1) $\mathbf{x}(t) = (1 - \sin t,\ 1 - \sqrt{2}\cos t),\quad t = \pi/6$

(2) $\mathbf{x}(t) = (t+1,\ 2t,\ t^2),\quad t = 1$

(3) $\mathbf{x}(t) = (e^t\cos t,\ e^t\sin t,\ \sqrt{2}e^t),\ t = 0$

(4) $\mathbf{x}(t) = (t\cos t,\ t\sin t,\ t),\ t = 0$

(5) $\mathbf{x}(t) = (\cos(t^2),\ \sin(t^2)),\ t = 1$

(6) $\mathbf{x}(t) = (a\cos^3 t,\ a\sin^3 t,\ t),\quad t = \pi/4$

16. 다음 원형 나선(circular helix)에 대하여 $\mathbf{T}$, $\mathbf{N}$, κ, $\mathbf{B}$, τ를 찾아라.

$$\mathbf{x}(t) = (a\cos t,\ a\sin t,\ bt),\ a,\ b > 0$$

17. 공간에 있는 한 평면에 놓여 있는 곡선의 비틀림률 τ는 0임을 보여라.

18. 정리 2.2-3을 증명하라.

19. (프레네 공식: Frenet's formula) 곡선 $\mathbf{x}$의 단위 종 법선 벡터 $\mathbf{N}(s)$에 대하여 다음이 성립함을 보여라.

$$\frac{d\mathbf{N}(s)}{ds} = \tau\mathbf{T}(s) - \kappa\mathbf{B}(s)$$

따라서 식 (2.2-5)와 (2.2-11)로부터 벡터 $\mathbf{T}$, $\mathbf{N}$, $\mathbf{B}$에 대하여 다음이 성립한다.

$$\frac{d}{ds}\begin{pmatrix}\mathbf{T}(s)\\ \mathbf{N}(s)\\ \mathbf{B}(s)\end{pmatrix} = \begin{pmatrix}0 & \kappa & 0\\ -\kappa & 0 & \tau\\ 0 & -\tau & 0\end{pmatrix}\begin{pmatrix}\mathbf{T}(s)\\ \mathbf{N}(s)\\ \mathbf{B}(s)\end{pmatrix}$$

20. 시각 $t \geq 0$일 때 공간을 운동하는 물체의 위치 벡터 $\mathbf{x}$가 다음과 같다고 한다.

$$\mathbf{x}(t) = (e^{-t}\cos t,\ e^{-t}\sin t,\ e^{-t}),\ t \geq 0$$

(1) 물체의 속력이 $ds/dt = \sqrt{3}e^{-t}$ 임을 보여라.

(2) 물체가 만드는 곡선의 길이가 $\sqrt{3}$ 임을 보여라.

(3) $\kappa = (\sqrt{2}/3)e^{t}$ 이고 $\tau = -e^{t}/3$ 임을 보여라.

21. 곡선 $\mathbf{x}(t) = (\sin(2t),\ \cos(2t),\ t)$에 대하여 다음을 찾아라.

(1) 단위 접선 벡터 $\mathbf{T}(0)$

(2) 곡률 $\kappa(0)$

(3) 주 단위 법선 벡터 $\mathbf{N}(0)$

(4) 단위 종 법선 벡터 $\mathbf{B}(0)$

22. 시각 t일 때 한 물체의 위치가 구면 좌표로 다음과 같이 주어진다고 한다. 이 물체가 만드는 곡선의 곡률 κ와 비틀림률 τ를 찾아라.

$$\rho = 2,\ \phi = \frac{1}{3}\pi,\ \theta = t$$

23. 포물선 모양의 원기둥 $x^2 = 2y$와 면 $3z = xy$가 만나서 곡선 C를 이룰 때, 원점으로부터 점 $(6,\ 18,\ 36)$까지 곡선의 길이를 찾아라.

24. $t = 0$부터 t가 증가하는 방향으로 다음 곡선을 길이로 매개화하라.

(1) $\mathbf{r}(t) = 2t\mathbf{i} + (1-t)\mathbf{j} + (3+4t)\mathbf{k}$

(2) $\mathbf{r}(t) = e^{2t}\cos 2t\mathbf{i} + 3\mathbf{j} + e^{2t}\sin 2t\mathbf{k}$

25. 곡선 $y = e^{2x}$에 있는 점 중에서 곡률이 최대인 점을 찾고, $x \to \infty$일 때 곡률이 어떻게 변하는지 설명하라.

26. 곡선 $\mathbf{r}(t) = (\sin \pi t,\ 2\sin \pi t,\ \cos \pi t)$에 대해 $t = 0.5$, $t = 1$일 때 각각 곡선에 그은 두 접선의 교점을 찾아라.

27. 평면 위의 매개 곡선 $\mathbf{x}(t) = (f(t),\ g(t))$에 대하여 다음이 성립함을 보여라.

$$\kappa(t) = \frac{|f'(t)g''(t) - g'(t)f''(t)|}{[\{(f'(t))\}^2 + \{(g'(t))\}^2]^{3/2}}$$

2장 종합 문제 *Exercises*

1. 벡터 함수 $\mathbf{f}(t)=(e^t\cos t,\ e^t\sin t,\ t^2)$의 도함수 및 이계 도함수를 찾아라.

2. 다음 곡선에 대하여 주어진 구간에서 곡선의 길이를 찾아라.

   (1) $\mathbf{x}(\mathrm{t})=(\mathrm{e}^{\mathrm{t}},\ \mathrm{e}^{-\mathrm{t}},\ \sqrt{2}\ \mathrm{t}),\ 0\le t\le 1$

   (2) $\mathbf{x}(t)=(2\cos 3t,\ 2\sin 3t,\ t^2),\ 0\le t\le 10$

   (3) $\mathbf{x}(t)=(t\sin t+\cos t,\ t\cos t-\sin t),\ 0\le t\le 2$

3. 다음 공간 곡선에 대하여 $\mathbf{T}$, $\mathbf{N}$, $\mathbf{B}$, κ를 찾아라.

   (1) $\mathbf{x}(t)=(2\sin t,\ 2\cos t,\ 3t)$ (2) $\mathbf{x}(t)=\left(e^t\cos t,\ e^t\sin t,\ e^t\right)$

제 3 장

다변수 함수

일반적으로 자연의 상태나 현상을 함수로 기술하는 데는 여러 개의 변수가 필요하다. 예를 들어 지구 표면의 온도는 각 지점의 위치에 따라 다르고, 또 시각에 따라 변한다. 따라서 삼차원 공간상의 위치를 나타내는 세 개의 공간 변수와 시간을 나타내는 변수를 포함해서 네 개의 변수가 필요하다. 즉 지구 표면의 온도 분포를 나타내는 함수는 변수가 네 개인 다변수 함수이다. 이 장에서는 이와 같이 독립 변수가 두 개 이상인 함수의 연속, 편미분, 미분 등의 개념과 그 응용을 다룬다.

3.1 다변수 함수의 정의

n차원 공간 $\mathbb{R}^n (n \geq 1)$의 부분 집합 Ω의 각 점 $\mathbf{x} = (x_1, x_2, \cdots, x_n)$에 오직 하나의 실수 w를 대응시키는 규칙 $f : \Omega \to \mathbb{R}$를 n**변수 실함수** 또는 n**변수 함수**라고 하며, 흔히 다음과 같이 나타낸다.

$$w = f(\mathbf{x}),\ \mathbf{x} \in \Omega \quad \text{또는} \quad w = f(x_1, x_2, \cdots, x_n),\ \mathbf{x} \in \Omega$$

여기서 집합 Ω를 함수 f의 **정의역**, 집합 $\{f(\mathbf{x}) \in \mathbb{R} \mid \mathbf{x} \in \Omega\}$를 f의 **치역**이라 한다. 또 변수 $x_1, \cdots, x_n$를 함수 f의 **독립 변수**, w를 **종속 변수**라 한다. 흔히 $\Omega \subset \mathbb{R}^2$일 때, 즉 이변수 함수의 경우에는 독립 변수를 x와 y로 나타내고, $\Omega \subset \mathbb{R}^3$인 삼변수 함수의 경우에는 독립 변수를 x, y, z로 나타낸다. 독립 변수가 두 개 이상인 실함수를 통틀어 **다변수 실함수(function of several variables)** 또는 **다변수 함수**라 한다.

함수 f의 정의역이 주어져 있지 않을 경우에, $f(\mathbf{x}) \in \mathbb{R}$이 되도록 하는 $\mathbf{x} \in \mathbb{R}^n$를 원소로 가지는 $\mathbb{R}^n$의 부분 집합 중 최대 부분 집합을 f의 정의역으로 약속한다. 이를 **최대 정의역의 법칙**이라 한다.

예제 3.1-1 이변수 함수 $f(x, y) = \dfrac{1}{\ln(x+y)}$의 정의역과 치역을 찾고[1], $f(e, 0)$과 $f(\sqrt{e}/2, \sqrt{e}/2)$의 값을 찾아라.

풀이 함수 $\ln(x+y)$가 정의되기 위해서는 $x+y>0$이어야 한다. 또한 $\dfrac{1}{\ln(x+y)}$는 $\ln(x+y) \neq 0$인 경우에만 정의되므로 $x+y \neq 1$이어야 한다. 따라서 최대 정의역의 법칙에 의해 함수 f의 정의역 Ω는 다음과 같다.

$$\Omega = \{(x, y) \in \mathbb{R}^2 \mid y > -x,\ y \neq -x+1\}$$

이제 실수 $r \neq 0$에 대해 $x = e^{1/r}$, $y = 0$이라 하면, $e^{1/r} \neq 1$이고 $(e^{1/r}, 0) \in \Omega$이다. 이때 $\ln(x+y) = \ln e^{1/r} = \dfrac{1}{r}$이므로 $f(x, y) = r$이다. 따라서 0이 아닌 모든 실수는 치역의 원소이다. 한편 0이 주어진 함수의 치역의 원소라면 $\dfrac{1}{\ln(x+y)} = 0$을 만족시키는 정의역의 원소 $(x, y) \in \Omega$가 있어야 한다. 그런데 정의역의 원소 $(x, y) \in \Omega$에 대하여 $\ln(x+y) \neq 0$이어야 하므로 $\dfrac{1}{\ln(x+y)} = 0$에서 $1 = 0$이 되어 모순이다. 즉 0은 치역의 원소가 아니다. 따라서 함수 f의 치역은 $(-\infty, 0) \cup (0, \infty)$이다.

---

1) 정의역이 Ω인 함수 f의 치역이 집합 R이라는 것을 보이려면 집합 R의 모든(every) 원소 r에 대해 $f(x) = r$을 만족시키는 정의역 Ω의 원소 x가 존재함을 보이면 된다.

한편 $f(e,\ 0)$과 $f(\sqrt{e}/2,\ \sqrt{e}/2)$의 값은 각각 다음과 같다.

$$f(e,\ 0) = \frac{1}{\ln(e+0)} = 1,$$
$$f\left(\frac{\sqrt{e}}{2},\ \frac{\sqrt{e}}{2}\right) = \frac{1}{\ln(\sqrt{e}/2 + \sqrt{e}/2)} = 2.$$

예제 3.1-2 다음 삼변수 함수 f의 정의역과 치역을 찾아라.

$$f(\mathbf{x}) = \frac{1}{1-\sqrt{x^2+y^2+z^2}}, \quad \mathbf{x} = (x,\ y,\ z)$$

풀이 식 $f(\mathbf{x})$는 분모가 0이 아닌 경우, 즉 $\sqrt{x^2+y^2+z^2} \neq 1$일 때만 정의되므로 최대 정의역의 법칙에 의해 정의역 Ω는 다음과 같다.

$$\Omega = \{(x,\ y,\ z) \in \mathbb{R}^3 \mid x^2+y^2+z^2 \neq 1\}$$

이제 치역을 구하자. 먼저 임의의 $\mathbf{x} = (x,\ y,\ z)$에 대하여 $x^2+y^2+z^2 \geq 0$이므로 $1-\sqrt{x^2+y^2+z^2} \leq 1$이다. 그런데 $\mathbf{x} \in \Omega$에 대하여 $\sqrt{x^2+y^2+z^2} \neq 1$이므로, $\mathbf{x} \in \Omega$일 때 다음 부등식 중 하나만 참이다.

(I) $0 < 1-\sqrt{x^2+y^2+z^2} \leq 1$

(II) $1-\sqrt{x^2+y^2+z^2} < 0$

먼저 $\mathbf{x} \in \Omega$에 내해 (I)이 성립하면 $\dfrac{1}{1-\sqrt{x^2+y^2+z^2}} \geq 1$이다. 이제 $r \geq 1$인 실수를 생각하자. 그러면 $1-\dfrac{1}{r} < 1$이고, $x = 1-\dfrac{1}{r}$, $y=0$, $z=0$인 점 $\mathbf{x} = (x,\ y,\ z)$는 분명히 $x^2+y^2+z^2 < 1$를 만족시키므로 정의역 Ω의 원소이다. 이때 $f(\mathbf{x}) = r$이므로 구간 $[1,\ \infty)$는 함수 f의 치역의 부분 집합이다.

이제 (II)를 만족시키는 점 $\mathbf{x} \in \Omega$에 대해 $\dfrac{1}{1-\sqrt{x^2+y^2+z^2}} < 0$이다. 여기서 s가 음의 실수이면 $1-\dfrac{1}{s} > 1$이다. 이때 $x=0$, $y = 1-\dfrac{1}{s}$, $z=0$인 점 $\mathbf{x} = (x,\ y,\ z)$는 부등식 $x^2+y^2+z^2 > 1$를 만족시키므로 정의역 Ω의 원소이고, 또한 $f(\mathbf{x}) = s$이므로 구간 $(-\infty,\ 0)$은 함수 f의 치역의 부분 집합이다.

한편, 0이 치역의 원소라면, $\dfrac{1}{1-\sqrt{x^2+y^2+z^2}} = 0$을 만족시키는 $\mathbf{x} \in \Omega$가 존재해야 한다. 그런데 $\mathbf{x} \in \Omega$이면 $\sqrt{x^2+y^2+z^2} \neq 1$이므로 위 식에서 등식 $1=0$을 얻는다. 이는 명백한 모순이다. 따라서 0이 치역의 원소가 될 수 없다.

마지막으로 $t \in (0,\ 1)$이 치역의 원소라면 등식 $\dfrac{1}{1-\sqrt{x^2+y^2+z^2}}=t$을 만족시키는 $\mathbf{x}\in\Omega$가 존재해야 하고, 그러면 $\sqrt{x^2+y^2+z^2}=1-\dfrac{1}{t}<0$이어야 한다. 그런데 $x^2+y^2+z^2 \geq 0$이므로 이는 명백한 모순이다. 따라서 $t\in(0,\ 1)$인 실수는 치역의 원소가 될 수 없다.

이상의 논의를 종합하면 f의 치역은 $(-\infty,\ 0)\cup[1,\ \infty)$이다.

다변수 함수의 그래프와 등위 곡선

정의역이 $\Omega\subset\mathbb{R}^n$인 함수 $w=f(\mathbf{x})$에 대해 $(n+1)$차원 공간 $\mathbb{R}^{n+1}$의 부분 집합인 다음 집합을 함수 f의 **그래프**(graph)라 한다.

$$\left\{(\mathbf{x},\ f(\mathbf{x}))\in\mathbb{R}^{n+1} \mid \mathbf{x}=(x_1,\ x_2,\ \cdots,\ x_n)\in\Omega\right\}$$

함수 f의 그래프는 방정식 $w=f(x_1,\ x_2,\ \cdots,\ x_n)$의 해집합으로도 생각할 수 있다.

예제 3.1-3 다음 함수의 정의역과 치역을 찾고, 그의 그래프는 무엇인지 설명하라.

$$z=f(x,\ y)=x^2+\frac{y^2}{4}$$

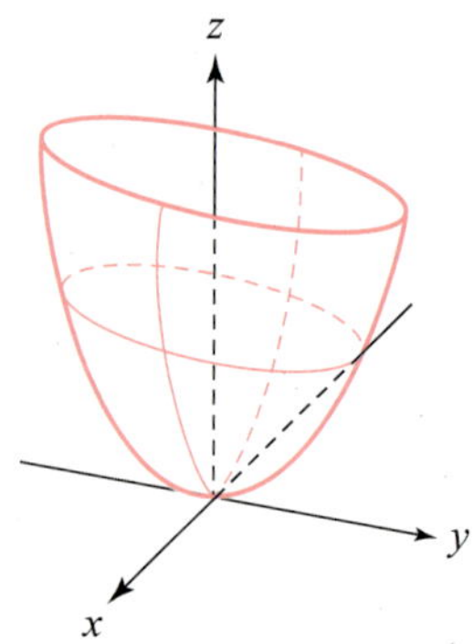

∥ 그림 3.1-1 ∥

함수 $z=f(x,\ y)=x^2+\dfrac{y^2}{4}$의 그래프

풀이 함수 f는 분명히 $\mathbb{R}^2$의 모든 점 $(x,\ y)$에서 정의되므로, f의 정의역은 $\mathbb{R}^2$이다. 그리고 모든 점 $(x,\ y)\in\mathbb{R}^2$에서 $f(x,\ y)\geq 0$이고, 또 실수 $r\geq 0$에 대해 $x=\sqrt{r}$, $y=0$이라면 $f(x,\ y)=r$이므로 함수 f의 치역은 $[0,\ \infty)$이다.

양수 $c>0$에 대해 $f(x,\ y)=c$는 타원의 방정식 $x^2/(\sqrt{c})^2+y^2/(2\sqrt{c})^2=1$이다. 이것은 f의 그래프를 xy평면과 평행한 평면 $z=c$로 자를 때 얻어지는 평면 $z=c$ 위의 곡선이다. 또한 $y=b$라면 포물선 $z=x^2+b^2/4$을 얻는다. 이것은 f의 그래프를 y축과 수직인 평면 $y=b$로 자를 때 얻는 평면 $y=b$ 위의 곡선이다. 이러한 사실들을 종합하면 f의 그래프가 타원 포물면임을 알 수 있다(그림 3.1-1 참조).

일변수 함수의 그래프를 평면에 그려서 함수의 성질을 이해하는 데 도움을 얻을 수 있었다. 다변수 함수의 경우도 그의 그래프를 해당하는 공간에 그리면 함수에 관한 정보를 얻을 수 있을 것이다. 그러나 삼차원 공간의 부분 집합인 이변수 함수의 그래프를 삼차원 공간에 그린다는 것은 현실적으로 쉬운 일이 아니다. 또한 그를 평면에 그리는 것도 일반적으로 쉽지 않다. 더욱이 독립 변수가 세 개 이상인 함수의 그래프는 사차원 이상인 공간의 부분 집합이므로 그의 그래프를 사차원 이상의 공간이나 삼차원 공간 또는 평면에 그린다는 것을 더욱 어렵다. 여기서는 이변수 함수의 그래프의 대강을 알아볼 수 있게 해주는 비교적 간단한 방법을 알아본다.

삼차원 공간의 물체인 산을 이차원 평면에 나타낸 산악 지도는 미리 정한 점을 기준으로 같은 높이에 있는 점들을 연결한 선(contour)을 이용하여 산을 평면에 표현하고 있다. 이와 같이 지도(map)는 같은 높이를 나타내는 선인 **등고선** 여러 개를 평면에 사영(mapping)하여 삼차원 모형을 평면에 표현한 것이다. 따라서 지도의 등고선을 보고 경사가 급한 지역(등고선의 간격이 좁은 지역)이나 경사가 완만한 지역(등고선의 간격이 넓은 지역) 등을 알 수 있다.

이제 이러한 생각을 삼차원 모형인 이변수 함수 $z=f(x,\ y)$의 그래프에 적용해 보자. c가 상수일 때 방정식 $c=f(x,\ y)$를 만족시키는 점 $(x,\ y)$의 집합은 xy평면에서 곡선을 나타내는데, 이를 함수 f의 **등위 곡선**(level curve)이라 한다. 이는 평면 $z=c$와 곡면 $z=f(x,\ y)$의 교선을 xy평면에 정사영한 것이기도 하다. 등위 곡선에 있는 점에서는 함숫값, 즉 xy평면으로부터의 높이가 일정하므로 이는 지도의 등고선과 같은 개념이다. 이와 같은 서로 다른 값에 대응하는 여러 개의 등위 곡선을 하나의 평면에 나타낸 것을 함수 f의 **경로 지도**(contour map)라 한다. 지도를 이용하면 산의 높이의 변화와 지세 등을 알 수 있듯이 함수의 경로 지도를 이용하여 함수의 그래프의 대략적인 모양과 함숫값이 변화하는 양상 등을 알 수 있다(그림 3.1-2 참조).

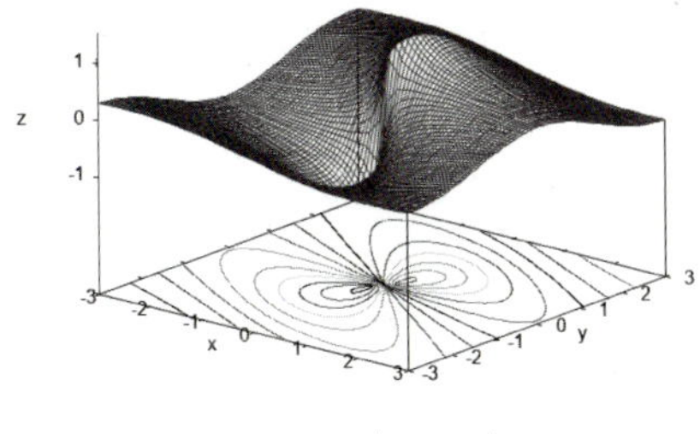

‖ 그림 3.1-2 ‖ 함수 $z=\dfrac{2\sin\left(\dfrac{x}{2}+y\right)}{\sqrt{3x^2+2y^2}}$의 그래프와 등위 곡선

예제 3.1-4 함수 $z = \dfrac{x^2}{4} + y^2$의 경로 지도를 그려라.

풀이 함수 $z = x^2/4 + y^2$의 그래프는 타원 포물면이다. $z = c > 0$에 대응하는 등위 곡선은 타원 $x^2/(2\sqrt{c})^2 + y^2/(\sqrt{c})^2 = 1$이다. $z = 0$이면 등위 곡선은 원점 하나로 이루어져 있다. 그리고 $x^2/4 + y^2 \geq 0$이므로 $z < 0$에 대한 등위 곡선은 없다. $z = 1, 2, 4, 8$을 이용한 경로 지도는 그림 3.1-3과 같다. ∎

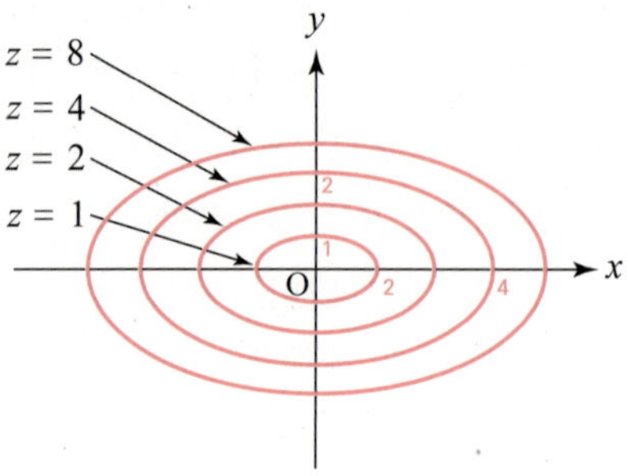

‖ 그림 3.1-3 ‖

함수 $z = \dfrac{x^2}{4} + y^2$의 경로 지도

이변수 함수에 대한 등위 곡선의 개념을 삼변수 함수 $w = f(x, y, z)$의 경우로도 확장할 수 있다. 삼차원 공간에서 상수 c에 대해 $c = f(x, y, z)$를 만족시키는 점들의 집합을 함수 $w = f(x, y, z)$의 **등위 곡면**(level surface)이라 한다. 등위 곡면을 이용하면 함숫값이 같은 점들이, 예를 들어 함수가 전압을 나타내는 함수라면 전압이 같은 점들이 공간에 어떻게 분포되어 있는지를 알 수 있다. 또한 여러 개의 등위 곡면과 한 평면과의 교선을 통해 함숫값의 변화에 대한 정보 등을 얻을 수 있다.

연습 문제 3.1 *Exercises*

1. 다음 함수의 정의역을 그림으로 나타내라.

(1) $f(x, y) = \dfrac{1}{\sqrt{9 - x^2 - 9y^2}}$ (2) $f(x, y) = \sqrt{1 - y^2}\,\sqrt{y - x^2}$

(3) $f(x, y) = \dfrac{\sqrt{y - x - 1}}{x - 1}$ (4) $f(x, y, z) = \ln(z - x^2 - y^2)$

2. 다음 이변수 함수의 그래프를 그려라.

(1) $f(x, y) = 12 - 3x - 4y$ (2) $f(x, y) = y^2 + 1$

(3) $f(x, y) = 4x^2 + y^2 + 1$ (4) $f(x, y) = \sqrt{1 - x^2 - 2y^2}$

3. 다음 함수의 정의역과 치역을 찾고 등위 곡선을 설명하라.

(1) $f(x, y) = \dfrac{1}{x^2 + y^2}$ (2) $f(x, y) = -(x-1)^2 - y^2 + 1$

(3) $f(x, y) = \ln(xy)$ (4) $f(x, y) = \sqrt{y}/x$

(5) $f(x, y) = xe^{-y}$ (6) $f(x, y) = \sin(xy)$

(7) $f(x, y) = \tan^{-1}\dfrac{y}{x}$ (8) $f(x, y) = \cos(x^2 + y^2)$

(9) $f(x, y) = \ln(x^2 + y^2)$ (10) $f(x, y) = y\ln x$

(11) $f(x, y) = \sin^{-1}(xy)$ (12) $f(x, y) = \dfrac{x+y}{x-y}$

4. 다음 함수의 정의역과 치역을 찾아라.

(1) $f(x, y, z) = \dfrac{x^2}{x^2 + y^2 + z^2}$ (2) $f(x, y, z) = \sin\left(\dfrac{1}{x+y+z}\right)$

(3) $f(x_1, x_2, x_3, x_4) = \dfrac{1}{x_1^2 + x_2^2 + x_3^2 + x_4^2 - 1}$

5. 다음 함수의 등위 곡면을 설명하라.

(1) $f(x, y, z) = e^{x^2 + y^2 + z^2}$ (2) $f(x, y, z) = x$

(3) $f(x, y, z) = \dfrac{x}{y-z}$ (4) $f(x, y, z) = \dfrac{xy}{z}$

(5) $f(x, y, z) = x + 2y + 3z$ (6) $f(x, y, z) = x^2 + y^2$

(7) $f(x, y, z) = y^2 + z^2$ (8) $f(x, y, z) = \sqrt{x^2 + y^2 - z}$

(9) $f(x, y, z) = \ln(x^2 + y^2 + z^2)$ (10) $f(x, y, z) = 1/(x^2 + y^2 + z^2)$

6. 다음 이변수 함수의 경로 지도를 그려라.

(1) $f(x, y) = (y - 2x)^2$ (2) $f(x, y) = y\ln x$

(3) $f(x, y) = e^{x+y}$ (4) $f(x, y) = \dfrac{y}{x^2}$

7. 함수 $f(x, y) = \sqrt{x^2 - y}$ 의 정의역을 찾고, $f(2, 1)$과 $f(\sqrt{2}, 1)$의 값을 찾아라.

8. 함수 $f(x, y) = \dfrac{xy}{x^2 - y^2}$ 의 정의역과 치역을 찾고, $f(2, 1)$의 값을 찾아라.

9. xy평면에 놓인 얇은 금속판에서 정의된 함수 $T(x, y)$는 점 (x, y)에서 금속판의 온도를 나타낸다고 하자. 이때 T의 각 등위 곡선에 있는 모든 점에서 온도가 일정하기 때문에 온도 함수 T의 등위 곡선을 **등온선**이라 한다. 함수 $T(x, y) = \dfrac{100}{2 + x^2 + 3y^2}$ 의 등온선을 설명하라.

3.2 다변수 함수의 극한과 연속

공간 $\mathbb{R}^n$의 한 점 $\mathbf{p}$와 양의 실수 δ에 대하여 다음 집합 $N_\delta(\mathbf{p})$를 점 $\mathbf{p}$의 δ근방 또는 간단히 **근방**(neighborhood)이라 한다.

$$N_\delta(\mathbf{p}) = \{\mathbf{x} \in \mathbb{R}^n \mid |\mathbf{x} - \mathbf{p}| < \delta,\ \delta > 0\}$$

특히 집합 $N_\delta(\mathbf{p})$에서 점 $\mathbf{p}$를 뺀 집합을 점 $\mathbf{p}$의 **빠진 근방**(deleted neighborhood)이라 한다.

예제 3.2-1 평면의 부분 집합 $N_{1/2}(1,2) = \left\{(x,y) \in \mathbb{R}^2 \mid \sqrt{(x-1)^2 + (y-2)^2} < \dfrac{1}{2}\right\}$, 즉 평면에서 점 $(1,\ 2)$가 중심이고 반지름이 $\dfrac{1}{2}$인 원의 내부는 점 $(1,\ 2)$의 근방이다. 한편 집합 $\left\{(x,\ y) \in \mathbb{R}^2 \mid 0 < \sqrt{(x-1)^2 + (y-2)^2} < \dfrac{1}{2}\right\}$는 점 $(1,\ 2)$의 빠진 근방이다. ▮

공간 $\mathbb{R}^n$의 부분 집합 Ω와 한 점 $\mathbf{p}$과의 관계를 나타내는 몇 가지 용어를 정의하자. 먼저 Ω의 부분 집합이 되는 점 $\mathbf{p}$의 근방이 존재하면 점 $\mathbf{p}$를 집합 Ω의 **내점**(interior point), Ω의 여집합 Ω^C의 부분 집합이 되는 점 $\mathbf{p}$의 근방이 존재하면 점 $\mathbf{p}$를 집합 Ω의 **외점**(exterior point)이라 한다. 만일, 점 $\mathbf{p}$가 집합 Ω의 내점도 아니고 외점도 아니면 점 $\mathbf{p}$를 Ω의 **경계점**[2)](boundary point)이라 한다. 이때 집합 Ω의 모든 경계점들의 집합을 Ω의 **경계**(boundary)라 하며 $\partial\Omega$로 나타낸다(그림 3.2-1 참조). 따라서 공간 $\mathbb{R}^n$의 부분 집합 Ω이 주어졌을 때, 공간 $\mathbb{R}^n$의 임의의 점 $\mathbf{p}$는 Ω의 내점, 외점, 경계점 중에 하나만 될 수 있다.

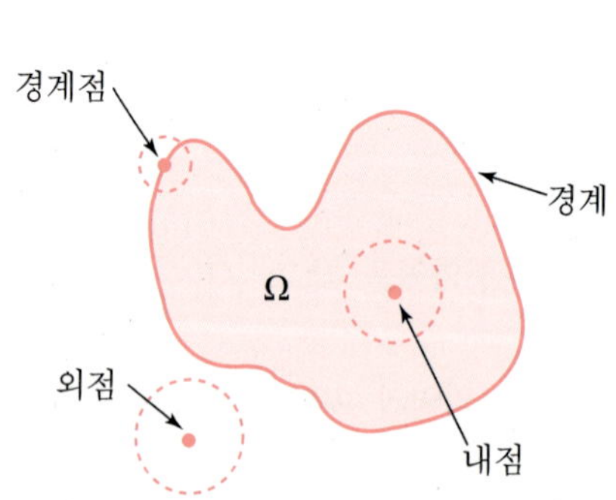

‖ 그림 3.2-1 ‖ 평면의 집합 Ω의 내점, 경계점, 외점

2) 공간 $\mathbb{R}^n$의 점 $\mathbf{p}$가 집합 $\Omega \subset \mathbb{R}^n$의 경계점이라는 것과 동치인 명제는 다음과 같다.
모든 양수 δ에 대하여 $N_\delta(\mathbf{p}) \cap \Omega \neq \varnothing$이고 $N_\delta(\mathbf{p}) \cap \Omega^C \neq \varnothing$이다.

집합 Ω의 모든 점이 Ω의 내점이면 집합 Ω를 **열린 집합**(open set), 그의 여집합 Ω^c가 열린 집합이면 집합 Ω를 **닫힌 집합**(closed set)이라 한다(그림 3.2-2(a)와 (b) 참조).

집합 $\Omega \subset \mathbb{R}^n$에 대하여 임의로 택한 Ω의 서로 다른 두 점을 항상 Ω에 포함되는 유한개의 선분으로 연결할 수 있으면, Ω를 **연결된 집합**(connected set)이라 한다. 공간 $\mathbb{R}^n$에서 어떤 열린 집합과 그 열린 집합의 경계의 부분 집합[3)]의 합집합이면서 연결된 집합을 **영역**(region)이라 한다. 이때 열린 집합인 영역을 **열린 영역**(domain), 닫힌 집합인 영역을 **닫힌 영역**이라 한다. 예를 들어 평면에서 한 점의 근방과 빠진 근방은 열린 영역이다. 특히 경계를 포함하지 않는 원판, 즉 **열린 원판**은 그의 중심의 근방이므로 열린 영역이고, 경계를 포함하는 원판, 즉 **닫힌 원판**은 닫힌 영역이다. 한편 자신의 경계의 일부(공집합이 아닌 진부분집합)를 포함하는 영역은 닫힌 영역도 아니고 열린 영역도 아님에 주의하라(그림 3.2-2(c) 참조).

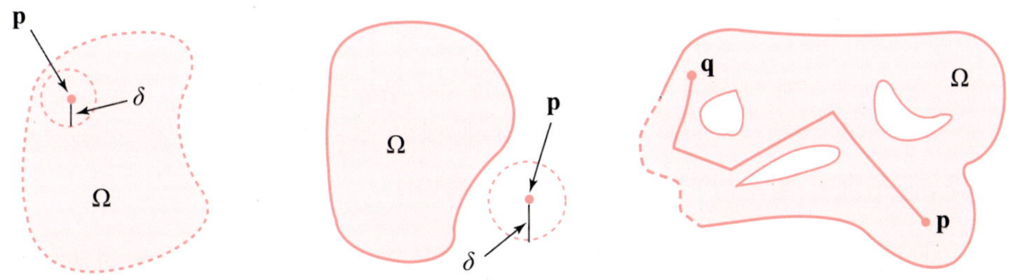

(a) 열린 집합 (b) 닫힌 집합 (c) 영역

‖ 그림 3.2-2 ‖ 평면의 열린 집합, 닫힌 집합, 영역

다변수 함수의 극한

영역 $\Omega \subset \mathbb{R}^n$에서 정의된 함수 f에 대하여 점 $\mathbf{p}$가 Ω의 내점 또는 경계점이라 자[4)]. 이때 변수 $\mathbf{x} \in \Omega$가 점 $\mathbf{p}$를 지나지 않으면서 $\mathbf{p}$로 한없이 가까이 접근할 때 $\mathbf{x}$에 대응하는 함숫값 $f(\mathbf{x})$가 하나의 실수 A에 한없이 가까워지면, $\mathbf{x}$가 점 $\mathbf{p}$에 가까워질 때 $f(\mathbf{x})$는 A에 **수렴**(converge)한다 또는 점 $\mathbf{p}$에서 함수 f의 **극한**(limit)은 A라 하고 다음과 같이 나타낸다.

$$\mathbf{x} \to \mathbf{p} \text{이면 } f(\mathbf{x}) \to A \quad \text{또는} \quad \lim_{\mathbf{x} \to \mathbf{p}} f(\mathbf{x}) = A$$

---

3) 공집합은 모든 집합의 부분 집합이다.

4) 내점일 경우에는 점 $\mathbf{p}$가 Ω의 원소이고, 경계점인 경우는 점 $\mathbf{p}$가 Ω의 원소가 아닐 수 도 있다. 즉 점 $\mathbf{p}$에서 함수가 정의될 필요가 없다. 예를 들어, 점 $\mathbf{p}$의 빠진 근방을 Ω로 생각해 보라.

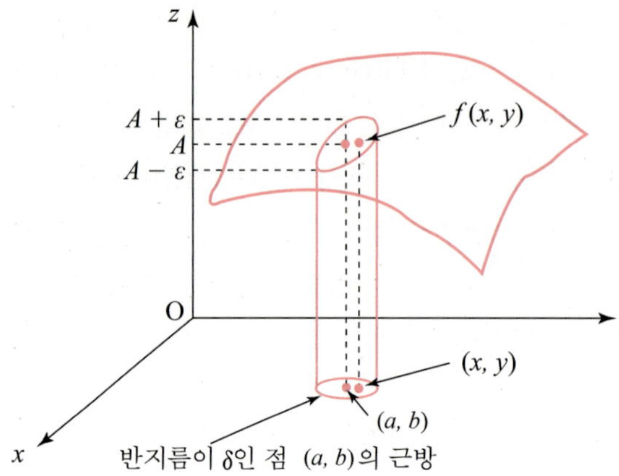

‖ 그림 3.2-3 ‖ 함수 $z=f(x, y)$의 극한

여기서 엡실론-델타($\epsilon-\delta$) 논법을 써서 엄밀하게 점 $\mathbf{p}$에서 함수 f의 극한이 A임을 정의하면 다음과 같다.

> 각 양의 실수 ϵ에 대하여 양수 δ가 존재해서[5] 부등식 $0<|\mathbf{x}-\mathbf{p}|<\delta$를 만족시키고 함수 f의 정의역 Ω에 속하는 점 $\mathbf{x}$에 대해 부등식 $|f(\mathbf{x})-A|<\epsilon$이 성립할 때, 점 $\mathbf{p}$에서 함수 f의 극한을 A라고 한다[6].

이를 점 (a, b)에서 이변수 함수 $z=f(x, y)$의 극한이 A라는 경우에 적용하면, 각 양수 ϵ에 대하여 양수 δ가 존재해서 $0<\sqrt{(x-a)^2+(y-b)^2}<\delta$이고 함수 f의 정의역에 속하는 점 (x, y)에서의 함숫값 $f(x, y)$는 구간 $(A-\epsilon, A+\epsilon)$에 속한다는 것이다(그림 3.2-3 참조).

예제 3.2-2 ϵ-δ 논법을 써서 다음 명제들을 어렵지 않게 증명할 수 있다.

$$\lim_{(x,\ y)\to(a,\ b)} x=a, \qquad \lim_{(x,\ y)\to(a,\ b)} y=b, \qquad \lim_{(x,\ y)\to(a,\ b)} c=c \quad (\text{단, } c\text{는 상수})$$

증명 첫째 명제 $\lim_{(x,\ y)\to(a,\ b)} x=a$만 증명하고 나머지는 연습 문제로 남긴다. 실수 $\epsilon>0$이 주어졌다고 하자. 함수 $f(x, y)=x$의 정의역은 평면 전체이므로 $\epsilon>0$에 대하여 점 (x, y)가 $0<\sqrt{(x-a)^2+(y-b)^2}<\delta$일 때 $|x-a|<\epsilon$이 항상 성립하도록 하는 양수 δ를 찾으면 증명이 끝난다. 먼저 다음 부등식이 성립함을 알고 있다.

$$|x-a| \le \sqrt{(x-a)^2+(y-b)^2} \tag{3.2-1}$$

---

5) 일반적으로 δ는 ϵ에 따라 결정된다.

6) We say that the limit of the function f at $\mathbf{p}$ is A if and only if for every $\epsilon>0$, there exists a $\delta>0$ such that $|f(\mathbf{x})-A|<\epsilon$ whenever $0<|\mathbf{x}-\mathbf{p}|<\delta$ and $\mathbf{x}\in\Omega$.

여기서 $\delta=\epsilon$로 택하면[7] $\sqrt{(x-a)^2+(y-b)^2}<\delta=\epsilon$인 모든 (x, y)에 대해 식 (3.2-1)에 의해 다음이 성립한다.

$$|x-a| \leq \sqrt{(x-a)^2+(y-b)^2}<\delta=\epsilon$$

따라서 점 (a, b)에서 함수 $f(x, y)=x$의 극한은 a이다. ∎

예제 3.2-3 원점에서 이변수 함수 $f(x, y)=\dfrac{xy}{\sqrt{x^2+y^2}}$의 극한이 0임을 증명하라.

증명 먼저 ϵ을 주어진 양수라 하자. 원점을 제외한 평면이 주어진 함수 f의 정의역이므로 $0<\sqrt{x^2+y^2}<\delta$일 때 다음을 만족시키는 실수 $\delta>0$를 찾으면 증명이 끝난다.

$$\left|\frac{xy}{\sqrt{x^2+y^2}}-0\right|<\epsilon$$

그런데 임의의 실수 x, y에 대해 부등식 $|xy| \leq \dfrac{x^2+y^2}{2}$이 성립하므로 다음이 성립한다.

$$\left|\frac{xy}{\sqrt{x^2+y^2}}-0\right| \leq \frac{\sqrt{x^2+y^2}}{2}, \quad (x, y) \neq (0, 0)$$

이제 $\delta=2\epsilon$이라 하자. 그러면 $0<\sqrt{x^2+y^2}<\delta$를 만족시키는 점 (x, y)에 대해 다음이 성립하므로 원점에서 주어진 함수의 극한은 0이다.

$$\left|\frac{xy}{\sqrt{x^2+y^2}}-0\right|<\frac{\sqrt{x^2+y^2}}{2}<\frac{\delta}{2}=\epsilon$$ ∎

정리 3.2-1 함수의 극한의 유일성

영역 $\Omega \subset \mathbb{R}^n$에서 정의된 실함수 f에 대하여 점 $\mathbf{p}$가 Ω의 내점 또는 경계점이라 하자. 만일 f가 점 $\mathbf{p}$에서 극한을 가지면 그 극한은 유일하다.

---

7) 이 증명의 경우에 주어진 $\epsilon>0$에 대해 ϵ보다 같거나 작은 어떠한 양수를 δ로 택해도 가능하다. 예를 들어, $\delta=\epsilon/3$이라 해도 된다. 일반적으로 극한이 존재하는 경우에는 주어진 $\epsilon>0$에 대해 $\delta>0$가 존재한다. 이때 그 δ보다 작거나 같은 양수를 모두 δ로 택하는 것이 가능하다. 즉 δ로 택할 수 있는 실수는 유일하지 않고 무한히 많다.

증명 함수 f의 극한을 A와 B라 할 때, 임의의 양수 $\epsilon > 0$에 대하여 $|A-B| < \epsilon$이 성립함을 보이면 된다. 먼저 ϵ을 임의로 주어진 양수라 하자. 이때 $\lim_{\mathbf{x} \to \mathbf{p}} f(\mathbf{x}) = A$라면 양수 $\frac{\epsilon}{2}$에 대하여 $0 < |\mathbf{x} - \mathbf{p}| < \delta_1$이고 $\mathbf{x} \in \Omega$이면 다음을 만족시키는 양수 δ_1이 존재한다.

$$|f(\mathbf{x}) - A| < \frac{\epsilon}{2}$$

또한 $\lim_{\mathbf{x} \to \mathbf{p}} f(\mathbf{x}) = B$이면 양수 $\frac{\epsilon}{2}$에 대하여 $0 < |\mathbf{x} - \mathbf{p}| < \delta_2$이고 $\mathbf{x} \in \Omega$이면 다음을 만족시키는 양수 δ_2가 존재한다.

$$|f(\mathbf{x}) - B| < \frac{\epsilon}{2}$$

이제 $\delta = \min\{\delta_1, \delta_2\}$라 놓으면 $0 < |\mathbf{x} - \mathbf{p}| < \delta$이고 $\mathbf{x} \in \Omega$일 때 삼각 부등식과 위의 두 부등식에 의해 다음이 성립한다.

$$|A-B| = |A - f(\mathbf{x}) + f(\mathbf{x}) - B| \le |f(\mathbf{x}) - A| + |f(\mathbf{x}) - B| < \frac{\epsilon}{2} + \frac{\epsilon}{2} = \epsilon$$ ∎

정리 3.2-1에 의하면, 점 $\mathbf{p}$에서 함수 f가 극한을 가지면 점 $\mathbf{x}$가 점 $\mathbf{p}$에 접근하는 방법(경로)에 관계없이 $f(\mathbf{x})$는 하나의 실수에 접근해야 한다. 이는 함수가 극한을 가지지 않는다는 것을 판단할 때 유용하게 쓰인다.

예제 3.2-4 원점 $(0, 0)$에서 이변수 함수 $f(x, y) = \dfrac{xy}{x^2 + y^2}$의 극한에 대해 논하라.

풀이 평면에서 직선 $y = mx$ (m은 실수)를 따라서 원점에 접근할 때 그에 대응하는 주어진 함수 $f(x, y)$의 값의 변화는 다음과 같다.

$$f(x, y) = f(x, mx) = \frac{xy}{x^2 + y^2} = \frac{mx^2}{x^2 + m^2x^2} = \frac{m}{1 + m^2}$$

이로부터 원점에 접근하는 방향이 다르면, 즉 m의 값이 다르면 그 대응하여 함숫값이 하나의 실수에 접근하지 않는다. 따라서 극한이 존재하지 않는다. ∎

예제 3.2-5 원점에서 이변수 함수 $f(x, y) = \dfrac{xy^2}{x^2 + y^4}$의 극한에 대해 논하라.

풀이 평면에서 직선 $y = mx$ (m는 실수)를 따라서 원점에 접근할 때 그에 대응하는 주어진 함수의 값의 변화는 다음과 같다.

$$\frac{xy^2}{x^2+y^4}=\frac{mx^3}{x^2+m^4x^4}=\frac{mx}{1+m^4x^2}$$

따라서 직선 $y=mx$를 따라서 원점에 가까이 갈 때 대응하는 함숫값은 위 식으로부터 0에 가까이 접근한다.

한편 극한이 존재하려면 원점에 접근하는 방법, 즉 경로에 관계없이 대응하는 함숫값이 0에 접근해야 한다. 다시 말해 직선 $y=mx$과는 다른 원점에 접근하는 어떠한 경로에 대해서도 함숫값이 0에 접근해야 한다. 그런데 포물선 $x=\alpha y^2$ (α는 실수)를 따라서 원점에 접근할 때 그에 대응하는 주어진 함숫값의 변화는 다음과 같다.

$$\frac{xy^2}{x^2+y^4}=\frac{\alpha y^4}{\alpha^2y^4+y^4}=\frac{\alpha}{\alpha^2+1}$$

이로부터 서로 다른 α, 즉 서로 다른 포물선을 따라 원점에 접근할 때, 그에 대응하는 함숫값이 일정한 실수에 접근하지 않는다는 것을 알 수 있다. 따라서 원점에서 주어진 함수의 극한은 없다. ▮

다음 정리는 복잡한 함수의 극한의 존재를 판정하거나 극한을 구하는데 사용할 수 있는 유용한 정리이다.

정리 3.2-2 함수의 극한의 성질

영역 $\Omega \subset \mathbb{R}^n$에서 정의된 두 실함수 f와 g에 대하여 점 $\mathbf{p}$가 Ω의 내점 또는 경계점이라 하자. 만일 $\lim_{\mathbf{x}\to\mathbf{p}} f(\mathbf{x})=A$이고 $\lim_{\mathbf{x}\to\mathbf{p}} g(\mathbf{x})=B$라 하면 다음이 성립한다.

(1) $\lim_{\mathbf{x}\to\mathbf{p}}(f+g)(\mathbf{x})=A+B$

(2) $\lim_{\mathbf{x}\to\mathbf{p}}(fg)(\mathbf{x})=AB$

(3) $\lim_{\mathbf{x}\to\mathbf{p}}\left(\frac{f}{g}\right)(\mathbf{x})=\frac{A}{B}$ (단, $B\neq 0$)

(4) $w=f(\mathbf{x})$라 할 때, 일변수 함수 $u=h(w)$가 $h(A)=c$와 $\lim_{w\to A}h(w)=c$를 만족시킨다면[8] $\lim_{\mathbf{x}\to\mathbf{p}}h(f(\mathbf{x}))=h\left(\lim_{\mathbf{x}\to\mathbf{p}}f(\mathbf{x})\right)=h(A)=c$이다.

---

8) 일변수 함수 $u=h(w)$가 실수 A의 근방에서 정의되어 있는 경우에는, A에서 연속인 함수임을 의미한다. 만일 함수 h가 적당한 실수 q에 대하여 구간 $[A, q)$ 또는 $(q, A]$에서 정의되어 있는 경우에는 A에서 함수 h의 우극한 또는 좌극한이 존재하고, 그때 대응하는 극한이 A에서의 함숫값과 같은 경우를 의미한다.

증명 (1)과 (4)의 경우만 증명하고 나머지는 연습 문제로 남긴다.

(1) ϵ을 임의로 주어진 양수라 하자. 먼저 양수 $\frac{\epsilon}{2}$에 대해 조건 $\lim_{\mathbf{x}\to\mathbf{p}} f(\mathbf{x}) = A$에서 함수 f의 정의역 Ω의 원소이고 $0 < |\mathbf{x}-\mathbf{p}| < \delta_1$를 만족시키는 점 $\mathbf{x}$에 대해 부등식 $|f(\mathbf{x})-A| < \frac{\epsilon}{2}$를 만족시키는 양수 δ_1이 존재한다. 또한 조건 $\lim_{\mathbf{x}\to\mathbf{p}} g(\mathbf{x}) = B$에서 주어진 함수 g의 정의역 Ω에 속하고 $0 < |\mathbf{x}-\mathbf{p}| < \delta_2$를 만족시키는 점 $\mathbf{x}$에 대해 부등식 $|g(\mathbf{x})-B| < \frac{\epsilon}{2}$를 만족시키는 양수 δ_2가 존재한다. $\delta = \min\{\delta_1, \delta_2\}$라 하자. 그러면 $0 < |\mathbf{x}-\mathbf{p}| < \delta$를 만족시키는 점 $\mathbf{x} \in \Omega$에 대해 다음이 성립한다.

$$|(f+g)(\mathbf{x})-(A+B)| \le |f(\mathbf{x})-A|+|g(\mathbf{x})-B| < \frac{\epsilon}{2}+\frac{\epsilon}{2} = \epsilon$$

따라서 $\lim_{\mathbf{x}\to\mathbf{p}}(f+g)(\mathbf{x}) = A+B$이다.

(4) ϵ을 임의로 주어진 양수라 하자. 여기서 $0 < |\mathbf{x}-\mathbf{p}| < \delta$인 모든 $\mathbf{x} \in \Omega$에 대해 부등식 $|h(f(\mathbf{x}))-c| < \epsilon$이 성립하게 하는 실수 $\delta > 0$이 존재함을 보이면 된다. 먼저 조건에서 $\lim_{w\to A} h(w) = c$이고 $h(A) = c$이므로 ϵ에 대하여 $0 < |w-A| < \eta$이면 $|h(w)-c| < \epsilon$을 만족시키는 양수 η가 존재한다. 또한 $\lim_{\mathbf{x}\to\mathbf{p}} f(\mathbf{x}) = A$이므로, 양수 η에 대하여 $0 < |\mathbf{x}-\mathbf{p}| < \delta$인 모든 $\mathbf{x} \in \Omega$에 대해 $|f(\mathbf{x})-A| = |w-A| < \eta$를 만족시키는 양수 δ가 존재한다. 위의 논의를 결합하면 $0 < |\mathbf{x}-\mathbf{p}| < \delta$인 모든 $\mathbf{x} \in \Omega$에 대해 $|f(\mathbf{x})-A| = |w-A| < \eta$이고, 그러면 $|h(w)-c| = |h(f(\mathbf{x}))-c| < \epsilon$이다. ▮

예제 3.2-6 점 (a, b)에서 이변수 함수 $f(x, y) = x^2+y^2$의 극한을 찾아라.

풀이 예제 3.2-2로부터 $\lim_{(x, y)\to(a, b)} x = a$이고 $\lim_{(x, y)\to(a, b)} y = b$이다. 정리 3.2-2의 (2)를 이용하면 $\lim_{(x, y)\to(a, b)} x^2 = \lim_{(x, y)\to(a, b)} x \cdot x = a^2$이고 비슷하게 $\lim_{(x, y)\to(a, b)} y^2 = b^2$이다. 이제 정리 3.2-2의 (1)을 이용하여 다음과 같이 계산하면 찾는 극한은 a^2+b^2이다.

$$\lim_{(x, y)\to(a, b)} (x^2+y^2) = \lim_{(x, y)\to(a, b)} x^2 + \lim_{(x, y)\to(a, b)} y^2 = a^2+b^2$$ ▮

다변수 함수의 연속

점 $\mathbf{p} \in \mathbb{R}^n$을 포함하는 영역에서 정의된 다변수 함수 $w = f(\mathbf{x})$가 다음 세 조건을 모두 만족시키면 함수 f가 점 $\mathbf{p}$에서 **연속(continuous)**이라 한다.

(1) 점 $\mathbf{p}$에서 함숫값 $f(\mathbf{p})$가 존재한다[9].

(2) $\lim_{\mathbf{x} \to \mathbf{p}} f(\mathbf{x})$가 존재한다.

(3) $f(\mathbf{p}) = \lim_{\mathbf{x} \to \mathbf{p}} f(\mathbf{x})$이다.

함수 f가 점 $\mathbf{p}$에서 연속이 아니면 f는 점 $\mathbf{p}$에서 불연속(discontinuous)이라 한다. 함수 f가 집합 Ω의 모든 점에서 연속이면 f는 집합 Ω에서 연속이라 한다.

예제 3.2-7 원점에서 다음 함수의 연속성을 조사하라.

$$f(x, y) = \begin{cases} (x+y)\ln(x^2+y^2), & x^2+y^2 \neq 0 \\ 0, & x^2+y^2 = 0 \end{cases}$$

풀이 원점에서 주어진 함수의 극한과 함숫값을 비교하여 연속성을 조사한다. 직교 좌표계의 변수를 극 좌표계의 변수로 치환하여, 즉 $x = r\cos\theta$, $y = r\sin\theta$로 놓아 생각하면 편리한 경우가 많다. 점 $(x, y) \neq (0,0)$에서 $f(x,y)$를 극 좌표계의 변수로 나타내고 부등식 $|\sin\theta| \leq 1$, $|\cos\theta| \leq 1$, 삼각 부등식, 그리고 로그 함수의 성질을 이용하면 다음을 얻는다.

$$|(x+y)\ln(x^2+y^2)| = |(\cos\theta + \sin\theta) r \ln r^2| \leq 4|r\ln r| \qquad (3.2\text{-}2)$$

한편, 예제 3.2-6의 결과와 정리 3.2-2의 (4)를 이용하면 원점 $(0, 0)$에서 $r = \sqrt{x^2+y^2}$의 극한이 0이다. 그런데 $r = 0^+$에서 $r\ln r = \dfrac{\ln r}{1/r}$의 극한은 로피탈 정리에 의해 $\dfrac{d(\ln r)/dr}{d(1/r)/dr} = -r$의 극한이므로 $r = 0^+$에서 $r\ln r$의 극한은 0이다. 따라서 부등식 (3.2-2)에 의해 원점에서 주어진 함수의 극한이 0이다. 원점에서 극한이 함숫값과 일치하므로 주어진 함수는 원점에서 연속이다. ∎

예제 3.2-8 원점에서 다음 이변수 함수의 연속성을 조사하라.

$$f(x, y) = \begin{cases} \dfrac{x^2 y}{x^6+y^2}, & x^2+y^2 \neq 0 \\ 0, & x^2+y^2 = 0 \end{cases}$$

풀이 원점에서 f의 극한을 조사하자. 먼저 $y = mx^2$을 만족시키는 원점이 아닌 점 (x, y)에서 다음을 얻는다.

9) 조건에서 점 $\mathbf{p} \in \mathbb{R}^n$을 포함하는 영역에서 정의된 함수라고 했으므로 이 조건은 따로 생각하지 않아도 된다.

$$f(x,\ y) = \frac{mx^4}{x^6 + m^2x^4} = \frac{m}{x^2 + m^2}$$

이때 $(x,\ y)$가 포물선 $y = mx^2$, $(m \neq 0)$을 따라 원점으로 접근한다면, 즉 위의 식에서 $x \to 0$이면 $f(x,\ y) \to \dfrac{1}{m}$이다. 이로부터 서로 다른 m, 즉 서로 다른 포물선을 따라 원점에 접근하면 그에 대응하는 함숫값도 서로 다른 값에 가까워지므로, 다시 말해 함숫값이 하나의 상수에 가까워지지 않으므로 함수 f의 극한은 존재하지 않는다. 따라서 함수 f는 원점에서 불연속이다. ▮

다음은 정리 3.2-2의 조건에서 $A = f(\mathbf{p})$와 $B = g(\mathbf{p})$로 놓고 생각하면 어렵지 않게 얻을 수 있는 정리이다.

정리 3.2-3 연속 함수의 성질

영역 $\Omega \subset \mathbb{R}^n$에서 정의된 두 개의 실함수 f와 g가 점 $\mathbf{p} \in \Omega$에서 연속이면 다음이 성립한다.

(1) $f+g,\ f-g,\ fg,\ f/g$ (단, $g(\mathbf{p}) \neq 0$)도 점 $\mathbf{p}$에서 연속이다.

(2) 함수 $w = f(\mathbf{x})$에 대해 $c = f(\mathbf{p})$라고 하자. 이때 점 c를 포함하는 $\mathbb{R}$의 어떤 영역[10]에서 정의된 일변수 함수 $u = h(w)$가 $w = c$에서 연속이면 합성 함수 $u = h(f(\mathbf{x}))$는 점 $\mathbf{p}$에서 연속이다.

예제 3.2-2로부터 이변수 함수 x, y, c (c는 상수)는 평면에서 연속인 함수이다. 그러면 정리 3.2-3에 의하여 두 개의 변수 x와 y의 다항식으로 주어지는 이변수 함수, 예를 들어 $x^4 + x^2y + y^3 - 2xy + x - 6y + 10$은 평면에서 연속이다. 또한 다항식을 이용하여 정의되는 이변수 유리 함수 $\dfrac{x^3 - 4xy}{x^2 + y^2 - 10}$도 분모를 0이 되게 하는 점들을 제외한 평면의 집합에서 연속인 함수이다. 나아가 연속인 일변수 함수와 합성 함수로 정의되는 이변수 함수, 예를 들어 무리 함수 $\sqrt{x^2 - y^2}$과 삼각 함수 $\sin(x + y - 2)$ 등도 평면의 적당한 집합에서 연속인 함수임을 알 수 있다.

예제 3.2-8 다음 두 이변수 함수는 평면에서 연속인 함수임을 설명하라.

(1) $f(x,\ y) = \cos(x^2 + y^2 - \frac{\pi}{2})$ (2) $g(x,\ y) = \sin(x + y)e^{-\sqrt{x^2 + y^2}}$

---

10) 실수 집합의 부분 집합으로 c를 원소로 가지는 $(a,\ c]$, $(a,\ b)$, $[\alpha,\ \beta]$, $[c,\ b)$와 같은 형태의 구간이다. 단, $a = -\infty$, $b = \infty$인 경우를 포함한다.

풀이 일변수 함수 $\sin x$, $\cos x$, e^x, $\sqrt{x}$와 이변수 함수 x, y, $\frac{\pi}{2}$의 연속성과 정리 3.2-3을 이용하여 어렵지 않게 두 함수가 연속 함수임을 설명할 수 있다(그래프는 그림 3.2-4와 그림 3.2-5 참조). ∎

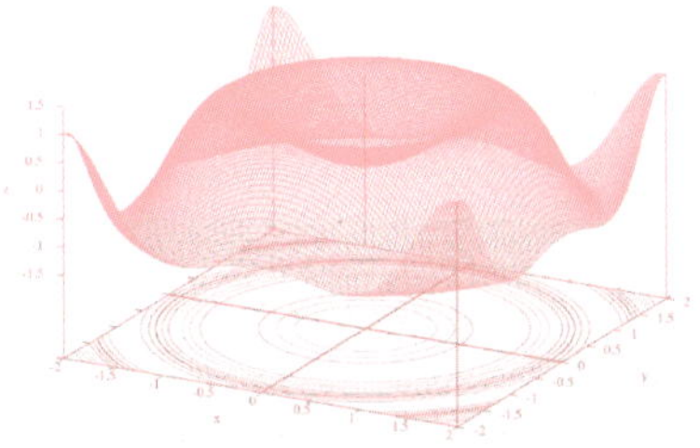

‖ 그림 3.2-4 ‖ 함수 $f(x, y) = \cos(x^2 + y^2 - \frac{\pi}{2})$의 그래프와 등위 곡선

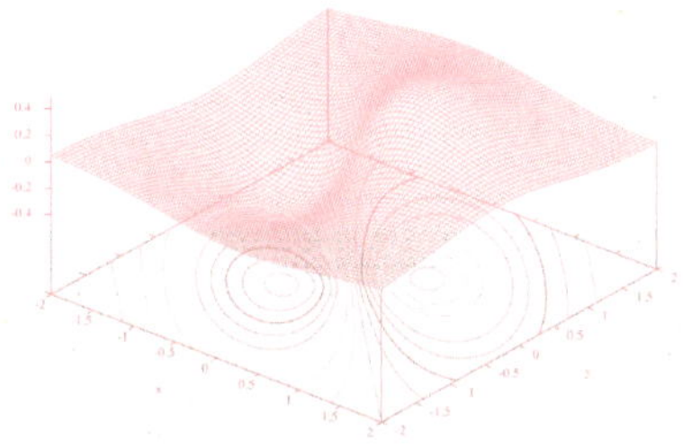

‖ 그림 3.2-5 ‖ 함수 $g(x, y) = \sin(x + y)\, e^{-\sqrt{x^2 + y^2}}$의 그래프와 등위 곡선

연습 문제 3.2 *Exercises*

1. 함수 $f(x, y) = \dfrac{x + y}{x + y^2}$에 대해 다음 물음에 답하라.
   (1) 점 (x, y)가 직선 $x = -1$을 따라 $(-1, 1)$에 한없이 가까이 갈 때 함수 f의 값은 어떤 실수에 한없이 가까워지는가?
   (2) 점 (x, y)가 직선 $y = 1$을 따라 $(-1, 1)$에 한없이 가까이 갈 때 함수 f의 값은 어떤 실수에 한없이 가까워지는가?

2. 함수 $f(x, y) = (x^2 - y)/(x^2 + y^2)$에 대하여 직선 $y = cx^2$를 따라서 $(x, y) \to (0, 0)$일 때, 함수 f의 값은 어떤 실수에 접근하는가? (단, c는 상수)

3. 다음에 주어진 점에서 주어진 함수의 극한에 대해 논하라,

(1) $f(x,\ y)=x^5-8x^3y-5xy^2,\ (1,\ -2)$ (2) $f(x,\ y)=xy\cos(x-2y),\ (4,\ 2)$

(3) $f(x,\ y)=\dfrac{x}{x+y-1},\ (0,\ 1)$ (4) $f(x,\ y)=\dfrac{(y-1)^2\ln y}{x^4+(y-1)^2},\ (0,\ 1)$

(5) $f(x,\ y)=\dfrac{3xy+2y^2}{2x^2y+5x},\ (1,\ 1)$ (6) $f(x,\ y)=\dfrac{x^2+\sin^2 y}{2x^2+y^2},\ (0,\ 0)$

(7) $f(x,\ y)=\dfrac{3xy}{x^2-2y},\ (2,\ 1)$

(8) $f(x,\ y)=\dfrac{x^2+y^2}{\sqrt{x^2+y^2+1}-1},\ (0,\ 0)$

(9) $f(x,\ y,\ z)=\dfrac{x^2y+yz+zx^2}{x^4+y^2+z^2},\ (0,\ 0,\ 0)$

(10) $f(x,\ y,\ z)=\dfrac{xyz}{x^2+y^2+z^2},\ (0,\ 0,\ 0)$

4. 점 $(0,\ 0)$에서 다음 함수의 극한에 대해 논하라.

(1) $f(x,\ y)=\dfrac{x^2+y^2}{xy+(x-y)^2}$ (2) $f(x,\ y)=\dfrac{|y|}{x^2}e^{-\frac{|y|}{x^2}}$

(3) $f(x,\ y)=-\dfrac{x^2y}{x^4+y^2}$ (4) $f(x,\ y)=(x+y)\sin\dfrac{1}{x}\sin\dfrac{1}{y}$

5. 다음 함수 f와 g에 대하여 합성 함수 $h(x,\ y)=g(f(x,\ y))$가 연속 함수가 되는 집합을 찾아라.

(1) $g(t)=t^2+\sqrt{t}+6,\quad f(x,\ y)=2x+3y-12$

(2) $g(t)=t+\ln t,\quad f(x,\ y)=\dfrac{2-xy}{1+x^2y^2}$

6. 함수 $f(\mathbf{x})=|\mathbf{x}|$가 $\mathbb{R}^n$에서 연속임을 보여라.
(귀띔: $|\mathbf{x}-\mathbf{a}|^2=(\mathbf{x}-\mathbf{a})\cdot(\mathbf{x}-\mathbf{a}),\quad \mathbf{a}\in\mathbb{R}^n$)

7. 상수 벡터 $\mathbf{c}\in\mathbb{R}^n$에 대해 함수 $f(\mathbf{x})=\mathbf{c}\cdot\mathbf{x}$가 $\mathbb{R}^n$에서 연속임을 보여라.
(귀띔: $|\mathbf{a}\cdot\mathbf{b}|\le|\mathbf{a}||\mathbf{b}|,\quad \mathbf{a},\ \mathbf{b}\in\mathbb{R}^n$)

8. 점 $(0,\ 1)$에서 다음 함수의 연속성을 조사하라.

$$f(x,\ y)=\begin{cases}\dfrac{xy-x}{x^2+y^2-2y+1}, & (x,\ y)\neq(0,\ 1)\\ 0, & (x,\ y)=(0,\ 1)\end{cases}$$

9. 점 $(0,\ 0,\ 0)$에서 다음 함수의 연속성을 조사하라.

$$f(x,\ y,\ z) = \begin{cases} \dfrac{x^2 - y^2 - z^2}{x^2 + y^2 + z^2}, & (x,\ y,\ z) \neq (0,\ 0,\ 0) \\ 0, & (x,\ y,\ z) = (0,\ 0,\ 0) \end{cases}$$

10. 평면의 점 $(a,\ b)$에 대하여 $\Omega = \{(x,\ y) \in \mathbb{R}^2 \mid (x-a)^2 + (y-b)^2 < \delta,\ \delta > 0\}$이 열린 집합임을 증명하라. 이는 평면에서 근방은 모두 열린 집합임을 의미한다.

11. 다음 집합이 닫힌 집합임을 증명하라.

(1) $\{(x,\ y) \in \mathbb{R}^2 \mid 0 \le x \le 1\}$ (2) $\{(x,\ x) \in \mathbb{R}^2 \mid 0 \le x \le 1\}$

12. 다음 집합의 내점 전체의 집합과 경계를 찾아라.

(1) $\left\{\left(\dfrac{1}{n},\ 0\right) \in \mathbb{R}^2 \mid n \in \mathbb{N}\right\}$ (2) $\{(x,\ y) \in \mathbb{R}^2 \mid x^2 + y^2 < 1, x < 0\}$

(3) $\{(x,\ y) \in \mathbb{R}^2 \mid x,\ y \in \mathbb{Q}\}$ (4) $\{(x,\ y) \in \mathbb{R}^2 \mid y = x + 1\}$

13. 다음 함수 f에 대하여 부등식 $|f(\mathbf{x}) - f(\mathbf{0})| < \epsilon$이 성립하도록 하는 평면 또는 공간의 점 $\mathbf{x}$의 집합을 찾아라. 여기서 $\mathbf{0}$은 평면 또는 공간의 원점을 나타낸다.

(1) $f(x,\ y) = x^2 + y^2,\ \epsilon = 0.01$ (2) $f(x,\ y) = \dfrac{y}{x^2 + 1},\ \epsilon = 0.01$

(3) $f(x,\ y) = \dfrac{xy}{x^2 + y^2 + 1},\ \epsilon = 0.01$ (4) $f(x,\ y) = \dfrac{x + y}{2 + \sin x},\ \epsilon = 0.01$

(5) $f(x,\ y,\ z) = \dfrac{x + y + z}{x^2 + y^2 + z^2 + 1},\ \epsilon = 0.015$

(6) $f(x,\ y,\ z) = xyz,\ \epsilon = 0.008$

(7) $f(x,\ y,\ z) = x^2 + y^2 + z^2,\ \epsilon = 0.01)$

(8) $f(x,\ y,\ z) = \tan^2 x + \tan^2 y + \tan^2 z,\ \epsilon = 0.01$

14. 정리 3.2-2의 (2), (3), (4)를 증명하라.

15. 점 $(0,\ 0)$에서 다음 함수의 연속성을 조사하라.

$$f(x,\ y) = \begin{cases} \dfrac{\sin(xy)}{xy}, & xy \neq 0 \\ 1, & xy = 0 \end{cases}$$

3.3 편도함수

점 (a, b)의 이변수 함수 $z=f(x, y)$와 실수 $h \neq 0$에 대하여 다음 식을 점 (a, b)에서 함수 f의 변수 x에 대한 **평균 변화율**이라 한다.

$$\frac{\Delta z}{h}=\frac{f(a+h, b)-f(a, b)}{h}, \; h \neq 0,$$

여기서 $h=0$에서 평균 변화율 $\Delta z/h$의 극한이 존재하면[11], f는 점 (a, b)에서 변수 x에 관해 **편미분 가능(partially differentiable)**하다고 한다. 이때 그 극한을 함수 f의 점 (a, b)에서 변수 x에 관한 **편미분 계수**라 하고 $\partial f(a, b)/\partial x$ 또는 $f_x(a, b)$로 나타낸다. 따라서 이 경우에 다음이 성립한다.

$$\frac{\partial f(a, b)}{\partial x}=f_x(a, b)=\lim_{h \to 0}\frac{f(a+h, b)-f(a, b)}{h}$$

이제 실수 $k \neq 0$에 대하여 다음 식으로 주어진 점 (a, b)에서 함수 f의 변수 y에 대한 평균 변화율을 생각하자.

$$\frac{\Delta z}{k}=\frac{f(a, b+k)-f(a, b)}{k}, \; k \neq 0$$

위와 비슷하게 $k=0$에서 평균 변화율 $\Delta z/k$의 극한이 존재하면, f는 점 (a, b)에서 변수 y에 관해 **편미분 가능**하다고 하고, 그 극한을 함수 f의 점 (a, b)에서 변수 y에 관한 **편미분 계수**라 하며 $\partial f(a, b)/\partial y$ 또는 $f_y(a, b)$로 나타낸다. 이때 다음이 성립한다.

$$\frac{\partial f(a, b)}{\partial y}=f_y(a, b)=\lim_{k \to 0}\frac{f(a, b+k)-f(a, b)}{k}$$

예제 3.3-1 함수 $f(x, y)=x^2y$에 대해 $f_x(1, 2)$와 $f_y(1, 2)$를 찾아라.

풀이 주어진 함수의 점 $(1, 2)$에서 변수 x에 대한 평균 변화율은 다음과 같다.

$$\frac{f(1+h, 2)-f(1, 2)}{h}=\frac{(1+h)^2 \cdot 2-1^2 \cdot 2}{h}=\frac{4h+2h^2}{h}=4+2h$$

이때 $h=0$에서 $4+2h$의 극한은 4이므로 $f_x(1, 2)=4$이다. 한편 점 $(1, 2)$에서 변수 y에 대한 평균 변화율은 다음과 같으므로 $f_y(1, 2)=1$이다.

---

11) 평균 변화율에서 a와 b는 고정되어 있으므로 평균 변화율은 변수 h에 관한 함수이다.

$$\frac{f(1,\ 2+k)-f(1,\ 2)}{h}=\frac{1^2\cdot(2+k)-1^2\cdot 2}{k}=\frac{k}{k}=1$$

예제 3.3-2 함수 $f(x,\ y)=|x+y|$는 점 $(0,\ 0)$에서 y에 관해 편미분 가능한가?

풀이 주어진 함수의 점 $(0,\ 0)$에서 변수 y에 대한 평균 변화율은 다음과 같다.

$$\frac{f(0,\ 0+k)-f(0,\ 0)}{k}=\frac{|0+0+k|-|0+0|}{k}=\frac{|k|}{k}$$

그런데 $k=0$에서 $\dfrac{|k|}{k}$의 극한은 존재하지 않으므로 함수 f는 $(0,\ 0)$에서 y에 관해 편미분 가능하지 않다.

한 점에서 미분 가능한 일변수 함수는 그 점에서 연속이다. 다음 두 예제 3.3-3과 3.3-4에서 볼 수 있듯이 편미분 가능성은 연속성은 어느 한 쪽이 다른 쪽의 충분조건 또는 필요조건이 되지 못한다.

예제 3.3-3 이변수 함수 $f(x,\ y)=\sqrt{|x-y|}$는 원점에서 연속이지만 편미분 가능하지 않음을 보여라.

풀이 먼저 함수 $g(s)=|s|$는 0에서 연속인 일변수 함수이고, 이변수 함수 $p(x,\ y)=x-y$는 원점에서 함숫값이 0이고 연속이다. 따라서 함수 $g(p(x,\ y))=|x-y|$는 연속 함수 $g(s)$와 $p(x,\ y)$의 합성 함수이므로 연속 함수의 성질에 관한 정리 3.2-3에 의해 원점에서 연속이다. 또한 주어진 함수 $f(x,\ y)=\sqrt{|x-y|}$는 0에서 연속인 일변수 함수 $h(t)=\sqrt{t}\ (t\geq 0)$와 원점에서 함숫값이 0인 이변수 함수 $|x-y|$의 합성 함수이므로 같은 이유에서 원점에서 연속이다

한편 원점에서 변수 x와 y에 대한 함수 f의 평균 변화율은 각각 다음과 같다.

$$\frac{f(h,\ 0)-f(0,\ 0)}{h}=\frac{|h|}{h},\quad \frac{f(0,\ k)-f(0,\ 0)}{k}=\frac{|k|}{k}$$

여기서 위의 평균 변화율의 극한은 모두 존재하지 않으므로 주어진 함수 f는 원점에서 편미분 가능하지 않다.

예제 3.3-4 다음 함수 $f(x,\ y)$는 원점에서 불연속이지만 편미분 가능함을 보여라.

$$f(x,\ y)=\begin{cases}1, & xy=0\\ 0, & xy\neq 0\end{cases}$$

풀이 먼저 직선 $y=x$, $x \neq 0$ 위의 모든 점에서 $f(x, x)=0$이다. 따라서 $y=x$를 따라 원점에 접근하면 함숫값은 0에 접근한다. 0은 원점에서의 함숫값 1이 아니므로 주어진 함수는 원점에서 연속이 아니다. 한편 원점에서 변수 x와 y에 대한 함수 f의 평균변화율은 각각 다음과 같다.

$$\frac{f(h, 0)-f(0, 0)}{h}=\frac{1-1}{h}=0, \quad \frac{f(0, k)-f(0, 0)}{k}=\frac{1-1}{k}=0$$

즉 주어진 함수는 원점에서 편미분 가능하고 $f_x(0, 0)=0$, $f_y(0, 0)=0$이다. ▌

편도함수

이변수 함수 f가 변수 x와 y에 관해 편미분 가능한 점의 집합을 각각 X와 Y라 하자. 그러면 집합 X의 점 (x, y)에서 편미분 계수 $f_x(x, y)$가 존재한다. 따라서 $(x, y) \in X$에 실수 $f_x(x, y)$를 대응시키는 함수가 정의된다. 이때 이렇게 편미분 계수를 이용하여 정의되는 새로운 함수를 주어진 함수 f의 변수 x에 관한 **편도함수**(partial derivative)라 하고 기호 f_x를 써서 나타낸다. 또한 비슷하게 집합 Y의 각 점 (x, y)에서 편미분 계수 $f_y(x, y)$가 존재하므로 $(x, y) \in Y$에 실수 $f_y(x, y)$를 대응시키는 새로운 함수를 정의할 수 있으며 그를 f_y로 나타내고 함수 f의 변수 y에 관한 **편도함수**라 한다. 즉 f_x와 f_y는 각각 식 (3.3-1)과 (3.3-2)로 정의되는 함수이다.

$$f_x : X \to \mathbb{R}, \quad f_x(x, y)=\lim_{h \to 0}\frac{f(x+h, y)-f(x, y)}{h}, \ (x, y) \in X \tag{3.3-1}$$

$$f_y : Y \to \mathbb{R}, \quad f_y(x, y)=\lim_{k \to 0}\frac{f(x, y+k)-f(x, y)}{k}, \ (x, y) \in Y \tag{3.3-2}$$

흔히 이변수 함수 $z=f(x, y)$의 편도함수 f_x와 f_y를 다음과 같은 기호들을 사용하여 나타내기도 한다.

$$\frac{\partial f}{\partial x}, \frac{\partial f}{\partial y}, z_x, z_y, \frac{\partial z}{\partial x}, \frac{\partial z}{\partial y}, f_x(x, y), f_y(x, y),$$

$$\frac{\partial}{\partial x}f(x, y), \frac{\partial}{\partial y}f(x, y), \partial f/\partial x, \partial f/\partial y$$

예제 3.3-5 이변수 함수 $f(x, y)=\cos(x+2y)$의 편도함수 f_x와 f_y를 찾아라.

풀이 먼저 정의를 이용하면 $h=0$에서 다음 식으로 주어지는 점 (x, y)에서 f의 변수 x에 관한 평균 변화율의 극한이 f_x이다.

$$\frac{f(x+h,\ y)-f(x,\ y)}{h}=\frac{\cos(x+h+2y)-\cos(x+2y)}{h}$$
$$=\frac{\cos(x+2y)(\cos h-1)-\sin(x+2y)\sin h}{h}$$

여기서 $\lim_{h\to 0}\frac{\cos h-1}{h}=0$, $\lim_{h\to 0}\frac{\sin h}{h}=1$이므로 $f_x(x,\ y)=-\sin(x+2y)$이다. 비슷하게 f_y는 $k=0$에서 다음 식으로 주어지는 점 $(x,\ y)$에서 함수 f의 변수 y에 관한 평균 변화율의 극한이다.

$$\frac{f(x,\ y+k)-f(x,\ y)}{k}=\frac{\cos(x+2y+2k)-\cos(x+2y)}{k}$$
$$=\frac{\cos(x+2y)(\cos 2k-1)-\sin(x+2y)\sin 2k}{k}$$

이때 $\lim_{k\to 0}\frac{\cos 2k-1}{k}=0$, $\lim_{h\to 0}\frac{\sin 2k}{k}=2$이므로 $f_y(x,\ y)=-2\sin(x+2y)$이다. ▮

식 (3.3-1)에서 y는 변하지 않고 변수 x의 변화에 따른 평균 변화율의 극한으로 편도함수 f_x가 정의된다. 이로부터 f_x는 함수 f를 변수 x만의 일변수 함수로 생각해서, 즉 y를 상수라 하고 일변수 함수의 도함수와 여러 가지 미분법[12]을 써서 함수 f를 변수 x로 미분하여 구할 수 있음을 의미한다.[13]

이러한 생각을 예제 3.3-5에서 f_x를 구하는 데 적용하자. 함수 $f(x,\ y)=\cos(x+2y)$를 변수 x만의 일변수 함수로 보면, 코사인 함수와 y가 상수인 변수 x의 일차 함수 $x+2y$의 합성 함수이다. 따라서 변수 x로 미분할 때 코사인 함수의 도함수와 합성 함수의 미분법(연쇄 법칙)을 이용하면 $f_x(x,\ y)=-\sin(x+2y)$를 얻는다.

같은 생각을 f_y를 구하는 데 적용하자. 그러면 $f(x,\ y)=\cos(x+2y)$를 코사인 함수와 x가 상수인 변수 y의 일차 함수 $x+2y$의 합성 함수이다. 주어진 함수를 변수 y만의 일변수 함수로 생각하여 변수 y로 미분할 때 코사인 함수의 도함수와 연쇄 법칙을 이용하면 $f_y(x,\ y)=-2\sin(x+2y)$를 얻는다.

일반적으로 n변수 함수 $u=f(x_1,\ x_2,\ ,\ \cdots,\ x_n)$의 변수 x_i, $i=1,\ 2,\ \cdots,\ n$에 관한 편미분 계수와 편도함수도 이변수 함수의 경우와 비슷하게 다음과 같이 변수 x_i의 평균 변화율의 극한으로 정의한다.

$$f_{x_i}(x_1,\ \cdots,\ x_i,\ \cdots,\ x_n)=\lim_{h\to 0}\frac{f(x_1,\ \cdots,\ x_i+h,\ \cdots,\ x_n)-f(x_1,\ \cdots,\ x_i,\ \cdots,\ x_n)}{h},\quad i=1,\ \cdots,\ n$$

12) 합의 미분법, 곱의 미분법, 몫의 미분법, 합성 함수의 미분법(연쇄 법칙) 등을 말한다.
13) 비슷한 생각을 식 (3.3-2)에 대해 적용하여 f_y를 구하는데 적용할 수 있다.

참고 n변수 함수 $u=f(x_1,\ x_2,\ \cdots,\ x_n)$의 변수 $x_i,\quad i=1,\ \cdots,\ n$에 대한 편도함수 $\dfrac{\partial f}{\partial x_i}$는 함수 $f(x_1,\ \cdots,\ x_i,\ \cdots,\ x_n)$을 변수 x_i를 제외한 나머지 모든 변수가 상수인 일변수 함수의 미분법을 이용하여 변수 x_i로 미분하여 구한다. 다변수 함수의 편도함수를 구하는 것을 **편미분한다**고 한다.

예제 3.3-6 함수 $f(x,\ y)=y^x$에 대하여 f_x와 f_y를 찾아라.

풀이 먼저 $f_y=xy^{x-1}$이다. 한편 지수 함수의 정의[14]에 의하여 $f(x,\ y)=y^x=e^{x\ln y}$이므로 $f_x=e^{x\ln y}\ln y=y^x\ln y$이다. ▮

예제 3.3-7 삼변수 함수 $w=xz^3\sin(y^2)$에 대하여 $w_x,\ w_y,\ w_z$를 찾아라.

풀이 $\dfrac{\partial w}{\partial x}=z^3\sin(y^2),\ \dfrac{\partial w}{\partial y}=2xyz^3\cos(y^2),\ \dfrac{\partial w}{\partial z}=3xz^2\sin(y^2)$이다. ▮

이제 점 $P(a,\ b)$에서 이변수 함수 $z=f(x,\ y)$의 편미분 계수의 기하학적인 의미를 살펴보자. 먼저 함수 f의 그래프가 그림 3.3-1에 나타낸 곡면과 같다고 하자. 이때 곡면에 있는 점 $Q(a,\ b,\ f(a,\ b))$를 지나는 평면 $y=b$로 곡면을 자르면, 곡선 AQB를 얻는다. 여기서 y는 b로 고정되어 있으므로 곡선 AQB는 변수 x에 관한 함수 $z=f(x,\ b)$이다. 따라서 편미분 계수 $f_x(a,\ b)$는 점 Q에서 곡선 AQB의 접선의 기울기 또는 **함수 $f(x,\ b)$의 변화율**을 의미한다. 점 $Q(a,\ b,\ f(a,\ b))$를 지나는 평면 $x=a$로 곡면을 잘라 얻은 곡선 CQD에 대해서도 같은 방법으로 생각하여 정리하면 이변수 함수 f의 편미분 계수의 기하학적 의미는 다음과 같다(그림 3.3-1 참조).

$$\frac{\partial}{\partial x}f(a,\ b)=\tan\alpha:\ \text{점 } Q\text{에서 곡선 } AQB\text{에 대한 접선의 기울기}$$

$$\frac{\partial}{\partial y}f(a,\ b)=\tan\beta:\ \text{점 } Q\text{에서 곡선 } CQD\text{에 대한 접선의 기울기}$$

여기서 각 α와 β는 그림 3.3-1에서 나타낸 각이다.

---

14) $a^x=e^{x\ln a},\ a>0$

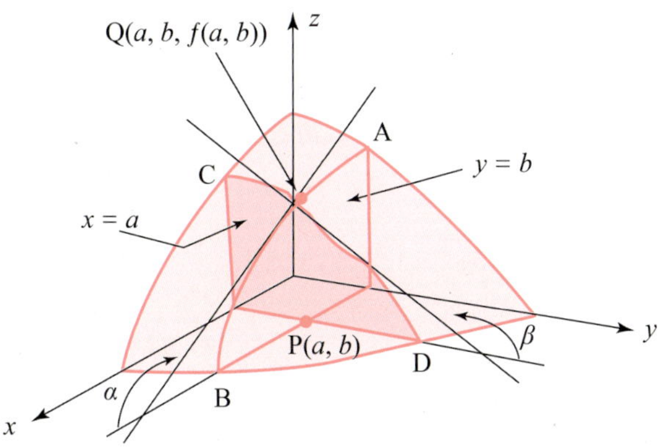

‖ 그림 3.3-1 ‖ 편미분 계수의 기하학적인 의미

예제 3.3-8 함수 $f(x,\ y)=\sin(x^3-y^2+xy+1)$의 그래프에 있는 점 $\mathbf{p}=(1,\ -1,\ 0)$에서 xz평면과 yz평면에 수직인 방향으로 그래프 위를 이동할 때 생기는 각각의 곡선의 점 $\mathbf{p}$에서 접선의 기울기를 찾아라.

풀이 주어진 점 $\mathbf{p}$에서 xz평면과 yz평면에 수직인 방향으로 그래프 위를 이동할 때 생기는 곡선의 점 $\mathbf{p}$에서 접선의 기울기는 각각 $f_y(1,\ -1)$과 $f_x(1,\ -1)$과 같다. 그런데 주어진 함수의 편도함수는 다음과 같다.

$$f_y(x,\ y)=(x-2y)\cos(x^3-y^2+xy+1)$$
$$f_x(x,\ y)=(3x^2+y)\cos(x^3-y^2+xy+1)$$

따라서 $f_y(1,\ -1)=3$이고 $f_x(1,\ -1)=2$이다. ▮

예제 3.3-8에서 점 $\mathbf{p}=(1,\ -1,\ 0)$에서 xz평면과 yz평면에 수직인 방향이 아닌 다른 방향, 예를 들어 평면의 점 $(1,\ -1)$을 지나는 직선 $y=x-2$ 따라 곡면 위를 이동할 때 대응하는 곡선의 기울기 또는 함숫값의 변화율을 생각할 수 있다. 이에 대한 논의는 3.6절에서 다룬다.

고계 편도함수

이변수 함수 $z=f(x,\ y)$의 편도함수 $\dfrac{\partial f}{\partial x}$와 $\dfrac{\partial f}{\partial y}$도 또한 변수 x와 y의 이변수 함수이다. 만일 이변수 함수로서 $\dfrac{\partial f}{\partial x}$와 $\dfrac{\partial f}{\partial y}$가 편미분 가능하면 그들의 편도함수들, 즉 $\dfrac{\partial}{\partial x}\left(\dfrac{\partial f}{\partial x}\right)$, $\dfrac{\partial}{\partial y}\left(\dfrac{\partial f}{\partial x}\right)$, $\dfrac{\partial}{\partial x}\left(\dfrac{\partial f}{\partial y}\right)$, $\dfrac{\partial}{\partial y}\left(\dfrac{\partial f}{\partial y}\right)$를 생각할 수 있다. 이러한 편도함수의 편도

함수를 통틀어 함수 f의 **이계 편도함수**(second order partial derivative)라 한다. 이때 f_x와 f_y를 함수 f의 **일계 편도함수**(first order partial derivative)라 부르기도 한다. 흔히 이변수 함수 $z=f(x,\ y)$의 이계 편도함수를 다음과 같은 기호들을 써서 나타낸다.

$$\frac{\partial}{\partial x}\left(\frac{\partial z}{\partial x}\right)=\frac{\partial^2 z}{\partial x^2}=z_{xx}=\frac{\partial^2 f}{\partial x^2}(x,\ y)=f_{xx}(x,\ y),$$

$$\frac{\partial}{\partial x}\left(\frac{\partial z}{\partial y}\right)=\frac{\partial^2 z}{\partial x\partial y}=z_{yx}=\frac{\partial^2 f}{\partial x\partial y}(x,\ y)=f_{yx}(x,\ y),$$

$$\frac{\partial}{\partial y}\left(\frac{\partial z}{\partial x}\right)=\frac{\partial^2 z}{\partial y\partial x}=z_{xy}=\frac{\partial^2 f}{\partial y\partial x}(x,\ y)=f_{xy}(x,\ y),$$

$$\frac{\partial}{\partial y}\left(\frac{\partial z}{\partial y}\right)=\frac{\partial^2 z}{\partial y^2}=z_{yy}=\frac{\partial^2 f}{\partial y^2}(x,\ y)=f_{yy}(x,\ y)$$

위의 생각을 이계 편도함수들에 적용하여 이계 편도함수들의 편도함수들을 얻을 수 있고 그들을 모두 **삼계 편도함수**(third order partial derivative)라 한다. 이와 같이 편도함수의 편도함수를 계속 생각하여 n**계 편도함수**($n \geq 2$)를 정의할 수 있다. 흔히 이계 이상의 편도함수들을 통틀어 **고계 편도함수**(higher order partial derivative)라 한다.

예제 3.3-9 함수 $u(x,\ y)=e^{3x}\sin 3y$의 이계 편도함수를 모두 구하고, $u_{xx}+u_{yy}=0$이 성립함을 보여라.

풀이 먼저 주어진 함수의 일계 편도함수들은 다음과 같다.

$$u_x(x,\ y)=3e^{3x}\sin 3y, \qquad u_y(x,\ y)=3e^{3x}\cos 3y$$

이로부터 함수 u의 이계 편도함수를 구하면 다음과 같다.

$$u_{xx}(x,\ y)=9e^{3x}\sin 3y, \qquad u_{xy}(x,\ y)=9e^{3x}\cos 3y,$$

$$u_{yx}(x,\ y)=9e^{3x}\cos 3y, \qquad u_{yy}(x,\ y)=-9e^{3x}\sin 3y$$

이때 $u_{xx}+u_{yy}=9e^{3x}\cos 3y+(-9e^{3x}\cos 3y)=0$이므로 $u_{xx}+u_{yy}=0$이다. ∎

예제 3.3-9에서 u_{xy}와 u_{yx}는 서로 같다. 즉 편미분의 순서를 바꾸어 얻은 이계 편도함수가 서로 같다. 그러나 다음 예제에서 알 수 있듯이 편미분의 순서가 다르면 일반적으로 그에 대응하는 편도함수들은 서로 같지 않다.

예제 3.3-10 다음 함수 f에 대해 $f_x(0,\ 0)$, $f_y(0,\ 0)$과 $f_{xy}(0,\ 0)$, $f_{yx}(0,\ 0)$을 찾아라.

$$f(x,\ y)=\begin{cases} xy\dfrac{x^2-y^2}{x^2+y^2}, & (x,\ y)\neq(0,\ 0) \\ 0, & (x,\ y)=(0,\ 0) \end{cases}$$

풀이 먼저 원점에서 주어진 함수 f의 변수 x와 y에 대한 평균 변화율이 각각 다음과 같으므로 분명히 $f_x(0,\ 0)=0$이고 $f_y(0,\ 0)$이다.

$$\frac{f(0+h,\ 0)-f(0,\ 0)}{h}=0,\quad \frac{f(0,\ 0+k)-f(0,\ 0)}{k}=0$$

한편 원점에서 주어진 함수의 이계 편도함수의 값, 즉 이계 편미분 계수 $f_{xy}(0,\ 0)$과 $f_{yx}(0,\ 0)$는 (존재한다면) 차례로 다음 일계 편도함수의 평균 변화율의 $k=0$과 $h=0$에서의 극한이다.

$$\frac{f_x(0,\ k)-f_x(0,\ 0)}{k},\quad \frac{f_y(h,\ 0)-f_y(0,\ 0)}{h}$$

따라서 $f_{xy}(0,\ 0)$과 $f_{yx}(0,\ 0)$를 구하기 위해서 $f_x(0,\ y)$, $y\neq 0$와 $f_y(x,\ 0)$, $x\neq 0$을 먼저 구해야 한다. 그런데 $h=0$에서 다음 평균 변화율의 극한이 분명히 $-y$이므로 $f_x(0,\ y)=-y$, $y\neq 0$이다.

$$\frac{f(0+h,\ y)-f(0,\ y)}{h}=\frac{hy\dfrac{h^2-y^2}{h^2+y^2}}{h}=y\frac{h^2-y^2}{h^2+y^2},\quad y\neq 0$$

또한 $k=0$에서 다음 평균 변화율의 극한이 x이므로 $f_y(x,\ 0)=x$, $x\neq 0$이다.

$$\frac{f(x,\ 0+k)-f(x,\ 0)}{k}=\frac{xk\dfrac{x^2-k^2}{x^2+k^2}}{k}=x\frac{x^2-k^2}{x^2+k^2},\quad x\neq 0$$

이제 원점에서 일계 편도함수 f_x의 변수 y에 관한 평균 변화율과 f_y의 x에 관한 평균 변화율을 차례로 나타내는 다음 두 식으로부터 $f_{xy}(0,\ 0)=-1$과 $f_{yx}(0.0)=1$을 얻는다.

$$\frac{f_x(0,\ k)-f_x(0,\ 0)}{k}=\frac{-k}{k}=-1,\quad \frac{f_y(h,\ 0)-f_y(0,\ 0)}{h}=\frac{h}{h}=1$$

다음 정리는 이변수 함수 $z=f(x,\ y)$에 대하여 등식 $f_{xy}=f_{yx}$가 성립할 충분조건에 대해 말하고 있다.

정리 3.3-1

이변수 함수 f와 그의 편도함수 $f_x,\ f_y,\ f_{xy}$가 점 $(a,\ b)$의 한 근방 N에서 모두 존재하고 연속이면, $f_{yx}(a,\ b)$가 존재하고 $f_{xy}(a,\ b)=f_{yx}(a,\ b)$가 성립한다.

증명 두 점 $(a+h,\ b)$와 $(a,\ b+k)$가 모두 점 $(a,\ b)$의 주어진 근방 N에 놓이도록 하는 0이 아닌 작은 h와 k에 대해 다음과 같은 Δ와 일변수 함수 F를 생각하자.

$$\Delta=\{f(a+h,\ b+k)-f(a+h,\ b)\}-\{f(a,\ b+k)-f(a,\ b)\} \tag{3.3-3}$$

$$F(x)=f(x,\ b+k)-f(x,\ b) \tag{3.3-4}$$

그러면 식 (3.3-3)과 (3.3-4)로부터 $\Delta=F(a+h)-F(a)$이다. 주어진 조건에 의해 함수 f가 변수 x에 관해 편미분 가능하므로 함수 F는 구간 $[a,\ a+h]$에서 미분 가능하다. 이때 일변수 실함수의 평균값 정리15)에 의해 $\Delta=hF'(\xi)$를 만족시키는 점 $\xi\in(a,\ a+h)$가 존재한다. 그런데 식 (3.3-4)에서 $F'(x)=f_x(x,\ b+k)-f_x(x,\ b)$이므로 다음을 얻는다.

$$\Delta=h\{f_x(\xi,\ b+k)-f_x(\xi,\ b)\},\quad a<\xi<a+h,$$

한편 조건에서 f_{xy}가 존재하므로 구간 $[b,\ b+k]$에서 정의된 일변수 y에 관한 함수 $f_x(\xi,\ y)$는 변수 y에 관해 편미분 가능하다. 또 평균값 정리를 함수 $f_x(\xi,\ y)$에 적용하면 다음을 만족시키는 $\eta\in(b,\ b+k)$가 존재한다.

$$\Delta=hkf_{xy}(\xi,\ \eta),\quad a<\xi<a+h,\ b<\eta<\eta+k$$

이제 위 식의 양변을 k로 나누면 다음을 얻는다

$$\frac{\Delta}{k}=hf_{xy}(\xi,\ \eta),\quad a<\xi<a+h,\ b<\eta<\eta+k \tag{3.3-5}$$

한편 가정에서 f_{xy}가 집합 N에서 연속이다. 이때 $(\xi,\ b)\in N$이고 $k\to 0$이면, $\eta\to b$이므로 식 (3.3-5)의 우변에 대해 $hf_{xy}(\xi,\ \eta)\to hf_{xy}(\xi,\ b)$이다. 또한 가정으로부터 근방 N의 모든 점, 특히 두 점 $(a+h,\ b)$, $(a,\ b)\in N$에서 f_y가 존재하므로 식

---

15) **[일변수 실함수의 평균값 정리]** 일변수 함수 $y=f(x)$가 닫힌 구간 $[\alpha,\ \beta]$에서 연속이고 열린 구간 $(\alpha,\ \beta)$에서 미분 가능하다고 하자. 그러면 $f(\beta)-f(\alpha)=(\beta-\alpha)f'(\gamma)$를 만족시키는 점 $\gamma\in(\alpha,\ \beta)$가 존재한다.

(3.3-3)의 Δ를 참고하면 식 (3.3-5)의 좌변에 대해 $k \to 0$일 때 $\dfrac{\Delta}{k} \to f_y(a+h,\ b) - f_y(a,\ b)$이다. 따라서 $k=0$에서 식 (3.3-5)의 극한은 다음과 같다.

$$f_y(a+h,\ b) - f_y(a,\ b) = hf_{xy}(\xi,\ b), \quad a < \xi < a+h$$

이제 위 식의 양변을 h로 나누어 얻는 다음 식의 $h=0$에서 극한을 생각해 보자.

$$\frac{f_y(a+h,\ b) - f_y(a,\ b)}{h} = f_{xy}(\xi,\ b) \tag{3.3-6}$$

여기서 $h \to 0$일 때 $\xi \to a$인데, 가정에 의해 이계 편도함수 f_{xy}가 점 $(a,\ b)$에서 연속이므로 $f_{xy}(\xi,\ b) \to f_{xy}(a,\ b)$이다. 따라서 식 (3.3-6)으로부터 다음이 성립한다.

$$\lim_{h \to 0} \frac{f_y(a+h,\ b) - f_y(a,\ b)}{h} = f_{xy}(a,\ b)$$

즉 $f_{yx}(a,\ b) = f_{xy}(a,\ b)$이다. ∎

정리 3.3-1에 의하면 이변수 함수 f가 정리의 조건을 만족시키면 f의 이계 편도함수는 다음과 같은 세 가지다.

$$\frac{\partial^2 f}{\partial x^2},\ \frac{\partial^2 f}{\partial x \partial y},\ \frac{\partial^2 f}{\partial y^2}$$

또한 정리 3.3-1은 연속인 n계 편도함수를 가지는 이변수 함수 f의 임의의 n계 편도함수는 원래 주어진 편미분의 순서를 임의로 바꾸어 편미분하여 얻는 결과와 같다는 것을 말한다. 예를 들어 이변수 함수 $z = f(x,\ y)$의 모든 삼계 편도함수가 연속이면 삼계 편도함수 z_{xyx}에 대해 다음이 성립한다.

$$z_{xyx} = z_{xxy} = z_{yxx}$$

예제 3.3-11 함수 $z = xy\sin(x+y)$의 삼계 편도함수 z_{xyx}를 찾아라.

풀이 주어진 함수 z는 일변수 함수로서 모든 계의 도함수를 가지는 변수 x와 y에 관한 다항 함수, 사인함수와 다항 함수의 합성 함수의 곱이므로 일변수 함수의 미분법에 의하면 모든 계의 편도함수가 연속이다. 주어진 편미분의 순서대로 편미분하여 다음을 얻는다.

$$z_x = y\sin(x+y) + xy\cos(x+y),$$
$$z_{xy} = \sin(x+y) + y\cos(x+y) + x\cos(x+y) - xy\sin(x+y)$$

$$= (1-xy)\sin(x+y) + (x+y)\cos(x+y),$$

$$z_{xyx} = -y\sin(x+y) + (1-xy)\cos(x+y) + \cos(x+y) - (x+y)\sin(x+y)$$
$$= (-x-2y)\sin(x+y) + (2-xy)\cos(x+y)$$

한편 x, x, y의 순서로 편미분하면 다음을 얻는다.

$$z_{xx} = y\cos(x+y) + y\cos(x+y) - xy\sin(x+y)$$
$$= 2y\cos(x+y) - xy\sin(x+y),$$
$$z_{xxy} = 2\cos(x+y) - 2y\sin(x+y) - x\sin(x+y) - xy\cos(x+y)$$
$$= (-x-2y)\sin(x+y) + (2-xy)\cos(x+y)$$

여기서 주어진 함수는 정리 3.3-1의 조건을 만족시키므로 주어진 편미분의 순서를 바꾸어 계산한 삼계 편도함수는 모두 동일하다. 실제로 위에서 $z_{xyx} = z_{xxy}$가 성립함이 확인되었다. 또한 z_{yxx}를 구하여 확인해 보라. 그리고 고계 편도함수를 구할 때 상대적으로 용이한 편미분의 순서가 있을 수 있다는 것도 확인할 수 있다. ❙

참고 정리 3.3-1을 일반적인 n변수 함수에 대하여 다시 쓰면 다음과 같다.

함수 $w = f(x_1, \cdots, x_n)$와 $\dfrac{\partial f}{\partial x_i}$, $\dfrac{\partial f}{\partial x_j}$, $\dfrac{\partial}{\partial x_j}\left(\dfrac{\partial f}{\partial x_i}\right)$, $i \neq j$, $1 \le i, j \le n$가 점 $\mathbf{p}$의 한 근방에서 모두 존재하고 연속이면 $\dfrac{\partial}{\partial x_i}\left(\dfrac{\partial f}{\partial x_j}\right)(\mathbf{p})$가 존재하고 다음이 성립한다.

$$\frac{\partial}{\partial x_i}\left(\frac{\partial f}{\partial x_j}\right)(\mathbf{p}) = \frac{\partial}{\partial x_j}\left(\frac{\partial f}{\partial x_i}\right)(\mathbf{p}), \quad i \neq j,\ 1 \le i,\ j \le n$$

연습 문제 3.3 *Exercises*

1. 편미분 계수의 정의를 이용하여 함수 $f(x, y) = x^2 + y^3$에 대해 $f_x(1, 2)$, $f_y(1, 2)$를 찾아라.

2. 다음 함수의 일계와 이계 편도함수를 찾아라.

   (1) $z = x^2 y$ (2) $f(x, y, z) = x\sin(yz) - z\ln(xy)$

   (3) $z = \ln(x^2 + y^2)$ (4) $f(x, y, z) = \cos(x^2 yz)$

   (5) $f(x, y, z, w) = \ln(xyzw)$

   (6) $f(x, y, z, w) = \sin(2x)\cosh(3z) + \sinh(3y)\cos(4w)$

3. 미분 가능한 일변수 실함수 f와 g에 대하여 다음 함수의 일계 편도함수를 찾아라.

(1) $z = f(x+y)$ (2) $z = f(xy)$

(3) $z = f\left(\dfrac{x}{y}\right)$ (4) $z = f(x) + g(y)$

(5) $z = f(x)g(y)$ (6) $z = \dfrac{f(x)}{g(y)}$

4. 다음 함수 z의 일계 편도함수를 구하고 편도함수들의 관계식을 찾아라. 여기서 f는 미분 가능한 일변수 함수이다.

(1) $z = f(x^2 + y^2)$ (2) $z = \dfrac{1}{x} f\left(\dfrac{x}{y}\right)$

5. 질량이 m이고 속도가 v인 물체의 운동 에너지 K는 $K = \dfrac{1}{2} m v^2$으로 정의된다. 이때 등식 $K = \dfrac{\partial K}{\partial m} \dfrac{\partial^2 K}{\partial v^2}$이 성립함을 보여라.

6. 점 $\mathbf{p} = (1,\ -1,\ 1)$와 함수 $f(x,\ y,\ z) = x^2 y^2 (2z+1)^2$에 대하여 다음 고계 도함수의 값을 찾아라.

$$\frac{\partial^2 f(\mathbf{p})}{\partial y \partial z},\quad \frac{\partial^3 f(\mathbf{p})}{\partial x \partial y \partial z},\quad \frac{\partial^3 f(\mathbf{p})}{\partial y \partial z^2}$$

7. 이변수 함수 $T(x,\ t) = e^{-\kappa t} \cos x$에 대하여 다음 식이 성립함을 보여라.

$$\frac{\partial T}{\partial t} = \kappa \frac{\partial^2 T}{\partial x^2}$$

8. 삼변수 함수 $f(x,\ y,\ z) = (x-y)(y-z)(z-x)$에 대하여 $f_x + f_y + f_z = 0$이 성립함을 보여라.

9. 다음의 각 함수 $z = f(x,\ y)$에 대하여 $x z_x + y z_y$를 찾아라.

(1) $z = \sqrt{x^2 + y^2}$ (2) $z = \ln \sqrt{x^2 + y^2}$

(3) $z = \tan^{-1} \dfrac{y}{x}$

10. 다음의 각 함수 $z = f(x,\ y)$에 대하여 $z_{xx} + z_{yy} = 0$이 성립함을 보여라.

(1) $z = ax + by + c$ (2) $z = e^{2x} \cos 2y$

(3) $z = \tan^{-1} \dfrac{x}{y}$ (4) $z = \ln \sqrt{x^2 + y^2}$

(5) $z = \sin x \sinh y$ (6) $z = e^{kx} \sin ky$

(7) $z = e^x (\sin y + \cos y)$

11. 다음 삼변수 함수 f에 대해 $f_{xx}+f_{yy}+f_{zz}=0$이 성립함을 보여라.

$$f(x,\ y,\ z)=\frac{1}{\sqrt{x^2+y^2+z^2}},\ x^2+y^2+z^2\neq 0$$

12. 연속인 일계와 이계 편도함수를 가지고 등식 $u_x=v_y$와 $u_y=-v_x$을 만족시키는 이변수 함수 u와 v에 대해 $u_{xx}+u_{yy}=0$과 $v_{xx}+v_{yy}=0$이 성립함을 보여라.

13. **용수철 상수**가 k(단위: N/m)인 길이가 유한한 용수철의 한 쪽 끝을 수평인 직선 위에 고정하고 다른 한 끝에 추를 달았다. 이때 추가 평형 상태에서 변위 x(단위: m)만큼 직선 위를 수평으로 움직였을 때 변위의 반대 방향으로 작용하는 힘 F(단위: N)는 다음과 같다(훅의 법칙: Hooke's law).

$$F=kx$$

한편 용수철 상수가 $k_1,\ k_2,\ \cdots,\ k_n$인 n개의 용수철을 일렬로 연결하여 만든 용수철 묶음의 **합성 용수철 상수** $\tilde{k}$는 다음과 같이 주어진다.

$$\frac{1}{\tilde{k}}=\sum_{i=1}^{n}\frac{1}{k_i}$$

이때 $\dfrac{\partial\tilde{k}}{\partial k_i},\ i=1,\ \cdots,\ n$을 찾아라.

14. 함수 $f(x,\ y)=|xy|$는 점 $(1,\ 0)$에서 편미분 가능한가?

15. 함수 $f(x,\ y)=\sqrt{x^2+y^2}$는 원점에서 연속이지만 편미분 가능하지 않음을 보여라.

16. 다음 함수 f에 대해 $f_x(0,\ 0)$, $f_y(0,\ 0)$과 $f_{xy}(0,\ 0)$, $f_{yx}(0,\ 0)$을 찾아라.

$$f(x,\ y)=\begin{cases}\dfrac{x^3y}{x^2+y^2}, & (x,\ y)\neq(0,\ 0)\\ 0, & (x,\ y)=(0,\ 0)\end{cases}$$

3.4 미분 가능한 함수와 전미분

3.3절에서 다변수 함수의 편미분 가능성을 정의하였다. 여기서는 다변수 함수의 미분 가능성을 정의한다. 그리고 미분 가능성과 편미분 가능성과의 관계와 접평면, 또 그의 응용으로 함숫값의 근삿값을 구하는 방법에 대해 살펴본다. 이를 위해 먼저 일변수 함수의 미분 가능성의 정의를 다시 살펴보자.

점 x_0의 근방에서 정의된 일변수 함수 $y = f(x)$에 대하여 점 $x = x_0$에서 다음 평균 변화율의 극한이 존재하면 함수 f는 x_0에서 미분 가능하다고 한다.

$$\frac{f(x) - f(x_0)}{x - x_0}$$

이 경우에 그 극한(실수)를 $f'(x_0)$로 나타내고, $x = x_0$에서 함수 f의 미분 계수라 한다. 이 정의를 다변수 함수로 그대로 확장한다면 독립 변수의 변화량(증분) 대한 함숫값의 평균 변화율의 극한을 생각해야 한다. 그러면 함숫값의 증분(실수)를 다변수 함수의 독립 변수의 증분(벡터)으로 "*나누어야*" 하는데 이는 정의되지 않는 연산이므로 다른 접근이 필요하다. 여기서 미분 가능성에 대해 다음과 같이 생각해 보자.

이때 함수 f는 x_0에서 미분 가능하다면 다음이 성립한다.

$$\lim_{x \to x_0} \frac{f(x) - f(x_0)}{x - x_0} = f'(x_0)$$

이때 함수 $\phi(x)$를 다음과 같이 정의하면 $\lim_{x \to x_0} \phi(x) = 0$이다.

$$\phi(x) = \frac{f(x) - f(x_0)}{x - x_0} - f'(x_0), \ x \neq x_0$$

또 $\phi(x_0) = 0$으로 정의하면, 바로 위의 식으로부터 다음을 얻는다.

$$f(x) = f(x_0) + f'(x_0)(x - x_0) + \phi(x)(x - x_0), \quad \lim_{x \to x_0} \phi(x) = 0$$

이때 $f'(x_0) = a$라고 하고, 함수 $\epsilon(x) = \begin{cases} \phi(x), & x \geq x_0 \\ -\phi(x), & x < x_0 \end{cases}$를 이용하여 위 식을 고쳐 쓰면 다음과 같다.

$$f(x) = f(x_0) + a\,(x - x_0) + \epsilon(x)\,|\,x - x_0\,|, \quad \lim_{x \to x_0} \epsilon(x) = 0 \tag{3.4-1}$$

이상의 논의를 정리하면 함수 f가 x_0에서 미분 가능하다는 것은 식 (3.4-1)을 만족시키는 실수 a[16]와 함수 $\epsilon(x)$이 존재한다는 것이다.

역으로 식 (3.4-1)을 만족시키는 실수 a와 함수 $\epsilon(x)$이 존재한다고 하자. 그러면 식의 양변을 $x-x_0$로 나누어 다음을 얻는다.

$$\frac{f(x)-f(x_0)}{x-x_0}=a+\epsilon(x)\frac{|x-x_0|}{x-x_0}, \quad x \neq x_0$$

여기서 $\lim_{x\to x_0}\epsilon(x)\frac{|x-x_0|}{x-x_0}=0$이므로 $\lim_{x\to x_0}\frac{f(x)-f(x_0)}{x-x_0}=a$을 얻는다. 즉 주어진 함수 f는 x_0에서 미분 가능하고 그의 미분 계수가 $f'(x_0)=a$이다. 따라서 함수 f가 x_0에서 미분 가능하다는 것과 식 (3.4-1)을 만족시키는 실수 a와 함수 $\epsilon(x)$이 존재한다는 것은 동치이다.

이제 점 x_0의 근방에서 정의된 일변수 함수 f에 대해 식 (3.4-1)을 만족시키는 실수 a와 함수 $\epsilon(x)$이 존재하면 f가 x_0에서 미분 가능하다는 것으로 정의하자. 그러면 $f'(x_0)=a$라 할 때, 식 (3.4-1)에 의하면 f의 그래프에 있는 점 $(x_0,\ f(x_0))$을 지나는 특별한 직선인 "*일변수의 일차 함수*[17]" $L(x)=f(x_0)+f'(x_0)(x-x_0)$의 그래프를 생각할 수 있다. 다시 말해 함수 $y=f(x)$의 그래프에 있는 점 $(x_0,\ f(x_0))$에 직선[18] $y=L(x)$를 대응시킬 수 있다(그림 3.4-1 참조).

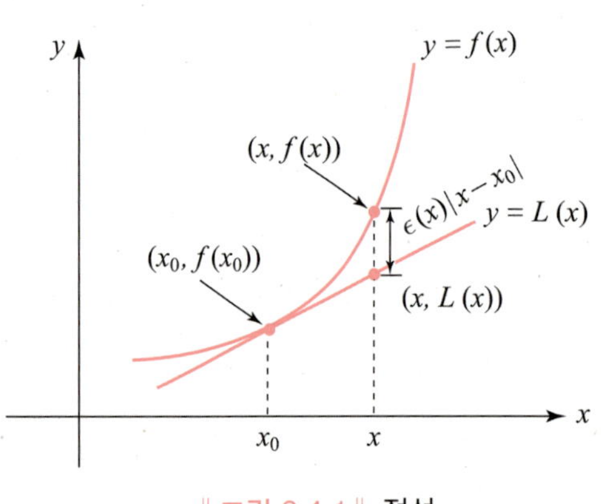

‖ 그림 3.4-1 ‖ 접선

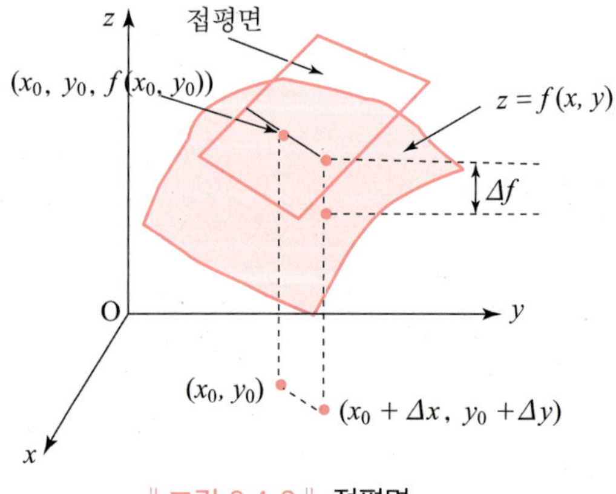

‖ 그림 3.4-2 ‖ 접평면

---

16) 미분 계수라 하였다.

17) 특별하다는 것은 아래서 논의하는 것과 같이 그 일차 함수가 주어진 함수를 근사하는 성질을 가진다는 것을 의미한다.

18) 이를 접선(tangent line)이라 한다.

또한 점 x_0의 근방 내의 점 x에서 $f(x)$과 $L(x)$의 차이 $f(x)-L(x)$가 식 (3.4-1)에 의하면 아래의 식과 같으므로 점 x에서 함숫값 $f(x)$의 근삿값을 일차 함수 $y=L(x)$를 이용하여 찾는 데 활용할 수 있다.

$$\begin{aligned} f(x)-L(x) &= f(x_0)+f'(x_0)(x-x_0)+\epsilon(x)|x-x_0| - \{f(x_0)+f'(x_0)(x-x_0)\} \\ &= \epsilon(x)|x-x_0|, \end{aligned}$$

$$\lim_{x\to x_0}\epsilon(x)=0$$

이상의 논의를 다변수 함수의 경우로 확장해 보자

미분 가능한 함수

미분 가능한 일변수 함수에 대해 앞에서 논의한 것을 일반화하여 다변수 함수가 미분 가능하다는 것을 정의한다. 먼저 이변수 함수에 대해 알아보자. 점 $\mathbf{x}_0$의 근방에서 정의된 이변수 함수 f가 $\mathbf{x}_0$에서 미분 가능하다는 것은 기하학적으로 함수 f의 그래프에 있는 점 $(\mathbf{x}_0, f(\mathbf{x}_0))$를 지나는 특별한 평면인 "*이변수의 일차 함수*"의 그래프, 즉 **접평면(tangent plane)**을 대응시킬 수 있다는 것이다(그림 3.4-2 참조). 따라서 이변수 함수 f가 점 $\mathbf{x}_0$에서 미분 가능하다는 것을 다음과 같이 정의한다.

점 $\mathbf{x}_0=(x_0, y_0)$의 근방 Ω에서 정의된 이변수 함수 f에 대해 $\mathbf{x}=(x, y)\in\Omega$이며 $\Delta\mathbf{x}=(x-x_0, y-y_0)$이라 하자. 이때 다음 식을 만족시키는 두 상수 A와 B, 그리고 함수 $\epsilon(\mathbf{x})$가 존재하면 f는 점 $\mathbf{x}_0$에서 **미분 가능(differentiable)**하다고 한다.

$$f(\mathbf{x})=f(\mathbf{x}_0)+A(x-x_0)+B(y-y_0)+\epsilon(\mathbf{x})|\Delta\mathbf{x}|, \quad \lim_{\mathbf{x}\to\mathbf{x}_0}\epsilon(\mathbf{x})=0 \tag{3.4-2}$$

일반적으로 공간 $\mathbb{R}^n$의 점 $\mathbf{x}_0$의 근방 Ω에서 정의된 n변수 함수 f에 대하여 다음 식을 만족시키는 벡터 $\mathbf{a}\in\mathbb{R}^n$와 함수 $\epsilon(\mathbf{x})$가 존재하면 함수 f는 점 $\mathbf{x}_0$에서 **미분 가능**하다고 한다.

$$f(\mathbf{x})=f(\mathbf{x}_0)+\mathbf{a}\cdot\Delta\mathbf{x}+\epsilon(\mathbf{x})|\Delta\mathbf{x}|, \quad \lim_{\mathbf{x}\to\mathbf{x}_0}\epsilon(\mathbf{x})=0 \tag{3.4-3}$$

여기서 $\mathbf{a}\cdot\Delta\mathbf{x}$는 벡터 $\mathbf{a}$와 $\Delta\mathbf{x}$의 내적이다.

함수 f가 집합 Ω의 모든 점에서 미분 가능하면, 함수 f는 Ω에서 미분 가능한 함수라고 한다. 미분 가능한 함수에 대하여 다음이 성립한다.

정리 3.4-1

점 $\mathbf{x}_0$의 근방에서 정의된 다변수 함수 $f(x_1, \cdots, x_n)$가 점 $\mathbf{x}_0$에서 미분 가능하면 다음이 성립한다.

(1) f는 $\mathbf{x}_0$에서 연속이다.

(2) $i=1, \cdots, n$에 대하여 $\partial f/\partial x_i(\mathbf{x}_0)$가 존재하고, 식 (3.4-3)의 $\mathbf{a}$는 다음과 같다.

$$\mathbf{a} = \left(\frac{\partial f}{\partial x_1}(\mathbf{x}_0), \cdots, \frac{\partial f}{\partial x_n}(\mathbf{x}_0)\right)$$

증명 (1) 조건에서 함수 f가 미분 가능하므로 식 (3.4-3)을 만족시키는 벡터 $\mathbf{a} \in \mathbb{R}^n$와 함수 $\epsilon(\mathbf{x})$가 존재한다. 이때 분명히 $\lim_{\mathbf{x} \to \mathbf{x}_0} \mathbf{a} \cdot (\mathbf{x} - \mathbf{x}_0) = 0$이고 $\lim_{\mathbf{x} \to \mathbf{x}_0} \epsilon(\mathbf{x}) = 0$이다. 이를 식 (3.4-3)에 적용하면 $\lim_{\mathbf{x} \to \mathbf{x}_0} f(\mathbf{x}) = f(\mathbf{x}_0)$을 얻는다. 따라서 f는 점 $\mathbf{x}_0$에서 연속이다.

(2) 먼저 $\mathbf{x}_0 = (\xi_1, \cdots, \xi_n)$, $\mathbf{x} = (\xi_1, \cdots, \xi_i + h, \cdots, \xi_n)$, $i=1, \cdots, n$이라 하자. 이때 $\mathbf{x}$는 $h \neq 0$의 절댓값이 충분히 작아 주어진 점 $\mathbf{x}_0$의 근방의 원소라 하자. 조건에서 함수 f가 $\mathbf{x}_0$에서 미분 가능하므로 식 (3.4-3)의 벡터를 $\mathbf{a} = (a_1, \cdots, a_n)$라고 하면 다음을 만족시키는 함수 $\epsilon(\mathbf{x})$가 존재한다.

$$f(\mathbf{x}) - f(\mathbf{x}_0) = a_i h + \epsilon(\mathbf{x})|h|, \quad \lim_{h \to 0} \epsilon(\mathbf{x}) = 0, \ i = 1, \cdots, n$$

위 식의 양변을 $h \neq 0$로 나누어 다음을 얻는다.

$$\frac{f(\mathbf{x}) - f(\mathbf{x}_0)}{h} = a_i + \epsilon(\mathbf{x})\frac{|h|}{h}, \quad i = 1, \cdots, n$$

여기서 $\left|\epsilon(\mathbf{x})\frac{|h|}{h}\right| = |\epsilon(\mathbf{x})|$이고 $\lim_{h \to 0} \epsilon(\mathbf{x}) = 0$이므로 $\lim_{h \to 0} \epsilon(\mathbf{x})\frac{|h|}{h} = 0$이다. 따라서 $a_i = \dfrac{\partial f(\mathbf{x}_0)}{\partial x_i}$, $i = 1, \cdots, n$이다. ∎

일변수 함수 f가 점 x_0에서 미분 가능하다고 할 때, 식 (3.4-1)의 실수 a를 함수 f의 점 x_0에서의 미분 계수라고 $f'(x_0) = a$로 나타낸다. 또한 이 미분 계수는 f의 그래프 위의 점 $(x_0, f(x_0))$에서의 접선의 기울기(slope)를 의미한다. 한편 다변수 함수 f가 점 $\mathbf{x}_0$에서 미분 가능한 경우에 식 (3.4-3)의 벡터 $\mathbf{a}$를 $\mathbf{x}_0$에서의 함수 f의 **경사도**(gradient) 또는 **그래디언트**라 하고 $\nabla f(\mathbf{x}_0) = \mathbf{a}$로 나타낸다.[19]

---

19) 한 점에서 미분 가능하지 않지만 편미분 가능한 경우에도 형식적으로 경사도를 생각할 수 있으나,

정리 3.4-1에 의하면 $\mathbf{x}_0$에서의 함수 f의 경사도 $\nabla f(\mathbf{x}_0)$는 다음과 같다.

$$\nabla f(\mathbf{x_0}) = \left(\frac{\partial f}{\partial x_1}(\mathbf{x_0}),\ \cdots,\ \frac{\partial f}{\partial x_n}(\mathbf{x_0}) \right)$$

간단히 말한다면 경사도는 함수 f의 그래프 위의 점 $(\mathbf{x_0}, f(\mathbf{x_0}))$에서의 f의 "접평면의 기울어진 정도"를 의미한다. 이는 일변수 함수의 경우에 생각한 접선의 기울기와 유사한 개념이다. 이에 대한 좀 더 자세한 논의는 3장 6절을 보라.

일변수 함수 f가 집합 Ω에서 미분 가능하다고 하면 집합 Ω의 각 점 x에 그의 미분 계수를 대응시키는 함수를 정의할 수 있다. 이때 그 함수를 $f'(x)$로 나타내고 함수 f의 도함수라고 하였다. 이런 생각을 다변수 함수의 경우로 일반화할 수 있다.

다변수 함수 f가 집합 Ω에서 미분 가능하다고 하면 정리 3.4-1로부터 집합 Ω의 각 점 $\mathbf{x}$에 다음과 같이 그의 경사도를 대응시키는 함수를 정의할 수 있다.

$$\mathbf{x} \mapsto \left(\frac{\partial f}{\partial x_1}(\mathbf{x}),\ \cdots,\ \frac{\partial f}{\partial x_n}(\mathbf{x}) \right)$$

이 대응 관계에 의해 정의되는 벡터 함수를 다변수 함수 f의 **도함수(derivative)** 또는 **경사도 함수** 또는 **그래디언트 함수**라 하고 $\nabla f(\mathbf{x})$, $\mathrm{grad}\, f$, $Df(\mathbf{x})$ 등으로 나타낸다. 즉 미분 가능한 n변수 함수 f의 도함수 ∇f는 다음과 같이 정의되는 n변수 벡터 함수[20]이다.

$$\nabla f(\mathbf{x}) = \left(\frac{\partial f}{\partial x_1}(\mathbf{x}),\ \cdots,\ \frac{\partial f}{\partial x_n}(\mathbf{x}) \right)$$

다변수 함수의 미분 가능성과 편미분 가능성, 그리고 연속성과의 관계에 대해 몇 가지 예를 들어 살펴보자. 먼저 다변수 함수가 한 점에서 미분 가능하면 그 점에서 모든 변수에 대해 편미분 가능하다. 그러나 일반적으로 다변수 함수가 한 점에서 모든 변수에 대해 편미분 가능하다고 해서 그 점에서 미분 가능한 것은 아니다.

예제 3.4-1 다음 함수 $f(x, y)$는 원점에서 편미분 가능하지만 미분 가능하지 않음을 보여라.

$$f(x,\ y) = \begin{cases} \dfrac{xy}{x^2 + y^2}, & (x,\ y) \neq (0,\ 0) \\ 0, & (x,\ y) = (0,\ 0) \end{cases}$$

일반적으로 미분 가능하지 않은 경우에는 경사도를 생각하지 않는다.

20) 3장 8절을 참조하라.

풀이 먼저 원점에서 변수 x에 관한 평균 변화율은 다음과 같다.

$$\frac{f(0+h,\ 0)-f(0,\ 0)}{h}=\frac{0-0}{h}=0$$

따라서 $f_x(0,\ 0)=0$이다. 같은 방법으로 원점에서 변수 y에 관한 평균 변화율은 생각하여 $f_y(0,\ 0)=0$을 얻는다. 따라서 주어진 함수는 원점에서 편미분 가능하다.
한편 $y=x$라면 주어진 함수에 대해 다음을 얻는다.

$$f(x,\ x)=\frac{x^2}{x^2+x^2}=\frac{1}{2}$$

따라서 위 식으로부터 점 $(x,\ y)$가 직선 $y=x$를 따라 원점 $(0,\ 0)$에 접근한다면, 대응하는 함숫값은 원점에서의 함숫값 0이 아닌 $\frac{1}{2}$에 접근하므로 주어진 함수 f는 원점에서 연속이 아니다. 그러므로 정리 3.4-1에 의해 주어진 함수는 원점에서 미분 가능하지 않다. ∎

일변수 함수의 경우와 마찬가지로 다변수 함수의 연속성은 미분 가능성의 필요조건이다. 예를 들면 함수 $f(x,\ y)=|x|$는 원점에서 연속이다. 그러나 원점에서 변수 x에 관한 편미분 계수가 존재하지 않는다. 따라서 정리 3.4-1에 의해 $f(x,\ y)=|x|$는 원점에서 미분 가능하지 않다.

예제 3.4-2 이변수 함수 $f(x,\ y)=\sqrt{|xy|}$는 원점에서 연속이고 편미분 가능하지만, 미분 불가능함을 보여라.

풀이 [연속성] 연속성의 정의를 이용한다.
실수 ϵ가 임의로 주어진 양수라 하자. 이때 $\delta=\sqrt{2}\,\epsilon$라 하면 부등식 $\sqrt{x^2+y^2}<\delta$을 만족시키는 모든 점 $(x,\ y)$에 대하여 다음 부등식이 성립하므로 주어진 함수는 원점에서 연속이다.

$$|\sqrt{|xy|}-0|\le\sqrt{\frac{x^2+y^2}{2}}<\frac{\delta}{\sqrt{2}}=\epsilon$$

한편 연속 함수의 성질에 관한 정리 3.2-3을 이용할 수도 있다.

[편미분 가능성] 편미분 계수의 정의를 이용하여 원점에서 변수 x와 y에 대한 평균 변화율을 생각하면 각각 다음과 같다.

$$\frac{f(h,\ 0)-f(0,\ 0)}{h}=\frac{0-0}{h}=0,\quad \frac{f(0,\ k)-f(0,\ 0)}{k}=\frac{0-0}{k}=0$$

이때 $h=0,\ k=0$에서 대응하는 평균변화율의 극한이 모두 존재하므로 주어진 함수는 원점에서 편미분 가능하고 $f_x(0,\ 0)=0,\ f_y(0,\ 0)=0$이다.

[미분 불가능성] 귀류법으로 증명한다. 주어진 함수가 원점에서 미분 가능하다면, 먼저 다음을 만족시키는 함수 $\epsilon(x,\ y)$가 존재한다.

$$\sqrt{|xy|}-0=0(x-0)+0(y-0)+\epsilon(x,\ y)\sqrt{x^2+y^2}$$

그러면 함수 $\epsilon(x,\ y)$는 원점 이외의 점에서 다음과 같다.

$$\epsilon(x,\ y)=\frac{\sqrt{|xy|}}{\sqrt{x^2+y^2}},\quad (x,\ y)\neq(0,\ 0)$$

그런데 점 $(x,\ y)$가 직선 $y=x$를 따라서 원점에 접근하면 $\epsilon(x,\ y)\to\frac{1}{\sqrt{2}}$이므로 원점에서 $\epsilon(x,\ y)$의 극한이 0이 아니다(실제로는 존재하지 않는다). 그러므로 주어진 함수는 원점에서 미분 불가능하다. ▮

다음 정리는 다변수 함수가 한 점에서 미분 가능하기 위한 필요 충분 조건에 대해 말하고 있다. 이의 증명은 연습 문제로 남긴다.

정리 3.4-2

점 $\mathbf{x}_0\in\mathbb{R}^n$의 근방에서 정의된 다변수 함수 $f(x_1,\ \cdots,\ x_n)$이 점 $\mathbf{x}_0$에서 미분 가능할 필요 충분 조건은 f의 일계 편미분 계수가 모두 존재하고 다음 식을 만족시키는 함수 $\epsilon(\mathbf{x})$가 존재하는 것이다.

$$f(\mathbf{x})-f(\mathbf{x}_0)=\nabla f(\mathbf{x}_0)\cdot(\mathbf{x}-\mathbf{x}_0)+\epsilon(\mathbf{x})|\mathbf{x}-\mathbf{x}_0|,\quad \lim_{\mathbf{x}\to\mathbf{x}_0}\epsilon(\mathbf{x})=0$$

다음 정리는 다변수 함수 f가 미분 가능할 충분조건에 대하여 말하고 있다.

정리 3.4-3

열린 집합 Ω에서 다변수 함수 $f(x_1, \cdots, x_n)$의 일계 편도함수가 모두 존재하고 연속이면 함수 f는 Ω에서 미분 가능하다. 특히 점 $\mathbf{x}_0$가 Ω의 원소이고 $\mathbf{x} = \mathbf{x}_0 + \Delta\mathbf{x}$가 집합 Ω의 원소가 되도록 하는 그 크기가 충분히 작은 벡터 $\Delta\mathbf{x} = (\Delta x_1, \cdots, \Delta x_n)$에 대하여 다음 식을 만족시키는 함수 $\epsilon_i(\mathbf{x})$, $i = 1, \cdots, n$가 존재한다.

$$f(\mathbf{x}) - f(\mathbf{x}_0) = \sum_{i=1}^{n} \left\{ \frac{\partial f}{\partial x_i}(\mathbf{x}_0)\Delta x_i + \epsilon_i(\mathbf{x})\Delta x_i \right\}, \tag{3.4-4}$$

$$\lim_{\Delta\mathbf{x} \to \mathbf{0}} \epsilon_i(\mathbf{x}) = 0, \ i = 1, 2, \cdots, n$$

증명 이변수 함수에 대한 증명을 어렵지 않게 삼변수 이상의 다변수 함수로 확장할 수 있으므로 이변수 함수의 경우에 대해서만 증명하기로 한다. 먼저 $\mathbf{x}_0 = (x_0, y_0)$라 하고 $\Delta\mathbf{x} = (\Delta x, \Delta y)$로 놓으면 $\mathbf{x} = (x_0 + \Delta x, y_0 + \Delta y)$이다. 이제 다음 식을 생각하자.

$$\Delta z = f(\mathbf{x}) - f(\mathbf{x}_0) = f(\mathbf{x}) - f(x_0, y_0 + \Delta y) + f(x_0, y_0 + \Delta y) - f(\mathbf{x}_0) \tag{3.4-5}$$

이때 일변수 함수 $g(x) = f(x, y_0 + \Delta y)$와 $h(y) = f(x_0, y)$는 함수 f에 관한 조건에 의해 각각 닫힌 구간 $I = [x_0, x_0 + \Delta x]$와 $J = [y_0, y_0 + \Delta y]$에서 연속이고 미분 가능하다. 따라서 일변수 함수의 평균값 정리에 의해 다음을 만족시키는 ξ와 η가 각각 I와 J 안에 적어도 하나씩 존재한다.

$$g'(\xi) = f_x(\xi, y_0 + \Delta y) = \frac{f(x_0 + \Delta x, y_0 + \Delta y) - f(x_0, y_0 + \Delta y)}{\Delta x},$$
$$h'(\eta) = f_y(x_0, \eta) = \frac{f(x_0, y_0 + \Delta y) - f(x_0, y_0)}{\Delta y}$$

이 두 식을 이용하면 식 (3.4-5)를 다음과 같이 쓸 수 있다.

$$\Delta z = f(\mathbf{x}) - f(\mathbf{x}_0) = f_x(\xi, y_0 + \Delta y)\Delta x + f_y(x_0, \eta)\Delta y \tag{3.4-6}$$

이제 ϵ_1과 ϵ_2를 다음과 같이 정의하자.[21)]

$$\epsilon_1(\mathbf{x}) = f_x(\xi, y_0 + \Delta y) - f_x(x_0, y_0), \quad \epsilon_2(\mathbf{x}) = f_y(x_0, \eta) - f_y(x_0, y_0)$$

한편 $\mathbf{x} \to \mathbf{x}_0$이면 $\Delta\mathbf{x} \to \mathbf{0}$이고, 즉 $\Delta x \to 0$이고 $\Delta y \to 0$이므로 $\xi \to x_0$, $\eta \to y_0$

---

21) 여기서 ξ와 η는 한 개 이상 존재하고 그 값은 각각 Δx와 Δy에 의존한다. 이때 주어진 Δx와 Δy, 즉 $\mathbf{x}$에 대해 ξ와 η를 각각 한 개의 값으로 정하면, ξ와 η는 $\mathbf{x}$의 함수이고, 따라서 ϵ_1과 ϵ_2은 $\mathbf{x}$의 함수이다.

이다. 그런데 편도함수 f_x와 f_y가 (x_0, y_0)에서 연속이므로 $\Delta\mathbf{x} \to \mathbf{0}$일 때, $\epsilon_1(\mathbf{x}) \to 0$이고 $\epsilon_2(\mathbf{x}) \to 0$이다. 이제 식 (3.4-6)과 ϵ_1, ϵ_2를 결합하면 다음 식을 얻는다.

$$f(\mathbf{x}) - f(\mathbf{x}_0) = \frac{\partial f}{\partial x}(\mathbf{x}_0)\Delta x + \frac{\partial f}{\partial y}(\mathbf{x}_0)\Delta y + \epsilon_1(\mathbf{x})\Delta x + \epsilon_2(\mathbf{x})\Delta y, \qquad (**)$$

$$\lim_{\Delta\mathbf{x} \to \mathbf{0}} \epsilon_1(\mathbf{x}) = 0, \quad \lim_{\Delta\mathbf{x} \to \mathbf{0}} \epsilon_2(\mathbf{x}) = 0$$

이제 $\epsilon(\mathbf{x}) = \epsilon_1(\mathbf{x})\dfrac{\Delta x}{|\Delta\mathbf{x}|} + \epsilon_2(\mathbf{x})\dfrac{\Delta y}{|\Delta\mathbf{x}|}$로 놓으면 $\epsilon_1(\mathbf{x})\Delta x + \epsilon_2(\mathbf{x})\Delta y = \epsilon(\mathbf{x})|\Delta\mathrm{x}|$이므로 위의 식 (**)는 다음과 같이 쓸 수 있다.

$$f(\mathbf{x}) - f(\mathbf{x}_0) = \frac{\partial f}{\partial \mathrm{x}}(\mathbf{x}_0)(\mathrm{x} - \mathrm{x}_0) + \frac{\partial f}{\partial \mathrm{y}}(\mathbf{x}_0)(\mathrm{y} - \mathrm{y}_0) + \epsilon(\mathbf{x})|\Delta\mathbf{x}|$$

이때 $\lim_{\mathbf{x} \to \mathbf{x}_0} \epsilon(\mathbf{x}) = 0$이므로 함수 f는 점 $\mathbf{x}_0$에서 미분 가능하다. 그런데 $\mathbf{x}_0$는 Ω의 임의의 원소이므로 f는 열린 집합 Ω에서 미분 가능하다. ∎

주어진 함수의 미분 가능성 조사하는 경우에 위 정리들의 효율성을 다음의 예제를 통해 간단한 살펴보자.

예제 3.4-3 원점에서 $f(x, y) = x^2y$의 미분 가능성을 정리 3.4-2와 정리 3.4-3을 이용하여 증명하라.

증명 [정리 3.4-2에 의한 증명] 먼저 원점에서 주어진 함수의 일계 편미분 계수는 $f_x(0, 0) = 0$, $f_y(0, 0) = 0$이다. 주어진 함수에 대응하는 정리 3.4-2의 함수 $\epsilon(x, y)$는 $f(0, 0) = 0$, $\nabla f(0, 0) = (0, 0)$이므로 다음을 만족시켜야 한다.

$$x^2y - 0 = (0, 0) \cdot (x, y) + \epsilon(x, y)\sqrt{x^2 + y^2}$$

이제 위 식을 참고하여 함수 $\epsilon(x, y)$를 다음과 같이 정의하자.

$$\epsilon(x, y) = \begin{cases} \dfrac{x^2y}{\sqrt{x^2 + y^2}}, & (x, y) \neq (0, 0) \\ 0, & (x, y) = (0, 0) \end{cases}$$

그러면 다음 부등식에 의해 분명히 $\lim_{(x, y) \to (0, 0)} \epsilon(x, y) = 0$이다.

$$|\epsilon(x, y)| = \left|\frac{x^2y}{\sqrt{x^2 + y^2}}\right| \leq \left|\frac{x(x^2 + y^2)}{2\sqrt{x^2 + y^2}}\right| \leq \frac{1}{2}|x|\sqrt{x^2 + y^2}$$

따라서 원점에서 f는 미분 가능하다.

[정리 3.4-3에 의한 증명] 주어진 함수의 일계 편도함수는 $f_x(x, y) = 2xy$와 $f_y(x, y) = x^2$이다. 두 함수는 분명히 평면 전체에서 연속이다(3.1절 참조). 따라서 정리 3.4-3에 의해 f는 평면의 모든 점, 특히 원점에서 미분 가능하다. ∎

다음 예제 3.4-4는 일계 편도함수들의 연속성이 미분 가능성의 필요조건이 아니라는 것을 말해 주고 있다.

예제 3.4-4 다음 함수는 원점에서 일계 편도함수가 연속이 아니지만 미분 가능함을 보여라.

$$f(x, y) = \begin{cases} xy\sin\left(\dfrac{1}{\sqrt{x^2+y^2}}\right), & (x, y) \neq (0, 0) \\ 0, & (x, y) = (0, 0) \end{cases}$$

풀이 먼저 일계 편도함수를 찾으면 다음과 같다.

$$f_x(x, y) = \begin{cases} y\sin\left(\dfrac{1}{\sqrt{x^2+y^2}}\right) - \dfrac{x^2 y}{(x^2+y^2)^{3/2}}\cos\left(\dfrac{1}{\sqrt{x^2+y^2}}\right), & (x, y) \neq (0, 0) \\ 0, & (x, y) = (0, 0) \end{cases},$$

$$f_y(x, y) = \begin{cases} x\sin\left(\dfrac{1}{\sqrt{x^2+y^2}}\right) - \dfrac{xy^2}{(x^2+y^2)^{3/2}}\cos\left(\dfrac{1}{\sqrt{x^2+y^2}}\right), & (x, y) \neq (0, 0) \\ 0, & (x, y) = (0, 0) \end{cases}$$

한편 $y = x$, $x > 0$이면 다음을 얻는다.

$$f_x(x, x) = x\sin\left(\frac{1}{\sqrt{2}\,x}\right) - \frac{1}{2\sqrt{2}}\cos\left(\frac{1}{\sqrt{2}\,x}\right) = f_y(x, x)$$

여기서 직선 $y = x$, $x > 0$을 따라서 점 (x, y)가 원점에 접근할 때, 즉 $x \to 0^+$일 때 $x\sin\left(\dfrac{1}{\sqrt{2}\,x}\right)$는 실수 0으로 가까이 접근하지만, $\cos\left(\dfrac{1}{\sqrt{2}\,x}\right)$는 분명히 일정한 실수에 접근하지 않으므로 $f_x(x, y)$와 $f_y(x, y)$는 원점에서 극한을 가지지 않는다. 즉 일계 편도함수 $f_x(x, y)$와 $f_y(x, y)$는 원점에서 연속이 아니다.

한편 미분 가능성의 정의식 (3.4-2)를 주어진 함수에 적용하면 다음과 같다.

$$f(x, y) - 0 = xy\sin\left(\frac{1}{\sqrt{x^2+y^2}}\right) = 0(x-0) + 0(y-0) + \epsilon(x, y)\sqrt{x^2+y^2} \qquad (*)$$

이제 위 식을 참고하여 함수 $\epsilon(x, y)$를 다음과 같이 정의하자.

$$\epsilon(x, y) = \begin{cases} \dfrac{xy}{\sqrt{x^2+y^2}}\sin\left(\dfrac{1}{\sqrt{x^2+y^2}}\right), & (x, y) \neq (0, 0) \\ 0, & (x, y) = (0, 0) \end{cases}$$

이때 부등식 $|\sin\theta| \le 1$과 예제 3.2-3의 결과를 이용하면 $\lim_{(x,\ y)\to(0,\ 0)} \epsilon(x,\ y) = 0$을 얻는다. 또한 원점에서 편미분 계수가 모두 0이다. 그러므로 주어진 함수에 대해 위의 식 (*)를 만족시키는 벡터 $(0,\ 0)$과 함수 $\epsilon(x,\ y)$가 존재하므로 주어진 함수는 원점에서 미분 가능하다. ∎

접평면과 전미분

평면의 한 점 $\mathbf{x}_0 = (x_0,\ y_0)$의 근방에서 미분 가능한 이변수 함수 $z = f(x,\ y)$에 대하여 $z_0 = f(\mathbf{x}_0)$이라 하자. 이때 변수 $x,\ y,\ z$에 대한 다음의 일차 방정식 (3.4-7)을 함수 f의 그래프의 점 $(x_0,\ y_0,\ z_0)$에서 함수 $z = f(x,\ y)$의 **접평면의 방정식**(equation of tangent plane)이라 한다.

$$z - z_0 = \frac{\partial f}{\partial x}(\mathbf{x}_0)(x - x_0) + \frac{\partial f}{\partial y}(\mathbf{x}_0)(y - y_0) \tag{3.4-7}$$

이때 접평면의 방정식의 해집합을 **접평면**(tangent plane)이라 한다.

방정식 (3.4-7)에서 z를 변수 x와 y의 함수로 생각하면 z는 변수 x와 y의 일차 함수로 정의한다. 이때 정의되는 일차 함수 $z = L(\mathbf{x})$, $\mathbf{x} = (x,\ y)$는 다음과 같다.

$$L(x,\ y) = f(\mathbf{x_0}) + \frac{\partial f}{\partial x}(\mathbf{x}_0)(x - x_0) + \frac{\partial f}{\partial y}(\mathbf{x}_0)(y - y_0) \tag{3.4-8}$$

한편 정리 3.4-2에 따르면 점 $\mathbf{x}$가 $\mathbf{x}_0$의 근방의 원소이면 함숫값 $f(\mathbf{x})$과 일차 함수 $L(\mathbf{x})$의 값의 차이 $f(\mathbf{x}) - L(\mathbf{x})$에 대하여 다음이 성립한다.

$$f(\mathbf{x}) - L(\mathbf{x}) = \epsilon(\mathbf{x})\,|\mathbf{x} - \mathbf{x}_0|, \quad \lim_{\mathbf{x}\to\mathbf{x}_0} \epsilon(\mathbf{x}) = 0$$

여기서 $\lim_{\mathbf{x}\to\mathbf{x}_0} \epsilon(\mathbf{x}) = 0$, $\lim_{\mathbf{x}\to\mathbf{x}_0} |\mathbf{x} - \mathbf{x}_0| = 0$이므로 $\lim_{\mathbf{x}\to\mathbf{x}_0} \epsilon(\mathbf{x})|\mathbf{x} - \mathbf{x}_0| = 0$이다. 따라서 점 $\mathbf{x}$가 점 $\mathbf{x}_0$에 가까우면 $f(\mathbf{x}) - L(\mathbf{x})$의 차이가 작으므로 $L(\mathbf{x})$를 $f(\mathbf{x})$의 근삿값으로 생각할 수 있음을 의미한다. 이러한 관점에서 식 (3.4-8)의 일차 함수 $z = L(x,\ y)$를 점 $\mathbf{x}_0$에서의 함수 f의 **선형 근사식**(linear approximation) 또는 **일차 근사식**이라 한다.

일반적으로 점 $\mathbf{x}_0 \in \mathbb{R}^n$의 근방에서 정의된 n변수 함수 $f(x_1,\ \cdots,\ x_n)$이 점 $\mathbf{x}_0$에서 미분 가능하다면 다음의 일차 함수 $w = L(x_1,\ \cdots,\ x_n)$을 함수 $f(x_1,\ \cdots,\ x_n)$의 점 $\mathbf{x}_0$에서의 함수 f의 **선형 근사식** 또는 **일차 근사식**이라 한다.

$$L(x_1,\ \cdots,\ x_n) = f(\mathbf{x}_0) + \sum_{i=1}^{n} \frac{\partial f}{\partial x_i}(\mathbf{x}_0)(x_i - x_{i0}), \quad \mathbf{x}_0 = (x_{10},\ \cdots,\ x_{n0}) \tag{3.4-9}$$

예제 3.4-5 점 (1, 0)에 대응하는 이변수 함수 $f(x, y)=\sin(xy)+(x+y)e^{y}$의 그래프 위의 점에서의 접평면의 방정식을 찾고, 또 선형 근사식을 이용하여 함숫값 $f(1.2, 0.1)$의 근삿값을 찾아라.

풀이 점 (1, 0)에 대응하는 주어진 함수의 그래프 위의 점에서의 접평면의 방정식은 다음 식과 같다.

$$z=f(1, 0)+f_x(1, 0)(x-1)+f_y(1, 0)y$$

한편 $f_x(x, y)=y\cos(xy)+e^{y}$이고 $f_y(x, y)=x\cos(xy)+e^{y}+(x+y)e^{y}$이다. 그러므로 $f(1, 0)=1$, $f_x(1, 0)=1$, $f_y(1, 0)=3$이다. 따라서 찾는 접평면의 방정식은 다음과 같다.

$$z=1+(x-1)+3y=x+3y$$

이때 선형 근사식은 $L(x, y)=x+3y$이므로 $f(1.2, 0.1)$의 근삿값은 다음과 같다.

$$L(1.2, 0.1)=1.2+3(0.1)=1.5$$

이변수 함수 $z=f(x, y)$가 점 $\mathbf{x}=(x, y)$의 근방 N에서 미분 가능하고, Δx와 Δy는 점 $(x+\Delta x, y+\Delta y)$가 집합 N의 원소가 될 정도로 크기가 충분히 작은 실수라고 하자. 이때 점 (x, y)에서의 함숫값과 점 $(x+\Delta x, y+\Delta y)$에서의 함숫값의 차이 또는 독립 변수가 점 (x, y)에서 점 $(x+\Delta x, y+\Delta y)$로 변할 때 그에 따른 함숫값 z의 증분 $\Delta z=f(x+\Delta x, y+\Delta y)-f(x, y)$은 정리 3.4-2에서 주어진 식에 따르면 근사적으로 다음과 같다.

$$\Delta z\approx\frac{\partial f}{\partial x}(\mathbf{x})\Delta x+\frac{\partial f}{\partial y}(\mathbf{x})\Delta \mathrm{y} \tag{3.4-10}$$

여기서 식 (3.4-10)의 우변의 Δx와 Δy를 각각 dx와 dy로 표현하여 얻는 식을 점 $\mathbf{x}_0$에서 함수 $z=f(x, y)$의 전미분(total differential)이라 하고 df 또는 dz로 나타낸다. 즉 점 $\mathbf{x}_0$에서 이변수 함수 $z=f(x, y)$의 전미분 df는 다음과 같다.

$$df=\frac{\partial f(\mathbf{x})}{\partial x}dx+\frac{\partial f(\mathbf{x})}{\partial y}dy=\frac{\partial z}{\partial x}dx+\frac{\partial z}{\partial y}dy \tag{3.4-11}$$

따라서 점 (x, y)에서 Δx와 Δy의 크기가 작다면 이로 인한 이변수 함수 $z=f(x, y)$의 증분 $\Delta z=f(x+dx, y+dy)-f(x, y)$의 근삿값을 $dx=\Delta x$, $dy=\Delta y$로 놓고 함수 f의 전미분 df를 이용하여 찾을 수 있다.

예제 3.4-6 평면의 점 $(x,\ y)$가 점 $(2,\ 1)$에서 점 $(2.01,\ 1.02)$로 움직인다면 이변수 함수 $f(x,\ y)=(x-1)\ln y+y\ln(x-1)$의 값이 근사적으로 얼마나 변하는지 전미분 df를 사용하여 찾아라.

풀이 주어진 함수의 편도함수는 $f_x(x,\ y)=\ln y+\dfrac{y}{x-1}$, $f_y(x,\ y)=\dfrac{x-1}{y}+\ln(x-1)$이다. 따라서 전미분 df는 다음과 같다.

$$df=\left(\ln y+\frac{y}{x-1}\right)dx+\left(\frac{x-1}{y}+\ln(x-1)\right)dy$$

여기서 $x=2,\ y=1,\ dx\approx\Delta x=0.01,\ dy\approx\Delta y=0.02$이면 $df=0.01+0.02=0.03$이므로 함숫값의 증분은 근사적으로 0.03이다. 한편 보다 정확한 함숫값의 변화량은 근사적[22]으로 다음과 같다.

$$f(2.01,\ 1.02)-f(2,\ 1)=(1.01)\ln(1.02)+(1.02)\ln(1.01)\approx 0.0301499910$$

참고 일반적으로 점 $\mathbf{x}\in\mathbb{R}^n$에서 n변수 함수 f의 전미분 df를 다음 식으로 정의한다.

$$df=\frac{\partial f(\mathbf{x})}{\partial x_1}dx_1+\frac{\partial f(\mathbf{x})}{\partial x_2}dx_2+\cdots+\frac{\partial f(\mathbf{x})}{\partial x_n}dx_n=\sum_{i=1}^{n}\frac{\partial f(\mathbf{x})}{\partial x_i}dx_i \qquad (3.4\text{-}12)$$

참값을 u, 그의 근삿값을 $\overline{u}$라고 하자. 이때 **오차**(error) $du=\overline{u}-u$의 절댓값 $|du|$를 근삿값 $\overline{u}$의 **절대 오차**(absolute error), 오차의 참값에 대한 비의 절댓값 $\left|\dfrac{du}{u}\right|$를 근삿값 $\overline{u}$의 **상대 오차**(relative error)[23], $\left|\dfrac{du}{u}\right|\times 100\%$를 **백분율 오차**(percentage error)라고 한다. 함수의 전미분을 이용하여 구한 함숫값의 증분 또는 함수의 근삿값이 얼마나 정확한지는 이러한 오차를 생각하여 평가할 수 있다.

예제 3.4-7 원기둥의 지름과 높이를 재어 보니 각각 5 cm와 8 cm이었다. 이때 측정한 값에는 $\pm 0.1\text{cm}$ 범위 내의 오차가 있다고 한다. 그러면 지름 5 cm와 높이 8 cm를 이용하여 구한 원기둥의 체적에는 최대 얼마의 상대 오차가 있겠는가?

풀이 지름이 x이고 높이가 y인 원기둥의 체적은 $V(x,\ y)=\dfrac{\pi}{4}x^2y$이다. 이때 체적을 나타내는 함수 $V(x,\ y)$의 전미분은 $dV=\dfrac{\pi}{2}xy\,dx+\dfrac{\pi}{4}x^2dy$이다. 한편 전미분의 양변을 V로 나누면 다음 식을 얻는다.

---

22) $f(2.01,\ 1.02)$는 $\ln(1.02)$와 $\ln(1.01)$의 값을 구해야 하는 데 이들은 무리수임에 주목하라.
23) 참값이 0인 경우에는 상대오차를 정의하지 않는다.

$$\frac{dV}{V} = \frac{2dx}{x} + \frac{dy}{y}$$

여기서 x와 y가 모두 양수이므로 dx와 dy가 같은 부호일 때 상대 오차 $\left|\frac{dV}{V}\right|$가 최대가 된다. 따라서 $x=5$, $y=8$이고 $|dx| \le 0.1$, $|dy| \le 0.1$이므로 $dx=0.1$, $dy=0.1$ 또는 $dx=-0.1$, $dy=-0.1$인 경우에 상대 오차가 최대이다. 따라서 최대 상대 오차는 다음과 같다.

$$\frac{2(0.1)}{5} + \frac{0.1}{8} = 0.0525$$

이때 최대 백분율 오차는 5.25%이다.

연습 문제 3.4 *Exercises*

1. 다음 함수의 도함수 ∇f를 찾아라.

(1) $f(x,\ y) = \sin(\pi y) + \ln x$ (2) $f(x,\ y) = \dfrac{x^2}{x+y}$

(3) $f(x,\ y,\ z) = \sqrt{x^2+y^2+z^2}$ (4) $f(r,\ \theta,\ z) = \dfrac{r(1-\cos\theta)}{r^2+z^2}$

(5) $f(x,\ y,\ z,\ w) = \ln(xyzw)$

(6) $f(x,\ y,\ z,\ w) = \sin(2x)\cosh(3z) + \sinh(3y)\cos(4w)$

2. 주어진 변수의 값과 변수의 증분에 대해 다음 함수 f가 얼마나 변하는지 전미분을 사용하여 찾아라.

(1) $f(x,\ y) = (x^2+2y)^3$; $x=-1$, $y=-1$, $\Delta x = 0.1$, $\Delta y = 0.2$

(2) $f(x,\ y) = \dfrac{x^2}{y}$; $x=2$, $y=2$, $\Delta x = 0.1$, $\Delta y = 0.1$

(3) $f(x,\ y) = xy\ln x$; $x=1$, $y=2$, $\Delta x = 0.2$, $\Delta y = 0.1$

(4) $f(x,\ y) = (x+y)e^{x-y}$; $x=1$, $y=1$, $\Delta x = 0.2$, $\Delta y = 0.3$

(5) $f(x,\ y) = e^x\cos y$, $x=0$, $y=0$, $\Delta x = 0.1$, $\Delta y = 0.1$

(6) $f(x,\ y) = xy^2 + y\cos(x-1)$, $x=1$, $y=2$, $\Delta x = 0.1$, $\Delta y = 0.1$

3. 주어진 점에서 다음 곡면의 접평면 방정식을 찾아라.

(1) $z = \cos(\pi xy) + xy^2$, $(0,\ 1,\ 1)$ (2) $z = xy$, $(1,\ 1,\ 1)$

(3) $z = x^2 + y^2$, $(1, 2, 5)$

(4) $z = \sqrt{2\ln x + \ln y}$, $(1, e, 1)$

(5) $z = x^3 + y^3 - 3xy$, $(1, 1, -2)$

(6) $z = 2 - x + y$, $(2, 1, 1)$

4. 원점에서의 일차 근사식이 다음과 같음을 보여라.

(1) $\dfrac{2x+1}{4y+3} \approx \dfrac{1}{3} + \dfrac{2}{3}x - \dfrac{4}{9}y$

(2) $\sqrt{2y + \cos^2 x} \approx 1 + y$

(3) $e^x \cos(xy) \approx 1 + x$

(4) $e^x \sin(y+z) \approx y + z$

5. 다음 함수가 주어진 점에서 미분 가능한지 불가능한지 설명하라. 또 미분 가능하다면 그 점에서 선형 근사식 $L(x, y)$을 찾아라.

(1) $f(x, y) = xy - 1$, $(1, 2)$

(2) $f(x, y) = \sqrt{xy}$, $(4, 1)$

(3) $f(x, y) = \dfrac{1+x}{1+y}$, $(1, 3)$

(4) $f(x, y) = e^x \ln y$, $(\ln 2, 1)$

6. 다음 함수의 전미분을 찾아라.

(1) $z = x^4 + xy^2 - x^2$

(2) $f(x, y) = x^2y^3 + e^{xy}$

(3) $w = \sqrt{x}\ln(y^3 + 2z)$

(4) $f(x, y, z) = x\sin yz - z\ln xy$

7. 점 (x, y)가 $(2, 1)$에서 $(1.9, 1.05)$까지 변할 때, 함수 $z = x^2 + 5y^2$에 대하여 Δz와 dz의 값을 비교하라.

8. (1) 점 $(-1, 3)$)에서 함수 $f(x, y) = 3x^2 - xy + y^2$의 일차 근사식을 사용하여 $f(-0.95, 2.96)$의 근삿값을 찾아라.

(2) 점 $(2, 1)$에서 함수 $f(x, y) = \sqrt{15 - 2x^2 - 6y^2}$의 일차 근사식을 이용하여 $f(1.95, 1.08)$의 근삿값을 찾아라.

(3) 점 $(2, 3, 6)$에서 함수 $f(x, y, z) = \sqrt{x^2 + y^2 + z^2}$의 선형 근사식 이용하여 $f(2.01, 3.01, 5.98)$의 근삿값을 찾아라.

9. 평면에서 점 (x, y)가 점 $(2, 2)$에서 점 $(2.01, 1.97)$로 움직일 때, 이변수 함수 $z = xy\cos(x-y)$의 값이 근사적으로 얼마나 변하는지 전미분 dz를 사용하여 찾아라.

10. 원기둥의 반지름 r과 높이 h를 상대 오차가 각각 $\pm 2\%$와 $\pm 5\%$인 범위 내에서 정확하게 잴 수 있다고 한다. 이때 원기둥의 부피 $V = \pi r^2 h$의 상대오차의 크기는 최대 얼마인가?

11. 다음 함수 f는 원점에서 연속이고 편미분 가능하지만 미분 가능하지 않음을 보여라.

$$f(x, y) = \begin{cases} \dfrac{xy^2\sqrt{x^2+y^2}}{x^2+y^4}, & (x, y) \neq (0, 0) \\ 0, & (x, y) = (0, 0) \end{cases}$$

12. 정리 3.4-2를 증명하라.

13. $\mathbb{R}^n$의 열린 집합 Ω에서 정의된 두 함수 f와 g가 점 $\mathbf{x} \in \Omega$에서 미분 가능하면 $f+g$, fg도 점 $\mathbf{x}$에서 미분 가능함을 증명하라.

14. 기상청에서는 10월~4월 기간에 온도가 T℃, 바람의 속력이 $v$km/h일 때 사람이 느끼는 체감 온도를 계산하는데 다음 함수 $W(T, v)$를 사용하고 있다(단, 기온 10℃ 이하, 풍속 1.3 m/s 이상인 경우에만 사용한다고 한다).

$$W(T,\ v) = 13.12 + 0.6215T - 11.37v^{0.16} + 0.3965Tv^{0.16}$$

이때 $W(-3,\ 5) = -5.0$℃라고 한다. $(-3,\ 5)$에서 $W(T,\ v)$의 일차 근사식을 사용하여 $W(-4,\ 7)$의 근삿값을 찾아라.

15. 가로 길이가 매우 길고 세로 길이가 매우 짧은 직사각형 띠의 넓이를 계산하고자 한다. 이 띠의 가로, 세로 길이를 각각 자로 측정한 값을 토대로 넓이를 계산하려고 할 때 가로, 세로의 길이 중 더 주의를 기울여 측정해야 하는 것은 무엇인지 답하고 설명하라.

3.5 연쇄 법칙

이 절에서는 다변수 함수의 연쇄 법칙, 음함수 미분법, 다변수 함수의 테일러 전개, 정적분으로 정의되는 함수의 도함수에 대하여 알아본다.

연쇄 법칙

이변수 함수 $z = f(x, y)$의 모든 일계 편도함수가 연속이며 두 변수 x와 y가 변수 t에 관해 미분 가능하고 다음과 같다고 하자.

$$x = \phi(t), \quad y = \psi(t) \tag{3.5-1}$$

그러면 $z = f(\phi(t), \psi(t))$이므로 z는 변수 t에 관한 일변수 함수이다. 이제 함수 z의 도함수 dz/dt에 대해 알아보자.

변수 t의 증분 Δt로 인한 변수 x, y, z의 증분을 각각 Δx, Δy, Δz라 하자. 그러면 함수 z에 대하여 정리 3.4-3에 의하여 다음을 만족시키는 함수 ϵ_1과 ϵ_2가 존재한다.

$$\Delta z = \frac{\partial z}{\partial x}\Delta x + \frac{\partial z}{\partial y}\Delta y + \epsilon_1 \Delta x + \epsilon_2 \Delta y \tag{3.5-2}$$

$\Delta x \to 0$이고 $\Delta y \to 0$일 때, $\epsilon_1 \to 0$이고 $\epsilon_2 \to 0$이다.

여기서 식 (3.5-2)의 양변을 Δt로 나누어 다음을 얻는다.

$$\frac{\Delta z}{\Delta t} = \frac{\partial z}{\partial x}\frac{\Delta x}{\Delta t} + \frac{\partial z}{\partial y}\frac{\Delta y}{\Delta t} + \epsilon_1 \frac{\Delta x}{\Delta t} + \epsilon_2 \frac{\Delta y}{\Delta t} \tag{3.5-3}$$

함수 ϕ와 ψ가 미분 가능, 따라서 연속이므로 $\Delta t \to 0$이면 $\Delta x \to 0$이고 $\Delta y \to 0$이다. 그러므로 $\Delta t \to 0$일 때, $\epsilon_1 \to 0$, $\epsilon_2 \to 0$이 되어 식 (3.5-3)으로부터 다음을 얻는다.

$$\frac{dz}{dt} = \frac{\partial z}{\partial x}\frac{dx}{dt} + \frac{\partial z}{\partial y}\frac{dy}{dt}$$

이를 **연쇄 법칙**(chain rule)이라고 한다.

예제 3.5-1 $z = ye^x$, $x = \ln t$, $y = t^2$일 때, dz/dt를 찾아라.

풀이 연쇄 법칙에 의해 $\dfrac{dz}{dt} = \dfrac{\partial z}{\partial x}\dfrac{dx}{dt} + \dfrac{\partial z}{\partial y}\dfrac{dy}{dt}$이다. 이때 $\partial z/\partial x = ye^x$, $\partial z/\partial y = e^x$, $dx/dt = 1/t$, $dy/dt = 2t$이므로 다음을 얻는다.

$$\frac{dz}{dt} = ye^x \frac{1}{t} + e^x(2t) = 3t^2$$ ∎

일반적으로 일계 편도함수가 연속인 n변수 함수 u의 변수 $x_1,\ x_2,\ \cdots,\ x_n$이 모두 변수 t에 관해 미분 가능한 함수이면, 다음이 성립한다.

$$\frac{du}{dt} = \frac{\partial u}{\partial x_1}\frac{dx_1}{dt} + \frac{\partial u}{\partial x_2}\frac{dx_2}{dt} + \cdots + \frac{\partial u}{\partial x_n}\frac{dx_n}{dt} \tag{3.5-4}$$

식 (3.5-4)를 함수 u의 변수 t에 관한 **전도함수(total derivative)**라고 한다. 이를 함수 u의 도함수 ∇u와 함수 $\mathbf{x}(t)$의 도함수 $\mathbf{x}'(t)$를 이용하여 나타내면 다음과 같다.

$$\frac{du}{dt} = \nabla u \cdot \frac{d\mathbf{x}(t)}{dt} = \left(\frac{\partial u}{\partial x_1},\ \cdots,\ \frac{\partial u}{\partial x_n}\right) \cdot \left(\frac{dx_1}{dt},\ \cdots,\ \frac{dx_n}{dt}\right) \tag{3.5-5}$$

이변수 함수 $z = f(x,\ y)$의 독립 변수 x와 y가 매개 변수 s와 t의 이변수 함수인 경우에는 다음이 성립한다.

정리 3.5-1 (연쇄 법칙)

이변수 함수 f의 독립 변수 x와 y가 매개 변수 s와 t의 이변수 함수 $x = \psi(s,\ t)$와 $y = \phi(s,\ t)$이고, 점 $(s_0,\ t_0)$에서 x와 y의 일계 편도함수가 모두 존재하고 연속이라 하자. 점 $(\psi(s_0,\ t_0),\ \phi(s_0,\ t_0))$에서 함수 f의 연속인 일계 편도함수가 모두 존재한다고 하자. 그러면 점 $(s_0,\ t_0)$에서 함수 $z = f(\psi(s,\ t),\ \phi(s,\ t))$의 s와 t에 관한 일계 편도함수가 존재한다. 이때 다음이 성립한다.

$$\frac{\partial z}{\partial s} = \frac{\partial z}{\partial x}\frac{\partial x}{\partial s} + \frac{\partial z}{\partial y}\frac{\partial y}{\partial s},\quad \frac{\partial z}{\partial t} = \frac{\partial z}{\partial x}\frac{\partial x}{\partial t} + \frac{\partial z}{\partial y}\frac{\partial y}{\partial t} \tag{3.5-7}$$

증명 편도함수의 정의에 의해 $\frac{\partial z}{\partial s}$은 변수 t를 고정하고 함수 z를 변수 s에 대해 미분함으로써 얻어진다. 이 경우 $z = f(\psi(s,\ t),\ \phi(s,\ t))$는 (변수 t가 고정되어 있으므로) 일변수 함수 $x = \psi(s,\ t)$, $y = \phi(s,\ t)$와 이변수 함수 f의 합성 함수이다. 따라서 연쇄 법칙을 적용하면 $\frac{\partial z}{\partial s} = \frac{\partial z}{\partial x}\frac{\partial x}{\partial s} + \frac{\partial z}{\partial y}\frac{\partial y}{\partial s}$이 성립한다.
같은 방법으로 $\frac{\partial z}{\partial t}$은 변수 s를 고정하고 $z = f(\psi(s,\ t),\ \phi(s,\ t))$에 연쇄 법칙을 적용하면 $\frac{\partial z}{\partial t} = \frac{\partial z}{\partial x}\frac{\partial x}{\partial t} + \frac{\partial z}{\partial y}\frac{\partial y}{\partial t}$을 얻는다.

예제 3.5-2 $x = r\cos\theta$, $y = r\sin\theta$일 때, 다음 등식이 성립함을 보여라.

(1) $\dfrac{\partial x}{\partial r} = \dfrac{\partial r}{\partial x}$ (2) $\dfrac{\partial x}{\partial \theta} = r^2 \dfrac{\partial \theta}{\partial x}$

(3) $\dfrac{\partial y}{\partial r} = \dfrac{\partial r}{\partial y}$ (4) $\dfrac{\partial y}{\partial \theta} = r^2 \dfrac{\partial \theta}{\partial y}$

풀이 $x = r\cos\theta$로부터 $\partial x/\partial r = \cos\theta$, $\partial x/\partial\theta = -r\sin\theta$이고 $y = r\sin\theta$로부터 $\partial y/\partial r = \sin\theta$, $\partial y/\partial\theta = r\cos\theta$이다.

$$r = \sqrt{x^2+y^2} \text{ 로부터 } \frac{\partial r}{\partial x} = \frac{x}{\sqrt{x^2+y^2}} = \frac{x}{r},\ \frac{\partial r}{\partial y} = \frac{y}{\sqrt{x^2+y^2}} = \frac{y}{r},$$

$$\theta = \tan^{-1}\frac{y}{x} \text{ 로부터 } \frac{\partial \theta}{\partial x} = \frac{-y}{x^2+y^2} = \frac{-y}{r^2},\ \frac{\partial \theta}{\partial y} = \frac{x}{x^2+y^2} = \frac{x}{r^2}.$$

이 식들에 $x = r\cos\theta$, $y = r\sin\theta$을 대입하면 (1)~(4)를 얻는다. ∎

삼변수 이상의 다변수 함수의 연쇄 법칙에 관한 공식도 식 (3.5-7)과 같은 꼴이다. 이를테면 세 개의 변수 x, y, z가 모두 매개 변수 s와 t의 이변수 함수라고 하자. 그러면 정리 3.5-1의 식 (3.5-7)에 대응되는 삼변수 함수 $u = f(x, y, z)$의 편도함수는 다음과 같다.

$$\frac{\partial u}{\partial s} = \frac{\partial f}{\partial x}\frac{\partial x}{\partial s} + \frac{\partial f}{\partial y}\frac{\partial y}{\partial s} + \frac{\partial f}{\partial z}\frac{\partial z}{\partial s} = \nabla f \cdot \left(\frac{\partial x}{\partial s}, \frac{\partial y}{\partial s}, \frac{\partial z}{\partial s}\right)$$

$$\frac{\partial u}{\partial t} = \frac{\partial f}{\partial x}\frac{\partial x}{\partial t} + \frac{\partial f}{\partial y}\frac{\partial y}{\partial t} + \frac{\partial f}{\partial z}\frac{\partial z}{\partial t} = \nabla f \cdot \left(\frac{\partial x}{\partial t}, \frac{\partial y}{\partial t}, \frac{\partial z}{\partial t}\right)$$

다변수 함수의 테일러 전개

다변수 함수에 대한 테일러 정리를 기술하고 증명하자. 일차 테일러 공식은 미분 가능성으로부터 곧바로 도출된다. $f : \mathbb{R}^n \to \mathbb{R}$가 점 $\mathbf{p}$에서 미분 가능하고 $\mathbf{h} \in \mathbb{R}^n$에 대해

$$R_1(\mathbf{p}, \mathbf{h}) = f(\mathbf{p}+\mathbf{h}) - f(\mathbf{p}) - \nabla f(\mathbf{p})(\mathbf{h})$$

로 정의하면

$$f(\mathbf{p}+\mathbf{h}) = f(\mathbf{p}) + \nabla f(\mathbf{p})(\mathbf{h}) + R_1(p, \mathbf{h})$$

이고, 정리 3.4.2로부터 다음이 성립한다.

$$h \to 0 \text{일 때 } \frac{|R_1(\mathbf{p}, \mathbf{h})|}{\|\mathbf{h}\|} \to 0$$

이를 정리하면 다음과 같은 일차 테일러 공식을 얻는다.

정리 3.5-2 (일차 테일러 공식)

함수 $f: U \subset \mathbb{R}^n \to \mathbb{R}$ 가 점 $\mathbf{p}$에서 미분 가능하면 다음이 성립한다.

$$f(\mathbf{p}+\mathbf{h}) = f(\mathbf{p}) + \sum_{i=1}^{n} h_i \frac{\partial f}{\partial x_i}(\mathbf{p}) + R_1(\mathbf{p}, \mathbf{h}), \quad \mathbf{h} = (h_1, \cdots h_n) \in \mathbb{R}^n$$

여기서 $\mathbf{h} \to \mathbf{0}$일 때 $\dfrac{|R_1(\mathbf{p}, \mathbf{h})|}{\|\mathbf{h}\|} \to 0$이다.

이제 이차 테일러 공식을 기술하고 증명하자.

정리 3.5-3 (이차 테일러 공식)

함수 $f: U \subset \mathbb{R}^n \to \mathbb{R}$ 가 연속인 삼계 편도함수를 가지면 다음이 성립한다.

$$f(\mathbf{p}+\mathbf{h}) = f(\mathbf{p}) + \sum_{i=1}^{n} h_i \frac{\partial f}{\partial x_i}(\mathbf{p}) + \frac{1}{2} \sum_{i,\, j=1}^{n} h_i h_j \frac{\partial^2 f}{\partial x_i \partial x_j}(\mathbf{p}) + R_2(\mathbf{p}, \mathbf{h})$$

여기서 $\mathbf{h} \to \mathbf{0}$일 때 $\dfrac{|R_2(\mathbf{p}, \mathbf{h})|}{\|\mathbf{h}\|^2} \to 0$이다.

증명 점 $\mathbf{p}$와 $t \in [0, 1]$ 그리고 $\mathbf{p}+t\mathbf{h} \in U$인 작은 벡터 $\mathbf{h}$에 대하여 $g(t) = f(\mathbf{p}+t\mathbf{h})$로 정의하자. 일변수 함수에 대한 테일러 정리를 적용하면 다음을 얻는다.

$$g(1) = g(0) + g'(0) + \frac{g''(0)}{2!} + R_2 \tag{3.5-8}$$

여기서 $R_2 = \dfrac{1}{3!} g'''(c)$이고, c는 0과 1 사이의 실수이다. 연쇄법칙에 의해

$$g'(t) = \sum_{i=1}^{n} \frac{\partial f}{\partial x_i}(\mathbf{p}+t\mathbf{h}) h_i, \quad g''(t) = \sum_{i,\, j=1}^{n} \frac{\partial^2 f}{\partial x_i \partial x_j}(\mathbf{p}+t\mathbf{h}) h_i h_j$$

이고 $g'''(t) = \displaystyle\sum_{i,\, j,\, k=1}^{n} \frac{\partial^3 f}{\partial x_i \partial x_j \partial x_k}(\mathbf{p}+t\mathbf{h}) h_i h_j h_k$이다. 이를 식 (3.5-8)에 대입하고 $R_2 = R_2(\mathbf{p}, \mathbf{h})$로 나타내면

$$f(\mathbf{p}+\mathbf{h})=f(\mathbf{p})+\sum_{i=1}^{n}h_i\frac{\partial f}{\partial x_i}(\mathbf{p})+\frac{1}{2!}\sum_{i,\,j=1}^{n}h_ih_j\frac{\partial^2 f}{\partial x_i\partial x_j}(\mathbf{p})+R_2(\mathbf{p},\,\mathbf{h})$$

여기서 $R_2(\mathbf{p},\,\mathbf{h})=\dfrac{1}{3!}\displaystyle\sum_{i,\,j,\,k=1}^{n}\frac{\partial^3 f}{\partial x_i\partial x_j\partial x_k}(\mathbf{c}_{ijk})h_ih_jh_k$이다. 이때 $\mathbf{c}_{ijk}$는 $\mathbf{p}$와 $\mathbf{p}+\mathbf{h}$를 양 끝점으로 하는 선분 위에 놓인 어떤 점이다. f의 삼계 편도함수가 연속이므로 $\mathbf{p}$의 근방에서 $\left|\dfrac{\partial^3 f}{\partial x_i\partial x_j\partial x_k}\right|\le C$를 만족시키는 상수 C가 존재하고 $|h_i|\le \mathbf{h}$이므로 $\|\mathbf{h}\|$가 작으면

$$|R_2(\mathbf{p},\,\mathbf{h})|\le C\|h\|^3$$

이고, 특히 $\mathbf{h}\to\mathbf{0}$일 때 다음이 성립한다.

$$\frac{|R_2(\mathbf{p},\,\mathbf{h})|}{\|\mathbf{h}\|^2}\le C\|\mathbf{h}\|\to 0$$

삼차 테일러 공식은 다음과 같다.

$$\begin{aligned}f(\mathbf{p}+\mathbf{h})=f(\mathbf{p})&+\sum_{i=1}^{n}h_i\frac{\partial f}{\partial x_i}(\mathbf{p})+\frac{1}{2!}\sum_{i,j=1}^{n}h_ih_j\frac{\partial^2 f}{\partial x_i\partial x_j}(\mathbf{p})\\&+\frac{1}{3!}\sum_{i,\,j,\,k=1}^{n}h_ih_jh_k\frac{\partial^2 f}{\partial x_i\partial x_j\partial x_k}(\mathbf{p})+R_3(\mathbf{p},\,\mathbf{h})\end{aligned}$$

여기서 $\mathbf{h}\to\mathbf{0}$일 때 $\dfrac{|R_3(\mathbf{p},\,\mathbf{h})|}{\|\mathbf{h}\|^3}\to 0$이다. 위에 주어진 증명 방법을 이용하여 고차의 테일러 공식을 수학적 귀납법으로 증명할 수 있다. 그리고 주어진 다변수 함수에 대해 $k\to\infty$일 때 $R_k\to 0$이면 그 함수는 테일러 급수로 표현할 수 있다.

예제 3.5-3 점 $(1,\,\pi/2)$에서 함수 $f(x,\,y)=xy^2+\sin(xy)$의 이차 테일러 다항식를 찾아라.

풀이 먼저 함수 f의 편도함수와 점 $(1,\,\pi/2)$에서 편도함수의 값은 각각 다음과 같다.

$$f(x,\,y)=xy^2+\sin(xy),\qquad f\left(1,\,\frac{\pi}{2}\right)=\frac{\pi^2}{4}+1$$

$$f_x(x,\,y)=y^2+y\cos(xy),\qquad f_x\left(1,\frac{\pi}{2}\right)=\frac{\pi^2}{4}$$

$$f_y(x,\,y)=2xy+x\cos(xy),\qquad f_y\left(1,\,\frac{\pi}{2}\right)=\pi$$

$$f_{xx}(x,\ y) = -y^2\sin(xy), \qquad f_{xx}\left(1,\ \frac{\pi}{2}\right) = -\frac{\pi^2}{4}$$

$$f_{xy}(x,\ y) = 2y + \cos(xy) - xy\sin(xy), \qquad f_{xy}\left(1,\ \frac{\pi}{2}\right) = \frac{\pi}{2}$$

$$f_{yy}(x,\ y) = 2x - x^2\sin(xy), \qquad f_{yy}\left(1,\ \frac{\pi}{2}\right) = 1$$

따라서 찾는 이차 테일러 근사 다항식은 다음과 같다.

$$\begin{aligned} f(x,\ y) \approx\ & 1 + \frac{\pi^2}{4} + \frac{\pi^2}{4}(x-1) + \pi\left(y - \frac{\pi}{2}\right) \\ & + \frac{1}{2!}\left\{-\frac{\pi^2}{4}(x-1)^2 + \pi(x-1)\left(y-\frac{\pi}{2}\right) + \left(y - \frac{\pi}{2}\right)^2\right\} \end{aligned}$$

참고 (1) 공간 $\mathbb{R}^n$의 점 $\mathbf{p} = (a_1,\ \cdots,\ a_n)$의 근방에서 다변수 함수 $f(x_1,\ \cdots,\ x_n)$의 모든 계의 연속인 편도함수가 존재할 때, 점 $\mathbf{p}$에서 전개한 f의 테일러 급수 $T(f)$는 다음과 같다.

$$T(f)(x_1,\ \cdots,\ x_n) = \sum_{\ell=0}^{\infty}\frac{1}{\ell!}\left\{(x_1-a_1)\frac{\partial}{\partial x_1} + \cdots + (x_n - a_n)\frac{\partial}{\partial x_n}\right\}^{\ell} f(\mathbf{p})$$

(2) 점 $\mathbf{p} = (a_1,\ \cdots,\ a_n)$의 근방 U에서 함수 $f(x_1,\ \cdots,\ x_n)$의 M계의 연속인 편도함수가 모두 존재하면 다음을 만족시키는 점 $\mathbf{p}^*$가 점 $\mathbf{p}$와 점 $\mathbf{x} \in U$를 잇는 선분에 존재한다.

$$f(x_1,\ \cdots,\ x_n) = \sum_{\ell=0}^{M-1}\frac{1}{\ell!}\left\{(x_1-a_1)\frac{\partial}{\partial x_1} + \cdots + (x_n-a_n)\frac{\partial}{\partial x_n}\right\}^{\ell} f(\mathbf{p}) + R_M(\mathbf{x})$$

$$R_M(\mathbf{x}) = \frac{1}{N!}\left\{(x_1-a_1)\frac{\partial}{\partial x_1} + \cdots + (x_n-a_n)\frac{\partial}{\partial x_n}\right\}^{M} f(\mathbf{p}^*)$$

따라서 점 $\mathbf{p}$의 근방에서 $\lim_{M\to\infty}|R_M(\mathbf{x})| = 0$이면, 점 $\mathbf{p}$의 근방에서 M차 테일러 다항식 $T_M(f)$로 함수 f에 근사시킬 수 있고 테일러 급수 $T(f)$는 함수 f에 수렴한다.

정적분의 도함수

여기서는 여러 응용 분야에서 자주 나타나는 다음과 같은 정적분으로 정의되는 매개변수 s의 함수 $F(s)$의 도함수에 대하여 알아본다.

$$F(s)=\int_a^b f(x,\ s)\,dx \tag{3.5-13}$$

함수 $f(x,\ s)$와 $\partial f/\partial s$가 집합 $\{(x,\ s)|a \le x \le b,\ c \le s \le d\}$에서 연속이라고 하자. 만일 변수 s가 Δs만큼 변한다면 식 (3.5-13)에 의해 그에 따른 함수 F의 증분 ΔF은 다음과 같다.

$$\Delta F=\int_a^b f(x,\ s+\Delta s)\,dx-\int_a^b f(x,\ s)\,dx=\int_a^b \{f(x,\ s+\Delta s)-f(x,\ s)\}\,dx$$

이 식의 양변을 $\Delta s \neq 0$로 나누어 다음을 얻는다.

$$\frac{\Delta F}{\Delta s}=\int_a^b \frac{f(x,\ s+\Delta s)-f(x,\ s)}{\Delta s}\,dx \tag{3.5-14}$$

함수 f와 $\partial f/\partial s$에 관한 조건에 의해 식 (3.5-14)의 우변에 대하여 다음이 성립한다 (이에 대한 증명은 생략한다).

$$\lim_{\Delta s\to 0}\int_a^b \frac{f(x,\ s+\Delta s)-f(x,\ s)}{\Delta s}\,dx=\int_a^b \lim_{\Delta s\to 0}\frac{f(x,\ s+\Delta s)-f(x,\ s)}{\Delta s}\,dx$$

한편 주어진 조건에서 함수 $\partial f/\partial s$가 존재하고 연속이다. 따라서 식 (3.5-13)으로 정의된 함수 F는 미분 가능하며 이것의 도함수 $F'(s)$는 다음과 같다.

$$F'(s)=\lim_{\Delta s\to 0}\frac{\Delta F}{\Delta s}=\int_a^b \frac{\partial f}{\partial s}\,dx \tag{3.5-15}$$

다음 정리는 식 (3.5-13)의 적분이 특이 적분인 경우에 특이 적분 $F(s)$가 존재(수렴)할 충분 조건과 함수 $F(s)$의 미분 가능성에 관한 것이다. 이의 증명은 이 과정에서 다루는 범위를 벗어나므로 생략한다.

정리 3.5-4

함수 $f(x,\ s)$와 $\partial f/\partial s$가 집합 $\Omega=\{(x,\ s)|a \le x < b,\ c \le s \le d\}$에서 연속이고 (여기서 b는 ∞일 수도 있다) 또 다음 식을 만족시키는 함수 $M(x)$가 존재하며 특이 적분 $\int_a^b M(x)dx$이 수렴한다고 하자.

$$\left|\frac{\partial f(x,\ s)}{\partial s}\right| \le M(x),\ \ a \le x < b,\ c \le s \le d$$

만일 구간 $[c, d]$의 한 점 s_0에 대해 특이 적분 $\int_a^b f(x, s_0)dx$가 수렴하면 식 (3.5-13)의 특이 적분 $F(s)$는 존재하고 미분 가능하다. 이때 다음이 성립한다.

$$F'(s) = \int_a^b \frac{\partial f(x, s)}{\partial s} dx \tag{3.5-16}$$

참고 정리 3.5-2의 결과는 집합 Ω가 $\{(x, s) | a < x \le b, c \le s \le d, a, b$는 실수 또는 $\pm\infty\}$ 또는 $\{(x, s) | a < x < b, c \le s \le d, a, b$는 실수 또는 $\pm\infty\}$인 경우에도 성립한다.

예제 3.5-4 $s > -1$일 때 $F(s) = \int_0^1 \frac{x^s - 1}{\ln x} dx$를 찾아라.

풀이 먼저 s를 $-1 < s_0 \le s \le s_1$로 제한하면 피적분 함수는 정리 3.5-2(위의 참고)의 조건을 모두 만족시키므로 함수 $F(s)$를 s에 관해 미분하여 다음을 얻는다.

$$F'(s) = \int_0^1 \frac{x^s \ln x}{\ln x} dx = \left[\frac{x^{s+1}}{s+1}\right]_0^1 = \frac{1}{1+s}$$

따라서 $s_0 \le s \le s_1$에 대하여 $F(s) = \ln(1+s) + C$이다. 그런데 $F(0) = 0$이고 s_0와 s_1은 $-1 < s_0 < s_1$인 임의의 수이므로 다음을 얻는다.

$$\int_0^1 \frac{x^s - 1}{\ln x} dx = \ln(1+s), \; s > -1$$

이제 식 (3.5-13)에서 적분의 위 끝 a와 아래 끝 b 중에 하나 또는 모두가 매개 변수 s에 의존할 때 함수 $F(s)$의 도함수에 대해 알아보자. 먼저 함수 F가 상한 b의 함수이면 미적분학의 기본 정리로부터 다음을 얻는다.

$$\frac{\partial F}{\partial b} = f(b, s) \tag{3.5-17}$$

함수 F가 하한 a의 함수이면 $\int_b^a f dx = -\int_a^b f dx$이므로 다음을 얻는다.

$$\frac{\partial F}{\partial a} = -f(a, s) \tag{3.5-18}$$

한편 연쇄 법칙에 의해 매개 변수 s의 함수 $F\big(s, b(s), a(s)\big)$에 대해 다음을 얻는다.

$$\frac{dF}{ds}=\frac{\partial F}{\partial s}+\frac{\partial F}{\partial b}\frac{db}{ds}+\frac{\partial F}{\partial a}\frac{da}{ds} \tag{3.5-19}$$

따라서 식 (3.5-17), (3.5-18)과 (3.5-19)로부터 다음 정리를 얻는다.

정리 3.5-5

함수 $f(x,\ s)$와 f_s가 집합 $\{(x,\ s)\,|\,h \le x \le k,\ c \le s \le d\}$에서 연속이라고 하자. 만일 함수 $b(s)$와 $a(s)$가 모두 구간 $[c,\ d]$에서 s에 관해 미분 가능하고 치역이 구간 $[h,\ k]$의 부분 집합이라고 하자. 그러면 함수 $F(s)=\int_{a(s)}^{b(s)} f(x,\ s)\,dx$에 대해 다음이 성립한다.

$$\frac{dF(s)}{ds}=\int_{a(s)}^{b(s)}\frac{\partial f(x,\ s)}{\partial s}dx+f(b,\ s)\frac{db}{ds}-f(a,\ s)\frac{da}{ds} \tag{3.5-20}$$

연습 문제 3.5

Exercises

1. 다음 함수에 대해 du/dt를 찾아라.

(1) $u=xy;\ x=e^t,\ y=\cos t$

(2) $u=e^{xy};\ x=3t^2,\ y=t^3$

(3) $u=(x^2+y^2)\log\sqrt{x^2+y^2};\ x=e^{-t}, y=e^t$

(4) $u=xe^{2x-y};\ x=\sin t,\ y=(1-t)^2$

(5) $u=x^y;\ x=1+t^2,\ y=1+2t$

(6) $u=e^{2x+y}\cos z;\ x=\ln t,\ y=\ln(t^2+1),\ z=\dfrac{1}{t}$

(7) $u=2xy+x^2;\ x=(t+1)^2,\ y=(t-1)^2$

2. 다음 함수에 대해 $\partial u/\partial x$와 $\partial u/\partial y$를 찾아라.

(1) $u=e^{s/t};\ s=1-x,\ t=1+2xy$

(2) $u=r^2\sin 2\theta,\ r=\sqrt{x^2+y^2},\ \theta=\tan^{-1}\dfrac{y}{x}$

(3) $u=f(x+2y)$

(4) $u=f(5x/y)$

(5) $yu=\ln(3x+u)$

(6) $\sin(xyu)=2x+3y+u$

3. 삼변수 함수 $f(x, y, z) = xz + \ln y$의 변수가 $x = s + t$, $y = \cos s$, $z = s^2/t$라고 하자. 이때 점 $(s, t) = (-1, 2)$에서 $\partial f/\partial s$와 $\partial f/\partial t$의 값을 찾아라.

4. 삼차 테일러 공식을 증명하라.

5. $x = r - s$, $y = s - t$, $z = t - r$일 때, 미분 가능한 함수 $w = f(x, y, z)$의 일계 편도함수는 다음을 만족시킴을 보여라.

$$w_r + w_s + w_t = 0$$

6. 다음이 성립함을 보여라.

(1) $\cos x \cos y = 1 - \dfrac{x^2 + y^2}{2!} + \dfrac{x^4 + 6x^2y^2 + y^4}{4!}$
$$- \frac{x^6 + 15x^4y^2 + 15x^2y^4 + y^6}{6!} + \cdots$$

(2) $a^x \ln(1+y) = y + \dfrac{1}{2}\{2xy \ln a - y^2 + x^2y(\ln a)^2 - xy^2 \ln a\} + \dfrac{1}{3}y^3 + \cdots$

7. 점 $(0, 0)$에 충분히 가까운 점 (x, y)에 대하여 다음이 성립함을 보여라.
(단, (1), (2)는 일차 테일러 공식을 이용하고 (3), (4)는 이차 테일러 공식을 이용하라.)

(1) $e^x \sin y \approx y + xy$

(2) $\sqrt{\dfrac{1+x}{1+y}} \approx 1 + \dfrac{1}{2}(x - y)$

(3) $e^{x+y} \approx 1 + x + y + \dfrac{x^2}{2} + xy + \dfrac{y^2}{2}$

(4) $\sin(xy) + \cos(xy) \approx 1 + xy$

8. 다음을 계산하라.

(1) $\dfrac{d}{ds}\displaystyle\int_{-1}^{1} (2sx + s^2)\, dx$

(2) $\dfrac{d}{ds}\displaystyle\int_{0}^{\pi} \cos(x + s)\, dx$

(3) $\dfrac{d}{ds}\displaystyle\int_{-1}^{1} \frac{e^{-x} - e^{-sx}}{x}\, dx \ (s > 0)$

9. 필요하면 미분하여 다음 특이 적분을 찾아라(단, $\displaystyle\int_0^\infty \frac{\sin x}{x}\, dx = \frac{\pi}{2}$).

$$\int_0^\infty \frac{e^{-\alpha x} \sin x}{x}\, dx, \quad \alpha \geq 0$$

10. 변수 α에 관한 다음 함수의 도함수를 식 (3.5-16)을 이용하여 찾아라. 먼저 적분한 뒤에 도함수를 찾은 것과 그 결과를 비교하라.

(1) $\displaystyle\int_{-1}^{1} (2\alpha x + \alpha^2)\, dx$

(2) $\displaystyle\int_{0}^{t} \frac{x - \alpha}{x + \alpha}\, dx$

11. $\alpha > 0$일 때, $\int_0^{\infty} e^{-\alpha x}\,dx = \dfrac{1}{\alpha}$이다. 이 식의 양변을 α에 관해 미분하여 다음 등식이 성립함을 보여라.

$$\int_0^{\infty} x^n e^{-\alpha x}\,dx = \frac{n!}{\alpha^{n+1}},\ n \in \mathbb{N}$$

12. 주어진 점 $\mathbf{x}_0$에서 다음 함수 f의 일차 테일러 다항식을 찾아라.

(1) $f(x,\ y) = \dfrac{1}{1+x-y}$, $\mathbf{x}_0 = (2,\ 1)$

(2) $f(x,\ y) = e^{2x-y}$, $\mathbf{x}_0 = (1,\ 2)$

(3) $f(x,\ y,\ z) = e^{x\cos(y+z)}$, $\mathbf{x}_0 = (0,\ 0,\ 0)$

(4) $f(x,\ y,\ z) = \dfrac{\sin(xy)}{z}$, $\mathbf{x}_0 = \left(\dfrac{\pi}{2},\ 1,\ 1\right)$

(5) $f(x,\ y,\ z) = \tan^{-1}(xyz)$, $\mathbf{x}_0 = (1,\ 1,\ 1)$

13. 다음에 주어진 점 $\mathbf{x}_0$에서 각 함수의 이차 테일러 다항식을 찾아라.

(1) $f(x,\ y) = \cos x + \sin y$, $\mathbf{x}_0 = (\pi,\ \pi/2)$

(2) $f(x,\ y) = \sin(xy) - 3x^2 \log y + 1$, $\mathbf{x}_0 = (\pi/2,\ 1)$

14. 다음 물음에 답하라.

(1) 다음을 계산하라.

$$\frac{d}{ds}\int_0^{\infty} \frac{e^{-x} - e^{-sx}}{x}\,dx \ \ (s > 0)$$

(2) (1)의 결과를 이용하여 다음 적분을 찾아라.

$$\int_0^{\infty} \frac{e^{-x} - e^{-3x}}{x}\,dx$$

15. $w = f(u,\ v)$가 $f_{uu} + f_{vv} = 0$을 만족시키고 $u = (x^2 - y^2)/2$, $v = xy$라고 할 때, 다음이 성립함을 보여라.

$$w_{xx} + w_{yy} = 0$$

16. $F(x) = \int_0^{x^2} \sqrt{x^3 + t^4}\,dt$의 도함수를 찾아라.

3.6 물매와 방향 도함수

점 $\mathbf{x}=(x,\ y)$에서 일계 편도함수가 모두 존재하는 이변수 함수 f의 물매 또는 그래디언트(gradient)를 $\nabla f(\mathbf{x})$ 또는 grad f로 쓰고 다음 식으로 정의한다.

$$\nabla f(\mathbf{x})=f_x(x,\ y)\mathbf{i}+f_y(x,\ y)\mathbf{j} \tag{3.6-1}$$

같은 방법으로 공간의 점 $\mathbf{x}=(x,\ y,\ z)$에서 일계 편도함수가 모두 존재하는 삼변수 함수 f의 물매 ∇f를 다음 식으로 정의한다.

$$\nabla f(\mathbf{x})=f_x(\mathbf{x})\,\mathbf{i}+f_y(\mathbf{x})\,\mathbf{j}+f_z(\mathbf{x})\,\mathbf{k} \tag{3.6-2}$$

예제 3.6-1 $f(x,\ y,z)=\sqrt{x^2+y^2+z^2}$ 의 물매를 찾아라.

풀이 $\nabla f(x,\ y,z)=(f_x,\ f_y,f_z)=\left(\dfrac{x}{\sqrt{x^2+y^2+z^2}},\ \dfrac{y}{\sqrt{x^2+y^2+z^2}},\ \dfrac{z}{\sqrt{x^2+y^2+z^2}}\right)$

간단히 $(x,y,z)=\mathbf{r}$, $|\mathbf{r}|=r$이라고 하면 $\nabla f=\dfrac{\mathbf{r}}{r}$이다. ▮

일반적으로 n변수 함수 $f(x_1,\ x_2,\ \cdots,\ x_n)$의 ∇f는 다음 식으로 정의한다.

$$\nabla f(x_1,\ x_2,\ \cdots,\ x_n)=\left(\frac{\partial f}{\partial x_1},\ \frac{\partial f}{\partial x_2},\ \cdots,\ \frac{\partial f}{\partial x_n}\right)$$

다변수 함수 f의 물매는 ∇f가 정의되는 점 $\mathbf{x}$에 벡터 $\nabla f(\mathbf{x})$를 대응시키는 벡터 함수이다. 따라서 ∇는 일계 편도함수가 존재하는 n변수 함수 f에 성분이 n개인 벡터 함수 ∇f를 대응시키는 함수, 즉 **미분 연산자(differential operator)**이다. 미분 연산자 ∇에 대하여 다음이 성립한다. 증명은 연습 문제로 남긴다.

정리 3.6-1

다변수 함수 f와 g의 모든 일계 편도함수가 존재하면 다음이 성립한다.

(1) $\nabla(cf)=c\nabla f$ (단, c는 상수)

(2) $\nabla(f\pm g)=\nabla f\pm\nabla g$

(3) $\nabla(fg)=g\nabla f+f\nabla g$

(4) $\nabla\left(\dfrac{f}{g}\right)=\dfrac{g\nabla f-f\nabla g}{g^2}$

방향 도함수

점 $\mathbf{x}$의 근방에서 정의된 이변수 함수 $z=f(x,\ y)$와 단위 벡터 $\mathbf{u}$에 대해 다음 식 (3.6-3)의 극한이 존재하면, 그 극한을 점 $\mathbf{x}$에서 방향 $\mathbf{u}$에 대한 함수 f의 **방향 도함수**(directional derivative)라 하고, $D_{\mathbf{u}}f(\mathbf{x})$로 나타낸다.

$$\lim_{t\to 0}\frac{f(\mathbf{x}+t\mathbf{u})-f(\mathbf{x})}{t} \tag{3.6-3}$$

방향도함수의 정의에서 보통 $\mathbf{u}$를 단위벡터로 택한다. 다음 정리와 같이 함수의 방향 도함수를 물매를 써서 나타낼 수 있다.

정리 3.6-2

이변수 함수 f가 점 $(x,\ y)$에서 미분 가능하면 방향 $\mathbf{u}=(u_1,\ u_2)$에 대한 방향 도함수 $D_{\mathbf{u}}f$가 존재한다. 이때 다음이 성립한다.

$$D_{\mathbf{u}}f(x,\ y)=u_1\frac{\partial f}{\partial x}(x,\ y)+u_2\frac{\partial f}{\partial y}(x,\ y)=\nabla f(x,\ y)\cdot\mathbf{u} \tag{3.6-4}$$

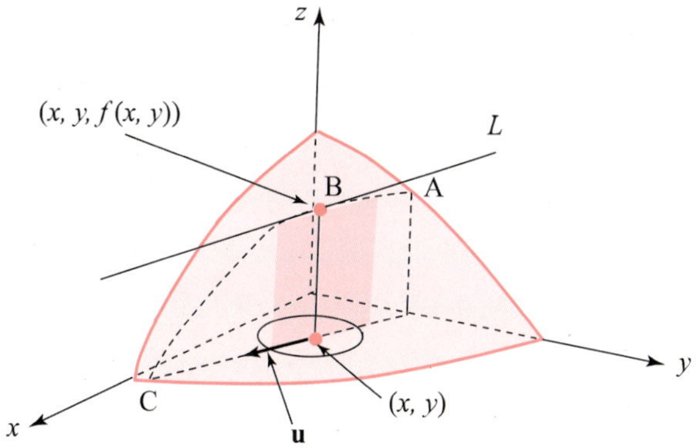

‖ 그림 3.6-1 ‖ 방향 도함수

참고 (1) 벡터 $\mathbf{u}=\mathbf{i}$이면, $\nabla f\cdot\mathbf{u}=\partial f/\partial x$이므로 함수 f의 방향 도함수 $D_{\mathbf{i}}f$는 편도함수 $\partial f/\partial x$이다. 또한 $\mathbf{u}=\mathbf{j}$ 방향의 방향 도함수 $D_{\mathbf{j}}f$는 $\partial f/\partial y$이다.

(2) 점 $(x,\ y)$에서 이변수 함수 f의 방향 도함수 $D_{\mathbf{u}}f(x,\ y)$는 벡터 $\mathbf{u}$를 품는 xy 평면에 수직인 평면과 곡면 $z=f(x,\ y)$의 교선 ABC에 있는 점 B에서 접선의 기울기이다(그림 3.6-1 참조).

(3) 점 $\mathbf{a} \in \mathbb{R}^n$에서 방향 $\mathbf{u} = (u_1, \cdots, u_n) \in \mathbb{R}^n$에 대한 n변수 함수 f의 방향 도함수는 $D_\mathbf{u} f$는 다음과 같다.

$$D_\mathbf{u} f(\mathbf{a}) = \nabla f(\mathbf{a}) \cdot \mathbf{u} = \sum_{k=1}^{n} u_k \frac{\partial f(\mathbf{a})}{\partial x_k}$$

예제 3.6-2 함수 $f(x, y, z) = x^3 e^{-yz}$에 대하여 점 $(1, 0, 0)$에서 벡터 $\mathbf{v} = (1, 1, 1)$ 방향으로의 방향 도함수를 찾아라.

풀이 벡터 $\mathbf{v} = (1, 1, 1)$의 방향은 $\mathbf{u} = \frac{1}{\sqrt{3}}\mathbf{i} + \frac{1}{\sqrt{3}}\mathbf{j} + \frac{1}{\sqrt{3}}\mathbf{k}$이고, 함수 f의 물매는 $\nabla f = (3x^2 e^{-yz}, \ -x^3 z e^{-yz}, \ -x^3 y e^{-yz})$이므로 방향 도함수 $D_\mathbf{u} f$는 다음과 같다.

$$D_\mathbf{u} f(1, 0, 0) = (3, 0, 0) \cdot \left(\frac{1}{\sqrt{3}}, \frac{1}{\sqrt{3}}, \frac{1}{\sqrt{3}}\right) = \sqrt{3}$$

방향 $\mathbf{u}$에 대한 함수 f의 방향 도함수 $D_\mathbf{u} f$에서 벡터 $\mathbf{u}$와 ∇f와의 관계에 대하여 생각하자. 벡터 $\mathbf{u}$ 위로의 ∇f의 정사영은 다음과 같다.

$$\mathrm{Proj}_\mathbf{u} \nabla \mathrm{f} = \frac{\nabla \mathrm{f} \cdot \mathbf{u}}{|\mathbf{u}|^2}\mathbf{u}$$

여기서 $\mathbf{u}$는 단위 벡터이므로 벡터 $\mathbf{u}$ 방향으로의 ∇f의 성분은 $\nabla f \cdot \mathbf{u}$이다. 따라서 점 (x, y)에서 $D_\mathbf{u} f(x, y)$는 벡터 $\mathbf{u}$ 방향으로의 함수 f의 $\nabla f(x, y)$ 성분이다.

한편 점 (x, y)에서의 단위 벡터 $\mathbf{u}$와 $\nabla f(x, y)$의 사잇각을 θ라고 하면 다음이 성립한다.

$$D_\mathbf{u} f(x, y) = \nabla f(x, y) \cdot \mathbf{u} = |\nabla f(x, y)|\,|\mathbf{u}|\cos\theta = |\nabla \mathrm{f}(\mathrm{x}, \mathrm{y})|\cos\theta \qquad (3.6\text{-}5)$$

식 (3.6-5)에서 $\theta = 0$이면 $\cos\theta = 1$이다. 이는 $\mathbf{u}$가 $\nabla f(x, y)$와 같은 방향인 경우이다. 한편 점 (x, y)에서 단위 벡터 $\mathbf{u}$가 $-\nabla f(x, y)$와 같은 방향이면 $\theta = \pi$이고 $\cos\theta = -1$이다. 또 $\theta = \pi/2$이면 $\cos\theta = 0$이다. 이를 종합하면 다음과 같다.

정리 3.6-3

점 (x, y)에서 이변수 함수 $f(x, y)$의 일계 편도함수가 연속이라고 할 때

(1) $\nabla f(x, y) = \mathbf{0}$이면 임의의 단위 벡터 $\mathbf{u}$에 대해 $D_\mathbf{u} f(x, y) = 0$이다.

(2) 함수 f의 값이 가장 빨리 증가하는 방향은 $\nabla f(x, y)$의 방향이다.

(3) 함수 f의 값이 가장 빨리 감소하는 방향은 $-\nabla f(x, y)$의 방향이다.

예제 3.6-3 원점이 가열되고 있는 단위 원판($x^2+y^2 \le 1$)의 현재 온도 분포가 다음 함수로 주어진다고 하자. 이때 다음을 찾아라.

$$T(x,\ y)=\frac{3}{x^2+y^2+1}$$

(1) 점 $(1,\ 1)$에서 가장 빨리 뜨거워지는 방향과 그때의 순간 온도 변화율

(2) 점 $(1,\ 1)$에서 가장 빨리 온도가 내려가는 방향과 그때의 순간 온도 변화율

(3) 점 $(1,\ 1)$에서 온도의 변화가 일어나지 않는 방향

풀이 (1) $\nabla T=T_x\mathbf{i}+T_y\mathbf{j}=-\dfrac{6}{(x^2+y^2+1)^2}(x\mathbf{i}+y\mathbf{j})$이다. 따라서 $\nabla T(1,\ 1)=-\dfrac{2}{3}(1\mathbf{i}+1\mathbf{j})$이므로 점 $(1,\ 1)$에서 가장 빨리 뜨거워지는 방향은 정리 3.6-3에 의해 벡터 $-\dfrac{2}{3}(1\mathbf{i}+1\mathbf{j})$의 방향이다. 해당 방향의 단위벡터는 $u=\dfrac{\nabla T}{\|\nabla T\|}=-\dfrac{1}{\sqrt{2}}(1\mathbf{i}+1\mathbf{j})$이므로 순간 온도 변화율은 $D_{\mathbf{u}}f=\nabla f\cdot\mathbf{u}=\dfrac{2}{3}\sqrt{2}$이다.

(2) 가장 빠르게 온도가 내려가는 방향은 $-\nabla T(1,\ 1)=\dfrac{2}{3}(1\mathbf{i}+1\mathbf{j})$이다. 그 때의 순간 온도 변화율은 $D_{(-\mathbf{u})}f=\nabla f\cdot(-\mathbf{u})=-\dfrac{2}{3}\sqrt{2}$이다.

(3) ∇T에 수직인 단위 벡터는 $\mathbf{v}=\pm\dfrac{1}{\sqrt{2}}(1\mathbf{i}-1\mathbf{j})$이므로, 온도는 $\pm\mathbf{v}$방향으로는 변하지 않는다. ▮

예제 3.6-4 예세 3.6-3의 금속판에서 한 입자가 점 $(1,\ -2)$에서 시작하여 항상 전압 V가 가장 빨리 증가하는 방향으로 운동한다고 할 때 입자의 경로를 찾아라.

풀이 찾는 경로의 매개 함수를 $\mathbf{x}(t)=x(t)\mathbf{i}+y(t)\mathbf{j}$이라고 하면, 점 $(x(t),\ y(t))$에서의 경로의 방향은 $\mathbf{x}'(t)=x'(t)\mathbf{i}+y'(t)\mathbf{j}$이고, 이 방향은 $\nabla V=-2x\mathbf{i}-8y\mathbf{j}$와 같은 방향이어야 하므로 다음을 얻는다.

$$x'(t)=-2cx(t),\quad y'(t)=-8cy(t)\quad (\text{단, } c>0\text{는 상수})$$

이 식을 다음과 같이 다시 쓸 수 있다.

$$\frac{x'(t)}{x(t)}=-2c,\quad \frac{y'(t)}{y(t)}=-8c$$

이제 두 식의 양변을 t에 관해 각각 적분하면 다음을 얻는다.

$$x(t)=c_1e^{-2ct},\ y(t)=c_2e^{-8ct}\quad (\text{단, } c_1\text{과 } c_2\text{는 적분 상수이다.})$$

그런데 처음에 점 $(1,\ -2)$에서 출발하였으므로 $x(0)=1$이고 $y(0)=-2$이다.

그러므로 $c_1 = 1$이고 $c_2 = -2$이다. 따라서 다음을 얻는다.

$$x(t) = e^{-2ct}, \qquad y(t) = -2e^{-8ct}$$

이로부터 찾는 경로 곡선은 $y = -2x^4$이다(그림 3.6-2 참조).

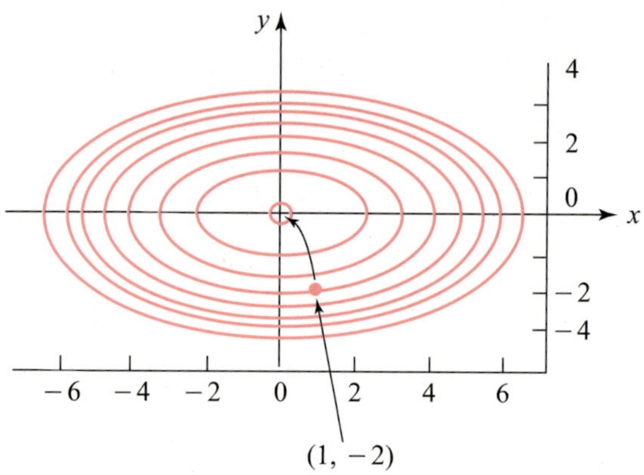

‖ 그림 3.6-2 ‖ 전압 V의 경로 지도. 가장 바깥쪽이 $V=9$이고, 안쪽으로 6씩 증가한다.

곡면의 접평면과 법선

방정식 $F(x, y, z) = 0$의 그래프로 주어지는 곡면 S를 생각하자. 이때 곡면 S에 있는 모든 점에서 삼변수 함수 $F(x, y, z)$의 일계 편도함수 $\partial F/\partial x$, $\partial F/\partial y$, $\partial F/\partial z$가 모두 존재하고 연속이면 곡면 $F(x, y, z) = 0$은 **미분 가능한 곡면**이라고 한다.

미분 가능한 곡면 $F(x, y, z) = 0$를 S로 생각하자. 이때 C는 S에 있는 한 점 $\mathbf{x}_0$를 지나는 곡선이며, 미분 가능한 벡터 함수 $\mathbf{g}(t) = x(t)\mathbf{i} + y(t)\mathbf{j} + z(t)\mathbf{k}$를 곡선 C의 매개화라고 하자(그림 3.6-3 참조). 그러면 연쇄 법칙에 의해 다음을 얻는다.

$$\frac{d}{dt}F(x, y, z) = \frac{\partial F}{\partial x}\frac{dx}{dt} + \frac{\partial F}{\partial y}\frac{dy}{dt} + \frac{\partial F}{\partial z}\frac{dz}{dt}$$

그런데 $F(\mathbf{g}(t)) = 0$이므로 $\dfrac{dF(t)}{dt} = \nabla F(t) \cdot \mathbf{g}'(t) = 0$이다. 따라서 $\mathbf{x}_0 = \mathbf{g}(t_0)$라고 할 때 $\nabla F(\mathbf{x}_0) \neq \mathbf{0}$이면 벡터 $\nabla F(\mathbf{x}_0)$는 점 $\mathbf{x}_0$에서 곡선 C의 접선 벡터인 $\mathbf{g}'(t_0)$와 직교한다. 이는 점 $\mathbf{x}_0$을 지나는 미분 가능한 모든 곡선에 대하여 참이다. 따라서 벡터 $\nabla F(\mathbf{x}_0)$은 점 $\mathbf{x}_0$에서의 곡면 S의 **접평면(tangent plane)**에 수직인 벡터, 즉 **법선 벡터**이다. 이러한 사실로부터 다음을 얻는다.

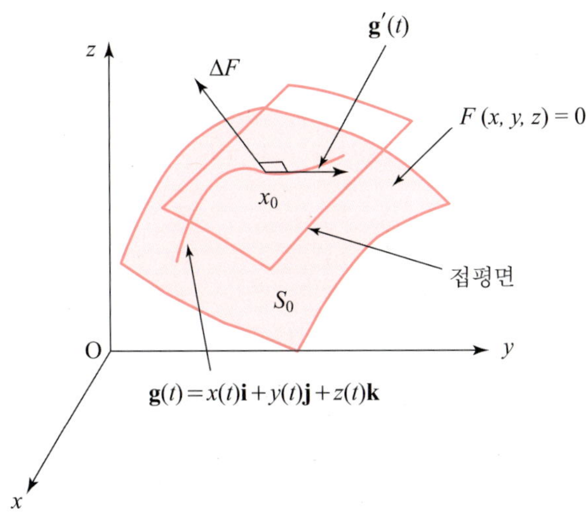

‖ 그림 3.6-3 ‖ 접평면과 물매

(1) 곡면 S에 있는 점 $\mathbf{x}_0 = (x_0,\ y_0,\ z_0)$에서의 접평면은 법선 벡터가 $\nabla F(\mathbf{x}_0)$이고 점 $\mathbf{x}_0$을 지나는 평면이다. 이때 접평면에 있는 임의의 점을 $\mathbf{x} = (x,\ y,\ z)$라고 하면 **접평면의 방정식**은 다음과 같이 두 가지로 쓸 수 있다.

$$\nabla F(\mathbf{x}_0) \cdot (\mathbf{x} - \mathbf{x}_0) = 0 \tag{3.6-6}$$

$$F_x(\mathbf{x}_0)(x - x_0) + F_y(\mathbf{x}_0)(y - y_0) + F_z(\mathbf{x}_0)(z - z_0) = 0 \tag{3.6-7}$$

(2) 점 $\mathbf{x}_0 = (x_0,\ y_0,\ z_0)$에서 S의 **법선(normal line)**은 $\nabla F(\mathbf{x}_0)$과 방향이 같고 점 $\mathbf{x}_0$을 지나는 직선이다. 이때 법선에 있는 임의의 점을 $\mathbf{x} = (x,\ y,\ z)$라 하면, **법선의 방정식**은 다음과 같다.

$$\frac{x - x_0}{F_x(\mathbf{x}_0)} = \frac{y - y_0}{F_y(\mathbf{x}_0)} = \frac{z - z_0}{F_z(\mathbf{x}_0)} \tag{3.6-8}$$

예제 3.6-5 이엽 쌍곡면 $x^2 - y^2/4 - z^2 = 1$에 있는 점 $(\sqrt{3},\ 2,\ 1)$에서 접평면의 방정식과 법선의 방정식을 찾아라.

풀이 $F(x,\ y,\ z) = x^2 - y^2/4 - z^2 - 1 = 0$으로 놓으면 다음을 얻는다.

$$\nabla F(\sqrt{3},\ 2,\ 1) = (F_x,\ F_y,\ F_z)\big|_{(\sqrt{3},2,1)} = \left(2x,\ -\frac{y}{2},\ -2z\right)\Big|_{(\sqrt{3},2,1)}$$
$$= (2\sqrt{3},\ -1,\ -2)$$

접평면과 법선의 방정식은 다음과 같다.

$$2\sqrt{3}x - y - 2z = 2, \quad \frac{x-\sqrt{3}}{2\sqrt{3}} = \frac{y-2}{-1} = \frac{z-1}{-2}$$

한편 곡면 S가 식 $F(x, y, z) = f(x, y) - z = 0$으로 주어지면 다음을 얻는다.

$$F_x = f_x, \qquad F_y = f_y, \qquad F_z = -1$$

이 경우 곡면 S에 있는 점 $\mathbf{x}_0 = (x_0, y_0, z_0) = (x_0, y_0, f(x_0, y_0))$에서 접평면에 수직인 벡터는 $f_x(x_0, y_0)\mathbf{i} + f_y(x_0, y_0)\mathbf{j} - \mathbf{k}$이다. 따라서 식 (3.6-7)을 이용하면 곡면 S에 있는 점 $\mathbf{x}_0$에서의 접평면의 방정식은 다음과 같다.[24)]

$$z - z_0 = f_x(x_0, y_0)(x - x_0) + f_y(x_0, y_0)(y - y_0) \tag{3.6-9}$$

참고 $dx = x - x_0$, $dy = y - y_0$, $dz = z - z_0$이라 하면 식 (3.6-9)는 다음과 같이 이변수 함수 $z = f(x, y)$의 전미분과 같다.

$$dz = f_x(x_0, y_0)\,dx + f_y(x_0, y_0)\,dy$$

예제 3.6-6 쌍곡 포물면 $x^2/4 - y^2 = z$에 있는 점 $(4, 1, 3)$에서 접평면의 방정식과 법선의 방정식을 찾아라.

풀이 $f(x, y) = x^2/4 - y^2$이라 하면 점 $(4, 1, 3)$에서 법선 벡터 $\mathbf{n}$은 다음과 같다.

$$\mathbf{n} = (f_x, f_y, -1)\big|_{(4,1,3)} = \left(\frac{x}{2}, -2y, -1\right)\bigg|_{(4,1,3)} = (2, -2, -1)$$

따라서 접평면과 법선의 방정식은 다음과 같다.

$$2x - 2y - z = 3, \qquad \frac{x-4}{2} = \frac{y-1}{-2} = \frac{z-3}{-1}$$

법선 도함수

미분 가능한 이변수 함수 f와 상수 c를 생각하자. 이때 곡선 C가 방정식 $f(x, y) - c = 0$의 그래프이면 $\nabla f(x, y)$는 곡선 C에 있는 점 $\mathbf{x} = (x, y)$에서 곡선 C의 법선 벡터이다(그림 3.6-4 참조). 여기서 물매 방향에 대한 f의 방향 도함수를 함수 f의 **법선 도함수**(normal derivative)라고 하며 $\partial f / \partial n$으로 나타낸다. 물매 방향이 $\mathbf{u} = \nabla f(\mathbf{x}) / |\nabla f(\mathbf{x})|$이므로 점 $\mathbf{x}$에서 함수 f의 법선 도함수는 다음과 같다.

24) 3.4절을 참고하라.

$$\frac{\partial f(\mathbf{x})}{\partial n} = D_{\mathbf{u}} f(\mathbf{x}) = \frac{\nabla f(\mathbf{x})}{|\nabla f(\mathbf{x})|} \cdot \nabla f(\mathbf{x}) = |\nabla f(\mathbf{x})| \qquad (3.6\text{-}10)$$

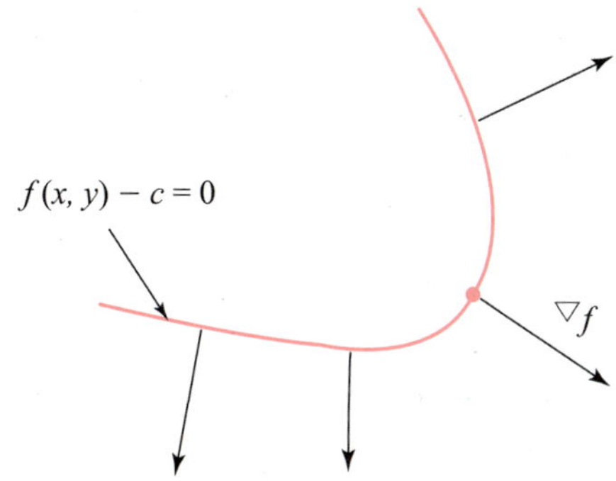

‖ 그림 3.6-4 ‖ 곡선의 물매 방향

예제 3.6-7 점 $(3,\ -2)$에서 함수 $f(x,\ y) = xy^2$의 법선 도함수를 찾아라.

풀이 $\nabla f(x,\ y) = y^2\mathbf{i} + 2xy\mathbf{j}$이다. 따라서 $\partial f/\partial n = \sqrt{y^4 + 4x^2y^2}$이고 점 $(3,\ -2)$에서 법선 도함수는 $\partial f/\partial n(3,\ -2) = \sqrt{16 + 144} = 4\sqrt{10}$이다. ∎

연습 문제 3.6 *Exercises*

1. 다음에 주어진 점 $\mathbf{x}$에서 각 함수 f의 물매 $\nabla f(\mathbf{x})$를 찾아라.
   (1) $\mathbf{x} = (1,\ 0,\ 1),\ f(x,\ y,\ z) = x^2 + ze^{y^2} - z^2$
   (2) $\mathbf{x} = (\pi/4,\ 0,\ 0),\ f(x,\ y,\ z) = e^{-2y}\cos(2x)$
   (3) $\mathbf{x} = (0,\ \pi/4,\ 0),\ f(x,\ y,\ z) = \cos(3x)\cos(4y)\sinh(5z)$
   (4) $\mathbf{x} = (1,\ 1/\sqrt{2},\ 1),\ f(x,\ y,\ z) = z\sin^{-1}(xy)$

2. 다음 함수 f에 대해 점 $\mathbf{x}$에서 $\mathbf{u}$ 방향의 방향 도함수 $D_{\mathbf{u}}f(\mathbf{x})$를 찾아라.
   (1) $\mathbf{x} = (1,\ 1),\ \mathbf{u} = (1,\ 3),\ f(x,\ y) = 2x + y^2$
   (2) $\mathbf{x} = (1,\ 1/\sqrt{2},\ 1),\ \mathbf{u} = (0,\ 1,\ 1),\ f(x,\ y,\ z) = z\cos^{-1}(xy)$
   (3) $\mathbf{x} = (3,\ 2,\ 1),\ \mathbf{u} = (-2\sqrt{2},\ 2\sqrt{2}, 0),\ f(x,\ y) = xy^2z^3$
   (4) $\mathbf{x} = (1,\ 0,\ 1),\ \mathbf{u} = (1,\ 0,\ 1),\ f(x,\ y,\ z) = e^{y\sin(x+z)}$

3. 함수 $f: \mathbb{R}^3 \to \mathbb{R}$와 $\mathbf{g}: \mathbb{R} \to \mathbb{R}^3$에 대해 ∇f와 $\mathbf{g}'$을 찾고 $(f \circ \mathbf{g})'(\pi)$를 계산하라.

(1) $f(x,\ y,\ z) = xy + yz + zx$, $\mathbf{g}(t) = (e^t,\ \sin t,\ \cos t)$

(2) $f(x,\ y,\ z) = e^{xyz}$, $\mathbf{g}(t) = (t,\ 3t^2,\ t^3)$

(3) $f(x,\ y,\ z) = (x^2 + y^2 + z^2)\log\sqrt{x^2 + y^2 + z^2}$, $\mathbf{g}(t) = (e^t,\ t,\ e^{-t})$

4. 어느 산의 높이가 $f(x,\ y) = 2744 - 3x^2 - 5y^2$ 미터이다. 다음 물음에 답하라.

(1) 점 $(1/2,\ -2/5)$에서 가장 가파른 쪽은 어느 방향인가? 그 때의 순간 변화율은 얼마인가?

(2) 점 $(1/2,\ -2/5)$에서 높이의 변화가 일어나지 않는 방향을 찾아라.

5. 직육면체 $Q = \{(x,\ y,\ z) \mid 0 \le x \le 1,\ 0 \le y \le 2,\ 0 \le z \le 3\}$의 내부의 온도 분포 함수 T가 다음과 같다고 한다.

$$T(x,\ y,\ z) = 8xyz(1-x)(2-y)(3-z) + 18$$

이때 점 $(1,\ 1/2,\ 1)$에 있는 모기가 가장 빨리 시원해지는 쪽으로 날아갔다고 한다. 어느 방향인가?

6. $f(x,\ y)$에 대한 $\mathbf{u}$ 방향의 2차 도함수는 아래와 같이 주어진다.

$$D_{\mathbf{u}}^2 f(x,\ y) = D_{\mathbf{u}}[D_{\mathbf{u}} f(x,\ y)]$$

$f(x,\ y) = x^3 + 5x^2y + y^3$, $\mathbf{u} = (3/5, 4/5)$일 때 $D_{\mathbf{u}}^2 f(2,\ 1)$의 값을 찾아라.

7. 다음 각 곡면의 주어진 점에서 법선과 접평면의 방정식을 찾아라.

(1) $z^2 = 4(x^2 + y^2)$; $(1,\ 0,\ 2)$

(2) $z = \sqrt{x^2 + y^2}$; $(0,\ 1,\ -1)$

(3) $\cos(x + y) = e^{xz+2}$; $(-1,\ 1,\ 2)$

(4) $x^2 - xyz = 3$; $(-1,\ 1,\ 2)$

8. 타원면 $3x^2 + 2y^2 + z^2 = 9$와 구면 $x^2 + y^2 + z^2 - 8x - 6y - 8z + 24 = 0$이 점 $(1,\ 1,\ 2)$에서 서로 접합을 보여라.

9. 타원면 $x^2 + 2y^2 + 3z^2 = 1$에 있는 점 중에서 그 점에서의 접평면이 $3x - y + 3z = 1$과 평행한 점을 찾아라.

10. 포물면 $y = x^2 + z^2$에 있는 점에서의 접평면이 평면 $3x + 2y + z = 1$과 평행해지는 포물면 위의 점을 찾아라.

11. 함수 $f(x,\ y) = ye^{-xy}$에 대해 점$(0,\ 1)$에서의 방향 도함수 값이 1이 되도록 하는 방향을 찾아라.

12. 정리 3.6-1을 증명하라.

3.7 다변수 함수의 극값

이 절에서는 다변수 함수의 극댓값과 극솟값에 대하여 알아본다. 먼저 앞으로 사용할 용어를 정의하자.

함수 $f : U \subset \mathbb{R}^n \to \mathbb{R}$ 에 대하여, 점 $\mathbf{p} \in U$의 어떤 근방 V에서 모든 $\mathbf{x} \in V \cap D$에 대하여 $f(\mathbf{x}) \le f(\mathbf{p})$가 성립할 때, $f(\mathbf{p})$를 함수 f의 **극댓값**, $\mathbf{p}$를 **극대점**이라고 한다. 만약 모든 $\mathbf{x} \in V \cap D$에 대해 $f(\mathbf{x}) \ge f(\mathbf{p})$가 성립하면, $f(\mathbf{p})$를 함수 f의 **극솟값**, $\mathbf{p}$를 **극소점**이라 한다. 흔히 극대점과 극대점을 통틀어 **극점(extreme point)**, 극댓값과 극솟값을 통틀어 **극값(extremum)**이라고 한다. 만약 f가 점 $\mathbf{p} \in D$에서 미분 가능하지 않거나, 미분 가능하고 $\nabla f(\mathbf{p}) = \mathbf{0}$일 때, 점 $\mathbf{p}$를 **임계점(critical point)**라 한다. 그리고 극점이 아닌 임계점을 **안장점(saddle point)**이라고 한다.

일계 도함수 판정법

모든 극점은 임계점이다. 일반적으로 다음이 성립한다.

정리 3.7-1

열린 집합 $U \subset \mathbb{R}^n$에서 정의된 미분 가능한 함수 $f : U \subset \mathbb{R}^n \to \mathbb{R}$ 가 점 $\mathbf{p} \in U$에서 극값을 가지면 점 $\mathbf{p}$는 f의 임계점이다. 즉

$$\nabla f(\mathbf{p}) = \mathbf{0} \tag{3.7-1}$$

증명 점 p가 극솟점이라고 하자. 가정에 의해 모든 $\mathbf{h} \in \mathbb{R}^n$에 대하여 함수 $g(t) = f(\mathbf{p} + t\mathbf{h})$는 $t = 0$에서 극솟값을 가지므로 $g'(0) = 0$이다. 한편 연쇄법칙에 의해 $g'(0) = \nabla f(\mathbf{p}) \cdot \mathbf{h}$이다. 모든 h에 대하여 $\nabla f(\mathbf{p}) \cdot \mathbf{h}$이므로 $\nabla f(\mathbf{p}) = \mathbf{0}$이다. ∎

하지만 다음 예제에서 보면 정리 3.7.1의 역은 성립하지 않는다.

예제 3.7-1 쌍곡 포물면 $f(x, y) = x^2 - y^2$에 대해 $f_x(x, y) = 2x$이고 $f_y(x, y) = 2y$이므로, 함수 $f(x, y)$의 임계점은 $(0, 0)$뿐이다. 그런데 y축에서 $y \neq 0$이면 $f(x, y) = -y^2 < 0$이고, x축에서 $x \neq 0$이면 $f(x, y) = x^2 > 0$이다. 따라서 함수 $f(x, y)$는 점 $(0, 0)$의 임의의 근방에서 음숫값과 양숫값을 모두 취할 수 있다. 그러므로 $f(0, 0) = 0$은 극댓값도 극솟값도 아니다. 따라서 안장점이다. 즉 곡면의 점 $(0, 0, f(0, 0))$에서 곡면을 따라

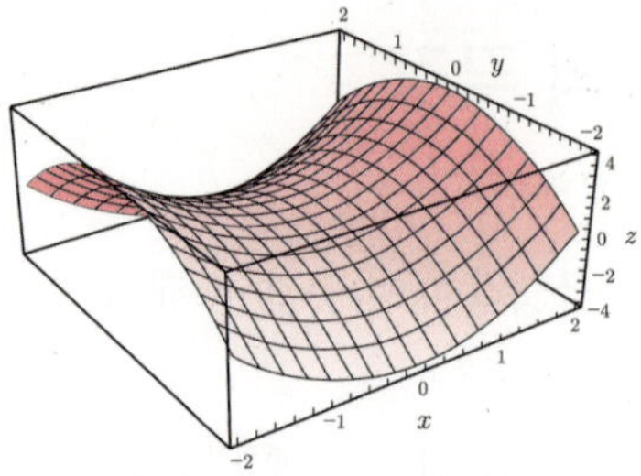

‖ 그림 3.7-1 ‖ 안장점

움직인다면, 방향에 따라 곡면의 높이가 감소할 수도 있고 증가할 수도 있다. 이는 일변수 함수의 변곡점에 대응된다(그림 3.7-1 참조).

예제 3.7-2 삼각형의 금속판 $D=\{(x,\ y)\mid x\ge 0,\ 0\le y\le -2x+2\}$에서의 온도 T가 다음과 같다고 할 때, 가장 뜨거운 점과 가장 차가운 점을 찾아라.

$$T(x,\ y)=x^2+xy+2y^2-3x+2y$$

풀이 주어진 문제는 영역 D에서 함수 T의 최댓값과 최솟값을 찾는 문제이다. 영역 D가 유계인 닫힌 영역이고 함수 T가 연속이므로 함수 T의 최댓값과 최솟값이 존재함을 알 수 있다. 먼저 정리 3.7-1의 일계 도함수 판정법을 이용하여 함수 T의 임계점을 찾아보자. 만약 $(x,\ y)$가 임계점이면 다음을 만족시켜야 한다.

$$\nabla T(x,\ y)=(2x+y-3,\ x+4y+2)=(0,\ 0)$$

이 방정식을 풀면 $(2,\ -1)$을 얻는데 이는 D의 원소가 아니므로 D의 내점 중에 T의 임계점은 없다. 따라서 함수 T는 D의 경계에서 극값을 취한다.

한편 D의 경계는 다음과 같이 세 개의 선분으로 이루어져 있다.

$$L_1: y=0\ (0\le x\le 1),\ L_2: x=0\ (0\le y\le 2),\ L_3: y=2(1-x)\ (0\le x\le 1)$$

먼저 선분 L_1에서의 온도는 일변수 함수 $T(x,\ 0)=x^2-3x\ (0\le x\le 1)$로 주어지므로 극값은 $T(0,\ 0)=0$과 $T(1,\ 0)=-2$이다. 그리고 선분 L_2에서의 온도는 $T(0,\ y)=2y^2+2y\ (0\le y\le 2)$이므로 극값은 $T(0,\ 0)=0$과 $T(0,\ 2)=12$이다. 마지막으로 선분 L_3에서 온도 T는 다음과 같다.

$$T(x,\ y)=T(x,\ 2-2x)=7x^2-21x+12\quad (0\le x\le 1)$$

따라서 L_3에서의 극값은 $T(0,\ 2)=12$와 $T(1,\ 0)=-2$이다. 이상을 종합하면 금속판 D에서 가장 뜨거운 점은 $(0,\ 2)$이고 가장 차가운 점은 $(1,\ 0)$이다. ∎

이계 도함수 판정법

일변수함수의 경우 임계점 p에서 $f''(p)>0$인 경우 p는 극소점, $f''(p)<0$인 경우 극대점이다. 다변수함수의 경우를 서술하기 위해 헤시안을 정의하자.

함수 $f: U \subset \mathbb{R}^n \to \mathbb{R}$는 점 $\mathbf{p} \in U$에서 모든 $i, j=1, \cdots, n$에 대하여 연속인 이계 편도함수 $\dfrac{\partial^2 f}{\partial x_i \partial x_j}(\mathbf{p})$을 갖는다고 하자. 점 $\mathbf{p}$에서 f의 헤시안(Hessian)은 다음과 같이 정의된다.

$$Hf(\mathbf{p})(\mathbf{h}) = \frac{1}{2}\sum_{i,j=1}^{n} \frac{\partial^2 f}{\partial x_i \partial x_j}(\mathbf{p}) h_i h_j \quad (\mathbf{h} = (h_1, \cdots, h_n) \in \mathbb{R}^n)$$

이를 행렬의 곱으로 나타내면 다음과 같다.

$$Hf(\mathbf{p})(\mathbf{h}) = \frac{1}{2}(h_1 \ \cdots \ h_n)\begin{pmatrix} \dfrac{\partial^2 f}{\partial x_1 \partial x_1} & \cdots & \dfrac{\partial^2 f}{\partial x_1 \partial x_n} \\ \vdots & \ddots & \vdots \\ \dfrac{\partial^2 f}{\partial x_n \partial x_1} & \cdots & \dfrac{\partial^2 f}{\partial x_n \partial x_n} \end{pmatrix}\begin{pmatrix} h_1 \\ \vdots \\ h_n \end{pmatrix}$$

점 $\mathbf{p} \in U$가 임계점인 경우 $\nabla f(\mathbf{p}) = \mathbf{0}$이므로 3.5절의 이차 테일러 공식에 의해 다음이 성립한다.

$$f(\mathbf{p}+\mathbf{h}) = f(\mathbf{p}) + Hf(\mathbf{p})(\mathbf{h}) + R_2(\mathbf{p}, \mathbf{h})$$

여기서 $f(\mathbf{p})$는 상수이므로 $\mathbf{p}+\mathbf{h} \in U$인 모든 $\mathbf{h}$에 대하여 $Hf(\mathbf{p})(\mathbf{h}) \geq 0$이면 (그리고 $R_2(\mathbf{p}, \mathbf{h})$가 충분히 작아서 $Hf(\mathbf{p})(\mathbf{h})$값의 부호를 바꾸지 않으면) $\mathbf{p}$는 f의 극소점이 될 것이다. 비슷하게 $\mathbf{p}+\mathbf{h} \in U$인 모든 $\mathbf{h}$에 대하여 $Hf(\mathbf{p})(\mathbf{h}) \leq 0$이면 (그리고 $R_2(\mathbf{p}, \mathbf{h})$가 충분히 작아서 $Hf(\mathbf{p})(\mathbf{h})$값의 부호를 바꾸지 않으면) $\mathbf{p}$는 f의 극대점이 될 것이다. 이를 엄밀하게 기술하기 위해 이차함수를 정의하자.

함수 $g: \mathbb{R}^n \to \mathbb{R}$가 $n \times n$ 행렬 (α_{ij})에 대해 다음과 같이 표현될 때 g를 이차함수라고 한다.

$$g(h_1, \cdots, h_n) = \sum_{i,j=1}^{n} \alpha_{ij} h_i h_j$$

이를 행렬의 곱으로 나타내면 다음과 같다.

$$g(h_1, \cdots, h_n) = (h_1 \ \cdots \ h_n)\begin{pmatrix} \alpha_{11} & \cdots & \alpha_{1n} \\ \vdots & \ddots & \vdots \\ \alpha_{n1} & \cdots & \alpha_{nn} \end{pmatrix}\begin{pmatrix} h_1 \\ \vdots \\ h_n \end{pmatrix}$$

예를 들어 $n=3$일 때 다음은 이차함수이다.

$$g(h_1,\ h_2,\ h_3)=h_1^2-4h_1h_2+h_3^2=(h_1\ h_2\ h_3)\begin{pmatrix} 1 & -2 & 0 \\ -2 & 0 & 0 \\ 0 & 0 & 1 \end{pmatrix}\begin{pmatrix} h_1 \\ h_2 \\ h_3 \end{pmatrix}$$

또한 점 $\mathbf{p}$에서 함수 f의 헤시안은 이차함수임을 알 수 있다. 이차함수 g에 대하여 다음이 성립한다.

$$g(\alpha h_1,\ \cdots,\ \alpha h_n)=\alpha^2 g(h_1,\ \cdots,\ h_n),\ \alpha\in\mathbb{R} \tag{3.7-1}$$

이차함수 $g:\mathbb{R}^n\to\mathbb{R}$가 모든 $\mathbf{h}\in\mathbb{R}^n$에 대하여 $g(\mathbf{h})\geq 0$이고 $\mathbf{h}=\mathbf{0}$일 때만 $g(h)=0$이면, g를 **양의 정부호**(positive definite)라고 한다. 비슷하게, 모든 $\mathbf{h}\in\mathbb{R}^n$에 대하여 $g(\mathbf{h})\leq 0$이고 $\mathbf{h}=\mathbf{0}$일 때만 $g(\mathbf{h})=0$이면 g를 **음의 정부호**(negative definite)라고 한다. 예를 들어, $n=1$일 때 $Hf(p)(h)=\dfrac{1}{2}f''(p)h^2$이므로 양의 정부호일 필요 충분 조건은 $f''(p)>0$이다.

보조정리 3.7-1

$n\times n$행렬 $A=(\alpha_{ij}),\ (\alpha_{ij}\in\mathbb{R})$에 대한 이차함수

$$H:\mathbb{R}^n\to\mathbb{R},\ (h_1,\ \cdots,\ h_n)\mapsto\frac{1}{2}\sum_{i,\ j=1}^{n}\alpha_{ij}h_ih_j$$

가 양의 정부호이면 상수 $K>0$이 존재하여 모든 $\mathbf{h}\in\mathbb{R}^n$에 대하여 다음이 성립한다.

$$H(\mathbf{h})\geq M\|\mathbf{h}\|^2$$

증명 $\mathbf{h}=\mathbf{0}$인 경우 자명하게 성립하므로 $\mathbf{h}\neq\mathbf{0}$인 경우를 생각하자. $\|\mathbf{h}\|=1$에 대하여 $g(\mathbf{h})=H(\mathbf{h})$라고 하면, 이차함수 g는 $\|\mathbf{h}\|=1$을 만족시키는 모든 $\mathbf{h}$에 대하여 연속함수이므로 최댓값 M을 갖는다. H는 이차함수이므로 모든 $\mathbf{h}\neq\mathbf{0}$에 대하여 다음이 성립한다.

$$H(\mathbf{h})=H\left(\frac{\mathbf{h}}{\|\mathbf{h}\|}\|\mathbf{h}\|\right)=H\left(\frac{\mathbf{h}}{\|\mathbf{h}\|}\right)\|\mathbf{h}\|^2=g\left(\frac{\mathbf{h}}{\|\mathbf{h}\|}\right)\|\mathbf{h}\|^2\geq M\|\mathbf{h}\|^2$$

여기서 두 번째 등식은 식 (3.7-1)에 의해 성립한다. ∎

이제 극점에 대한 이계 도함수 판정법에 대해 알아보자. 다음 정리에서 C^3 함수는 f의 모든 성분의 3계 편도함수가 존재하고 U에서 연속인 함수를 말한다(3.8절 참조).

정리 3.7-2

함수 $f : U \subset \mathbb{R}^n \to \mathbb{R}$가 C^3 함수이고 f의 임계점 $\mathbf{p} \in U$에서 헤시안 $Hf(\mathbf{p})$이 양의 정부호이면 $\mathbf{p}$는 f의 극소점이며 $Hf(\mathbf{p})$가 음의 정부호이면 점 $\mathbf{p}$는 극대점이다.

증명 테일러 정리에 의해 다음이 성립한다.

$$f(\mathbf{p}+\mathbf{h}) - \mathrm{f}(\mathbf{p}) = Hf(\mathbf{p})(\mathbf{h}) + R_2(\mathbf{p}, \mathbf{h})$$

여기서 $\mathbf{h} \to \mathbf{0}$일 때 $R_2(\mathbf{p}, \mathbf{h})/\|\mathbf{h}\|^2 \to 0$이다. $Hf(\mathbf{p})$는 양의 정부호이므로 보조정리 3.7-1에 의해 상수 $M > 0$이 존재하여 모든 $\mathbf{h} \in \mathbb{R}^n$에 대하여 다음이 성립한다.

$$Hf(\mathbf{p})(\mathbf{h}) \geq M\|\mathbf{h}\|^2$$

여기서 $\mathbf{h} \to \mathbf{0}$일 때 $R_2(\mathbf{p}, \mathbf{h})/\|\mathbf{h}\|^2 \to 0$이므로 $\delta > 0$가 존재하여 모든 $0 < \|\mathbf{h}\| < \delta$에 대하여 다음이 성립한다.

$$|R_2(\mathbf{p}, \mathbf{h})| < M\|\mathbf{h}\|^2$$

따라서 모든 $0 < \|\mathbf{h}\| < \delta$에 대하여

$$0 < Hf(\mathbf{p})(\mathbf{h}) + R_2(\mathbf{p}, \mathbf{h}) = \mathbf{f}(\mathbf{p}+\mathbf{h}) - \mathrm{f}(\mathbf{p})$$

이므로 점 $\mathbf{p}$는 극소점이다. 음의 정부호의 경우 $-f$를 고려하여 같은 방법으로 증명할 수 있다. ∎

정리 3.7-2를 이변수 함수에 적용하면 다음을 얻는다.

정리 3.7-3

이변수 함수 $f : U \subset \mathbb{R}^2 \to \mathbb{R}$는 C^2 함수이고, 점 $\mathbf{p} \in \mathrm{U}$에 대해 다음과 같은 판별식 Δ를 생각하자.

$$\Delta = f_{xx}(\mathbf{p}) f_{yy}(\mathbf{p}) - f_{xy}^2(\mathbf{p})$$

만일 점 $\mathbf{p}$가 함수 f의 임계점이라면 다음이 성립한다.

(1) $\Delta > 0$일 때,

　(i) $f_{xx}(\mathbf{p}) < 0$이면 $f(\mathbf{p})$는 f의 극댓값이다.

　(ii) $f_{xx}(\mathbf{p}) > 0$이면 $f(\mathbf{p})$는 f의 극솟값이다.

(2) $\Delta < 0$이면 $(\mathbf{p}, f(\mathbf{p}))$는 안장점이다.

증명 이변수 함수 $f(\mathbf{p})$에 관한 헤시안은 다음과 같이 표현된다.

$$Hf(\mathbf{p})(\mathbf{h}) = \frac{1}{2}(h_1\ h_2)\begin{pmatrix} a & b \\ b & c \end{pmatrix}\begin{pmatrix} h_1 \\ h_2 \end{pmatrix}$$

여기서 $a = \frac{\partial^2 f}{\partial x^2}(\mathbf{p}),\ b = \frac{\partial^2 f}{\partial y \partial x}(\mathbf{p}),\ c = \frac{\partial^2 f}{\partial y^2}(\mathbf{p})$이다.

$Hf(\mathbf{p})(\mathbf{h})$를 이차식으로 표현하여 완전제곱식으로 정리하면 다음을 얻는다.

$$H(\mathbf{h}) = \frac{1}{2}a\left(h_1 + \frac{b}{a}h_2\right)^2 + \frac{1}{2}\left(c - \frac{b^2}{a}\right)h_2^2$$

(1) (i) $\Delta = ac - b^2 > 0$이고 $a = f_{xx}(\mathbf{p}) < 0$이면 $\frac{\Delta}{a} = c - b^2/a > 0$이므로 $H(\mathbf{h}) \le 0$이 성립한다. 따라서 정리 3.7-2에 의해 $\mathbf{p}$는 f의 극대점이다.

(ii) $\Delta = ac - b^2 > 0$이고 $a = f_{xx}(\mathbf{p}) > 0$이면 $\frac{\Delta}{a} = c - b^2/a > 0$이므로 $H(\mathbf{h}) \ge 0$이 성립한다. 이때 $\mathbf{p}$는 f의 극소점이므로 (1)이 성립한다.

(2) $\frac{\Delta}{a} = c - b^2/a < 0$인 경우 a와 Δ의 부호가 다르므로 $h_1,\ h_2$에 따라 $H(\mathbf{h})$가 양수도 음수도 될 수 있다. 따라서 $\mathbf{p}$는 안장점(극대, 극소 모두 아님)이다. ▮

예제 3.7-3 $f(x,\ y) = x^3 - x^2 - 2y^2 - 5y + 1$의 극값을 찾아라.

풀이 연립 방정식 $f_x(x,\ y) = 3x^2 - 2x = 0,\ f_y(x,\ y) = -4y - 5 = 0$에서 임계점 $(2/3,\ -5/4)$와 $(0,\ -5/4)$를 얻는다. 그런데 $f_{xx}(x,\ y) = 6x - 2,\ f_{yy}(x,\ y) = -4,\ f_{xy}(x,\ y) = 0$이므로, 점 $(2/3,\ -5/4)$에서 $\Delta = -8 < 0$이다. 따라서 $(2/3,\ -5/4,\ 859/216)$은 안장점이다. 그리고 점 $(0,\ -5/4)$에서 $\Delta = 8 > 0$이고, $f_{xx}(0,\ -5/4) = -2 < 0$이므로, $f(0,\ -5/4) = 33/8$는 극댓값이다(그림 3.7-3 참조). ▮

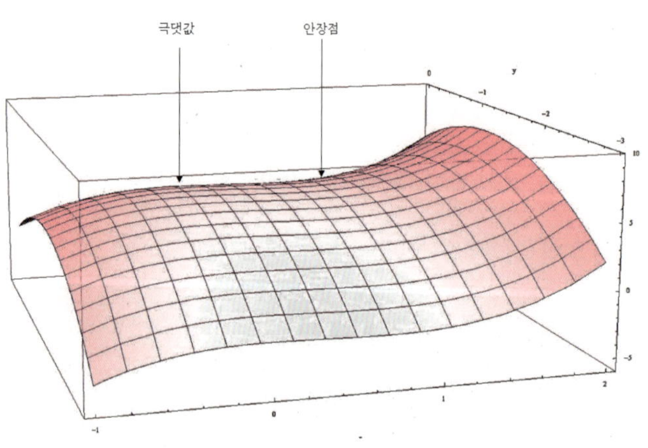

‖ 그림 3.7-3 ‖ 함수 $f(x,\ y) = x^3 - x^2 - 2y^2 - 5y + 1$의 그래프

참고 (1) $f_{xx}(a, b) = f_{yy}(a, b) = 0$일 때는 식 (3.7-2)에서 $F''(0) = 2hkf_{xy}(a, b)$이다. 이때 $f_{xy}(a, b) \neq 0$이면, h와 k의 값을 적절히 조합해서 $F''(0)$의 부호를 양 또는 음이 되도록 할 수 있으므로 $(a, b, f(a, b))$는 함수 f의 안장점이다.

(2) 일반적으로 $\Delta = 0$인 점에서는 극대와 극소를 판별할 수 없다. 따라서 $\Delta = 0$인 경우에는, 예를 들어 다음 예제 3.7-4와 같은 방법으로 함수의 극값을 판별하여야 한다.

예제 3.7-4 함수 $f(x, y) = x^4(y-2)^2$의 극값을 찾아라.

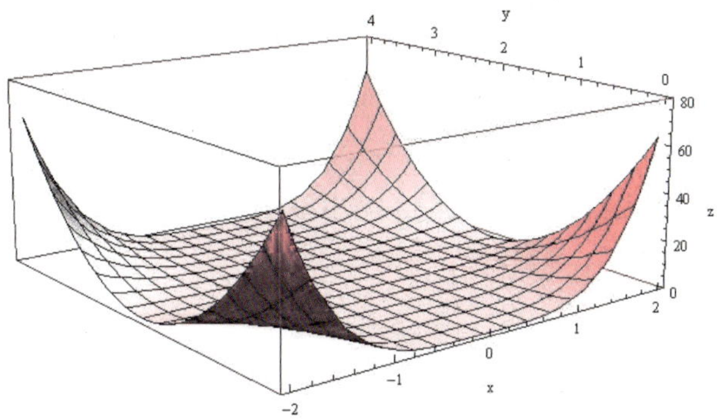

‖ 그림 3.7-4 ‖ $f(x, y) = x^4(y-2)^2$의 그래프

풀이 $f_x(x, y) = 4x^3(y-2)^2 = 0$, $f_y(x, y) = 2x^4(y-2) = 0$으로부터 $x = 0$ 또는 $y = 2$를 얻는다. 즉 축 x=0과 축 y=2에 있는 모든 점이 임계점이다. 그런데 점 $(0, 2)$에서 $\Delta = 0$이므로 정리 3.7-3를 이용할 수 없다. 그러나 축 $x = 0$과 축 $y = 2$를 제외한 점에서 $f(x, y) = x^4(y-2)^2 > 0$이므로, 그림 3.7-4와 같이 최솟값이 0이다. ❙

예제 3.7-5 점 $P = (-1, 1, 2)$와 평면 $3x - 2y + z = 1$ 사이의 거리를 정리 3.7-3을 이용하여 찾아라.

풀이 평면 $3x - 2y + z = 1$과 점 $(-1, 1, 2)$ 사이의 거리는 평면 $3x - 2y + z = 1$에 있는 점 (x, y, z)와 점 $(-1, 1, 2)$의 최단 거리와 같다. 찾고자 하는 거리를 d라고 하면 다음을 얻는다.

$$d^2 = f(x, y) = (x+1)^2 + (y-1)^2 + (-3x + 2y - 1)^2$$

$f(x, y)$의 임계점을 찾으면 $(-1/7, 3/7)$이다. $\Delta = 56 > 0$이고 $f_{xx}(-1/7, 3/7) = 20 > 0$이므로 정리 3.7-3에 의해 $f(x, y)$는 임계점 $(-1/7, 3/7)$에서 최소가 된다. 따라서 찾고자 하는 거리는 $\sqrt{f(-1/7, 3/7)} = 4/\sqrt{14}$이다. ❙

라그랑주 곱셈자

생산 비용, 이윤, 또는 디자인과 설계 비용 등에 관한 함수의 최댓값 또는 최솟값을 찾는 문제, 즉 **최적화(optimization)** 문제를 생각해 보자. 이러한 최적화 문제는 자원의 한계 등으로 인해 변수에 일정한 조건을 주어 최댓값 또는 최솟값, 즉 **최적해**를 찾게 되는 것이 일반적이다. 이러한 조건은 예제 3.7-2와 3.7-5와 같이 각 변수의 범위가 제한되는 경우와 변수들이 일정한 방정식을 만족시키는 것으로 주어질 수 있다.

예를 들어 타원 $x^2/9+y^2/16=1$에 내접하는 사각형 중에서 넓이가 가장 큰 직사각형을 찾는 문제를 생각해 보자(그림 3.7-6 참조). 직사각형의 두 변의 길이를 $2x$와 $2y$라고 하면 주어진 문제는 사각형의 넓이 $f(x,\ y)=4xy$가 최대가 되는 x와 y를 결정하는 문제이다(연습 문제 3.7의 11번 참조). 이때 함수 $f(x,\ y)=4xy$를 **목적 함수(objective function)**라 하고 $x^2/9+y^2/16-1=0$을 **조건(constraint)**이라고 한다. 다음은 이러한 문제의 최적해를 찾는 데 유용하게 쓰이는 정리이다.

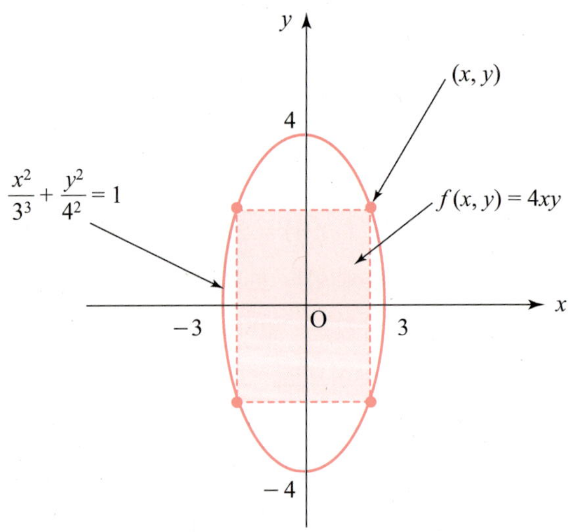

‖ 그림 3.7-5 ‖

정리 3.7-4

두 함수 $f(\mathbf{x})$와 $g(\mathbf{x})$의 연속인 일계 편도함수가 존재한다고 가정하자. 방정식 $g(\mathbf{x})=0$의 해집합에 속하는 점 $\mathbf{x}_0$이 함수 $f(\mathbf{x})$의 극점이면 다음 연립 방정식을 만족시키는 실수 λ가 존재한다.

$$\nabla f(\mathbf{x}_0)=\lambda\nabla g(\mathbf{x}_0),\quad g(\mathbf{x}_0)=0 \tag{3.7-5}$$

증명 방정식 $g(\mathbf{x})=0$의 그래프로 주어지는 곡면을 S라고 하자. 함수 g가 미분 가능하므로 S는 미분 가능한 곡면이다. 또 $\nabla g(\mathbf{x_0})$은 점 $\mathbf{x_0}$에서 곡면 S, 즉 접평면 Π에 수직인 벡터이다(3.6절 참조). 이제 곡선 $\mathbf{x}(t)$를 $t=0$일 때 점 $\mathbf{x_0}$을 지나는 곡면 S에 있는 정규 곡선이라고 하면 함수 $f(\mathbf{x}(t))$는 $t=0$에서 극값을 취하므로 다음이 성립한다.

$$\frac{df(\mathbf{x}(0))}{dt}=\nabla f(\mathbf{x}(0))\cdot\mathbf{x}'(0)=0 \tag{3.7-6}$$

여기서 벡터 $\mathbf{x}'(0)$은 점 $\mathbf{x}(0)$에서의 곡선 $\mathbf{x}(t)$의 접선 벡터이므로 점 $\mathbf{x}(0)$에서의 곡면 S의 접평면에 놓이는 벡터이다. 곡선 $\mathbf{x}(t)$는 점 $\mathbf{x}(0)=\mathbf{x_0}$을 지나는 임의의 곡선이므로 위의 식 (3.7-6)은 벡터 $\nabla f(\mathbf{x_0})$가 접평면 Π에 수직인 벡터임을 의미한다. 공간에서 한 평면에 수직인 영 벡터가 아닌 두 벡터는 서로 평행하므로 벡터 $\nabla f(\mathbf{x_0})$과 $\nabla g(\mathbf{x_0})$은 평행하다. 따라서 점 $\mathbf{x_0}$에서 다음을 만족시키는 실수 λ가 존재한다.

$$\nabla f(\mathbf{x_0})=\lambda\nabla \mathrm{g}(\mathbf{x_0}),\quad g(\mathbf{x_0})=0$$

정리 3.7-4에서 식 (3.7-5)의 λ를 **라그랑주**[25] **곱셈자**(Lagrange multiplier)라고 한다. 라그랑주 곱셈자를 이용하여 최적해를 찾는 방법을 **라그랑주 곱셈자 방법**이라고 한다.

예제 3.7-7 포물면 $z=4-x^2-y^2$에 있는 점 중에서 점 $P(5,\ 5,\ 4)$에 가장 가까운 점을 찾아라.

풀이 찾는 점은 방정식 $g(x,\ y,\ z)=x^2+y^2+z-4=0$을 만족시키는 점 $(x,\ y,\ z)$ 가운데 다음 함수 f의 값을 최소가 되게 하는 점이다.

$$f(x,\ y,\ z)=(x-5)^2+(y-5)^2+(z-4)^2$$

점 $Q(a,\ b,\ c)$에서 함수 f가 최솟값을 가진다고 하면 정리 3.7-4로부터 다음이 성립한다.

$$\begin{gathered}2(a-5)=2\lambda a,\ 2(b-5)=2\lambda b,\ 2(c-4)=\lambda,\\ a^2+b^2+c-4=0\end{gathered} \tag{3.7-7}$$

따라서 $\lambda=-4$이고, $a=1,\ b=1,\ c=2$이므로 찾는 점은 $Q(1,\ 1,\ 2)$이다. 이때 두 점 P와 Q 사이의 거리는 $d=\sqrt{f(1,\ 1,\ 2)}=6$이다.

25) Joseph Louis Lagrange(1736~1813): 프랑스의 수학자·천문학자

참고 (1) 함수 $w=f(x, y, z)$가 연립 방정식 $g_1(x, y, z)=0$과 $g_2(x, y, z)=0$을 만족시키는 점 가운데 $\mathbf{x}_0$에서 극값을 취한다면 다음을 만족시키는 두 실수 λ와 μ가 존재한다.

$$\nabla f(\mathbf{x}_0)=\lambda\nabla g_1(\mathbf{x}_0)+\mu\nabla g_2(\mathbf{x}_0),\ g_1(\mathbf{x}_0)=0,\ g_2(\mathbf{x}_0)=0$$

(2) 조건이 방정식 $g(x_1, \cdots, x_n)=0$으로 주어졌을 때 함수 $w=f(x_1, \cdots, x_n)$가 점 $\mathbf{x}_0$에서 극값을 취하면 다음을 만족시키는 실수 λ가 존재한다(단, $n \geq 2$).

$$\nabla f(\mathbf{x}_0)=\lambda\nabla g(\mathbf{x}_0),\ g(\mathbf{x}_0)=0$$

연습 문제 3.7 *Exercises*

1. 다음 함수의 극값을 판정하고 찾아라.
   (1) $f(x, y)=x^2-y^2+xy$
   (2) $f(x, y)=2x^3+8xy^2-3x^2-6y^2$
   (3) $f(x, y)=e^{x^2-y^2+1}$
   (4) $f(x, y)=(x^2+4y^2)e^{1-x^2-y^2}$
   (5) $f(x, y)=3x^2+y^2+2xy+2x+y+1$
   (6) $f(x, y)=\log(x^2+y^2+1)$
   (7) $f(x, y)=x^2+2x\sin y,\ 0\leq x, y\leq 2\pi$

2. 곡면 $z=x^2-y^2$에 있는 점과 점 $(0, 0, 1)$ 사이의 최단 거리를 찾아라.

3. $f(x, y)=x^2+y^2-2xy$이고 $\Delta=0$이다. 임계점의 극소, 극대, 안장점 여부를 판정하라.

4. (최소 제곱법, least square method) 자료 (x_i, y_i, z_i) $(i=1, \cdots, 4)$가 $(0, 0, 0)$, $(0, 1, 1)$, $(1, 1, 1)$, $(1, 0, -1)$과 같이 주어졌을 때, 이 자료 사이의 x, y, z의 관계식을 근사적으로 다음 식으로 나타내려고 한다.

$$z=a+bx+cy$$

이때 다음 식이 최소가 되도록 a, b, c의 값을 정하라.

$$\sum_{i=1}^{4}\{z_i-(a+bx_i+cy_i)\}^2$$

5. 부피가 고정되어 있는 직육면체에서 겉넓이가 최소인 것은 정육면체임을 보여라.

6. 부피가 8인 직육면체의 대각선의 길이의 최솟값을 찾아라.

7. 라그랑주 곱셈자를 써서 다음 극값을 찾아라(단, $x > 0,\ y > 0$).

(1) 최소화 목적 함수: $f(x,\ y) = x^2 + y^2$
조건: $x + y - 4 = 0$

(2) 최대화 목적 함수: $f(x,\ y) = e^{xy}$
조건: $x^2 + y^2 - 8 = 0$

8. 공간에서 원점이 중심인 단위 구면에서 정의된 함수 $f(x,\ y,\ z) = xy + yz + zx$의 최댓값과 최솟값을 찾아라.

9. 삼차원 공 $x^2 + y^2 + z^2 \le 1$에서 함수 $f(x,\ y) = x - y + z$의 최댓값과 최솟값을 찾아라.

10. 사각형 $D = \{(x,\ y) \mid |x| \le 3,\ |y| \le 3\}$에서 함수 $z = 2x^2 + xy - y^2$의 최댓값을 찾아라.

11. 타원 $x^2/3^2 + y^2/4^2 = 1$에서 함수 $f(x,\ y) = 4xy\ (x > 0,\ y > 0)$의 최댓값을 찾아라.

12. 함수 $T(x,\ y,\ z) = x^4 + y^4 + z^4$은 구면 $x^2 + y^2 + z^2 = 1$에서의 온도를 나타낸다고 한다. 이때 구면에서 온도가 가장 높은 곳과 낮은 곳을 찾아라.

13. 삼각형의 세 내각을 각각 $\alpha,\ \beta,\ \gamma$라고 할 때, 다음을 최대로 하는 삼각형은 정삼각형임을 보여라.

$$\sin\alpha + \sin\beta + \sin\gamma$$

14. 원뿔면 $z^2 = x^2 + y^2$과 평면 $z = 1 + x + y$의 단면 C에 있는 점 중에서 원점으로부터 가장 멀리 있는 점 A와 가까운 점 B를 찾아라.

15. 곡면 $1/x + 1/y + 1/z = 1$에 있는 점 중에서 원점 $(0,\ 0,\ 0)$에 가장 가까운 점을 찾아라. (단, $x > 0,\ y > 0,\ z > 0$)

16. K대학의 한 학생이 졸업 후에 세 가지 제품 $A,\ B,\ C$를 만드는 벤처회사를 차렸다. 제품 $A,\ B,\ C$를 각각 $x,\ y,\ z$개 판매하면 한 달에 얻는 이윤 P가 다음과 같다고 한다.

$$P(x,\ y,\ z) = 4x + 8y + 6z \quad (\text{단위: 백만 원})$$

한 달에 각 제품을 다음 식을 만족시키도록 생산한다고 할 때, 이 회사가 얻을 수 있는 최대 이윤을 찾아라.

$$x^2 + 4y^2 + 2z^2 = 800$$

17. 다음 함수 f에 대하여 물음에 답하라.

$$f(x,\ y) = e^{-y^2}(2x^3 - 3x^2 + 1) + e^{-y}(2x^3 - 3x^2)$$

(1) 점 $(0,\ 0)$이 함수 f의 유일한 임계점이고, 또 $f(0,\ 0) = 1$이 극댓값임을 보여라.

(2) (1)의 결과로부터 함수 f의 최댓값이 1이라고 할 수 있는가? 일변수 함수의 경우와는 어떻게 다른가 생각해 보라.

3.8 다변수 벡터 함수

집합 $\Omega \subset \mathbb{R}^n$ $(n > 1)$가 정의역이고 치역이 집합 $\mathbb{R}^m$ $(m > 1)$의 부분 집합인 함수 $\mathbf{T} : \Omega \to \mathbb{R}^m$을 **다변수 벡터 함수**라고 한다. 여기서 $\mathbf{x} = (x_1, \cdots, x_n) \in \Omega$이라면 $\mathbf{T}(\mathbf{x}) \in \mathbb{R}^m$이므로 m개의 다변수 실함수 $f_1, \cdots, f_m$이 대응된다. 따라서 다변수 벡터 함수 $\mathbf{T}$를 다음과 같이 나타내기도 한다.

$$\mathbf{T}(\mathbf{x}) = (f_1(\mathbf{x}), \cdots, f_m(\mathbf{x})),$$
$$\mathbf{T}(x_1, \cdots, x_n) = (f_1(x_1, \cdots, x_n), \cdots, f_m(x_1, \cdots, x_n))$$

이때 m개의 다변수 실함수 $f_1, \cdots, f_m$를 함수 $\mathbf{T}$의 **성분 함수** 또는 **성분**이라고 한다.

다변수 벡터 함수의 극한, 연속, 미분

다변수 벡터 함수의 극한과 연속 및 미분은 다변수 실함수인 성분 함수를 이용하여 다음과 같이 정의한다.

다변수 벡터 함수 $\mathbf{T}$는 점 $\mathbf{x}_0$의 근방 또는 빠진 근방 $\Omega \subset \mathbb{R}^n$에서 정의되어 있고, 점 $\mathbf{x}_0$에서 $\mathbf{T}$의 모든 성분의 극한이 존재할 때, 점 $\mathbf{x}_0$에서 함수 $\mathbf{T}$의 극한이 존재한다고 하고 $\lim\limits_{\mathbf{x} \to \mathbf{x}_0} \mathbf{T}(\mathbf{x})$로 나타낸다. 이때 $\mathbf{T} = (f_1, \cdots, f_m)$이라면 점 $\mathbf{x}_0$에서 함수 $\mathbf{T}$의 극한을 다음과 같이 정의한다.

$$\lim_{\mathbf{x} \to \mathbf{x}_0} \mathbf{T}(\mathbf{x}) = \left(\lim_{\mathbf{x} \to \mathbf{x}_0} f_1(\mathbf{x}), \cdots, \lim_{\mathbf{x} \to \mathbf{x}_0} f_m(\mathbf{x}) \right)$$

한편 점 $\mathbf{x}_0$의 근방에서 정의된 다변수 벡터 함수 $\mathbf{T}$의 모든 성분 함수가 점 $\mathbf{x}_0$에서 연속이면, 함수 $\mathbf{T}$는 $\mathbf{x}_0$에서 **연속**이라고 한다. $\mathbf{T}$가 집합 Ω의 모든 점에서 연속이면 $\mathbf{T}$는 Ω에서 연속이라고 한다. 그리고 함수 $\mathbf{T}$의 모든 성분 함수가 점 $\mathbf{x}$에서 미분 가능하면 $\mathbf{T}$는 $\mathbf{x}$에서 **미분 가능**하다고 한다. $\mathbf{T}$가 집합 Ω의 모든 점에서 미분 가능하면 $\mathbf{T}$가 Ω에서 미분 가능하다고 한다.

함수 $\mathbf{T} : \Omega \subset \mathbb{R}^n \to \mathbb{R}^m$ $(n \geq 1,\ m \geq 1)$의 모든 성분의 k계 (편)도함수$(k \geq 0)$가 모두 존재하고 Ω에서 연속이면, 함수 $\mathbf{T}$는 Ω에서 **C^k 함수**라 하고 $\mathbf{T} \in C^k(\Omega)$로 나타낸다.

점 $\mathbf{x} \in \mathbb{R}^n$에서 미분 가능한 다변수 벡터 함수 $\mathbf{T} = (f_1, \cdots, f_m)$의 ℓ번째 성분 함수 $f_\ell(\mathbf{x})$의 물매 $\nabla f_\ell(\mathbf{x})$가 ℓ번째 행인 다음과 같은 $m \times n$ 행렬[26] $J_{\mathbf{T}}(\mathbf{x})$를 점 $\mathbf{x}$에

서의 함수 $\mathbf{T}$의 야코비[27] 행렬이라고 한다.

$$J_{\mathbf{T}}(\mathbf{x})=\begin{pmatrix}\nabla f_1(\mathbf{x})\\ \nabla f_2(\mathbf{x})\\ \vdots\\ \nabla f_m(\mathbf{x})\end{pmatrix}=\begin{pmatrix}\dfrac{\partial f_1}{\partial x_1}(\mathbf{x}) & \cdots & \dfrac{\partial f_1}{\partial x_n}(\mathbf{x})\\ \dfrac{\partial f_2}{\partial x_1}(\mathbf{x}) & \cdots & \dfrac{\partial f_2}{\partial x_n}(\mathbf{x})\\ \vdots & \ddots & \vdots\\ \dfrac{\partial f_m}{\partial x_1}(\mathbf{x}) & \cdots & \dfrac{\partial f_m}{\partial x_n}(\mathbf{x})\end{pmatrix} \tag{3.8.1}$$

예제 3.8-1 두 함수 $\mathbf{T}(x,\ y)=(x+y,\ x-2y)$와 $\mathbf{S}(x,\ y)=(x^2,\ \sin x,\ x^2y)$의 점 $(1,\ 0)$에서의 야코비 행렬을 찾아라.

풀이 먼저 점 $(0,\ 1)$에서 $\mathbf{T}$의 야코비 행렬 $J_{\mathbf{T}}(1,\ 0)$은 다음과 같다.

$$J_{\mathbf{T}}(1,\ 0)=\begin{pmatrix}1 & 1\\ 1 & -2\end{pmatrix}_{\mathbf{x}=(1,\ 0)}=\begin{pmatrix}1 & 1\\ 1 & -2\end{pmatrix}$$

한편 함수 $\mathbf{S}$에 대하여 $J_{\mathbf{S}}(1,\ 0)$은 다음과 같다.

$$J_{\mathbf{S}}(1,\ 0)=\begin{pmatrix}2x & 0\\ \cos x & 0\\ 2xy & x^2\end{pmatrix}_{\mathbf{x}=(1,\ 0)}=\begin{pmatrix}2 & 0\\ \cos 1 & 0\\ 0 & 1\end{pmatrix}$$

∎

다음 정리는 다변수 벡터 함수가 한 점에서 미분 가능하다는 것과 그 점 근방에서 함숫값의 근사에 대하여 말하고 있다.

정리 3.8-1

열린 집합 $\Omega\subset\mathbb{R}^n$에 대하여 $\mathbf{x}\in\Omega$이고 $\mathbf{x}+\Delta\mathbf{x}\in\Omega$라고 하자. 이때 다변수 벡터 함수 $\mathbf{T}:\Omega\to\mathbb{R}^m$이 점 $\mathbf{x}$에서 미분 가능하면 다음 식을 만족시키는 원점 근방에서 정의된 $\mathbb{R}^m$으로의 함수 $\mathbf{S}$가 존재한다.

$$\mathbf{T}(\mathbf{x}+\Delta\mathbf{x})-\mathbf{T}(\mathbf{x})=J_{\mathbf{T}}(\mathbf{x})\Delta\mathbf{x}+\mathbf{S}(\Delta\mathbf{x}),$$

$$\lim_{\Delta\mathbf{x}\to 0}\frac{|\mathbf{S}(\Delta\mathbf{x})|}{|\Delta\mathbf{x}|}=0 \tag{3.8-2}$$

26) 행렬에 관한 간략한 소개는 이 책의 부록을 참고하라.
27) Karl Jacobi(1804-1851): 독일의 수학자

증명 함수 $\mathbf{T}$가 미분 가능하므로 $\mathbf{T}$의 성분 함수 $f_1, \cdots, f_m$이 미분 가능하다. 다변수 실함수인 각 성분 함수가 미분 가능하므로 3.4절의 미분 가능한 다변수 함수의 정의에 의하여 다음을 만족시키는 함수 $g_1, \cdots, g_m$이 존재한다.

$$f_i(\mathbf{x}+\Delta\mathbf{x})-f_i(\mathbf{x})=\nabla f_i(\mathbf{x})\cdot\Delta\mathbf{x}+g_i(\Delta\mathbf{x}),\ i=1,\ \cdots,\ m$$

$$\lim_{\Delta\mathbf{x}\to\mathbf{0}}\frac{g_i(\Delta\mathbf{x})}{|\Delta\mathbf{x}|}=0,\ i=1,\ \cdots,\ m$$

따라서 $\mathbf{S}(\mathbf{x})=(g_1(\mathbf{x}),\ \cdots,\ g_m(\mathbf{x}))$라고 하면 $\mathbf{S}$는 $\lim_{\Delta\mathbf{x}\to\mathbf{0}}\frac{|\mathbf{S}(\Delta\mathbf{x})|}{|\Delta\mathbf{x}|}=0$이고 식 (3.8-2)를 만족시키는 함수이다. ∎

다변수 함수에 대한 미분 가능성의 정의(식 3.4-3)과 다변수 벡터 함수에 대한 정리 3.8-1을 비교하면 야코비 행렬 $J_{\mathbf{T}}(\mathbf{x})$이 다변수 벡터함수에 대한 도함수(미분) 역할을 함을 알 수 있다. 또한 $m=1$인 경우 $J_{\mathbf{T}}(\mathbf{x})$는 $\nabla T(\mathbf{x})$와 일치한다. 따라서 다변수 함수와 다변수 벡터 함수를 구분하지 않고 함수 $\mathbf{T}$의 미분 또는 **도함수**를 $D\mathbf{T}$로 표기하기도 한다. 즉 $\mathbf{x}\in\Omega$에 대하여

$$D\mathbf{T}(\mathbf{x})=J_{\mathbf{T}}(\mathbf{x})$$

이다.

한편 미분 가능한 다변수 벡터 함수 $\mathbf{T}$의 정의역과 공역이 모두 같은 차원의 공간에 있으면 $J_{\mathbf{T}}(\mathbf{x})$는 정사각 행렬이다. 이때 함수 $\mathbf{T}$의 야코비 행렬의 행렬식[28]을 벡터 함수 $\mathbf{T}$의 **야코비 행렬식(Jacobian determinant)** 또는 **야코비안**이라 하고 $\det J_{\mathbf{T}}(\mathbf{x})$로 나타낸다.[29]

예제 3.8-2 이변수 벡터 함수 $(x,\ y)=\mathbf{T}(r,\ \theta)=(r\cos\theta,\ r\sin\theta)$는 $r\theta$평면의 직사각형 $\{(r,\ \theta)|r_0\le r\le r_0+\Delta r, \theta_0\le\theta\le\theta_0+\Delta\theta\}$를 xy평면의 부채꼴로 변환시킨다. 이때 점 $(r_0,\ \theta_0)$에서 변환[30] $\mathbf{T}$에 의한 부채꼴의 넓이의 변화율을 계산하라.

28) 이 책의 부록 A를 참고하라.

29) 함수 $(u,\ v)=\mathbf{T}(x,\ y)$의 야코비 행렬식을 $\frac{\partial(u,\ v)}{\partial(x,\ y)}$로 나타낸다.

30) 정의역과 공역이 같은 차원의 공간인 다변수 벡터 함수를 **변환**(transformation)이라고도 한다.

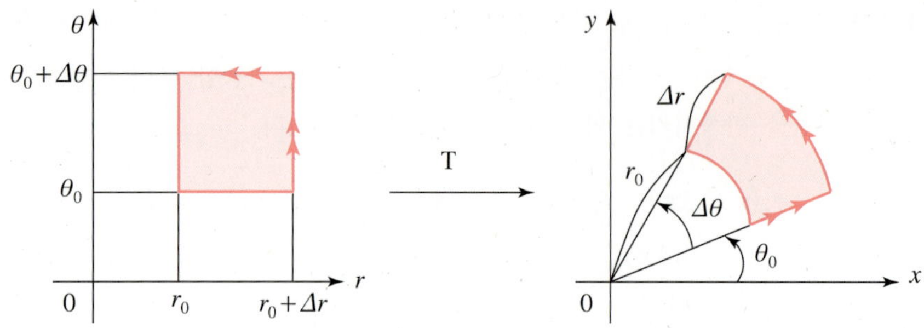

‖ 그림 3.8-1 ‖ 극좌표에서 넓이의 변화율

풀이 그림 3.8-1에서 $r\theta$평면에서 넓이가 $\Delta r\Delta\theta$(좌측 그림)만큼 변할 때 그에 따른 부채꼴의 넓이의 변화(우측 그림)는 다음과 같다.

$$\frac{1}{2}(r_0+\Delta r)^2\Delta\theta-\frac{1}{2}r_0^2\Delta\theta$$

따라서 다음과 같은 변화율을 얻는다.

$$\lim_{(\Delta r,\ \Delta\theta)\to(0,0)}\frac{(r_0+\Delta r)^2\Delta\theta-r_0^2\Delta\theta}{2\Delta r\Delta\theta}=\lim_{\Delta r\to 0}\left(r_0+\frac{1}{2}\Delta r\right)=r_0$$

참고로 주어진 벡터 함수 $\mathbf{T}$의 점 $(r_0,\ \theta_0)$에서의 도함수 $J_{\mathbf{T}}(r_0,\ \theta_0)$은 다음과 같다.

$$J_{\mathbf{T}}(r_0,\ \theta_0)=\begin{pmatrix}\cos\theta_0 & -r_0\sin\theta_0\\ \sin\theta_0 & r_0\cos\theta_0\end{pmatrix}$$

그러므로 $\det J_{\mathbf{T}}(r_0,\ \theta_0)=r_0$이다. 일반적으로 변환 $\mathbf{T}$의 야코비안은 그 변환에 의한 '넓이'의 변화율을 나타낸다. ▮

두 함수 $\mathbf{T}: U\subset\mathbb{R}^n\to V\subset\mathbb{R}^m$와 $\mathbf{S}: V\subset\mathbb{R}^m\to\mathbb{R}^k$의 합성 함수 $\mathbf{S}\circ\mathbf{T}: U\subset\mathbb{R}^n\to\mathbb{R}^k$를 생각하자. (그림 3.8-2 참조). 이때 두 함수 $\mathbf{T}$와 $\mathbf{S}$가 각각 점 $\mathbf{x}\in U$와 $\mathbf{T}(\mathbf{x})\in V$에서 미분 가능하면, 두 함수의 합성 함수 $\mathbf{S}\circ\mathbf{T}$의 도함수에 대해 $D(S\circ T)=(DS)\cdot(DT)$이다. 이는 다변수 함수에 대한 합성 함수의 미분법(연쇄법칙)과 같은 형태이므로 다음이 성립한다.

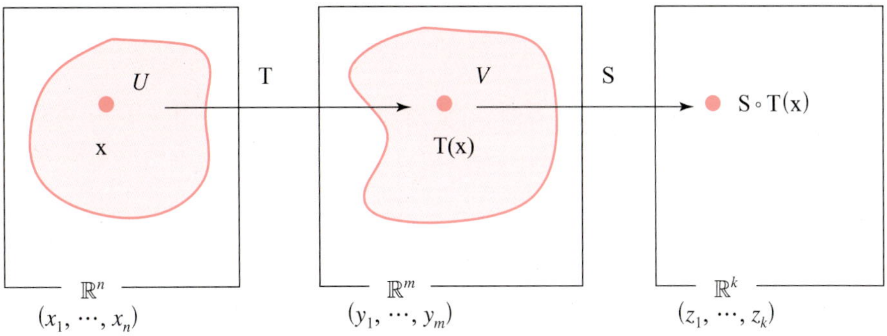

‖ 그림 3.8-2 ‖ 합성 함수

정리 3.8-2 (연쇄 법칙)

함수 $\mathbf{T}: U \subset \mathbb{R}^n \to V \subset \mathbb{R}^m$가 $\mathbf{x} \in U$에서 미분 가능하고, 함수 $\mathbf{S}: V \subset \mathbb{R}^m \to \mathbb{R}^k$가 $T(\mathbf{x}) \in V$에서 미분 가능하면 다음이 성립한다.

$$J_{\mathbf{S} \circ \mathbf{T}}(\mathbf{x}) = J_{\mathbf{S}}(\mathbf{T}(\mathbf{x}))\, J_{\mathbf{T}}(\mathbf{x}) \tag{3.8-3}$$

여기서 식 (3.8-3)의 좌변은 $k \times n$ 행렬이고 우변은 $k \times m$ 행렬인 $J_{\mathbf{S}}(\mathbf{T}(\mathbf{x}))$와 $m \times n$ 행렬인 $J_{\mathbf{T}}(\mathbf{x})$의 곱이다.

증명 두 함수 $\mathbf{T}$와 $\mathbf{S}$를 성분을 써서 각각 다음과 같이 나타내자.

$$(y_1, \cdots, y_m) = \mathbf{T}(x_1, \cdots, x_n),\ (z_1, \cdots, z_k) = \mathbf{S}(y_1, \cdots, y_m)$$

이를 이용하면 식 (3.8-3)은 다음과 같은 행렬 방정식이다.

$$\begin{pmatrix} \dfrac{\partial z_1}{\partial x_1} & \cdots & \dfrac{\partial z_1}{\partial x_n} \\ \cdots & \ddots & \cdots \\ \dfrac{\partial z_k}{\partial x_1} & \cdots & \dfrac{\partial z_k}{\partial x_n} \end{pmatrix}_{\mathbf{x}} = \begin{pmatrix} \dfrac{\partial z_1}{\partial y_1} & \cdots & \dfrac{\partial z_1}{\partial y_m} \\ \cdots & \ddots & \cdots \\ \dfrac{\partial z_k}{\partial y_1} & \cdots & \dfrac{\partial z_k}{\partial y_m} \end{pmatrix}_{\mathbf{T}(\mathbf{x})} \begin{pmatrix} \dfrac{\partial y_1}{\partial x_1} & \cdots & \dfrac{\partial y_1}{\partial x_n} \\ \cdots & \ddots & \cdots \\ \dfrac{\partial y_m}{\partial x_1} & \cdots & \dfrac{\partial y_m}{\partial x_n} \end{pmatrix}_{\mathbf{x}}$$

위에서 각 행렬의 아래 첨자는 행렬이 계산되는 점을 나타낸다. 이제 위 식의 좌변과 우변의 행렬에서 서로 대응하는 성분끼리 같음을 보이면 된다. 3.5절의 연쇄 법칙을 이용하면 $\partial z_i / \partial x_j,\ i = 1, \cdots, m,\ j = 1, \cdots, n$은 다음과 같다.

$$\left.\frac{\partial z_i}{\partial x_j}\right|_{\mathbf{x}} = \left.\frac{\partial z_i(y_1, \cdots, y_m)}{\partial x_j}\right|_{\mathbf{x}} = \left.\frac{\partial z_i}{\partial y_1}\right|_{\mathbf{T}(\mathbf{x})} \left.\frac{\partial y_1}{\partial x_j}\right|_{\mathbf{x}} + \cdots + \left.\frac{\partial z_i}{\partial y_m}\right|_{\mathbf{T}(\mathbf{x})} \left.\frac{\partial y_m}{\partial x_j}\right|_{\mathbf{x}}$$

이 식에서 좌변 $\partial z_i / \partial x_j$는 식 (3.8-3)의 좌변의 $(i,\ j)$ 성분이고 우변은 식 (3.8-3)의

우변의 (i, j) 성분이다. ▌

예제 3.8-3 다음 두 함수 $\mathbf{T}$와 $\mathbf{S}$에 의해 정의되는 합성 함수 $\mathbf{S} \circ \mathbf{T}$의 야코비 행렬 $J_{\mathbf{S} \circ \mathbf{T}}(x, y)$를 찾아라.

$$(u, v) = \mathbf{T}(x, y) = (2x+3, 3x+y^2), \quad z = \mathbf{S}(u, v) = uv + u^2$$

풀이 정리 3.8-2의 연쇄 법칙을 이용한다.

$$\begin{pmatrix} \dfrac{\partial z}{\partial x} & \dfrac{\partial z}{\partial y} \end{pmatrix} = \begin{pmatrix} \dfrac{\partial z}{\partial u} & \dfrac{\partial z}{\partial v} \end{pmatrix} \begin{pmatrix} \dfrac{\partial u}{\partial x} & \dfrac{\partial u}{\partial y} \\ \dfrac{\partial v}{\partial x} & \dfrac{\partial v}{\partial y} \end{pmatrix} = (2u+v \quad v)\begin{pmatrix} 2 & 0 \\ 3 & 2y \end{pmatrix} = (7u+2v \quad 2yu)$$

따라서 다음을 얻는다.

$$J_{\mathbf{S} \circ \mathbf{T}}(x, y) = (2y^2 + 20x + 21 \quad 4xy + 6y)$$ ▌

역함수 정리와 음함수 정리

다변수 벡터 함수에 대한 역함수의 존재와 연속성, 미분 가능성에 대하여 알아보자. 문제의 의미를 이해하기 위해 다음과 같이 n개의 방정식

$$\begin{aligned} f_1(x_1, \cdots, x_n) &= y_1 \\ &\cdots \\ f_n(x_1, \cdots, x_n) &= y_n \end{aligned} \tag{3.8-4}$$

의 해를 찾는 경우를 생각하자. 이는 $x_1, \cdots, x_n$을 $y_1, \cdots, y_n$의 함수로 나타내려는 것인데, 이는 위 연립방정식의 역함수를 찾는 것과 같다. 따라서 어떤 조건에서 위 연립방정식을 풀 수 있고 그렇게 구한 역함수가 연속성과 미분 가능성을 가질 조건을 알아보고자 하는 것이다.

먼저 일변수 함수에 대한 역함수 정리는 다음과 같다.

정리 3.8-3

열린 구간에서 미분 가능한 일변수 함수 $y = f(x)$가 구간의 모든 x에 대하여 $f'(x) \neq 0$이면 함수 f의 미분 가능한 역함수 $g(y)$가 존재한다. 이때 다음이 성립한다.

$$g'(y) = \frac{1}{f'(x)}$$

먼저 미분 가능한 다변수 벡터 함수 $\mathbf{T}$가 역함수 $\mathbf{S}$를 가지며, 역함수 $\mathbf{S}$도 미분 가능하다는 것을 안다면, 다음 관계가 성립한다.

정리 3.8-4

두 열린 집합 $U,\ V \subset \mathbb{R}^n$에 대하여 미분 가능한 함수 $\mathbf{T}: U \to V$의 미분 가능한 역함수 $\mathbf{S}: V \to U$가 존재한다고 하자. 그러면 $\det J_{\mathbf{T}}(\mathbf{x}) \neq 0,\ \mathbf{x} \in U$이고 다음이 성립한다.

$$J_{\mathbf{S}}(\mathbf{T}(\mathbf{x})) = J_{\mathbf{T}}^{-1}(\mathbf{x}),\ \ \mathbf{x} \in U$$

증명 먼저 $\mathbf{S} \circ \mathbf{T}(\mathbf{x}) = \mathbf{x},\ \mathbf{x} \in U$이므로 연쇄 법칙을 사용하면 다음을 얻는다.

$$J_{\mathbf{S}}(\mathbf{T}(\mathbf{x}))J_{\mathbf{T}}(\mathbf{x}) = I_n,\ \ \mathbf{x} \in U\ \ (I_n\text{은 } n \times n \text{ 항등 행렬})$$

따라서 $J_{\mathbf{S}}(\mathbf{T}(\mathbf{x})) = J_{\mathbf{T}}^{-1}(\mathbf{x})$이다. ∎

이제 어떤 조건에서 다변수 벡터함수의 역함수가 존재하고 미분 가능한지 알아보자. 이를 위해 먼저 몇 가지 용어를 정의한다.

열린 집합 $U \subset \mathbb{R}^n$에서 C^1인 함수 $\mathbf{T}: U \to \mathbb{R}^n$에 대해 $\mathbf{T}$의 치역 $V = \mathbf{T}(U)$에서 정의된 역함수 $\mathbf{S}: V \to U$가 존재하고 C^1이면, $\mathbf{T}$는 집합 U에서 C^1 가역이라고 한다. 만일 정의역 U 전체가 아닌 점 $\mathbf{x} \in U$의 열린 근방에서 $\mathbf{T}$가 C^1 가역 함수이면, 함수 $\mathbf{T}$는 점 $\mathbf{x}$에서 국소적으로 C^1 가역이라고 한다(그림 3.8-3 참조).

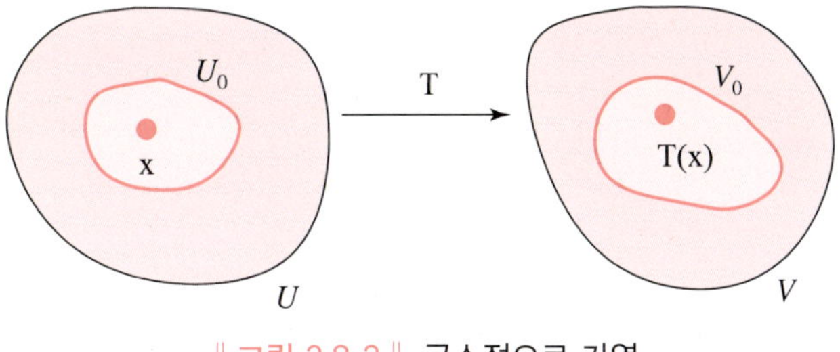

‖ 그림 3.8-3 ‖ 국소적으로 가역

다음 정리는 어떤 조건에서 식 (3.8-4)의 역함수가 존재하고 미분 가능한지 알려준다.

정리 3.8-5 (역함수 정리)

열린 집합 $U \subset \mathbb{R}^n$에서 C^1 함수인 함수 $\mathbf{T}: U \to \mathbb{R}^n$에 대하여 점 $\mathbf{x} \in U$에서 $\mathbf{T}$의 야코비 행렬 $J_{\mathbf{T}}(\mathbf{x})$가 가역이면, 즉 $\det J_{\mathbf{T}}(\mathbf{x}) \neq 0$이면, $\mathbf{T}$는 점 $\mathbf{x}$에서 국소적으로 C^1 가역이다.

예제 3.8-4 함수 $(u, v) = \mathbf{T}(x, y) = (e^{-x}\cos y, e^{-x}\sin y)$는 평면의 모든 점에서 국소적으로 C^1 가역임을 보여라.

풀이 함수 $\mathbf{T}$의 각 성분 함수가 평면에서 C^1 함수이므로 함수 $\mathbf{T}$는 평면에서 C^1 함수이다. 그리고 평면의 임의의 점 (x, y)에서 $J_{\mathbf{T}}(x, y)$는 다음과 같다.

$$J_{\mathbf{T}}(x, y) = \begin{pmatrix} -e^{-x}\cos y & -e^{-x}\sin y \\ -e^{-x}\sin y & e^{-x}\cos y \end{pmatrix}$$

그런데 $\det J_{\mathbf{T}}(x, y) = -e^{2x} \neq 0$이므로 함수 $\mathbf{T}$는 평면의 모든 점에서 국소적으로 C^1 가역이다. ∎

역함수 정리와 음함수 정리는 서로 밀접한 관련이 있는데, 먼저 일반적인 음함수 정리를 알아보자. n개의 변수(미지수) $y_1, \cdots, y_n$에 대한 다음 n개의 방정식을 푼다는 것은 $y_1, \cdots, y_n$를 주어진 $x_1, \cdots, x_m$의 함수로 나타낸다는 것이다.

$$\begin{gathered} f_1(x_1, \cdots, x_m, y_1, \cdots, y_n) = 0 \\ f_2(x_1, \cdots, x_m, y_1, \cdots, y_n) = 0 \\ \cdots \\ f_n(x_1, \cdots, x_m, y_1, \cdots, y_n) = 0 \end{gathered}$$

음함수 정리는 미분 가능한 다변수 벡터함수 $\mathbf{T} = (f_1, \cdots, f_n)$의 변수 $y_1, \cdots, y_n$에 대한 야코비 행렬

$$\begin{pmatrix} \dfrac{\partial f_1}{\partial y_1} & \cdots & \dfrac{\partial f_1}{\partial y_n} \\ \vdots & \ddots & \vdots \\ \dfrac{\partial f_n}{\partial y_1} & \cdots & \dfrac{\partial f_n}{\partial y_n} \end{pmatrix}$$

의 행렬식이 0과 같지 않으면 $y_1, \cdots, y_n$를 $x_1, \cdots, x_m$의 함수로 나타낼 수 있고 그 함수가 미분 가능함을 알려준다. 그리고 미분의 구체적 형태는 정리 3.8-4에서와 같이

연쇄법칙을 적용하여 얻을 수 있다.

일반적인 음함수 정리에서 $n=1$인 특수한 경우를 기술하면 다음과 같다.

정리 3.8-6

열린 집합 $U\subset\mathbb{R}^{m+1}$에서 C^1 함수 f가 점 $(x_1, \cdots, x_m, y)\in U$에서 식 $f(x_1, \cdots, x_m, y)=0$과 $(\partial f/\partial y)(x_1, \cdots, x_m)\neq 0$을 만족시키면 점 $(x_1, \cdots, x_m)$의 근방에서 식 $f(x_1, \cdots, x_m, y)=0$을 $y=\varphi(x_1, \cdots, x_m)$로 나타내는 C^1 함수 φ가 존재한다.

예제 3.8-5 곡면 $x^3+3y^2+8xz^2-3z^3y=2$ 위의 어떤 점들이 미분 가능한 함수 $z=\phi(x, y)$의 그래프로 표현되는가?

풀이 $f(x, y, z)=x^3+3y^2+8xz^2-3z^3y-2$이라 놓고 $f(x, y, z)=0$을 만족시키는 (x, y)의 함수 z가 존재할 조건을 구하면 된다. 정리 3.8-6에 의해 $(\partial f/\partial z)(x, y, z)\neq 0$인 (x, y, z)를 구하면 된다. $\dfrac{\partial f}{\partial z}=z(16x-9zy)\neq 0$이므로 $z\neq 0$이고 $16x\neq 9zy$인 점들이 조건을 만족시킨다. ▮

이 절에서는 일반적인 음함수 정리에서 $m=1$, $n-1$인 특수한 경우를 증명하기로 한다.

정리 3.8-6 (특수한 경우의 음함수 정리)

열린 집합 $U\subset\mathbb{R}^2$에서 연속인 일계 편도함수가 존재하는 이변수 실함수 f가 점 $(a, b)\in U$에서 식 $f(a, b)=0$과 $(\partial f/\partial y)(a, b)\neq 0$을 만족시킨다고 하자. 그러면 점 (a, b) 근방에서 식 $f(x, y)=0$을 미분 가능한 함수 $y=\phi(x)$로 나타낼 수 있다. 이때 다음 식이 성립한다.

$$\phi'(a)=-\frac{\dfrac{\partial f(a, b)}{\partial x}}{\dfrac{\partial f(a, b)}{\partial y}}$$

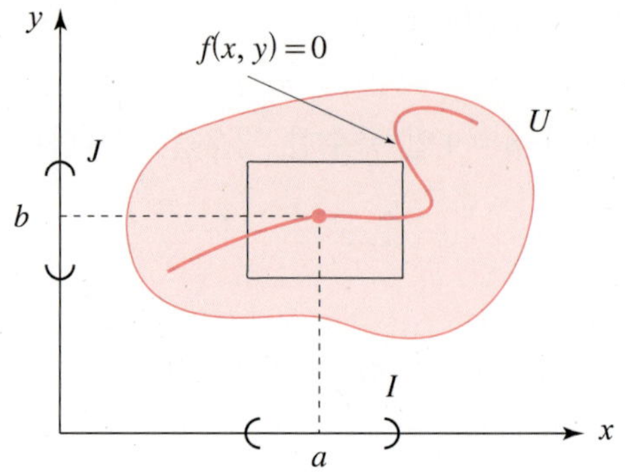

‖ 그림 3.8-4 ‖ 음함수 정리

증명 먼저 $\mathbf{T}(x, y) = (x, f(x, y))$로 놓으면 $\mathbf{T}$는 집합 U에서 C^1이고 다음을 얻는다.

$$J_{\mathbf{T}}(x, y) = \begin{pmatrix} 1 & 0 \\ \dfrac{\partial f}{\partial x} & \dfrac{\partial f}{\partial y} \end{pmatrix}, \quad \det J_{\mathbf{T}}(a, b) = \frac{\partial f}{\partial y}(a, b) \neq 0$$

따라서 역함수 정리 3.8-5에 의해 함수 $\mathbf{T}$는 점 (a, b)에서 국소적으로 C^1 가역이므로 점 a와 b를 포함하는 적당한 열린 구간 I와 J가 존재하여 $I \times J$에서 $\mathbf{T}$의 역함수가 존재한다. 이때 함수 $\mathbf{T}$의 역함수를 $\mathbf{S}$라고 하면 $\mathbf{S}$는 점 $\mathbf{T}(a, b) = (a, 0)$의 근방에서 $I \times J$로의 C^1 함수이다. 여기서 역함수 $\mathbf{S}$를 $\mathbf{S}(u, v) = (g_1(u, v), g_2(u, v))$로 나타내면 다음 식이 성립한다.

$$\begin{aligned}(u, v) &= \mathbf{T} \circ \mathbf{S}(u, v) = \mathbf{T}(g_1(u, v), g_2(u, v)) \\ &= (g_1(u, v), f(g_1(u, v), g_2(u, v)))\end{aligned}$$

이로부터 $u = g_1(u, v) \in I$이고 $v = f(u, g_2(u, v)) \in J$이다.

이제 함수 $\phi : I \to J$를 다음과 같이 정의하자.

$$\phi(x) = g_2(x, 0), \ x \in I$$

그러면 $v = f(u, g_2(u, v))$이므로 $f(x, \phi(x)) = f(x, g_2(x, 0)) = 0$이다. 역으로 방정식 $f(x, y) = 0$을 만족시키는 점 $(x, y) \in I \times J$에 대하여 식 $(x, y) = \mathbf{S}(u, v) = (u, g_2(u, v))$이 성립한다. 이 식의 양변에 $\mathbf{T}$를 적용하면 $(x, 0) = (u, v)$가 성립한다. 이로부터 $y = g_2(u, 0) = g_2(x, 0) = \phi(x)$를 얻는다. 한편, 함수 $\mathbf{S}$가 C^1이므로 g_2가 C^1이다. 따라서 함수 ϕ는 C^1이다. 마지막으로 $y = \phi(x)$이므로 연쇄 법칙을 써서 $f(x, y) = 0$의 양변을 x에 대해 편미분하여 다음을 얻는다.

$$\frac{\partial f(a, b)}{\partial x} + \frac{\partial f(a, b)}{\partial y}\phi'(a) = 0 \quad \text{또는} \quad \phi'(a) = -\frac{\partial f(a, b)}{\partial x} \bigg/ \frac{\partial f(a, b)}{\partial y}$$ ∎

예제 3.8-6 $(x+1)^{y+1}+3x^3y^2-7=0$에 대하여 점 $(1,\ 1)$근방에서 $y=\phi(x)$인 미분 가능한 함수 ϕ가 존재함을 보이고 $\phi'(1)$을 찾아라.

풀이 $f(x,y)=(x+1)^{y+1}+3x^3y^2-7$로 놓으면 $\partial f/\partial x=(y+1)(x+1)^y+9x^2y^2$과 $\partial f/\partial y=(x+1)^{y+1}\ln(x+1)+6x^3y$는 점 $(1,\ 1)$근방에서 연속이다. 또한 $f(1,\ 1)=0$이고 $(\partial f/\partial y)(1,\ 1)=6\neq 0$이므로 정리 3.8-6에 의해 $f(x,\ y)=0$은 점 $(1,\ 1)$의 근방에서 함수 $y=\phi(x)$ 꼴로 쓸 수 있다. 이때 $\phi'(1)$을 계산하면 다음과 같다.

$$\phi'(1)=-\frac{\partial f(1,\ 1)}{\partial x}\Big/\frac{\partial f(1,\ 1)}{\partial y}=-\frac{13}{4\ln 2+6}$$ ∎

연습 문제 3.8 *Exercises*

1. 다음 함수는 주어진 점에서 국소적으로 C^1 가역인가?
   (1) $\mathbf{T}(x,\ y)=(x^2+y^2,\ e^{xy}),\ (1,\ 1)$
   (2) $\mathbf{T}(x,\ y)=(xy,\ \sin x),\ (\pi,\ \pi/2)$
   (3) $\mathbf{T}(x,\ y)=(x^2-y^2,\ 2xy),\ (x,\ y)\neq(0,\ 0)$
   (4) $\mathbf{T}(x,\ y)=(x+y,\ y^{1/4}),\ (1,\ 2)$
   (5) $\mathbf{T}(x,\ y)=\dfrac{1}{x^2+y^2}(x,\ y),\ (x,\ y)\neq(0,\ 0)$

2. C^1 함수 G에 대해 $G(x,\ y)=0$은 점 $(p,\ q)$를 지나는 xy평면 위의 곡선이라 하자. $\dfrac{\partial G}{\partial y}(p,\ q)\neq 0$이면 주어진 곡선은 국소적으로 함수 $y=f(x)$의 그래프로 나타낼 수 있음을 보여라. 또한 $\nabla G(x,\ y)$에 수직인 직선과 $y=f(x)$의 그래프의 접선은 일치하는가?

3. 다음에서 $\partial z/\partial x$와 $\partial z/\partial y$를 찾아라.
   (1) $z=u^2+3uv-v^2;\ u=\sin x,\ v=-\cos x+\sin y$
   (2) $z=\sin u\cos v;\ u=3x^2-y,\ v=x-3y$

4. 다음에서 $(s,\ t)$에 대한 $(u,\ v)$의 야코비 행렬을 찾아라.
   (1) $u=x,\ v=xy;\ x=s^2+t^2,\ y=s^2-t^2$
   (2) $u=\sin(x-y),\ v=\cos(x+y);\ x=t^2-s^2,\ y=st$
   (3) $u=x^2+y^2,\ v=x^2-y^2;\ x=t+s,\ y=t-s$

5. 점 $(x_0,\ y_0,\ z_0)$를 $x^2-y^2+z^2-b=0,\ xy+z^2-a=0$($a,\ b$는 상수)으로 주어진 자취 위에 놓인 점이라 하자. 다음 물음에 답하라.

(1) 어떤 조건에서 $(x_0,\ y_0,\ z_0)$근방의 자취의 일부가 $x=f(z),\ y=g(z)$의 형태로 표현되는가?

(2) $f'(z)$와 $g'(z)$를 찾아라.

6. 다음 함수 f에 대하여 방정식 $f(x,\ y)=0$은 주어진 점 $(x_0,\ y_0)$에서 양함수 $y=\phi(x)$를 정의함을 보이고, $\phi'(x_0)$를 찾아라.

(1) $f(x,\ y)=x^2-xy+y^2-3,\ (1,\ 2)$

(2) $f(x,\ y)=x\cos(xy),\ (1,\ \pi/2)$

(3) $f(x,\ y)=2e^{x+y}-x+y,\ (1,\ -1)$

(4) $f(x,\ y)=x+y+x\sin y,\ (0,\ 0)$

7. 다음 함수 f에 대하여 방정식 $f(x,\ y,\ z)=0$은 주어진 점 $(x_0,\ y_0,\ z_0)$에서 양함수 $z=\phi(x,\ y)$를 정의함을 보이고, $\phi_x(x_0,\ y_0)$과 $\phi_y(x_0,\ y_0)$을 찾아라.

(1) $f(x,\ y,\ z)=x+y-z+\cos(xyz),\ (0,\ 0,\ 1)$

(2) $f(x,\ y,\ z)=x^2+y^3+z^3-3xyz-4,\ (1,\ 1,\ 2)$

(3) $f(x,y,z)=x^3-2y^2+z^2,\ (1,\ 1,\ 1)$

3장 종합 문제

Exercises

1. 다음 함수의 정의역과 치역을 찾고 등위 곡선을 설명하라.

(1) $f(x,\ y)=\dfrac{1}{xy}$ (2) $f(x,\ y)=\sqrt{x+y}$

(3) $f(x,\ y)=\ln(x+y)$ (4) $f(x,\ y)=\cos(xy)$

(5) $f(x,\ y)=\sinh(x^2+y^2)$ (6) $f(x,\ y)=\ln(x^2+y)$

(7) $f(x,\ y,\ z)=\sqrt{x^2+y^2-z}$ (8) $f(x,\ y,\ z)=1/(x^2+y^2+z^2)$

2. 직선 $y=cx$를 따라서 $(x,\ y)\to(0,\ 0)$일 때, 함수 $f(x,\ y)=\dfrac{x^3-xy}{x^2-y^2}$은 어떤 실수에 접근하는가? (단, $c\neq\pm1$)

3. 원점에서 다음에 주어진 함수의 극한에 대해 논하라.

(1) $f(x,\ y)=\dfrac{x^2+y^2}{\sqrt{x^2+y^2+2}-\sqrt{2}}$ (2) $f(x,\ y)=\dfrac{xy^2}{x^2+y^2}$

(3) $f(x,\ y)=\dfrac{x^2}{(x^2+1)(y^2+1)}$

4. 다음 함수의 이계 편도함수를 찾아라.

(1) $f(x,\ y)=x^2y^3+e^{xy}$ (2) $f(x,\ y)=\sec(x+y)$

(3) $f(x,\ y)=\ln|\sec(xy)+\tan(xy)|$ (4) $f(x,\ y,\ z)=xy+yz+zx$

(5) $f(x,\ y,\ z)=\sqrt{x^2+y^2+z^2}$ (6) $f(x,\ y,\ z)=(xy)^z$

5. 다음 함수 f에 대해 $f_x(0,\ 0)$, $f_y(0,\ 0)$과 $f_{xy}(0,\ 0)$, $f_{yx}(0,\ 0)$을 찾아라.

$$f(x,\ y)=\begin{cases} xy\dfrac{\sin^2 x-\sin^2 y}{x^2+y^2}, & (x,\ y)\neq(0,\ 0) \\ 0, & (x,\ y)=(0,\ 0) \end{cases}$$

6. 일계 편도함수와 이계 편도함수가 연속인 이변수 함수 $z=f(x,\ y)$에 대하여 $f_x(x,\ y)=e^{-x}\sin y$이고 $f_y(x,\ y)=e^{-x}\cos y$가 성립할 수 없는 이유는 무엇인가?

7. 주어진 점에서 주어진 함수의 일차 근사식을 찾아라.

(1) $\dfrac{\sin(xy)}{z}$, $(\pi/2,\ 1,\ 1)$, $(2,\ 0,\ 1)$

(2) $\tan^{-1}(xyz)$, $(1,\ 1,\ 0)$, $(1,\ 1,\ 1)$

(3) $e^x\cos(y+z)$, $\left(0,\ \dfrac{\pi}{4},\ \dfrac{\pi}{4}\right)$

8. 다음 함수는 원점에서 미분 가능하지만 일계 편도함수가 연속이 아님을 보여라.

$$f(x,\ y)=\begin{cases}(x^2+y^2)\sin\left(\dfrac{1}{\sqrt{x^2+y^2}}\right), & (x,\ y)\neq(0,\ 0)\\ 0, & (x,\ y)=(0,\ 0)\end{cases}$$

9. 점 $(1,\ 1,\ 1)$에서 함수 $f(x,\ y)=\sqrt{xy}$의 접평면의 방정식을 찾고, 점 $(1,\ 1)$에서의 일차 근사식을 이용하여 $f(1.01,\ 0.97)$의 근삿값을 찾아라.

10. $\mathbb{R}^n$의 점 $\mathbf{x}$의 근방 Ω에서 정의된 함수 f가 점 $\mathbf{x}$에서 미분 가능하면 $\dfrac{1}{f}$도 점 $\mathbf{x}$에서 미분 가능함을 증명하라.(단, $f(\mathbf{x})\neq 0$)

11. 운동하는 두 물체의 좌표 $P(x_1,\ y_1)$과 $Q(x_2,\ y_2)$의 성분 함수가 각각 다음과 같이 매개 방정식으로 주어진다고 하자.

$$\begin{cases}x_1=4\cos t, & y_1=2\sin t\\ x_2=2\sin 2t, & y_2=3\cos 2t\end{cases}$$

시각 $t=\pi$일 때, 두 물체 사이의 거리의 순간 변화율을 찾아라(아래 그림 참조).

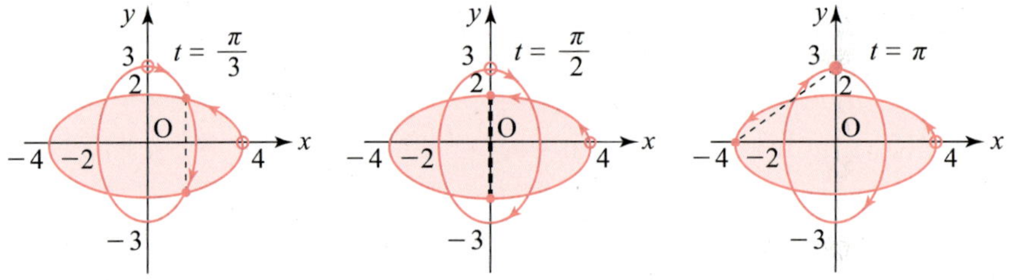

타원 위를 움직이는 두 물체 사이의 거리

12. 다음 그림과 같이 타원면 $x^2/3^2+y^2/4^2+z^2/5^2=1$에 있으면서 제 1 팔분공간에 존재하는 한 점과 원점을 대각선의 양 끝점으로 하는 직육면체 부피의 최댓값을 찾아라.

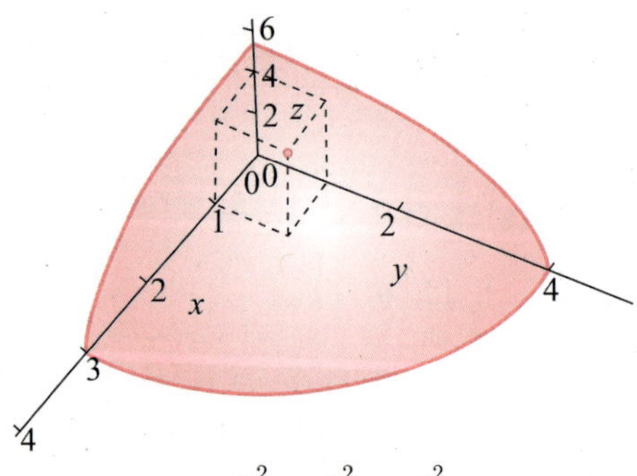

타원면 $\dfrac{x^2}{3^2}+\dfrac{y^2}{4^2}+\dfrac{z^2}{5^2}=1$

13. 노동 투입량을 L, 자본 투입량을 K라 할 때, 생산량 Y는 아래와 같이 Cobb-Douglas production function의 형태로 주어진다고 하자.

$$Y = L^{2/3}K^{1/3}$$

노동 투입량 1단위 가격 p_1, 자본 투입량 1단위 가격 p_2이며 총 예산은 w라 한다. 즉 $p_1L + p_2K = w$이 성립한다. 이 때 생산량 Y의 최대값을 얻기 위한 L, K의 값은 각각 얼마인지 찾아라.

14. 어느 해 겨울, 서울 지역의 온도 분포 함수 T가 다음과 같다고 한다.

$$T(x,\ y) = 15 + \frac{3}{4}\ln(1 + x^2 + y^2)$$

서울광장의 좌표가 $(1,\ 1)$이고 보신각의 좌표는 $(3,\ 3)$이라고 할 때, 다음을 찾아라.

(1) 서울광장에서 가장 빨리 따뜻해지는 방향의 단위 벡터

(2) 서울광장에서 온도가 변하지 않는 방향의 단위 벡터

(3) 서울광장에서 보신각 방향으로의 온도 변화율

(4) 서울광장에서 좌표가 $(1.1,\ 1.1)$인 점으로 이동한다고 할 때, 온도 변화의 근삿값 (단, 전미분을 써서 찾아라.)

15. 다음 방정식이 어떤 점 $(x,\ y)$근방에서 x, y를 s, t의 함수로 나타낼 수 있는가?

$$\frac{x^4 + y^4}{x} = s, \quad \sin x + \cos y = t$$

제4장

다중 적분

이 장에서는 일변수 실함수의 적분을 확장해서 이변수 함수와 삼변수 함수의 다중 적분을 알아본다. 또 다중 적분을 계산하는 데 유용한 반복 적분과 치환 적분도 다룬다. 적분은 피적분 함수[적분할 함수]에 대한 해석에 따라 거리, 곡면의 넓이, 부피, 곡선의 길이, 압력, 관성 모멘트, 에너지, 일 등으로 생각할 수 있다. 이와 관련해서 다중 적분의 응용도 간단히 살펴본다.

4.1 이중 적분

여기서는 일변수 실함수의 정 적분의 개념을 이변수 실함수의 경우로 확장한다. 또 이중 적분을 계산하는 데 이용되는 반복 적분과 이중 적분의 응용을 다룬다. 이를 위해 먼저 필요한 용어를 정의하자.

도함수가 연속인 일변수 함수 $y=\phi(x)$ 또는 $x=\psi(y)$로 나타나는 평면의 곡선을 **매끄러운 곡선**(smooth curve)이라 한다. 또 실함수 $f:\ \Omega\subset\mathbb{R}^2\to\mathbb{R}$의 치역이 유계일 때, 즉 모든 $\mathbf{x}=(x,\ y)\in\Omega$에 대해 양의 실수 M이 존재해서 부등식 $|f(\mathbf{x})|\le M$이 성립할 때, f는 Ω에서 **유계**(bounded) 또는 갇혀 있다고 한다.

이중 적분의 정의

Ω를 평면의 유계 집합이라 하자. 그림 4.1-1과 같이 각 좌표축에 평행인 직선을 이용해서 평면을 작은 직사각형으로 나눌 때 Ω의 내부에 포함되거나 그 경계와 만나는 작은 직사각형들의 집합 P를 영역 Ω의 **분할**(partition)이라 한다. 이때 P의 원소의 대각선의 길이 중에서 가장 큰 값을 분할 P의 **크기**(norm)라 하고 $\|P\|$로 나타낸다. 또 $A_k\in P$일 때 A_k의 넓이를 ΔA_k로 나타낸다. 이때 직사각형 A_k의 두 변의 길이가 Δx_k와 Δy_k이면 $\Delta A_k=\Delta x_k\Delta y_k$이다.

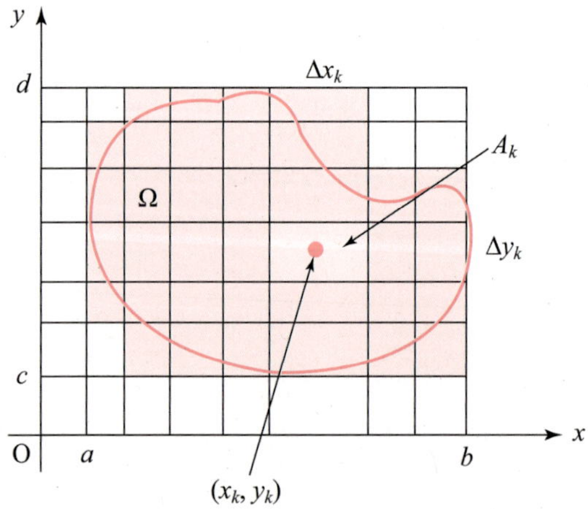

‖ 그림 4.1-1 ‖ 영역 Ω의 분할

이제 경계가 유한 개의 매끄러운 곡선으로 이루어진 유계인 영역 Ω에서 정의된 유계인 이변수 함수 $z=f(x,\ y)$를 생각하자. 그리고 $P=\{A_1,\ \cdots,\ A_n\}$을 Ω의 분할, P

의 각 원소 A_k에서 $\mathbf{x}_k = (x_k, y_k) \in A_k \cap \Omega$인 점을 하나씩 뽑아서 만든 집합을 χ라고 하자. 이때 다음 식으로 정의되는 실수 $R(P, \chi, f)$를 영역 Ω의 분할 P와 χ에 대한 함수 f의 **리만 합**(Riemann sum)이라 한다.

$$R(P, \chi, f) = \sum_{k=1}^{n} f(\mathbf{x}_k) \Delta A_k = \sum_{k=1}^{n} f(x_k, y_k) \Delta x_k \Delta y_k$$

여기서 함수 f의 리만 합 $R(P, \chi, f)$는 영역 Ω의 분할 P와 χ를 구성하는 방법에 따라 달라진다는 점에 주의하자.

이제 분할 P의 크기 $\|P\|$가 0에 한없이 가까워지도록 Ω를 분할할 때, 이에 대응하는 리만 합 $R(P, \chi, f)$가 χ에 관계없이 일정한 값에 가까워지면, 즉 다음 극한이 존재하면 집합 Ω에서 함수 f는 **적분 가능하다** 또는 적분할 수 있다고 한다.

$$\lim_{\|P\| \to 0} \sum_{k=1}^{n} f(x_k, y_k) \Delta A_k$$

이때 이 극한을 집합 Ω에서 함수 f의 **이중 적분**(double integral)이라 하고, 다음과 같은 기호로 나타낸다.

$$\iint_{\Omega} f(x, y)\, dA, \quad \iint_{\Omega} f(x, y)\, dx\, dy, \quad \iint_{\Omega} f\, dx\, dy, \quad \iint_{\Omega} f\, dA$$

여기서 Ω를 **적분 영역**, f를 **피적분 함수**[**적분할 함수**], $dA = dx\,dy$를 직교 좌표계에서 이중 적분의 **넓이 요소** 또는 **면적소**(area element)라 한다. 여기서 dA는 두 변의 길이가 각각 dx와 dy인 직사각형의 넓이로 생각할 수 있다.

경계가 유한 개의 매끄러운 곡선으로 이루어진 유계인 닫힌 영역 Ω에서 연속인 이변수 함수 f의 이중 적분은 항상 존재한다. 일반적으로 다음이 성립한다. 증명은 생략한다.

정리 4.1-1

집합 Ω를 경계가 유한 개의 매끄러운 곡선으로 이루어진 유계인 닫힌[1] 영역이고, 이변수 함수 $z = f(x, y)$는 Ω에서 유계라고 하자. 그러면 f의 이중 적분 $\iint_{\Omega} f(x, y)\, dA$가 존재하기 위한 필요 충분 조건은 f가 Ω에서 '측도[잴대] 0인 집합'을 제외한 모든 점에서 연속인 경우이다.

---

1) 영역 Ω가 Ω의 경계를 모두 포함할 때 Ω는 닫혀 있다고 한다. 엄밀한 정의는 3.2절을 참조하라.

정리 4.1-1에서 측도 또는 잴대(measure)는 길이, 넓이, 부피 등의 개념을 일반화한 것이다. 예를 들면 평면의 부분 집합인 닫힌 원판 $\Omega = \{(x, y) \in \mathbb{R}^2 \mid x^2 + y^2 \le 1\}$과 열린 원판 $\Omega_0 = \{(x, y) \mid x^2 + y^2 < 1\}$의 넓이, 즉 측도는 모두 π이다. 따라서 Ω_0의 경계인 원 $x^2 + y^2 = 1$은 측도 0인 집합이다. 평면에서 측도 0인 집합[2)]의 예로 유한 개인 점의 집합, 직선, 간단한 매끄러운 곡선 등이 있다. 경계의 측도가 0이 아닌 집합이 존재하기는 하지만 여기서는 다루지 않는다. 이와 비슷한 논의는 삼중 적분에도 적용할 수 있으나 이 과정에서는 더 이상 논의하지 않는다.

예제 4.1-1 원판 $\Omega = \{(x, y) \in \mathbb{R}^2 \mid x^2 + y^2 \le a^2, a > 0\}$에서 이변수 함수 f와 g의 적분 가능성에 대해 논의하라.

$$f(x, y) = \sin\left(\frac{1}{x+y}\right), \quad g(x, y) = \frac{1}{x+y}$$

풀이 함수 f는 직선 $x + y = 0$에서 불연속이지만 유계인 함수이다. 그런데 평면에서 직선의 측도는 0이므로 정리 4.1-1에 의해 함수 f의 이중 적분이 존재한다.

한편 함수 g는 측도 0인 직선 $x + y = 0$을 제외한 모든 점에서 연속이지만 집합 Ω에서 유계가 아니므로 정리 4.1-1만으로는 함수 g의 적분 가능성을 판단할 수 없다. 실제로 함수 g는 집합 Ω에서 적분 가능하지 않다. 그러나 직선 $x + y = 0$의 일부를 포함하지 않는 집합, 예를 들어 원판 $\Omega = \{(x, y) \in \mathbb{R}^2 \mid (x-2)^2 + y^2 \le 1\}$에서는 적분 가능하다. ∎

참고 피적분 함수가 적분 영역이나 그 경계의 어느 한 점에서 무한대로 발산하거나 적분 영역의 넓이(측도)가 유한이 아니면 특이 적분을 정의한다. 예를 들면 영역 $\Omega = \{(x, y) \in \mathbb{R}^2 \mid 0 \le y \le 1/x^2,\ 1 \le x < \infty\}$에서 이변수 함수 $f(x, y) = y$의 이중 적분은 다음과 같이 정의되며 극한값이 존재하므로 Ω에서 적분 가능하다.

$$\int_1^\infty \int_0^{1/x^2} y\,dy\,dx = \int_1^\infty \left[\frac{y^2}{2}\right]_0^{1/x^2} dx = \int_1^\infty \frac{1}{2x^4}\,dx = \lim_{b\to\infty} \int_1^b \frac{1}{2x^4}\,dx$$

$$= \lim_{b\to\infty} \left[-\frac{1}{6x^3}\right]_1^b dx = \lim_{b\to\infty} \left(-\frac{1}{6b^3} + \frac{1}{6}\right) = \frac{1}{6}$$

이에 관한 자세한 논의는 이 과정에서 다루는 범위를 벗어나므로 생략한다.

---

2) 각각의 양수 ϵ에 대해 $\Omega \subset \cup_{i=1}^n R_i$과 $\Sigma_{i=1}^n A(R_i) < \epsilon$을 만족시키는 사각형 $R_1, R_2, \cdots, R_n \subset \mathbb{R}^2$이 존재하면 집합 $\Omega \subset \mathbb{R}^2$은 측도 0인 집합이라고 한다. 여기서 $A(R_i)$는 사각형 R_i의 넓이를 나타낸다.

일변수 함수의 경우와 마찬가지로 이중 적분에 대해 다음이 성립한다. 이에 관한 증명은 생략한다.

정리 4.1-2 (적분의 성질)

영역 Ω에서 두 이변수 함수 f와 g의 이중 적분이 모두 존재하면 다음이 성립한다.

(1) $\iint_\Omega \alpha f\, dA = \alpha \iint_\Omega f\, dA$ (α는 상수)

(2) $\iint_\Omega (f+g)\, dA = \iint_\Omega f\, dA + \iint_\Omega g\, dA$

(3) Ω에서 $f(x,\ y) \ge g(x,\ y)$이면 $\iint_\Omega f\, dA \ge \iint_\Omega g\, dA$이다.

(4) 그림 4.1-2와 같이 $R_1 \cap R_2$가 유한 개의 매끄러운 곡선[3]이고 $\Omega = R_1 \cup R_2$인 영역 Ω의 부분 집합 R_1과 R_2에 대해 다음이 성립한다.

$$\iint_\Omega f\, dA = \iint_{R_1} f\, dA + \iint_{R_2} f\, dA$$

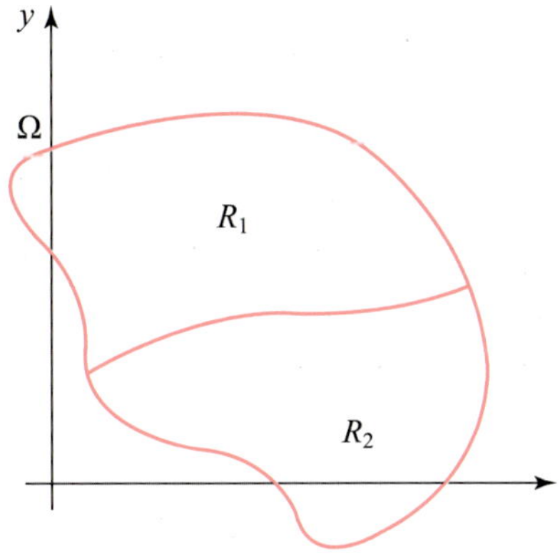

‖ 그림 4.1-2 ‖ 적분 영역 Ω의 분할

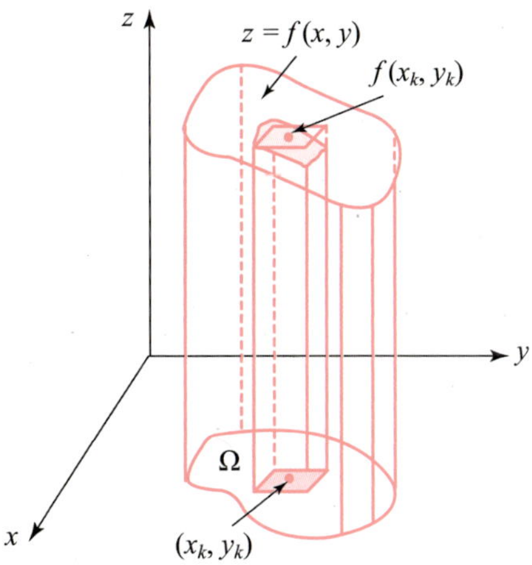

‖ 그림 4.1-3 ‖ 부피로서의 이중 적분

반복 적분

일반적으로 정의에 따라 이중 적분을 계산하는 것은 간단하지 않다. 여기서는 이중

3) 평면 곡선 C가 매개 방정식 $\boldsymbol{r}(t) = (f(t),\ g(t))$으로 표현될 때 $\boldsymbol{r}'(t) = (f'(t),\ g'(t))$이 연속이고 $\boldsymbol{r}'(t) \ne \mathbf{0}$이면 곡선 C는 매끄럽다고 한다.

적분을 계산하는 데 유용한 **반복 적분**(iterated integral)에 대해 알아본다.

집합 Ω에서 적분 가능한 함수 $f(x, y) \geq 0$의 적분 $\iint_{\Omega} f(x, y)\,dA$는 그림 4.1-3과 같이 집합 Ω와 곡면 $z=f(x, y)$가 만드는 입체의 부피 V라는 점에 주목하여 V를 단면의 넓이를 이용해서 찾는 방법을 생각하자(그림 4.1-4 참조).

영역 Ω가 그림 4.1-4와 같이 평면에서 두 곡선 $y=f_1(x)$와 $y=f_2(x)$ 및 두 직선 $x=a$와 $x=b$로 둘러싸여 있다고 하자. 이때 두 점 a와 b 사이의 점 x에 대해 y의 함수로서 $f(x, y)$가 적분 가능하면 다음 함수를 얻는다.

$$A(x)=\int_{f_1(x)}^{f_2(x)} f(x, y)\,dy \quad (a \leq x \leq b)$$

각 x에 대해 $A(x)$는 그림 4.1-4의 어두운 부분인 입체 V의 단면의 넓이다. 이때 함수 $A(x)$가 적분 가능하면 다음을 얻는다.

$$\begin{aligned}(V\text{의 부피}) &= \int_a^b A(x)\,dx = \int_a^b \left\{\int_{f_1(x)}^{f_2(x)} f(x, y)\,dy\right\} dx \\ &= \int_a^b \int_{f_1(x)}^{f_2(x)} f(x, y)\,dy\,dx \qquad (4.1\text{-}1)\end{aligned}$$

같은 방법으로 영역 Ω가 그림 4.1-5와 같이 두 개의 직선 $y=c$와 $y=d$ 및 두 곡선 $x=\phi_1(y)$와 $x=\phi_2(y)$로 둘러싸인 집합이면 집합 Ω와 함수 f에 의해 결정되는 입체 V의 부피는 다음과 같다.

$$(V\text{의 부피})=\int_c^d \left\{\int_{\phi_1(y)}^{\phi_2(y)} f(x, y)\,dx\right\} dy=\int_c^d \int_{\phi_1(y)}^{\phi_2(y)} f(x, y)\,dx\,dy \qquad (4.1\text{-}2)$$

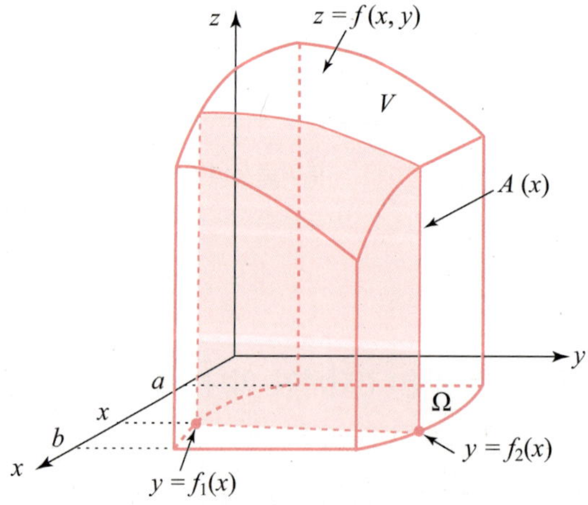

‖ 그림 4.1-4 ‖ 단면의 넓이를 합으로서의 부피

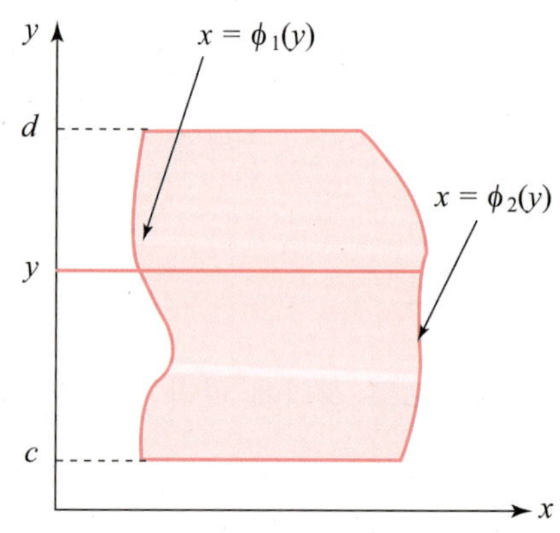

‖ 그림 4.1-5 ‖ 푸비니 정리의 영역

여기서 두 식 (4.1-1)과 (4.1-2)를 반복 적분이라 한다.

일반적으로 이중 적분과 반복 적분에 대해 푸비니[4] 정리(Fubini's Theorem)가 성립한다. 이에 대한 증명은 이 과정에서 다루는 범위를 벗어나므로 생략한다.

정리 4.1-3 (푸비니 정리)

영역 Ω에서 연속인 함수 f에 대해 다음이 성립한다.

(1) 구간 $[a, b]$에서 $f_1(x) \le f_2(x)$이고 연속인 두 함수 $y = f_1(x)$와 $y = f_2(x)$에 대해 $\Omega = \{(x, y) \mid f_1(x) \le y \le f_2(x),\ a \le x \le b\}$이면 다음이 성립한다.

$$\iint_\Omega f(x, y)\,dx\,dy = \int_a^b \int_{f_1(x)}^{f_2(x)} f(x, y)\,dy\,dx$$

(2) 구간 $[c, d]$에서 $\phi_1(y) \le \phi_2(y)$이고 연속인 두 함수 $x = \phi_1(y)$와 $x = \phi_2(y)$에 대해 $\Omega = \{(x, y) \mid \phi_1(y) \le x \le \phi_2(y),\ c \le y \le d\}$이면 다음이 성립한다.

$$\iint_\Omega f(x, y)\,dx\,dy = \int_c^d \int_{\phi_1(y)}^{\phi_2(y)} f(x, y)\,dx\,dy$$

특별히, $f(x,y) = g(x)h(y)$와 같이 주어지는 경우 $\Omega = [a,b] \times [c,d]$라면 푸비니 정리에 의해 $\iint_\Omega f(x, y)\,dA = \int_a^b g(x)\,dx \int_c^d h(x)\,dy$가 성립한다.

예제 4.1-2 다음 반복 적분의 값을 찾고, 그 적분 영역을 xy평면에 그려라.

$$\int_0^1 \int_{x^3}^{x^2} y\,dy\,dx$$

풀이 먼저 주어진 반복 적분을 계산하면 다음과 같다.

$$\int_0^1 \int_{x^3}^{x^2} y\,dy\,dx = \int_0^1 \left\{ \int_{x^3}^{x^2} y\,dy \right\} dx = \int_0^1 \left[\frac{y^2}{2} \right]_{x^3}^{x^2} dx$$

$$= \int_0^1 \frac{1}{2}(x^4 - x^6)\,dx = \frac{1}{2}\left[\frac{x^5}{5} - \frac{x^7}{7} \right]_0^1 = \frac{1}{35}$$

적분 영역은 $0 \le x \le 1$인 x에 대해 y가 x^3에서 x^2까지 변하므로 그림 4.1-6과 같다. 한편 함수 y는 주어진 적분 영역에서 연속이므로 푸비니 정리에 의하면 적분하는

---

4) Guido Fubini(1879~1943): 이탈리아 수학자

순서를 바꾸어 계산해도 적분은 같다. 실제로 다음과 같이 적분하는 순서를 바꾸어 계산해도 같은 결과를 얻는다.

$$\int_0^1 \int_{\sqrt{y}}^{\sqrt[3]{y}} y\,dx\,dy = \int_0^1 [yx]_{\sqrt{y}}^{\sqrt[3]{y}} dy = \int_0^1 \left(y^{4/3} - y^{3/2}\right) dy$$

$$= \left[\frac{3}{7}y^{7/3} - \frac{2}{5}y^{5/2}\right]_0^1 = \frac{3}{7} - \frac{2}{5} = \frac{1}{35}$$

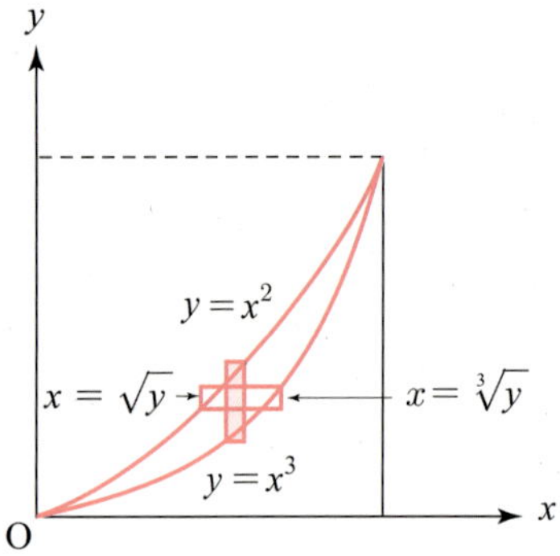

‖ 그림 4.1-6 ‖ 예제 4.1-2의 적분 영역

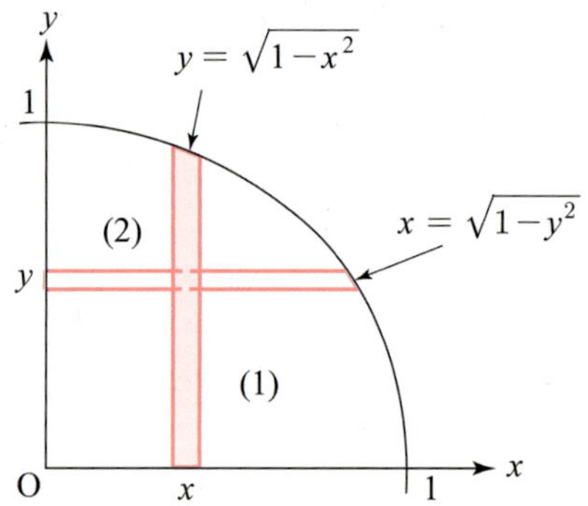

‖ 그림 4.1-7 ‖ 예제 4.1-4의 적분 영역

x와 y 중 무엇을 먼저 고정하고 이중 적분 찾는 것이 더 편리한 지에 대한 일반적인 판별법은 없으며 하나를 시도해 보고 계산이 복잡할 경우 다른 방법으로 계산해 본다. 두 가지 방법 모두 계산이 어렵다면 적분값을 근사적으로 구하는 수치 적분을 이용해야 한다.

이중 적분 $\iint_\Omega f(x,\ y)\,dA$를 푸비니 정리를 이용하여 찾을 때 x를 먼저 고정한다면 다음과 같은 순서로 해결한다.

(1) 평면에 Ω를 그리고 그 경계를 식으로 나타낸다.

(2) y가 증가하는 방향으로 Ω를 가로지르는 y축에 평행한 직선 l을 하나 그린다. l이 Ω을 진입하고 진출하는 점들의 y값을 x에 대한 함수 형태(경우에 따라서는 상수)로 나타낸다(각각 $y = f_1(x)$, $y = f_2(x)$라 하자). $f_1(x)$을 적분의 아래 끝, $y = f_2(x)$을 적분의 위끝으로 하는 $A(x) = \int_{f_1(x)}^{f_2(x)} f(x,\ y)\,dy$를 찾는다.

(3) 위와 같은 l을 그릴 수 있는 x의 최솟값 a와 최댓값 b를 각각 적분의 아래끝, 위끝으로 하는 $\int_a^b A(x)dx$를 찾는다.

y를 먼저 고정한다면 (2)와 (3)에서 x와 y의 역할을 바꾸어 생각한다.

예제 4.1-3 $\Omega=[0,\ 1]\times[0,\ 1]$에서 함수 $f(x,\ y)=x^2+y$의 이중 적분을 찾아라.

풀이 푸비니 정리로부터 주어진 적분을 두 가지 방법으로 찾을 수 있다. (1)을 이용하는 경우, 즉 x를 먼저 고정하는 경우에 다음과 같은 반복 적분을 이용해서 찾을 수 있다.

$$\begin{aligned}\iint_\Omega (x^2+y)\,dx\,dy &= \int_0^1\int_0^1 (x^2+y)\,dy\,dx = \int_0^1\left[x^2y+\frac{y^2}{2}\right]_0^1 dx \\ &= \int_0^1\left(x^2+\frac{1}{2}\right)dx = \left[\frac{x^3}{3}+\frac{x}{2}\right]_0^1 = \frac{5}{6}\end{aligned}$$

(2)를 이용하는 경우, 즉 y를 먼저 고정하는 경우에는 다음 반복 적분을 얻는다.

$$\begin{aligned}\iint_\Omega (x^2+y)\,dx\,dy &= \int_0^1\int_0^1 (x^2+y)\,dx\,dy = \int_0^1\left[\frac{x^3}{3}+yx\right]_0^1 dy \\ &= \int_0^1\left(\frac{1}{3}+y\right)dy = \left[\frac{y}{3}+\frac{y^2}{2}\right]_0^1 = \frac{5}{6}\end{aligned}$$

예제 4.1-4 $\Omega=\left\{(x,\ y)\mid x^2+y^2\le 1,\ x\ge 0,\ y\ge 0\right\}$일 때 $\displaystyle\iint_\Omega \frac{x}{\sqrt{x^2+y^2}}\,dx\,dy$를 찾아라.

풀이 푸비니 정리로부터 주어진 적분을 그림 4.1-7과 같이 두 가지 방법으로 찾을 수 있다. 그림 4.1-7에서 (1)을 이용하는 경우, 즉 x를 먼저 고정하는 경우에 다음과 같은 반복 적분을 이용해서 찾을 수 있다.

$$\iint_\Omega \frac{x}{\sqrt{x^2+y^2}}\,dx\,dy = \int_0^1\int_0^{\sqrt{1-x^2}} \frac{x}{\sqrt{x^2+y^2}}\,dy\,dx$$

(1)을 이용하는 경우에는 $\displaystyle\int_0^{\sqrt{1-x^2}}\frac{x}{\sqrt{x^2+y^2}}\,dy$를 계산한 뒤에 x에 관한 적분이 쉽지 않다. (2)를 이용하는 경우, 즉 y를 먼저 고정하는 경우에 다음 반복 적분을 얻는다.

$$\begin{aligned}\iint_\Omega \frac{x}{\sqrt{x^2+y^2}}\,dx\,dy &= \int_0^1\int_0^{\sqrt{1-y^2}} \frac{x}{\sqrt{x^2+y^2}}\,dx\,dy \\ &= \int_0^1\left[\sqrt{x^2+y^2}\right]_0^{\sqrt{1-y^2}} dy \\ &= \int_0^1 (1-y)\,dy = \frac{1}{2}\end{aligned}$$

예제 4.1-5 영역 $[0, \pi]\times[0, \pi/2]$에서 함수 $f(x, y)=\sin(x+y)$가 적분 가능한가? 만약 이 함수가 적분 가능하다면 이중 적분 $\iint_\Omega f(x, y)\,dx\,dy$를 찾아라.

풀이 함수 $f(x, y)=\sin(x+y)$는 $[0, \pi]\times[0, \pi/2]$에서 유계이고 연속이므로 적분 가능하다. 푸비니 정리로부터 먼저 y를 고정하여 반복 적분을 이용해서 찾으면 다음과 같다.

$$\begin{aligned}\int_0^{\pi/2}\int_0^{\pi}\sin(x+y)\,dx\,dy &= \int_0^{\pi/2}[-\cos(x+y)]_{x=0}^{x=\pi}\,dy\\ &= \int_0^{\pi/2}[-\cos(\pi+y)+\cos y]\,dy\\ &= [-\sin(\pi+y)+\sin y]_0^{\pi/2} = 2\end{aligned}$$

피적분 함수가 적분 영역이나 그 경계의 어느 한 점에서 무한대로 발산하거나 적분 영역의 넓이(측도)가 유한이 아닐 때 특이 적분을 정의한다.

예제 4.1-6 영역 $\Omega=[0, 1]\times[0, 1]$에서 다음 함수 f가 이중 적분 가능함을 보이고, 이중 적분을 찾아라.

$$f(x, y)=\begin{cases}\dfrac{1}{\sqrt{x}} & (x\neq 0)\\ 0 & (x=0)\end{cases}$$

풀이 함수 f는 측도 0인 집합 $\{(0, y)\,|\,0\le y\le 1\}$을 제외한 Ω의 모든 점에서 연속이고 $\int_0^1\frac{1}{\sqrt{x}}\,dx$가 수렴하므로 Ω에서 이중 적분 가능하다. 먼저 y 변수를 고정한 다음 일변수 함수의 특이 적분의 정의에 의해 x 변수에 대해 적분하면, 함수 f의 이중 적분은 다음과 같다.

$$\begin{aligned}\int_0^1\int_0^1 f(x, y)\,dx\,dy &= \int_0^1\int_0^1\frac{1}{\sqrt{x}}\,dx\,dy = \int_0^1\left[\lim_{a\to 0^+}\int_a^1\frac{1}{\sqrt{x}}\,dx\right]dy\\ &= \int_0^1\lim_{a\to 0^+}[2\sqrt{x}]_a^1\,dy = \int_0^1 2\,dy = 2\end{aligned}$$

넓이와 부피

집합 Ω가 유계인 닫힌 영역이고 그 경계는 유한 개의 매끄러운 곡선으로 이루어져 있으면, 함수 $f(x, y)=1$에 대한 다음 이중 적분은 Ω의 넓이(면적)이다.

$$(\Omega \text{ 의 넓이}) = \iint_{\Omega} 1 \, dx \, dy \tag{4.1-3}$$

예제 4.1-7 평면에서 두 함수 $f(x) = \sin x$와 $g(x) = \cos x$의 그래프 및 두 직선 $x = \pi/4$와 $x = 5\pi/4$로 둘러싸인 영역 Ω의 넓이를 이중 적분을 이용해서 찾아라.

풀이 이 경우는 일변수 함수의 적분 $\int_{\pi/4}^{5\pi/4} (\sin x - \cos x)\, dx$를 이용해서 찾을 수도 있다. 이중 적분을 이용하는 경우에 먼저 x를 고정하는 반복 적분을 이용해서 넓이를 찾으면 다음과 같다(그림 4.1-8 참조).

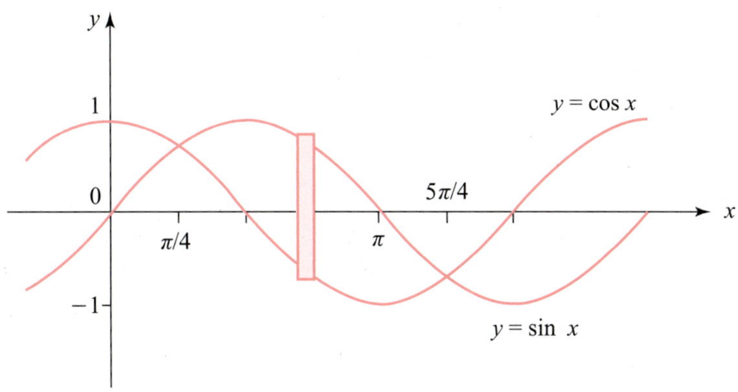

‖ 그림 4.1-8 ‖ 예제 4.1-7의 영역

$$\begin{aligned}
(\Omega \text{ 의 넓이}) &= \int_{\pi/4}^{5\pi/4} \int_{\cos x}^{\sin x} dy\, dx \\
&= \int_{\pi/4}^{5\pi/4} [\, y\,]_{\cos x}^{\sin x}\, dx \\
&= \int_{\pi/4}^{5\pi/4} (\sin x - \cos x)\, dx \\
&= 2\sqrt{2}
\end{aligned}$$

예제 4.1-8 이중 적분 $\int_0^1 \int_0^{x^2} dy\, dx$의 적분 영역을 그리고 그 값을 찾아라.

풀이 주어진 반복 적분은 0과 1 사이의 임의의 x를 먼저 고정한 뒤에 y에 관해 $y = 0$에서 $y = x^2$까지 적분하므로 적분 영역 Ω는 다음과 같다(그림 4.1-9 참조).

$$\Omega = \{(x,\, y) \mid 0 \le x \le 1,\ 0 \le y \le x^2\} = \{(x,\, y) \mid 0 \le y \le 1,\ \sqrt{y} \le x \le 1\}$$

이제 푸비니 정리를 이용해서 반복 적분을 계산하면 다음과 같다.

$$\int_0^1 \int_0^{x^2} dy\,dx = \int_0^1 [y]_0^{x^2} dx = \int_0^1 x^2\, dx = \left[\frac{x^3}{3}\right]_0^1 = \frac{1}{3}$$

주어진 반복 적분의 적분 순서를 바꿔 쓰면 $\int_0^1 \int_{\sqrt{y}}^1 dx dy$이며 적분값은 동일하다(그림 4.1-10 참조). ❙

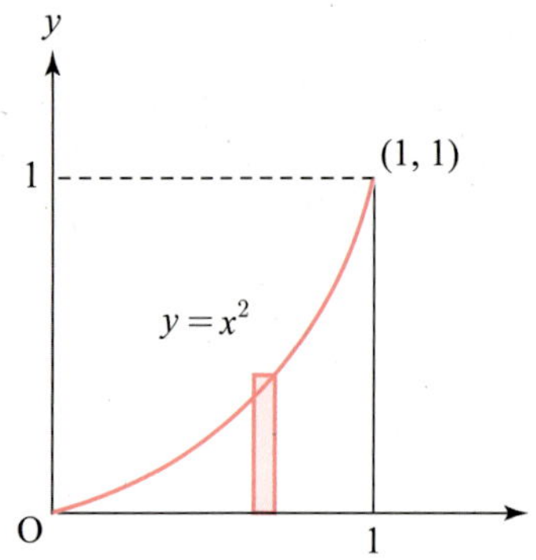

‖ 그림 4.1-9 ‖ x를 먼저 고정하는 경우

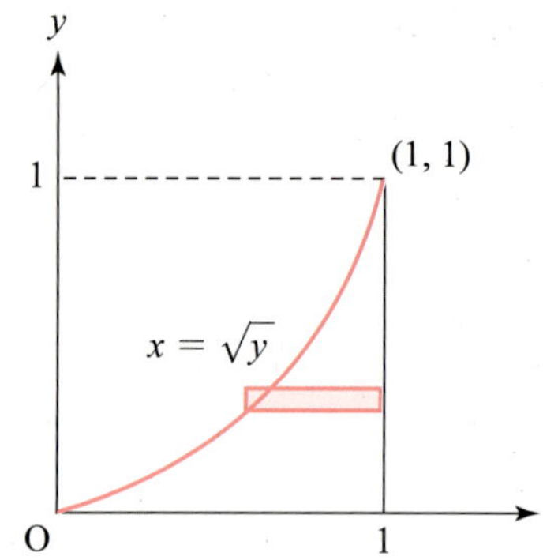

‖ 그림 4.1-10 ‖ y를 먼저 고정하는 경우

예제 4.1-9 평면에서 연립 부등식 $y \le 4x - x^2$, $y \ge -3x + 6$, $y \ge 0$으로 결정되는 영역 Ω의 넓이를 이중 적분을 이용해서 찾아라. 또 부등식 $y \le 4x - x^2$, $y \le -3x + 6$, $y \ge 0$으로 결정되는 영역 Ω_0의 넓이를 찾아라.

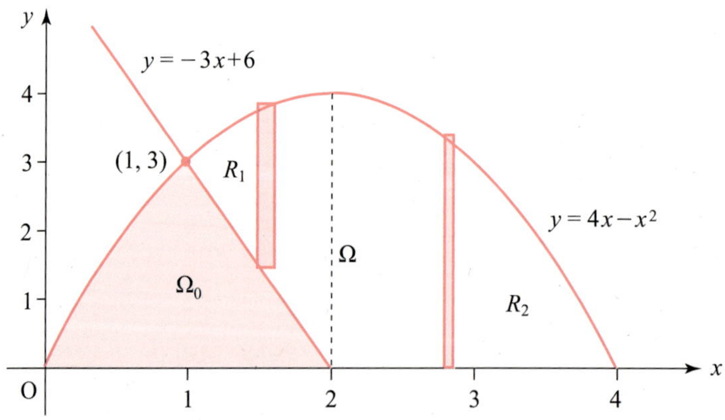

‖ 그림 4.1-11 ‖ 예제 4.1-9의 적분 영역

풀이 영역 Ω를 그림 4.1-11과 같이 R_1과 R_2로 나누고 적분의 성질에 관한 정리 4.1-2의 (4)를 이용해서 Ω의 넓이를 다음과 같이 찾는다.

$$
\begin{aligned}
(\Omega \text{ 의 넓이}) &= \iint_{R_1} dx\,dy + \iint_{R_2} dx\,dy \\
&= \int_1^2 \int_{-3x+6}^{4x-x^2} dy\,dx + \int_2^4 \int_0^{4x-x^2} dy\,dx \\
&= \int_1^2 (4x - x^2 + 3x - 6)\,dx + \int_2^4 (4x - x^2)\,dx \\
&= \left[\frac{7x^2}{2} - \frac{x^3}{3} - 6x\right]_1^2 + \left[2x^2 - \frac{x^3}{3}\right]_2^4 = \frac{15}{2}
\end{aligned}
$$

따라서 영역 Ω 의 넓이는 $15/2$이다. 같은 방법으로 Ω_0의 넓이를 찾으면 다음과 같다.

$$
\begin{aligned}
(\Omega_0\text{의 넓이}) &= \int_0^1 \int_0^{4x-x^2} dy\,dx + \int_1^2 \int_0^{-3x+6} dy\,dx \\
&= \int_0^1 (4x - x^2)\,dx + \int_1^2 (-3x + 6)\,dx \\
&= \left[2x^2 - \frac{x^3}{3}\right]_0^1 + \left[-\frac{3x^2}{2} + 6x\right]_1^2 = \frac{19}{6}
\end{aligned}
$$

별해 Ω 와 Ω_0의 넓이를 합하면 다음과 같다.

$$
2\int_0^2 \int_0^{4x-x^2} dy\,dx = 2\int_0^2 (4x - x^2)dx = 2\left[2x^2 - \frac{x^3}{3}\right]_0^2 = \frac{32}{3}
$$

그러므로 Ω_0의 넓이는 $\frac{32}{3} - \frac{15}{2} = \frac{19}{6}$로 찾을 수도 있다. ∎

영역 Ω 에서 항상 $f(x, y) \geq 0$이고 적분 가능한 함수 $z = f(x, y)$의 이중 적분은 영역 Ω 와 함수 $f(x, y)$에 의해 만들어지는 입체 V의 부피를 나타낸다고 하였다.

$$
(V\text{의 부피}) = \iint_{\Omega} f\,dA \tag{4.1-4}
$$

식 (4.1-4)의 이중 적분은 푸비니 정리 4.1-3을 이용해서 반복 적분으로 찾을 수 있다. 일변수 함수의 적분을 이용해서 간단한 회전체의 부피를 찾을 수도 있지만 이중 적분을 이용하면 더욱 다양한 입체의 부피를 찾을 수 있다.

예제 4.1-10 세 좌표 평면과 두 평면 $x = 1$, $y = 1$과 곡면 $z = x^2 + y^4$으로 둘러싸인 입체의 부피를 찾아라(그림 4.1-12 참조).

풀이 $$(\text{부피}) = \int_0^1\int_0^1 (x^2+y^4)\,dx\,dy = \int_0^1 \left[\frac{x^3}{3}+y^4x\right]_0^1 dx\,dy$$
$$= \int_0^1 \left(\frac{1}{3}+y^4\right)dy = \left[\frac{y}{3}+\frac{y^5}{5}\right]_0^1 = \frac{1}{3}+\frac{1}{5} = \frac{8}{15}$$

예제 4.1-11 포물면 $z=4-x^2-y^2$에 대해 다음 입체의 부피를 찾아라.

(1) $x=0,\ x=1,\ y=0,\ y=1$로 둘러싸인 정사각형과 포물면 사이의 입체

(2) xy평면과 포물면 사이의 입체

풀이 (1) $\displaystyle\int_0^1\int_0^1 (4-x^2-y^2)\,dy\,dx = \int_0^1\left(\frac{11}{3}-x^2\right)dx = \frac{10}{3}$

(2) xy평면($z=0$)과 주어진 포물면과의 교선은 $x^2+y^2=4$이다. 그림 4.1-13과 같이 포물면과 교선의 대칭성을 이용하면 찾는 적분은 제1 팔분공간에 있는 부분의 4배이므로 다음과 같이 먼저 x를 고정한 반복 적분을 이용해서 찾으면 8π이다.

$$(\text{부피}) = 4\int_0^2\int_0^{\sqrt{4-x^2}} (4-x^2-y^2)\,dy\,dx = 8\pi$$

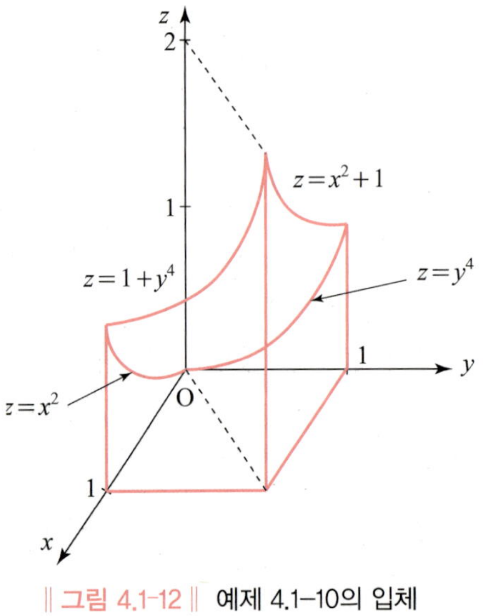

‖ 그림 4.1-12 ‖ 예제 4.1-10의 입체

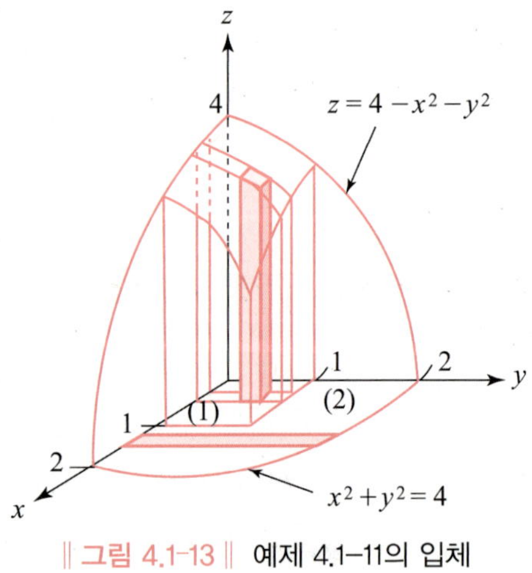

‖ 그림 4.1-13 ‖ 예제 4.1-11의 입체

이중 적분의 응용

이중 적분은 영역의 넓이나 입체의 부피뿐만 아니라 질량이 연속적으로 분포되어 있는 평면 또는 공간의 영역, 예를 들어 얇은 금속판 또는 입체의 **질량(mass)**, **질량 모멘트**

(moment of mass), **질량 중심**(center of mass), **관성 모멘트**(moment of inertia) 등을 찾는 데 이용된다. 이런 개념은 평면 또는 공간에서 물체의 운동을 기술하고 분석하는 데 중요하다. 여기서는 평면의 영역만 다루고 공간의 영역은 4.3절에서 다루기로 한다.

평면에서 질량이 연속적으로 분포되어 있는 영역 Ω 의 **질량 요소** 또는 **질량소**(element of mass) dm은 다음과 같다(그림 4.1-14 참조).

$$dm = \delta(x,\ y)\,dx\,dy = \delta(x,\ y)\,dA$$

여기서 $\delta(x,\ y)$는 Ω 의 질량 분포를 나타내는 함수, 즉 **밀도 함수**이다.

영역 Ω 에 관한 물리량은 다음과 같이 이중 적분으로 주어진다.

$$\Omega \text{의 총 질량} \quad m = \iint_{\Omega} \delta(x,\ y)\,dx\,dy \tag{4.1-5}$$

$$x\text{축에 대한 질량 모멘트} \quad M_x = \iint_{\Omega} y\,\delta(x,\ y)\,dx\,dy \tag{4.1-6}$$

$$y\text{축에 대한 질량 모멘트} \quad M_y = \iint_{\Omega} x\,\delta(x,\ y)\,dx\,dy \tag{4.1-7}$$

세 식 (4.1-5), (4.1-6), (4.1-7)로부터 **질량 중심**의 좌표 $(\bar{x},\ \bar{y})$는 다음과 같다.

$$\bar{x} = \frac{M_y}{m}, \quad \bar{y} = \frac{M_x}{m} \tag{4.1-8}$$

이중 적분의 다른 응용은 회선축에 대한 질량의 회전 운동에 관한 관성 모멘트이다. 평면에서 회전축 L에 대해 영역 Ω 의 점 $(x,\ y)$에서 축 L까지의 거리를 $d(x,\ y)$라 하자. 이때 축 L에 대한 영역 Ω 의 질량의 **관성 모멘트**[5] I_L을 다음과 같이 정의한다(그림

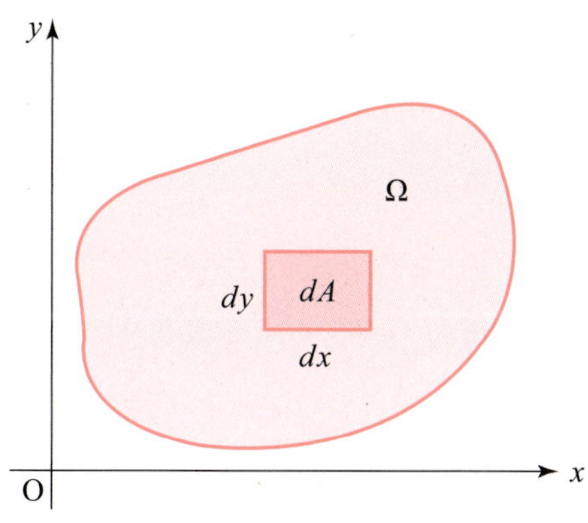

‖ 그림 4.1-14 ‖ 넓이 요소 dA

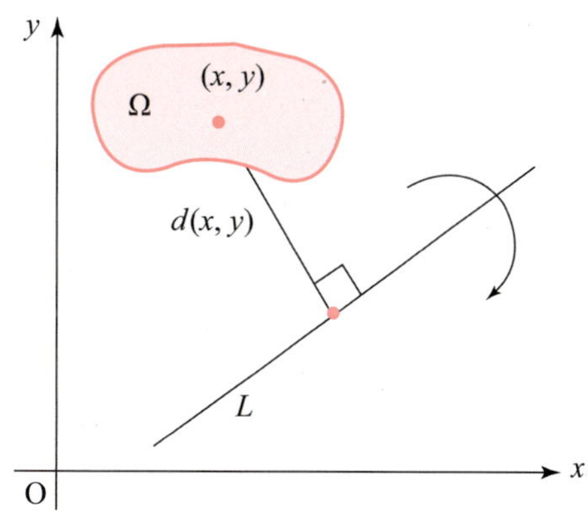

‖ 그림 4.1-15 ‖ 축 L에 대한 관성 모멘트

5) 질량 모멘트를 제1 질량 모멘트(first moment of the mass), 관성 모멘트를 제2 질량 모멘트(second moment of the mass)라고도 한다.

4.1-15 참조).

$$I_L = \iint_\Omega \{d(x, y)\}^2 \delta(x, y)\, dx\, dy \tag{4.1-9}$$

관성 모멘트 I_L이 클수록 회전축 L에 대해 주어진 질량을 회전 운동시키거나 회전 운동을 멈추기가 힘이 든다는 것을 의미한다. 특히, x축과 y축에 대한 관성 모멘트 I_x와 I_y 및 원점에 대한 관성 모멘트인 **극관성 모멘트**(polar monent of inertia) I_0은 각각 다음과 같다.

$$I_x = \iint_\Omega y^2 \delta(x, y)\, dx\, dy \tag{4.1-10}$$

$$I_y = \iint_\Omega x^2 \delta(x, y)\, dx\, dy \tag{4.1-11}$$

$$I_0 = \iint_\Omega (x^2 + y^2) \delta(x, y)\, dx\, dy = I_x + I_y \tag{4.1-12}$$

여기서 I_0은 원점에서 xy평면에 수직인 z축에 대한 관성 모멘트를 의미한다.

질량의 회전축 L에 대하여 다음 식으로 정의되는 R_L을 질량 m의 회전축 L에 대한 **선회 반지름**(radius of gyration) 또는 **선회 반경**이라 한다.

$$I_L = mR_L^2 \quad \text{또는} \quad R_L = \sqrt{\frac{I_L}{m}}$$

선회 반경 R_L은 한 영역의 질량을 m이라 할 때 질량 m인 질점이 축 L로부터 어느 정도의 거리에 있어야 관성 모멘트가 I_L과 같은지를 말해준다. 특히 평면에서 x축과 y축 및 원점, 즉 z축에 대한 선회 반지름 R_x, R_y, R_0은 각각 다음과 같다.

$$R_x = \sqrt{\frac{I_x}{m}}, \quad R_y = \sqrt{\frac{I_y}{m}}, \quad R_0 = \sqrt{\frac{I_0}{m}} \tag{4.1-13}$$

예제 4.1-12 평면에서 두께가 일정하고 밀도 함수 δ가 상수인 얇은 금속판이 영역 $\Omega = \{(x, y) \mid x^3 \le y \le x^2,\ 0 \le x \le 1\}$를 차지할 때, 금속판 Ω의 질량 중심과 관성 모멘트 I_x, I_y, I_0 및 선회 반지름 R_x, R_y, R_0을 찾아라.

풀이 이중 적분을 계산할 때 먼저 x를 고정한 반복 적분을 이용하면 m, M_x, M_y는 각각 다음과 같다(그림 4.1-16 참조).

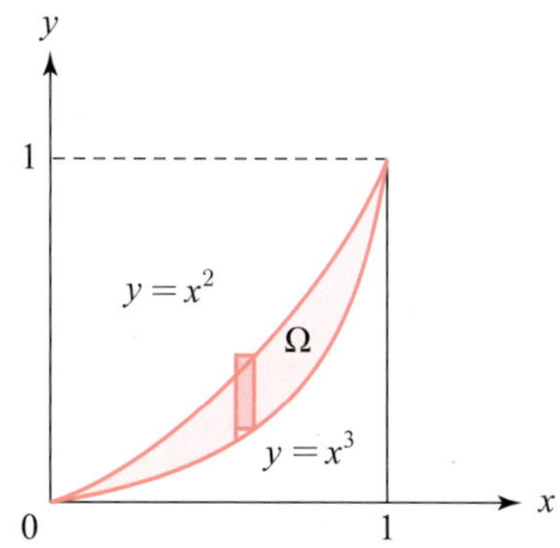

‖ 그림 4.1-16 ‖ 예제 4.1-12의 금속판 Ω

$$m=\int_0^1\int_{x^3}^{x^2}\delta\,dy\,dx=\delta\int_0^1\int_{x^3}^{x^2}dy\,dx=\frac{\delta}{12},$$

$$M_x=\int_0^1\int_{x^3}^{x^2}y\delta\,dy\,dx=\delta\int_0^1\left[\frac{y^2}{2}\right]_{x^3}^{x^2}dx=\delta\int_0^1\left(\frac{x^4}{2}-\frac{x^6}{2}\right)dx=\frac{\delta}{35},$$

$$M_y=\int_0^1\int_{x^3}^{x^2}x\delta\,dy\,dx=\delta\int_0^1[xy]_{x^3}^{x^2}dx=\delta\int_0^1\left(x^3-x^4\right)dx=\frac{\delta}{20}$$

따라서 금속판 Ω의 질량 중심 $(\overline{x}, \overline{y})$는 다음과 같다.

$$\overline{x}=\frac{M_y}{m}=\frac{3}{5},\quad \overline{y}=\frac{M_x}{m}=\frac{12}{35}$$

관성 모멘트를 찾으면 다음과 같다.

$$I_x=\int_0^1\int_{x^3}^{x^2}y^2\delta\,dy\,dx=\delta\int_0^1\left[\frac{y^3}{3}\right]_{x^3}^{x^2}dx=\delta\int_0^1\left(\frac{x^6}{3}-\frac{x^9}{3}\right)dx=\frac{\delta}{70},$$

$$I_y=\int_0^1\int_{x^3}^{x^2}x^2\delta\,dy\,dx=\delta\int_0^1\left(x^4-x^5\right)dx=\frac{\delta}{30}$$

따라서 극관성 모멘트는 $I_0=I_x+I_y=\delta/21$이다.

마지막으로 식 (4.1-13)을 이용해서 찾으면 선회 반지름은 각각 다음과 같다.

$$R_x=\sqrt{\frac{6}{35}},\quad R_y=\sqrt{\frac{2}{5}},\quad R_0=\sqrt{\frac{4}{7}}$$

연습 문제 4.1 *Exercises*

1. 영역 $\Omega=[0,2]\times[0,1]$의 분할 $P=\{A_1,\ \cdots,\ A_4\}$(A_i는 가로, 세로의 길이가 $1, 0.5$인 직사각형)와 A_i의 점 $\mathbf{x}_i$의 집합에 대해 리만 합을 계산해서 $\iint_\Omega xe^{-xy}\,dA$을 근삿값을 찾고자 한다. $\mathbf{x}_i$를 다음 점들로 택하여 근삿값을 찾아라.
   (1) A_i의 오른쪽 상단의 꼭짓점 (2) A_i의 중심

2. 원판 $\Omega=\{(x,\ y)\mid x^2+y^2\le 1\}$에서 다음 함수의 적분 가능성에 대해 말하라.
   (1) $f(x,\ y)=\ln(1-x^2-y^2)$ (2) $f(x,\ y)=xy$
   (3) $f(x,\ y)=\tan(x+y)$ (4) $f(x,\ y)=\cos(x/y+y/x)$

3. 영역 $\Omega=[0,1]\times[0,1]$에서 다음 이중 적분이 존재하면, 적분을 찾아라.
   (1) $\iint_\Omega \frac{1}{\sqrt{xy}}\,dA$ (2) $\iint_\Omega \frac{1}{\sqrt{|x-y|}}\,dA$

4. 영역 $\Omega=[0,\ 1]\times[0,\ 1]$에서 다음 이중 적분을 계산하라.
   (1) $\iint_\Omega (x^2+y^3)\,dA$ (2) $\iint_\Omega x^m y^n\,dA \quad (m,\ n>0)$
   (3) $\iint_\Omega \sin(x+y)\,dA$ (4) $\iint_\Omega ye^{xy}\,dA$

5. 타원 $\frac{x^2}{a^2}+\frac{y^2}{b^2}=1$의 넓이를 이중 적분을 이용해서 찾아라(단, a, b는 0이 아닌 상수).

6. $\int_0^1\int_0^2 \frac{y-x}{(x+y)^3}\,dx\,dy \neq \int_0^2\int_0^1 \frac{y-x}{(x+y)^3}\,dy\,dx$이다. 이것이 푸비니 정리에 모순되는지 밝혀라.

7. 다음 부등식이 성립함을 보여라.

$$0\le \iint_\Omega \sin\pi x\cos\pi y\,dA \le \frac{1}{32},\quad \Omega=\left[0,\frac{1}{4}\right]\times\left[\frac{1}{4},\frac{1}{2}\right]$$

8. 다음 반복 적분을 계산하라.
   (1) $\int_{-1}^1\int_0^{x^2} x^2y\,dy\,dx$ (2) $\int_0^1\int_0^{\sqrt{1-x^2}} y\,dy\,dx$
   (3) $\int_0^2\int_0^{4-2x} (x+y)\,dy\,dx$ (4) $\int_0^1\int_1^{e^x} \frac{1}{y}\,dy\,dx$

(5) $\int_{-1}^{1}\int_{1}^{e^y}\frac{1}{xy}\,dx\,dy$ (6) $\int_{0}^{\pi}\int_{0}^{x^2}\sin\frac{y}{x}\,dy\,dx$

(7) $\int_{0}^{\pi/2}\int_{0}^{\sin y}\frac{x}{\sqrt{1-x^2}}\,dx\,dy$ (8) $\int_{0}^{1}\int_{x^2}^{x}\sqrt{\frac{x}{y}}\,dy\,dx$

(9) $\int_{-2}^{1}\int_{0}^{x^2}(x^2+y)\,dy\,dx$ (10) $\int_{0}^{1}\int_{y^2}^{y}(x^n+y^m)\,dx\,dy\ (m,\ n>0)$

9. 다음 반복 적분을 찾고 또 적분 순서를 바꾸어 계산하라.

(1) $\int_{0}^{\pi/4}\int_{0}^{y}\cos(x+y)\,dx\,dy$ (2) $\int_{1}^{e}\int_{0}^{\ln x}x\,dy\,dx$

(3) $\int_{0}^{1}\int_{-x}^{x}e^{x+y}\,dy\,dx$ (4) $\int_{0}^{\pi/4}\int_{0}^{\tan x}\sec x\,dy\,dx$

(5) $\int_{0}^{1}\int_{y}^{1}xy\,dx\,dy$ (6) $\int_{0}^{1}\int_{x}^{1}\frac{1}{(1+y^2)^2}\,dy\,dx$

10. 다음 반복 적분을 계산하라.

(1) $\int_{1}^{\infty}\int_{0}^{1/x}y\,dy\,dx$ (2) $\int_{1}^{\infty}\int_{0}^{\infty}xy\,e^{-(x^2+y^2)}\,dx\,dy$

(3) $\int_{1}^{\infty}\int_{0}^{1/x^2}2y\,dy\,dx$ (4) $\int_{0}^{1}\int_{0}^{a}\frac{x}{\sqrt{a^2-y^2}}\,dy\,dx\ \ (a>0)$

(5) $\int_{1}^{\infty}\int_{e^{-x}}^{1}\frac{1}{x^3y}\,dy\,dx$ (6) $\int_{-\infty}^{\infty}\int_{-\infty}^{\infty}\frac{1}{(x^2+1)(y^2+1)}\,dx\,dy$

(7) $\int_{-\infty}^{\infty}\int_{-\infty}^{\infty}e^{-x^2+y^2}\,dx\,dy$

11. 다음 반복 적분을 적분 순서를 바꾸어 계산하고 주어진 순서로 반복 적분하는 것과 어느 것이 계산하기 쉬운지 비교하라.

(1) $\int_{0}^{1}\int_{x}^{1}\cos(y^2)\,dy\,dx$ (2) $\int_{0}^{2}\int_{y/2}^{1}e^{-x^2}\,dx\,dy$

(3) $\int_{0}^{1}\int_{0}^{x}\frac{\sin x}{x}\,dy\,dx$

12. 다음 이중 적분의 값을 찾아라.

(1) $\iint_{\Omega}(x^2+y)\,dA,\ \Omega=\{(x,\ y)\,|\,0\le x\le 1,\ 1\le y\le 2\}$

(2) $\iint_{\Omega}x^3y^2\,dA,\ \Omega=\{(x,\ y)\,|\,0\le x\le 2,\ -x\le y\le x\}$

(3) $\iint_{\Omega}y^3\,dA$, Ω는 세 점 $(0,\ 2)$, $(1,\ 1)$, $(3,\ 2)$를 꼭짓점으로 하는 삼각형

(4) $\iint_\Omega (2x-y)\,dA$, Ω는 중심이 원점이고 반지름이 2인 원과 그 내부

(5) $\iint_\Omega x\cos y\,dA$, Ω는 $y=0$, $y=x^2$, $x=1$로 둘러싸인 영역

(6) $\iint_\Omega (x-1)\,dA$, Ω는 $y=x$, $y=x^3$으로 둘러싸인 영역

(7) $\iint_\Omega (y-2x^2)\,dA$, $\Omega=\{(x,\ y)\mid |x|+|y|\le 1\}$

13. $\iint_\Omega (4-x^2-2y^2)\,dA$가 최대가 되도록 하는 xy평면 위의 영역 Ω를 찾아라.

14. 타원 포물면 $\dfrac{x^2}{4}+\dfrac{y^2}{9}+z=1$의 아랫부분과 $\Omega=[-1,\ 1]\times[-2,\ 2]$의 윗부분으로 둘러싸인 입체의 부피를 찾아라.

15. 밀도 함수 δ와 영역 Ω가 다음과 같이 주어질 때 얇은 판의 질량과 질량 중심을 찾아라.

(1) $\Omega=\{(x,\ y)\mid 0\le x\le 2,\ -1\le y\le 1\}$, $\delta(x,\ y)=xy^2$

(2) Ω는 세 점 $(0,\ 0)$, $(2,\ 1)$, $(0,\ 3)$을 꼭짓점으로 하는 삼각형, $\delta(x,\ y)=x+y$

(3) Ω는 $y=e^x$, $y=0$, $x=0$, $x=1$로 둘러싸인 영역, $\delta(x,\ y)=y$

(4) $\Omega=\{(x,\ y)\mid 0\le y\le \sin(\pi x/L),\ 0\le x\le L\}$, $\delta(x,\ y)=y$

16. 상수인 밀도 함수 $\delta(x,\ y)=\delta$와 영역 Ω가 다음과 같을 때 관성 모멘트 I_x, I_y와 선회 반지름 R_x, R_y를 찾아라.

(1) $\Omega=\{(x,\ y)\mid 0\le x\le b,\ 0\le y\le h\}$

(2) Ω는 원판 $x^2+y^2\le a^2$의 제1 사분면 부분의 영역

17. x축 위에 놓여 있는 반지름 1인 반원 모양의 얇은 판 위에서 점 $(x,\ y)$의 밀도는 원의 중심으로부터의 거리에 비례한다고 한다. 이 얇은 판의 질량 중심을 찾아라.

18. xy평면 위 세균의 개체 밀도가 함수 $f(x,\ y)=10{,}000\dfrac{e^y}{1+|x|/2}$으로 주어진다. 영역 $\Omega=[-5,\ 5]\times[-2,\ 0]$ 내 세균의 개체 수를 찾아라.

19. 원기둥면 $x^2+y^2=1$과 평면 $y=z$와 xy평면으로 둘러싸인 입체의 부피를 찾아라.

20. 다음 반복 적분을 계산하고, 이 부피가 나타내는 입체를 그려라.

$$\int_0^1\int_0^x (2-x^2-y^2)\,dy\,dx$$

21. 사각형 영역 $\Omega = \{(x,\ y) \mid a \le x \le b,\ c \le y \le d\}$에서 함수 $f(x,\ y)$의 연속인 이계 편도함수가 존재하면, 다음 등식이 성립함을 보여라.

$$\iint_{\Omega} \frac{\partial^2 f(x,\ y)}{\partial x \partial y}\, dx\, dy = f(b,\ d) - f(b,\ c) - f(a,\ d) + f(a,\ c)$$

22. 다음 특이 적분의 값을 직접 찾기는 쉽지 않다.

$$\int_0^{\infty} \frac{1}{x}\left(e^{-x} - e^{-3x}\right) dx \tag{4.1-14}$$

다음 순서를 따라 이 값을 찾아라.

(1) 주어진 특이 적분이 수렴함을 보여라.

(2) 주어진 $x > 0$에 대해 다음이 성립함을 보여라.

$$\frac{1}{x}\left(e^{-x} - e^{-3x}\right) = \int_1^3 e^{-xy}\, dy$$

(3) (2)의 결과로 적분 (4.1-14)은 다음의 반복 적분과 같다.

$$\int_0^{\infty} \int_1^3 e^{-xy}\, dy\, dx$$

이 반복 적분의 순서를 바꾸어 주어진 적분을 계산하라.

4.2 극 좌표계에서의 이중 적분

극 좌표계에서의 이중 적분

함수가 극 좌표로 주어진 경우의 적분은 직교 좌표보다는 극 좌표를 사용하는 것이 더 자연스럽다. 이 절에서는 극 좌표계에서의 이중 적분을 알아본다.

집합 $\Omega \subset \mathbb{R}^2$는 유계인 닫힌 영역이고 경계는 유한 개의 매끄러운 곡선으로 이루어졌다고 하자. 그림 4.2-1의 (a)와 같이 평면을 극점 O가 중심인 동심원과 극점을 지나는 직선으로 이루어진 **극 사각형**(polar rectangle)으로 분할하자. 여기서 영역 Ω에 완전히 포함되는 작은 영역 $A_1, \cdots, A_n$의 집합 P를 영역 Ω의 **극 분할**(polar partition)이라 한다. 직교 좌표계에서와 같이 분할 P의 크기 $\|P\|$를 대각선이 가장 긴 분할의 원소인 극 사각형의 대각선의 길이로 정의한다.

이제 함수 $f(r, \theta)$가 영역 Ω에서 유계라 하자. 그리고 영역 Ω의 분할 $P = \{A_1, \cdots, A_n\}$에 대해 각 극 사각형 A_i의 중점을 (r_i, θ_i), 그 넓이를 ΔA_i라 하자. 이때 영역 Ω를 $\|P\| \to 0$이 되도록 분할해 갈 때 다음 극한이 존재하면 함수 $f(r, \theta)$는 집합 Ω에서 적분 가능하다고 한다.

$$\lim_{\|P\| \to 0} \sum_{i=1}^{n} f(r_i, \theta_i) \Delta A_i$$

여기서 위의 극한을 다음과 같은 기호로 나타낸다.

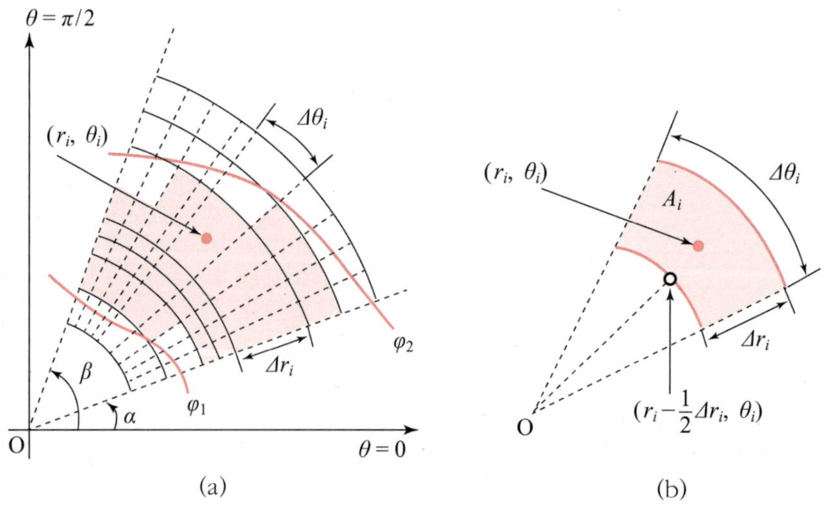

‖ 그림 4.2-1 ‖ 영역의 극 분할

$$\iint_\Omega f(r,\ \theta)\, dA$$

한편 극 사각형 A_i의 넓이 ΔA_i는 다음과 같다(그림 4.2-1의 (b) 참조).

$$\begin{aligned}\Delta A_i &= (\text{큰 부채꼴의 넓이}) - (\text{작은 부채꼴의 넓이}) \\ &= \frac{1}{2}\Delta\theta_i\left\{\left(r_i + \frac{1}{2}\Delta r_i\right)^2 - \left(r_i - \frac{1}{2}\Delta r_i\right)^2\right\} \\ &= \frac{1}{2}\Delta\theta_i(2r_i\Delta r_i) = r_i\Delta r_i\Delta\theta_i\end{aligned}$$

따라서 $dA = r\,dr\,d\theta$이므로 함수 $f(r,\ \theta)$의 영역 Ω에서의 적분은 다음과 같다.

$$\iint_\Omega f(r,\ \theta)\, r\, dr\, d\theta$$

직교 좌표계에서와 같이 영역 Ω에서 함수 $f(r,\ \theta) = 1$의 이중 적분은 영역 Ω의 넓이다.

$$(\Omega\text{의 넓이}) = \iint_\Omega r\, dr\, d\theta \tag{4.2-1}$$

또 $f(r,\ \theta) \geq 0$인 함수의 이중 적분은 함수 f와 영역 Ω로 결정되는 입체 V의 부피를 나타낸다.

$$(V\text{의 부피}) = \iint_\Omega f(r,\ \theta)\, r\, dr\, d\theta \tag{4.2-2}$$

정리 4.1-2와 푸비니 정리 4.1-3은 극 좌표에서의 이중 적분에 대해서도 성립한다. 그림 4.2-2의 (a)와 같이 $\Omega = \{(r,\ \theta) \mid \theta_1 \leq \theta \leq \theta_2,\ \phi_1(\theta) \leq r \leq \phi_2(\theta)\}$일 때 먼저 θ를 고정해서 r에 대해 $\phi_1(\theta)$에서 $\phi_2(\theta)$까지 적분한 것을 θ에 대해 θ_1에서 θ_2까지 적분하면 다음 식을 얻는다.

$$\iint_\Omega f(r,\ \theta)\, r\, dr\, d\theta = \int_{\theta_1}^{\theta_2}\int_{\phi_1(\theta)}^{\phi_2(\theta)} f(r,\ \theta)\, r\, dr\, d\theta \tag{4.2-3}$$

$\Omega = \{(r,\ \theta) \mid \psi_1(r) \leq \theta \leq \psi_2(r),\ r_1 \leq r \leq r_2\}$이면 먼저 r을 고정해서 θ에 대해 적분한 후 r에 대해 적분하면 다음을 얻는다(그림 4.2-2의 (b) 참조).

$$\iint_\Omega f(r,\ \theta)\, r\, dr\, d\theta = \int_{r_1}^{r_2}\int_{\psi_1(r)}^{\psi_2(r)} f(r,\ \theta)\, r\, d\theta\, dr \tag{4.2-4}$$

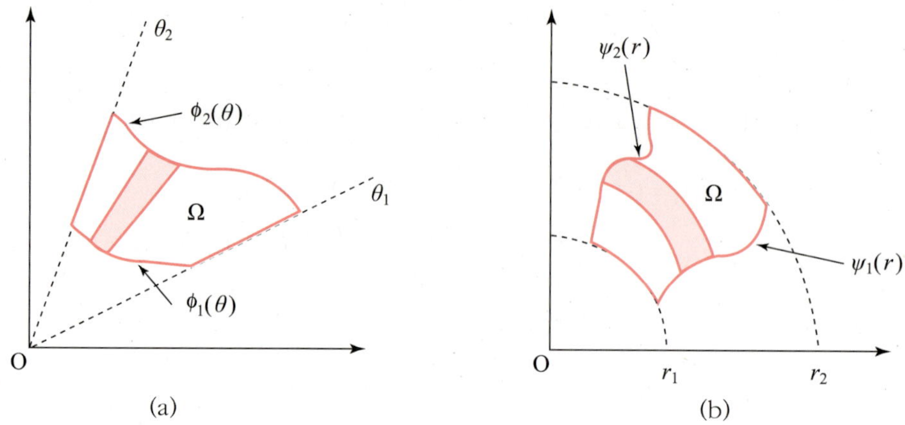

‖ 그림 4.2-2 ‖ 극 좌표에서의 반복 적분

예제 4.2-1 영역 Ω가 원 $r = 4\cos\theta$의 내부와 $r = 2$의 외부로 둘러싸인 집합의 제 1 사분면에 있는 부분일 때, Ω의 넓이를 찾아라. 또 이중 적분 $\iint_\Omega \sin\theta \, dA$를 찾아라.

풀이 두 원의 제 1 사분면에 있는 교점의 θ를 찾으면 $2 = 4\cos\theta$에서 $\theta = \pi/3$이다. 따라서 그림 4.2-3과 같이 영역 Ω의 범위는 $0 \le \theta \le \pi/3$이고 $2 \le r \le 4\cos\theta$이므로 영역 Ω의 넓이는 다음과 같다.

$$\iint_\Omega r\,dr\,d\theta = \int_0^{\pi/3}\int_2^{4\cos\theta} r\,dr\,d\theta = \int_0^{\pi/3}\left[\frac{1}{2}r^2\right]_2^{4\cos\theta} d\theta$$

$$= 2\int_0^{\pi/3}(4\cos^2\theta - 1)\,d\theta = 2\int_0^{\pi/3}(2\cos 2\theta + 1)\,d\theta$$

$$= 2\left[\sin 2\theta + \theta\right]_0^{\pi/3} = \sqrt{3} + \frac{2\pi}{3}$$

먼저 θ를 고정해서 반복 적분하면 다음을 얻는다.

$$\iint_\Omega \sin\theta\, r\,dr\,d\theta = \int_0^{\pi/3}\int_2^{4\cos\theta}\sin\theta\, r\,dr\,d\theta = \int_0^{\pi/3}\left[\frac{1}{2}r^2\sin\theta\right]_2^{4\cos\theta} d\theta$$

$$= \frac{1}{2}\int_0^{\pi/3}\sin\theta\,(16\cos^2\theta - 4)\,d\theta$$

$$= 2\int_0^{\pi/3}(4\cos^2\theta\sin\theta - \sin\theta)\,d\theta$$

$$= 2\left[-\frac{4}{3}\cos^3\theta + \cos\theta\right]_0^{\pi/3} = \frac{4}{3}$$

따라서 찾는 값은 4/3이다. ∎

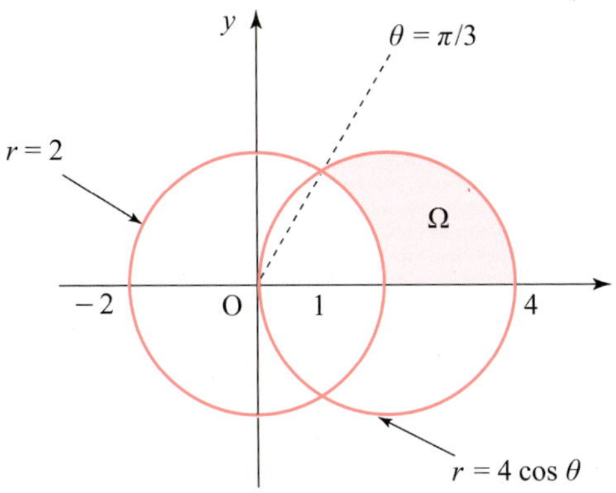

‖ 그림 4.2-3 ‖ 예제 4.2-1의 영역

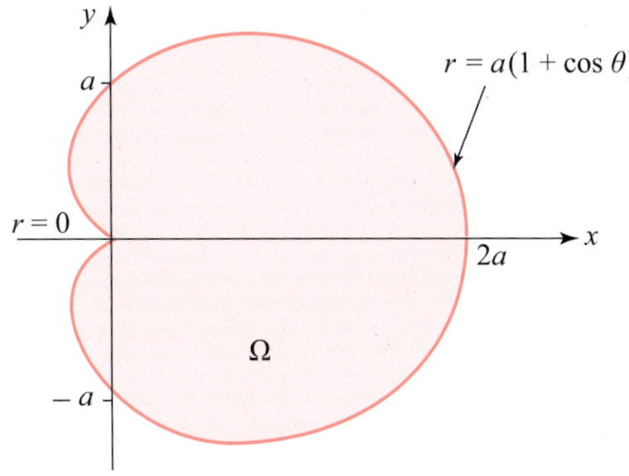

‖ 그림 4.2-4 ‖ 예제 4.2-2의 영역

예제 4.2-2 $a>0$일 때 심장선(cardioid) $r=a(1+\cos\theta)$로 둘러싸인 도형의 내부의 넓이를 찾아라.

풀이 주어진 영역 Ω를 극 좌표로 나타내면 다음과 같다(그림 4.2-4 참조).

$$\Omega=\{(r,\ \theta)\mid 0\le\theta\le 2\pi,\ 0\le r\le a(1+\cos\theta)\}$$

식 (4.2-1)과 θ를 먼저 고정한 반복 적분을 이용해서 넓이를 찾으면 다음과 같다.

$$\begin{aligned}\iint_{\Omega} r\,dr\,d\theta &= \int_0^{2\pi}\int_0^{a(1+\cos\theta)} r\,dr\,d\theta = \frac{1}{2}a^2\int_0^{2\pi}(1+\cos\theta)^2\,d\theta \\ &= \frac{1}{2}a^2\int_0^{2\pi}\left(\frac{3}{2}+2\cos\theta+\cos 2\theta\right)d\theta = \frac{3}{2}\pi a^2\end{aligned}$$

직교 좌표 $(x,\ y)$와 극 좌표 $(r,\ \theta)$ 사이에는 다음과 같은 관계가 있다.

$$x=r\cos\theta,\quad y=r\sin\theta,\quad r^2=x^2+y^2,\quad \tan\theta=\frac{y}{x} \tag{4.2-5}$$

이변수 함수 f가 xy평면의 영역 Ω_{xy}에서 연속이라 하자. 그러면 (4.2-5)를 이용해서 영역 Ω_{xy}를 극 좌표로 나타낸 집합이 $\Omega_{r\theta}$라면 다음 식이 성립한다.

$$\iint_{\Omega_{xy}} f(x,\ y)\,dx\,dy=\iint_{\Omega_{r\theta}} f(r\cos\theta,\ r\sin\theta)\,r\,dr\,d\theta \tag{4.2-6}$$

위의 관계식 (4.2-6)은 직교 좌표계에서의 넓이 요소 $dA=dx\,dy$를 극 좌표에서의 넓이 요소 $dA=r\,dr\,d\theta$로 바꾸고 직교 좌표 변수 x와 y를 식 (4.2-5)를 이용해서 극 좌표 변수 r과 θ로 치환해서 놓은 것과 같다(그림 4.2-5 참조).

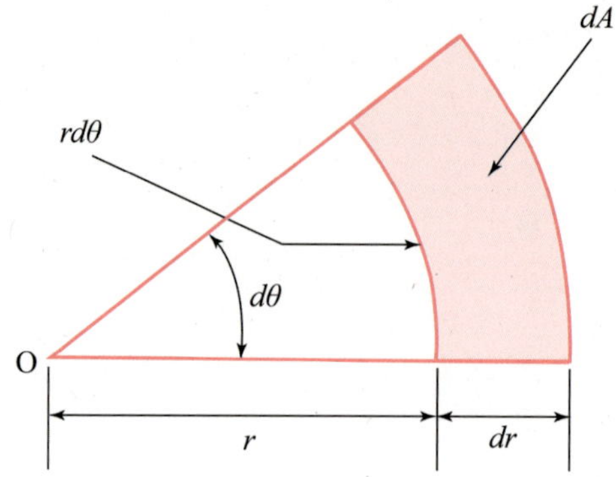

‖ 그림 4.2-5 ‖ 극 좌표계에서의 넓이 요소

예제 4.2-3 영역 $\Omega = \{(x,\ y) \in \mathbb{R}^2 \mid 1 \le x^2 + y^2 \le 4,\ 0 \le y \le x\}$에서 이중 적분 $\iint_\Omega (x^2 + y^2)^{3/2}\, dx\, dy$를 찾아라(그림 4.2-6 참조).

풀이 식 (4.2-5)를 이용해서 직선 $y = x$는 극 좌표로 나타내면 $\theta = \pi/4$이므로 영역 Ω를 극 좌표를 써서 나타내면 다음과 같다.

$$\Omega = \left\{(r,\ \theta) \mid 1 \le r \le 2,\ 0 \le \theta \le \frac{\pi}{4}\right\}$$

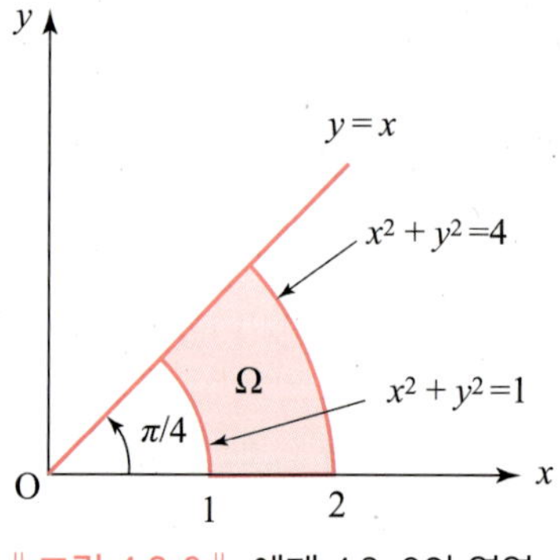

‖ 그림 4.2-6 ‖ 예제 4.2-3의 영역

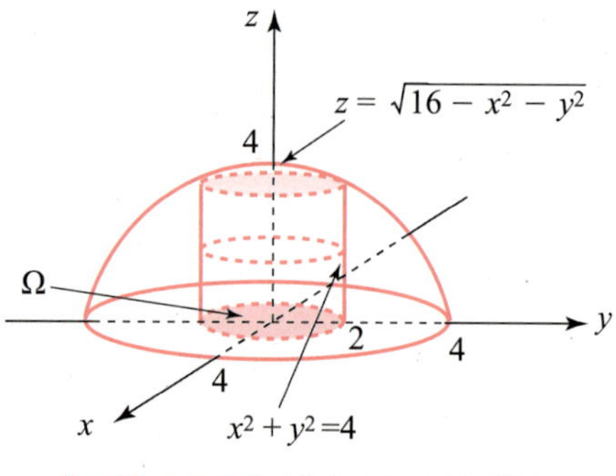

‖ 그림 4.2-7 ‖ 예제 4.2-4의 영역

이제 식 (4.2-6)을 이용하면 찾는 적분은 다음과 같다.

$$\iint_\Omega (x^2 + y^2)^{3/2}\, dx\, dy = \iint_\Omega (r^2)^{3/2}\, r\, dr\, d\theta = \int_0^{\pi/4} \int_1^2 r^4\, dr\, d\theta$$
$$= \frac{31}{5} \int_0^{\pi/4} d\theta = \frac{31}{20}\pi$$

따라서 찾는 값은 $31\pi/20$이다. ▮

예제 4.2-4 반구면 $z=\sqrt{16-x^2-y^2}$ 의 내부와 원기둥면 $x^2+y^2=4$의 내부로 만들어지는 입체의 부피 V를 찾아라(그림 4.2-7 참조).

풀이 입체의 부피 V는 영역 $\Omega=\left\{(x,\ y)\,|-\sqrt{4-y^2}\le x\le\sqrt{4-y^2},\ -2\le y\le 2\right\}$ 에서 함수 $z=\sqrt{16-x^2-y^2}$ 의 적분이다. 식 (4.2-5)를 이용해서 영역 Ω와 함수 z를 극 좌표로 나타내면 $\Omega=\{(r,\ \theta)\,|\,0\le r\le 2,\ 0\le\theta\le 2\pi\}$이고 $z=\sqrt{16-r^2}$ 이다. 식 (4.2-6)의 반복 적분을 이용하면 입체의 부피는 다음과 같다.

$$\begin{aligned}V&=\iint_\Omega f(x,\ y)\,dx\,dy=\int_0^{2\pi}\int_0^2\sqrt{16-r^2}\;r\,dr\,d\theta\\&=-\frac{1}{3}\int_0^{2\pi}\left[(16-r^2)^{3/2}\right]_0^2 d\theta=\frac{1}{3}\int_0^{2\pi}(64-24\sqrt{3})\,d\theta\\&=\frac{8}{3}\left[(8-3\sqrt{3})\theta\right]_0^{2\pi}=\frac{16}{3}(8-3\sqrt{3})\pi\end{aligned}$$

예제 4.2-5 중심이 원점이고 반지름이 a인 원판 Ω의 밀도 함수 δ가 다음과 같을 때 원판 Ω의 총 질량 m, 극관성 모멘트 I_0, 선회 반지름 R_0을 찾아라.

$$\delta(x,\ y)=k\sqrt{x^2+y^2}\quad(k>0)$$

풀이 식 (4.1-5)를 이용하면 원판 Ω의 질량은 다음과 같다.

$$m=\iint_\Omega\delta(x,\ y)\,dx\,dy=\int_0^{2\pi}\int_0^a kr^2\,dr\,d\theta=\frac{2}{3}\pi ka^3$$

식 (4.1-12)에 대해 극 좌표를 이용해서 극관성 모멘트를 찾으면 다음과 같다.

$$\begin{aligned}I_0&=\iint_\Omega(x^2+y^2)\,\delta\,dx\,dy=\iint_\Omega r^2kr\,dx\,dy=k\int_0^{2\pi}\int_0^a r^3r\,dr\,d\theta\\&=\frac{1}{5}ka^5\int_0^{2\pi}d\theta=\frac{2}{5}\pi ka^5\end{aligned}$$

따라서 식 (4.1-13)에서 $R_0=\sqrt{I_0/m}$ 이므로 선회 반지름은 $(\sqrt{3/5})a$이다.

곡면의 넓이

이 절에서는 이변수 함수의 그래프나 삼변수 함수의 방정식으로 정의되는 곡면의 넓이에 대해 알아본다.

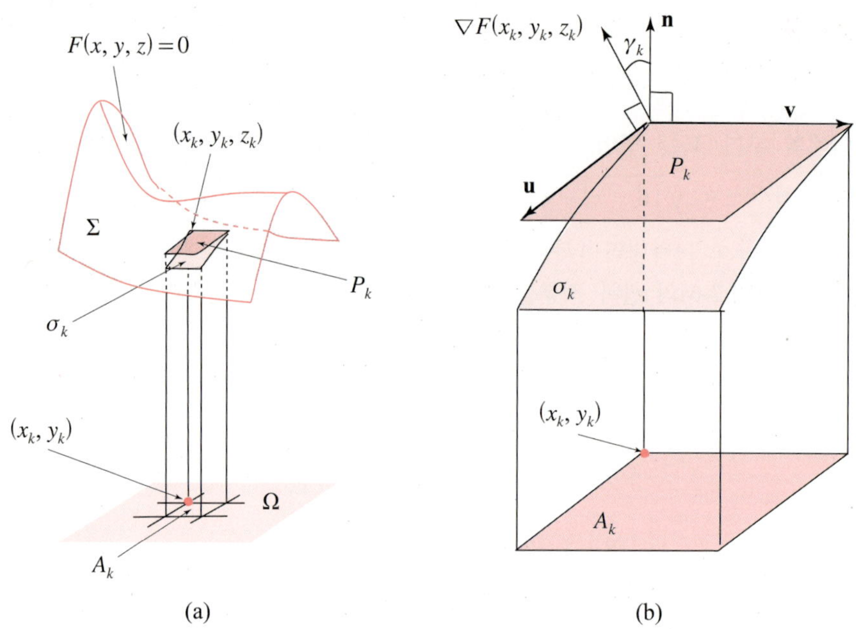

‖ 그림 4.2-8 ‖ 곡면의 넓이

삼변수 함수 $F(x, y, z)$의 일계 편도함수가 모두 연속일 때[6], 방정식 $F(x, y, z)=0$의 그래프 중에서 xy평면의 유계인 닫힌 영역 Ω의 위에 있는 부분을 Σ라고 하자(그림 4.2-8의 (a) 참조). 이제 이중 적분을 이용하여 곡면 Σ의 넓이를 찾아보자.

평면을 x축과 y축에 평행한 직선을 이용해서 작은 직사각형으로 분할할 때 영역 Ω에 포함되는 사각형의 집합 $\{A_1, \cdots, A_n\}$을 Ω의 분할이라고 한다. 이때 각 사각형 A_k 위에 있는 곡면 Σ의 부분을 σ_k라 하고, 사각형 A_k의 꼭짓점 $(x_k, y_k, 0)$에 대응하는 곡면 Σ에 있는 점 (x_k, y_k, z_k)에서의 접평면 중에서 A_k의 위에 있는 부분인 평행사변형 P_k를 생각하자. 그러면 사각형 A_k는 곡면 σ_k와 평행사변형 P_k의 xy평면 위로의 정사영이다(그림 4.2-8의 (b) 참조).

이제 xy평면에 수직인 단위 벡터를 $\mathbf{n}$, 점 (x_k, y_k, z_k)에서 평행사변형 P_k를 결정하는 두 벡터를 $\mathbf{u}$와 $\mathbf{v}$라고 하자(그림 4.2-8의 (b) 참조). 이 때 P_k의 넓이 ΔP_k는 $|\mathbf{u}\times\mathbf{v}|$가 된다. 그러면 $\nabla F(x_k, y_k, z_k)$와 벡터 $\mathbf{u}\times\mathbf{v}$는 사변형 P_k에 수직이므로 벡터 $\nabla F(x_k, y_k, z_k)$와 $\mathbf{u}\times\mathbf{v}$는 평행하다. 또 벡터 $\mathbf{n}$과 $\nabla F(x_k, y_k, z_k)$의 사잇각을 γ_k라고 하면 벡터 $\mathbf{u}\times\mathbf{v}$와 벡터 $\mathbf{n}$의 사잇각과 접평면과 xy평면이 이루는 각은 모두 γ_k이다. A_k는 σ_k와 P_k의 xy평면 위로의 정사영이므로 P_k의 넓이 ΔP_k와 A_k의 넓이 ΔA_k 사이에 다음 식이 성립한다.

---

6) 이 때 방정식 $F(x, y, z)=0$의 그래프로 주어진 곡면을 매끄러운 곡면(smooth surface)이라 한다.

$$\Delta A_k = |(\mathbf{u}\times\mathbf{v})\cdot\mathbf{n}| = |\mathbf{u}\times\mathbf{v}||\mathbf{n}||\cos\gamma_k| = \Delta P_k|\cos\gamma_k|$$

이때 모든 $k=1, \cdots, n$에 대해 $\gamma_k \neq \pi/2$이라 하면 σ_k의 넓이 $\Delta\sigma_k$가 ΔP_k로 근사되므로 곡면 Σ의 넓이는 다음과 같이 쓸 수 있다.

$$(\text{곡면 } \Sigma\text{의 넓이}) \approx \sum_{k=1}^{n}\Delta\sigma_k \approx \sum_{k=1}^{n}\Delta P_k = \sum_{k=1}^{n}\frac{\Delta A_k}{|\cos\gamma_k|} \tag{4.2-7}$$

이제 영역 Ω를 분할의 크기가 0이 되도록 점점 분할하여 갈 때, 각 분할에 대응하는 합 (4.2-7)이 수렴하면 그 값을 방정식 $F(x, y, z)=0$으로 정의되는 곡면 Σ의 넓이(surface area)라 하고 다음과 같이 나타낸다.

$$(\text{곡면 } \Sigma\text{의 넓이}) = \iint_{\Sigma} d\sigma$$

한편 곡면 Σ의 넓이는 근사식 (4.2-7)을 이용하면 다음과 같다.7)

$$\iint_{\Sigma} d\sigma = \iint_{\Omega}\frac{1}{|\cos\gamma|}\,dA = \iint_{\Omega}\frac{1}{|\cos\gamma|}\,dx\,dy \tag{4.2-8}$$

여기서 $\gamma_k \neq \pi/2$이면 $\nabla F(x_k, y_k, z_k)\cdot\mathbf{n} \neq 0$이므로 다음이 성립한다.

$$|\nabla F\cdot\mathbf{n}| = |\nabla F||\mathbf{n}||\cos\gamma_k| \quad \text{또는} \quad \frac{1}{|\cos\gamma_k|} = \frac{|\nabla F|}{|\nabla F\cdot\mathbf{n}|}$$

이를 이용하여 식 (4.2-8)을 다시 쓰면 다음과 같다.

$$(\text{곡면 } \Sigma\text{의 넓이}) = \iint_{\Sigma} d\sigma = \iint_{\Omega}\frac{|\nabla F|}{|\nabla F\cdot\mathbf{n}|}\,dx\,dy \tag{4.2-9}$$

여기서 다음과 같이 주어지는 $d\sigma$를 곡면의 넓이 요소 또는 면적소(surface element)라고 한다.

$$d\sigma = \frac{1}{|\cos\gamma|}\,dx\,dy = \frac{|\nabla F|}{|\nabla F\cdot\mathbf{n}|}\,dx\,dy$$

위의 결과를 정리하면 다음과 같다.

---

7) 실제로 이 경우에 F가 C^1 함수이고 $\mathbf{n}=\mathbf{k}$이므로 $\gamma_k \neq \pi/2$이면 $\frac{\partial F}{\partial z}(x_k, y_k, z_k) \neq 0$이다. 따라서 따름 정리 3.8-1에 의하여 z는 (x_k, y_k)의 근방에서 x와 y의 함수이므로 γ_k도 x와 y의 함수이다.

매끄러운 곡면 $F(x, y, z)=0$ 중 평면 위 유계인 닫힌 영역 Ω 위에 있는 부분 Σ의 넓이는 $\iint_{\Omega} \frac{|\nabla F|}{|\nabla F \cdot \mathbf{n}|} dA$ $(\mathbf{n}=\mathbf{i}, \mathbf{j}$, 또는 $\mathbf{k})$로 주어진다. 여기서 $\mathbf{n}(=\mathbf{i}, \mathbf{j}$, 또는 $\mathbf{k})$은 Ω에 수직이고 $\nabla F \cdot \mathbf{n} \neq 0$이다.

예제 4.2-6 반구면 $z=\sqrt{16-x^2-y^2}$이 원기둥 $x^2+y^2 \leq 4$와 만나서 이루는 곡면 Σ의 넓이를 찾아라(그림 4.2-7 참조).

풀이 곡면 Σ는 그림 4.2-7과 같이 xy평면의 닫힌 원판 $\Omega = \{(x, y) | x^2+y^2 \leq 4\}$의 위에 있는 반구면 $F(x, y, z)=x^2+y^2+z^2-16=0$의 일부분이다. 따라서 다음을 얻는다.

$$\nabla F=(2x, 2y, 2z), \ |\nabla F|=2\sqrt{x^2+y^2+z^2}$$

곡면 Σ에 있는 임의의 점은 $x^2+y^2+z^2=16$을 만족시키므로 $|\nabla F|=8$이다. 또 Ω에 수직인 방향은 $\mathbf{k}$이므로 $\mathbf{n}=\mathbf{k}$이다. 그러므로 $|\nabla F \cdot \mathbf{n}|=2z$이다. 이제 식 (4.2-9)에서 다음을 얻는다.

$$(\Sigma\text{의 넓이}) = \iint_{\Omega} \frac{8}{2z} dA = \iint_{\Omega} \frac{4}{z} dA \tag{4.2-10}$$

여기서 z는 곡면 Σ에 있는 점의 z 좌표이므로 $z=\sqrt{16-x^2-y^2}$이다. 이제 식 (4.2-10)의 적분을 극 좌표와 반복 적분을 이용하여 다음과 같이 계산한다.

$$\begin{aligned}\iint_{\Omega} \frac{4}{z} dA &= \iint_{\Omega} \frac{4}{\sqrt{16-x^2-y^2}} dA = 4\int_0^{2\pi}\int_0^2 \frac{r\,dr\,d\theta}{\sqrt{16-r^2}} \\ &= 4\int_0^{2\pi} \left[-(16-r^2)^{1/2}\right]_0^2 d\theta = 4\int_0^{2\pi}(4-2\sqrt{3})d\theta \\ &= 16(2-\sqrt{3})\pi\end{aligned}$$

따라서 찾는 곡면 Σ의 넓이는 $16(2-\sqrt{3})\pi$이다. ▮

이제 곡면 Σ_z가 xy 좌표 평면의 영역 Ω_{xy}에서 정의된 함수 $z=f(x, y)$의 그래프인 경우에 대해 살펴보자. 이 경우에는 $F(x, y, z)=f(x, y)-z$이고 Ω_{xy}에 수직인 방향은 $\mathbf{k}$이므로 $\mathbf{n}=\mathbf{k}$이다. 이것들과 식 (4.2-9)로부터 다음을 얻는다.

$$|\nabla F| = |(f_x, f_y, -1)| = \sqrt{f_x^2+f_y^2+1}, \ |\nabla F \cdot \mathbf{n}| = |-\mathbf{k}\cdot\mathbf{k}| = 1,$$

$$(\Sigma\text{의 넓이}) = \iint_{\Omega_{xy}} \sqrt{f_x^2+f_y^2+1}\, dx\, dy$$

같은 방법으로 yz평면의 영역 Ω_{yz}에서 함수 $x=f(y,\ z)$의 그래프로 주어지는 곡면 Σ_x와 xz평면의 영역 Ω_{xz}에서 함수 $y=f(x,\ z)$의 그래프로 주어지는 곡면 Σ_y의 넓이에 대해서도 비슷한 결과를 얻는데 이를 모두 정리하면 다음과 같다.

$$(\Sigma_z\text{의 넓이}) = \iint_{\Omega_{xy}} \sqrt{f_x^2+f_y^2+1}\,dx\,dy \tag{4.2-11}$$

$$(\Sigma_x\text{의 넓이}) = \iint_{\Omega_{yz}} \sqrt{f_y^2+f_z^2+1}\,dy\,dz \tag{4.2-12}$$

$$(\Sigma_y\text{의 넓이}) = \iint_{\Omega_{xz}} \sqrt{f_x^2+f_z^2+1}\,dx\,dz \tag{4.2-13}$$

예제 4.2-7 원기둥 $x^2+y^2\le 1$과 평면 $z=2-x-y$가 만나서 이루는 곡면 중에 제1팔분 공간에 있는 부분 Σ의 넓이를 찾아라(그림 4.2-9 참조).

풀이 곡면 Σ는 xy평면의 단위 원판 중에서 제1사분면에 속하는 부분 Ω에서 정의되어 있고 $f_x(x,\ y)=f_y(x,\ y)=-1$이므로 식 (4.2-11)을 이용하면 다음을 얻는다.

$$(\Sigma\text{의 넓이}) = \iint_{\Omega} \sqrt{f_x^2+f_y^2+1}\,dA = \iint_{\Omega}\sqrt{3}\,dA$$

$$=\sqrt{3}\,(\Omega\text{의 넓이}) = \frac{\sqrt{3}\,\pi}{4}$$

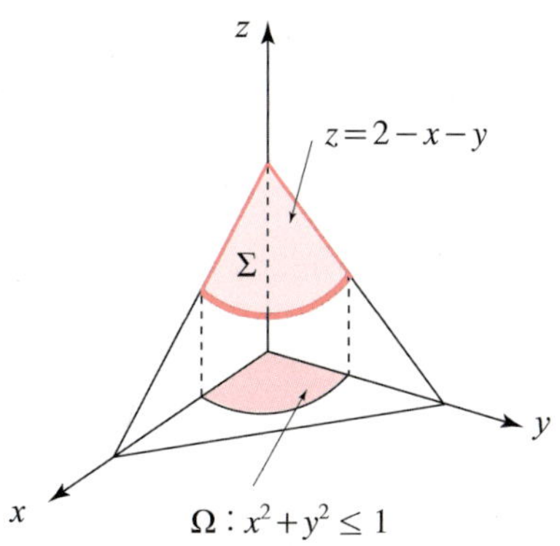

‖ 그림 4.2-9 ‖ 예제 4.2-7의 곡면과 영역

연습 문제 4.2

Exercises

1. 반복 적분 $\int_0^2 \int_{-\sqrt{4-y^2}}^{\sqrt{4-y^2}} y\sqrt{x^2+y^2}\, dx\, dy$에 대하여 다음 물음에 답하라.
   (1) 적분 영역을 그려라.
   (2) 반복 적분의 순서를 바꾸어 나타내라.
   (3) 극 좌표를 이용한 적분으로 바꾸어 적분을 계산하라.

2. 평면에서 극 좌표로 주어진 영역 $\Omega = \{(r,\ \theta) \mid r \le f(\theta),\ \alpha \le \theta \le \beta\}$의 넓이 A가 다음과 같음을 보여라.

$$A = \frac{1}{2}\int_\alpha^\beta f(\theta)^2\, d\theta$$

3. 다음 곡선으로 둘러싸인 부분의 넓이를 이중 적분을 이용해서 찾아라(단, $a > 0$).
   (1) $r = 2a\cos\theta$
   (2) $r = a(1+\sin\theta)$
   (3) $r = 2\sin 3\theta$
   (4) $r^2 = 2a^2\cos 2\theta$

4. 다음 반복 적분을 극 좌표로 바꾸어 계산하라.
   (1) $\int_{-3}^3 \int_0^{\sqrt{9-x^2}} \sin(x^2+y^2)\, dy dx$
   (2) $\int_0^1 \int_y^{\sqrt{2-y^2}} (x+y)\, dx dy$
   (3) $\iint_\Omega (x^2+y^2)^{\frac{3}{2}}\, dx dy,\ \ \Omega = \{(x,y) \mid 1 \le x^2+y^2 \le 4,\ 0 \le y \le \sqrt{3}\,x\}$
   (4) $\int_{-1}^0 \int_{-\sqrt{1-x^2}}^0 \frac{2}{1+\sqrt{x^2+y^2}}\, dy\, dx$

5. 타원체 $\frac{x^2}{a^2}+\frac{y^2}{b^2}+\frac{z^2}{c^2}=1$의 부피를 찾아라.

6. 극 방정식 $r = 1+\cos\theta$로 주어진 곡선의 내부 영역 Ω의 밀도 함수가 $\delta = 1$일 때 영역 Ω의 질량 중심을 찾아라.

7. 중심이 원점이고 반지름이 a인 원판 Ω의 밀도 함수가 $\delta(x,\ y) = b$로 상수일 때 관성 모멘트 $I_x,\ I_y,\ I_0$를 찾아라. 그리고 선회 반지름 $R_x,\ R_y,\ R_0$를 찾아라.

8. 포물면 $z = 1+x^2+y^2$과 원기둥 $x^2+y^2 \le 1$이 만드는 곡면의 넓이를 찾아라.

9. 포물면 $z = x^2+y^2$에 대하여 두 평면 $z=2$와 $z=6$ 사이의 부분의 곡면의 넓이를 찾아라.

10. 구면 $x^2+y^2+z^2=a^2\,(a>0)$의 상반부 중에서 xy평면에서 장미선 $r=a\cos 2\theta$의 한 고리 위에 있는 부분의 곡면의 넓이를 찾아라.

11. 다음 곡면에서 평면 $x=1,\ y=0,\ y=x$로 둘러싸인 곡면의 넓이를 찾아라.

(1) $2x+2y+z=4$

(2) $z=\dfrac{2}{3}(1+y^2)^{3/2}$

12. 다음 두 꽉찬 원기둥이 교차하는 부분의 겉넓이를 찾아라.

$$x^2+y^2=1,\ y^2+z^2=1$$

13. 반지름이 a인 구면의 넓이가 $4\pi a^2$임을 보여라(단, $a>0$).

14. 원기둥 $r\le\sin\theta$가 원뿔면 $z=1-r$에 의해 잘린 단면의 넓이를 찾아라.

15. 영역 $\Omega=\{(x,\ y)\,|\,y\ge 0,\ x^2+y^2\le 4,\ x^2+(y-1)^2\ge 1\}$에서 이중 적분 $\iint_{\Omega}\sqrt{x^2+y^2}\,dA$를 찾아라.

16. 다음 물음에 답하라.

(1) 평면의 원판 $\Omega=\{(x,\ y)\in\mathbb{R}^2\,|\,x^2+y^2\le r^2\}$에 대해 극 좌표를 이용해서 다음이 성립함을 보여라.

$$\iint_{\Omega}e^{-(x^2+y^2)}\,dx\,dy=\pi(1-e^{-r^2})$$

(2) (1)을 이용해서 $\Omega_1=\{(x,\ y)\in\mathbb{R}^2\,|\,0\le x\le r,\ 0\le y\le r\}$과 중심이 원점이고 반지름이 r과 $\sqrt{2}\,r$인 원판의 제 1 사분면에 놓인 영역을 생각해서 다음이 성립함을 보여라.

$$\frac{\pi}{4}(1-e^{-r^2})<\iint_{\Omega_1}e^{-(x^2+y^2)}\,dx\,dy<\frac{\pi}{4}(1-e^{-2r^2})$$

(3) 다음이 성립함을 보여라.

$$\iint_{\Omega_1}e^{-(x^2+y^2)}\,dx\,dy=\left(\int_0^r e^{-x^2}dx\right)\left(\int_0^r e^{-y^2}dy\right)$$

(4) (3)과 (2)를 이용해서 다음을 보여라.

$$\int_0^{\infty}e^{-x^2}\,dx=\frac{\sqrt{\pi}}{2}$$

4.3 삼중 적분

이 절에서는 4.1절의 평면의 영역에서 정의된 함수의 이중 적분을 공간의 영역에서 정의된 삼변수 실함수의 적분으로 확장하고 4.2절에서와 같은 방식으로 삼차원 공간의 다른 좌표계에서의 삼중 적분에 대해 알아본다.

직교 좌표계에서의 삼중 적분

공간에서 유계인 집합 Q를 생각하자. 그림 4.3-1과 같이 각 좌표 평면에 평행인 평면으로 공간을 작은 직육면체로 나눌 때, 영역 Q의 내부 또는 그 경계와 만나는 직육면체 집합 P를 Q의 **분할**(partition), P의 원소의 대각선의 길이 중에서 가장 큰 값을 분할 P의 **크기**(norm)라 하고 $\|P\|$로 나타낸다.

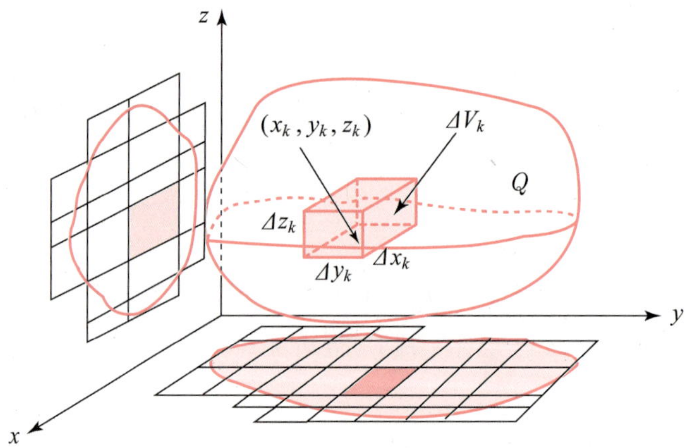

‖ 그림 4.3-1 ‖ 영역 Q의 분할

한편 일계 편도함수가 연속인 $z=\varphi(x, y)$ 또는 $y=\phi(x, z)$ 또는 $x=\psi(y, z)$ 꼴의 이변수 함수의 그래프나 일계 도함수가 연속인 삼변수 함수 $F(x, y, z)$에 관한 방정식 $F(x, y, z)=0$의 그래프로 주어진 곡면을 **매끄러운 곡면**(smooth surface)이라 한다. 예를 들어 원점이 중심인 구면은 매끄러운 곡면이다.

삼변수 함수 $w=f(x, y, z)$는 경계가 유한 개의 매끄러운 곡면으로 이루어진 유계인 닫힌 영역 Q에서 유계라 하자. 또 Q의 분할 $P=\{V_1, V_2, \cdots, V_n\}$의 각 원소 V_k에서 임의로 하나씩 Q의 점 (x_k, y_k, z_k)를 뽑아서 만든 집합을 χ, ΔV_k를 직육면체 V_k의 부피, 즉 $\Delta V_k=\Delta x_k \Delta y_k \Delta z_k$라고 하자. 이때 다음 식으로 정의되는 실수 $R(P, \chi, f)$를 영역 Q에서의 분할 P와 집합 χ에 대한 함수 f의 **리만 합**이라고 한다.

$$R(P,\ \chi,\ f) = \sum_{k=1}^{n} f(x_k,\ y_k,\ z_k)\Delta V_k = \sum_{k=1}^{n} f(x_k,\ y_k,\ z_k)\Delta x_k \Delta y_k \Delta z_k$$

이제 영역 Q의 분할 P의 크기 $\|P\|$가 0에 한없이 가까워지도록 분할할 때 대응하는 리만 합 $R(P,\ \chi,\ f)$가 집합 χ의 선택에 관계없이 일정한 수에 가까워지면, 즉 다음 극한이 수렴하면 영역 Q에서 함수 f는 (삼중) **적분 가능하다** 또는 **적분할 수 있다**고 한다.

$$\lim_{\|P\| \to 0} \sum_{k=1}^{n} f(x_k,\ y_k,\ z_k)\Delta V_k$$

이때 Q를 **적분 영역**, f를 **피적분 함수[적분할 함수]**, 이 극한을 f의 **삼중 적분(triple integral)**이라 하고 다음과 같은 기호를 써서 나타낸다.

$$\iiint_Q f(x,\ y,\ z)\,dV, \quad \iiint_Q f(x,\ y,\ z)\,dx\,dy\,dz, \quad \iiint_Q f\,dx\,dy\,dz, \quad \iiint_Q f\,dV$$

여기서 dV를 **부피 요소** 또는 **체적소(volume element)**라 하는데, 이는 직교 좌표계의 경우에 세 변의 길이가 각각 $dx,\ dy,\ dz$인 직육면체의 부피 $dV = dx\,dy\,dz$이다.

삼중 적분 경우에도 정리 4.1-2가 성립한다. 또한 푸비니 정리 4.1-3도 성립한다. 여기서는 삼중 적분의 반복 적분에 대해 자세히 살펴보기로 하자. 그림 4.3-2와 같이 평면의 영역 $\Omega = \{(x,\ y) \mid g_1(y) \le x \le g_2(y),\ c \le y \le d\}$에서 $f_1(x,\ y) \le f_2(x,\ y)$인 두 함수 $z = f_1(x,\ y)$와 $z = f_2(x,\ y)$에 의해 다음과 같이 정의되는 영역 Q를 생각하자.

$$Q = \{(x,\ y,\ z) \in \mathbb{R}^3 \mid c \le y \le d,\ g_1(y) \le x \le g_2(y),\ f_1(x,\ y) \le z \le f_2(x,\ y)\}$$

여기서 f가 영역 Q의 밀도 (분포) 함수이면 삼중 적분 $\iiint_Q f(x,\ y,\ z)\,dV$는 영역 Q의 질량이다.

Q의 질량을 다음과 같이 생각해서 찾을 수 있다. 먼저 영역 Ω의 각 점 $(x,\ y)$에 대해 적분 $A(x,\ y) = \int_{f_1(x,\ y)}^{f_2(x,\ y)} f(x,\ y,\ z)\,dz$는 점 $(x,\ y)$ 위의 Q에 놓인 '작은 사각기둥'의 질량이다(그림 4.3-2 참조). 그러므로 $y \in [c,\ d]$를 고정하면 적분 $B(y) = \int_{g_1(y)}^{g_2(y)} A(x,\ y)\,dx$는 그림 4.3-2에서 Ω의 빗금친 부분 위에 있는 '얇은 판'의 Q에 있는 부분의 질량이다. 이런 '얇은 판'의 질량을 모두 합한 것, 즉 $\int_c^d B(y)\,dy$는 영역 Q의 질량이다. 이를 종합하면 다음과 같다.

$$\iiint_Q f(x,\ y,\ z)\,dV = \int_c^d \left[\int_{g_1(y)}^{g_2(y)} \left\{ \int_{f_1(x,\ y)}^{f_2(x,\ y)} f(x,\ y,\ z)\,dz \right\} dx \right] dy \qquad (4.3\text{-}1)$$

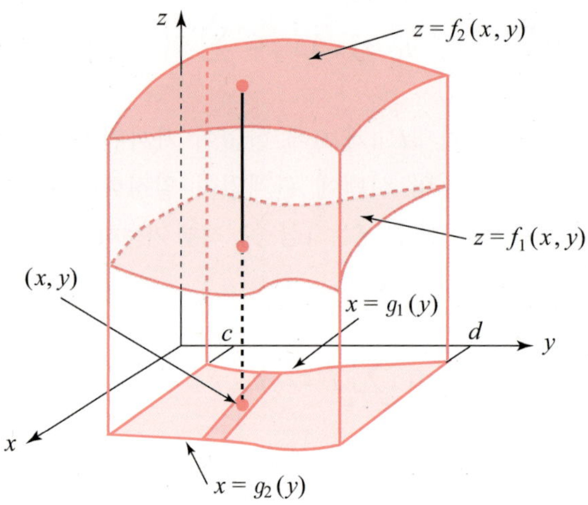

‖ 그림 4.3-2 ‖ 삼중 적분과 반복 적분

식 (4.3-1)의 우변을 반복 적분이라 한다. 식 (4.3-1)이 성립한다는 사실에 대한 증명은 이 과정의 범위를 벗어나므로 생략한다.

또 공간에서 영역 Q가 다음과 같이 주어졌다고 하자.

$$Q = \left\{(x,\ y,\ z) \in \mathbb{R}^3 \mid a \le x \le b,\ g_1(x) \le y \le g_2(x),\ f_1(x,\ y) \le z \le f_2(x,\ y)\right\}$$

이 경우에도 같은 방식으로 생각하면 영역 Q에서 함수 f의 삼중 적분과 반복 적분에 대해 다음이 성립한다.

$$\iiint_Q f(x,\ y,\ z)\, dV = \int_a^b \left[\int_{g_1(x)}^{g_2(x)} \left\{\int_{f_1(x,\ y)}^{f_2(x,\ y)} f(x,\ y,\ z)\, dz\right\} dy\right] dx \tag{4.3-2}$$

예제 4.3-1 다음 반복 적분을 계산하라.

$$\int_0^1 \int_0^1 \int_0^{2-x^2-y^2} xye^z\, dz\, dx\, dy$$

풀이 변수 $z,\ y,\ x$의 순서로 적분해서 찾으면 다음과 같다.

$$\begin{aligned}
&\int_0^1 \int_0^1 \int_0^{2-x^2-y^2} xye^z\, dz\, dy\, dx \\
&= \int_0^1 \int_0^1 \left[e^z\right]_0^{2-x^2-y^2} dx dy = \int_0^1 \int_0^1 xy\left(e^{2-x^2-y^2} - 1\right) dx\, dy \\
&= \int_0^1 y\left(-\frac{1}{2}e^{1-y^2} + \frac{1}{2}e^{2-y^2} - \frac{1}{2}\right) dx = \frac{1}{2}\int_0^1 y\left((e-1)e^{1-y^2} - 1\right) dy
\end{aligned}$$

$$= -\frac{1}{4}\left[e^{u}\right]_{1}^{2} - \frac{1}{4}\left[e^{s}\right]_{0}^{1} - \frac{1}{4}\left[y^{2}\right]_{0}^{1} = \frac{1}{4}(e-2)e$$

이중 적분에서와 같이 영역 Q에서 상수 함수 $f(x,\ y,\ z)=1$의 삼중 적분은 영역 Q의 부피 Vol(Q)를 나타낸다.

$$\text{Vol}(Q) = \iiint_Q f\,dV \tag{4.3-3}$$

예제 4.3-2 $a>0$일 때 두 원기둥면 $x^2+y^2=a^2$과 $x^2+z^2=a^2$에 의해 둘러싸인 입체의 부피 V를 찾아라.

풀이 주어진 입체는 원점에 대칭이므로 제 1 팔분 공간에 놓인 입체의 영역 Q를 생각하면 충분하다(그림 4.3-3 참조). 주어진 식으로부터 영역 Q는 다음과 같다.

$$Q=\left\{(x,\ y,\ z)\ \mid\ 0\le x\le a,\ 0\le y\le \sqrt{a^2-x^2},\ 0\le z\le \sqrt{a^2-x^2}\right\}$$

식 (4.3-2)를 이용해서 입체의 부피 V를 찾으면 다음과 같다.

$$\begin{aligned}
V &= 8\int_0^a\int_0^{\sqrt{a^2-x^2}}\int_0^{\sqrt{a^2-x^2}} dz\,dydx \\
&= 8\int_0^a\int_0^{\sqrt{a^2-x^2}} \sqrt{a^2-x^2}\,dydx \\
&= 8\int_0^a (a^2-x^2)dx = \frac{16a^3}{3}
\end{aligned}$$

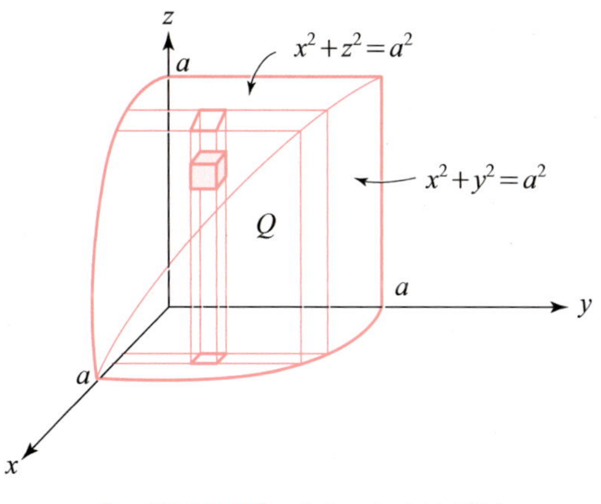

‖ 그림 4.3-3 ‖ 예제 4.3-2의 영역

일변수 함수 $y=f(x)$가 닫힌 구간 $I=[a,\ b]$에서 연속일 때 다음을 함수 f의 구간 I에서의 **평균값**이라 한다.

$$\frac{1}{b-a}\int_a^b f(x)\,dx \quad (a<b)$$

이런 함수의 평균값을 다변수 함수의 경우로 확장할 수 있다. 예를 들면 공간의 영역 Q에서의 연속인 삼변수 **함수 f의 평균값(mean value)**을 다음 식으로 정의한다.

$$\frac{1}{\mathrm{Vol}(Q)}\iiint_Q f(x,\ y,\ z)\,dV \quad (\mathrm{Vol}(Q)\neq 0)$$

연속인 일변수 함수의 정 적분에 관한 **평균값 정리**[8])는 다중 적분의 경우에도 성립한다. 특히 삼중 적분의 경우는 다음과 같다. 증명은 연습 문제로 남긴다.

정리 4.3-1 (평균값 정리)

공간의 영역 Q에서 연속인 함수 $w=f(x,\ y,\ z)$는 Q에서 최댓값과 최솟값을 취한다고 하자. 이때 Q의 임의의 두 점을 Q에 있는 곡선으로 연결할 수 있으면 다음을 만족시키는 점 $\mathbf{p}$가 Q에 적어도 한 개 존재한다.

$$f(\mathbf{p})\,\mathrm{Vol}(Q)=\iiint_Q f\,dV$$

이중 적분은 공간에서 두께를 무시한 금속판 또는 두께가 일정한 금속판의 질량, 질량 모멘트, 질량 중심, 관성 모멘트 등을 계산하는 데 이용됐다. 삼중 적분은 더욱 일반적인 상황에서 질량이 연속적으로 분포되어 있는 영역 $Q\subset\mathbb{R}^3$에 대해 그와 같은 물리량을 찾는 데 이용할 수 있다. 함수 $\delta(x,\ y,\ z)$가 영역 Q에서 연속인 밀도 함수일 때 다음을 정의한다.

Q의 총 질량 $$m=\iiint_Q \delta(x,\ y,\ z)\,dV \tag{4.3-4}$$

xy평면에 대한 질량 모멘트 $$M_{xy}=\iiint_Q z\,\delta(x,\ y,\ z)\,dV \tag{4.3-5}$$

yz평면에 대한 질량 모멘트 $$M_{yz}=\iiint_Q x\,\delta(x,\ y,\ z)\,dV \tag{4.3-6}$$

---

8) 닫힌 구간 $[a,\ b]$에서 연속인 함수 f에 대해 방정식 $(b-a)f(y)=\int_a^b f(x)dx$의 해 y가 열린 구간 $(a,\ b)$에 적어도 한 개 존재한다.

$$xz\text{평면에 대한 질량 모멘트} \quad M_{xz} = \iiint_Q y\,\delta(x,\ y,\ z)\,dV \tag{4.3-7}$$

네 식 (4.3-4) ~ (4.3-7)로부터 질량 중심의 좌표 $(\bar{x},\ \bar{y},\ \bar{z})$는 다음과 같다.

$$\bar{x} = \frac{M_{yz}}{m},\quad \bar{y} = \frac{M_{xz}}{m},\quad \bar{z} = \frac{M_{xy}}{m} \tag{4.3-8}$$

또 영역 Q의 점 $(x,\ y,\ z)$에서 Q의 회전축 L까지의 거리를 $d(x,\ y,\ z)$라 할 때 다음 삼중 적분 I_L을 축 L에 대한 영역 Q의 질량의 관성 모멘트라 한다.

$$I_L = \iiint_Q \{d(x,\ y,\ z)\}^2\,\delta(x,\ y,\ z)\,dV \tag{4.3-9}$$

특히 x축, y축, z축에 대한 관성 모멘트 I_x, I_y, I_z는 각각 다음과 같다.

$$I_x = \iiint_Q (y^2+z^2)\,\delta(x,\ y,\ z)\,dV \tag{4.3-10}$$

$$I_y = \iiint_Q (x^2+z^2)\,\delta(x,\ y,\ z)\,dV \tag{4.3-11}$$

$$I_z = \iiint_Q (x^2+y^2)\,\delta(x,\ y,\ z)\,dV \tag{4.3-12}$$

한편 질량 m의 회전축 L에 대한 선회 반지름 R_L은 다음 식으로 정의한다.

$$I_L = mR_L^2 \quad \text{또는} \quad R_L = \sqrt{\frac{I_L}{m}}$$

그리고 x축, y축, z축에 대한 선회 반지름 R_x, R_y, R_z는 각각 다음과 같다.

$$R_x = \sqrt{\frac{I_x}{m}},\quad R_y = \sqrt{\frac{I_y}{m}},\quad R_z = \sqrt{\frac{I_z}{m}} \tag{4.3-13}$$

예제 4.3-3 밀도가 1인 물이 그림 4.3-4와 같은 원뿔 모양의 용기 Q에 담겨 있을 때 Q에 담긴 물의 질량에 대한 I_z와 R_z를 찾아라(단, 용기의 두께와 질량은 무시한다).

$$Q = \left\{(x,\ y,\ z) \mid az \ge h\sqrt{x^2+y^2},\ z \le h\right\}$$

풀이 밀도 함수 δ가 1이므로 식 (4.3-12)로부터 다음을 얻는다.

$$I_z = \iiint_Q (x^2+y^2)\,dV$$

그림 4.3-4와 같이 영역 $\Omega = \{(x,\ y) \mid x^2 + y^2 \le a^2\}$의 한 점 $(x,\ y)$를 고정하고 $r = \sqrt{x^2+y^2}$이라 하면, $rh/a \le z \le h$이고 Ω에서 이중 적분을 극 좌표를 써서 I_z를 계산하면 다음을 얻는다.

$$\begin{aligned} I_z &= \iint_\Omega \left\{ \int_{hr/a}^{h} (x^2+y^2)\, dz \right\} dx\, dy = \iint_\Omega \left\{ \int_{hr/a}^{h} r^2\, dz \right\} dx\, dy \\ &= \iint_\Omega \frac{hr^2}{a}(a-r)\, dx\, dy = \frac{h}{a}\int_0^{2\pi}\int_0^a r^2(a-r)\, r\, dr\, d\theta = \frac{1}{10}\pi h a^4 \end{aligned}$$

또 원뿔에 담긴 물의 질량은 $m = (1/3)a^2\pi h$이므로 선회 반지름 R_z는 식 (4.3-13)을 이용하면 $R_z = a\sqrt{3/10}$이다. ▮

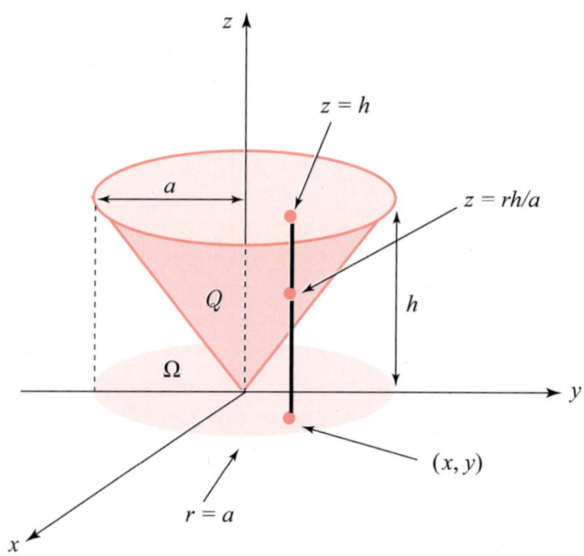

‖ 그림 4.3-4 ‖ 예제 4.3-3의 영역

원기둥 좌표계에서의 삼중 적분

축이 z축인 원기둥이나 z축에 수직인 평면이 관련된 대상 또는 한 직선에 대해 대칭인 문제를 원기둥 좌표계를 이용하면 편리하다.

원기둥 좌표 $(r,\ \theta,\ z)$에서 r과 θ는 평면의 극 좌표와 같으므로 4.2절에서 직교 좌표와 극 좌표에 대해 생각한 것과 같은 방법으로 생각하면 원기둥 좌표계에서의 부피 요소 dV는 다음과 같다(그림 4.3-5와 그림 4.2-5 참조).

$$dV = r\, dr\, d\theta\, dz$$

그러므로 영역 Q에서 원기둥 좌표로 나타낸 함수 $f(r, \theta, z)$의 삼중 적분은 다음과 같다.

$$\iiint_Q f(r, \theta, z)\, dV = \iiint_Q f(r, \theta, z)\, r\, dr\, d\theta\, dz$$

영역 Q와 함수 f를 직교 좌표로 나타내면 Q와 f는 변하지 않으므로 다음이 성립한다.

$$\iiint_Q f(x, y, z)\, dx\, dy\, dz = \iiint_Q f(r, \theta, z)\, r\, dr\, d\theta\, dz \qquad (4.3\text{-}14)$$

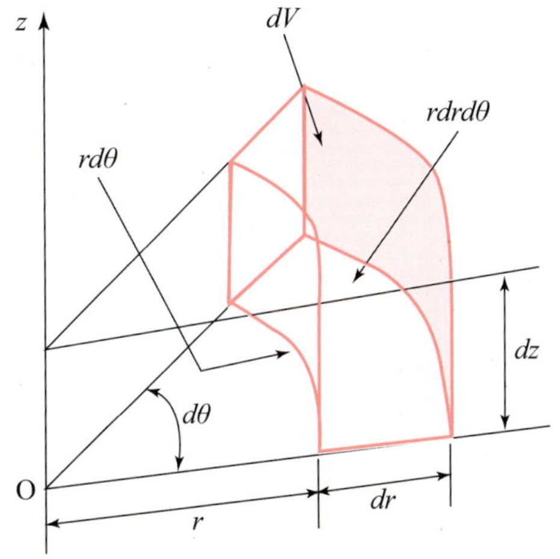

‖ 그림 4.3-5 ‖ 원기둥 좌표계에서의 부피 요소

예제 4.3-4 타원면 $4x^2 + 4y^2 + z^2 = 16$ 내부의 부피 V를 찾아라.[9)]

풀이 주어진 입체는 원점에 대칭이므로 제 1 팔분 공간에 놓인 입체의 영역 Q를 생각하면 충분하다. 주어진 식으로부터 영역 Q는 다음과 같다(그림 4.3-6 참조).

$$Q = \left\{(x, y, z) \mid 0 \le x \le 2,\ 0 \le y \le \sqrt{4 - x^2},\ 0 \le z \le \sqrt{16 - 4x^2 - 4y^2}\right\}$$

이제 반복 적분과 극 좌표를 이용하면 다음을 얻는다.

$$\begin{aligned} V &= 8 \iiint_Q dx\, dy\, dz = 8 \int_0^2 \int_0^{\sqrt{4-x^2}} \int_0^{\sqrt{16-4x^2-4y^2}} dz\, dy\, dx \\ &= 8 \int_0^2 \int_0^{\sqrt{4-x^2}} [z]_0^{\sqrt{16-4x^2-4y^2}}\, dy\, dx \\ &= 16 \int_0^2 \int_0^{\sqrt{4-x^2}} \sqrt{4 - x^2 - y^2}\, dy\, dx \end{aligned}$$

9) 이 문제의 경우에 회전체에 관한 일변수 함수의 적분을 이용할 수도 있다.

$$= 16\int_0^{\pi/2}\int_0^2 \sqrt{4-r^2}\; r\,dr\,d\theta = \frac{64}{3}\pi$$

따라서 입체 V의 부피는 $64\pi/3$이다.

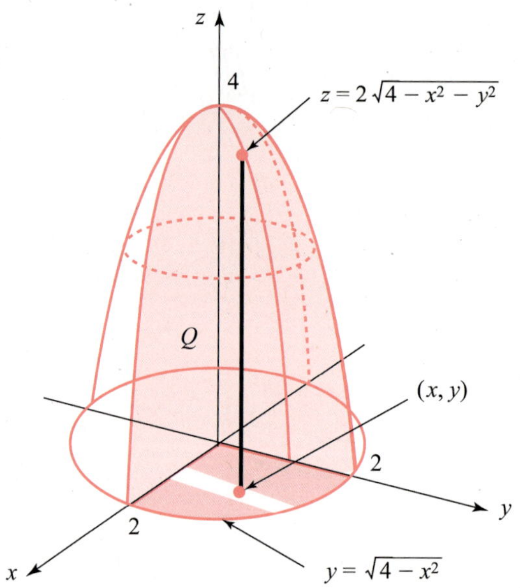

‖ 그림 4.3-6 ‖ 타원면 $4x^2+4y^2+z^2=16$의 상반공간 부분

예제 4.3-5 xy평면, 구면 $x^2+y^2+z^2=4$와 원기둥 $r=2\sin\theta$에 의해 둘러싸인 상반공간 부분의 입체의 부피 V를 찾아라(그림 4.3-7 참조).

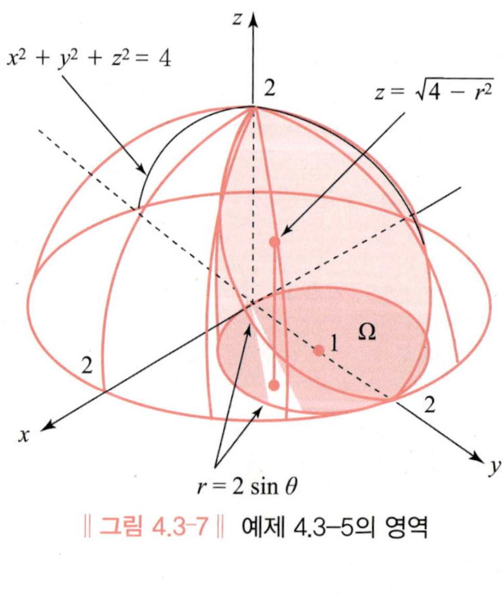

‖ 그림 4.3-7 ‖ 예제 4.3-5의 영역

풀이 xy평면에서 구면 $x^2+y^2+z^2=4$까지이므로 z의 범위는 $0 \le z \le \sqrt{4-r^2}$이다. 또 방정식 $r=2\sin\theta$의 그래프는 xy평면에서 중심이 $(0,\ 1)$이고 반지름이 1인 원이므로 주어진 입체를 xy평면 위로 정사영해서 얻은 영역 Ω를 극 좌표로 나타내면 $\Omega=\{(r,\ \theta)\,|\,0 \le r \le 2\sin\theta,\ 0 \le \theta \le \pi\}$이다. 이를 이용해서 주어진 입체의 부피 V를 찾으면 다음을 얻는다.

$$\begin{aligned} V &= \int_0^{\pi}\int_0^{2\sin\theta}\int_0^{\sqrt{4-r^2}} r\,dz\,dr\,d\theta = 2\int_0^{\pi/2}\int_0^{2\sin\theta} r\sqrt{4-r^2}\,dr\,d\theta \\ &= 2\int_0^{\pi/2}\left[-\frac{1}{3}(4-r^2)^{3/2}\right]_0^{2\sin\theta} d\theta = \frac{2}{3}\int_0^{\pi/2}(8-8\cos^3\theta)\,d\theta \\ &= \frac{16}{3}\int_0^{\pi/2}\{1-(1-\sin^2\theta)\cos\theta\}\,d\theta = \frac{16}{3}\left[\theta-\sin\theta+\frac{1}{3}\sin^3\theta\right]_0^{\pi/2} \\ &= \frac{8}{9}(3\pi-4) \end{aligned}$$

구면 좌표계에서의 삼중 적분

구면 좌표계는 중심에 대해 대칭인 구와 같이 한 점에 대칭인 대상 또는 z축에 꼭짓점이 있는 뿔(cone) 모양 등의 대상을 다루는 데 편리하다.

그림 4.3-8을 참고하면 구면 좌표계에서 부피 요소 dV는 다음과 같다.

$$dV=\rho^2\sin\phi\,d\rho\,d\theta\,d\phi$$

따라서 구면 좌표로 나타낸 영역 Q에서 삼변수 함수 f의 삼중 적분은 다음과 같다.

$$\iiint_Q f(\rho,\ \theta,\ \phi)\,dV=\iiint_Q f(\rho,\ \theta,\ \phi)\,\rho^2\sin\phi\,d\rho\,d\theta\,d\phi$$

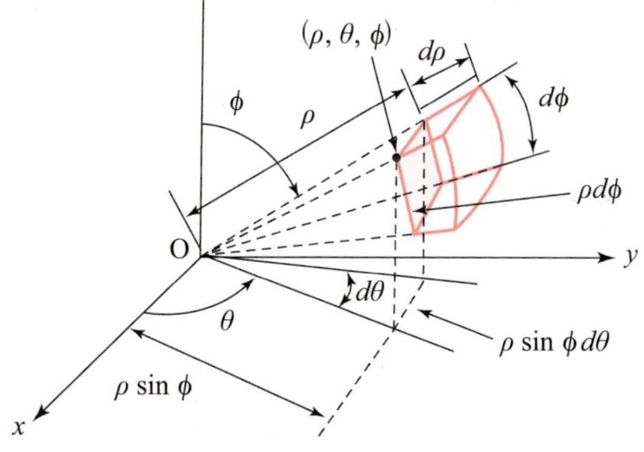

‖ 그림 4.3-8 ‖ 구면 좌표계에서의 부피 요소 dV

또 직교 좌표계와 구면 좌표계에서의 삼중 적분에 대해 다음이 성립한다.

$$\iiint_Q f(x,\ y,\ z)\,dx\,dy\,dz = \iiint_Q f(\rho,\ \theta,\ \phi)\,\rho^2 \sin\phi\ d\rho\, d\theta\, d\phi \qquad (4.3\text{-}15)$$

예제 4.3-6 영역 $Q = \{(x, y, z) \mid x^2 + y^2 + z^2 \le 1\}$에서 다음 삼중 적분을 찾아라.

$$\iiint_Q \exp((x^2 + y^2 + z^2)^{\frac{3}{2}})\,dx\,dy\,dz$$

풀이 직교 좌표계로 주어진 피적분 함수의 삼중 적분을 직접 계산하는 것은 어려우므로 구면 좌표계로 바꾸어서 계산한다. $x^2 + y^2 + z^2 = \rho^2$으로 변환되므로 구면 좌표로 나타내면 $Q = \{(\rho,\ \theta,\ \phi) \mid 0 \le \rho \le 1, 0 \le \theta \le 2\pi, 0 \le \phi \le \pi\}$이다. 따라서 주어진 적분을 찾으면 다음과 같다.

$$\begin{aligned}
\iiint_Q \exp((x^2 + y^2 + z^2)^{\frac{3}{2}})\,dx\,dy\,dz &= \int_0^1 \int_0^\pi \int_0^{2\pi} e^{\rho^3} \rho^2 \sin\phi\, d\theta d\phi d\rho \\
&= 2\pi \int_0^1 \int_0^\pi e^{\rho^3} \rho^2 \sin\phi\, d\phi\, d\rho \ = 2\pi \int_0^1 e^{\rho^3} \rho^2 [-\cos\phi]_0^\pi\, d\rho \\
&= 4\pi \int_0^1 e^{\rho^3} \rho^2\, d\rho \ = \left[\frac{4\pi e^{\rho^3}}{3}\right]_0^1 = \frac{4\pi}{3}(e-1)
\end{aligned}$$

예제 4.3-7 구면 $x^2 + y^2 + z^2 = 9$와 원뿔면 $z = \sqrt{x^2 + y^2}$으로 둘러싸인 입체의 부피 V를 찾아라.

풀이 $\rho^2 = x^2 + y^2 + z^2 = 9$에서 $\rho = 3$이고 구면과 원뿔면이 만나는 곡선의 z좌표는 $(x^2 + y^2) + z^2 = z^2 + z^2 = 9$에서 $z = 3\sqrt{2}/2$이다. 따라서 $z = \rho\cos\phi$를 이용하면 $\cos\phi = \sqrt{2}/2$이므로 $\phi = \pi/4$이다. 그러므로 주어진 입체의 영역을 구면 좌표로 나타내면 $\{(\rho,\ \theta,\ \phi) \mid 0 \le \rho \le 3,\ 0 \le \phi \le \pi/4,\ 0 \le \theta \le 2\pi\}$이다. 이제 주어진 입체의 부피 V를 다음과 같이 찾는다(그림 4.3-9 참조).

$$\begin{aligned}
V &= \int_0^{2\pi} \int_0^{\pi/4} \int_0^3 \rho^2 \sin\phi\, d\rho\, d\phi\, d\theta = 9\int_0^{2\pi} \int_0^{\pi/4} \sin\phi\ d\phi\, d\theta \\
&= 9\int_0^{2\pi} [-\cos\phi]_0^{\pi/4}\, d\theta = 9\int_0^{2\pi} \left(1 - \frac{\sqrt{2}}{2}\right) d\theta = 9(2 - \sqrt{2})\pi
\end{aligned}$$

따라서 주어진 입체의 부피 V는 $9(2 - \sqrt{2})\pi$이다.

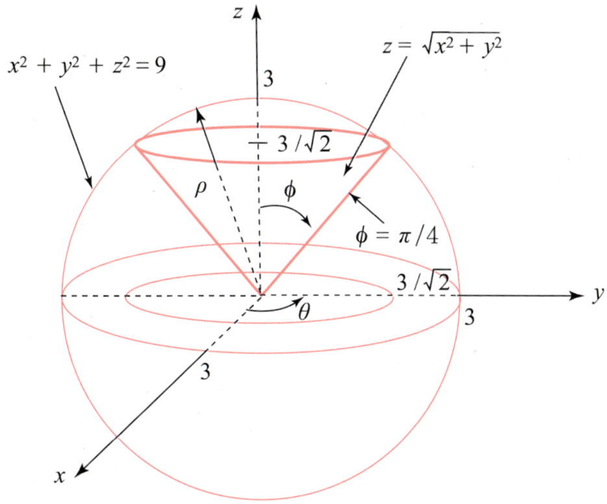

‖ 그림 4.3-9 ‖ 예제 4.3-7의 입체

연습 문제 4.3 *Exercises*

1. 공간에서 원점과 세 점 $(1,\ 0,\ 0)$, $(0,\ 1,\ 0)$, $(0,\ 0,\ 1)$이 네 꼭짓점인 사면체의 부피를 찾는 삼중 적분을 반복 적분의 식으로 나타내라.

2. 반복 적분 $\int_{-1}^{1}\int_{-\sqrt{1-x^2}}^{\sqrt{1-x^2}}\int_{0}^{5} dz\,dy\,dx$ 의 적분 영역을 찾고, 나머지 다섯 가지 반복 적분의 식으로 나타내라.

3. 평균값 정리 4.3-1을 증명하라.

4. 다음 반복 적분을 찾아라.

(1) $\displaystyle\int_0^1\int_0^x\int_0^{xy} z\,dz\,dy\,dx$

(2) $\displaystyle\int_0^2\int_0^{\pi}\int_0^{\ln 4} x^2\cos\frac{y}{2}e^z\,dz\,dy\,dx$

(3) $\displaystyle\int_{-2}^{2}\int_{-\sqrt{4-x^2}}^{\sqrt{4-x^2}}\int_{(x^2+y^2)^2}^{1} x^2\,dzdydx$

(4) $\displaystyle\int_0^1\int_1^{2y}\int_0^{x}(x+2z)\,dz\,dx\,dy$

(5) $\int_0^1 \int_0^1 \int_0^1 y^2 \, dz\, dy\, dx$

(6) $\int_{-1}^1 \int_0^x \int_0^{x+y} e^x (y+2z) \, dz\, dy\, dx$

(7) $\int_0^{\pi/2} \int_0^x \int_0^y \cos(x+y+z) \, dz\, dy\, dx$

(8) $\int_0^2 \int_0^{\sqrt{4-y^2}} \int_0^{4-x^2-y^2} y \, dz\, dx\, dy$

5. 다음 반복 적분을 계산하고, 이 부피가 나타내는 입체를 그려라.

$$\int_0^1 \int_0^{\sqrt{1-x^2}} \int_0^{\sqrt{1-x^2-y^2}} dz\, dy\, dx$$

6. 평면 $2x+y+4z=4$와 세 좌표평면으로 둘러싸인 제 1 팔분 공간의 영역 Q의 부피를 찾아라.

7. 두 원기둥면 $x^2+y^2=1$과 $x^2+z^2=1$에 의해 둘러싸인 입체의 부피를 찾아라.

8. 원기둥면 $x^2+y^2=1$과 세 평면 $z=x$, $y=0$, $z=0$으로 둘러싸인 제 1 팔분 공간의 영역 Q의 부피를 찾아라.

9. 원기둥 좌표계를 사용해서 다음 입체의 부피를 찾아라.

(1) 구면 $r^2+z^2=4$와 원기둥면 $r=1$ 로 둘러싸인 입체

(2) 포물면 $4z=r^2$, 평면 $r=2\sec\theta$, $\theta=0$, $\theta=\pi/4$, $z=0$으로 둘러싸인 입체의 제 1 팔분 공간에 놓인 부분

10. 영역 Q가 구면 $\rho=1$과 원뿔면 $\phi=\pi/3$로 둘러싸인 유계 영역일 때 다음 적분을 계산하라.

$$\iiint_Q (x^2+y^2)\, dx\, dy\, dz$$

11. 다음 각 삼중 적분에 대해 적분 영역을 그리고 주어진 좌표계로 바꾸어 적분을 계산하라.

(1) $\int_0^3 \int_0^{\sqrt{9-x^2}} \int_0^2 \frac{1}{\sqrt{x^2+y^2}} \, dz\, dy\, dx$ (원기둥 좌표계)

(2) $\int_0^a \int_0^{\sqrt{a^2-x^2}} \int_0^{\sqrt{a^2-x^2-y^2}} \frac{1}{x^2+y^2+z^2} \, dz\, dy\, dx$ (구면 좌표계)

12. 구면 좌표를 이용해서 반지름이 $a>0$인 구의 부피를 찾아라.

13. 구면 $\rho = a$와 $\rho = 2a\cos\phi$로 둘러싸인 영역의 부피를 찾아라(단, $a > 0$).

14. 원뿔면 $\phi = \alpha$ $(0 \le \alpha \le \pi)$와 구면 $\rho = a$ $(a > 0)$로 둘러싸인 입체의 부피를 찾아라.

15. 구면 $x^2 + y^2 + z^2 = 1$의 내부에 있으면서 $z^2 \ge x^2 + y^2$인 점들로 이루어진 입체의 부피를 찾아라.

16. 구면 $x^2 + y^2 + z^2 = 2a^2$과 포물면 $az = x^2 + y^2$으로 둘러싸인 영역의 부피를 그림 4.3-10을 이용해서 찾아라(단, $a > 0$).

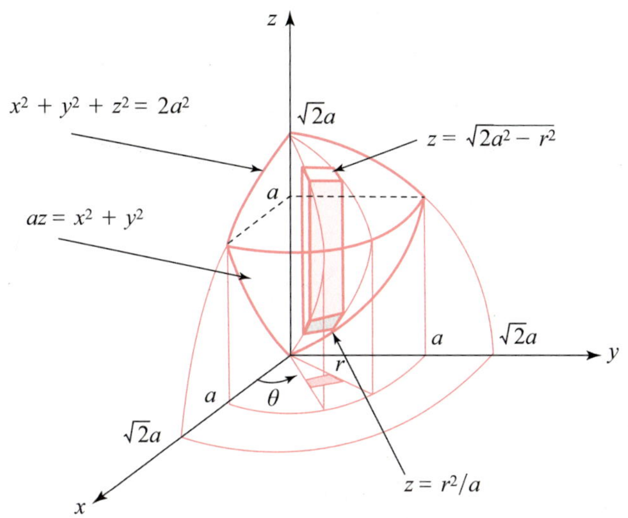

‖ 그림 4.3-10 ‖ 문제 16의 영역

17. xy평면 위에 반지름이 $a > 0$인 반구면 $z = \sqrt{a^2 - x^2 - y^2}$이 진흙으로 채워져 있다. 진흙의 밀도가 xy평면에서 잰 높이에 비례할 때, 즉 $\delta(x, y, z) = kz$일 때, 반구면에 담긴 진흙의 질량 m과 질량 중심 및 z축에 대한 관성 모멘트를 찾아라.(단, $k > 0$)

18. 단위 구 $x^2 + y^2 + z^2 \le 1$의 제 1 팔분 공간에 놓인 부분 Q의 밀도 분포 함수 δ가 다음과 같을 때, Q의 질량과 질량 중심 및 z축에 대한 관성 모멘트를 계산하1라.

19. 다음 주어진 영역 Q에 있는 물체의 질량 밀도 함수가 $\delta(x,\ y,\ z)$일 때, 물체의 질량 중심의 좌표를 찾아라.

(1) Q: 구면 $x^2 + y^2 + z^2 = 4$와 원기둥 $x^2 + y^2 = 2$의 안에 있는 영역,
$\delta(x,\ y,\ z) = x^2 + 1$

(2) Q: 한 변의 길이가 2이고, 원점을 꼭지점으로 하며 제1팔분 공간 안에 있는 정육면체,
$\delta(x,\ y,\ z) = 1 + x$

(3) Q: 위로는 구면 $x^2+y^2+z^2=9$, 아래로는 xy평면으로 둘러싸인 영역, $\delta(x, y, z)$는 점(x, y, z)로부터 z축까지의 거리

20. 다음 주어진 영역 Q에 있는 물체의 질량 밀도 함수가 $\delta(x, y, z)$일 때, 각 좌표 축에 대한 물체의 관성 모멘트를 찾아라.

(1) Q: $x^2+y^2+z^2 \le 25$, $\delta(x, y, z)=5$

(2) Q: 원기둥 $x^2+y^2=4$와 두 평면 $z=0$, $z=6$으로 둘러싸인 영역,
$\delta(x, y, z)=2$
$$\delta(x, y, z)=\frac{1}{x^2+y^2+z^2+1}$$

4.4 치환 적분

이 절에서는 다중 적분, 특히 이중 적분과 삼중 적분의 치환 적분에 대해 생각한다.

uv평면의 영역 Ω에서 두 함수 $x=g(u,\ v)$와 $y=h(u,\ v)$의 연속인 일계 편도함수가 존재할 때 다음 행렬식을 함수 $x,\ y$의 $u,\ v$에 대한 **야코비 행렬식**[10] 또는 **야코비안**(Jacobian)이라 한다.

$$\frac{\partial(x,\ y)}{\partial(u,\ v)}=\frac{\partial x}{\partial u}\frac{\partial y}{\partial v}-\frac{\partial y}{\partial u}\frac{\partial x}{\partial v}=\det\begin{pmatrix}\dfrac{\partial x}{\partial u} & \dfrac{\partial x}{\partial v}\\ \dfrac{\partial y}{\partial u} & \dfrac{\partial y}{\partial v}\end{pmatrix}=\begin{vmatrix}\dfrac{\partial x}{\partial u} & \dfrac{\partial x}{\partial v}\\ \dfrac{\partial y}{\partial u} & \dfrac{\partial y}{\partial v}\end{vmatrix}$$

집합 Ω를 uv평면에서 경계가 유한 개의 매끄러운 곡선으로 이루어진 유계인 닫힌 영역이라 하자. 일계 편도함수가 모두 연속인 함수 $x=g(u,v)$, $y=h(u,v)$가 Ω에서 xy평면의 영역 Σ로의 일대일 대응 $(x,\ y)=\mathbf{G}(u,\ v)=(g(u,\ v),\ h(u,\ v))$를 정의하면, 즉 $\partial(x,y)/\partial(u,v)\neq 0$이면 다음이 성립한다(그림 4.4-1 참조). 이에 대한 증명은 생략한다.

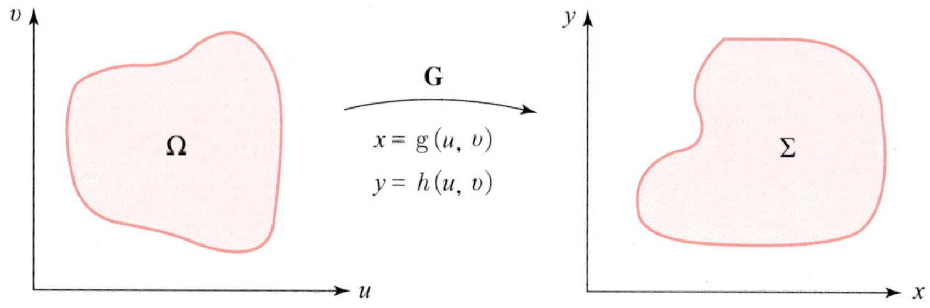

‖ 그림 4.4-1 ‖ 영역 Ω에서 영역 Σ로의 일대일 대응 $\mathbf{G}$

정리 4.4-1

두 영역 Ω와 Σ 및 함수 $\mathbf{G}:\Omega\to\Sigma$가 위에서 말한 것과 같고 이변수 함수 $f(x,\ y)$가 영역 Σ에서 적분 가능하면 다음이 성립한다.

$$\iint_{\Sigma} f(x,\ y)\,dx\,dy=\iint_{\Omega} f(\mathbf{G}(u,\ v))\left|\frac{\partial(x,\ y)}{\partial(u,\ v)}\right|du\,dv \tag{4.4-1}$$

10) 3.8절 참조

예제 4.4-1 극 좌표 $(r,\ \theta)$의 직교 좌표 $(x,\ y)$로의 변환 사상 $x = r\cos\theta,\ y = r\sin\theta$의 야코비안을 찾아라.

풀이 $\dfrac{\partial x}{\partial r} = \cos\theta,\ \dfrac{\partial y}{\partial r} = \sin\theta,\ \dfrac{\partial x}{\partial \theta} = -r\sin\theta,\ \dfrac{\partial y}{\partial \theta} = r\cos\theta$이므로 다음을 얻는다.

$$\frac{\partial(x,\ y)}{\partial(r,\ \theta)} = \begin{vmatrix} \cos\theta & -r\sin\theta \\ \sin\theta & r\cos\theta \end{vmatrix} = r$$

예제 4.4-2 영역 Σ가 네 직선 $y = 2x,\ y = 2x-2,\ y = x,\ y = x+1$로 둘러싸인 영역일 때 $\iint_{\Sigma} 3xy\, dx\, dy$를 찾아라.

풀이 $u = -x+y,\ v = -2x+y$로 놓자. 그러면 이 변환에 의해 영역 Σ에 대응되는 영역은 $\Omega = \{(u,\ v)\,|\,0 \le u \le 1,\ -2 \le v \le 0\}$이다(그림 4.4-2 참조). 또 연립 방정식을 풀면 $x = u-v,\ y = 2u-v$이고 이로부터 다음을 얻는다.

$$\frac{\partial(x,\ y)}{\partial(u,\ v)} = \begin{vmatrix} \dfrac{\partial x}{\partial u} & \dfrac{\partial x}{\partial v} \\ \dfrac{\partial y}{\partial u} & \dfrac{\partial y}{\partial v} \end{vmatrix} = \begin{vmatrix} 1 & -1 \\ 2 & -1 \end{vmatrix} = 1$$

식 (4.4-1)을 이용해서 주어진 적분을 계산하면 다음과 같다.

$$\begin{aligned} \iint_{\Sigma} 3xy\, dA &= \iint_{\Omega} 3(u-v)(2u-v)\left|\frac{\partial(x,\ y)}{\partial(u,\ v)}\right| du\, dv \\ &= \int_{-2}^{0}\int_{0}^{1} 3(2u^2 - 3uv + v^2)\, du\, dv \end{aligned}$$

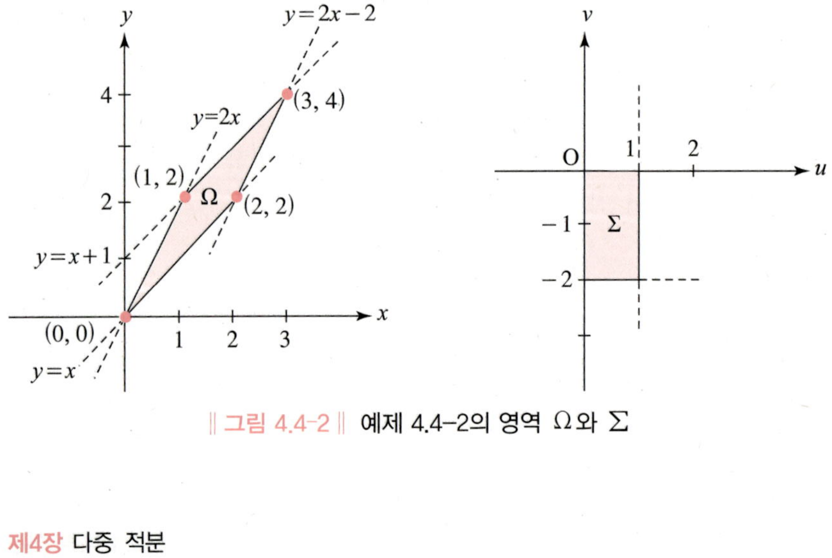

‖ 그림 4.4-2 ‖ 예제 4.4-2의 영역 Ω와 Σ

$$= \int_{-2}^{0} \left[2u^3 - \frac{9}{2}u^2 v + 3uv^2\right]_0^1 dv$$

$$= \int_{-2}^{0} \left(2 - \frac{9}{2}v + 3v^2\right) dv$$

$$= \left[2v - \frac{9}{4}v^2 + v^3\right]_{-2}^{0} = 21$$

정리 4.4-1은 삼변수 사상의 경우에도 성립한다. 즉 uvw좌표 공간에서 경계가 유한 개의 매끄러운 곡면으로 이루어진 유계인 닫힌 영역 Ω에서 xyz좌표 공간의 영역 Σ로의 일대일 대응 $(x, y, z) = \mathbf{G}(u, v, w)$의 각 성분 함수의 연속인 일계 편도 함수가 존재하면 다음이 성립한다.

정리 4.4-2

두 영역 Ω와 Σ 및 함수 $\mathbf{G} : \Omega \to \Sigma$가 위에서 언급한 조건을 만족시키고 삼변수 함수 $f(x, y, z)$가 영역 Σ에서 적분 가능하면 다음이 성립한다.

$$\iiint_{\Sigma} f(x, y, z)\, dx\, dy\, dz = \iiint_{\Omega} f(\mathbf{G}(u, v, w)) \left| \frac{\partial(x, y, z)}{\partial(u, v, w)} \right| du\, dv\, dw \quad (4.4\text{-}2)$$

여기서 삼변수 사상의 야코비안 $\partial(x, y, z)/\partial(u, v, w)$는 다음과 같다.

$$\frac{\partial(x, y, z)}{\partial(u, v, w)} = \det \begin{pmatrix} \frac{\partial x}{\partial u} & \frac{\partial x}{\partial v} & \frac{\partial x}{\partial w} \\ \frac{\partial y}{\partial u} & \frac{\partial y}{\partial v} & \frac{\partial y}{\partial w} \\ \frac{\partial z}{\partial u} & \frac{\partial z}{\partial v} & \frac{\partial z}{\partial w} \end{pmatrix} = \begin{vmatrix} \frac{\partial x}{\partial u} & \frac{\partial x}{\partial v} & \frac{\partial x}{\partial w} \\ \frac{\partial y}{\partial u} & \frac{\partial y}{\partial v} & \frac{\partial y}{\partial w} \\ \frac{\partial z}{\partial u} & \frac{\partial z}{\partial v} & \frac{\partial z}{\partial w} \end{vmatrix}$$

예제 4.4-3 원기둥 좌표 (r, θ, z)의 직교 좌표 (x, y, z)로의 변환 사상 $x = r\cos\theta$, $y = r\sin\theta$, $z = z$의 야코비안을 찾아라.

풀이 $\frac{\partial x}{\partial r} = \cos\theta$, $\frac{\partial y}{\partial r} = \sin\theta$, $\frac{\partial z}{\partial r} = 0$, $\frac{\partial x}{\partial \theta} = -r\sin\theta$, $\frac{\partial y}{\partial \theta} = r\cos\theta$, $\frac{\partial z}{\partial \theta} = 0$, $\frac{\partial x}{\partial z} = 0$, $\frac{\partial y}{\partial z} = 0$, $\frac{\partial z}{\partial z} = 1$이므로 다음을 얻는다.

$$\frac{\partial(x, y, z)}{\partial(r, \theta, z)} = \begin{vmatrix} \cos\theta & -r\sin\theta & 0 \\ \sin\theta & r\cos\theta & 0 \\ 0 & 0 & 1 \end{vmatrix} = r$$

예제 4.4-4 구면 좌표 (ρ, θ, ϕ)의 직교 좌표 (x, y, z)로의 변환 사상 $x = \rho \sin \phi \cos \theta$, $y = \rho \sin\phi \sin\theta$, $z = \rho \cos\phi$의 야코비안을 찾아라.

풀이 정의에 의해 야코비안을 계산하면 다음을 얻는다.

$$\frac{\partial(x, y, z)}{\partial(\rho, \theta, \phi)} = \begin{vmatrix} \sin\phi\cos\theta & -\rho\sin\phi\sin\theta & \rho\cos\phi\cos\theta \\ \sin\phi\sin\theta & \rho\sin\phi\cos\theta & \rho\cos\phi\sin\theta \\ \cos\phi & 0 & -\rho\sin\phi \end{vmatrix} = -\rho^2 \sin\phi$$ ▮

두 정리 4.4-1과 4.4-2로부터 직교 좌표계에서의 다중 적분과 극 좌표계, 원기둥 좌표계, 구면 좌표계에서의 다중 적분과의 관계는 다음과 같다.

따름 정리 4.4-1

(1) (극 좌표) 일대일 대응 $(x, y) = \mathbf{G}(r, \theta) = (r\cos\theta, r\sin\theta)$ $(r > 0)$에 대해 평면 영역 Ω에서 각 성분 함수의 연속인 일계 편도함수가 존재하면 영역 $\mathbf{G}(\Omega)$에서 적분 가능한 함수 $f(x, y)$에 대해 다음이 성립한다.

$$\iint_{\Omega} f(r\cos\theta, r\sin\theta)\, r\, dr d\theta = \iint_{\mathbf{G}(\Omega)} f(x, y)\, dx\, dy \tag{4.4-3}$$

(2) (원기둥 좌표) 일대일 대응 $(x, y, z) = \mathbf{G}(r, \theta, z) = (r\cos\theta, r\sin\theta, z)$ $(r > 0)$에 대해 공간 영역 Ω에서 각 성분 함수의 연속인 일계 편도함수가 존재하면, 영역 $\mathbf{G}(\Omega)$에서 적분 가능한 함수 $f(x, y, z)$에 대해 다음이 성립한다.

$$\iiint_{\Omega} f(r\cos\theta, r\sin\theta, z)\, r\, dr\, d\theta\, dz = \iiint_{\mathbf{G}(\Omega)} f(x, y, z)\, dx\, dy\, dz \tag{4.4-4}$$

(3) (구면 좌표) 공간 영역 Ω에서 각 성분 함수의 연속인 일계 편도함수가 존재하는 일대일 대응이 다음과 같이 주어졌다고 하자(단, $\rho > 0$, $0 < \phi < \pi$).

$$(x, y, z) = \mathbf{G}(\rho, \theta, \phi) = (\rho\sin\phi\cos\theta, \rho\sin\phi\sin\theta, \rho\cos\phi)$$

그러면 영역 $\mathbf{G}(\Omega)$에서 적분 가능한 함수 $f(x, y, z)$에 대해 다음이 성립한다.

$$\begin{aligned} &\iiint_{\Omega} f(\rho\sin\phi\cos\theta, \rho\sin\phi\sin\theta, \rho\cos\phi)\, \rho^2 \sin\phi\, d\rho\, d\theta\, d\phi \\ &= \iiint_{\mathbf{G}(\Omega)} f(x, y, z)\, dx\, dy\, dz \end{aligned} \tag{4.4-5}$$

예제 4.4-5 변수 변환 $u=(2x-y)/2,\ v=y/2,\ w=z/3$을 이용해서 다음 삼중 적분을 계산하라.

$$\int_0^3\int_0^4\int_{x=y/2}^{x=(y/2)+1}\left(\frac{2x-y}{2}+\frac{z}{3}\right)dx\,dy\,dz$$

풀이 이 변환에 의해 주어진 $xyz-$영역에 대응되는 $uvw-$영역은 다음과 같다.

$$\{(u,\ v,\ w)\,|\,0\le u\le 1,\ 0\le v\le 2,\ 0\le w\le 1\}$$

또한 간단히 계산하면 $x=u+v,\ y=2v,\ z=3w$이므로 다음을 얻는다.

$$\frac{\partial(x,\ y,\ z)}{\partial(u,\ v,\ w)}=\begin{vmatrix}\dfrac{\partial x}{\partial u} & \dfrac{\partial x}{\partial v} & \dfrac{\partial x}{\partial w}\\ \dfrac{\partial y}{\partial u} & \dfrac{\partial y}{\partial v} & \dfrac{\partial y}{\partial w}\\ \dfrac{\partial z}{\partial u} & \dfrac{\partial z}{\partial v} & \dfrac{\partial z}{\partial w}\end{vmatrix}=\begin{vmatrix}1&1&0\\0&2&0\\0&0&3\end{vmatrix}=6$$

식 (4.4-2)를 이용해서 주어진 적분을 계산하면 다음과 같다.

$$\begin{aligned}&\int_0^3\int_0^4\int_{x=y/2}^{x=(y/2)+1}\left(\frac{2x-y}{2}+\frac{z}{3}\right)dx\,dy\,dz\\&=\int_0^1\int_0^2\int_0^1(u+w)\left|\frac{\partial(x,\ y,\ z)}{\partial(u,\ v,\ w)}\right|du\,dv\,dw\\&=6\int_0^1\int_0^2\int_0^1(u+w)du\,dv\,dw=6\int_0^1\int_0^2\left[\frac{u^2}{2}+uw\right]_0^1dv\,dw\\&=6\int_0^1\int_0^2\left(\frac{1}{2}+w\right)dv\,dw=6\int_0^1\left[\frac{v}{2}+vw\right]_0^2dw\\&=6\int_0^1(1+2w)dw=6\,[w+w^2]_0^1=12\end{aligned}$$

두 정리 4.4-1과 4.4-2의 결과를 일반적인 n차원 공간으로 확장할 수 있으나 그에 관한 논의는 생략한다.

연습 문제 4.4 *Exercises*

1. 다음 변환의 야코비안을 찾아라.

(1) $x=u+v,\ y=u-v$

(2) $x=u\cos v,\ y=u\sin v$

(3) $x=u+v,\ y=uv$

(4) $x=\ln u+v,\ y=-u+\ln v$

(5) $x=uv,\ y=vw,\ z=uw$

(6) $x=u+v,\ y=v+w,\ z=u+w$

2. 주어진 변수 변환을 이용해서 다음 이중 적분을 계산하라.

(1) $\iint_{\Omega} 4(x+y)e^{x-y}\,dx\,dy;\ x=\dfrac{u+v}{2},\ \ y=\dfrac{u-v}{2}$

(단, Ω는 세 꼭짓점이 $(-1,\ 1)$, $(1,\ 1)$, $(0,\ 0)$인 삼각형의 내부)

(2) $\iint_{\Omega} \dfrac{\sqrt{x+y}}{x}\,dx\,dy;\ x=u,\ \ y=uv$

(단, Ω는 세 꼭짓점이 $(0,0)$, $(2,0)$, $(2,1)$인 삼각형의 내부)

3. 주어진 변환을 이용해서 변수 x, y에 대한 적분을 변수 u, v에 대한 적분으로 표현하고 적분값을 찾아라.

(1) $\int_0^1\int_{2y}^2 xy\,dx\,dy;\ x=u-v,\ y=u+v$

(2) $\int_0^2\int_{x/2}^{(x/2)+1} x^3(2y-x)e^{(2y-x)^2}\,dy\,dx;\ x=u,\ y=(u+v)/2$

(3) $\iint_{\Omega}(y-x)\,dx\,dy;\ x=v-u^2,\ \ y=u+v$

(단, Ω는 두 직선 $y=2$와 $y=x$ 및 포물선 $x=-y^2$으로 둘러싸인 영역)

(4) $\iint_{\Omega} xy\,dx\,dy;\ x=(2u+v)/3,\ y=(u-v)/3$

(단, Ω는 직선 $x-2y=0$, $x-2y=-4$, $x+y=4$, $x+y=1$로 둘러싸인 영역)

4. 적당한 변수 변환을 이용해서 다음 적분을 찾아라.

(1) $\iint_{\Omega}\sin(x+y)\cos(x-y)dxdy=\iint_{\Sigma}\sin u\cos v\left|\dfrac{\partial(x,\ y)}{\partial(u,\ v)}\right|du\,dv$,

Ω는 세 점 $(0,0)$, $(0,\pi)$, $(2\pi,0)$을 꼭짓점으로 하는 삼각형의 내부

(2) $\iint_{\Omega} 7xy\,dx\,dy$, Ω는 네 직선 $x-2y=0$, $x-2y=2$, $2x+3y=0$, $2x+3y=3$으로 둘러싸인 영역

(3) $\iint_{\Omega}(x^2+y^2)dx\,dy$, Ω는 $\dfrac{x^2}{a^2}+\dfrac{y^2}{b^2}\le 1$

(4) $\iint_{\Omega} 4xy\,dx\,dy$, Ω는 네 직선 $x+y=0$, $x+y=1$, $x-y=0$, $x-y=1$로 둘러싸인 영역

5. 변수 변환 $x=au$, $y=bv$, $z=cw$를 이용하여 타원면 $x^2/a^2+y^2/b^2+z^2/c^2=1$로 둘러싸인 입체의 부피가 $4\pi abc/3$임을 보여라.

6. 변수 변환 $x=au$, $y=bv$, $z=cw$를 이용하여 타원면 $x^2/a^2+y^2/b^2+z^2/c^2=1$로 둘러싸인 입체 Ω에서 다음 적분을 찾아라.

$$\iiint_{\Omega} |xyz|\,dx\,dy\,dz$$

7. Ω가 공간에서 다음 부등식에 의해 주어진 입체라 할 때 변수 변환 $u=x$, $v=xy$, $w=3z$를 이용하여 적분 $\iiint_{\Omega} x^2y+3xyz^2\,dx\,dy\,dz$의 값을 찾아라.

$$1 \le x \le 2,\ 0 \le xy \le 2,\ 0 \le z \le 1$$

4장 종합 문제 *Exercises*

1. 다음 이중 적분을 찾아라.

(1) $\int_0^8 \int_{\sqrt[3]{x}}^2 \frac{1}{1+y^4}\,dy\,dx$ (2) $\int_0^1 \int_{\sqrt{y}}^1 \frac{ye^{x^2}}{x^3}\,dx\,dy$

2. 타원 포물면 $z=x^2+y^2$의 아랫부분과 xy평면 위의 직선 $y=x$, $x=0$, 그리고 $x+y=2$로 둘러싸인 영역의 윗부분 사이의 입체의 부피를 찾아라.

3. 극 좌표를 이용해서 다음 이중 적분을 찾아라.

$$\int_0^{\sin\theta} \int_{y\cot\theta}^{\sqrt{1-y^2}} \ln(x^2+y^2)\,dy\,dx, \quad 0<\theta<\frac{\pi}{2}$$

4. $(x^2+y^2)^2=x^2-y^2$이 그리는 곡선으로 둘러싸인 영역을 Ω라고 할 때, 다음 이중 적분을 찾아라.

$$\iint_{\Omega} \frac{1}{(1+x^2+y^2)^2}\,dx\,dy$$

5. 영역 $Q=\{(x,\ y,\ z)\,|\,x^2+y^2+z^2 \le 1\}$에서 다음 삼중 적분을 찾아라.

$$\iiint_Q \frac{1}{\sqrt{1-x^2-y^2-z^2}}\,dV$$

6. 반지름이 R인 구의 내부에 균일한 밀도 ρ를 가진 물질이 있다. 구의 중심에서 거리 r만큼 떨어진 점에서의 질량을 찾아라.

7. 구면 좌표계로 나타낸 영역 $\{(\rho,\ \theta,\ \phi)\,|\,0 \le \rho \le 1,\ 0 \le \theta \le 2\pi,\ 0 \le \phi \le \pi\}$에서 함수 $f(\rho,\ \theta,\ \pi)=\rho^2\sin(\phi)$를 삼중 적분하라.

8. 원기둥 좌표계로 나타낸 영역 $\{(r,\ \theta,\ z)\,|\,0 \le r \le 2,\ 0 \le \theta \le \pi,\ 0 \le z \le r\}$에서 함수 $f(r,\ \theta,\ z)=r^2e^z$를 삼중 적분하라.

제 5 장

벡터 해석

벡터 함수의 미분 · 적분은 자연과학 및 응용과학 등에서의 여러 법칙이나 여러 현상을 수학적으로 기술하고 연구하는 데 아주 유용하다. 이 장에서는 벡터 마당의 발산과 회전 및 선적분과 면적분을 살펴보고 그린 정리, 스토크스 정리, 발산 정리와 이의 응용에 대해 알아본다.

5.1 벡터 마당과 선 적분

이 절에서는 평면 또는 공간에서 정의된 스칼라 함수와 벡터 마당에 관한 선 적분과 이와 관련된 성질을 알아본다. 이와 같은 개념은 물리학, 공학 등에서 중요하게 활용된다.

스칼라 함수와 벡터 마당

집합 $\Omega \subset \mathbb{R}^n$에서 실수로 가는 함수 φ를 집합 Ω에서의 **스칼라 마당(scalar field)** 또는 **스칼라 함수(scalar function)**라고 한다. 예를 들면 일정한 영역의 온도 분포 함수, 전위 분포 함수, 밀도 함수 등이 있다.

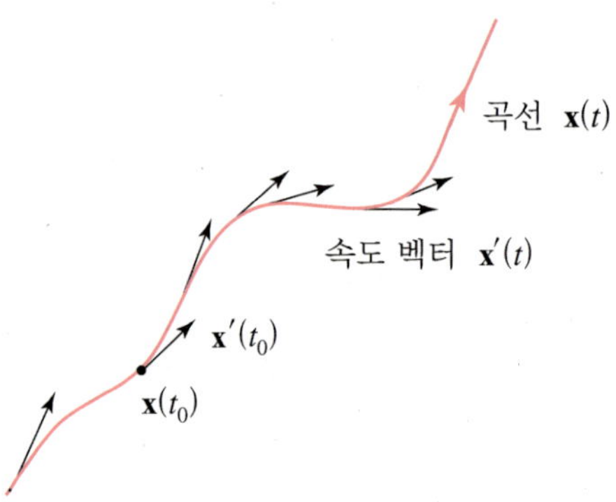

‖ 그림 5.1-1 ‖ 질점의 운동 곡선 위의 속도장

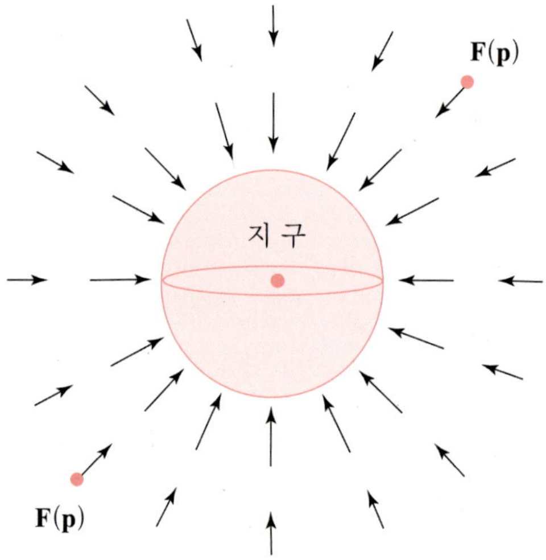

‖ 그림 5.1-2 ‖ 지구의 중력 마당

한편 집합 $\Omega \subset \mathbb{R}^n$의 각 점 $\mathbf{p}$에 벡터 $\mathbf{F}(\mathbf{p}) \in \mathbb{R}^n$를 대응시키는 벡터 함수를 집합 Ω 위의 **벡터 마당(vector field)** 또는 **벡터장**이라고 한다. 우리 주위의 여러 현상을 이러한 벡터 마당으로 이해할 수 있는 예가 많이 있다.

예를 들어 공간에서 정의된 곡선 $\mathbf{x}(t)$가 미분 가능하다고 하자. 이 곡선에 있는 각 점에서 정의되는 속도 벡터 $\mathbf{x}'(t)$는 이 곡선에서 정의된 벡터 마당이다(그림 5.1-1 참조). 그리고 우리는 지구의 질량에 의하여 생기는 중력 마당에 살고 있다. 공간의 각 점 $\mathbf{p}$에서 지구 질량에 의한 중력 마당을 그림으로 표현하면 그림 5.1-2와 같다. 또 어느 한 순간에 한강의 각 지점에 물의 속도에 대응되는 벡터를 생각할 수 있다. 즉 매 순간마다 한강물의 흐름을 나타내는 속도 마당을 생각할 수 있다.

중력 마당과 같이 힘을 대응시키는 벡터 마당은 역학 및 전자기학, 그리고 유체의 속도 마당은 유체 역학 등에서 유용한 개념이다. 앞으로 논의할 벡터 마당의 선 적분과 면 적분은 자연과학과 공학의 여러 분야에서 중요한 물리량을 표현하는 데 사용된다.

예제 5.1-1 평면에서 정의된 벡터 마당 $\mathbf{F}(x, y) = y\mathbf{i} - x\mathbf{j}$를 스케치하라.

풀이 평면의 모든 점에 대응되는 벡터를 스케치하는 것은 주어진 벡터 마당의 규칙을 알기가 쉽지 않으므로 벡터 마당의 크기 $|\mathbf{F}|$를 이용하여 다음과 같이 생각해 보자.

원점이 중심이고 반지름이 r인 원에서 $|\mathbf{F}| = r$이다. 또 벡터 마당 $\mathbf{F}$는 점 $(r, 0)$에 벡터 $(0, -r)$를 대응시킨다. 비슷하게 $(-r, 0)$에 벡터 $(0, r)$을 또 점 $(0, \pm r)$에는 벡터 $(\pm r, 0) = \pm r\mathbf{i}$(복호동순)를 대응시킨다. $r = 1, \sqrt{2}, 2$를 이용하여 벡터 마당을 스케치하면 그림 5.1-3과 같다. 여기서 $r = \sqrt{2}$인 경우는 네 점 $(\pm 1, \pm 1)$을 이용했다. 이 정도면 주어진 벡터 마당을 충분히 이해할 수 있을 것이다. ∎

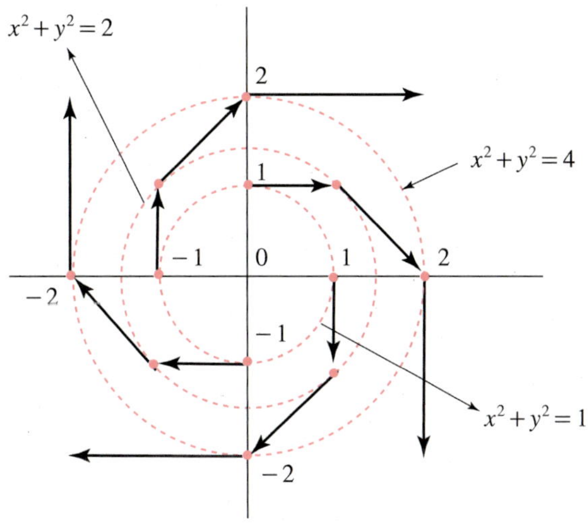

‖ 그림 5.1-3 ‖ 벡터 마당 $\mathbf{F}(x, y) = y\mathbf{i} - x\mathbf{j}$의 그래프

발산과 회전

제 3 장에서 다변수 실함수 φ의 물매 $\text{grad}\,\varphi$ 또는 $\nabla\varphi$를 다음과 같이 정의하였다.

$$\text{grad}\,\varphi(\mathbf{x}) = \nabla\varphi(\mathbf{x}) = \left(\frac{\partial\varphi}{\partial x_1}, \frac{\partial\varphi}{\partial x_2}, \cdots, \frac{\partial\varphi}{\partial x_n}\right)$$

즉 ∇[1]는 3차원 공간에서 정의된 함수 φ에 벡터 마당 $\nabla\varphi$를 대응시키는 다음과 같

1) 그래디언트(gradient), 그래드(grad), 또는 델(del)이라고 읽는다.

은 미분 연산자(differential operator)이며, 이를 물매 연산자라고 한다.

$$\nabla = \frac{\partial}{\partial x}\mathbf{i} + \frac{\partial}{\partial y}\mathbf{j} + \frac{\partial}{\partial z}\mathbf{k} = \left(\frac{\partial}{\partial x},\ \frac{\partial}{\partial y},\ \frac{\partial}{\partial z}\right) \tag{5.1-1}$$

이제 벡터 마당의 회전과 발산에 대하여 알아보자. 먼저, 각 성분 함수의 연속인 일계 편도함수가 존재하는 공간의 벡터 마당 $\mathbf{F}(x, y, z) = (P(x, y, z), Q(x, y, z), R(x, y, z))$에 대하여 다음과 같이 정의되는 벡터 마당 $\mathrm{curl}\,\mathbf{F}$를 벡터 마당 $\mathbf{F}$의 회전(curl)이라고 한다.

$$\mathrm{curl}\,\mathbf{F} = \left(\frac{\partial R}{\partial y} - \frac{\partial Q}{\partial z},\ \frac{\partial P}{\partial z} - \frac{\partial R}{\partial x},\ \frac{\partial Q}{\partial x} - \frac{\partial P}{\partial y}\right)$$

이때 $\mathrm{curl}\,\mathbf{F}$를 물매 연산자 ∇과 외적을 이용하여 나타내면 다음과 같다.

$$\mathrm{curl}\,\mathbf{F} = \nabla \times \mathbf{F} = \begin{vmatrix} \mathbf{i} & \mathbf{j} & \mathbf{k} \\ \dfrac{\partial}{\partial x} & \dfrac{\partial}{\partial y} & \dfrac{\partial}{\partial z} \\ P & Q & R \end{vmatrix} \tag{5.1-2}$$

여기서 미분 연산자 $\nabla \times$를 **회전 연산자**라고 한다.

특히 평면 $\mathbb{R}^2$에서 벡터 마당 $\mathbf{F}(x, y) = (P(x, y), Q(x, y))$의 **회전(rotation)**을 다음 식과 같이 정의하고, 흔히 $\mathrm{rot}\,\mathbf{F}$로 나타내기도 한다.

$$\mathrm{rot}\,\mathbf{F}(x, y) = \frac{\partial}{\partial x}Q(x, y) - \frac{\partial}{\partial y}P(x, y) \tag{5.1-3}$$

한편 벡터 마당 $\mathbf{F}(x, y, z) = (P(x, y, z), Q(x, y, z), R(x, y, z))$에 대하여 다음과 같이 정의되는 스칼라 함수 $\mathrm{div}\,\mathbf{F}$를 벡터 마당 $\mathbf{F}$의 **발산(divergence)**이라고 한다.

$$\mathrm{div}\,\mathbf{F} = \frac{\partial P}{\partial x} + \frac{\partial Q}{\partial y} + \frac{\partial R}{\partial z}$$

이를 물매 연산자 ∇와 내적을 이용하여 다음과 같이 쓸 수 있다.

$$\mathrm{div}\,\mathbf{F} = \nabla \cdot \mathbf{F} = \frac{\partial P}{\partial x} + \frac{\partial Q}{\partial y} + \frac{\partial R}{\partial z} \tag{5.1-4}$$

여기서 미분 연산자 $\nabla \cdot$을 **발산 연산자(divergence operator)**라고 한다.

참고 (1) 일반적으로 $\mathbb{R}^n$에서 벡터 마당 $\mathbf{F}(\mathbf{x}) = \mathbf{F}(x_1, \cdots, x_n) = (f_1(\mathbf{x}), \cdots, f_n(\mathbf{x}))$의 발산을 다음과 같이 정의한다.

$$\operatorname{div}\mathbf{F}(\mathbf{x}) = \frac{\partial f_1(\mathbf{x})}{\partial x_1} + \cdots + \frac{\partial f_n(\mathbf{x})}{\partial x_n}$$

(2) 공간 $\mathbb{R}^n(\geq 4)$에서는 벡터 마당에 대한 회전은 정의하지 않는다.

예제 5.1-2 벡터 마당 $\mathbf{F}(x,\ y,\ z) = (x^2y^3 - z^4)\mathbf{i} + (4x^3yz)\mathbf{j} - (yz^2)\mathbf{k}$의 발산과 회전을 찾아라.

풀이 식 (5.1-2)를 이용하면 벡터 마당 $\mathbf{F}$의 회전 $\operatorname{curl}\mathbf{F}$는 다음과 같다.

$$\begin{aligned}\operatorname{curl}\mathbf{F} &= \nabla \times \mathbf{F} = \begin{vmatrix} \mathbf{i} & \mathbf{j} & \mathbf{k} \\ \dfrac{\partial}{\partial x} & \dfrac{\partial}{\partial y} & \dfrac{\partial}{\partial z} \\ x^2y^3 - z^4 & 4x^3yz & -yz^2 \end{vmatrix} \\ &= \left(-4yx^3 - z^2,\ -4z^3,\ 3yx^2(4z - y)\right)\end{aligned}$$

식 (5.1-4)를 이용하면 벡터 마당 $\mathbf{F}$의 발산 $\operatorname{div}\mathbf{F}$는 다음과 같다.

$$\begin{aligned}\operatorname{div}\mathbf{F} &= \nabla \cdot \mathbf{F} = \frac{\partial}{\partial x}(x^2y^3 - z^4) + \frac{\partial}{\partial y}(4x^3yz) + \frac{\partial}{\partial z}(-yz^2) \\ &= 2xy^3 + 4x^3z - 2yz\end{aligned}$$

발산과 회전을 직관적으로 이해하는 데는 다음 식들이 도움이 된다. 회전에 대해 먼저 살펴보자. $\operatorname{curl}\mathbf{F}$는 공간의 벡터로서 다른 단위 벡터와 내적을 취하면 그 의미가 분명해진다. 이를 위해 오른쪽 그림과 같이 공간의 한 단위 벡터를 $\hat{\mathbf{n}}$이라 하고, 이 벡터에 수직인 평면과 그 평면의 곡선 C를 생각하자. $\operatorname{curl}\mathbf{F}$와 $\hat{\mathbf{n}}$의 내적은 벡터 마당 $\mathbf{F}$가 곡선 C를 따라 회전한 정도를 곡선 C로 둘러싸인 넓이 A로 나눈 값의 극한이며 되며 이를 식으로 표현하면 다음과 같다.

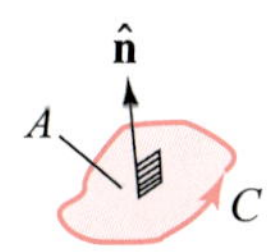

$$(\nabla \times \mathbf{F}) \cdot \hat{\mathbf{n}} :\ = \lim_{A \to 0}\left(\frac{1}{|A|}\oint_C \mathbf{F} \cdot d\mathbf{x}\right)$$

이 식의 정확한 의미는 뒤의 장에서 알아보겠지만 여기서는 직관적으로 이해하도록 하자. 따라서 이는 물리적으로 점 $\mathbf{x}$에서 유체가 회전하는 정도를 나타낸다. 유체에 작은 팽이를 놓으면 $\operatorname{curl}\mathbf{F}$ 값만큼 이 팽이가 회전하게 된다(여기서 $\mathbf{F}$는 유체의 속도 벡터). 흥미롭게도 이 값은 각 점에서 정의되는 양으로서 유체 전체의 회전과 구별된다. 예를 들어 세면대에서 물이 빠질 때에 각 점의 속도 벡터를 $\mathbf{F}$라고 하면 $\operatorname{curl}\mathbf{F} = \mathbf{0}$이다. 따라서 유체 전체는 회전하지만 물위에 팽이를 놓으면 이 팽이는 회전하지 않는다.

다음은 발산에 대해 살펴보자. 먼저 $\operatorname{curl}\mathbf{F}$는 공간의 벡터이지만 $\operatorname{div}\mathbf{F}$는 각 점에서

정의되는 실숫값임에 유의하자. 이제 유체의 속도 벡터를 $\mathbf{F}$라 하고 유체가 흐르는 공간의 작은 부피 V를 생각하자. 부피 V를 둘러싼 면을 S라 하고 $\mathbf{n}$을 곡면 S의 밖으로 향하는 수직인 벡터라고 하면 다음 관계식은 $\operatorname{div} \mathbf{F}$의 의미를 잘 알 수 있도록 도와준다.

$$\nabla \cdot \mathbf{F}(\mathbf{p}) = \lim_{V \to 0} \iint_{S(V)} \frac{\mathbf{F} \cdot \mathbf{n}}{|V|} dS$$

여기서 우변의 적분은 $\mathbf{F}$가 부피의 외부, 즉 $\mathbf{n}$방향일 경우 양수로서 그 값이 가장 크다. 반대로 $\mathbf{F}$가 부피의 내부, 즉 $-\mathbf{n}$방향일 경우 음수로서 그 값이 가장 작다. 따라서 우변의 적분은 유체가 부피 V의 밖으로 빠져 나가는 정도를 나타내는 양의 극한(V가 한 점으로 수축할 때의 극한)이 $\operatorname{div} \mathbf{F}$임을 말해준다. 따라서 $\operatorname{div} \mathbf{F} > 0$이면 V 안으로 들어오는 물의 양보다 V 밖으로 나가는 물의 양이 많은 것이고, 거꾸로 $\operatorname{div} \mathbf{F} < 0$이면 나가는 물의 양보다 V 안으로 들어오는 물의 양이 더 많은 것이다. 이 식의 정확한 의미는 뒤의 장에서 알아볼 것이다.

특별히 유체의 속도 마당 $\mathbf{F}$가 $\operatorname{div} \mathbf{F} = 0$을 만족시키면 유체가 비압축적(incompressible), $\operatorname{curl} \mathbf{F} = \mathbf{0}$을 만족시키면 비회전적(irrotational)이라고 한다.

세 개의 미분 연산자 grad, curl, div를 혼합하여 사용할 때 다음이 성립한다.

정리 5.1-1

두 벡터 마당 $\mathbf{F}$와 $\mathbf{G}$ 및 스칼라 함수 f의 편도함수가 필요한 만큼 존재하고 연속이면, 다음이 성립한다.

(1) $\nabla \cdot (\mathbf{F} + \mathbf{G}) = \nabla \cdot \mathbf{F} + \nabla \cdot \mathbf{G}$ (2) $\nabla \times (\mathbf{F} + \mathbf{G}) = \nabla \times \mathbf{F} + \nabla \times \mathbf{G}$

(3) $\nabla \cdot (f\mathbf{F}) = f(\nabla \cdot \mathbf{F}) + \mathbf{F} \cdot \nabla f$ (4) $\nabla \times (f\mathbf{F}) = f(\nabla \times \mathbf{F}) + (\nabla f) \times \mathbf{F}$

(5) $\nabla \times (\nabla f) = \mathbf{0}$ (6) $\nabla \cdot (\nabla \times \mathbf{F}) = 0$

(7) $\nabla \cdot (\mathbf{F} \times \mathbf{G}) = (\nabla \times \mathbf{F}) \cdot \mathbf{G} - \mathbf{F} \cdot (\nabla \times \mathbf{G})$

증명 여기서는 (5)번과 (6)번만을 증명하고 나머지는 독자에게 맡긴다.

$$(5)\ \nabla \times (\nabla f) = \begin{vmatrix} \mathbf{i} & \mathbf{j} & \mathbf{k} \\ \dfrac{\partial}{\partial x} & \dfrac{\partial}{\partial y} & \dfrac{\partial}{\partial z} \\ \dfrac{\partial f}{\partial x} & \dfrac{\partial f}{\partial y} & \dfrac{\partial f}{\partial z} \end{vmatrix}$$

$$= \left(\frac{\partial^2 f}{\partial y \partial z} - \frac{\partial^2 f}{\partial z \partial y} \right)\mathbf{i} + \left(\frac{\partial^2 f}{\partial z \partial x} - \frac{\partial^2 f}{\partial x \partial z} \right)\mathbf{j} + \left(\frac{\partial^2 f}{\partial x \partial y} - \frac{\partial^2 f}{\partial y \partial x} \right)\mathbf{k}$$

$$= 0\mathbf{i} + 0\mathbf{j} + 0\mathbf{k} = \mathbf{0}$$

(6) $\mathbf{F} = P\mathbf{i} + Q\mathbf{j} + R\mathbf{k}$라고 하자. 여기서 P, Q, R은 공간에서 실숫값을 취하는 함수이다.

$$\begin{aligned}\nabla \cdot (\nabla \times \mathbf{F}) &= \frac{\partial}{\partial x}\left(\frac{\partial R}{\partial y} - \frac{\partial Q}{\partial z}\right) + \frac{\partial}{\partial y}\left(\frac{\partial P}{\partial z} - \frac{\partial R}{\partial x}\right) + \frac{\partial}{\partial z}\left(\frac{\partial Q}{\partial x} - \frac{\partial P}{\partial y}\right) \\ &= \frac{\partial^2 R}{\partial x \partial y} - \frac{\partial^2 Q}{\partial x \partial z} + \frac{\partial^2 P}{\partial y \partial z} - \frac{\partial^2 R}{\partial y \partial x} + \frac{\partial^2 Q}{\partial z \partial x} - \frac{\partial^2 P}{\partial z \partial y} \\ &= 0\end{aligned}$$

스칼라 함수의 선 적분

이번 절에서는 리만 적분과 비슷한 적분을 알아보는데, 구간 $[a, b]$가 아니라 곡선 C 위에서 적분한다.

공간 $\mathbb{R}^n$ $(n \geq 2)$의 곡선 C가 시간 $t \in [a, b]$에 대한 함수 $\mathbf{x}$로 매개화되었다고 하자. 구간 $[a, b]$에서 도함수 $\mathbf{x}'(t)$가 연속이고 $\mathbf{x}'(t) \neq \mathbf{0}$이면 곡선 C를 **매끄러운 곡선**(smooth curve) 또는 C^1 **곡선**이라고 한다. 그리고 유한 개의 매끄러운 곡선 C_i $(i = 1, \cdots, k)$를 연결하여 이루어진 곡선 C를 **조각마다 매끄러운 곡선**(piecewise smooth)이라 하고, $C = C_1 \cup \cdots \cup C_k$와 같이 나타낸다(그림 5.1-4 참조).

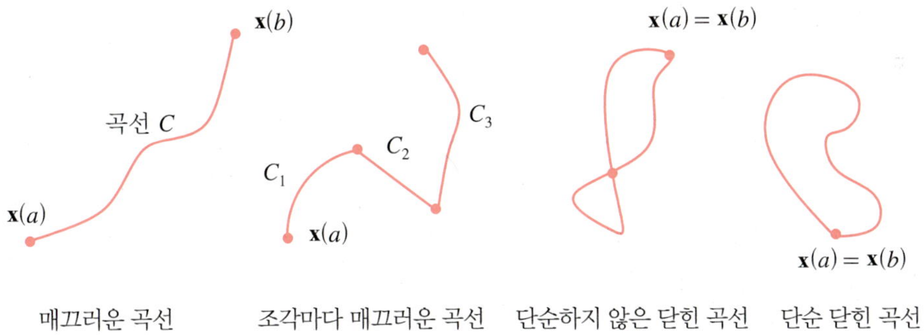

‖ 그림 5.1-4 ‖ 곡선의 분류

곡선 C에 있는 점 $\mathbf{x}(a)$를 곡선의 **시점**(initial point)이라 하고, 점 $\mathbf{x}(b)$를 곡선 C의 **종점**(terminal point)이라고 한다. 특히 $\mathbf{x}(a) = \mathbf{x}(b)$인 곡선을 **닫힌 곡선**(closed curve)이라고 한다. 시점과 종점 이외의 다른 점에서 자기 자신과 만나지 않은 닫힌 곡선을 **단순 (닫힌) 곡선**(simple closed curve)이라고 한다(그림 5.1-4 참조). 또 주어진 곡선 C의 종점을 시점으로 하고 시점을 종점으로 하는 곡선을 곡선 C의 **역(방)향 곡선** 또는 **반대 방향의 곡선**이라 하고 $-C$로 나타낸다.

이제 스칼라 함수 φ가 매끄러운 곡선 $C \subset \mathbb{R}^n$을 포함하는 영역에서 정의되어 있다

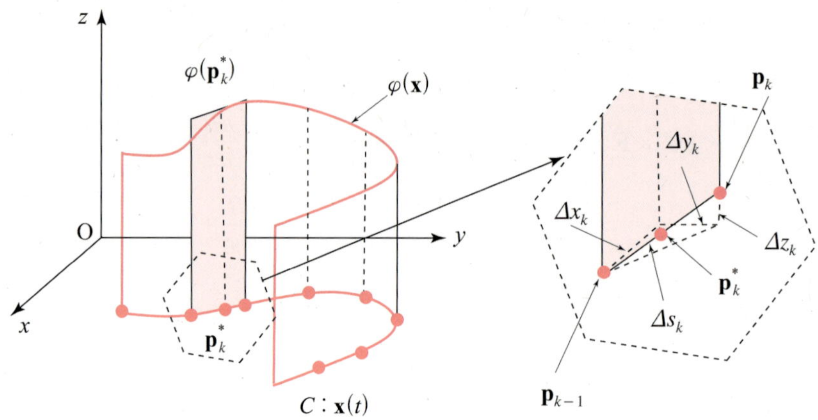

‖ 그림 5.1-5 ‖ 2차원 공간에서 정의된 스칼라 함수의 선 적분

고 하자. 곡선 C에 있는 유한 개의 점 $\mathbf{p}_k\,(k=0,\ \cdots,\ m)$를 생각하여 곡선을 그림 5.1-5와 같이 나누자. 이때 곡선의 각 부분 s_k에서 한 점 $\mathbf{p}_k^*$를 임의로 택한다. 이제 그 점에서의 함숫값과 그 부분의 길이 Δs_k를 곱해서 다음과 같은 합을 형성한다.

$$\sum_{k=1}^{m}\varphi(\mathbf{p}_k^*)\,|\,\mathbf{p}_k-\mathbf{p}_{k-1}\,| = \sum_{k=1}^{m}\varphi(\mathbf{p}_k^*)\Delta s_k \tag{5.1-5}$$

이는 리만 합과 비슷하다. 이 합의 극한을 취해서 일변수 적분과 유사한 다음과 같은 정의를 얻는다.

$$\int_C \varphi(\mathbf{x})\,ds = \lim_{\max \Delta s_k \to 0}\sum_{k=1}^{m}\varphi(\mathbf{p}_k^*)\Delta s_k$$

이 극한값을 C 위에서 φ의 선 적분(line integral) 또는 곡선 적분(curve integral)이라고 한다. 위 표시를 간단히 $\int_C \varphi\,ds$으로 나타내기도 한다. 여기서 곡선 C를 선 적분의 적분 경로(path of integration)라고 한다. 한편 2.2절에서 $n=2$인 경우 $\mathbf{x}=(x(t),\ y(t))$라고 하면 C의 길이가 다음과 같다는 사실을 밝혔다.

$$L=\int_a^b \sqrt{\left(\frac{dx}{dt}\right)^2+\left(\frac{dy}{dt}\right)^2}\,dt$$

여기서 $\sqrt{\left(\frac{dx}{dt}\right)^2+\left(\frac{dy}{dt}\right)^2}\,dt = ds$임을 알 수 있다. 따라서 이 경우 선 적분의 값은 다음과 같이 될 것이다.

$$\int_C \varphi(\mathbf{x})\,ds = \int_a^b \varphi(x(t),\ y(t))\sqrt{\left(\frac{dx}{dt}\right)^2 + \left(\frac{dy}{dt}\right)^2}\,dt$$

더욱 일반적으로는 $ds = |\mathbf{x}'(t)|\,dt$가 되어 다음이 성립한다.

정리 5.1-2

조각마다 매끄러운 곡선 $C \subset \mathbb{R}^n$ $(n \geq 2)$에서 연속인 스칼라 함수 φ의 선 적분은 잘 정의된다. 이때 곡선 C의 매개화가 $\mathbf{x}(t)$, $a \leq t \leq b$라고 하면 다음이 성립한다.

$$\int_C \varphi\,ds = \int_a^b \varphi(\mathbf{x}(t))\,|\mathbf{x}'(t)|\,dt \tag{5.1-6}$$

위 식 (5.1-6)을 이용하면 곡선 C의 길이는 $\varphi(\mathbf{x}) = 1$로 놓고 선 적분을 이용해 찾을 수 있다.[2] 함수 $\varphi(\mathbf{x})$가 곡선 C에 있는 점 $\mathbf{x}$에서의 담장의 높이 또는 커튼의 높이를 나타낸다면 선 적분 $\int_C \varphi\,ds$는 그림 5.1-5와 같이 공간에 놓여 있는 커튼 혹은 담장 등의 넓이로 볼 수도 있다.

2.2절에서 알아본 대로 일반적으로 하나의 곡선에 여러 개의 매개화가 존재한다. 그러나 다음 정리는 스칼라 함수의 선 적분이 곡선의 매개화에 의존하지 않음을 말한다.[3] 이는 선 적분을 계산할 때 되도록 계산이 수월한 매개화를 택하는 것이 편리함을 의미한다.

정리 5.1-3

매끄러운 곡선 C의 매개화를 $\mathbf{x}(t)$, $a \leq t \leq b$라고 하자. 또 도함수가 연속이고 $g(\alpha) = a$, $g(\beta) = b$이고 $g'(u) > 0$인 함수 $g : [\alpha,\ \beta] \to [a,\ b]$에 의하여 정의된 벡터 함수 $\mathbf{y}(u) = \mathbf{x}(g(u))$, $u \in [\alpha,\ \beta]$가 곡선 C의 다른 매개화라고 하자. 이때 곡선 C에서의 스칼라 함수 φ의 선 적분이 존재한다면 다음이 성립한다.

$$\int_C \varphi\,ds = \int_\alpha^\beta \varphi(\mathbf{y}(u))\,|\mathbf{y}'(u)|\,du = \int_a^b \varphi(\mathbf{x}(t))\,|\mathbf{x}'(t)|\,dt \tag{5.1-7}$$

증명 치환 적분법을 이용하면 곡선 C의 매개화 $\mathbf{y}(u)$에 대한 선 적분은 다음과 같다.

---

2) 특히 $n = 1$인 경우, 즉 곡선 C가 구간이라면 식 (5.1-6)은 일변수 실함수의 치환 적분식이다.

3) 또 극한은 유일하므로 선 적분의 정의에 의하여 선 적분은 곡선을 매개화 방법에 따라 그 값이 변하지 않음을 알 수 있다.

$$\int_C \varphi(\mathbf{x})\,ds = \int_\alpha^\beta \varphi(\mathbf{y}(u))\,|\,\mathbf{y}'(u)\,|\,du \qquad \text{[연쇄 법칙]}$$

$$= \int_\alpha^\beta \varphi(\mathbf{x}(g(u)))\,|\,\mathbf{x}'(g(u))\,|\,g'(u)\,du \qquad [g'(u)>0]$$

$$= \int_a^b \varphi(\mathbf{x}(t))\,|\,\mathbf{x}'(t)\,|\,dt \qquad [t=g(u)]$$

따라서 식 (5.1-7)이 성립한다. ▮

예제 5.1-3 평면에서 점 $P(0,\ 0)$와 점 $Q(1,\ 1)$을 잇는 선분 C 위에서 스칼라 함수 $\varphi(x,\ y)=x+y^2$의 선 적분 $\int_C \varphi\,ds$를 찾아라.

풀이 스칼라 함수의 선 적분은 곡선의 매개화에 의존하지 않으므로 구간 $[0,\ 1]$에서 벡터 함수 $\mathbf{x}(t)=(t,\ t)$를 선분 C의 매개화로 택하면 다음을 얻는다.

$$\int_C \varphi\,ds = \int_0^1 (t+t^2)\sqrt{1+1}\,dt = \sqrt{2}\left[\frac{1}{2}t^2+\frac{1}{3}t^3\right]_0^1 = \frac{5}{6}\sqrt{2}$$

따라서 찾는 선 적분은 $5\sqrt{2}/6$이다. ▮

이 책에서 다룬 다른 종류의 적분과 마찬가지로 스칼라 함수의 선 적분도 스칼라 함수의 연산, 부등식, 적분 경로의 분할에 대하여 다음이 성립한다.

정리 5.1-4 (선 적분의 성질)

공간 $\mathbb{R}^n$ $(n\ge 2)$에 있는 조각마다 매끄러운 곡선 C에서 연속인 스칼라 함수 $\varphi(\mathbf{x})$, $\psi(\mathbf{x})$에 대하여 다음이 성립한다.

(1) $\int_C (\varphi+\psi)\,ds = \int_C \varphi\,ds + \int_C \psi\,ds$

(2) $\int_C \alpha\varphi\,ds = \alpha\int_C \varphi\,ds$ (단, α는 실수이다)

(3) 곡선 C에서 $\varphi\ge 0$이면 $\int_C \varphi\,ds \ge 0$이 성립한다.

(4) 곡선 C가 유한 개의 조각마다 매끄러운 곡선을 이어서 이루어져 있다면, 즉 $C=C_1\cup\cdots\cup C_k$라면 다음이 성립한다.

$$\int_C \varphi\,ds = \int_{C_1}\varphi\,ds + \cdots + \int_{C_k}\varphi\,ds$$

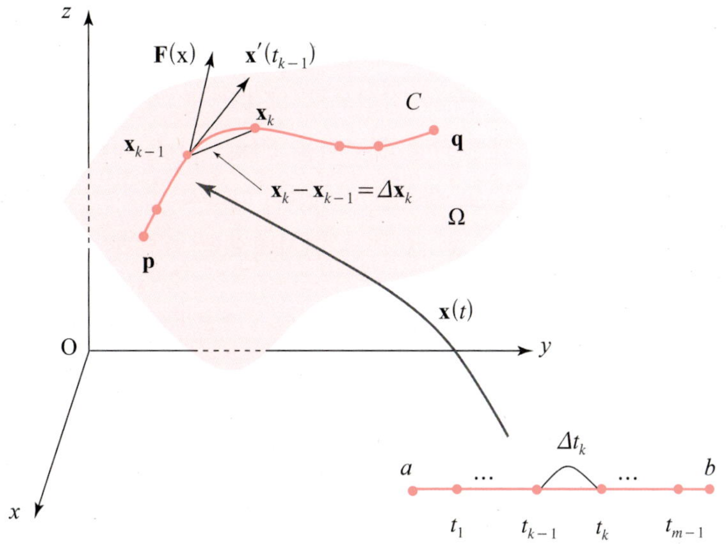

‖ 그림 5.1-6 ‖ 벡터 마당 $\mathbf{F}$의 선 적분

예제 5.1-4 공간에서 점 $P(0,\ 0,\ 1)$와 점 $Q(1,\ 2,\ 2)$을 잇는 선분 C 위에서 스칼라 함수 $\varphi(x,\ y,\ z) = x + y + e^z$의 선 적분 $\int_C \varphi\, ds$를 찾아라.

풀이 스칼라 함수의 선 적분은 곡선의 매개화에 의존하지 않으므로 구간 $[0,\ 1]$에서 벡터 함수 $\mathbf{x}(t) = (t,\ 2t,\ t+1)$를 선분 C의 매개화로 택하면 다음을 얻는다.

$$\begin{aligned}\int_C \varphi\, ds &= \int_0^1 (t + 2t + e^{t+1}) \sqrt{1+4+1}\, dt \\ &= \sqrt{6}\left[\frac{3}{2}t^2 + e^{t+1}\right]_0^1 \\ &= \sqrt{6}\left(\frac{3}{2} + e^2 - e\right)\end{aligned}$$

따라서 찾는 선 적분은 $\sqrt{6}\,(3/2 + e^2 - e)$이다. ∎

벡터 마당의 선 적분

이 절에서는 벡터 마당의 선 적분에 대하여 살펴본다.

영역 $\Omega \subset \mathbb{R}^n$에 매끄러운 곡선 C가 있다고 하자. 벡터 마당 $\mathbf{F}$는 각 점에서 단위 질량에 작용하는 힘을 나타낸다고 하자. 단위 질량을 가진 점 p가 $\mathbf{p} = \mathbf{x}_0$에서 $\mathbf{q} = \mathbf{x}_m$까지 경로 C를 따라 움직일 때에 힘 마당 $\mathbf{F}$가 점에 한 일(work)의 양 W를 찾아보자.

참고로 일의 양 W = 힘×(이동 거리)임을 기억하자.

곡선 C를 그림 5.1-6과 같이 각 부분의 길이가 충분히 작게 m개의 부분으로 나누면, 점 $\mathbf{x}_{k-1}$과 $\mathbf{x}_k$ 사이의 곡선 부분을 직선으로 생각할 수 있다. 이때 각 직선의 길이 $\Delta s_k = |\Delta \mathbf{x}_k|$가 작으므로 각 점에 작용하는 힘을 $\mathbf{F}(\mathbf{x}_{k-1})$로, 점의 진행 방향을 $\mathbf{x}_{k-1}$에서의 단위 접선 벡터 $\mathbf{T}(\mathbf{x}_{k-1})$로 생각할 수 있다. 따라서 이웃한 점 $\mathbf{x}_{k-1}$에서 $\mathbf{x}_k$까지 힘 $\mathbf{F}$가 질점에 대해 한 일의 양 ΔW_k는 근사적으로 다음과 같다.

$$\Delta W_k \approx \mathbf{F}(\mathbf{x}_{k-1}) \cdot \mathbf{T}(\mathbf{x}_{k-1}) \Delta s_k, \quad k = 1, \cdots, m$$

그러므로 $\mathbf{p}$에서 $\mathbf{q}$까지 한 일의 양을 다음 식으로 근사시킬 수 있다.

$$W \approx \sum_{k=1}^{m} \mathbf{F}(\mathbf{x}_{k-1}) \cdot \mathbf{T}(\mathbf{x}_{k-1}) \Delta s_k \tag{5.1-8}$$

이제 각 부분의 길이가 0이 되도록 극한을 취하면 곡선 C를 따라 단위 질량인 점이 $\mathbf{p}$에서 $\mathbf{q}$까지 이동할 때 벡터 마당 $\mathbf{F}$가 한 일이 되며 이를 선 적분을 이용해서 다음과 같이 표현됨을 알 수 있다.

$$W = \int_C \mathbf{F} \cdot \mathbf{T}\, ds \tag{5.1-9}$$

이 적분을 곡선 C 위에서 벡터 마당 $\mathbf{F}$의 선 적분, C를 적분 경로라고 한다.[4)]

한편 곡선 C의 매개화된 방정식이 $\mathbf{x}(t)$, $a \le t \le b$라고 하자. $\mathbf{x}(t)$가 미분 가능한 경우 $\mathbf{T}(t) = \mathbf{x}'(t)/|\mathbf{x}'(t)|$이고, $ds = |\mathbf{x}'(t)|dt$이므로 식 (5.1.9)로부터 다음을 얻는다.

$$W = \int_a^b \left(\mathbf{F}(\mathbf{x}(t)) \cdot \frac{\mathbf{x}'(t)}{|\mathbf{x}'(t)|}\right)|\mathbf{x}'(t)|\,dt = \int_a^b \mathbf{F}(\mathbf{x}(t)) \cdot \mathbf{x}'(t)\,dt$$

이 적분을 간략하게 $\int_C \mathbf{F} \cdot d\mathbf{x}$로 나타낸다. 즉 곡선 C 위에서 벡터마당 $\mathbf{F}$의 선 적분은 다음과 같이 쓸 수 있다(그림 5.1-6 참조).

$$\int_C \mathbf{F} \cdot d\mathbf{x} = \int_C \mathbf{F} \cdot \mathbf{T}\, ds = \int_a^b \mathbf{F}(t) \cdot \mathbf{T}(t)\,|\mathbf{x}'(t)|\,dt \tag{5.1-10}$$

특히 공간에서의 벡터 마당 $\mathbf{F}(x, y, z) = (P(x, y, z), Q(x, y, z), R(x, y, z))$에 대하여 $\mathbf{x}(t) = (x(t), y(t), z(t))$라고 하면

4) 특히 $n = 1$이면 선적분 (5.1-9)는 일변수 함수의 정적분이다.

$$\begin{aligned}\int_C \mathbf{F}\cdot d\mathbf{x} &= \int_a^b \mathbf{F}(t)\cdot\mathbf{T}(t)\,|\mathbf{x}'(t)|\,dt \\ &= \int_a^b (P\mathbf{i}+Q\mathbf{j}+R\mathbf{k})\cdot(x'(t)\mathbf{i}+y'(t)\mathbf{j}+z'(t)\mathbf{k})\,dt \\ &= \int_a^b \{P(x(t),\ y(t),\ z(t))x'(t)+Q(x(t),\ y(t),\ z(t))y'(t) \\ &\qquad +R(x(t),\ y(t),\ z(t))z'(t)\}dt \end{aligned} \tag{5.1-11}$$

이 식의 마지막 줄의 세 항들을 각각 변수 x, 변수 y, 변수 z에 대한 선 적분이라고 말한다. 이를 줄여서 다음과 같이 쓴다.

$$\int_C \mathbf{F}\cdot d\mathbf{x} = \int_C P(x,\ y,\ z)\,dx + Q(x,\ y,\ z)\,dy + R(x,\ y,\ z)\,dz \tag{5.1-12}$$

따라서 위 공식에 따라 x, y, z에 관한 선 적분의 값은 모든 것을 t의 식 $x=x(t)$, $y=y(t)$, $z=z(t)$, $dx=x'(t)dt$, $dy=y'(t)dt$, $dz=z'(t)dt$으로 표현해서 찾을 수 있다.

또한 식 (5.1-10)에서 $\varphi(t)=\mathbf{F}(t)\cdot\mathbf{T}(t)$는 스칼라 함수이고 $ds=|\mathbf{x}'(t)|\,dt$이므로 벡터 마당의 선 적분의 경우에도 정리 5.1-4가 성립한다. 특히 다음은 벡터 마당의 선 적분을 계산하는 데 유용하다.

(1) 유한 개의 매끄러운 곡선 $C_j\ (j=1,\ \cdots,\ k)$를 연결하여 이루어진 곡선 C에서 연속인 벡터 마당 $\mathbf{F}$의 선 적분은 존재하고 다음이 성립한다.

$$\int_C \mathbf{F}\cdot d\mathbf{x} = \int_{C_1} \mathbf{F}\cdot d\mathbf{x} + \cdots + \int_{C_k} \mathbf{F}\cdot d\mathbf{x} \tag{5.1-13}$$

(2) 스칼라 함수의 선 적분과는 달리 벡터 마당의 선 적분은 적분 경로의 방향이 바뀌면 부호가 바뀐다. 즉 곡선 C와 그의 역향 곡선 $-C$에 대한 벡터 마당의 선 적분은 다음과 같은 관계를 가진다.

$$\int_{-C} \mathbf{F}\cdot d\mathbf{x} = -\int_C \mathbf{F}\cdot d\mathbf{x} \tag{5.1-14}$$

예제 5.1-5 다음의 각 곡선 위에서 벡터 마당 $\mathbf{F}(x,\ y)=(xy,\ x)$의 선 적분을 찾아라.

(1) C_1: 점 $(0,\ 0)$에서 $(1,\ 1)$까지의 선분

(2) C_2: 점 $(0,\ 0)$에서 $(1,\ 1)$까지의 포물선 $y=x^2$

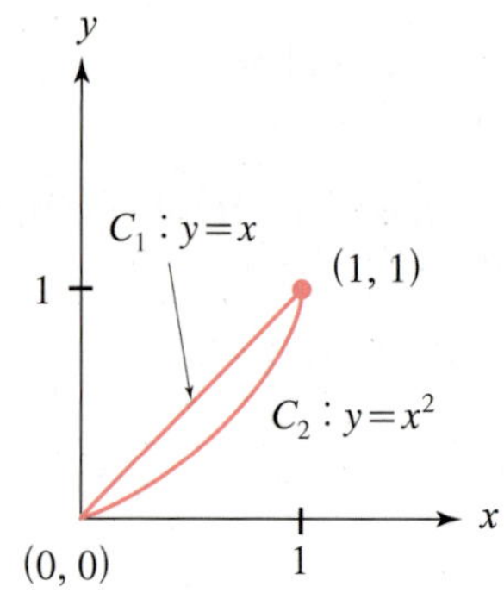

‖ 그림 5.1-7 ‖ 예제 5.1-5의 적분 경로

풀이 (1) 곡선 C_1의 매개화를 $\mathbf{x}(t) = (t,\ t),\ 0 \le t \le 1$로 택하여 식 (5.1-10)을 이용하면 다음을 얻는다.

$$\int_{C_1} \mathbf{F} \cdot d\mathbf{x} = \int_0^1 \mathbf{F} \cdot \mathbf{x}'(t)\,dt$$

$$= \int_0^1 (t^2,\ t) \cdot (1,\ 1)\,dt = \int_0^1 (t^2 + t)\,dt = \frac{5}{6}$$

(2) 식 (5.1-12)을 이용하면 $dy = 2x dx$이므로 다음을 얻는다.

$$\int_{C_2} \mathbf{F} \cdot d\mathbf{x} = \int_{C_2} xydx + xdy = \int_0^1 x(x^2)\,dx + x(2x)\,dx = \frac{11}{12}$$

퍼텐셜 함수와 선 적분의 기본 정리

예제 5.1-5로부터 두 곡선의 시점과 종점이 같아도 곡선의 경로가 다르면 동일한 벡터 마당의 두 선 적분이 서로 다름을 알 수 있다. 다음 예제를 보자.

예제 5.1-6 예제 5.1-5의 적분 경로에 대하여 벡터 마당 $\mathbf{F}(x,\ y) = (y,\ x)$의 선 적분을 찾아라.

풀이 예제 5.1-5와 같은 방법으로 다음을 얻는다.

$$\int_{C_1} \mathbf{F} \cdot d\mathbf{x} = \int_0^1 \mathbf{F} \cdot \mathbf{x}'(t)\,dt = \int_0^1 (t,\ t) \cdot (1,\ 1)\,dt = \int_0^1 2t\,dt = 1,$$

$$\int_{C_2} \mathbf{F} \cdot d\mathbf{x} = \int_{C_2} ydx + xdy = \int_0^1 x^2\,dx + x(2x)dx = \int_0^1 3x^2 dx = 1$$

이 경우 주어진 벡터 마당에 대한 두 선 적분은 경로에 관계없이 같다.

예제 5.1-6은 시점에서 종점에 이르는 적분 경로에 관계없이 벡터 마당의 선 적분은 같을 수도 있음을 보여준다(물론 예제 5.1-6에서 가능한 모든 경로를 생각하지는 않았다). 흔히 시점에서 종점에 이르는 경로에 관계없이 벡터 마당의 선 적분이 같으면 벡터 마당의 선 적분은 **적분 경로에 독립**이다라고 한다. 이에 대하여 더 살펴보자.

열린 영역 $\Omega \subset \mathbb{R}^n$에서 벡터 마당 $\mathbf{F}$와 미분 가능한 스칼라 함수 φ가 다음 식을 만족시키면 스칼라 함수 φ를 영역 Ω에서의 벡터 마당 $\mathbf{F}$의 **퍼텐셜 함수**(potential function)라고 한다.

$$\nabla\varphi(\mathbf{x}) = \mathbf{F}(\mathbf{x}),\ \ \mathbf{x} \in \Omega$$

한편 미분 가능한 스칼라 함수 φ의 물매에 의하여 정의되는 벡터 마당 $\mathbf{F} = \nabla\varphi$를 스칼라 함수 φ의 **물매 마당**(gradient field)이라고 한다. 특히 퍼텐셜 함수가 있는 벡터 마당을 **보존적 벡터 마당**(conservative field)이라고 한다. 다음 **선 적분의 기본 정리**(Fundamental Theorem of Calculus for Line Integrals)는 벡터 마당의 선 적분이 적분 경로에 독립일 충분 조건과 그 조건이 만족되면 선 적분의 계산을 수월하게 할 수 있음을 말해 주고 있다.

정리 5.1-5 (선 적분의 기본 정리)

곡선 C는 열린 집합 $\Omega \subset \mathbb{R}^n$에 놓여 있고 시점은 $\mathbf{p}$이고 종점은 $\mathbf{q}$이며 조각적으로 매끄러운 곡선이라고 하자. 만일 벡터 마당 $\mathbf{F}$가 집합 Ω에서 연속이며 퍼텐셜 함수가 φ라면 적분 경로 C에 대한 벡터 마당 F의 선 적분에 대하여 다음이 성립한다.

$$\int_C \mathbf{F}\cdot d\mathbf{x} = \varphi(\mathbf{q}) - \varphi(\mathbf{p}) \qquad (5.1\text{-}15)$$

증명 식 (5.1-13)에 의해 일반적으로 주어진 곡선 C가 매끄럽다고 가정할 수 있다. 곡선 C의 매개화가 다음과 같다고 하자.

$$C: \mathbf{x}(t),\ a \le t \le b;\ \mathbf{x}(a) = \mathbf{p},\ \mathbf{x}(b) = \mathbf{q}$$

그러면 적분 경로 C에 대한 벡터 마당 $\mathbf{F}$의 선 적분은 다음과 같다.

$$\begin{aligned}\int_C \mathbf{F}\cdot d\mathbf{x} &= \int_C \nabla\varphi\cdot d\mathbf{x} = \int_a^b \{\nabla\varphi\cdot\mathbf{x}'(t)\}\,dt \\ &= \int_a^b \left\{\frac{d}{dt}\varphi(\mathbf{x}(t))\right\}dt = [\varphi(\mathbf{x}(t))]_a^b \\ &= \varphi(\mathbf{x}(b)) - \varphi(\mathbf{x}(a)) = \varphi(\mathbf{q}) - \varphi(\mathbf{p})\end{aligned}$$

따라서 식 (5.1-15)가 성립한다. ∎

벡터 마당 $\mathbf{F}$의 선 적분이 적분 경로에 독립이면 시점이 $\mathbf{p}$이고 종점이 $\mathbf{q}$인 적분 경로 C에 대한 벡터 마당 $\mathbf{F}$의 선적분 $\int_C \mathbf{F} \cdot d\mathbf{x}$를 다음과 같이 나타내기도 한다.

$$\int_C \mathbf{F} \cdot d\mathbf{x} = \int_{\mathbf{p}}^{\mathbf{q}} \mathbf{F} \cdot d\mathbf{x}$$

만일 적분 경로가 닫힌 곡선이면 선 적분의 기본 정리 5.1-5로부터 다음을 얻는다.

따름정리 5.1-1

열린 집합 $\Omega \subset \mathbb{R}^n$에서 연속인 벡터 마당 $\mathbf{F}$가 보존적이면 집합 Ω에 있는 임의의 조각마다 매끄러운 닫힌 곡선인 적분 경로 C에 대하여 다음이 성립한다.

$$\int_C \mathbf{F} \cdot d\mathbf{x} = 0$$

예제 5.1-7 예제 5.1-6에서 주어진 벡터 마당 $\mathbf{F}(x, y) = (y, x)$는 함수 $\varphi(x, y) = xy$의 물매 마당이다. 즉 다음이 성립한다.

$$\nabla \varphi(x, y) = \left(\frac{\partial \varphi}{\partial x}, \frac{\partial \varphi}{\partial y}\right) = (y, x) = \mathbf{F}(x, y)$$

따라서 예제 5.1-6에서 주어진 벡터 마당의 선 적분은 선 적분의 기본 정리 5.1-5에 의해 시점 $(0, 0)$과 종점 $(1, 1)$을 잇는 임의의 조각마다 매끄러운 곡선에 대해 동일하다.

선 적분의 기본 정리는 퍼텐셜 함수가 있는 벡터 마당의 선 적분을 간편하게 계산할 수 있게 한다. 그러면 벡터 마당의 퍼텐셜 함수가 존재하는지, 곧 벡터 마당이 보존적인지를 어떻게 판별할 수 있는지 알아보자. 이에 대해 새로운 용어가 필요하다.

집합 $\Omega \subset \mathbb{R}^n$의 임의의 두 점을 Ω에 있는 조각마다 매끄러운 곡선으로 연결할 수 있으면 집합 Ω를 **연결 집합**(path connected set)이라고 한다. 특히 연결 집합이면서 열린 집합을 **연결 영역**(connected domain)이라고 한다.

연결 영역에서 정의된 보존적 벡터 마당, 즉 퍼텐셜 함수가 있는 벡터 마당에 대해 다음 정리가 성립한다.

정리 5.1-6

연결 영역 $\Omega \subset \mathbb{R}^n$에서 연속인 벡터 마당 $\mathbf{F}$에 대하여 다음 명제는 서로 동치이다.

(1) $\mathbf{F}$의 퍼텐셜 함수가 존재한다.
(2) 영역 Ω에 있는 시점과 종점이 각각 같은 조각마다 매끄러운 임의의 두 곡선 C_1과 C_2에 대하여 $\int_{C_1} \mathbf{F} \cdot d\mathbf{x} = \int_{C_2} \mathbf{F} \cdot d\mathbf{x}$이 성립한다.
(3) 곡선 C가 Ω에 있는 조각마다 매끄러운 닫힌 곡선이면 다음이 성립한다.

$$\int_C \mathbf{F} \cdot d\mathbf{x} = 0$$

증명 (1)이면 (2)라는 것은 정리 5.1-5를 이용하면 어렵지 않게 알 수 있다. 또 (2)와 (3)이 동치라는 것도 분명하다. 이제 (2)이면 (1)이 성립한다는 것을 $n=2$인 경우에 보이기로 하겠다. 일반적으로 $n \geq 3$인 경우도 같은 방법으로 증명할 수 있다.

이를 위해서는 Ω의 모든 점에서 $\nabla\varphi(\mathbf{x}) = \mathbf{F}(\mathbf{x})$이 성립하는 스칼라 함수 φ를 만들어 내야 한다. 먼저 집합 Ω에서 한 점 $\mathbf{q} = (a,\ b) \in \Omega$를 임의로 택하자. 이제 점 $\mathbf{p} \in \Omega$를 시점, 점 $\mathbf{q}$를 종점으로 하는 조각마다 매끄럽고 Ω에 놓이는 곡선을 C라고 하자. 그리고 벡터 마당 $\mathbf{F}(x,\ y) = (f(x,\ y),\ g(x,\ y))$에 대하여 스칼라 함수 φ를 다음과 같이 정의하자.

$$\varphi(a,\ b) = \int_C \mathbf{F} \cdot d\mathbf{x} = \int_C f\,dx + g\,dy,\ \ \mathbf{q} = (a,\ b) \tag{5.1-16}$$

가정으로부터 두 점 $\mathbf{q}$와 $\mathbf{p}$에 대하여 식 (5.1-16)이 C의 선택에 무관하므로 함수 φ는 집합 Ω에서 잘 정의되어 있다. 이제 곡선 C를 $\mathbf{q}$의 근방에서 x축과 평행하게 잡으면 다음을 얻는다.

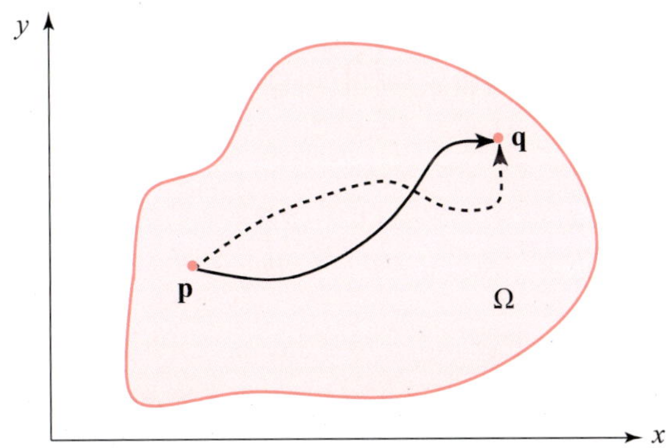

‖ 그림 5.1-8 ‖ 정리 5.1-6의 영역

$$\frac{\partial \varphi}{\partial x}(\mathbf{q}) = \lim_{h \to 0} \frac{1}{h} \{\varphi(a+h,\ b) - \varphi(a,\ b)\} = \lim_{h \to 0} \frac{1}{h} \int_a^{a+h} f(x,\ b)\, dx = f(a,\ b)$$

이와 비슷하게 곡선 C를 $\mathbf{q}$의 근방에서 y축과 평행하게 잡으면 다음을 얻는다.

$$\frac{\partial \varphi}{\partial y}(\mathbf{q}) = \lim_{h \to 0} \frac{1}{h} \{\varphi(a,\ b+h) - \varphi(a,\ b)\} = \lim_{h \to 0} \frac{1}{h} \int_b^{b+h} g(a,\ y)\, dy = g(a,\ b)$$

그런데 $\mathbf{q} \in \Omega$가 임의의 점이므로 $\mathbf{x} \in \Omega$인 모든 점 $\mathbf{x}$에서 $\nabla \varphi(\mathbf{x}) = \mathbf{F}(\mathbf{x})$이다. 즉 스칼라 함수 φ는 벡터 마당 $\mathbf{F}$의 퍼텐셜 함수이다. ▮

정리 5.1-6은 벡터 마당의 퍼텐셜 함수가 존재할 필요 충분 조건을 말하고 있지만 현실적으로 모든 곡선에 대하여 정리의 (2) 또는 (3)을 검사할 수 없어 직접 이용하기가 곤란하다. 다음 정리는 벡터 마당의 퍼텐셜 함수가 존재할 필요 조건을 말하고 있다.

정리 5.1-7

열린 집합 $\Omega \subset \mathbb{R}^n$에서 C^1인 벡터 마당 $\mathbf{F}(\mathbf{x}) = (f_1(\mathbf{x}),\ \cdots,\ f_n(\mathbf{x}))$의 퍼텐셜 함수 φ가 존재하면 다음이 성립한다.

$$\frac{\partial f_j}{\partial x_i}(\mathbf{x}) = \frac{\partial f_i}{\partial x_j}(\mathbf{x}), \quad \mathbf{x} \in \Omega \ \ (1 \le i,\ j \le n) \tag{5.1-17}$$

증명 스칼라 함수 φ가 벡터 마당 $\mathbf{F}$의 퍼텐셜 함수이므로 $\partial \varphi / \partial x_i = f_i$이다. 그런데 벡터 마당이 C^1이므로 $f_i\ (1 \le i \le n)$의 각 편도함수가 연속이다. 따라서 φ의 이계 편도함수는 편미분하는 순서에 관계없다. 그러므로 다음이 성립한다.

$$\frac{\partial f_j}{\partial x_i} = \frac{\partial}{\partial x_i}\left(\frac{\partial \varphi}{\partial x_j}\right) = \frac{\partial}{\partial x_j}\left(\frac{\partial \varphi}{\partial x_i}\right) = \frac{\partial f_i}{\partial x_j} \quad (1 \le i,\ j \le n)$$ ▮

식 (5.1-17)을 평면 $\mathbb{R}^2$에서 정의된 벡터 마당 $\mathbf{F}(x,\ y) = P(x,\ y)\mathbf{i} + Q(x,\ y)\mathbf{j}$에 적용하면 다음과 같다.

$$\frac{\partial Q}{\partial x} = \frac{\partial P}{\partial y} \tag{5.1-18}$$

또 공간 $\mathbb{R}^3$에서의 벡터 마당 $\mathbf{F}(x,\ y,\ z) = P(x,\ y,\ z)\mathbf{i} + Q(x,\ y,\ z)\mathbf{j} + R(x,\ y,\ z)\mathbf{k}$에 대하여 $P = \partial\varphi/\partial x$, $Q = \partial\varphi/\partial y$, $R = \partial\varphi/\partial z$라고 쓸 수 있으므로 다음을 얻는다.

$$\text{curl}\,\mathbf{F} = \text{curl}(\nabla\varphi) = \begin{vmatrix} \mathbf{i} & \mathbf{j} & \mathbf{k} \\ \dfrac{\partial}{\partial x} & \dfrac{\partial}{\partial y} & \dfrac{\partial}{\partial z} \\ \dfrac{\partial\varphi}{\partial x} & \dfrac{\partial\varphi}{\partial y} & \dfrac{\partial\varphi}{\partial z} \end{vmatrix}$$

$$= \left(\frac{\partial^2\varphi}{\partial y\,\partial z} - \frac{\partial^2\varphi}{\partial z\,\partial y}\right)\mathbf{i} + \left(\frac{\partial^2\varphi}{\partial z\,\partial x} - \frac{\partial^2\varphi}{\partial x\,\partial z}\right)\mathbf{j} + \left(\frac{\partial^2\varphi}{\partial x\,\partial y} - \frac{\partial^2\varphi}{\partial y\,\partial z}\right)\mathbf{k} = \mathbf{0} \quad (5.1\text{-}19)$$

예제 5.1-8 원점을 제외한 평면에서의 벡터 마당 $\mathbf{F}(x,\ y) = -y/(x^2+y^2)\mathbf{i} + x/(x^2+y^2)\mathbf{j}$에 대하여 단위 원 C: $\mathbf{x}(t) = (\cos t,\ \sin t),\ 0 \le t \le 2\pi$ 위에서의 선 적분을 찾고 그 결과를 정리 5.1-7과 비교하라.

풀이 먼저 벡터 마당 $\mathbf{F}$의 적분 경로 C에 대한 선 적분은 다음과 같다.

$$\int_C \mathbf{F} \cdot d\mathbf{x} = \int_0^{2\pi} (-\sin t,\ \cos t) \cdot (-\sin t,\ \cos t)\,dt = \int_0^{2\pi} 1\,dt = 2\pi$$

또 벡터 마당 $\mathbf{F}$에 대하여 다음을 얻는다.

$$\frac{\partial}{\partial y}\left(\frac{-y}{x^2+y^2}\right) = \frac{y^2-x^2}{(x^2+y^2)^2},\quad \frac{\partial}{\partial x}\left(\frac{x}{x^2+y^2}\right) = \frac{y^2-x^2}{(x^2+y^2)^2}$$

따라서 정리 5.1-7의 식 (5.1-17), 특히 (5.1-18)을 만족시킨다. 따라서 정리 5.1-7의 역이 성립하지 않음을 알 수 있다. 실제로 벡터 마당 $\mathbf{F}$는 정리 5.1-6의 조건 (3)을 만족시키지 않는다. 따라서 주어진 영역에서 퍼텐셜 함수가 존재할 수 없다. ▮

만일 집합 Ω가 '좋은 집합'이면 정리 5.1-7의 역이 성립한다. 이를 위해 몇 가지 용어를 정의하자. 영역 $\Omega \subset \mathbb{R}^n$에 대하여 그 안에 놓이는 임의의 닫힌 곡선을 영역 Ω를 벗어나지 않고 연속적으로 Ω 안의 한 점이 되게 **'줄일 수 있으면'**(contractable) 영역 Ω를 **단순 연결 영역**(simply connected region)이라고 한다. 한편 단순 연결 영역이 아닌 영역을 **다중 연결 영역**(multiply connected region)이라고 한다. 예를 들어 예제 5.1-8에 나온 원점을 제외한 평면은 단순 연결 영역이 아니므로 다중 연결 영역이다. 앞으로 열린 집합이면서 단순 연결 영역을 간단하게 단순 연결 영역이라 하겠다. 그림 5.1-9는 평면에서 단순 연결 영역과 다중 연결 영역의 예를 보여주고 있다.

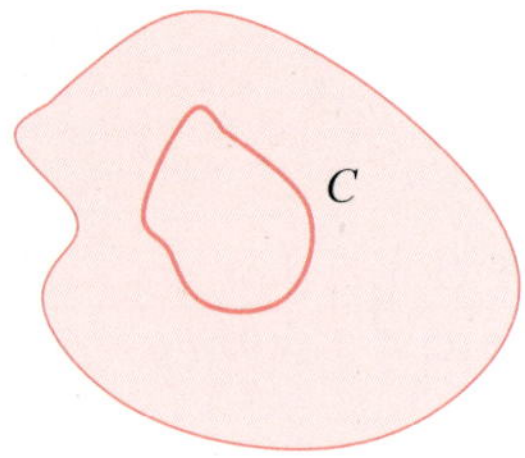

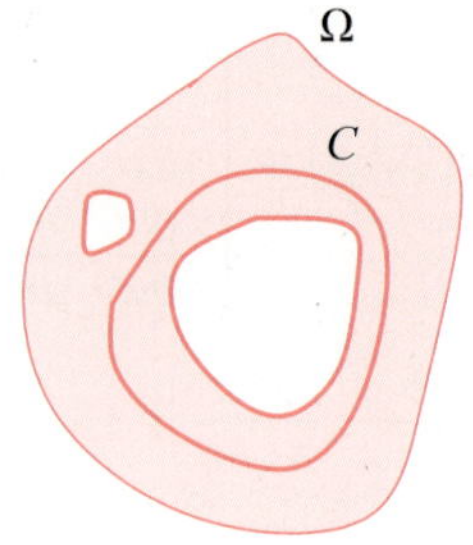

‖ 그림 5.1-9 ‖ 평면의 단순 연결 영역과 다중 연결 영역

정리 5.1-8

단순 연결 영역 $\Omega \subset \mathbb{R}^n$에서 정의된 C^1인 벡터 마당 $\mathbf{F}$가 식 (5.1-17)을 만족시키면 Ω에서 벡터 마당 $\mathbf{F}$의 퍼텐셜 함수가 존재한다.

증명 (개략) 이 정리의 완전한 증명은 이 책이 다루는 범위를 벗어나므로 Ω가 볼록 집합(convex set)인 경우에 대해 증명하기로 한다. Ω에 있는 임의의 두 점을 연결하는 선분이 항상 Ω에 속하는 경우 이 집합을 볼록 집합이라고 한다. 열린 집합인 볼록 집합은 단순 연결 영역이다. 이제 증명을 위해서는 앞에서와 같이 벡터 마당 $\mathbf{F}$에 대한 퍼텐셜 함수 φ를 직접 구성해야 한다.

먼저 Ω의 한 점 $\mathbf{p}$를 고정하고 임의의 점 $\mathbf{x} \in \Omega$에서 $\mathbf{p}$를 연결하는 선분 C의 매개화 $\mathbf{y}(t)$는 다음과 같다.

$$\mathbf{y}(t) = \mathbf{p} + t(\mathbf{x} - \mathbf{p}), \quad 0 \le t \le 1$$

스칼라 함수 φ가 벡터 마당 $\mathbf{F}$의 퍼텐셜 함수이면 $\varphi + c$ (c는 상수)도 퍼텐셜 함수이므로 편의상 $\varphi(\mathbf{p}) = 0$이라고 하자. 이제 함수 φ를 다음 식으로 정의하자.

$$\begin{aligned}\varphi(\mathbf{x}) &= \int_C \mathbf{F} \cdot d\mathbf{y} = \int_0^1 \mathbf{F}(\mathbf{p} + t(\mathbf{x} - \mathbf{p})) \cdot (\mathbf{x} - \mathbf{p})\, dt \qquad (5.1\text{-}20) \\ &= \sum_{j=1}^{n} \int_0^1 f_j(\mathbf{p} + t(\mathbf{x} - \mathbf{p}))(x_j - p_j)\, dt\end{aligned}$$

여기서 x_j, p_j, $f_j (j = 1, \cdots, n)$는 각각 $\mathbf{x}$와 $\mathbf{p}$와 $\mathbf{F}$의 j째 성분이다. 이제 $i = 1, \cdots, n$에 대하여 편도함수 $\dfrac{\partial \varphi}{\partial x_i}$를 계산하면 다음과 같다.

$$\frac{\partial \varphi(\mathbf{x})}{\partial x_i} = \sum_{j=1}^{n} \int_0^1 \frac{\partial}{\partial x_i} \{f_j(\mathbf{p} + t(\mathbf{x} - \mathbf{p}))(x_j - p_j)\}\, dt$$

$$= \sum_{j=1}^{n} \int_0^1 t\left\{\frac{\partial}{\partial x_i} f_j(\mathbf{p} + t(\mathbf{x} - \mathbf{p}))\right\}(x_j - p_j)\,dt + \int_0^1 f_i(\mathbf{p} + t(\mathbf{x} - \mathbf{p}))\,dt$$

이 식에서 조건 $\dfrac{\partial f_j}{\partial x_i} = \dfrac{\partial f_i}{\partial x_j}$ 을 이용하면 다음을 얻는다.

$$\begin{aligned}
&= \sum_{j=1}^{n} \int_0^1 t\left\{\frac{\partial}{\partial x_j} f_i(\mathbf{p} + t(\mathbf{x} - \mathbf{p}))\right\}(x_j - p_j)\,dt + \int_0^1 f_i(\mathbf{p} + t(\mathbf{x} - \mathbf{p}))\,dt \\
&= \int_0^1 \left[t\frac{d}{dt}\{f_i(\mathbf{p} + t(\mathbf{x} - \mathbf{p}))\} + f_i(\mathbf{p} + t(\mathbf{x} - \mathbf{p}))\right] dt \\
&= \int_0^1 \frac{d}{dt}\{t f_i(\mathbf{p} + t(\mathbf{x} - \mathbf{p}))\}\,dt \\
&= f_i(\mathbf{x})
\end{aligned}$$

따라서 $i = 1, \cdots, n$에 대하여 $(\partial\varphi/\partial x_i)(\mathbf{x}) = f_i(\mathbf{x})$, $\mathbf{x} \in \Omega$ 이므로 함수 φ는 벡터 마당 $\mathbf{F}$ 의 퍼텐셜 함수이다. ▮

참고로, $\mathbf{F} = (f_1, f_2, f_3) \in C^1$에 대해 조건식 (5.1.17)을 다시 쓰면 $\partial f_j/\partial x_i - \partial f_i/\partial x_j = 0$이고 이는 $i \neq j$인 경우 $\mathrm{curl}(\mathbf{F})$의 각 성분이다. 따라서 단순 연결 영역에서 퍼텐셜 함수가 존재할 필요 충분 조건은 $\mathbf{F} \in C^1$이고 $\mathrm{curl}(\mathbf{F}) = \mathbf{0}$임을 알 수 있다.

예제 5.1-9 평면에서 벡터 마당 $\mathbf{F}(x, y) = (2xy, x^2 + 1)$의 퍼텐셜 함수가 존재함을 보이고 그것을 찾아라.

풀이 벡터 마당 $\mathbf{F}$는 다음을 만족시키므로 정리 5.1-8에 의해 $\mathbb{R}^2$에서 퍼텐셜 함수가 존재한다.

$$\frac{\partial}{\partial x}(x^2 + 1) = 2x = \frac{\partial}{\partial y}(2xy)$$

이제 원점 $\mathbf{0}$을 고정하고 평면의 임의의 점을 $\mathbf{p} = (a, b)$라고 하자. 점 $\mathbf{0}$와 $\mathbf{p}$를 잇는 선분 C: $\mathbf{x}(t) = t\mathbf{p}$ $(0 \le t \le 1)$에 대해 정리 5.1-8의 증명 중의 식 (5.1-20)을 이용하여 다음과 같이 스칼라 함수 φ를 정의하면 이는 벡터 마당 $\mathbf{F}$ 의 퍼텐셜 함수이다.

$$\begin{aligned}
\varphi(\mathbf{p}) &= \varphi(\mathbf{0}) + \int_C \mathbf{F} \cdot d\mathbf{x} = \varphi(\mathbf{0}) + \int_0^1 \mathbf{F}(\mathbf{x}(t)) \cdot \mathbf{x}'(t)\,dt \\
&= \varphi(\mathbf{0}) + \int_0^1 (2abt^2, a^2t^2 + 1) \cdot (a, b)\,dt = \varphi(\mathbf{0}) + \int_0^1 (3a^2bt^2 + b)\,dt \\
&= a^2b + b + \varphi(\mathbf{0})
\end{aligned}$$

따라서 $\varphi(\mathbf{x}) = x^2y + y + c$, $(x,\ y) \in \mathbb{R}^2$이다(단, c는 상수).
여기서 퍼텐셜 함수 φ는 다음과 같은 방법으로 찾을 수도 있다.
벡터 마당 $\mathbf{F}$의 퍼텐셜 함수를 φ라고 하면 $\nabla\varphi = \mathbf{F}$이므로 $\partial\varphi/\partial x = 2xy$, $\partial\varphi/\partial y = x^2 + 1$이 성립한다. 여기서 $\partial\varphi/\partial x = 2xy$를 x에 관하여 적분하면 $\varphi(x,\ y) = x^2y + g(y)$ (단, g는 도함수가 연속인 함수)를 얻는다. 이제 함수 φ를 y에 대해 미분하면 다음이 성립해야 한다.

$$\frac{\partial\varphi}{\partial y} = x^2 + g'(y) = x^2 + 1$$

그런데 $g'(y) = 1$이어야 하므로 $g(y) = y + c$이다. 이를 종합하면 찾는 퍼텐셜 함수 φ는 $\varphi(x,\ y) = x^2 \cdot y + y + c$이며 이는 앞에서 찾은 함수와 같다. ▌

벡터 마당의 퍼텐셜 함수가 존재하면 얼마나 많은지는 다음 정리에 의해 알 수 있다. 증명은 간단하므로 독자들이 직접 해보기 바란다.

정리 5.1-9

연결 영역 $\Omega \subset \mathbb{R}^n$에서 연속인 벡터 마당 $\mathbf{F}$의 퍼텐셜 함수가 φ_1과 φ_2라고 하면 모든 $\mathbf{x} \in \Omega$에서 $\varphi_1(\mathbf{x}) = \varphi_2(\mathbf{x}) + c$를 만족시키는 상수 c가 존재한다.

연습 문제 5.1 *Exercises*

1. 공간에서 정의된 다음 벡터 마당을 스케치하라.
   (1) $\mathbf{F}(x,\ y,\ z) = (y,\ z,\ x)$
   (2) $\mathbf{F}(x,\ y,\ z) = \left(\frac{y}{z},\ -\frac{x}{z},\ \frac{z}{4}\right)$

2. 다음 벡터 마당의 curl과 div를 찾아라.
   (1) $\mathbf{F}(x,\ y,\ z) = (10xy,\ 2x^2z,\ 6x^3)$
   (2) $\mathbf{F}(x,\ y,\ z) = (x^2\sin(yz),\ z\cos(xz^3),\ ye^{5xy})$
   (3) $\mathbf{F}(x,\ y,\ z) = (xye^x,\ -x^3yze^z,\ xy^2e^y)$
   (4) $\mathbf{F}(x,\ y,\ z) = (yz\ln x,\ 2x - 3yz,\ xy^2z^3)$

3. 정리 5.1-1을 증명하라.

4. 이계 편도함수가 있는 스칼라 함수 $f(x, y, z)$와 $g(x, y)$에 대하여 다음 두 식이 성립함을 보여라.

$$\nabla \cdot (\nabla f) = \frac{\partial^2 f}{\partial x^2} + \frac{\partial^2 f}{\partial y^2} + \frac{\partial^2 f}{\partial z^2}, \quad \nabla \cdot (\nabla g) = \frac{\partial^2 g}{\partial x^2} + \frac{\partial^2 g}{\partial y^2}$$

위의 두 식을 각각 함수 f와 g의 **라플라시안**(Laplacian)이라고 하고 $\nabla^2 f$와 $\nabla^2 g$로 나타내기도 한다.

5. 방정식 $\nabla^2 f = 0$을 만족시키는 스칼라 함수 f를 **조화 함수**(harmonic function)라고 하고, 그 방정식을 **라플라스 방정식**(Laplace's equation)이라고 한다. 다음 함수가 조화 함수임을 보여라.
   (1) $f(x, y, z) = (x^2 + y^2 + z^2)^{-1/2}, \ x^2 + y^2 + z^2 \neq 0$
   (2) $f(x, y) = \tan^{-1}\left(\dfrac{2y}{x^2 + y^2 - 1}\right), x^2 + y^2 \neq 1$

6. 평면에서 단위 원 주위를 흐르는 유체의 속도 마당 $\mathbf{F}$가 다음과 같을 때 물음에 답하라.

$$\mathbf{F}(x, y) = A\left(1 - \frac{x^2 - y^2}{(x^2 + y^2)^2}, \ -\frac{2xy}{(x^2 + y^2)^2}\right), \ A > 0$$

   (1) 점 (x, y)가 원점에서 충분히 멀면 $\mathbf{F}(x, y) \approx (A, 0)$임을 보여라.
   (2) 속도 마당 $\mathbf{F}$가 비회전적임을 보여라.
   (3) 속도 마당 $\mathbf{F}$가 비압축적임을 보여라.

7. 벡터 마당 $\mathbf{F}(x, y, z) = (x^2yz, \ -xy^2z, \ z + 5x)$는 다른 벡터 마당의 curl이 될 수 없음을 보여라.

8. 다음 스칼라 함수 f와 주어진 곡선 C에 대하여 $\int_C f\, ds$를 찾아라.
   (1) $f(x, y) = xy^2, \ C: \mathbf{x}(t) = (\cos t, \ \sin t), \ 0 \leq t \leq \pi/2$
   (2) $f(x, y) = x + y^2, \ C: \mathbf{x}(t) = (t^2, \ t^2), \ 0 \leq t \leq 1$
   (3) $f(x, y) = x^3 + 2xy^2 + 2x, \ C: \mathbf{x}(t) = (2t, \ t^2), \ 0 \leq t \leq 1$
   (4) $f(x, y) = x^2/y^3, \ C: \mathbf{x}(t) = \left(t, \ \dfrac{3}{2}t^{2/3}\right), \ 1 \leq t \leq 8$
   (5) $f(x, y, z) = 4xyz, C: \mathbf{x}(t) = \left(\dfrac{1}{3}t^3, \ t^2, \ 2t\right), \ 0 \leq t \leq 1$
   (6) $f(x, y, z) = z, \ C: \mathbf{x}(t) = (\cos t, \ \sin t, \ t), \ 0 \leq t \leq 2\pi$

9. 다음 벡터 마당 $\mathbf{F}$와 곡선 C에 대하여 $\int_C \mathbf{F} \cdot d\mathbf{x}$를 찾아라.

(1) $\mathbf{F}(x,\ y)=(x^2,\ y^2)$, C는 점 $(0,\ 0)$에서 $(2,\ 4)$까지의 선분

(2) $\mathbf{F}(x,\ y)=(xy,\ y-x)$, C는 반시계 방향의 단위 원

(3) $\mathbf{F}(x,\ y)=(xy,\ y-x)$, C는 세 점 $(0,\ 0)$, $(1,\ 0)$, $(1,\ 1)$이 꼭짓점이고 방향이 반시계 방향인 삼각형

(4) $\mathbf{F}(x,\ y)=(y^3,\ -x^2y)$, C: $\mathbf{x}(t)=(e^{-2t},\ e^t)$, $0 \le t \le \ln 2$

(5) $\mathbf{F}(x,\ y)=(\sin x \cos y,\ e^{xy})$, $C: 0 \le x \le \pi$, $y=\pi/3$

(6) $\mathbf{F}(x,\ y,\ z)=(e^x,\ xe^{xy},\ xye^{xyz})$, C: $\mathbf{x}(t)=(t,\ t^2,\ t^3)$, $0 \le t \le 1$

10. 주어진 곡선 위에서 다음 선 적분 값을 찾아라.

(1) $\int_C (6x^2+2y^2)\,dx + 4xy\,dy$, C: $\mathbf{x}(t)=(\sqrt{t},\ t)$, $4 \le t \le 9$

(2) $\int_C -y^2\,dx + xy\,dy$, C: $\mathbf{x}(t)=(2t,\ t^3)$, $0 \le t \le 2$

(3) $\int_C 2x^3\,dx + (3x+y)\,dy$, C는 시점 $(1,\ -1)$과 종점 $(1,\ 1)$를 잇는 포물선 $x=y^2$

(4) $\int_C 4x\,dx + 2y\,dy$, C는 시점 $(0,\ -1)$과 종점 $(9,\ 2)$를 잇는 곡선 $x=y^3+1$

11. 식 (5.1-14)가 성립함을 보여라.

12. 다음 힘 마당 $\mathbf{F}$가 곡선 C: $\mathbf{x}(t)=(\cos t,\ \sin t)$를 따라 $t=0$에서 $t=\pi$까지 한 일의 양을 찾아라.

(1) $\mathbf{F}(x,\ y)=(x,\ y)$

(2) $\mathbf{F}(x,\ y)=\left(\frac{3}{4},\ \frac{1}{2}\right)$

13. 힘 마당 $\mathbf{F}(x,\ y,\ z)=(8xy^3z,\ 12x^2y^2z,\ 4x^2y^3)$가 나선 $\mathbf{x}(t)=(2\cos t,\ 2\sin t,\ t)$를 따라 점 $(2,\ 0,\ 0)$부터 $(1,\ \sqrt{3},\ \pi/3)$까지 작용하면서 한 일의 양을 찾아라.

14. 다음 벡터 마당의 퍼텐셜 함수가 존재하는지 판별하고, 퍼텐셜 함수가 존재하면 그것을 찾아라.

(1) $\mathbf{F}(x,\ y)=\dfrac{1}{(x^2+y^2+1)^2}(x,\ y)$

(2) $\mathbf{F}(x,\ y)=(y^2\cos xy^2,\ -2xy\sin xy^2)$

(3) $\mathbf{F}(x,\ y)=(2e^{2y},\ xe^{2y})$

(4) $\mathbf{F}(x,\ y)=(4x^3y^3+3,\ 3x^4y^2+1)$

(5) $\mathbf{F}(x,\ y,\ z)=e^{y+2z}(1,\ x,\ 2x)$

15. 다음 선 적분이 경로에 독립임을 보이고 그 값을 찾아라.

(1) $\displaystyle\int_{(1,\,0)}^{(3,\,2)} (x+2y)\,dx+(2x-y)\,dy$

(2) $\displaystyle\int_{(0,\,0)}^{(\pi/2,\,0)} \cos x\cos y\,dx+(1-\sin x\sin y)\,dy$

(3) $\displaystyle\int_{(4,\,1)}^{(4,\,4)} \frac{-y\,dx+x\,dy}{y^2}$ (단, 경로는 상반평면 내에 있는 경로를 택한다)

(4) $\displaystyle\int_{(-2,\,0)}^{(1,\,0)} (2x-y\sin xy-5y^4)\,dx-(20xy^3+x\sin xy)\,dy$

(5) $\displaystyle\int_C xy^2dx+x^2ydy$, C는 세 꼭짓점이 $(2,\,5)$, $(4,\,5)$, $(4,\,6)$인 삼각형의 테두리

(6) $\displaystyle\int_{(1,\,1,\,1)}^{(2,\,4,\,8)} yz\,dx+xz\,dy+xy\,dz$

16. 벡터 마당 $\mathbf{F}(x,\,y,\,z)=(e^xy+yz)\mathbf{i}+(e^x+xz+\sin(y+z))\mathbf{j}+(xy+\sin(y+z))\mathbf{k}$에 대해 다음 물음에 답하라.

(1) 벡터 마당 $\mathbf{F}$가 보존적임을 보이고 이의 퍼텐셜 함수를 찾아라.

(2) 시점이 $(-1/2,\,0,\,\pi)$이고 종점이 $(1,\,\pi,\,\pi)$인 적분 경로 C에 대한 선 적분 $\displaystyle\int_C \mathbf{F}\cdot d\mathbf{x}$를 찾아라.

17. 따름 정리 5.1-1을 증명하라.

18. 질량이 m인 질점이 매끄러운 곡선 C: $\mathbf{x}(t)$, $a\le t\le b$를 따라 움직인다고 하자. 이때 힘 마당 $\mathbf{F}=m\mathbf{x}''(t)$가 한 일의 양 W가 다음과 같음을 보여라.

$$W=\frac{1}{2}m\,|\,\mathbf{x}'(b)\,|^2-\frac{1}{2}m\,|\,\mathbf{x}'(a)\,|^2$$

여기서 $m\,|\,\mathbf{x}'\,|^2/2$을 질점의 **운동 에너지**(kinetic energy)라고 한다.

19. 힘 마당 $\mathbf{F}$에 대하여 다음을 만족시키는 스칼라 함수 φ를 $\mathbf{F}$의 **위치 에너지 함수** 또는 **퍼텐셜 에너지 함수**(potential energy function)라 한다.

$$\mathbf{F}(\mathbf{x})=-\nabla\varphi(\mathbf{x})$$

(1) 힘 마당 $\mathbf{F}$의 퍼텐셜 에너지 함수 φ가 존재한다면 점 $\mathbf{a}$에서 $\mathbf{b}$를 잇는 임의의 곡선 C를 따라 한 일의 총량 W는 다음과 같음을 보여라.

$$W=\varphi(\mathbf{a})-\varphi(\mathbf{b})$$

(2) 역학 에너지 보존 법칙(law of conservation of mechanical energy) 문제 17의 힘 마당 $\mathbf{F}$의 퍼텐셜 에너지 함수 φ가 존재한다면 다음이 성립함을 보여라.

$$\varphi(\mathbf{a})+\frac{1}{2}m\,|\,\mathbf{x}'(a)\,|^{2}=\varphi(\mathbf{b})+\frac{1}{2}m\,|\,\mathbf{x}'(b)\,|^{2},\ \ \mathbf{x}(a)=\mathbf{a},\ \ \mathbf{x}(b)=\mathbf{b}$$

20. 정리 5.1-9를 증명하라.

21. 벡터 마당 $\mathbf{F}(\mathbf{x})=(f(\mathbf{x}),\ g(\mathbf{x}),\ h(\mathbf{x}))$에 대하여 다음을 만족시키는 스칼라 함수 φ가 존재하면 선 적분 $\int_C \mathbf{F}\cdot d\mathbf{x} = \int_C f\,dx+g\,dy+h\,dz$는 적분 경로에 독립임을 보여라.

$$d\varphi=\frac{\partial\varphi}{\partial x}dx+\frac{\partial\varphi}{\partial y}dy+\frac{\partial\varphi}{\partial z}dz=f\,dx+g\,dy+h\,dz$$

이는 미분 형식 $f\,dx+g\,dy+h\,dz$가 완전 미분이면, 즉 어떤 스칼라 함수의 전 미분이면 선 적분은 경로에 독립임을 의미한다. 이는 평면의 경우에도 성립한다.

5.2 그린 정리

이제 벡터 해석에서 가장 중요한 결과의 하나인 그린[5)]정리(Green's Theorem)의 내용과 이의 간단한 응용을 알아보자.

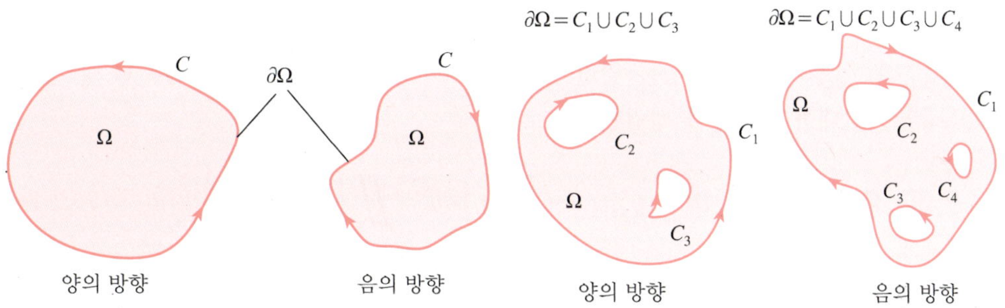

(a) 단순 연결 영역의 경계의 방향

(b) 다중 연결 영역의 경계의 방향

‖ 그림 5.2-1 ‖

평면에서 단순 곡선 C는 평면을 곡선 C의 **내부**(유계인 부분)와 곡선 C의 **외부**(유계가 아닌 부분)로 나눈다.[6)] 단순 곡선 C의 내부를 왼쪽에 두고 C를 따라 진행하게 되는 방향을 곡선 C의 **양의 방향**(positive direction) 또는 반시계 방향(counterclockwise direction)이라고 하며, 그 반대 방향을 C의 **음의 방향**(negative direction) 또는 시계 방향(clockwise direction)이라고 한다(그림 5.2-1(a) 참조).

한편 그림 5.2-1(b)와 같이 유한 개의 구멍이 있는 유계인 다중 연결 영역 Ω에 대하여 경계 $\partial\Omega$를 이루는 각 곡선 C_i로 둘러싸인 영역 Ω를 왼쪽에 두고 진행하는 방향을 경계 $\partial\Omega$의 양의 방향, 그 반대 방향을 음의 방향이라고 한다. 흔히 **닫힌 적분 경로**, 즉 닫힌 곡선 C에 대한 벡터 마당 $\mathbf{F}$의 선 적분을 다음과 같이 나타낸다.

$$\oint_C \mathbf{F}(x,\ y)\cdot d\mathbf{x},\quad \oint_C \mathbf{F}(x,\ y)\cdot d\mathbf{x},\quad \oint_C P(x,\ y)\,dx + Q(x,\ y)\,dy$$

이때 $\oint$과 $\oint$는 각각 닫힌 적분 경로의 양과 음의 방향에 대한 선 적분을 나타낸다. 양의 방향 적분은 간단히 $\oint$으로 나타내기도 한다.

---

5) George Green(1793-1841): 영국의 수학자, 물리학자

6) 이를 조르당 정리(Jordan's curve theorem)라 한다. 직관적으로 명백하지만 증명은 매우 어렵다. Camille Jordan(1838-1922): 프랑스의 수학자

그린 정리

정리 5.2-1 (그린 정리)

평면에서 집합 Ω는 그림 5.2-2와 같이 조각마다 매끄러운 단순 곡선 $C_i\ (1 \le i \le k)$에 의하여 둘러싸여 있는 유계인 영역이라고 하자. 또한 곡선 C_1의 내부에서 곡선 $C_i\ (2 \le i \le k)$는 서로 분리되어 있다고 하자. 그러면 집합 Ω와 그의 경계 $\partial\Omega = C_1 \cup \cdots \cup C_k$를 포함하고 있는 열린 집합에서 C^1인 벡터 마당 $\mathbf{F}(x,\ y) = (P(x,\ y),\ Q(x,\ y))$에 대하여 다음이 성립한다.

$$\oint_{\partial\Omega} \mathbf{F} \cdot d\mathbf{x} = \oint_{\partial\Omega} P(x,\ y)\,dx + Q(x,\ y)\,dy = \iint_{\Omega} \left(\frac{\partial Q}{\partial x} - \frac{\partial P}{\partial y} \right) dx\,dy \qquad (5.2\text{-}1)$$

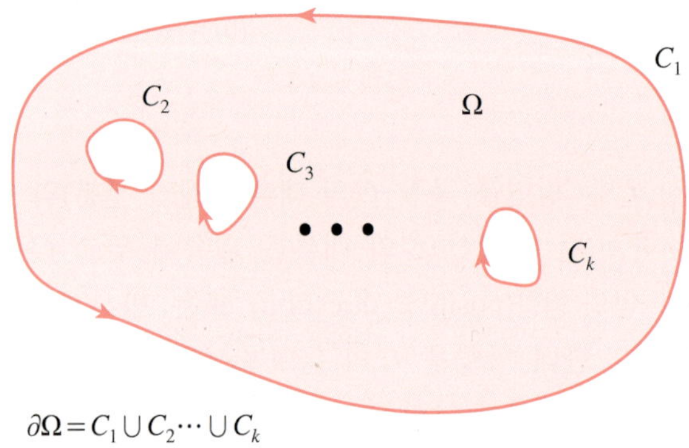

‖ 그림 5.2-2 ‖ 그린 정리의 영역

그린 정리의 일반적인 증명은 쉽지 않지만 영역이 아래와 같이 (I)과 (II)의 형식으로 동시에 쓰일 수 있는 경우에는 쉬운 증명을 제시할 수 있다.

증명 (스케치) 먼저 $k = 1$일 때 집합 Ω가 그림 5.2-3의 (a)에 보인 것처럼 아래 식의 (I)과 (II)의 형식으로 동시에 쓸 수 있는 영역인 경우에 대하여 증명한다.

$$(\text{I})\quad \Omega = \{(x,\ y) \mid a \le x \le b,\ f_1(x) \le y \le f_2(x)\}$$

$$(\text{II})\quad \Omega = \{(x,\ y) \mid g_1(y) \le x \le g_2(y),\ c \le y \le d\}$$

먼저 형식 (I)을 사용하여 다음을 얻는다.

$$-\iint_{\Omega} \frac{\partial P}{\partial y} dx dy = -\int_a^b \int_{f_1(x)}^{f_2(x)} \frac{\partial P}{\partial y} dy dx$$

$$= -\int_a^b \{P(x,\ f_2(x)) - P(x,\ f_1(x))\}dx$$
$$= \int_a^b P(x,\ f_1(x))\,dx + \int_b^a P(x,\ f_2(x))\,dx$$
$$= \oint_{\partial\Omega} P(x,\ y)\,dx$$

같은 방법으로 형식 (Ⅱ)를 사용하여 다음을 얻는다.

$$\iint_{\Omega} \frac{\partial Q}{\partial x}\,dxdy = \int_c^d \int_{g_1(y)}^{g_2(y)} \frac{\partial Q}{\partial x}\,dxdy = \int_c^d \{Q(g_2(y),\ y) - Q(g_1(y),\ y)\}\,dy$$
$$= \int_c^d Q(g_2(y),\ y)\,dy + \int_d^c Q(g_1(y),\ y)\,dy = \oint_{\partial\Omega} Q(x,\ y)\,dy$$

두 결과를 더하면 아래와 같이 식 (5.2-1)이 성립함을 알 수 있다.

$$\oint_{\partial\Omega} P(x,\ y)\,dx + Q(x,\ y)\,dy = \iint_{\Omega} \left(\frac{\partial Q}{\partial x} - \frac{\partial P}{\partial y}\right)dx\,dy$$

일반적인 영역의 경우는 주어진 영역을 그림 5.2-3의 (b)와 같이 (a)의 형태로 나눌 수 있으므로 각 분할된 영역에 위와 같은 방법으로 증명을 완성할 수 있다. 이제 $k > 1$이라면 그림 5.2-3의 (c)와 같이 각 영역을 단순 연결 영역이 되도록 나누고 각 영역에 대해 그림 5.2-3(b)의 경우의 방법을 적용한다. 특히 $k = 3$인 경우에 식 (5.1-14)로부터 다음을 얻는다.

$$\iint_{\Omega} \left(\frac{\partial Q}{\partial x} - \frac{\partial P}{\partial y}\right)dxdy = \iint_{\Omega_1} \left(\frac{\partial Q}{\partial x} - \frac{\partial P}{\partial y}\right)dxdy + \iint_{\Omega_2} \left(\frac{\partial Q}{\partial x} - \frac{\partial P}{\partial y}\right)dxdy$$
$$= \oint_{\partial\Omega_1} P\,dx + Q\,dy + \oint_{\partial\Omega_2} P\,dx + Q\,dy$$

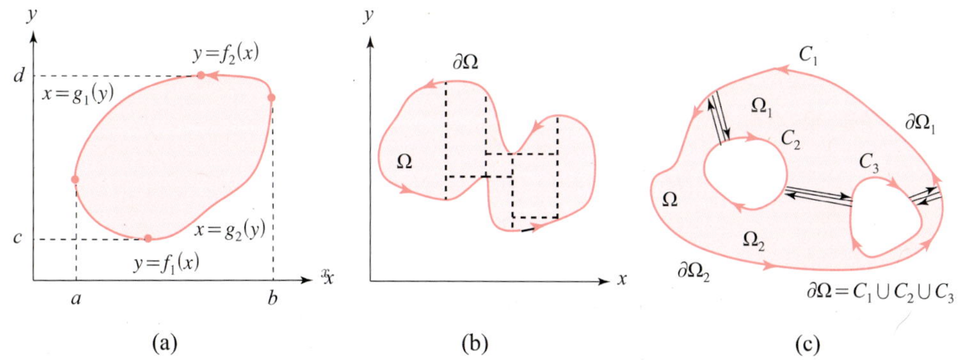

‖ 그림 5.2-3 ‖ 그린 정리의 증명

$$= \oint_{\partial\Omega} P(x,\ y)\,dx + Q(x,\ y)\,dy$$

따라서 식 (5.2-1)이 성립한다. ▮

예제 5.2-1 곡선 C가 제 1 사분면에서 두 개의 함수 $y = x^2$과 $y = x^3$의 그래프로 둘러싸인 영역 Ω의 경계라고 할 때 다음 선 적분을 그린 정리를 이용하여 찾아라.

$$\oint_C (x^2 - y^2)\,dx + (2y - x)\,dy$$

풀이 $P(x,\ y) = x^2 - y^2,\ Q(x,\ y) = 2y - x$이므로 $\partial P/\partial y = -2y$이고 $\partial Q/\partial x = -1$이다. 따라서 그린 정리를 이용하여 다음과 같이 계산하면 선 적분은 $-11/420$이다.

$$\begin{aligned}\oint_C (x^2 - y^2)\,dx + (2y - x)\,dy &= \iint_\Omega (-1 + 2y)\,dx\,dy \\ &= \int_0^1 \int_{x^3}^{x^2} (-1 + 2y)\,dy\,dx \\ &= \int_0^1 \left[-y + y^2\right]_{x^3}^{x^2} dx = -\frac{11}{420}\end{aligned}$$ ▮

그린 정리를 이용하면 다음 정리와 같이 평면에서 일정한 영역의 넓이를 선 적분으로 계산할 수 있다.

따름 정리 5.2-1

조각마다 매끄러운 단순 곡선 $\partial\Omega$로 둘러싸인 영역 $\Omega \subset \mathbb{R}^2$의 넓이는 다음과 같다.

$$\iint_\Omega dx\,dy = \frac{1}{2}\oint_{\partial\Omega} -y\,dx + x\,dy = -\oint_{\partial\Omega} y\,dx = \oint_{\partial\Omega} x\,dy \qquad (5.2\text{-}2)$$

증명 $\partial Q/\partial x - \partial P/\partial y = 1$로 놓고 그린 정리를 적용하려 한다. 이 식을 만족시키는 가능한 경우를 몇 가지 나열하면 다음과 같다.

$$\begin{aligned}&P(x,\ y) = 0,\ Q(x,\ y) = x \text{ 또는} \\ &P(x,\ y) = -y,\ Q(x,\ y) = 0 \text{ 또는} \\ &P(x,\ y) = -\frac{1}{2}y,\ Q(x,\ y) = \frac{1}{2}x\end{aligned}$$

이 경우들에 대하여 그린 정리를 작용하여 식 (5.2-2)를 얻을 수 있다. ▮

예제 5.2-2 다음 별모양선(astroid)으로 둘러싸인 영역의 넓이를 찾아라.

$$C:\ x = a\cos^3 t,\ y = a\sin^3 t,\ 0 \le t \le 2\pi,\ a > 0$$

풀이 따름 정리 5.2-1의 식 (5.2-2)를 이용하면 다음을 얻는다.

$$\begin{aligned}\frac{1}{2}\oint_C -y\,dx + x\,dy &= \frac{1}{2}\int_C -a\sin^3 t\,d(a\cos^3 t) + a\cos^3 t\,d(a\sin^3 t)\\ &= \frac{1}{2}\int_0^{2\pi} -a\sin^3 t(-3a\cos^2 t\sin t)\,dt\\ &\qquad + a\cos^3 t(3a\sin^2 t\cos t)\,dt\\ &= \frac{1}{2}\int_0^{2\pi} 3a^2(\cos t\sin t)^2(\cos^2 t + \sin^2 t)\,dt\\ &= \frac{3}{8}a^2\int_0^{2\pi}\sin^2 2t\,dt\\ &= \frac{3}{8}a^2\pi\end{aligned}$$

따라서 찾는 넓이는 $3a^2\pi/8$이다. ∎

그린 정리의 제 1 벡터 형식과 순환

평면에서 C^1인 벡터 마당 $\mathbf{F}(x, y) = (P(x, y), Q(x, y))$의 회전 $\mathrm{curl}\mathbf{F}$는 다음과 같다.

$$\mathrm{curl}\mathbf{F} = \nabla \times \mathbf{F} = \frac{\partial Q}{\partial x} - \frac{\partial P}{\partial y} \tag{5.1-3}$$

매끄러운 곡선 C의 벡터 마당 $\mathbf{F}$의 선 적분은 단위 접선 벡터 $\mathbf{T}$를 이용하면 다음과 같다.

$$\int_C \mathbf{F}\cdot d\mathbf{x} = \int_C \mathbf{F}\cdot\mathbf{T}\,ds \tag{5.1-10}$$

이를 이용하여 매끄러운 단순 곡선 $\partial\Omega$로 둘러싸인 영역 Ω에 대하여 그린 정리의 식 (5.2-1)을 다시 쓰면 다음과 같다.

$$\oint_{\partial\Omega} \mathbf{F}\cdot\mathbf{T}\,ds = \iint_\Omega \mathrm{curl}\mathbf{F}\,dx\,dy \tag{5.2-3}$$

식 (5.2-3)을 그린 정리의 제 1 벡터 형식이라고 하며, 좌변의 선 적분을 단순 곡선 $\partial\Omega$에

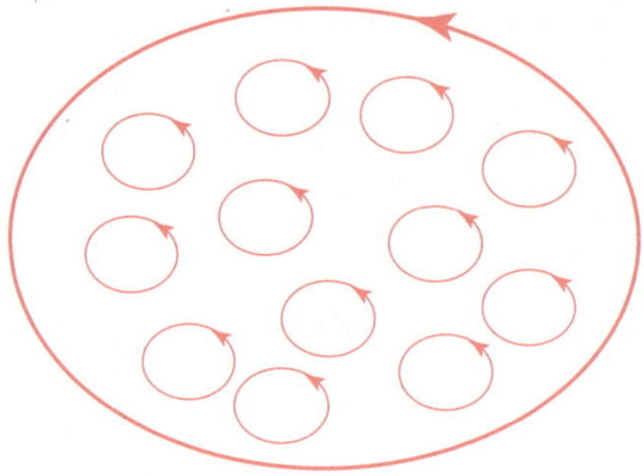

‖ 그림 5.2-4 ‖ 순환

대한 벡터 마당 $\mathbf{F}$의 순환(circulation)이라고 한다. 순환은 공간의 벡터 마당과 곡선에 대해서도 같은 방식으로 정의된다.

평면 또는 공간의 영역에서 벡터 마당 $\mathbf{F}$가 유체의 속도 마당이라고 하면 단순 곡선 C에 대한 속도 마당 $\mathbf{F}$의 순환은 곡선 C의 접선 방향 $\mathbf{T}$와 $\mathbf{F}$를 내적한 값의 선 적분이다. 따라서 $\mathbf{F}$가 곡선에 있는 각 점에서 $\mathbf{T}$방향일 때 그 값이 가장 크게 된다. 이는 곡선 C를 따라 움직이는 유체의 경향에 대한 정도를 나타낸다(그림 5.2-4 참조). 이제 5장의 시작에서 제시한 다음 식의 의미를 이해할 수 있다.

$$(\nabla \times \mathbf{F}) \cdot \hat{\mathbf{n}} := \lim_{A \to 0}\left(\frac{1}{|A|}\oint_C \mathbf{F} \cdot d\mathbf{x}\right)$$

이 식은 $\mathrm{curl}\,\mathbf{F}$의 $\hat{\mathbf{n}}$방향 성분은 이에 수직인 C에 대한 '작은 순환'(또는 C에 대한 순환의 극한)임을 의미한다. 이를 바탕으로 식 (5.2-3)의 의미를 다음과 같이 직관적으로 이해할 수 있다. 식 (5.2-3)의 좌변은 영역의 경계를 따라 계산한 순환이고, 우변은 각 점에서의 '작은 순환'들을 모두 합한 것이다. 이 경우 그림 5.2-4에서 보는 바와 같이 내부에서 서로 겹치는 순환들이 상쇄되어 영역의 모든 점에서의 '작은 순환'들의 합(우변)은 경계에서의 순환(좌변)과 같아지는 것이다.

그린 정리의 제 2 벡터 형식과 유동

벡터 마당 $\mathbf{F}(x, y) = (P(x, y), Q(x, y))$가 매끄러운 단순 곡선 $\partial\Omega$로 둘러싸인 영역 Ω에서 C^1이라고 하자. 이때 다음 식의 좌변과 같은 단순 곡선 $\partial\Omega$에 대한 선 적분은 그린 정리에 의해 우변과 같이 된다.

$$\oint_{\partial\Omega} -Q\,dx + P\,dy = \iint_{\Omega}\left(\frac{\partial P}{\partial x} + \frac{\partial Q}{\partial y}\right)dx\,dy \qquad (5.2\text{-}4)$$

그런데 곡선 $\partial\Omega$를 곡선의 길이 s로 매개화하면 단위 접선 벡터는 $\mathbf{T} = (dx/ds,\ dy/ds)$이다. 따라서 $\mathbf{n} = \mathbf{T} \times \mathbf{k} = (dy/ds,\ -dx/ds,\ 0)$은 $\partial\Omega$에 수직이고 영역의 외부를 향하는 단위 벡터이다(그림 5.2-5 참조).

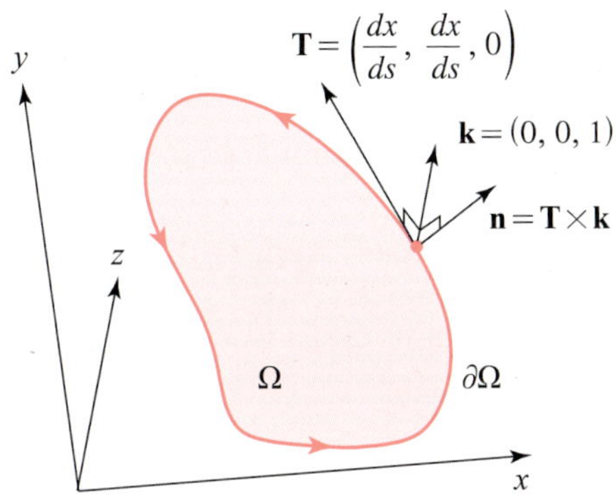

‖ 그림 5.2-5 ‖ 단위 외향 법선 벡터

이를 이용하여 식 (5.2-4)의 좌변을 다시 쓰면 다음과 같다.

$$\begin{aligned}\oint_{\partial\Omega} -Q\,dx + P\,dy &= \oint_{\partial\Omega} (P,\ Q) \cdot (dy,\ -dx) \\ &= \oint_{\partial\Omega} (P,\ Q) \cdot \left(\frac{dy}{ds},\ -\frac{dx}{ds}\right) ds \\ &= \oint_{\partial\Omega} \mathbf{F} \cdot \mathbf{n}\, ds\end{aligned}$$

한편 $\nabla \cdot \mathbf{F} = \partial P/\partial x + \partial Q/\partial y$이므로 위의 식과 식 (5.2-4)로부터 다음과 같은 **그린 정리의 제2 벡터 형식**[7]을 얻는다.

$$\oint_{\partial\Omega} \mathbf{F} \cdot \mathbf{n}\, ds = \oint_{\partial\Omega} -Q\,dx + P\,dy = \iint_{\Omega} \nabla \cdot \mathbf{F}\, dx\, dy \tag{5.2-5}$$

이제 식 (5.2-5)의 의미에 대하여 살펴보기 위해 벡터 마당 $\mathbf{F}$가 영역 $\Omega \subset \mathbb{R}^2$에서 유체의 속도 마당이라고 하자. 좌변의 $\mathbf{F} \cdot \mathbf{n}$은 $\mathbf{F}$가 경계의 각 점에서 영역의 외부, 즉 $\mathbf{n}$방향으로 향할 때 그 값이 양수이고 영역의 내부, 즉 $-\mathbf{n}$방향으로 향할 때 음수이다. 따라서 좌변은 $\mathbf{F} \cdot \mathbf{n}$을 영역의 경계 $\partial\Omega$를 따라 모두 합한 값이므로 유체가 영역의 경계를 통해 경계 밖으로 빠져나가는 정도를 나타내고 있다. 좌변의 선 적분을 일반적으로 곡선 $\partial\Omega$를 통한 속도 마당 $\mathbf{F}$의 **유동(flux)**이라고 하고, 줄여서 유동적분이라고

---

7) 평면에서의 스토크스 정리 또는 가우스 정리(발산 정리)라고도 한다(5.4절의 정리 5.4-1과 5.4-2 참조).

한다. 한편 우변에서 $\nabla \cdot \mathbf{F}$는 실숫값으로서 각 점에서 유체가 밖으로 발산하는 정도를 나타내고 우변의 값은 이러한 경향들의 전체 영역 Ω에서의 합이다.

따라서 식 (5.2-5)는 직관적으로 다음과 같이 이해할 수 있다. 각 점에서 유체가 밖으로 빠져나가는 정도를 영역 Ω에서 모두 합한 양(우변)은 영역의 경계에서 유체가 밖으로 빠져나가는 양(좌변)을 통해 알 수 있다.

예제 5.2-3 다음의 타원 C에 대한 벡터 마당 $\mathbf{F}(x, y) = (2x, -3y)$의 유동을 찾아라.

$$C: \mathbf{x}(t) = (\cos t, 4\sin t), 0 \le t \le 2\pi$$

풀이 타원으로 둘러싸인 영역을 Ω라고 하자. $\nabla \cdot \mathbf{F} = -1$이므로 그린 정리의 제 2 벡터 형식 (5.2-5)를 써서 다음을 얻는다.

$$\begin{aligned}(\text{유동}) &= \oint_C \mathbf{F} \cdot \mathbf{n}\, ds = \iint_\Omega \nabla \cdot \mathbf{F}\, dx\, dy \\ &= -\iint_\Omega dx\, dy = -1 \times (\Omega \text{ 의 넓이}) \\ &= -4\pi\end{aligned}$$

여기서 음(−)의 부호는 유동이 타원의 내부 방향으로 있음을 의미한다. ∎

유동 적분의 개념을 공간의 벡터 마당과 곡면으로 확장할 수 있다. 이에 대하여는 5.3절에서 다룬다. 또 그린 정리의 제 1 벡터 형식과 제 2 벡터 형식으로부터 순환과 미분 연산자 curl 및 유동과 미분 연산자 div는 서로 밀접한 관계가 있다는 것을 알 수 있다. 공간의 경우에 이러한 관계를 5.4절에서 자세히 알아본다.

연습 문제 5.2 *Exercises*

1. 다음 선 적분에 대해 그린 정리가 성립함을 보여라.

(1) $\oint_C 3x^2y\,dx + (x^2 - 5y)\,dy$, C는 네 점 $(-1, 0)$, $(1, 0)$, $(1, 1)$, $(-1, 1)$이 꼭짓점인 사각형

(2) $\oint_C -2y^2\,dx + x^2\,dy$, $C: \mathbf{x}(t) = (3\cos t, 3\sin t), 0 \le t \le 2\pi$

(3) $\oint_C e^{2x}\sin 2y\,dx + e^{2x}\cos 2y\,dy$, $C: 9(x-1)^2 + 4(y-3)^2 = 36$

(4) $\oint_C xydx + x^2dy$, C는 $x=0$, $x^2+y^2=1$, $x \geq 0$에 의해 결정되는 영역의 경계

(5) $\oint_C xy^2\,dx + 3\cos y\,dy$, C는 $y=x^2$, $y=x^3$의 그래프에 의해 결정되는 제 1 사분면에 있는 영역의 경계

(6) $\oint_C -2y^2\,dx + 4xy\,dy$, C는 $y=0$, $y=\sqrt{x}$, $y=-x+2$의 그래프에 의해 결정되는 제 1 사분면에 있는 영역의 경계

(7) $\oint_C (2x-y^3)dx + (xy)dy$, C는 두 원 $x^2+y^2=1$과 $x^2+y^2=9$로 둘러싸인 영역의 경계

2. 두 원 $C_1 : x^2+y^2=4$와 $C_2 : x^2+y^2=1$에 대하여 다음을 찾아라. (C_1에서는 반시계 방향이고 C_2에서는 시계 방향이다)

$$\oint_{C_1 \cup C_2} (4x^2-y^3)\,dx + (x^3+y^2)\,dy$$

3. 그린 정리를 이용하여 다음 영역의 넓이를 찾아라.

(1) 타원 $x^2/a^2 + y^2/b^2 = 1$ $(a, b>0)$로 둘러싸인 영역

(2) x축과 굴렁쇠선 $x(t)=a(t-\sin t)$, $y(t)=a(1-\cos t)$, $0 \leq t \leq 2\pi$ $(a>0)$로 둘러싸인 영역

(3) 세 곡선 $y=1/x$, $y=x/4$, $y=x$로 둘러싸인 제1사분면에 위치한 영역

4. 평면에서 벡터 마당 $\mathbf{F}(x, y)=(-y, x)$가 심장선 $r=1+\cos\theta$ $(0 \leq \theta \leq 2\pi)$를 따라 한 일을 찾아라.

5. 곡선 C가 네 점 $(0, 0)$, $(0, \pi)$, $(\pi, 0)$, (π, π)가 꼭짓점인 사각형의 둘레일 때 다음 선 적분을 찾아라.

$$\oint_C y\cos x\,dx + x\sin y\,dy$$

6. 두 일변수 함수 f와 g가 모든 점에서 미분 가능하면 평면의 임의의 원 C에 대하여 다음이 성립함을 보여라.

$$\oint_C f(x)\,dx + g(y)\,dy = 0$$

7. 그린 정리의 조건을 만족시키는 영역 Ω에서 스칼라 함수 $f(x, y)$의 연속인 이계 편도함수가 존재하면 다음이 성립함을 보여라.

$$\oint_{\partial\Omega} \frac{\partial f}{\partial x} dy - \frac{\partial f}{\partial y} dx = \iint_{\Omega} \left(\frac{\partial^2 f}{\partial x^2} + \frac{\partial^2 f}{\partial y^2} \right) dx\, dy$$

8. 따름 정리 5.2-1을 증명하라.

9. 조각마다 매끄러운 단순 곡선 C가 경계인 영역의 밀도 함수가 $\delta = 1$일 때 질량 중심의 좌표 $(\overline{x},\ \overline{y})$가 다음과 같음을 보여라(단, A는 주어진 영역의 질량이다).

$$\overline{x} = \frac{1}{2A} \oint_C x^2\, dy,\quad \overline{y} = -\frac{1}{2A} \oint_C y^2\, dx$$

10 평면에서 조각마다 매끄러운 단순 닫힌 곡선 C_1과 C_2에 대하여, C_1이 C_2의 내부에 놓여 있다고 하자. 그리고 두 곡선 C_1과 C_2로 둘러싸인 영역 Ω에서 두 함수 P와 Q의 연속인 일계 편도함수가 존재하고 $\partial P/\partial y = \partial Q/\partial x$가 성립하며 P와 Q는 곡선 C_1과 C_2에서 연속이라고 하자. 그린 정리를 이용하여 다음이 성립함을 보여라.

$$\oint_{C_1} P\, dx + Q\, dy = \oint_{C_2} P\, dx + Q\, dy$$

11 문제 12를 이용하여 원점을 내부에 포함하는 임의의 조각마다 매끄러운 닫힌 곡선 C에 대하여 다음이 성립함을 보여라.

$$\oint_C \frac{2xy}{(x^2+y^2)^2}\, dx + \frac{y^2 - x^2}{(x^2+y^2)^2}\, dy = 0$$

5.3 면 적분

곡면 Σ에서 정의된 스칼라 함수 $\varphi(x, y, z)$와 벡터 마당 $\mathbf{F}(x, y, z)$의 면 적분을 정의하고 이의 간단한 응용을 알아본다. 여기서는 함수 $z=f(x, y)$ 또는 방정식 $F(x, y, z)=0$을 이용하여 얻어지는 곡면만을 다루기로 한다.

스칼라 함수의 면 적분

함수 $F=F(x, y, z)$에 대하여 각 편도함수 $\partial F/\partial x$, $\partial F/\partial y$, $\partial F/\partial z$가 연속이라 하고, 방정식 $F(x, y, z)=0$을 만족시키는 곡면 Σ를 생각하자. (여기서 우리는 곡면 Σ의 xy평면에 대한 정사영을 Ω라고 할 때 Ω가 유계이고 닫혀 있는 경우만 고려한다.) 그리고 함수 $\varphi(x, y, z)$를 곡면 Σ에서 정의된 유계인 스칼라 함수라고 하자. 이제 곡면 Σ를 4.2절 곡면의 넓이 부분의 설명에서와같이 $\sigma_1, \cdots, \sigma_n$로 분할하고 분할의 각 부분 σ_k의 넓이를 $\Delta\sigma_k$라고 하자. 이때 분할의 각 부분 σ_k에서 점 (x_k, y_k, z_k)를 하나씩 임의로 택하여 다음과 같은 리만 합을 생각하자.

$$S=\sum_{k=1}^{n}\varphi(x_k, y_k, z_k)\Delta\sigma_k$$

여기서 분할의 크기가 한없이 0에 가까이 가도록 곡면 Σ를 분할하여 갈 때 그에 대응하여 위의 합 S가 점 (x_k, y_k, z_k)를 택하는 방법과 관계없이 수렴하면, 그 극한을 곡면 Σ 위에서 스칼라 함수 φ의 **면 적분**(surface integral) 또는 **곡면 적분**이라 하고 다음과 같이 나타낸다.

$$\iint_{\Sigma}\varphi(x, y, z)\,d\sigma \tag{5.3-1}$$

이 경우에 곡면의 넓이 요소 $d\sigma$가 다음과 같음은 4.2절에서 이미 알아보았다.

$$d\sigma=\frac{|\nabla F|}{|\nabla F\cdot\mathbf{n}|}dx\,dy$$

여기서 벡터 $\mathbf{n}$은 xy평면에 수직인 단위 벡터이다. 따라서 곡면의 넓이 요소 $d\sigma$를 이용하면 곡면 Σ 위에서 스칼라 함수 φ의 면 적분은 다음과 같다.

$$\iint_{\Sigma}\varphi\,d\sigma=\iint_{\Omega}\varphi(x, y, z)\frac{|\nabla F|}{|\nabla F\cdot\mathbf{n}|}dx\,dy \tag{5.3-2}$$

스칼라 함수의 면 적분에는 중요한 물리적인 의미가 있는 경우가 많다. 예를 들어 함수 $\varphi(x,\ y,\ z)$가 얇은 금속의 면 밀도라고 하면 곡면 Σ에서 φ의 면 적분은 그 금속의 Σ부분의 질량을 나타낸다. 또 함수 $\varphi(x,\ y,\ z)$가 도체인 곡면 Σ의 전하 밀도 분포를 나타낸다면 Σ에서의 φ의 면 적분은 곡면에 분포된 총 전하량을 나타낸다.

한편 곡면 Σ가 xy평면의 영역 Ω_{xy}에서 편도함수가 연속인 함수 $z=f(x,\ y)$의 그래프로 주어지면 $\mathbf{n}=(0,\ 0,\ 1)$이고 $\nabla f=(\partial f/\partial x,\ \partial f/\partial y,\ -1)$이다. 따라서 식 (5.3-2)를 다시 쓰면 다음과 같다.

$$\iint_{\Sigma}\varphi\, d\sigma=\iint_{\Omega_{xy}}\varphi(x,\ y,\ f(x,\ y))\sqrt{f_x^2+f_y^2+1}\, dx\, dy \tag{5.3-3}$$

이와 비슷하게 yz평면의 영역 Ω_{yz}에서 정의된 함수 $x=g(y,\ z)$의 그래프로 주어지는 곡면 Σ 위에서 함수 φ의 면 적분은 다음과 같다.

$$\iint_{\Sigma}\varphi\, d\sigma=\iint_{\Omega_{yz}}\varphi(g(y,\ z),\ y,\ z))\sqrt{1+g_y^2+g_z^2}\, dy\, dz \tag{5.3-4}$$

마찬가지 방법으로 xz평면의 영역 Ω_{xz}에서 정의된 함수 $y=h(x,\ z)$의 그래프로 주어지는 곡면 Σ 위에서 함수 φ의 면 적분은 다음과 같다.

$$\iint_{\Sigma}\varphi\, d\sigma=\iint_{\Omega_{xz}}\varphi(x,\ h(x,\ z),\ z))\sqrt{h_x^2+1+h_z^2}\, dx\, dz \tag{5.3-5}$$

예제 5.3-1 xz평면의 영역 Ω가 네 직선 $x=0,\ x=2,\ z=4,\ z=8$에 의해 결정되는 사각형에서 정의된 함수 $y=h(x,\ z)=2x^2+1$의 그래프로 주어지는 곡면 Σ 위에서 함수 $\varphi(x,\ y,\ z)=\dfrac{9}{7}xz^2$의 면 적분을 찾아라(그림 5.3-1 참조).

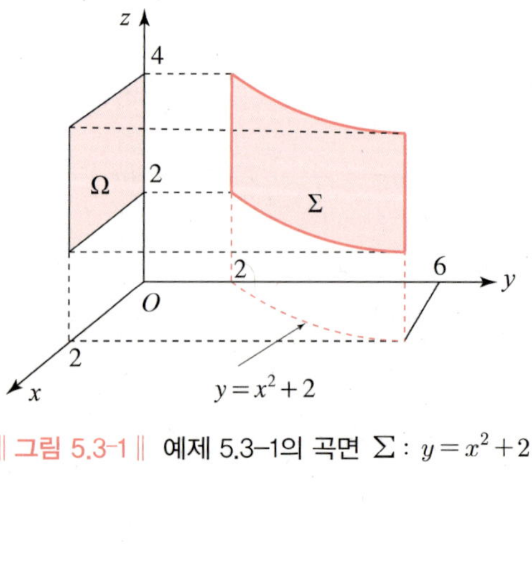

‖ 그림 5.3-1 ‖ 예제 5.3-1의 곡면 Σ : $y=x^2+2$

풀이 곡면 Σ가 함수 $y = h(x, z)$의 그래프로 주어지므로 식 (5.3-5)를 이용한다. 그런데 $h(x, z) = x^2 + 2$이므로 $h_x = 2x$이고 $h_z = 0$이다. 따라서 다음을 얻는다.

$$\iint_\Sigma \frac{9}{7} xz^2 \, d\sigma = \frac{9}{7} \iint_\Omega xz^2 \sqrt{4x^2+1+0} \, dx \, dz = \frac{9}{7} \int_0^2 \int_2^4 xz^2 \sqrt{4x^2+1} \, dz \, dx$$
$$= \int_0^2 \frac{9}{7} x \sqrt{4x^2+1} \left[\frac{1}{3} z^3 \right]_2^4 dx = 24 \int_0^2 x \sqrt{4x^2+1} \, dx$$
$$= 2(4x^2+1)^{3/2} \Big|_0^2 = 2(17^{3/2} - 1)$$

따라서 찾는 면 적분은 $2(17^{3/2} - 1)$이다. ▮

벡터 마당의 면 적분

공간에서 매끄러운 곡면 Σ에 있는 각 점 (x, y, z)에 단위 법선 벡터 $\mathbf{n}(x, y, z)$를 정의할 수 있고 벡터 마당 $\mathbf{n}$이 Σ에서 연속이면, 곡면 Σ에 (방)향을 줄 수 있다(orientable)고 하고, 곡면 Σ는 방향 $\mathbf{n}$이 있는 곡면(oriented surface)라고 한다. 이때 벡터 마당 $\mathbf{n}$을 곡면 Σ의 방향(orientation)이라고 한다.

공간의 곡면에 있는 점 $\mathbf{p}$에서 단위 법선 벡터가 $\mathbf{n}(\mathbf{p})$이면 $-\mathbf{n}(\mathbf{p})$도 곡면의 단위 법선 벡터이다. 따라서 곡면에 있는 각 점에 단위 법선 벡터가 정의되는 곡면에는 두 개의 방향이 있다(그림 5.3-2의 (a)-(c) 참조).

그러나 모든 곡면에 방향이 있는 것은 아니다. 예를 들면 그림 5.3-2(d)의 뫼비우스[8] 띠(Möbius strip)에는 방향을 줄 수 없다. 이는 띠 상의 한 점 $\mathbf{p}$에서 단위 법선 벡터 $\mathbf{n}$이 곡선 C를 따라 한 바퀴 돌아 다시 $\mathbf{p}$에 오면 $-\mathbf{n}$이 되므로 곡면에서 연속인 벡터 마당 $\mathbf{n}$이 정의되지 않기 때문이다.

방정식 $F(x, y, z) = 0$의 그래프로 주어지는 매끄러운 곡면 Σ의 단위 법선 벡터는

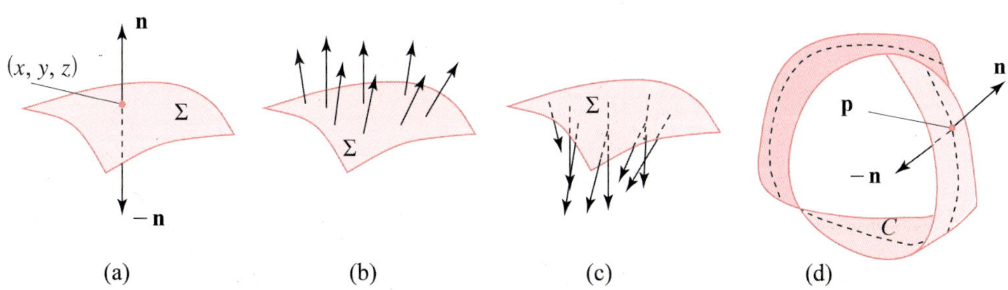

‖ 그림 5.3-2 ‖ 곡면의 방향 (a), (b), (c)와 (d) 뫼비우스띠(Möbius strip)

8) August Möbius(1790-1868): 독일의 천문학자, 수학자

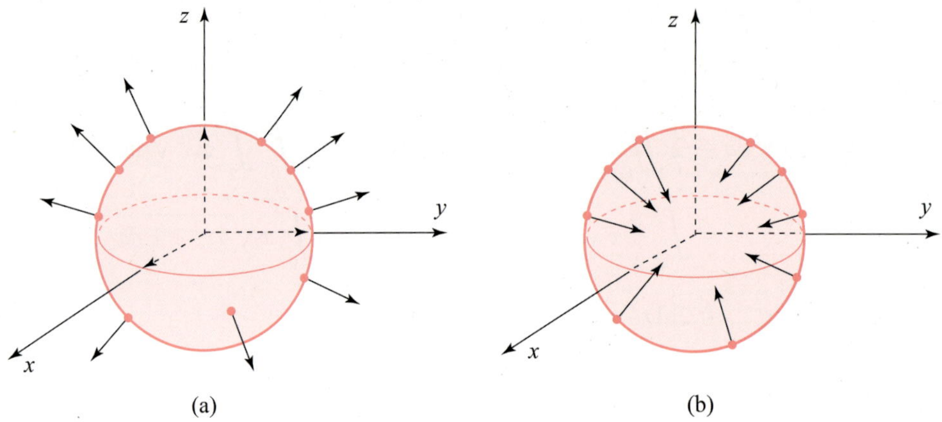

‖ 그림 5.3-3 ‖ 닫힌 곡면의 (a) 외향(바깥쪽 방향) (b) 내향(안쪽 방향)

다음과 같으므로 이를 이용하여 곡면 Σ의 방향을 정의할 수 있다(3.6절 참조).

$$\mathbf{n} = \frac{\nabla F}{|\nabla F|} \quad \text{또는} \quad -\frac{\nabla F}{|\nabla F|} \quad (\text{단, } |\nabla F| \neq 0)$$

다음 예제와 같이 닫힌 곡면(closed surface)[9]에 외향(outward) 또는 바깥쪽 방향과 내향(inward) 또는 안쪽 방향을 생각할 수 있다(그림 5.3-3 참조).

예제 5.3-2 중심이 원점이고 반지름이 $r > 0$인 구면 $x^2 + y^2 + z^2 = r^2$은 방정식 $F(x, y, z) = x^2 + y^2 + z^2 - r^2 = 0$의 그래프이므로 다음을 얻는다.

$$\nabla F(x, y, z) = (2x, 2y, 2z), \quad |\nabla F| = 2r$$

따라서 다음과 같은 구면의 각 점에서 두 개의 단위 법선 벡터로 정의되는 구면의 방향을 생각할 수 있다.

$$\mathbf{n} = \left(\frac{x}{r}, \frac{y}{r}, \frac{z}{r}\right), \quad -\mathbf{n} = -\left(\frac{x}{r}, \frac{y}{r}, \frac{z}{r}\right)$$

벡터 마당 $\mathbf{n}$은 구면의 외향을 나타내고 $-\mathbf{n}$은 내향을 나타낸다(그림 5.3-3 참조).

9) 여기서는 방향을 줄 수 있는 닫힌 곡면만 다룬다. 일반적으로 닫힌 곡면은 방향을 줄 수 없는 곡면까지 포함하여 "경계가 없는 옹골인 곡면"으로 정의된다. 클라인 병(Klein bottle)과 같은 방향을 줄 수 없는 닫힌 곡면은 유클리드 공간 $\mathbb{R}^3$에 매립(embedding)되지 않는다. 한편, $\mathbb{R}^3$에 매립되는 닫힌 곡면은 방향을 줄 수 있는 닫힌 곡면으로 구면과 같이 그 곡면으로 둘러싸인 영역의 부피가 있는 곡면이다.

이제 공간에서 벡터 마당의 면 적분을 유동(flux)의 개념을 이용하여 알아보자.

벡터 마당 $\mathbf{F}(x, y, z) = (P(x, y, z), Q(x, y, z), R(z, y, z))$가 공간에서 매끄러운 곡면 Σ를 포함한 열린 집합에서 연속이라고 하자. 만일 $\mathbf{F}$가 유체의 속도 마당이라면 단위 시간에 곡면의 부분 $\Delta\sigma$를 통해 단위 법선 방향 $\mathbf{n}$으로 흐르는 유체의 부피 ΔV는 다음과 같다(그림 5.3-4 참조).

$$\Delta V \approx \mathbf{F} \cdot \mathbf{n}\, \Delta\sigma$$

따라서 단위 시간에 곡면 Σ 전체를 통하여 $\mathbf{n}$방향으로 흐르는 유량(유체의 부피)은 다음 적분과 같다.

$$\iint_{\Sigma} \mathbf{F} \cdot \mathbf{n}\, d\sigma \tag{5.3-6}$$

식 (5.3-6)으로 정의되는 적분을 곡면 Σ 위에서 벡터 마당 $\mathbf{F}$의 면 적분[10] 또는 곡면 적분이라 하고 곡면 Σ에서 $\mathbf{n}$방향으로의 벡터 마당 $\mathbf{F}$의 유동(flux)이라고 한다. 물리적으로 적분 (5.3-6)은 벡터 마당 $\mathbf{F}$의 종류에 따라 다른 유동, 예를 들어 열 유동(heat flux), 자기량 유동(magnetic flux), 전하 유동(electric flux) 등을 나타낸다.

벡터 마당 $\mathbf{F}$가 유체의 속도 마당, 공간에서 Σ가 닫힌 곡면이고 벡터 $\mathbf{n}$이 곡면 Σ의 외향[내향] 벡터라고 하자. 이때 식 (5.3-6)의 부호가 양(+)이면 면 적분은 단위 시간에 곡면 Σ를 통해 외부[내부]로 유출[유입]되는 유체의 순 유동(net flux)을 나타낸다. 유향 곡면 Σ에 대한 벡터 마당 $\mathbf{F}$의 면 적분식 (5.3-6)을 다음과 같이 나타내기도 한다.

$$\iint_{\Sigma} \mathbf{F} \cdot d\boldsymbol{\sigma}$$

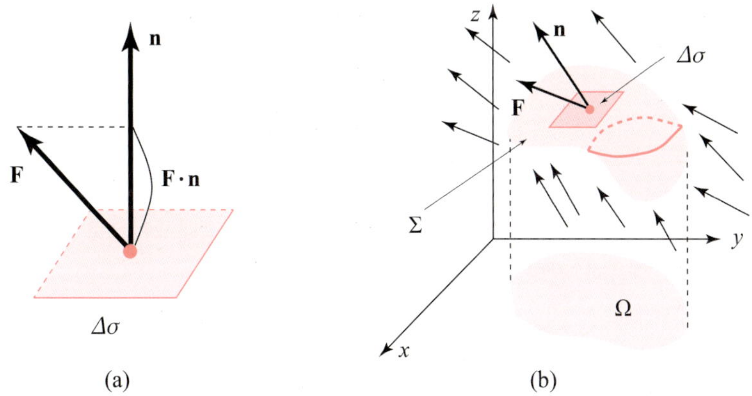

‖ 그림 5.3-4 ‖ (a) 곡면의 $\Delta\sigma$ 부분을 통한 유동 (b) 곡면 Σ를 통한 유동

10) 유동 적분(flux integral)이라고도 한다.

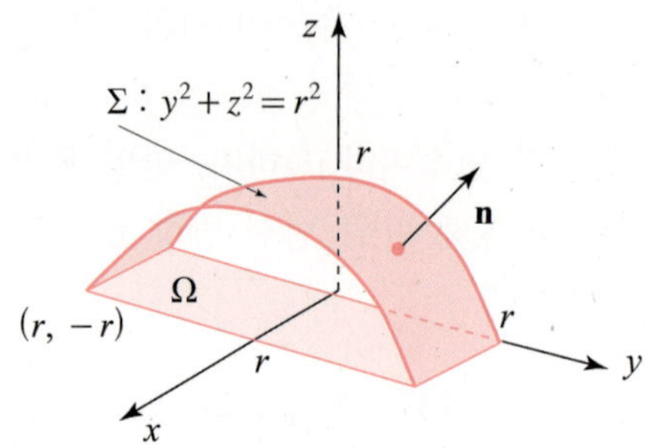

‖ 그림 5.3-5 ‖ 예제 5.3-3의 곡면 $\Sigma : y^2+z^2=r^2 \quad (0 \le z,\ 0 \le x \le r,\ r>0)$

예제 5.3-3 공간에서 흐르는 유체의 속도 마당이 $\mathbf{F}(x,\ y,\ z)=(0,\ yz,\ z^2)$라고 할 때 다음 곡면 Σ의 위쪽 방향을 통과하는 유체의 유동을 찾아라(그림 5.3-5 참조).

$$\Sigma : y^2+z^2=r^2 \quad (0 \le z,\ 0 \le x \le r,\ r>0)$$

풀이 곡면 Σ가 xy평면의 영역 $\Omega=\{(x,\ y)\,|\,0 \le x \le r,\ -r \le y \le r\}$ 위에서 방정식 $F(x,\ y,\ z)=z-\sqrt{r^2-y^2}=0$의 그래프이므로 곡면 Σ의 방향 $\mathbf{n}$은 다음과 같다.

$$\mathbf{n}=\frac{\nabla F}{|\nabla F|}=\frac{1}{\sqrt{1+(y/z)^2}}\left(0,\ \frac{y}{z},\ 1\right)$$

식 (5.3-3)을 스칼라 함수 $\mathbf{F}\cdot\mathbf{n}$에 적용하면 찾는 유동은 다음과 같이 $2r^4$이다.

$$\begin{aligned}\iint_\Sigma \mathbf{F}\cdot\mathbf{n}\,d\sigma &= \iint_\Sigma \mathbf{F}\cdot\frac{\nabla F}{|\nabla F|}\,d\sigma \\ &= \iint_\Omega (0,\ yz,\ z^2)\cdot\left(0,\ \frac{y}{z},\ 1\right)dx\,dy \\ &= \iint_\Omega (y^2+z^2)\,dx\,dy \\ &= \iint_\Omega r^2\,dx\,dy = 2r^4\end{aligned}$$

별해 곡면 Σ는 방정식 $G(x,\ y,\ z)=y^2+z^2-r^2=0$의 그래프이므로 문제에서 준 곡면의 방향 $\mathbf{n}$은 다음과 같다.

$$\mathbf{n}=\frac{\nabla G}{|\nabla G|}=\frac{1}{\sqrt{4y^2+4z^2}}(0,\ 2y,\ 2z)=\left(0,\ \frac{y}{r},\ \frac{z}{r}\right)$$

그리고 주어진 곡면 Σ의 넓이 요소 $d\sigma$는 다음과 같다.

$$d\sigma = \frac{|\nabla G|}{|\nabla G \cdot \mathbf{k}|}\,dx\,dy = \frac{r}{z}\,dx\,dy$$

또 $\mathbf{F} \cdot \mathbf{n}$은 다음과 같다.

$$\mathbf{F} \cdot \mathbf{n} = (0,\ yz,\ z^2) \cdot \left(0,\ \frac{y}{r},\ \frac{z}{r}\right) = \frac{z}{r}(y^2 + z^2) = rz$$

따라서 주어진 유동을 계산하면 다음과 같다.

$$\begin{aligned}\iint_{\Sigma} \mathbf{F} \cdot \mathbf{n}\,d\sigma &= \iint_{\Omega} \mathbf{F} \cdot \mathbf{n}\left(\frac{|\nabla G|}{|\nabla G \cdot \mathbf{k}|}\right) dx\,dy \\ &= \iint_{\Omega} (rz)\frac{r}{z}\,dx\,dy \\ &= r^2 \iint_{\Omega} dx\,dy = 2r^4\end{aligned}$$

이는 앞에서 얻은 결과와 동일하다. ∎

식 (5.3-6)에서 $\mathbf{F} \cdot \mathbf{n}$은 스칼라 함수이다. 따라서 벡터 마당의 면 적분은 곡면 Σ 위에서 스칼라 함수 $\varphi = \mathbf{F} \cdot \mathbf{n}$의 면 적분이다(식 5.3-1 참조). 다음 면 적분에 관한 성질은 면 적분이 리만 합의 극한임을 고려하면 쉽게 이해할 수 있다.

정리 5.3-1 (면 적분의 성질)

공간의 조각마다 매끄러운 곡면 Σ에서 연속인 두 스칼라 함수 $\varphi(x,\ y,\ z)$와 $\psi(x,\ y,\ z)$에 대하여 다음이 성립한다.

(1) $\displaystyle\iint_{\Sigma} (\varphi + \psi)\,d\sigma = \iint_{\Sigma} \varphi\,d\sigma + \iint_{\Sigma} \psi\,d\sigma$

(2) $\displaystyle\iint_{\Sigma} \alpha\varphi\,d\sigma = \alpha \iint_{\Sigma} \varphi\,d\sigma$ (단, α는 임의의 실수)

(3) 곡면 Σ에서 $\varphi \geq \psi$이면, $\displaystyle\iint_{\Sigma} \varphi\,d\sigma \geq \iint_{\Sigma} \psi\,d\sigma$가 성립한다.

(4) 곡면 Σ가 유한 개의 조각마다 매끄러운 곡면의 경계를 이어 붙인 곡면이면, 즉 $\Sigma = \Sigma_1 \cup \cdots \cup \Sigma_k$이면 다음이 성립한다.

$$\iint_{\Sigma} \varphi\,d\sigma = \iint_{\Sigma_1} \varphi\,d\sigma + \cdots + \iint_{\Sigma_k} \varphi\,d\sigma$$

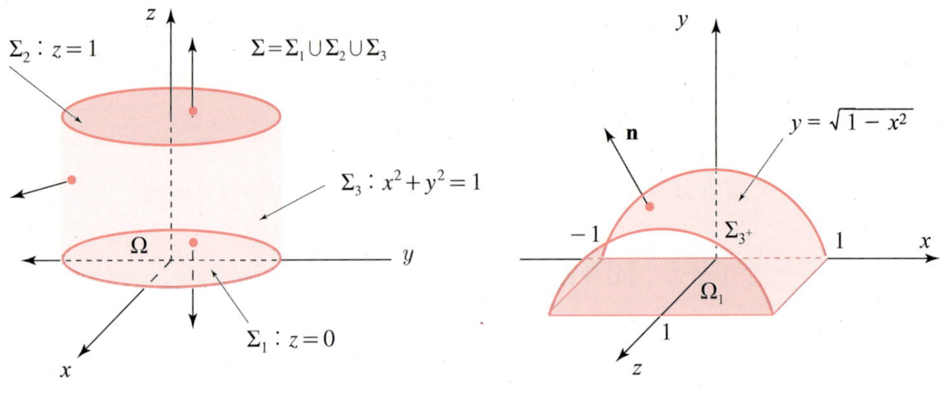

‖ 그림 5.3-6 ‖ 예제 5.3-4의 (a) 곡면 Σ와 (b) 부분 곡면 Σ_3의 $y \geq 0$인 부분

예제 5.3-4 유체의 속도 마당 $\mathbf{F}(x, y, z) = (z, -x, y)$에 대하여 다음과 같이 주어지는 닫힌 곡면 Σ를 통해 밖으로 유출되는 유동을 찾아라(그림 5.3-6 참조).

$$\Sigma : x^2 + y^2 = 1, \ z = 0, \ z = 1$$

풀이 곡면 Σ를 다음과 같이 세 개의 부분 곡면으로 나누어 정리 5.3-1의 (4)를 이용한다.

$$\Sigma_1 : z = 0, \ x^2 + y^2 \leq 1,$$
$$\Sigma_2 : z = 1, \ x^2 + y^2 \leq 1,$$
$$\Sigma_3 : x^2 + y^2 = 1, \ 0 \leq z \leq 1$$

먼저 곡면 Σ_1은 xy평면의 단위 원판 Ω 위에서 함수 $z = 0$의 그래프이다. 이때 단위 외향 법선 벡터는 $\mathbf{n} = (0, 0, -1)$, $d\sigma = dxdy$, $\mathbf{F} \cdot \mathbf{n} = (z, -x, y) \cdot (0, 0, -1) = -y$이다. 따라서 식 (5.3-3)을 이용하여 다음을 얻는다.

$$\iint_{\Sigma_1} \mathbf{F} \cdot \mathbf{n}\, d\sigma = \iint_{\Omega} (-y)\, dx\, dy$$
$$= -\int_0^{2\pi} \int_0^1 r \sin\theta\, r\, dr\, d\theta$$
$$= -\frac{1}{3} \int_0^{2\pi} \sin\theta\, d\theta = 0$$

비슷한 방법으로 곡면 Σ_2 위에서 주어진 벡터 마당의 면 적분은 0임을 알 수 있다. 이제 곡면 Σ_{3^+}는 $\Omega_1 = \{(x, z) : -1 \leq x \leq 1, \ 0 \leq z \leq 1\}$ 위에서 방정식 $F(x, y, z) = y - \sqrt{1 - x^2} = 0$의 그래프이므로 단위 외향 법선 벡터 $\mathbf{n}$은 다음과 같다(그림

5.3-6의 (b) 참조).

$$\mathbf{n} = \frac{1}{\sqrt{x^2+y^2}}(x,\ y,\ 0) = (x,\ y,\ 0)$$

따라서 Ω_1에서 $\mathbf{F} \cdot \mathbf{n} = (z,\ -x,\ y) \cdot (x,\ y,\ 0) = xz - xy = xz - x\sqrt{1-x^2}$ 이고, 또 곡면 Σ_{3^+}의 넓이 요소 $d\sigma$는 다음과 같다.

$$d\sigma = \frac{|\nabla F|}{|\nabla F \cdot \mathbf{j}|}\,dx\,dz = \frac{1}{\sqrt{1-x^2}}\,dx\,dz$$

따라서 $\iint_{\Sigma_{3^+}} \mathbf{F} \cdot \mathbf{n}\,d\sigma$는 다음과 같다.

$$\begin{aligned}
\iint_{\Sigma_{3^+}} \mathbf{F} \cdot \mathbf{n}\,d\sigma &= \iint_{\Omega_1} \mathbf{F} \cdot \mathbf{n} \frac{|\nabla F|}{|\nabla F \cdot \mathbf{j}|}\,dz\,dx \\
&= \iint_{\Omega_1} \left(xz - x\sqrt{1-x^2}\right)\frac{1}{\sqrt{1-x^2}}\,dz\,dx \\
&= \int_{-1}^{1}\int_{0}^{1} \frac{xz}{\sqrt{1-x^2}}\,dz\,dx - \int_{-1}^{1}\int_{0}^{1} x\,dz\,dx \\
&= \frac{1}{2}\int_{-1}^{1} \frac{x}{\sqrt{1-x^2}}\,dx - \int_{-1}^{1} x\,dx = 0
\end{aligned}$$

비슷한 방법으로 Σ_{3^-}에서 주어진 벡터 마당의 면적분도 0임을 알 수 있다.

그러므로 면적분은 다음과 같다.

$$\begin{aligned}
\iint_{\Sigma} \mathbf{F} \cdot \mathbf{n}\,d\sigma &= \iint_{\Sigma_1} \mathbf{F} \cdot \mathbf{n}\,d\sigma + \iint_{\Sigma_2} \mathbf{F} \cdot \mathbf{n}\,d\sigma + \iint_{\Sigma_{3^+}} \mathbf{F} \cdot \mathbf{n}\,d\sigma + \iint_{\Sigma_{3^-}} \mathbf{F} \cdot \mathbf{n}\,d\sigma \\
&= 0
\end{aligned}$$

■

연습 문제 5.3 *Exercises*

1. 공간에서 곡면 Σ에서 정의된 함수 $\varphi=\varphi(x,\ y,\ z)$에 대하여 $\iint_\Sigma \varphi\, d\sigma$를 찾아라.
   (1) $\varphi=x$, Σ는 $x=0,\ y=0,\ y=4,\ z=0$로 둘러싸인 원기둥면 $z=\sqrt{2-x^2}$의 제 1팔분 공간 내의 부분
   (2) $\varphi=y^2z$, Σ는 원기둥면 $x^2+y^2=1$의 내부에 놓여있는 원뿔면 $z=\sqrt{x^2+y^2}$의 부분
   (3) $\varphi=xyz$, Σ는 제 1 팔분 공간에 있는 구면 $x^2+y^2+z^2=4$의 부분
   (4) $\varphi=2xy\sqrt{5-2z}$, Σ는 $0\le x\le 1,\ 0\le y\le 1$일 때의 포물면 $2z=4-x^2-y^2$의 부분
   (5) $\varphi=\dfrac{ye^x}{2}$, Σ는 세 평면 $x=0,\ x=3,\ y=0$에 둘러싸인 원기둥면 $y^2+z^2=4$의 제 1 팔분 공간에 놓인 부분

2. 오른쪽 반구면 $\Sigma:\ x^2+y^2+z^2=a^2\ (a>0,\ y\ge 0)$에서 $\iint_\Sigma \dfrac{y^2}{a}\, d\sigma$를 찾아라.

3. 실린더 $x^2+y^2=4$의 내부에 있는 곡면 $2z=xy$의 넓이를 찾아라.

4. 공간에서 좌표 평면과 세 평면 $x=1,\ y=1,\ z=1$에 의해 둘러싸인 육면체의 제 1 팔분 공간에 놓인 표면에서 정의된 함수 $f(x,\ y,\ z)=xyz$의 면 적분을 찾아라.

5. 다음과 같이 밀도가 δ인 금속으로 이루어진 곡면 Σ의 질량을 찾아라.

$$\Sigma:\ z=1+x^2+y^2\ (1\le z\le 5),\ \ \delta(x,\ y,\ z)=kz\ (k>0)$$

6. 다음에 주어진 벡터 마당 $\mathbf{F}$와 곡면 Σ에 대하여 $\iint_\Sigma \mathbf{F}\cdot\mathbf{n}\, d\sigma$를 찾아라.
   (1) $\mathbf{F}(x,\ y,\ z)=(e^{x+y},\ z^2,\ \cos\pi(x+y))$, 곡면 Σ는 세 평면 $x=0,\ x=3,\ y=0$에 둘러싸인 원기둥면 $y^2+z^2=4$의 제 1 팔분 공간에 놓인 부분
   (2) $\mathbf{F}(x,\ y,\ z)=(y,\ -x,\ \sin\pi z)$, 곡면 Σ는 원기둥면 $x^2+y^2=4$의 내부에 있는 포물면 $z=4-x^2-y^2$
   (3) $\mathbf{F}(x,\ y,\ z)=(x^4,\ y^4,\ z)$, 곡면 Σ는 $z=4-x^2-y^2\ (0\le z\le 4)$인 포물면의 부분
   (4) $\mathbf{F}(x,\ y,\ z)=xz\mathbf{i}+yz\mathbf{j}+xy\mathbf{k}$, 곡면 Σ는 구면 $x^2+y^2+z^2=a^2\ (a>0)$의 제 1 팔분 공간에 놓인 부분
   (5) $\mathbf{F}(x,\ y,\ z)=(x,\ y,\ z)$, 곡면 Σ는 제 1 팔분 공간에 위치한 평면 $2x+3y+6z=12$

7. 원점에 놓여 있는 전하량 q인 전하에 의한 전기 마당 $\mathbf{E} = kq\mathbf{r}/|\mathbf{r}|^3\ (k>0)$의 구면 $\Sigma:\ x^2+y^2+y^2=a^2$의 외향으로의 유동을 찾아라(단, $\mathbf{r}=x\mathbf{i}+y\mathbf{j}+z\mathbf{k}$).

8. 공간에서 온도 분포 함수 $T(x,\ y,\ z)=x^2+y^2+z^2$에 대하여 $\mathbf{F} = -\nabla T$가 열의 흐름(heat flow)을 나타내는 벡터 마당이라 할 때, 구면 $\Sigma:\ x^2+y^2+z^2=a^2$의 외향으로의 열의 유동(heat flux)을 찾아라.

9. 곡면 Σ가 xy평면의 영역 Ω에서 연속인 일계 편도함수가 존재하는 함수 $z=f(x,\ y)$의 그래프로 주어질 때 Ω에서 연속인 벡터 마당 $\mathbf{F}=(P,\ Q,\ R)$에 대하여 다음 등식이 성립함을 보여라.

$$\iint_{\Sigma}(\mathbf{F}\cdot\mathbf{n})\,d\sigma=\iint_{\Omega}\left[-P\frac{\partial z}{\partial x}-Q\frac{\partial z}{\partial y}+R\right]dx\,dy$$

5.4 스토크스 정리와 발산 정리

5.2절에서 그린 정리의 제 1 벡터 형식 (5.2-3)과 제 2 벡터 형식 (5.2-5)를 알아보았다. 이 절에서는 이를 공간으로 확장하고자 한다. 이를 위해 먼저 필요한 용어를 정의하자.

공간에서 매끄럽고 방향이 있는 곡면 Σ가 방정식 $F(x, y, z)=0$으로 주어졌다고 하자. 이때 곡면 Σ의 xy평면에 대한 정사영을 Ω라 하면 곡면 Σ의 경계 $\partial\Sigma$의 xy평면으로의 정사영이 영역 Ω의 경계라고 하자(그림 5.4-1 참조). 이때 오른손의 엄지 손가락을 곡면의 방향과 평행하게 세우고 오른손으로 곡선 $\partial\Sigma$를 감아쥘 때, 네 손가락이 가리키는 방향을 곡선 $\partial\Sigma$의 **양의 방향**(positive direction)이라고 한다. 여기서 곡선 $\partial\Sigma$의 양의 방향의 단위 접선 벡터를 $\mathbf{T}$로 나타내기로 한다.

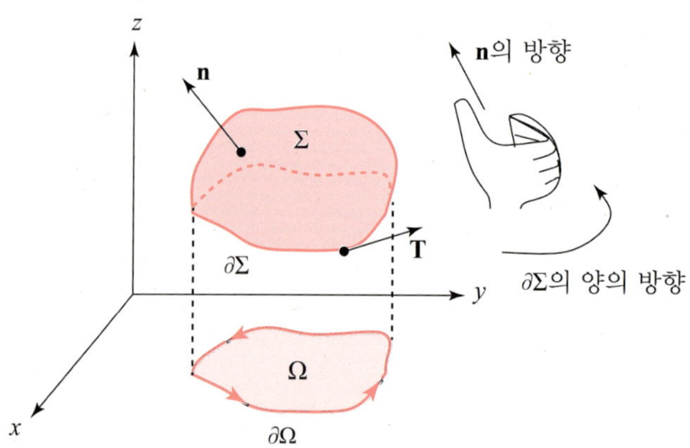

‖ 그림 5.4-1 ‖ 곡면 Σ의 경계 $\partial\Omega$의 방향

스토크스 정리

그린 정리 5.2-1을 공간으로 확장한 것을 **스토크스**[11] **정리**(Stokes' Theorem)라고 한다. 평면에서 그린 정리는 조각마다 매끄러운 곡선 $\partial\Omega$이 경계인 평면의 영역 Ω 위에서의 이중 적분과 $\partial\Omega$ 위에서의 선 적분과의 관계에 관한 것이다. 한편 공간 $\mathbb{R}^3$에서의 스토크스 정리는 조각마다 매끄러운 단순 곡선이 경계인 곡면 위에서의 면 적분과 이 곡면의 경계 위에서의 선 적분과의 관계에 관한 것이다.

11) George Stokes(1819-1903): 아일랜드의 수학자, 물리학자

정리 5.4-1 (스토크스 정리)

곡면 Σ가 조각마다 매끄러운 유향 곡면이고 경계 $\partial\Sigma$가 조각마다 매끄러운 단순 닫힌 곡선이라고 하자. 그러면 곡면 Σ와 경계 $\partial\Sigma$를 포함하는 영역에서 C^1인 벡터 마당 $\mathbf{F} = (P,\ Q,\ R)$에 대하여 다음이 성립한다.

$$\oint_{\partial\Sigma} \mathbf{F} \cdot d\mathbf{x} = \oint_{\partial\Sigma} \mathbf{F} \cdot \mathbf{T}\, ds = \iint_{\Sigma} \operatorname{curl}\mathbf{F} \cdot \mathbf{n}\, d\sigma \tag{5.4-1}$$

여기서 벡터 $\mathbf{n}$은 곡면 Σ의 방향을 나타내는 단위 법선 벡터이다.

증명 (스케치) 이 정리의 완전한 증명은 이 책의 범위를 벗어나므로 여기에서는 곡면 Σ가 이계 편도함수가 연속인 함수 $z = f(x,\ y)$의 그래프로 주어지는 경우에 대하여 증명하기로 한다. 여기서 곡면의 방향 $\mathbf{n}$은 $g(x,\ y,\ z) = z - f(x,\ y) = 0$으로 놓았을 때 다음과 같이 정의되는 경우를 생각하기로 한다.

$$\mathbf{n}(x,\ y,\ z) = \frac{\nabla g(x,\ y,\ z)}{|\nabla g(x,\ y,\ z)|} = \frac{1}{\sqrt{1 + f_x^2 + f_y^2}}(-f_x,\ -f_y,\ 1)$$

먼저 식 (5.3-3)을 이용하여 다음을 얻는다.

$$\begin{aligned}&\iint_{\Sigma} \operatorname{curl}\mathbf{F} \cdot \mathbf{n}\, d\sigma \\ &= \iint_{\Omega} \left\{ -\left(\frac{\partial R}{\partial y} - \frac{\partial Q}{\partial z}\right) f_x - \left(\frac{\partial P}{\partial z} - \frac{\partial R}{\partial x}\right) f_y + \left(\frac{\partial Q}{\partial x} - \frac{\partial P}{\partial y}\right) \right\} dx\, dy \end{aligned} \tag{5.4-2}$$

이제 식 (5.4-1)의 좌변이 식 (5.4-2)의 우변과 같음을 보이면 증명이 끝난다. 곡선 $\partial\Sigma$의 매개화를 $\mathbf{x}(t) = (x(t),\ y(t),\ z(t))$, $a \le t \le b$라 하고, 이것을 xy평면으로 정사영하여 얻어지는 곡선을 $\partial\Omega$라고 하자. 그러면 연쇄 법칙과 그린 정리를 차례로 적용하여 다음을 얻는다.

$$\begin{aligned}\oint_{\partial\Sigma} \mathbf{F} \cdot d\mathbf{x} &= \oint_{\partial\Sigma} P dx + Q dy + R dz \\ &= \int_a^b \left\{ P\frac{dx}{dt} + Q\frac{dy}{dt} + R\left(f_x \frac{dx}{dt} + f_y \frac{dy}{dt}\right) \right\} dt \\ &= \oint_{\partial\Omega} (P + Rf_x)\, dx + (Q + Rf_y)\, dy \\ &= \iint_{\Omega} \left\{ \frac{\partial}{\partial x}(Q + Rf_y) - \frac{\partial}{\partial y}(P + Rf_x) \right\} dx\, dy \end{aligned} \tag{5.4-3}$$

마지막 식에서 첫째 피적분 함수에 연쇄 법칙과 곱의 미분법을 적용하여 다음을 얻는다.

$$\frac{\partial}{\partial x}(Q+Rf_y) = \frac{\partial}{\partial x}\{Q(x,\ y,\ f(x,\ y))+R(x,\ y,\ f(x,y))f_y\}$$
$$= \frac{\partial Q}{\partial x}+\frac{\partial Q}{\partial z}f_x+Rf_{yx}+f_y\left(\frac{\partial R}{\partial x}+\frac{\partial R}{\partial z}f_x\right)$$
$$= \frac{\partial Q}{\partial x}+\frac{\partial Q}{\partial z}f_x+Rf_{yx}+f_y\frac{\partial R}{\partial x}+\frac{\partial R}{\partial z}f_xf_y$$

둘째 피적분 함수에 대하여 마찬가지 방법으로 다음을 얻는다.

$$\frac{\partial}{\partial y}(P+Rf_x)= \frac{\partial P}{\partial y}+\frac{\partial P}{\partial z}f_y+Rf_{xy}+f_x\frac{\partial R}{\partial y}+\frac{\partial R}{\partial z}f_xf_y$$

이제 함수 f의 연속인 이계 편도함수가 존재하므로 $f_{xy}=f_{yx}$이다. 따라서 위의 두 식을 빼어 식 (5.4-3)에 대입하면 다음을 얻는다.

$$\oint_{\partial\Sigma}\mathbf{F}\cdot d\mathbf{x} = \iint_{\Omega}\left\{\frac{\partial Q}{\partial x}-\frac{\partial P}{\partial y}+f_x\left(\frac{\partial Q}{\partial z}-\frac{\partial R}{\partial y}\right)+f_y\left(\frac{\partial R}{\partial x}-\frac{\partial P}{\partial z}\right)\right\}dxdy$$

이는 식 (5.4-2)의 우변과 일치한다. 따라서 이 식과 (5.4-2)로부터 다음 결론을 얻는다.

$$\oint_{\partial\Sigma}\mathbf{F}\cdot d\mathbf{x} = \iint_{\Sigma}\operatorname{curl}\mathbf{F}\cdot\mathbf{n}\,d\sigma$$

예제 5.4-1 곡면 Σ가 다음과 같이 주어졌을 때, 벡터 마당 $\mathbf{F}=(xy,\ yz,\ xz)$에 대하여 스토크스 정리가 성립함을 보여라(그림 5.4-2 참조). 단, 곡면 Σ의 방향 $\mathbf{n}$은 양의 z축 방향으로 향하는 곡면 Σ의 단위 법선 벡터이다.

$$\Sigma:\ z=1-x^2\ \ (0\le x\le 1,\ -2\le y\le 2)$$

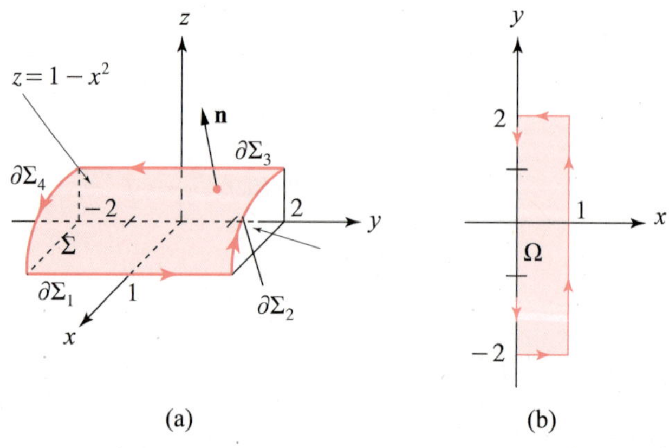

‖ 그림 5.4-2 ‖ 예제 5.4-1의 곡면 $\Sigma:\ z=1-x^2\ (0\le x\le 1,\ -2\le y\le 2)$

풀이 곡면 Σ가 함수 $z=1-x^2$의 그래프이므로 방정식 $F(x,\ y,\ z)=z-(1-x^2)=0$을 이용하면 곡면의 주어진 방향을 나타내는 단위 법선 벡터 $\mathbf{n}$은 다음과 같다.

$$\mathbf{n}=\frac{\nabla F}{|\nabla F|}=\frac{1}{\sqrt{4x^2+1}}(2x,\ 0,\ 1)$$

먼저 스토크스 정리의 면 적분을 계산하자. 벡터 마당 $\mathbf{F}$에 대해 $\nabla\times\mathbf{F}$는 다음과 같다.

$$\nabla\times\mathbf{F}=\begin{vmatrix}\mathbf{i} & \mathbf{j} & \mathbf{k}\\ \frac{\partial}{\partial x} & \frac{\partial}{\partial y} & \frac{\partial}{\partial z}\\ xy & yz & xz\end{vmatrix}=-(y,\ z,\ x)$$

스토크스 정리에서 면 적분은 다음과 같다.

$$\iint_{\Sigma}\mathrm{curl}\mathbf{F}\cdot\mathbf{n}\,d\sigma=-\iint_{\Sigma}\frac{2xy+x}{\sqrt{4x^2+1}}\,d\sigma$$

그런데 곡면 Σ는 xy평면의 집합 $\Omega=\{(x,\ y)\,|\,0\le x\le 1,\ -2\le y\le 2\}$에서 함수 $z=1-x^2$의 그래프이므로 식 (5.3-3)을 이용하면 다음을 얻는다.

$$\begin{aligned}-\iint_{\Sigma}\frac{2xy+x}{\sqrt{4x^2+1}}\,d\sigma&=-\iint_{\Omega}(2xy+x)\,dx\,dy\\&=\int_0^1\int_{-2}^2(-2xy-x)\,dy\,dx\\&=\int_0^1(-4x)\,dx=-2\end{aligned}$$

이제 벡터 마당 $\mathbf{F}$의 곡면 Σ의 경계 $\partial\Sigma$에 대한 선 적분을 생각하자. 곡면 Σ의 방향을 $F(x,\ y,\ z)=z-(1-x^2)=0$의 물매를 이용하여 정의했으므로 이의 경계 $\partial\Sigma$의 양의 방향은 그림 5.4-2의 (a)에 보인 화살표 방향과 같다. 경계 $\partial\Sigma$를 그림 5.4-2의 (a)와 같이 네 개의 부분 곡선으로 나누면 선 적분의 성질에 의하여 다음을 얻는다.

$$\oint_{\partial\Sigma}\mathbf{F}\cdot d\mathbf{x}=\int_{\partial\Sigma_1}\mathbf{F}\cdot d\mathbf{x}+\int_{\partial\Sigma_2}\mathbf{F}\cdot d\mathbf{x}+\int_{\partial\Sigma_3}\mathbf{F}\cdot d\mathbf{x}+\int_{\partial\Sigma_4}\mathbf{F}\cdot d\mathbf{x}$$

먼저 경계 $\partial\Sigma_1$는 $x=1,\ z=0$의 그래프의 부분이므로 $dx=0,\ dz=0$이다. 따라서 다음을 얻는다.

$$\int_{\partial\Sigma_1}\mathbf{F}\cdot d\mathbf{x}=\int_{\partial\Sigma_1}(1)y\,dx+y(0)\,dy+(0)1\,dz=0$$

또 경계 $\partial\Sigma_2$는 방정식 $y=2,\ z=1-x^2\ (0\le x\le 1)$의 그래프이므로 $dy=0$이고

$dz = -2x\,dx$이다. 그러므로 다음을 얻는다.

$$\begin{aligned}\int_{\partial\Sigma_2} \mathbf{F}\cdot d\mathbf{x} &= \int_{\partial\Sigma_2} 2xdx + 2(1-x^2)dy + x(1-x^2)dz \\ &= \int_{\partial\Sigma_2} 2xdx + 2(1-x^2)(0) - 2x^2(1-x^2)\,dx \\ &= \int_1^0 (2x - 2x^2 + 2x^4)\,dx = -\frac{11}{15}\end{aligned}$$

위와 비슷한 방법으로 경계 $\partial\Sigma_3$에 대하여 $x=0,\ z=1,\ dx=0,\ dz=0$을 얻는다. 따라서 다음을 얻는다.

$$\int_{\partial\Sigma_3} \mathbf{F}\cdot d\mathbf{x} = \int_{\partial\Sigma_3} (0)ydx + y(1)dy + (0)1dz = \int_2^{-2} y\,dy = 0$$

마지막으로 경계 $\partial\Sigma_4$에 대하여 $y=-2,\ z=1-x^2,\ dy=0,\ dz=-2xdx$이므로 다음을 얻는다.

$$\begin{aligned}\int_{\partial\Sigma_4} \mathbf{F}\cdot d\mathbf{x} &= \int_{\partial\Sigma_4} -2xdx - 2(1-x^2)dy + x(1-x^2)dz \\ &= \int_{\partial\Sigma_2} -2xdx - 2(1-x^2)(0) - 2x^2(1-x^2)\,dx \\ &= \int_0^1 (-2x - 2x^2 + 2x^4)\,dx \\ &= -\frac{19}{15}\end{aligned}$$

이제 각 부분 경계에서의 선 적분을 더하여 다음을 얻는다.

$$\oint_{\partial\Sigma} \mathbf{F}\cdot d\mathbf{x} = 0 - \frac{11}{15} + 0 - \frac{19}{15} = -2$$

따라서 스토크스 정리의 식 (5.4-1)이 성립한다. ▮

스토크스 정리는 곡면에서 벡터 마당의 curl을 면 적분한 값은 오직 그의 경계에만 의존한다는 사실을 말하고 있다. 따라서 이는 곡면의 생김새에 따라 면 적분의 값이 변하지 않는다는 것이다. 즉 스토크스 정리를 만족시키는 벡터 마당 $\mathbf{F}$와 두 곡면 Σ_1와 Σ_2에 대하여 Σ_1과 Σ_2가 같은 경계 C와 방향이 같다면 다음이 성립한다.

$$\oint_C \mathbf{F}\cdot d\mathbf{x} = \iint_{\Sigma_1} \nabla\times\mathbf{F}\cdot\mathbf{n}\,d\sigma = \iint_{\Sigma_2} \nabla\times\mathbf{F}\cdot\mathbf{n}\,d\sigma$$

예제 5.4-2 평면 $z=2$에서 경계가 단위 원 C인 아래와 같이 주어지는 반구면 Σ를 생각하자(그림 5.4-3 참조).

$$\Sigma : z-2=\sqrt{1-x^2-y^2} \quad (z \geq 2)$$

이때 양의 z축 위에서 보았을 때 방향이 반시계 방향으로 주어진 경계 C에 대한 벡터 마당 $\mathbf{F}(x, y, z)=(z-2y)\mathbf{i}+(3x+4y)\mathbf{j}+(z+3y)\mathbf{k}$의 선 적분을 스토크스 정리를 이용하여 찾아라.

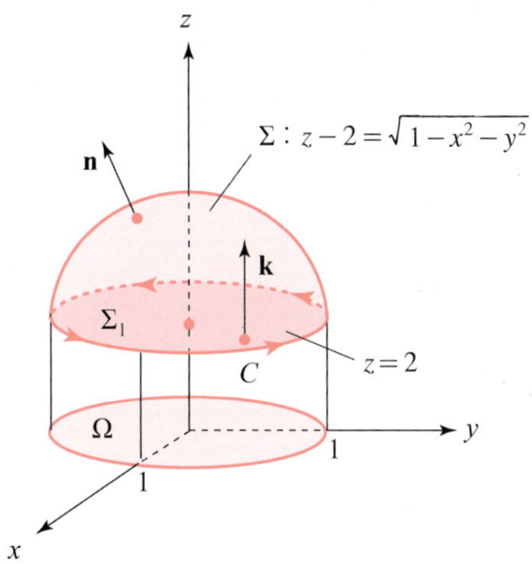

‖ 그림 5.4-3 ‖ 예제 5.4-2의 곡면 $\Sigma : z-2=\sqrt{1-x^2-y^2}\ (z \geq 2)$

풀이 스토크스 정리로부터 벡터 마당 $\mathbf{F}$의 C에서의 선 적분은 Σ 위에서 $\text{curl}\mathbf{F}\cdot\mathbf{n}$의 면 적분과 같다. 그런데 주어진 곡면 Σ의 경계 C는 $z=2$인 평면의 단위 원판 Σ_1과 경계가 같다(그림 5.4-3 참조). 따라서 스토크스 정리를 이용하면 찾는 선 적분의 값은 방향이 같은 Σ_1에 대한 면 적분과 같으므로 계산이 상대적으로 쉬운 Σ_1을 이용한다. 먼저 $\nabla\times\mathbf{F}$는 다음과 같다.

$$\nabla\times\mathbf{F}=\begin{vmatrix} \mathbf{i} & \mathbf{j} & \mathbf{k} \\ \dfrac{\partial}{\partial x} & \dfrac{\partial}{\partial y} & \dfrac{\partial}{\partial z} \\ z-2y & 3x+4y & z+3y \end{vmatrix}=(3,\ 1,\ 5)$$

그런데 곡선 C의 방향이 반시계 방향이 되도록 하는 곡면 Σ_1의 단위 법선 벡터 $\mathbf{n}$은 벡터 $\mathbf{k}$이므로 $\text{curl}\mathbf{F}\cdot\mathbf{n}=(3,\ 1,\ 5)\cdot(0,\ 0,\ 1)=5$이다. 따라서 다음을 얻는다.

$$\oint_C \mathbf{F}\cdot d\mathbf{x}=\iint_{\Sigma}\nabla\times\mathbf{F}\cdot\mathbf{n}\,d\sigma=\iint_{\Sigma_1}\nabla\times\mathbf{F}\cdot\mathbf{n}\,d\sigma=5\iint_{\Sigma_1}d\sigma$$

여기서 $\iint_{\Sigma_1} d\sigma$는 Σ_1의 넓이므로 찾는 선 적분은 $\oint_C \mathbf{F} \cdot d\mathbf{x} = 5\pi$이다. ▮

스토크스 정리는 그린 정리와 마찬가지로 유한 개의 구멍이 있는 곡면에 대해서도 성립한다. 그림 5.4-4와 같이 곡면 Σ의 방향에 의하여 주어지는 곡면의 경계 $\partial\Sigma$를 적분 경로로 하는 벡터 마당 $\mathbf{F}$의 선 적분은 $\mathrm{curl}\,\mathbf{F}$의 곡면의 방향 $\mathbf{n}$에 대한 성분의 곡면 Σ 위에서의 면 적분과 같다. 예를 들어 그림 5.4-4의 경우에 다음과 같다.

$$\oint_{\partial\Sigma} \mathbf{F} \cdot d\mathbf{x} = \oint_{C_1} \mathbf{F} \cdot d\mathbf{x} + \oint_{C_2} \mathbf{F} \cdot d\mathbf{x} = \iint_{\Sigma} \nabla \times \mathbf{F} \cdot \mathbf{n}\, d\sigma$$

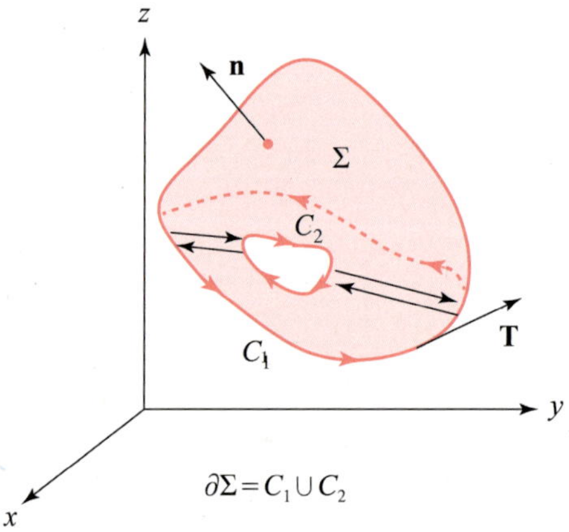

‖ 그림 5.4-4 ‖ 스토크스 정리가 성립하는 곡면

5.2절에서 벡터 마당 $\mathbf{F}$가 유체의 속도 마당인 경우에 선 적분 $\oint_C \mathbf{F} \cdot d\mathbf{x}$를 곡선 C에 대한 벡터 마당 $\mathbf{F}$의 순환이라고 하였다. 스토크스 정리는 벡터 마당 $\mathbf{F}$의 순환과 $\nabla \times \mathbf{F}$와 밀접한 관계가 있음을 말하고 있다. 이 관계에 대하여 살펴보자.

유체가 있는 영역 내의 한 점 $\mathbf{p}_0$가 중심이고 반지름이 $r > 0$인 원 C_r을 포함하는 원판 Σ_r에 대한 스토크스 정리는 다음과 같다(그림 5.4-5(a) 참조).

$$\oint_{C_r} \mathbf{F} \cdot d\mathbf{x} = \iint_{\Sigma_r} \nabla \times \mathbf{F} \cdot \mathbf{n}\, d\sigma$$

여기서 속도 마당 $\mathbf{F}$가 C^1인 벡터 마당이면 제 4 장의 다중 적분의 평균값 정리 4.3-1로부터 다음을 만족시키는 점 $\mathbf{p}^*$가 원판 Σ_r에 존재한다.

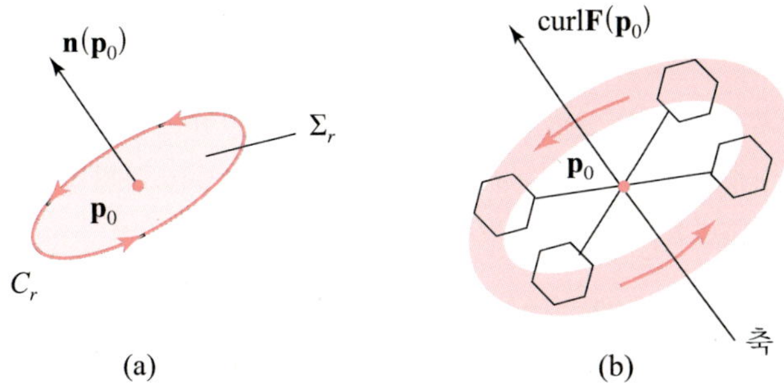

‖ 그림 5.4-5 ‖ 벡터장 $\mathbf{F}$의 순환 $\text{curl}\mathbf{F}$

$$\begin{aligned}\oint_{C_r} \mathbf{F} \cdot d\mathbf{x} &= \iint_{\Sigma_r} \text{curl}\mathbf{F}(\mathbf{p}) \cdot \mathbf{n}(\mathbf{p})\, d\sigma \\ &= \{\text{curl}\mathbf{F}(\mathbf{p}^*) \cdot \mathbf{n}(\mathbf{p}^*)\}\ (\Sigma \text{의 넓이}) \\ &= \pi r^2 \text{curl}\mathbf{F}(\mathbf{p}^*) \cdot \mathbf{n}(\mathbf{p}^*)\end{aligned}$$

그런데 벡터 마당 $\mathbf{F}$가 연속이므로 다음이 성립한다.

$$\text{curl}\mathbf{F}(\mathbf{p}_0) \cdot \mathbf{n}(\mathbf{p}_0) = \lim_{r \to 0} \frac{1}{\pi r^2} \oint_{C_r} \mathbf{F} \cdot d\mathbf{x} \tag{5.4-4}$$

이로부터 충분히 작은 r에 대하여 다음을 얻는다.

$$\text{curl}\mathbf{F}(\mathbf{p}_0) \cdot \mathbf{n}(\mathbf{p}_0) \approx \frac{1}{\pi r^2} \oint_{C_r} \mathbf{F} \cdot d\mathbf{x}$$

따라서 $\text{curl}\mathbf{F} \cdot \mathbf{n}$은 단위 시간에 단위 넓이에 대한 순환이라고 할 수 있다. 이를 축 $\mathbf{n}$에 대한 벡터 마당 $\mathbf{F}$의 회전(rotation)이라고도 한다.

이제 $\text{curl}\mathbf{F}(\mathbf{p}_0) \neq \mathbf{0}$면 식 (5.4-4)의 좌변은 $\mathbf{n}(\mathbf{p}_0)$이 $\text{curl}\mathbf{F}(\mathbf{p}_0)$과 같은 방향이 될 때 최대이며, 이는 벡터 마당 $\mathbf{F}$의 곡선 C_r에 대한 순환이 최대가 되는 때이다. 따라서 그림 5.4-5의 (b)와 같이 점 $\mathbf{p}_0$에서 '바람개비'의 축이 벡터 $\text{curl}\mathbf{F}(\mathbf{p}_0)$과 같은 방향이 되도록 놓으면 바람개비가 가장 빨리 회전할 것이다. 만일 바람개비의 축을 벡터 $\text{curl}\mathbf{F}(\mathbf{p}_0)$에 수직이 되도록 놓으면 바람개비는 돌지 않을 것이다.

발산 정리

5.2절에서 그린 정리는 제 2 벡터 형식 (5.2-4)로 쓸 수 있음을 보았다. 이 절에서는 그린 정리를 공간으로 확장한다. 그린 정리는 다음 발산 정리(Divergence Theorem) 또는 가우스[12] 정리(Gauss' Theorem)의 특별한 경우이다.

12) Karl Gauss(1777-1855): 도이칠란트의 수학자, 수학 신동, 수학의 황제

정리 5.4-2 (발산 정리)

공간에서 유계이고 닫힌 영역 D가 조각마다 매끄러운 외향의 방향 $\mathbf{n}$이 있는 닫힌 곡면 Σ에 의해 둘러싸여 있다고 하자. 그러면 영역 D를 포함하는 공간의 영역에서 C^1인 벡터 마당 $\mathbf{F} = (P,\ Q,\ R)$에 대하여 다음이 성립한다.

$$\oiint_{\Sigma} \mathbf{F} \cdot \mathbf{n}\, d\sigma = \iiint_D \mathrm{div}\mathbf{F}\, dV \tag{5.4-5}$$

여기서 $\oiint$은 닫힌 곡면에 대한 면적분을 나타낸다.

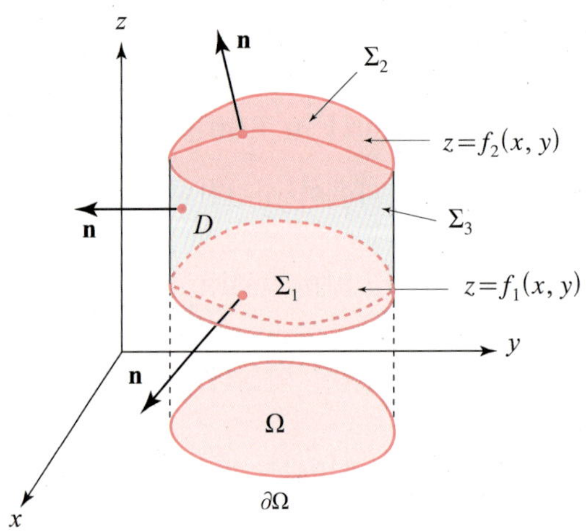

‖ 그림 5.4-6 ‖ 발산 정리의 영역

증명 (부분) 일반적인 경우에 대한 증명은 이 과정에서 다루는 범위를 벗어나므로 영역 D가 그림 5.4-6에 보인 것과 같이 세 개의 곡면으로 둘러싸여 있는 경우에 대하여만 증명하기로 한다. 이때 $\Sigma = \Sigma_1 \cup \Sigma_2 \cup \Sigma_3$이다.

$$\begin{aligned}
\Sigma_1 &: z = f_1(x,\ y),\ (x,\ y) \in \Omega, \\
\Sigma_2 &: z = f_2(x,\ y),\ (x,\ y) \in \Omega, \\
\Sigma_3 &: f_1(x,\ y) \le z \le f_2(x,\ y),\ (x,y) \in \partial\Omega
\end{aligned}$$

여기서 Ω는 영역 D의 xy평면 위로의 정사영인 평면의 영역이고, 곡선 $\partial\Omega$는 Ω의 경계이다(그림 5.4-6 참조). 그런데 $\mathrm{div}\,\mathbf{F}$와 $\mathbf{F} \cdot \mathbf{n}$은 다음과 같다.

$$\mathrm{div}\,\mathbf{F} = \nabla \cdot \mathbf{F} = \frac{\partial P}{\partial x} + \frac{\partial Q}{\partial y} + \frac{\partial R}{\partial z},\quad \mathbf{F} \cdot \mathbf{n} = P(\mathbf{i} \cdot \mathbf{n}) + Q(\mathbf{j} \cdot \mathbf{n}) + R(\mathbf{k} \cdot \mathbf{n})$$

그러므로 식 (5.4-5)의 좌변과 우변을 각각 다음과 같이 쓸 수 있다.

$$\oiint_{\Sigma} \mathbf{F} \cdot \mathbf{n}\, d\sigma = \oiint_{\Sigma} P(\mathbf{i} \cdot \mathbf{n})\, d\sigma + \oiint_{\Sigma} Q(\mathbf{j} \cdot \mathbf{n})\, d\sigma + \oiint_{\Sigma} R(\mathbf{k} \cdot \mathbf{n})\, d\sigma$$

$$\iiint_D \operatorname{div} \mathbf{F}\, dV = \iiint_D \frac{\partial P}{\partial x}\, dV + \iiint_D \frac{\partial Q}{\partial y}\, dV + \iiint_D \frac{\partial R}{\partial z}\, dV$$

따라서 위의 두 식의 우변의 항이 각각 같음을 보이면 된다. 여기서는 위의 두 식의 마지막 항이 서로 같음을 보이면 앞의 두 항도 같은 방식으로 보일 수 있다. 그러므로 다음 등식이 성립함을 보이기로 한다.

$$\iiint_D \frac{\partial R}{\partial z}\, dV = \oiint_{\Sigma} R(\mathbf{k} \cdot \mathbf{n})\, d\sigma$$

먼저 좌변은 삼중 적분의 반복 적분을 이용하여 다음을 얻는다.

$$\begin{aligned} \iiint_D \frac{\partial R}{\partial z}\, dV &= \iint_{\Omega} \int_{f_1(x,\, y)}^{f_2(x,\, y)} \frac{\partial R}{\partial z}\, dz\, dx\, dy \\ &= \iint_{\Omega} \{R(x,\, y,\, f_2(x,\, y)) - R(x,\, y,\, f_1(x,\, y))\}\, dx\, dy \qquad (5.4\text{-}6) \end{aligned}$$

이제 면 적분의 성질을 이용하면 다음을 얻는다.

$$\oiint_{\Sigma} R(\mathbf{k} \cdot \mathbf{n})\, d\sigma = \iint_{\Sigma_1} R(\mathbf{k} \cdot \mathbf{n})\, d\sigma + \iint_{\Sigma_2} R(\mathbf{k} \cdot \mathbf{n})\, d\sigma + \iint_{\Sigma_3} R(\mathbf{k} \cdot \mathbf{n})\, d\sigma$$

각 부분 곡면에서 위의 적분을 계산하자. 먼저 곡면 Σ_1이 $z = f_1(x,\, y)$에 의해 주어지므로 방정식 $g(x,\, y,\, z) = f_1(x,\, y) - z = 0$으로부터 Σ_1에서 단위 외향 법선 벡터 $\mathbf{n}$은 다음과 같다.

$$\mathbf{n} = \frac{1}{\sqrt{1 + (\partial f_1/\partial x)^2 + (\partial f_1/\partial y)^2}} \left(\frac{\partial f_1}{\partial x},\ \frac{\partial f_1}{\partial y},\ -1 \right)$$

따라서 $\mathbf{k} \cdot \mathbf{n} = -1 \Big/ \sqrt{1 + \left(\frac{\partial f_1}{\partial x}\right)^2 + \left(\frac{\partial f_1}{\partial y}\right)^2}$ 이고 식 (5.3-3)을 이용하면 다음을 얻는다.

$$\iint_{\Sigma_1} R(\mathbf{k} \cdot \mathbf{n})\, d\sigma = -\iint_{\Omega} R(x,\, y,\, f_1(x,\, y))\, dx\, dy \qquad (5.4\text{-}7)$$

비슷하게 곡면 $z = f_2(x,\, y)$로 주어지는 곡면 Σ_2의 단위 외향 법선 벡터 $\mathbf{n}$은 다음과 같다.

$$\mathbf{n} = \frac{1}{\sqrt{1 + (\partial f_2/\partial x)^2 + (\partial f_2/\partial y)^2}} \left(-\frac{\partial f_2}{\partial x},\ -\frac{\partial f_2}{\partial y},\ 1 \right)$$

그러므로 $\mathbf{k} \cdot \mathbf{n} = 1/\sqrt{1+\left(\frac{\partial f_2}{\partial x}\right)^2+\left(\frac{\partial f_2}{\partial y}\right)^2}$ 이고 식 (5.3-3)을 이용하여 다음을 얻는다.

$$\iint_{\Sigma_2} R(\mathbf{k} \cdot \mathbf{n})\, d\sigma = \iint_{\Omega} R(x,\ y,\ f_2(x,\ y))\, dx\, dy \tag{5.4-8}$$

마지막으로 Σ_3은 xy평면에 수직인 곡면이므로 $\mathbf{k} \cdot \mathbf{n} = 0$이다. 따라서 다음을 얻는다.

$$\iint_{\Sigma_3} R(\mathbf{k} \cdot \mathbf{n})\, d\sigma = 0$$

그러므로 세 식 (5.4-7), (5.4-8), (5.4-9)를 더하여 다음 등식을 얻는다.

$$\oint\!\!\!\oint_{\Sigma} R(\mathbf{k} \cdot \mathbf{n})\, d\sigma = \iint_{\Omega} \{R(x,\ y,\ f_2(x,\ y)) - R(x,\ y,\ f_1(x,\ y))\}\, dx\, dy$$

이는 식 (5.4-6)과 같으므로 등식 $\iiint_D \frac{\partial R}{\partial z}\, dV = \oint\!\!\!\oint_{\Sigma} R(\mathbf{k} \cdot \mathbf{n})\, d\sigma$가 성립함을 보였으므로 증명이 끝났다. ∎

발산 정리는 두 개의 닫힌 곡면으로 둘러싸인 영역에 대하여도 성립한다. 예를 들어 영역 D가 그림 5.4-7과 같이 주어진다면 다음이 성립한다.

$$\begin{aligned}\oint\!\!\!\oint_{\partial D} \mathbf{F} \cdot \mathbf{n}\, d\sigma &= \oint\!\!\!\oint_{\Sigma_1} \mathbf{F} \cdot \mathbf{n}\, d\sigma + \oint\!\!\!\oint_{\Sigma_2} \mathbf{F} \cdot \mathbf{n}\, d\sigma \\ &= \iiint_D \operatorname{div} \mathbf{F}\, dV\end{aligned}$$

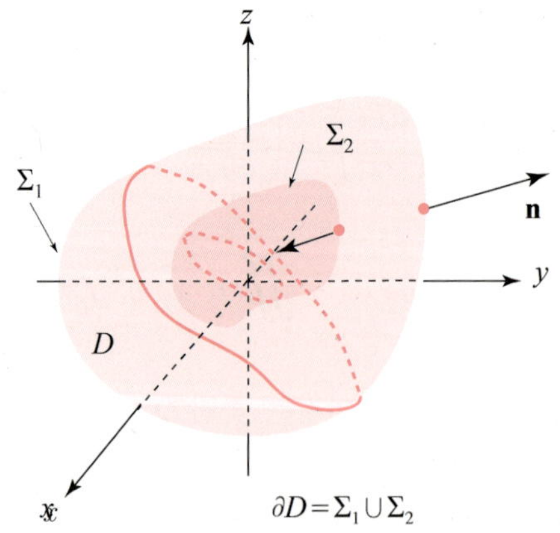

‖ 그림 5.4-7 ‖ 발산 정리와 두 개의 닫힌 곡면으로 이루어진 영역

여기서 $\mathbf{n}$은 곡면 ∂D의 외향 방향이다. 즉 그림에서 Σ_1에서는 $\mathbf{n}$이 원점에서 바깥쪽으로 멀어지는 방향이고, Σ_2에서는 원점으로 향하는 방향이다.

예제 5.4-3 공간에서 다음에 주어진 곡면 Σ를 통해 밖으로 유출되는 유체의 속도 마당 $\mathbf{F}(x, y, z) = (z, -x, y)$의 유동을 찾아라(예제 5.3-4와 그림 5.3-6 참조).

$$\Sigma : x^2 + y^2 = 1,\ z = 0,\ z = 1$$

풀이 곡면 Σ에 의해 둘러싸인 영역 D는 다음과 같다.

$$D = \{(x, y, z) \in \mathbb{R}^3 \mid x^2 + y^2 \le 1,\ 0 \le z \le 1\}$$

발산 정리에 의하면 Σ를 통하여 유출되는 유동은 다음과 같다.

$$\oiint_{\Sigma} \mathbf{F} \cdot \mathbf{n}\, d\sigma = \iiint_D \operatorname{div} \mathbf{F}\, dV$$

그런데 벡터 마당 $\mathbf{F}$의 발산은 다음과 같다.

$$\operatorname{div} \mathbf{F}(x, y, z) = \left(\frac{\partial}{\partial x}, \frac{\partial}{\partial y}, \frac{\partial}{\partial z}\right) \cdot (z, -x, y) = \frac{\partial}{\partial x} z + \frac{\partial}{\partial y}(-x) + \frac{\partial}{\partial z} y = 0$$

따라서 찾는 유동은 0이다.

위의 예제에서 보듯이 발산 정리는 종종 복잡한 면 적분을 삼중 적분을 이용하여 간단히 계산할 수 있게 해준다.

예제 5.4-4 벡터 마당 $\mathbf{F}(x, y, z) = (xy, y^2, z^3)$에 대하여 다음에 주어지는 단위 정육면체 D의 면 ∂D에 대한 면 적분 $\oiint_{\partial D} \mathbf{F} \cdot \mathbf{n}\, d\sigma$를 찾아라.

$$D : 0 \le x \le 1,\ 0 \le y \le 1,\ 0 \le z \le 1$$

풀이 육면체 D의 여섯 개의 면에 대해 면 적분을 계산하지 않고 발산 정리를 이용하여 삼중 적분의 값을 찾자. 여기서 $\operatorname{div} \mathbf{F} = y + 2y + 3z^2$이므로 다음 결과를 얻는다.

$$\begin{aligned}
\oiint_{\partial D} \mathbf{F} \cdot \mathbf{n}\, d\sigma &= \iiint_D (y + 2y + 3z^2)\, dV \\
&= \int_0^1 \int_0^1 \int_0^1 (y + 2y + 3z^2)\, dx\, dy\, dz \\
&= \int_0^1 \int_0^1 (y + 2y + 3z^2)\, dy\, dz
\end{aligned}$$

$$= \int_0^1 \left[\frac{y^2}{2} + y^2 + 3z^2 y \right]_0^1 dz$$

$$= \int_0^1 \left(\frac{1}{2} + 1 + 3z^2 \right) dz$$

$$= \left[\frac{1}{2} z + z + z^3 \right]_0^1 = \frac{5}{2}$$

따라서 찾는 면 적분은 5/2이다.

5.2절에서 벡터 마당 $\mathbf{F}$가 유체 흐름(fluid flow)의 속도 마당이라고 할 때 곡면에 대한 벡터 마당 $\mathbf{F}$의 유동은 단위 시간에 그 곡면을 통해 흐르는, 즉 유출 또는 유입되는 유체의 부피를 나타낸다고 하였다. 그리고 발산은 5.1절에서 보았듯이 단위 부피당 시간에 대한 유체의 체적의 변화율이다. 여기서 발산 정리를 이용하여 발산과 유동과의 관계를 살펴보자.

공간에서 유체의 흐름을 나타내는 C^1인 속도 마당 $\mathbf{F}$가 주어졌다고 하고 점 $\mathbf{p}_0$가 유체가 흐르는 영역 내의 한 점이라 하자. 이때 점 $\mathbf{p}_0$이 중심이고 반경이 ρ인 구면 ∂D_ρ와 구면의 경계와 내부로 이루어진 입체 D_ρ를 생각하자(그림 5.4-8 참조). 그러면 발산 정리에 의하여 다음이 성립한다.

$$\oiint_{\partial D_\rho} \mathbf{F} \cdot \mathbf{n}\, d\sigma = \iiint_{D_\rho} \operatorname{div} \mathbf{F}\, dV$$

이제 삼중 적분의 평균값 정리 4.3-1에 의해 다음을 만족시키는 점 $\mathbf{p}^*$가 D_ρ 내에 존재한다.

$$\oiint_{\partial D_\rho} \mathbf{F} \cdot \mathbf{n}\, d\sigma = \operatorname{div} \mathbf{F}(\mathbf{p}^*)\ (\mathrm{D}_\rho\text{의 부피}) = \frac{4}{3}\pi\rho^3 \operatorname{div} \mathbf{F}(\mathbf{p}^*)$$

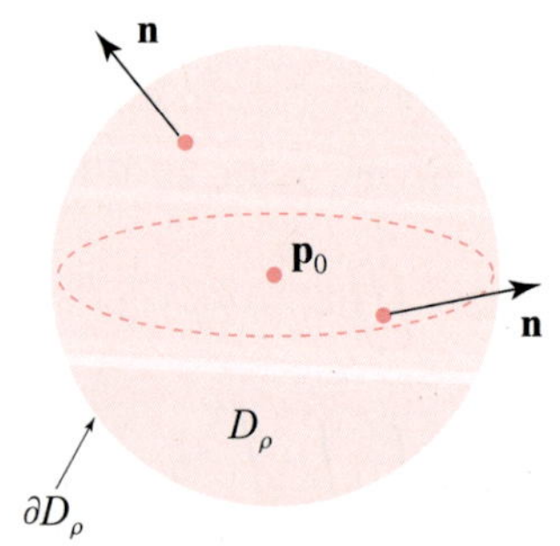

‖ 그림 5.4-8 ‖ 발산 정리와 유동

여기서 $\rho \to 0$가 되도록 하면 다음을 얻는다.

$$\operatorname{div}\mathbf{F}(\mathbf{p}_0) = \lim_{\rho \to 0} \frac{3}{4\pi\rho^3} \oiint_{\partial D_\rho} \mathbf{F} \cdot \mathbf{n}\, d\sigma$$

따라서 ρ가 충분히 작으면 다음이 성립한다.

$$\operatorname{div}\mathbf{F}(\mathbf{p}_0) \approx \frac{3}{4\pi\rho^3} \oiint_{\partial D_\rho} \mathbf{F} \cdot \mathbf{n}\, d\sigma$$

그러므로 속도 마당 $\mathbf{F}$의 발산 $\operatorname{div}\mathbf{F}$는 단위 시간에 단위 부피당 벡터 마당 $\mathbf{F}$의 닫힌 곡면 ∂D_ρ에 대한 유동이다.

발산 정리는 전자기학, 유체역학 등의 분야에서 근본적이고 중요한 현상을 기술하고 관련 편미분 방정식 등을 유도하는 데 유용하다.

연습 문제 5.4 *Exercises*

1. 다음 곡면 Σ와 벡터 마당 $\mathbf{F}$에 대하여 스토크스 정리가 성립함을 보여라.
   (1) $\mathbf{F}(x, y, z) = (x-y, y-z, z-x)$, Σ는 평면 $x+y+z=1$의 제 1 팔분 공간에 있는 부분
   (2) $\mathbf{F}(x, y, z) = (x+y, y+z, z+x)$, Σ는 평면 $z=0$와 $z=1$ 사이에 있는 원뿔면 $z^2 = x^2+y^2$의 부분
   (3) $\mathbf{F}(x, y, z) = (2x-y, -yz^2, -y^2z)$, Σ는 $x^2+y^2+z^2=1$, $z \geq 0$으로 둘러싸인 영역

2. 스토크스 정리를 이용하여 $\oint_C \mathbf{F} \cdot d\mathbf{x}$를 계산하라(단, 곡선 C의 방향은 양의 z축 쪽에서 보았을 때 반시계 방향으로 한다).
   (1) $\mathbf{F} = (2z+x, y-z, x+y)$, C는 세 점 $(1, 0, 0)$, $(0, 1, 0)$, $(0, 0, 1)$이 꼭짓점인 삼각형의 둘레
   (2) $\mathbf{F} = (z^2 y\cos xy, z^2 x(1+\cos xy), 2z\sin xy)$, C는 평면 $z=1-y$가 좌표 평면, 평면 $x=2$와 만나서 이루는 사각형의 둘레, 즉 네 점 $(0, 0, 1)$, $(2, 0, 1)$, $(2, 1, 0)$, $(0, 1, 0)$이 꼭짓점인 사각형의 둘레
   (3) $\mathbf{F} = (y^3, -x^3, z^3)$, C는 평면 $x+y+z=1$과 원기둥면 $x^2+y^2=1$의 교선
   (4) $\mathbf{F} = (x, x^3y^2, z)$, C는 평면 $z=0$과 반 타원면 $z=\sqrt{4-4x^2-y^2}$이 만나서 이루는 곡선

3. 방향이 위쪽인 곡면 Σ와 벡터 마당 $\mathbf{F}$에 대하여 $\iint_{\Sigma}(\nabla \times \mathbf{F}) \cdot \mathbf{n}\, d\sigma$를 스토크스 정리를 이용하여 계산하라.

(1) $\mathbf{F} = (6yz,\ 5x,\ yze^{x^2})$, Σ는 $0 \le z \le 4$인 포물면 $z = x^2/4 + y^2$의 부분

(2) $\mathbf{F} = (3x^2,\ 8x^3y,\ 3x^2y)$, Σ는 $x = 0,\ y = 0,\ x = 2,\ y = 2$로 주어지는 사각기둥면 내부에 놓이는 평면 $z = x$의 부분

4. 곡면 Σ가 공간에서 원기둥 $x^2 + y^2 = 1$과 포물면 $z = 4 - x^2 - y^2$이 만나서 이루는 곡면일 때, 벡터 마당 $\mathbf{F}(x,\ y,\ z) = (\cos x + z,\ \sin y + x,\ e^z + y)$에 대한 선 적분 $\oint_{\partial\Sigma} \mathbf{F} \cdot d\mathbf{x}$를 스토크스 정리를 이용하여 찾아라.

5. 다음의 벡터 마당 $\mathbf{F}$와 영역 D에 대하여 발산 정리가 성립함을 보여라.

(1) $\mathbf{F} = (xy,\ yz,\ zx)$, D는 $0 \le x,\ y,\ z \le 1$로 둘러싸인 정육면체

(2) $\mathbf{F} = (x + y,\ y + z,\ z + x)$, D는 공간의 세 좌표 평면과 평면 $x + y + z = 1$로 둘러싸인 사면체

(3) $\mathbf{F} = (6xy,\ 4yz,\ xe^{-y})$, D는 좌표 평면과 평면 $x + y + z = 1$로 둘러싸인 사면체

(4) $\mathbf{F}(x,\ y,\ z) = (x^3,\ y^3,\ z^2)$, Σ는 $0 \le z \le 2$ 사이의 실린더 $x^2 + y^2 \le 9$의 내부

6. 발산 정리를 이용하여 $\oiint_{\Sigma} \mathbf{F} \cdot \mathbf{n}\, d\sigma$를 계산하라(단, $\mathbf{n}$은 곡면 Σ의 단위 외향 법선 벡터).

(1) $\mathbf{F} = (y^2,\ xz^3,\ (z-1)^2)$, Σ는 원기둥면 $x^2 + y^2 = 16$과 평면 $z = 1$과 $z = 5$로 둘러싸인 영역 D의 경계면

(2) $\mathbf{F} = (x^2 + \sin y,\ z^2,\ xy^3)$, Σ는 $y = x^2,\ z = 9 - y,\ z = 0$으로 둘러싸인 영역 D의 경계면

(3) $\mathbf{F} = \dfrac{1}{x^2 + y^2 + z^2}(x,\ y,\ z)$, Σ는 구면 $x^2 + y^2 + z^2 = a^2$과 $x^2 + y^2 + z^2 = b^2$으로 둘러싸인 영역 D의 경계면(단, $a < b$)

(4) $\mathbf{F} = (2x^2y^2,\ y,\ -6zxy^2)$, Σ는 포물면 $z = x^2 + y^2$과 평면 $z = 2y$로 둘러싸인 영역 D의 경계면

7. 공간에서 유체의 속도 마당 $\mathbf{F} = -k(x,\ y,\ z)$의 구면 $x^2 + y^2 + z^2 = a^2\ (a > 0)$의 외향 방향으로의 유동을 찾아라(단, $k > 0$).

8. 다음에 주어진 원기둥면 Σ에 대하여 벡터 마당 $\mathbf{F}(x,\ y,\ z) = xz\mathbf{i} + yz\mathbf{j} + xy\mathbf{k}$의 면적분 $\oiint_{\Sigma} \mathbf{F} \cdot \mathbf{n}\, d\sigma$를 계산하라(단, $\mathbf{n}$은 원기둥면 Σ의 단위 외향 법선 벡터).

$$\Sigma:\ x^2 + y^2 = 1,\ z = 0,\ z = 1$$

9. 공간에서 구면 $x^2+y^2+z^2=9$와 원뿔면 $z=\sqrt{x^2+y^2}$으로 둘러싸인 영역 D를 포함하는 영역에서 정의된 벡터 마당 $\mathbf{F}(x, y, z)=(yz, zx, xy+z^2)$을 생각하자. 이때 ∂D를 통해 D 외부로 유출되는 $\mathbf{F}$의 유동을 찾아라.

10. 벡터 $\mathbf{n}$이 구면 $\Sigma: x^2+y^2+z^2=a^2\ (a>0)$의 외향 법선 단위 벡터라고 하자. 만일 벡터 마당 $\mathbf{F}$의 성분 함수의 연속인 이계 편도함수가 모두 존재하면 다음이 성립함을 보여라.

$$\oiint_{\Sigma}(\nabla\times\mathbf{F})\cdot\mathbf{n}\,d\sigma=0$$

11. 발산 정리를 성립하게 하는 영역 D와 곡면 Σ에 대하여 연속인 이계 편도함수가 존재하는 스칼라 함수 f와 g에 대하여 다음 등식이 성립함을 보여라.

(1) $\iiint_D (f\nabla^2 g+\nabla f\cdot\nabla g)\,dV=\oiint_{\Sigma}(f\nabla g)\cdot\mathbf{n}\,d\sigma$

[그린의 제 1 공식(Green's first formula)]

(2) $\iiint_D (f\nabla^2 g-g\nabla^2 f)\,dV=\oiint_{\Sigma}(f\nabla g-g\nabla f)\cdot\mathbf{n}\,d\sigma$

[그린의 제 2 공식(Green's second formula)]

(3) $\iiint_D \nabla^2 f\,dV=\oiint_{\Sigma}\nabla f\cdot\mathbf{n}\,d\sigma$

[귀띔: $f\mathbf{a}$에 발산 정리를 적용하라(단, $\mathbf{a}$는 상수 벡터).]

5장 종합 문제 *Exercises*

1. 다음 벡터 마당 $\mathbf{F}$와 곡선 C에 대하여 $\int_C \mathbf{F} \cdot d\mathbf{x}$를 찾아라.
   (1) $\mathbf{F}(x,\ y,\ z) = (x\sin x,\ \cos y,\ x+y)$, C: $\mathbf{x}(t) = (t,\ t^2,\ t^4)$, $0 \le t \le 1$
   (2) $\mathbf{F}(x,\ y,\ z) = e^{y+2z}(1,\ x,\ 2x)$, C: $\mathbf{x}(t) = (t,\ t,\ t)$, $0 \le t \le 1$
   (3) $\mathbf{F}(x,\ y,\ z) = (2y,\ 3x,\ x+y)$, C: $\mathbf{x}(t) = (\cos t,\ \sin t,\ t/6)$, $0 \le t \le 2\pi$

2. 다음 벡터 마당의 퍼텐셜 함수가 존재하는지 판별하고, 퍼텐셜 함수가 존재하면 그것을 찾아라.
   (1) $\mathbf{F}(x,\ y,\ z) = (y+z,\ z+x,\ x+y)$
   (2) $\mathbf{F}(x,\ y,\ z) = (2z,\ 3y,\ 4z)$
   (3) $\mathbf{F}(x,\ y,\ z) = (y\sin z,\ x\sin z,\ xy\cos z)$

3. 다음 선 적분이 경로에 독립임을 보이고 그 값을 찾아라.
   (1) $\displaystyle\int_{(1,\ 0,\ 0)}^{(2,\ \pi/2,\ 1)} (2x\sin y + e^{3z})\,dx + x^2\cos y\,dy + (3xe^{3z}+5)\,dz$
   (2) $\displaystyle\int_{(1,\ 2,\ 1)}^{(3,\ 4,\ 1)} (2x+1)\,dx + 3y^2\,dy + \frac{1}{z}\,dz$
   (3) $\displaystyle\int_{(1,\ 1,\ \ln 3)}^{(2,\ 2,\ \ln 3)} e^{2z}\,dx + 3y^2\,dy + 2xe^{2z}\,dz$

4. 벡터 마당 $\mathbf{F}(x,\ y) = (y + e^x \ln y)\mathbf{i} + (e^x/y)\mathbf{j}$에 대하여 두 곡선 $y = 3 - x^2$과 $y = x^4 + 1$의 그래프에 의해 주어지는 닫힌 곡선 C 위에서 선 적분 $\oint_C \mathbf{F} \cdot d\mathbf{x}$를 찾아라.

5. 곡선 C: $x^2 + y^2 = 9$에 대하여 다음 선 적분을 찾아라.

$$\oint_C (3y - e^{\sin x})\,dx + \left(7x + \sqrt{y^4+1}\right)dy$$

6. yz평면에서 $y=1$, $y=3$, $z=1$, $z=2$로 둘러싸인 영역 Ω에서 정의된 함수 $x = g(y,\ z) = \dfrac{z^2}{2}$의 그래프로 주어지는 곡면을 Σ라고 하자. $\displaystyle\iint_\Sigma \frac{z^3}{2xy}\,d\sigma$를 찾아라.

7. 중심이 원점, 반지름이 1인 구면을 Σ라고 하자. 벡터 마당 $\mathbf{F} = -\nabla\left(\dfrac{1}{\sqrt{x^2+y^2+z^2}}\right)$에 대하여 $\displaystyle\iint_\Sigma \mathbf{F} \cdot \mathbf{n}\,d\sigma$를 찾아라.

8. 원뿔면 $z = \sqrt{x^2 + y^2}$, $x^2 + y^2 \le 4$가 곡면 Σ일 때, 벡터 마당 $\mathbf{F} = (x - y,\ 2z,\ x^2)$에 대하여 스토크스 정리가 성립함을 보여라.

9. 중심이 원점, 반지름이 1인 구가 영역 D일 때, 벡터 마당 $\mathbf{F} = (2x,\ y^2,\ z^2)$에 대하여 발산 정리가 성립함을 보여라.

부 록

부록 A 행렬과 행렬식

이 절에서는 행렬의 정의와 연산 및 행렬식에 대한 간단한 성질들을 살펴본다.

A.1 행렬의 정의

두 자연수 m과 n에 대해 mn개의 실수 a_{ij} $(1 \le i \le m,\ 1 \le j \le n)$를 다음과 같이 직사각형 모양으로 나열한 것을 실수 집합 $\mathbb{R}$ 위의 크기가 $m \times n$ 행렬이라 한다.

$$A = \begin{pmatrix} a_{11} & a_{12} & \cdots & a_{1n} \\ a_{21} & a_{22} & \cdots & a_{2n} \\ \vdots & \vdots & \ddots & \vdots \\ a_{m1} & a_{m2} & \cdots & a_{mn} \end{pmatrix}$$

이때 a_{ij}를 행렬 A의 $(i,\ j)$ 성분이라 하고 행렬 A를 나타낼 때 성분을 이용하여 간단히 $A = (a_{ij})_{m \times n}$로 나타내기도 한다.

그리고 벡터 $Row_i(A) = (a_{i1},\ a_{i2},\ \cdots,\ a_{in})$를 행렬 A의 i번째 **행**(row) 또는 **행 벡터**(row vector), 벡터 $Col_j(A) = \begin{pmatrix} a_{1j} \\ a_{2j} \\ \vdots \\ a_{mj} \end{pmatrix}$를 행렬 A의 j번째 **열**(column) 또는 **열 벡터**(column vector)라고 한다.

모든 성분이 0인 행렬을 **영 행렬**(zero matrix)이라 하고 O로 나타낸다. 또한 $m = n$이면 A를 n차 정사각 행렬(square matrix)이라고 한다.

실수를 성분으로 갖는 모든 $m \times n$행렬들의 집합을 $M_{m \times n}(\mathbb{R})$로 표시한다. 즉

$$M_{m \times n}(\mathbb{R}) = \{ (a_{ij})_{m \times n} \mid a_{ij} \in \mathbb{R},\ 1 \le i \le m,\ 1 \le j \le n \}$$

두 개의 $m \times n$ 행렬 $A = (a_{ij})_{m \times n}$과 $B = (b_{ij})_{m \times n}$의 대응하는 성분이 서로 같으면, 즉 모든 $i = 1,\ \cdots,\ m,\ j = 1,\ \cdots,\ n$에 대하여 $a_{ij} = b_{ij}$이면 두 행렬 A와 B는 같은 행렬이라고 하고 $A = B$로 나타낸다.

A.2 행렬의 연산

두 $m \times n$ 행렬 $A = (a_{ij})_{m \times n}$과 $B = (b_{ij})_{m \times n}$ 및 스칼라 α에 대해 덧셈과 α의 스칼라 곱을 각각 다음과 같이 정의한다.

$$A+B=(a_{ij}+b_{ij})_{m\times n}=\begin{pmatrix} a_{11}+b_{11} & a_{12}+b_{12} & \cdots & a_{1n}+b_{1n} \\ a_{21}+b_{21} & a_{22}+b_{22} & \cdots & a_{2n}+b_{2n} \\ \vdots & \vdots & \ddots & \vdots \\ a_{m1}+b_{m1} & a_{m2}+b_{m2} & \cdots & a_{mn}+b_{mn} \end{pmatrix},$$

$$\alpha A=(\alpha a_{ij})_{m\times n}=\begin{pmatrix} \alpha a_{11} & \alpha a_{12} & \cdots & \alpha a_{1n} \\ \alpha a_{21} & \alpha a_{22} & \cdots & \alpha a_{2n} \\ \vdots & \vdots & \ddots & \vdots \\ \alpha a_{m1} & \alpha a_{m2} & \cdots & \alpha a_{mn} \end{pmatrix}$$

예제 A.2-1 다음 두 행렬에 대해 $A-3B$를 찾아라.

$$A=\begin{pmatrix} 0 & 1 & -5 \\ 3 & 0 & 2 \end{pmatrix},\quad B=\begin{pmatrix} 2 & 1 & 0 \\ 1 & 0 & -1 \end{pmatrix}$$

풀이

$$A-3B=\begin{pmatrix} 0-6 & 1-3 & -5-0 \\ 3-3 & 0-0 & 2+3 \end{pmatrix}=\begin{pmatrix} -6 & -2 & -5 \\ 0 & 0 & 5 \end{pmatrix}$$

행렬의 덧셈과 스칼라 곱이 정의되어 있는 집합 $M_{m\times n}(\mathbb{R})$에 대하여 다음 정리가 성립한다.

정리 A.2-1

임의의 $A,\ B,\ C\in M_{m\times n}(\mathbb{R})$와 $\alpha,\ \beta\in\mathbb{R}$ 에 대하여 다음이 성립한다.

(1) $A+B=B+A$

(2) $(A+B)+C=A+(B+C)$

(3) $A+O=O+A=A$

(4) $A+(-A)=(-A)+A=O$

(5) $\alpha(A+B)=\alpha A+\alpha B$

(6) $(\alpha+\beta)A=\alpha A+\beta A$

(7) $(\alpha\beta)A=\alpha(\beta A)$

(8) $1A=A$

증명 행렬의 성분을 각각 $A=(a_{ij})_{m\times n}$, $B=(b_{ij})_{m\times n}$, $C=(c_{ij})_{m\times n}$로 놓으면 실수의 덧셈에 대한 교환법칙, 결합법칙, 항등원과 역원에 대한 성질, 곱에 대한 배분법칙, 결합법칙, 항등원에 대한 성질들을 이용하여 다음과 같이 증명할 수 있다.

(1) $$\begin{aligned} A+B &= (a_{ij})_{m\times n}+(b_{ij})_{m\times n}=(a_{ij}+b_{ij})_{m\times n}=(b_{ij}+a_{ij})_{m\times n} \\ &= (b_{ij})_{m\times n}+(a_{ij})_{m\times n}=B+A \end{aligned}$$

(2) $$\begin{aligned} (A+B)+C &= (a_{ij}+b_{ij})_{m\times n}+(c_{ij})_{m\times n}=((a_{ij}+b_{ij})+c_{ij})_{m\times n} \\ &= (a_{ij}+(b_{ij}+c_{ij}))_{m\times n}=(a_{ij})_{m\times n}+(b_{ij}+c_{ij})_{m\times n} \\ &= A+(B+C) \end{aligned}$$

(3) $A+O_{m\times n}=(a_{ij}+0)_{m\times n}=(a_{ij})_{m\times n}=(0+a_{ij})_{m\times n}=O_{m\times n}+A$

(4) $A+(-A)=(a_{ij}+(-a_{ij}))_{m\times n}=O_{m\times n}=((-a_{ij})+a_{ij})_{m\times n}$
$=(-A)+A$

(5) $\alpha(A+B)=\alpha(a_{ij}+b_{ij})_{m\times n}=(\alpha a_{ij}+\alpha b_{ij})_{m\times n}=(\alpha a_{ij})_{m\times n}+(\alpha b_{ij})_{m\times n}$
$=\alpha A+\alpha B$

(6) $(\alpha+\beta)A=((\alpha+\beta)a_{ij})_{m\times n}=(\alpha a_{ij}+\beta a_{ij})_{m\times n}=(\alpha a_{ij})_{m\times n}+(\beta a_{ij})_{m\times n}$
$=\alpha A+\beta A$

(7) $(\alpha\beta)A=((\alpha\beta)a_{ij})_{m\times n}=(\alpha(\beta a_{ij}))_{m\times n}=\alpha(\beta A)$

(8) $1A=(1a_{ij})_{m\times n}=(a_{ij})_{m\times n}=A$ ▮

두 행렬 $A=(a_{ij})_{m\times n}\in M_{m\times n}(\mathbb{R})$과 $B=(b_{ij})_{n\times p}\in M_{n\times p}(\mathbb{R})$의 **곱(product)**은 다음과 같이 정의한다.

$$AB=(c_{ij})_{m\times p}\in M_{m\times p}(\mathbb{R}),\quad (\text{단, } c_{ij}=\sum_{k=1}^{n}a_{ik}b_{kj})$$

즉 AB의 $(i,\ j)$성분은 A의 i행과 B의 j열에 의해 결정된다.

예제 A.2-2 두 행렬 $A=\begin{pmatrix}0 & 2\\ 5 & -1\end{pmatrix}$와 $B=\begin{pmatrix}4 & 1\\ 2 & 0\end{pmatrix}$에 대해 AB와 BA를 찾아라.

풀이 $AB=\begin{pmatrix}4 & 0\\ 18 & 5\end{pmatrix}$이고 $BA=\begin{pmatrix}-2 & -3\\ 5 & 0\end{pmatrix}$이다. ▮

예제 A.2-2로부터 행렬의 곱셈에 관한 교환 법칙은 성립하지 않음을 알 수 있다. 그러나 행렬의 곱에 관한 결합 법칙과 분배 법칙은 성립한다.

정리 A.2-2

행렬 $A\in M_{m\times n}(\mathbb{R})$과 $B\in M_{n\times p}(\mathbb{R})$에 대하여 다음이 성립한다.

(1) 임의의 행렬 $C\in M_{p\times r}(\mathbb{R})$에 대하여 $A(BC)=(AB)C$이다.
(2) 임의의 행렬 $C\in M_{n\times p}(\mathbb{R})$에 대하여 $A(B+C)=AB+AC$이다.
(3) 임의의 실수 α에 대하여 $\alpha(AB)=(\alpha A)B=A(\alpha B)$이다.

증명 여기서는 (2)를 증명하고 나머지는 연습 문제로 남긴다.

행렬의 성분을 각각 $A=(a_{ij})_{m\times n}$, $B=(b_{ij})_{n\times p}$, $C=(c_{ij})_{n\times p}$로 놓으면, $B+C$의 $(k,\ j)$ 성분은 $b_{kj}+c_{kj}$이므로 $A(B+C)$의 $(i,\ j)$ 성분은 $\sum_{k=1}^{n} a_{ik}(b_{kj}+c_{kj})$이다. 또한, 행렬 AB의 $(i,\ j)$ 성분은 $\sum_{k=1}^{n} a_{ik}b_{kj}$이고 AC의 $(i,\ j)$ 성분은 $\sum_{k=1}^{n} a_{ik}c_{kj}$이므로 $AB+AC$의 $(i,\ j)$ 성분은 $\sum_{k=1}^{n} a_{ik}b_{kj}+\sum_{k=1}^{n} a_{ik}c_{kj}$이다. 그런데 $\sum_{k=1}^{n} a_{ik}(b_{kj}+c_{kj})=\sum_{k=1}^{n} a_{ik}b_{kj}+\sum_{k=1}^{n} a_{ik}c_{kj}$이므로 $A(B+C)=AB+AC$이다. ∎

다음 n차 정사각 행렬 I_n을 n차 **항등 행렬(identity matrix)** 또는 **단위 행렬**이라 한다.

$$I_n=(\delta_{ij})_{n\times n}=\begin{pmatrix} 1 & 0 & \cdots & 0 \\ 0 & 1 & \cdots & 0 \\ \vdots & \vdots & \ddots & \vdots \\ 0 & 0 & \cdots & 1 \end{pmatrix}$$

여기서 δ_{ij}는 $i=j$일 때 1이고, $i\neq j$일 때 0으로 정의되는 함수로서 **크로네커[1]의 델타 함수(Kronecker's delta function)**라고 한다.

정리 A.2-3

임의의 행렬 $A\in M_{m\times n}(\mathbb{R})$에 대하여 다음이 성립한다.

$$AI_n=A=I_mA$$

A.3 가역 행렬과 역 행렬

정사각 행렬 $A\in M_{n\times n}(\mathbb{R})$에 대해 다음 식을 만족시키는 행렬 $B\in M_{n\times n}(\mathbb{R})$가 존재하면 행렬 A를 **가역 행렬(invertible matrix)** 또는 **정칙 행렬(nonsingular matrix)**이라 한다.

$$AB=BA=I_n$$

이때 행렬 B를 행렬 A의 **역 행렬(inverse matrix)**이라고 하며, A^{-1}로 나타낸다.

---

1) Leopold Kronecker(1823-1891): 프로이센 태생의 도이칠란트 수학자, 논리학자

예제 A.3-1 두 행렬 $A=\begin{pmatrix} 5 & 1 \\ -1 & 0 \end{pmatrix}$, $B=\begin{pmatrix} 0 & -1 \\ 1 & 5 \end{pmatrix}$에 대해 $B=A^{-1}$임을 증명하라.

풀이 $AB=I_2=BA$이므로 $B=A^{-1}$이다. ∎

역 행렬에 대해 다음 성질이 성립한다.

정리 A.3-1

n차 정사각 행렬 A와 B가 가역 행렬이면 다음이 성립한다.

(1) A^{-1}는 유일하다.

(2) A^{-1}는 가역 행렬이고 $(A^{-1})^{-1}=A$이다.

(3) AB는 가역 행렬이고 $(AB)^{-1}=B^{-1}A^{-1}$이다.

증명 (1) 행렬 C와 D가 A의 역 행렬이라고 가정하면 다음이 성립한다.

$$C=CI_n=C(AD)=(CA)D=I_nD=D$$

따라서 $C=D$이므로 A의 역 행렬은 유일하다.

(2) A가 가역 행렬이므로 A^{-1}가 존재하고 다음이 성립한다.

$$AA^{-1}=I_n=A^{-1}A$$

따라서 역 행렬의 정의에 의해 A^{-1}는 가역 행렬이고 $(A^{-1})^{-1}=A$이다.

(3) A와 B가 가역 행렬이므로 A^{-1}와 B^{-1}가 존재하고 다음이 성립한다.

$$(AB)(B^{-1}A^{-1})=A(BB^{-1})A^{-1}=AI_nA^{-1}=AA^{-1}=I_n,$$
$$(B^{-1}A^{-1})(AB)=B^{-1}(A^{-1}A)B=B^{-1}I_nB=B^{-1}B=I_n$$

따라서 AB는 가역 행렬이고 $(AB)^{-1}=B^{-1}A^{-1}$이다. ∎

행렬 $A=(a_{ij})_{m\times n}\in M_{m\times n}(\mathbb{R})$의 행과 열을 서로 바꾼 행렬을 B라고 놓으면 B를 행렬 A의 **전치 행렬(transpose)**이라 하고, 기호로 A^T로 나타낸다.

전치 행렬에 대해 다음과 같은 성질이 성립한다. 증명은 연습 문제로 남긴다.

정리 A.3-2

두 행렬 A, $B \in M_{m \times n}(\mathbb{R})$와 실수 a에 대하여 다음이 성립한다.

(1) $(A^T)^T = A$

(2) $(A+B)^T = A^T + B^T$

(3) $(aA)^T = aA^T$

A.4 행렬식

정사각 행렬 A의 **행렬식(determinant)**은 $\det(A)$ 또는 $|A|$로 나타내고 다음과 같이 정의한다.

만일 A의 크기가 1×1이면 $A = (a)$의 행렬식은 $\det(A) = a$로 정의한다.

$n > 1$인 경우에는 행렬식을 다음과 같은 방법으로 정의한다.

$n \times n$ 정사각 행렬 $A = (a_{ij})_{n \times n}$의 i번째 행 $Row_i(A)$와 j번째 열 $Col_j(A)$를 삭제하여 얻은 $(n-1) \times (n-1)$ 행렬의 행렬식 M_{ij}를 성분 a_{ij}의 **소행렬식(minor)**이라고 한다. 또 다음 식으로 주어지는 실수 A_{ij}를 성분 a_{ij}의 **여인수(cofactor)**라고 한다.

$$A_{ij} = (-1)^{i+j} M_{ij}, \quad (1 \le i, j \le n)$$

이제 정사각 행렬 $A = (a_{ij})_{n \times n}$의 행렬식을 i번째 행을 이용하여 다음과 같이 정의한다.

$$\det(A) = \sum_{k=1}^{n} a_{ik} A_{ik} \quad (i = 1, \cdots, n) \tag{A.4-1}$$

이때 임의의 i에 대하여 $\sum_{k=1}^{n} a_{ik} A_{ik}$는 일정하기 때문에 계산하기 쉬운 행을 선택하여 행렬식을 구할 수 있다.

한편 행렬 A의 행렬식은 j번째 행을 이용하여 다음과 같이 정의할 수도 있다.

$$\det(A) = \sum_{k=1}^{n} a_{kj} A_{kj} \quad (j = 1, \cdots, n) \tag{A.4-2}$$

마찬가지로 임의의 j에 대해 $\sum_{k=1}^{n} a_{kj} A_{kj}$는 일정하기 때문에 계산하기 쉬운 열을 선택하여 행렬식을 찾을 수 있다. 식 (A.4-1)과 (A.4-2)을 각각 제 i 행과 제 j 열에 대한 **여인수 전개(cofactor expansion)**라고 한다.

예제 A.4-1 행렬 $A=\begin{pmatrix} a_{11} & a_{12} \\ a_{21} & a_{22} \end{pmatrix}$의 행렬식을 찾아라.

풀이 제 1 행에 대한 여인수 전개를 이용하여 찾으면 $\det(A)=a_{11}A_{11}+a_{12}A_{12}$이다.
그런데 $A_{11}=a_{22}$, $A_{12}=-a_{21}$이므로 $\det(A)=a_{11}a_{22}-a_{12}a_{21}$이다. ∎

또한 행렬 $A=\begin{pmatrix} a_{11} & a_{12} & a_{13} \\ a_{21} & a_{22} & a_{23} \\ a_{31} & a_{32} & a_{33} \end{pmatrix}$의 행렬식은 제 1 행에 대한 여인수 전개를 이용하여 찾을 수 있다. 제 1 행의 성분들의 여인수는 각각

$$A_{11}=a_{22}a_{33}-a_{23}a_{32},\ A_{12}=-(a_{21}a_{33}-a_{23}a_{31}),\ A_{13}=a_{21}a_{32}-a_{22}a_{31}$$

이므로 A의 행렬식은 다음과 같다.

$$\det(A)=\sum_{k=1}^{3}a_{1k}A_{1k}=a_{11}(a_{22}a_{33}-a_{23}a_{32})+a_{12}(a_{23}a_{31}-a_{21}a_{33})+a_{13}(a_{21}a_{32}-a_{22}a_{31})$$

예제 A.4-2 행렬 $A=\begin{pmatrix} 7 & -10 & 5 \\ 0 & -1 & 9 \\ 0 & 0 & 1 \end{pmatrix}$의 행렬식은 제 1 열에 대한 여인수 전개를 이용하여 다음과 같이 찾을 수 있다.

$$\det(A)=\sum_{k=1}^{3}a_{k1}A_{k1}=7\times A_{11}+0\times A_{21}+0\times A_{31}=7\times(-1)\times 1=-7$$

예제 A.4-2와 같이 임의의 삼각 행렬의 행렬식은 주대각선 성분들의 곱과 같음을 증명할 수 있다. 즉 n차 정사각행렬 $A=(a_{ij})_{n\times n}$가 삼각 행렬이면, A의 행렬식은 $\det(A)=a_{11}a_{22}\cdots a_{nn}$이다.

다음은 행렬식의 기본적인 성질이다.

정리 A.4-1

행렬 $A\in M_{n\times n}(\mathbb{R})$에 대하여 다음이 성립한다.

(1) A가 영 벡터로 이루어진 행(열)을 포함하면 $\det(A)=0$이다.

(2) A의 임의의 두 행(열)을 바꾼 행렬을 B라고 하면 $\det(B)=-\det(A)$이다.

(3) A의 두 개 이상의 행(열)이 같으면 $\det(A)=0$이다.

증명 여기서는 (1)을 증명하고 나머지는 연습 문제로 남긴다.

(1) A의 i번째 행이 영 벡터라고 가정하면 i행에 대한 여인수 전개를 이용하여 $\det(A)=0$임을 알 수 있다. 만약 A의 j번째 열이 영 벡터인 경우에는 j열에 대한 여인수 전개를 이용하면 $\det(A)=0$이다. ▮

예제 A.4-3 행렬 $A=\begin{pmatrix} 21 & -5 & 2 \\ 0 & 0 & 0 \\ 5 & 2 & 3 \end{pmatrix}$의 제2행의 성분이 모두 0이므로 정리 A.4-1의 성질 (1)에 의해 $\det(A)=0$이다.

정리 A.4-2

행렬 $A\in M_{n\times n}(\mathbb{R})$에 대해 다음이 성립한다.

(1) A의 i번째 행(열)에 실수 a를 곱한 행을 i행으로 갖고, 다른 모든 성분은 A의 성분과 같은 행렬을 B라고 하면 $\det(B)=a\det(A)$이다.

(2) 행렬 C의 i번째 행(열)을 제외한 모든 성분은 A의 성분과 같고, 행렬 D의 i번째 행(열)은 행렬 A와 C의 i번째 행(열)을 더한 행과 같으며 i번째 행(열)을 제외한 모든 성분은 행렬 A의 성분과 같다면 $\det(D)=\det(A)+\det(C)$이다.

(3) A의 i번째 행(열)에 실수 a를 곱하여 j번째 행(열)에 더한 행을 j행으로 갖고 다른 모든 성분은 A의 성분과 같은 행렬을 E라고 하면 $\det(E)=\det(A)$이다.

증명 여기서는 (1)을 증명하고 나머지는 연습 문제로 남긴다.

(1) 행렬 B의 행렬식을 제i행에 대해 전개하면 다음과 같다.

$$\det(B)=\sum_{k=1}^{n} aa_{ik}A_{ik}=a\sum_{k=1}^{n} a_{ik}A_{ik}=a\det(A)$$ ▮

예제 A.4-4 행렬 A와 B가 각각 다음과 같다고 하자.

$$A=\begin{pmatrix} 5 & 1 & -2 \\ 0 & -9 & 12 \\ -25 & -5 & 10 \end{pmatrix},\quad B=\begin{pmatrix} 5 & 1 & -2 \\ 0 & -9 & 12 \\ 5 & 1 & -2 \end{pmatrix}$$

행렬 A의 세 번째 행은 B의 세 번째 행에 -5를 곱한 것과 같다. 따라서 정리 A.4-2의 성질 (1)을 이용하면 $\det(A)=-5\det(B)$이다. 그런데 행렬 B의 제1행과 제3행이 같으므로 $\det(B)=0$이다. 그러므로 $\det(A)=0$이다.

두 행렬의 덧셈에 대한 행렬식은 각각의 행렬식의 합과 같지 않음을 다음 예제에서 알 수 있다.

예제 A.4-5 두 행렬 $A=\begin{pmatrix}1 & 4\\ 7 & 0\end{pmatrix}$와 $B=\begin{pmatrix}2 & 4\\ -7 & 1\end{pmatrix}$의 행렬식은 $\det(A)=-28$이고 $\det(B)=30$이다. 한편 $A+B$의 행렬식은 $\det(A+B)=3$이므로 $\det(A+B)\neq\det(A)+\det(B)$이다.

그러나 두 행렬의 곱의 행렬식에 대해서는 다음 성질이 성립한다. 정리의 증명은 연습 문제로 남긴다.

정리 A.4-3

행렬 A, $B\in M_{n\times n}(\mathbb{R})$에 대하여 다음이 성립한다.

$$\det(AB)=\det(A)\det(B)$$

정리 A.4-3을 이용하면

$$\det(AB)=\det(A)\det(B)=\det(B)\det(A)=\det(BA)$$

이므로 두 행렬식의 곱의 행렬식에 대해 다음이 성립한다.

$$\det(AB)=\det(BA)$$

정리 A.4-4

가역 행렬 $A\in M_{n\times n}(\mathbb{R})$에 대하여 다음이 성립한다.

$$\det(A^{-1})=\frac{1}{\det(A)}$$

증명 정리 A.4-3를 이용하면 다음이 성립한다.

$$\det(A)\det(A^{-1})=\det(AA^{-1})=\det(I_n)=1$$

따라서 $\det(A)\neq 0$이므로 $\det(A^{-1})=\dfrac{1}{\det(A)}$이다. ∎

정사각 행렬 $A=(a_{ij})_{n\times n}$에 대해 다음 행렬 $\mathrm{cof}(A)$을 A의 여인수 행렬(cofactor matrix)이라고 한다.

$$\mathrm{cof}(A)=\begin{pmatrix} A_{11} & A_{12} & \cdots & A_{1n} \\ A_{21} & A_{22} & \cdots & A_{2n} \\ \vdots & \vdots & \ddots & \vdots \\ A_{n1} & A_{n2} & \cdots & A_{nn} \end{pmatrix}$$

또한 다음 행렬 $\mathrm{adj}(A)=\mathrm{cof}(A)^T$를 행렬 A의 수반 행렬(adjoint matrix)이라 한다.

$$\mathrm{adj}(A)=\begin{pmatrix} A_{11} & A_{21} & \cdots & A_{n1} \\ A_{12} & A_{22} & \cdots & A_{n2} \\ \vdots & \vdots & \ddots & \vdots \\ A_{1n} & A_{2n} & \cdots & A_{nn} \end{pmatrix}$$

예제 A.4-6 행렬 $A=\begin{pmatrix} 10 & 3 \\ -1 & 1 \end{pmatrix}$에 대해 $\mathrm{adj}(A)$를 찾아라.

풀이 행렬 A의 각 성분의 여인수는

$$A_{11}=1,\ A_{12}=1,\ A_{21}=-3,\ A_{22}=10$$

이므로 $\mathrm{adj}(A)=\begin{pmatrix} 1 & -3 \\ 1 & 10 \end{pmatrix}$이다. ∎

정사각 행렬에 대해 다음 성질이 성립한다. 이에 대한 증명은 연습 문제로 남긴다.

정리 A.4-5

행렬 $A\in M_{n\times n}(\mathbb{R})$에 대하여 다음이 성립한다.

$$A\,\mathrm{adj}(A)=\det(A)I_n$$

만일 $\det(A)\neq 0$이라면 정리 A.4-5로부터 행렬 A는 가역 행렬이고 역 행렬 A^{-1}은 다음과 같이 찾을 수 있다.

$$A^{-1}=\frac{1}{\det(A)}\mathrm{adj}(A)$$

따라서 다음 성질을 증명할 수 있다.

정리 A.4-6

행렬 $A \in M_{n\times n}(\mathbb{R})$가 가역 행렬이기 위한 필요 충분 조건은 $\det(A) \neq 0$이다.

이와 같은 성질을 이용하여 주어진 행렬 $A \in M_{n\times n}(\mathbb{R})$가 가역 행렬인지 판정하고 역행렬을 구체적으로 찾을 수 있다.

예제 A.4-7 행렬 $A = \begin{pmatrix} 10 & 3 \\ -1 & 1 \end{pmatrix}$의 역 행렬을 찾아라.

풀이 $\det(A) = 13 \neq 0$이므로 A는 가역 행렬이고, A의 역 행렬은 다음과 같다.

$$A^{-1} = \frac{1}{\det(A)}\operatorname{adj}(A) = \frac{1}{13}\begin{pmatrix} 1 & -3 \\ 1 & 10 \end{pmatrix}$$ ∎

연습 문제 A

Exercises

1. 행렬 $A = \begin{pmatrix} 3 & 10 \\ -6 & 2 \end{pmatrix}$, $B = \begin{pmatrix} 1 & 0 \\ 0 & 5 \end{pmatrix}$에 대하여 $2A + B$, AB를 찾아라.

2. 행렬 $A = \begin{pmatrix} 10 & 1 & 2 \\ 8 & 5 & 0 \\ 3 & 0 & 20 \end{pmatrix}$, $B = \begin{pmatrix} 0 & 1 & 3 \\ 2 & 0 & 2 \\ 0 & 1 & 7 \end{pmatrix}$에 대하여 $A - 3B$, AB를 찾아라.

3. 정리 A.2-1과 정리 A.2-2를 증명하라.

4. 행렬 $A = \begin{pmatrix} 2 & 4 & 3 \\ 0 & 1 & -1 \\ 3 & 5 & 7 \end{pmatrix}$에 대하여 $\operatorname{adj}(A)$을 찾고, A가 가역 행렬임을 증명하라.

5. 행렬 $A = \begin{pmatrix} 1 & 0 \\ 5 & 1 \end{pmatrix}$에 대하여 A^n $(n \geq 1)$을 찾아라.

6. 정리 A.3-2를 증명하라.

7. 행렬 $A \in M_{n\times n}(\mathbb{R})$가 가역 행렬일 때 두 행렬 B, $C \in M_{n\times n}(\mathbb{R})$에 대해 $AB = AC$이면 $B = C$가 성립함을 증명하라.

8. 행렬 $A=\begin{pmatrix} 0 & 12 & 11 \\ -2 & 6 & 87 \\ 2 & 0 & 9 \end{pmatrix}$의 전치 행렬을 찾아라.

9. 행렬 $A \in M_{n \times n}(\mathbb{R})$가 가역 행렬일 때 다음을 증명하라.

(1) A^T는 가역 행렬이다.

(2) $(A^T)^{-1}=(A^{-1})^T$

9. 행렬 $A=(a_{ij})_{n \times n}$에 대해 A의 대각합(trace)을 $\operatorname{tr}(A)=\sum_{i=1}^{n} a_{ii}$으로 정의한다. 행렬 $A=(a_{ij})_{n \times n}$, $B=(b_{ij})_{n \times n}$와 스칼라 a에 대해 다음이 성립함을 보여라.

(1) $\operatorname{tr}(aA)=a\operatorname{tr}(A)$

(2) $\operatorname{tr}(A+B)=\operatorname{tr}(A)+\operatorname{tr}(B)$

(3) $\operatorname{tr}(A^T)=\operatorname{tr}(A)$

(4) $\operatorname{tr}(AB)=\operatorname{tr}(BA)$

(5) $\operatorname{tr}(AB) \neq \operatorname{tr}(A)\operatorname{tr}(B)$

10. 행렬 $A=\begin{pmatrix} 1 & 0 & 8 \\ 0 & 8 & -25 \\ -1 & -25 & 12 \end{pmatrix}$의 대각합을 찾아라.

11. $\mathbf{u}=(a_1,\ a_2,\ a_3)$, $\mathbf{v}=(b_1,\ b_2,\ b_3)$, $\mathbf{w}=(c_1,\ c_2,\ c_3)$일 때, 행렬 $A=\begin{pmatrix} a_1 & a_2 & a_3 \\ b_1 & b_2 & b_3 \\ c_1 & c_2 & c_3 \end{pmatrix}$에 대하여 다음이 성립함을 증명하라.

$$\det(A)=(\mathbf{v}\times\mathbf{w})\cdot\mathbf{u}=(\mathbf{u}\times\mathbf{v})\cdot\mathbf{w}=(\mathbf{w}\times\mathbf{u})\cdot\mathbf{v}$$

12. (Cramer's rule) 일차 연립 방정식

$$\begin{aligned} a_{11}x_1+a_{12}x_2+a_{13}x_3&=b_1 \\ a_{21}x_1+a_{22}x_2+a_{23}x_3&=b_2 \\ a_{31}x_1+a_{32}x_2+a_{33}x_3&=b_3 \end{aligned}$$

에 대해 행렬 $A=(a_{ij})_{3\times 3}$가 가역 행렬이면 연립 방정식의 해 $x_1,\ x_2,\ x_3$를 다음과 같이 구할 수 있음을 증명하라(단, H_i는 행렬 A의 i번째 열을 $B=(b_1,\ b_2,\ b_3)^T$로 대체한 행렬이다).

$$x_i=\frac{\det(H_i)}{\det(A)} \quad (i=1,\ 2,\ 3)$$

13. 정리 A.4-1과 정리 A.4-2를 증명하라.

14. 정리 A.4-5와 정리 A.4-6을 증명하라.

15. 행렬 $A_i \in M_{n\times n}(\mathbb{R})$, $i=1, 2, \cdots, m$에 대해 다음이 성립함을 증명하라.

$$(A_1A_2 \cdots A_m)^T = A_m^T \cdots A_2^T A_1^T$$

16. 행렬 $A_i \in M_{n\times n}(\mathbb{R})$, $i=1, 2, \cdots, m$이 모두 가역 행렬일 때 다음이 성립함을 증명하라.

$$(A_1A_2 \cdots A_m)^{-1} = A_m^{-1} \cdots A_2^{-1} A_1^{-1}$$

부록 B 수학 공식과 평면 곡선

여기에 자주 쓰이는 간단한 도형의 넓이와 부피, 역삼각 함수와 쌍곡선 함수, 함수의 부정 적분과 정 적분 등에 관한 여러 가지 공식과 간단한 평면 곡선 몇 가지를 모았다. 더 다양한 수학 공식과 표 및 평면 곡선에 관한 것은, 예를 들어 다음과 같은 책들을 참고하라.

- M. Abramowitz & I. Stegun, “Handbook of Mathematical Functions with Formulas, Graphs, and Mathematical Table”, Dover Publications, Tenth Printing, 1972.
- Murray Spiegel, “Mathematical Handbook of Formulas and Tables”, in Schaum’s Outline Series, McGraw-Hill, NY, Fourth Edition, 2012.
- D. Zwillinger, “CRC Standard Mathematical Tables and Formulae”, Chapman & Hall/CRC, 33rd Edition, 2018.
- P. I. Kattan, “Math Formulas and Equations for students: 350 Essential and Mathematical Formulas and Equations”, Kattan, 2023.

특히 평면 곡선과 공간 곡선에 관한 것은 다음 인터넷 웹페이지를 참고하라.

- http://mathworld.wolfram.com/topics/Curves.html

B.1 넓이, 부피, 삼각 함수, 쌍곡선 함수

기하

아래에서 r은 원 또는 구의 반지름, h는 높이, l은 빗변 또는 모선의 길이, b는 밑변의 길이, B는 밑면의 넓이, θ는 호도법으로 나타낸 각도이다. 그리고 A는 넓이 또는 겉넓이, V는 부피를 나타낸다.

1. 삼각형 : $A = \frac{1}{2}bh$

2. 직사각형 : $A = bh$, (대각선의 길이)$= \sqrt{b^2 + h^2}$

3. 사다리꼴 : $A = \frac{1}{2}h(b_1 + b_2)$ (b_1과 b_2는 각각 밑변과 윗변의 길이)

4. 원 : $A = \pi r^2$, (호의 길이)$= r\theta$, (원주의 길이)$= 2\pi r$

5. 부채꼴 : $A = \frac{1}{2}r^2\theta$

6. 활꼴 : $A = \frac{1}{2}r^2(\theta - \sin\theta)$

7. 직육면체 : $V = abc$, (대각선의 길이)$= \sqrt{a^2 + b^2 + c^2}$
   (a, b, c는 각각 세 변의 길이)

8. 각기둥 : $V = Bh$

9. 각뿔 : $V = \frac{1}{3}Bh$

10. 원기둥 : $A = 2\pi rh + 2\pi r^2$, $V = \pi r^2 h$

11. 원뿔 : $A = \pi rl + \pi r^2$, $V = \frac{1}{3}\pi r^2 h$

12. 구 : $A = 4\pi r^2$, $V = \frac{4}{3}\pi r^3$

13. 각뿔대 : $V = \frac{1}{3}h(B_1 + B_2 + \sqrt{B_1B_2})$ (B_1과 B_2는 각각 밑면과 윗면의 넓이)

14. 원뿔대 : $A = \pi l(r_1 + r_2) + \pi r_1^2 + \pi r_2^2$, $V = \frac{1}{3}\pi h(r_1^2 + r_2^2 + \sqrt{r_1r_2})$
    (r_1과 r_2는 각각 밑면과 윗면의 원의 반지름)

대수

1. 이차 방정식의 근의 공식 : $ax^2 + bx + c = 0$ $(a \neq 0)$에 대해

$$x = \frac{-b \pm \sqrt{b^2 - 4ac}}{2a}$$

2. 로그의 성질 : $a > 0$와 $b > 0$에 대해

   (1) $\ln(ab) = \ln a + \ln b$

   (2) $\ln\frac{a}{b} = \ln a - \ln b$

   (3) $\ln a^n = n\ln a$

   (4) $\ln\sqrt[n]{a} = \frac{1}{n}\ln a$

   (5) $\log_a b = \frac{\ln b}{\ln a}$ $(a \neq 1)$

   (6) $\ln 1 = 0$

3. 계승 : $n! = 1 \cdot 2 \cdots (n-1) \cdot n$, $(n \in \mathbb{N})$, $0! = 1$

4. 이항 전개 :

$$(a+b)^n = a^n + \binom{n}{1}a^{n-1}b + \cdots + \binom{n}{k}a^{n-k}b^k + \cdots + b^n,\ \binom{n}{k} = \frac{n!}{k!(n-k)!}$$

5. 다항 전개 :

$$(x_1 + x_2 + \cdots + x_p)^n = \sum_{n_1+n_2+\cdots+n_p=n} \frac{n!}{n_1!n_2!\cdots n_p!} x_1^{n_1} x_2^{n_2} \cdots x_p^{n_p}$$

여기서 $\sum_{n_1+n_2+\cdots+n_p=n}$ 은 $n_1 + n_2 + \cdots + n_p = n$을 만족시키는 음이 아닌 정수의 조합 $n_1,\ n_2,\ \cdots,\ n_p$의 모든 경우에 대한 합을 나타낸다.

6. 등차 수열 : 첫째 항이 a_1이고 공차가 d인 수열 $\langle a_n \rangle$

$$a_n = a_1 + (n-1)d,\ S_n = a_1 + \cdots + a_n = \frac{1}{2}n(a_1 + a_n) = \frac{1}{2}n\{2a_1 + (n-1)d\}$$

7. 등비 수열 : 첫째 항이 a_1이고 공비가 r인 수열 $\langle a_n \rangle$

(a) $a_n = a_1 r^{n-1},\ S_n = a_1 + \cdots + a_n = a_1 \dfrac{1-r^n}{1-r} = \dfrac{a_1 - ra_n}{1-r}$

(b) $S = a_1 + a_2 + \cdots + a_n + \cdots = \dfrac{a_1}{1-r} \quad (|r| < 1)$

삼각법과 삼각 함수

1. 호도(rad)와 도(°) : $1° = (\pi/180)\,\text{rad},\ 1\text{rad} = (180/\pi)°$

2. 특수각에 대한 삼각 함수의 값 :

각(rad)	sin	cos	tan	cot	sec	csc	각(°)
0	0	1	0	$\mp\infty$	1	$\mp\infty$	$0°$
$\pi/6$	$1/2$	$\sqrt{3}/2$	$\sqrt{3}/3$	$\sqrt{3}$	$2\sqrt{3}/3$	2	$30°$
$\pi/4$	$\sqrt{2}/2$	$\sqrt{2}/2$	1	1	$\sqrt{2}$	$\sqrt{2}$	$45°$
$\pi/3$	$\sqrt{3}/2$	$1/2$	$\sqrt{3}$	$\sqrt{3}/3$	2	$2\sqrt{3}/3$	$60°$
$\pi/2$	1	0	$\pm\infty$	0	$\pm\infty$	1	$90°$
π	0	-1	0	$\mp\infty$	-1	$\pm\infty$	$180°$
$3\pi/2$	-1	0	$\pm\infty$	0	$\mp\infty$	-1	$270°$
2π	0	1	0	$\mp\infty$	1	$\mp\infty$	$360°$

3. 항등식 :

$$\csc x = \frac{1}{\sin x}, \qquad \sec x = \frac{1}{\cos x}, \qquad \cot x = \frac{1}{\tan x},$$

$$\tan x = \frac{\sin x}{\cos x}, \qquad \cot x = \frac{\cos x}{\sin x}, \qquad \sin^2 x + \cos^2 x = 1,$$

$$1 + \tan^2 x = \sec^2 x, \qquad 1 + \cot^2 x = \csc^2 x$$

4. 환원 관계 :

$$\sin(-x) = -\sin x, \qquad \sin\left(\frac{1}{2}\pi \pm x\right) = \cos x, \qquad \sin(\pi \pm x) = \mp \sin x,$$

$$\cos(-x) = \cos x, \qquad \cos\left(\frac{1}{2}\pi \pm x\right) = \mp \sin x, \qquad \cos(\pi \pm x) = -\cos x,$$

$$\tan(-x) = -\tan x, \qquad \tan\left(\frac{1}{2}\pi \pm \pi\right) = \mp \cot x, \qquad \tan(\pi \pm x) = \pm \tan x$$

5. 삼각 함수의 덧셈 공식 :

$$\sin(x \pm y) = \sin x \cos x \pm \cos x \sin y,$$

$$\cos(x \pm y) = \cos x \cos y \mp \sin x \sin y,$$

$$\tan(x \pm y) = \frac{\tan x \pm \tan y}{1 \mp \tan x \tan y}$$

6. 배각 공식 :

$$\sin 2x = 2\sin x \cos x, \quad \cos 2x = \cos^2 x - \sin^2 x, \quad \tan 2x = \frac{2\tan x}{1 - \tan^2 x}$$

7. 반각 공식 :

$$\sin\frac{x}{2} = \pm\sqrt{\frac{1-\cos x}{2}}, \quad \cos\frac{x}{2} = \pm\sqrt{\frac{1+\cos x}{2}},$$

$$\tan\frac{x}{2} = \pm\sqrt{\frac{1-\cos x}{1+\cos x}} = \frac{1-\cos x}{\sin x} = \frac{\sin x}{1+\cos x}$$

8. 삼배각 공식 :

$$\sin 3x = 3\sin x - 4\sin^3 x, \quad \cos 3x = 4\cos^3 x - 3\cos x,$$

$$\tan 3x = \frac{3\tan x - \tan^3 x}{1 - 3\tan^2 x}$$

9. n배각 공식 :

$$\sin nx = \sin x\left\{(2\cos x)^{n-1} - \binom{n-2}{1}(2\cos x)^{n-3} + \binom{n-3}{2}(2\cos x)^{n-5} - \cdots\right\},$$

$$\cos nx = \frac{1}{2}\left\{(2\cos x)^n - n(2\cos x)^{n-2} + \frac{n}{2}\binom{n-3}{1}(2\cos x)^{n-4}\right.$$

$$\left. - \frac{n}{3}\binom{n-4}{2}(2\cos x)^{n-6} + \cdots\right\}$$

10. 합 또는 차를 곱으로 고치는 공식 :

$$\sin x + \sin y = 2\sin\left(\frac{x+y}{2}\right)\cos\left(\frac{x-y}{2}\right),$$

$$\sin x - \sin y = 2\cos\left(\frac{x+y}{2}\right)\sin\left(\frac{x-y}{2}\right),$$

$$\cos x + \cos y = 2\cos\left(\frac{x+y}{2}\right)\cos\left(\frac{x-y}{2}\right),$$

$$\cos x - \cos y = 2\sin\left(\frac{x+y}{2}\right)\sin\left(\frac{y-x}{2}\right)$$

11. 곱을 합 또는 차로 고치는 공식 :

$$\sin x \cos y = \frac{1}{2}\{\sin(x-y) + \sin(x+y)\},$$

$$\cos x \cos y = \frac{1}{2}\{\cos(x-y) + \cos(x+y)\},$$

$$\sin x \sin y = \frac{1}{2}\{\cos(x-y) - \cos(x+y)\}$$

12. 삼각 함수와 역삼각 함수 :

$$y = \sin x \ \left(-\frac{\pi}{2} \le x \le \frac{\pi}{2}\right) \Leftrightarrow y = \sin^{-1} x \ (-1 \le x \le 1)$$

$$y = \cos x \ (0 \le x \le \pi) \Leftrightarrow y = \cos^{-1} x \ (-1 \le x \le 1)$$

$$y = \tan x \ \left(-\frac{\pi}{2} < x < \frac{\pi}{2}\right) \Leftrightarrow y = \tan^{-1} x \ (-\infty < x < \infty)$$

$$y = \cot x \ (0 < x < \pi) \Leftrightarrow y = \cot^{-1} x \ (-\infty < x < \infty)$$

$$y = \sec x \ \left(-\pi \le x < -\frac{\pi}{2},\ 0 \le x < \frac{\pi}{2}\right) \Leftrightarrow y = \sec^{-1} x \ (x \le -1,\ x \ge 1)$$

$$y = \csc x \ \left(-\pi < x \le -\frac{\pi}{2},\ 0 < x \le \frac{\pi}{2}\right) \Leftrightarrow y = \csc^{-1} x \ (x \le -1,\ x \ge 1)$$

13. 역삼각 함수의 성질 : 각 역 함수의 정의역에 속한 $x > 0$와 $y > 0$에 대해

$$\sin^{-1}(-x) = -\sin^{-1} x, \qquad \cot^{-1}(-x) = \pi - \tan^{-1}\left(\frac{1}{x}\right),$$

$$\cos^{-1}(-x) = \pi - \cos^{-1} x, \qquad \sec^{-1}(-x) = \cos^{-1}\left(\frac{1}{x}\right) - \pi,$$

$$\tan^{-1}(-x) = -\tan^{-1} x, \qquad \csc^{-1}(-x) = \sin^{-1}\left(\frac{1}{x}\right) - \pi,$$

$$\sin^{-1} x = \cos^{-1}\sqrt{1-x^2}, \qquad \cos^{-1} x = \sin^{-1}\sqrt{1-x^2},$$

$$\sin^{-1} x - \sin^{-1} y = \sin^{-1}\left(x\sqrt{1-y^2} - y\sqrt{1-x^2}\right),$$

$$\tan^{-1}x - \tan^{-1}y = \tan^{-1}\frac{x-y}{1+xy},$$

$$\cos^{-1}x + \cos^{-1}y = \begin{cases} \cos^{-1}\{xy - \sqrt{(1-x^2)(1-y^2)}\} & (x^2+y^2>1) \\ \dfrac{\pi}{2} & (x^2+y^2=1) \\ \pi - \cos^{-1}\{\sqrt{(1-x^2)(1-y^2)} - xy\} & (x^2+y^2<1) \end{cases}$$

$$\tan^{-1}x + \tan^{-1}y = \begin{cases} \tan^{-1}\dfrac{x+y}{1-xy} & (xy<1) \\ \dfrac{\pi}{2} & (x=y) \\ \pi - \tan^{-1}\dfrac{x+y}{xy-1} & (xy>1) \end{cases}$$

14. 역삼각 함수의 도함수 :

$$\frac{d}{dx}\sin^{-1}x = \frac{1}{\sqrt{1-x^2}}, \qquad \frac{d}{dx}\cos^{-1}x = \frac{-1}{\sqrt{1-x^2}},$$

$$\frac{d}{dx}\tan^{-1}x = \frac{1}{1+x^2}, \qquad \frac{d}{dx}\cot^{-1}x = \frac{-1}{1+x^2},$$

$$\frac{d}{dx}\sec^{-1}x = \frac{1}{x\sqrt{x^2-1}}, \qquad \frac{d}{dx}\csc^{-1}x = \frac{-1}{x\sqrt{x^2-1}}$$

15. 삼각형과 삼각 함수 : 각 변의 길이 a, b, c; 각 변의 대각 A, B, C; $s=\frac{1}{2}(a+b+c)$; 외접원의 반지름 R; 내접원의 반지름 r; 삼각형의 넓이 S

사인 법칙 : $\dfrac{a}{\sin A} = \dfrac{b}{\sin B} = \dfrac{c}{\sin C} = 2R$

제 1 코사인 법칙 : $a = b\cos C + c\cos B$

제 2 코사인 법칙 : $a^2 = b^2 + c^2 - 2bc\cos A$

탄젠트 법칙 : $\dfrac{a+b}{a-b} = \dfrac{\tan\dfrac{A+B}{2}}{\tan\dfrac{A-B}{2}}$

$$\sin A = \frac{2}{bc}\sqrt{s(s-a)(s-b)(s-c)}$$

$$R = \frac{1}{4}abc\sqrt{s(s-a)(s-b)(s-c)}, \qquad r = \sqrt{\frac{(s-a)(s-b)(s-c)}{s}}$$

$$S = \frac{1}{2}bc\sin A = \sqrt{s(s-a)(s-b)(s-c)} = \frac{a^2\sin B\sin C}{2\sin(B+C)}$$

쌍곡선 함수

1. 쌍곡선 함수의 정의 :

$$\sinh x = \frac{e^x - e^{-x}}{2}, \quad \cosh x = \frac{e^x + e^{-x}}{2}, \quad \tanh x = \frac{e^x - e^{-x}}{e^x + e^{-x}},$$

$$\operatorname{csch} x = \frac{2}{e^x - e^{-x}}, \quad \operatorname{sech} x = \frac{2}{e^x + e^{-x}}, \quad \coth x = \frac{e^x + e^{-x}}{e^x - e^{-x}}$$

2. 쌍곡선 함수의 항등식 :

$$\operatorname{csch} x = \frac{1}{\sinh x}, \qquad \operatorname{sech} x = \frac{1}{\cosh x}, \qquad \coth x = \frac{1}{\tanh x},$$

$$\cosh^2 x - \sinh^2 x = 1, \quad 1 - \tanh^2 x = \operatorname{sech}^2 x, \quad \coth^2 x - 1 = \operatorname{csch}^2 x$$

3. 쌍곡선 함수의 성질 :

$$\sinh(-x) = -\sinh x, \quad \cosh(-x) = \cosh x, \quad \tanh(-x) = -\tanh x,$$
$$\operatorname{csch}(-x) = -\operatorname{csch} x, \quad \operatorname{sech}(-x) = \operatorname{sech} x, \quad \coth(-x) = -\coth x$$

4. 쌍곡선 함수의 덧셈 공식 :

$$\sinh(x \pm y) = \sinh x \cosh y \pm \cosh x \sinh y,$$

$$\cosh(x \pm y) = \cosh x \cosh y \pm \sinh x \sinh y,$$

$$\tanh(x \pm y) = \frac{\tanh x \pm \tanh y}{1 \pm \tanh x \tanh y},$$

$$\coth(x \pm y) = \frac{1 \pm \coth x \coth y}{\coth y \pm \coth x}$$

5. 쌍곡선 함수의 배각 공식 :

$$\sinh 2x = 2\sinh x \cosh y,$$

$$\cosh 2x = \cosh^2 x + \sinh^2 x,$$

$$\tanh 2x = \frac{2\tanh x}{1 + \tanh^2 x}$$

6. 쌍곡선 함수의 반각 공식 :

$$\sinh \frac{x}{2} = \pm\sqrt{\frac{\cosh x - 1}{2}} \quad (x > 0\text{이면 } +,\ x < 0\text{이면 } -),$$

$$\cosh \frac{x}{2} = \sqrt{\frac{\cosh x + 1}{2}},$$

$$\tanh \frac{x}{2} = \pm\sqrt{\frac{\cosh x - 1}{\cosh x + 1}} \quad (x > 0\text{이면 } +,\ x < 0\text{이면 } -)$$

$$= \frac{\cosh x - 1}{\sinh x} = \frac{\sinh x}{\cosh x + 1}$$

7. 쌍곡선 함수의 삼배각 공식 :

$$\sinh 3x = 3\sinh x + 4\sinh^3 x,$$

$$\cosh 3x = 4\cosh^3 x - 3\cosh x,$$

$$\tanh 3x = \frac{3\tanh x + \tanh^3 x}{1 + 3\tanh^2 x}$$

8. 쌍곡선 함수의 합의 공식 :

$$\sinh x + \sinh y = 2\sinh\left(\frac{x+y}{2}\right)\cosh\left(\frac{x-y}{2}\right),$$

$$\sinh x - \sinh y = 2\cosh\left(\frac{x+y}{2}\right)\sinh\left(\frac{x-y}{2}\right),$$

$$\cosh x + \cosh y = 2\cosh\left(\frac{x+y}{2}\right)\cosh\left(\frac{x-y}{2}\right),$$

$$\cosh x - \cosh y = 2\sinh\left(\frac{x+y}{2}\right)\sinh\left(\frac{x-y}{2}\right)$$

9. 쌍곡선 함수의 곱의 공식 :

$$\sinh x \cosh y = \frac{1}{2}\{\sinh(x+y) + \sinh(x-y)\},$$

$$\cosh x \cosh y = \frac{1}{2}\{\cosh(x+y) + \cosh(x-y)\},$$

$$\sinh x \sinh y = \frac{1}{2}\{(\cosh(x+y) - \cosh(x-y)\}$$

10. 역쌍곡선 함수 :

$$\sinh^{-1} x = \ln(x + \sqrt{x^2+1}) \qquad (-\infty < x < \infty)$$

$$\cosh^{-1} x = \ln(x + \sqrt{x^2-1}) \qquad (x \geq 1)$$

$$\tanh^{-1} x = \frac{1}{2}\ln\left(\frac{1+x}{1-x}\right) \qquad (-1 < x < 1)$$

$$\coth^{-1} x = \frac{1}{2}\ln\left(\frac{x+1}{x-1}\right) \qquad (|x| > 1)$$

$$\operatorname{sech}^{-1} x = \ln\left(\frac{1+\sqrt{1-x^2}}{x}\right) \qquad (0 < x \leq 1)$$

$$\operatorname{csch}^{-1} x = \ln\left(\frac{1}{x} + \frac{\sqrt{1+x^2}}{|x|}\right) \qquad (x \neq 0)$$

11. 역쌍곡선 함수의 성질 :

$$\operatorname{csch}^{-1} x = \sinh^{-1}\left(\frac{1}{x}\right)\ (x \neq 0), \quad \operatorname{sech}^{-1} x = \cosh^{-1}\left(\frac{1}{x}\right)\ (0 < x \leq 1),$$

$$\coth^{-1}x = \tanh^{-1}\left(\frac{1}{x}\right) \quad (|x| > 1),$$

$$\sinh^{-1}(-x) = -\sinh^{-1}x, \quad \tanh^{-1}(-x) = -\tanh^{-1}x,$$

$$\coth^{-1}(-x) = -\coth^{-1}x, \quad \operatorname{csch}^{-1}(-x) = -\operatorname{csch}^{-1}x$$

12. 역쌍곡선 함수의 도함수 :

$$\frac{d\sinh^{-1}x}{dx} = \frac{1}{\sqrt{x^2+1}} \quad (x \in \mathbb{R}), \qquad \frac{d\cosh^{-1}x}{dx} = \frac{1}{\sqrt{x^2-1}} \quad (x > 1),$$

$$\frac{d\tanh^{-1}x}{dx} = \frac{1}{1-x^2} \quad (|x| < 1), \qquad \frac{d\coth^{-1}x}{dx} = \frac{1}{1-x^2} \quad (|x| > 1),$$

$$\frac{d\operatorname{sech}^{-1}x}{dx} = \frac{-1}{x\sqrt{1-x^2}} \quad (0 < x < 1), \qquad \frac{d\operatorname{csch}^{-1}x}{dx} = \frac{-1}{|x|\sqrt{1+x^2}} \quad (x \neq 0)$$

B.2 평면 곡선

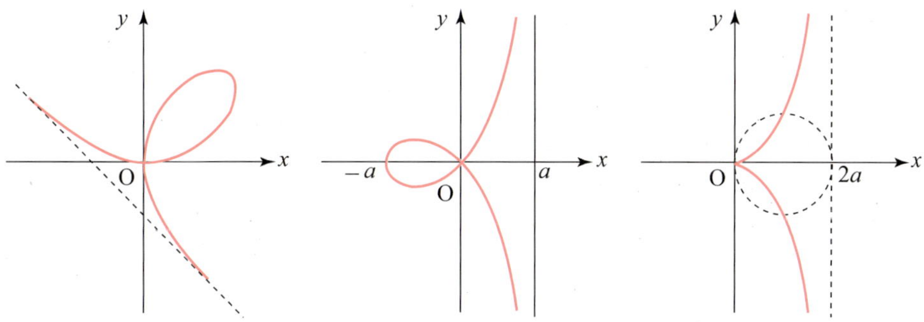

(a) 데카르트 잎사귀선 (b) 꼬인 새끼선 (c) 뾰족 질주선

‖ 그림 B.2-1 ‖ (a) 데카르트 잎사귀선(엽상 곡선, folium of descartes): $x^3 + y^3 = 3axy \ (a \neq 0)$

(b) 꼬인 새끼선(스프로포이드, strophoid): $y^2 = x^2\dfrac{a+x}{a-x} \ (a > 0)$

(c) 뾰족 질주선(디오크레스 질주선, cissoid of diocles): $y^2 = \dfrac{x^3}{2a-x} \ (a > 0)$

• 그림 B.2-1에서 두 곡선 (a)와 (c)의 매개 방정식은 각각 다음과 같다.

$$\text{(a)} \begin{cases} x = 3at/(1+t^3) \\ y = 3at^2/(1+t^3) \end{cases} \ (t \neq -1) \qquad \text{(c)} \begin{cases} x = 2a\sin^2\theta \\ y = \dfrac{2a\sin^3\theta}{\cos\theta} \end{cases} \qquad \text{(B.2-1)}$$

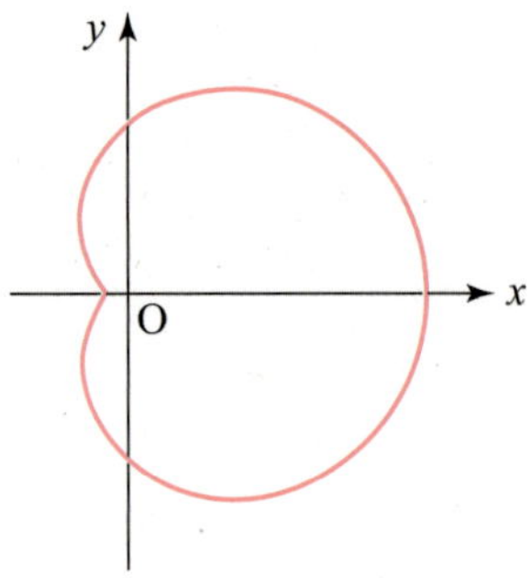

(a) $b > a$　　(b) $a = b$　　(c) $b < a$

‖ 그림 B.2-2 ‖ 파스칼의 달팽이선(limacon of Pascal): $r = b + a\cos\theta$

• 그림 B.2-2(b)의 곡선을 심장선(cardioid)이라고도 한다.

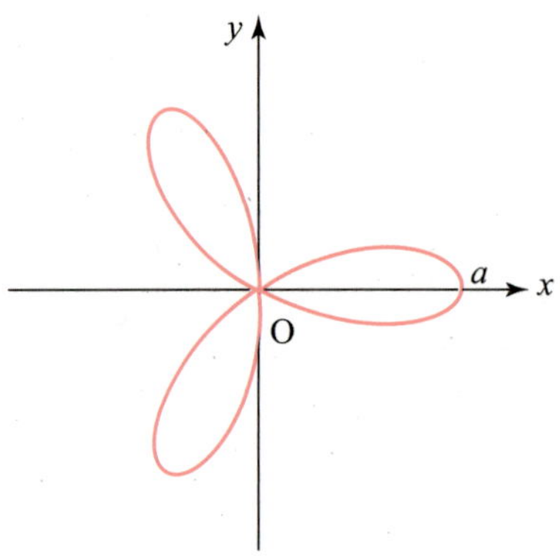

(a) $r = a\cos 3\theta$　　(b) $r = a\sin 3\theta$

‖ 그림 B.2-3 ‖ 세잎 장미선

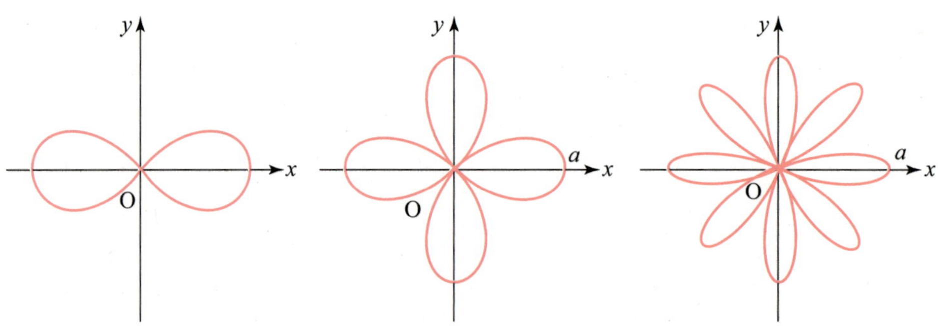

(a) 두잎선 : $r^2 = a^2\cos 2\theta$　　(b) 네잎 장미선 : $r = a\cos 2\theta$　　(c) 여덟잎 장미선 : $r = a\cos 4\theta$

‖ 그림 B.2-4 ‖ 두잎선 또는 렘니스케이트(lemniscate)와 잎이 짝수 개인 장미선

• 극 방정식 $r^2 = a^2 \sin 2\theta$, $r = a \sin 2\theta$, $r = a \sin 4\theta$가 나타내는 곡선은 그림 B.2-3에서와 같이 그림 B.2-4의 각 곡선을 시계 바늘이 도는 방향과 반대 방향으로 45° 만큼 회전한 것과 같다.
• n이 1보다 큰 홀수이면 극 방정식 $r = a \sin n\theta$와 $r = a \cos n\theta$가 나타내는 곡선은 잎이 n개인 장미선이다(그림 B.2-3 참조).
• n이 짝수이면 극 방정식 $r = a \sin n\theta$와 $r = a \cos n\theta$가 나타내는 곡선은 잎이 $2n$개인 장미선이다(그림 B.2-4(b)와 B.2-4(c) 참조).

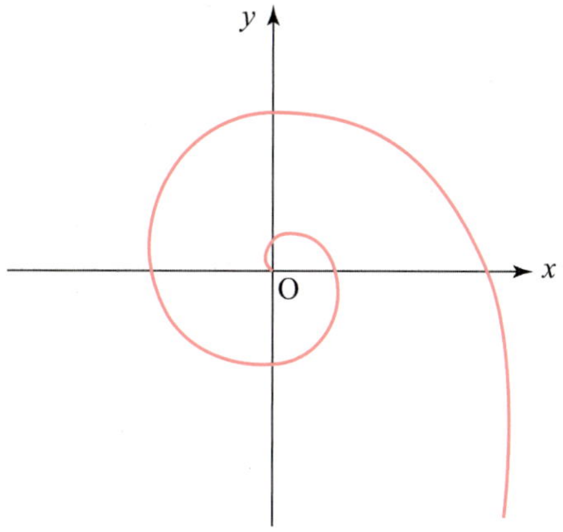

(a) 아르키메데스 소용돌이선 : $r = a\theta \ (a > 0)$

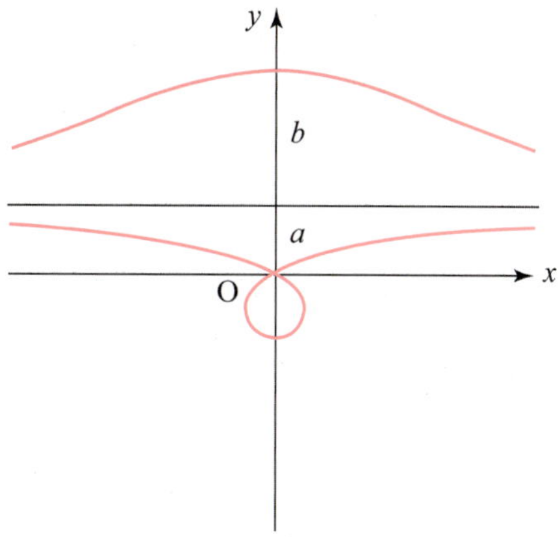

(b) 니토메데스의 소용돌이선 : $r = a \csc \theta + b \ (a < b)$

‖ 그림 B.2-5 ‖ 아르키메데스 소용돌이선(spiral of Archimedes)과 니토메데스의 소용돌이선(conchoid of Nicomedes)

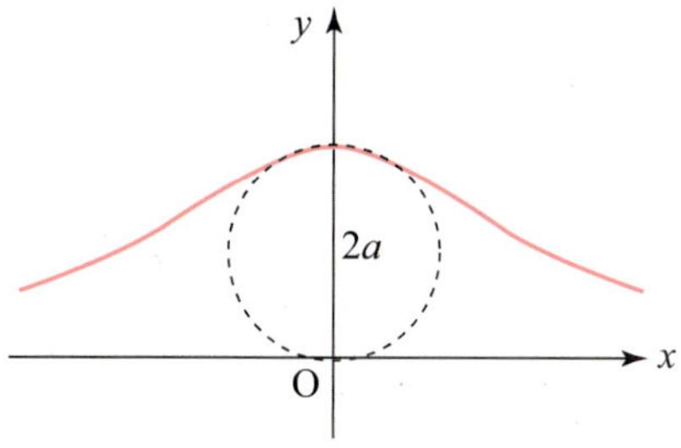

(a) 우이선 : $y = \dfrac{8a^2}{x^2 + 4a^2}$

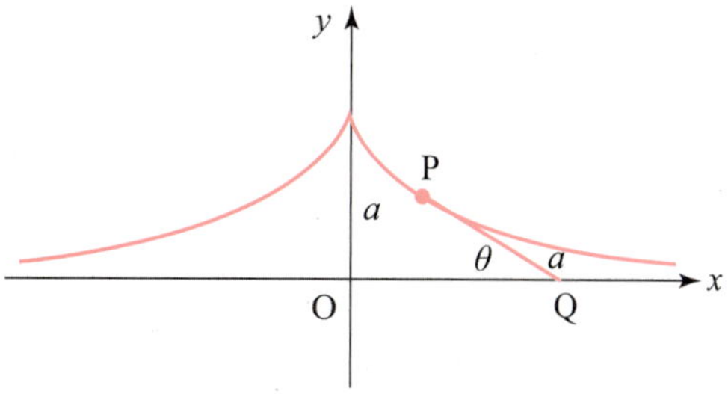

(b) 추적선 : $x = \text{sech}^{-1} \dfrac{a}{y} - \sqrt{a^2 - y^2}$

‖ 그림 B.2-6 ‖ 우이선 또는 아네시의 마녀(witch of Agnesi)와 추적선(tractrix)

• 그림 B.2-6에서 곡선 (a)와 (b)의 매개 방정식은 각각 다음과 같다.

$$\text{(a)} \ \begin{cases} x = 2a \cot \theta \\ y = a(1 - \cos 2\theta) \end{cases} \quad \text{(b)} \ \begin{cases} x = a(\ln \cot \frac{1}{2}\theta - \cos \theta) \\ y = a \sin \theta \end{cases} \tag{B.2-2}$$

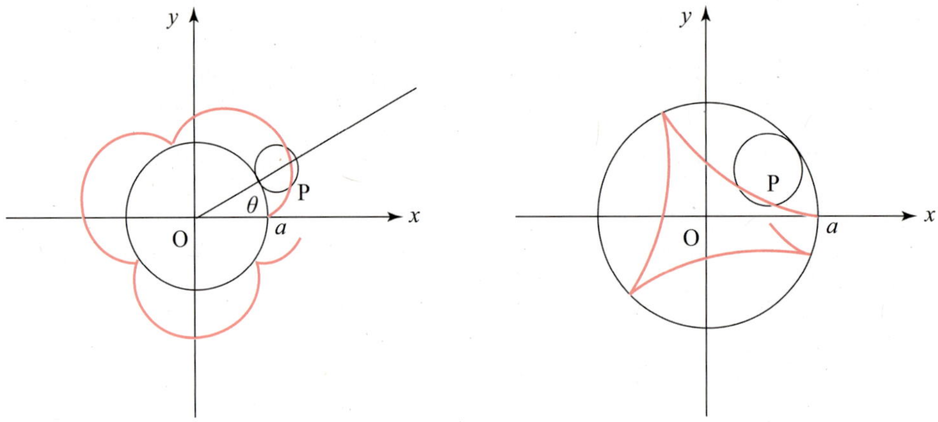

(a) 바깥쪽 굴렁쇠선 (b) 안쪽 굴렁쇠선

‖ 그림 B.2-7 ‖ 바깥쪽 굴렁쇠선(Epicycloid)과 안쪽 굴렁쇠선(hypocycloid) : 여기서 θ는 두 원의 중심을 잇는 선분이 양의 x축과 이루는 각이다.

- 반지름이 a인 원 바깥에서 원 위를 구르는 반지름이 b인 원에 있는 한 점 P가 만드는 곡선을 바깥쪽 굴렁쇠선이라고 한다(그림 B.2-7(a) 참조). 이때 바깥쪽 굴렁쇠선을 매개 방정식으로 나타내면 다음과 같다.

$$\begin{cases} x = (a+b)\cos\theta - b\cos\left(\dfrac{a+b}{b}\right)\theta \\ y = (a+b)\sin\theta - b\sin\left(\dfrac{a+b}{b}\right)\theta \end{cases} \tag{B.2-3}$$

- 반지름이 a인 원의 안쪽에 접하며 구르는 반지름이 $b(a>b)$인 원에 있는 한 점 P가 만드는 곡선을 안쪽 굴렁쇠선이라고 한다(그림 B.2-7(b) 참조). 이때 안쪽 굴렁쇠선을 매개 방정식으로 나타내면 다음과 같다.

$$\begin{cases} x = (a-b)\cos\theta + b\cos\left(\dfrac{a-b}{b}\right)\theta \\ y = (a-b)\sin\theta - b\sin\left(\dfrac{a-b}{b}\right)\theta \end{cases} \tag{B.2-4}$$

- $a=b$인 경우의 바깥쪽 굴렁쇠선은 그림 B.2-2(b)의 심장형 곡선이다.
- 그림 B.2-8의 곡선 (a)와 (b)는 안쪽 굴렁쇠선으로 매개 방정식 (B.2-3)에서 각각 $b=a/3$과 $b=a/4$의 경우에 해당한다.
- 특히 그림 B.2-8(b)의 곡선을 별모양선 또는 성망형(astroid)라고 한다. 이를 나타내는 직교 방정식은 다음과 같다.

$$x^{2/3}+y^{2/3}=a^{2/3}$$

한편, 그림 B.2-8(b)의 별모양선을 매개 방정식으로 나타내면 다음과 같다.

$$\begin{cases} x = a\cos^3\theta \\ y = a\sin^3\theta \end{cases} \tag{B.2-5}$$

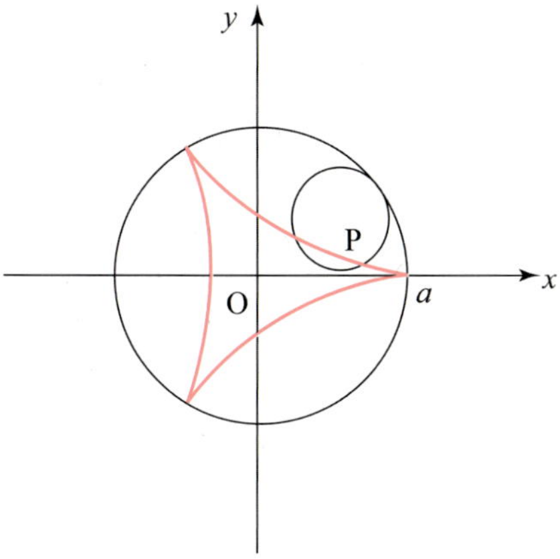

(a) $b = a/3$

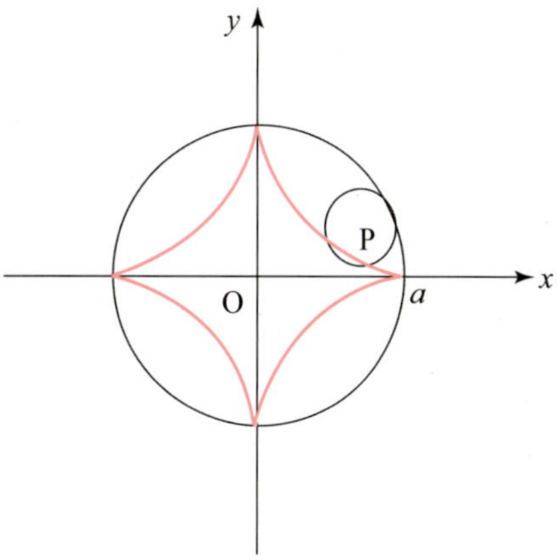

(b) 별모양선(astroid) : $b = a/4$

‖ 그림 B.2-8 ‖ 안쪽 굴렁쇠선의 특별한 경우 : (a) $b = a/3$ (b) $b = a/4$

- 일반적으로 $b = a/n$이면 첨점이 n개인 별모양선과 같은 곡선을 얻는다.
- 그림 B.2-9의 굴렁쇠선(cycloid)은 반지름이 a인 원이 직선 위를 미끄러지지 않고 구를 때 원의 중심에서 거리가 b인 점이 만드는 곡선으로 매개 방정식은 다음과 같다.

$$\begin{cases} x = a\theta - b\sin\theta \\ y = a - b\cos\theta \end{cases} \tag{B.2-6}$$

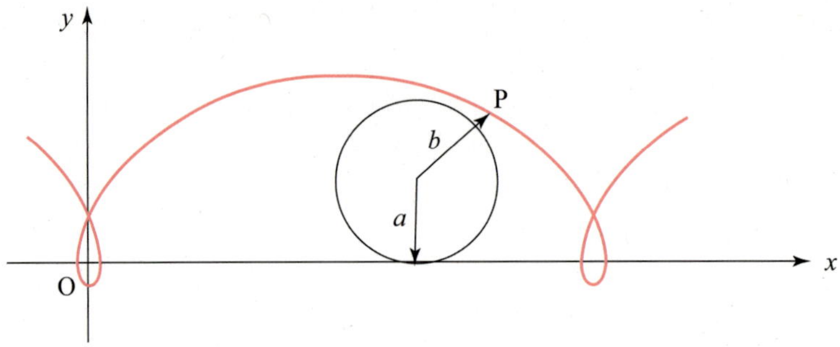

(a) 긴 굴렁쇠선(prolate cycloid) : $b > a$

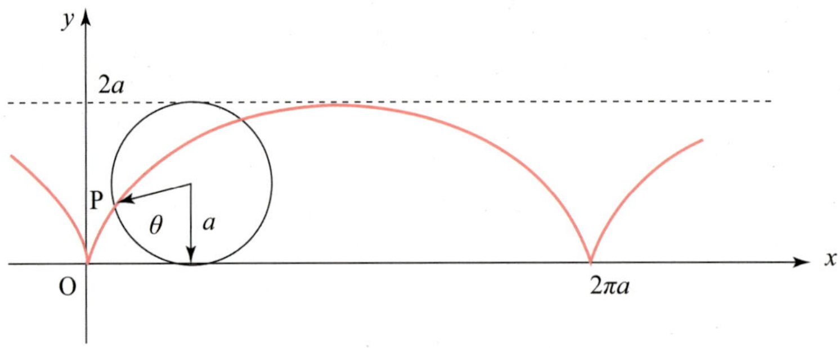

(b) 굴렁쇠선(cycloid) : $a = b$

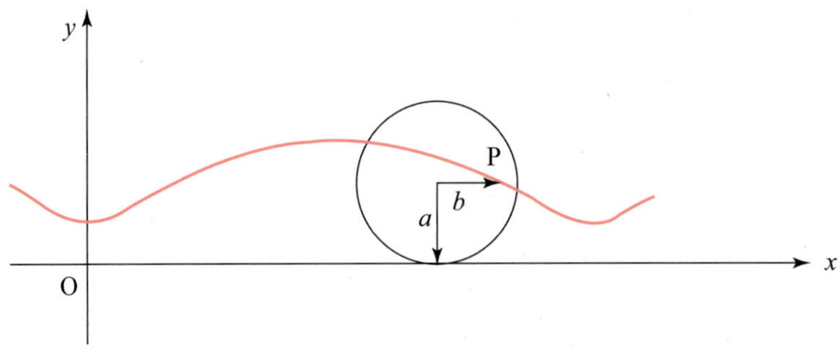

(c) 짧은 굴렁쇠선(curtate cycloid) : $b < a$

‖ 그림 B.2-9 ‖ 굴렁쇠선(cycloid)

B.3 부정 적분(적분 상수 생략)과 특이 적분

$a + bu$형

1. $\int (a+bu)^n \, du = \dfrac{(a+bu)^{n+1}}{b(n+1)} \quad (n \neq -1)$

2. $\int \dfrac{du}{a+bu} = \dfrac{1}{b} \ln(a+bu)$

3. $\displaystyle\int \frac{u\,du}{a+bu} = \frac{1}{b^2}\{(a+bu) - a\ln(a+bu)\}$

4. $\displaystyle\int \frac{u^2\,du}{a+bu} = \frac{1}{b^3}\left\{\frac{1}{2}(a+bu)^2 - 2a(a+bu)^2 - 2(a+bu) + a^2\ln(a+bu)\right\}$

5. $\displaystyle\int \frac{du}{u(a+bu)} = -\frac{1}{a}\ln\frac{a+bu}{a}$

6. $\displaystyle\int \frac{du}{u^2(a+bu)} = -\frac{1}{au} + \frac{b}{a^2}\ln\frac{a+bu}{u}$

7. $\displaystyle\int \frac{u\,du}{(a+bu)} = \frac{1}{b^2}\left\{\frac{a}{a+bu} + \ln(a+bu)\right\}$

8. $\displaystyle\int \frac{u^2\,du}{(a+bu)^2} = \frac{1}{b^3}\left\{(a+bu) - \frac{a^2}{a+bu} - 2a\ln(a+bu)\right\}$

9. $\displaystyle\int \frac{du}{u(a+bu)^2} = \frac{1}{a(a+bu)} - \frac{1}{a^2}\ln\frac{a+bu}{u}$

10. $\displaystyle\int \frac{du}{u^2(a+bu)^2} = -\frac{a+2bu}{a^2u(a+bu)} + \frac{2b}{a^3}\ln\frac{a+bu}{u}$

$\sqrt{a+bu}$ 형

11. $\displaystyle\int u\sqrt{a+bu}\,du = -\frac{2(2a-3bu)(a+bu)^{3/2}}{15b^2}$

12. $\displaystyle\int u\sqrt[n]{a+bu}\,du = \frac{2u^n(a+bu)^{3/2}}{(2n+3)b} - \frac{2an}{(2n+3)b}\int u^{n\;\;1}\sqrt{a+bu}\,du$

13. $\displaystyle\int \frac{u\,du}{\sqrt{a+bu}} = -\frac{2(2a-bu)}{3b^2}\sqrt{a+bu}$

14. $\displaystyle\int \frac{u^n\,du}{\sqrt{a+bu}} = \frac{2u^n\sqrt{a+bu}}{(2n+1)b} - \frac{2na}{(2n+1)b}\int \frac{u^{n-1}\,du}{\sqrt{a+bu}}$

15. $\displaystyle\int \frac{du}{u\sqrt{a+bu}} = \begin{cases} \dfrac{1}{\sqrt{a}}\ln\dfrac{\sqrt{a+bu}-\sqrt{a}}{\sqrt{a+bu}+\sqrt{a}} & (a>0) \\ \dfrac{2}{\sqrt{-a}}\tan^{-1}\sqrt{\dfrac{a+bu}{-a}} & (a<0) \end{cases}$

16. $\displaystyle\int \frac{du}{u^n\sqrt{a+bu}} = -\frac{\sqrt{a+bu}}{(n-1)au^{n-1}} - \frac{(2n-3)b}{2(n-1)a}\int \frac{du}{n^{n-1}\sqrt{a+bu}}$

17. $\displaystyle\int \frac{\sqrt{a+bu}}{u}\,du = 2\sqrt{a+bu} + a\int \frac{du}{u\sqrt{a+bu}}$

18. $\displaystyle\int \frac{\sqrt{a+bu}}{u^n}\,du = -\frac{(a+bu)^{3/2}}{(n-1)au^{n-1}} - \frac{(2n-5)b}{2(n-1)a}\int \frac{\sqrt{a+bu}}{u^{n-1}}\,du$

$\sqrt{u^2 \pm a^2}$ 형

19. $\displaystyle\int \frac{du}{u^2+a^2} = \frac{1}{a}\tan^{-1}\frac{u}{a}$

20. $\displaystyle\int \frac{du}{u^2-a^2} = \frac{1}{2a}\ln\frac{u-a}{u+a}$

21. $\displaystyle\int \frac{du}{\sqrt{u^2 \pm a^2}} = \ln(u+\sqrt{u^2 \pm a^2})$

22. $\displaystyle\int \frac{u^2\,du}{\sqrt{u^2 \pm a^2}} = \frac{1}{2}u\sqrt{u^2 \pm a^2} \mp \frac{1}{2}a^2\ln(u+\sqrt{u^2 \pm a^2})$

23. $\displaystyle\int \frac{du}{u\sqrt{u^2+a^2}} = -\frac{1}{a}\ln\frac{a+\sqrt{u^2+a^2}}{u}$

24. $\displaystyle\int \frac{du}{u\sqrt{u^2-a^2}} = \frac{1}{a}\sec^{-1}\frac{u}{a}$

25. $\displaystyle\int \frac{du}{u^2\sqrt{u^2 \pm a^2}} = \mp\frac{\sqrt{u^2 \pm a^2}}{a^2u}$

26. $\displaystyle\int \sqrt{u^2 \pm a^2}\,du = \frac{1}{2}u\sqrt{u^2 \pm a^2} \pm \frac{1}{2}a^2\ln(u+\sqrt{u^2 \pm a^2})$

27. $\displaystyle\int u^2\sqrt{u^2 \pm a^2}\,du = \frac{1}{4}u(u^2 \pm a^2)^{3/2} \mp \frac{1}{8}a^2u\sqrt{u^2 \pm a^2} - \frac{1}{8}a^2\ln(u+\sqrt{u^2 \pm a^2})$

28. $\displaystyle\int \frac{\sqrt{u^2+a^2}}{u}\,du = \sqrt{u^2+a^2} - a\ln\frac{a+\sqrt{u^2+a^2}}{u}$

29. $\displaystyle\int \frac{\sqrt{u^2-a^2}}{u}\,du = \sqrt{u^2-a^2} - a\sec^{-1}\frac{u}{a}$

30. $\displaystyle\int \frac{\sqrt{u^2 \pm a^2}}{u^2}\,du = -\frac{\sqrt{u^2 \pm a^2}}{u} + \ln(u \pm \sqrt{u^2+a^2})$

31. $\displaystyle\int (u^2 \pm a^2)^{3/2}\,du = \frac{1}{4}u(u^2 \pm a^2)^{3/2} \pm \frac{3}{8}a^2u\sqrt{u^2 \pm a^2} + \frac{3}{8}a^4\ln(u+\sqrt{u^2 \pm a^2})$

32. $\displaystyle\int \frac{(u^2+a^2)^{3/2}}{u}\,du = \frac{1}{3}(u^2+a^2)^{3/2} + a^2\sqrt{u^2+a^2} - a^3\ln\frac{a+\sqrt{u^2+a^2}}{u}$

33. $\displaystyle\int \frac{(u^2-a^2)^{3/2}}{u}\,du = \frac{1}{3}(u^2-a^2)^{3/2} - a^2\sqrt{u^2-a^2} - a^3\sec^{-1}\frac{u}{a}$

34. $\displaystyle\int \frac{du}{(u^2 \pm a^2)^{3/2}} = \pm\frac{u}{a^2\sqrt{u^2 \pm a^2}}$

35. $\displaystyle\int \frac{u^2\,du}{(u^2 \pm a^2)^{3/2}} = -\frac{u}{\sqrt{u^2 \pm a^2}} + \ln(u+\sqrt{u^2 \pm a^2})$

36. $\displaystyle\int \frac{du}{u(u^2+a^2)^{3/2}} = \frac{1}{a^2\sqrt{u^2+a^2}} - \frac{1}{a^3}\ln\frac{a+\sqrt{u^2+a^2}}{u}$

37. $\displaystyle\int \frac{du}{u(u^2-a^2)^{3/2}} = -\frac{1}{a^2\sqrt{u^2-a^2}} - \frac{1}{a^2}\sec^{-1}\frac{u}{a}$

$\sqrt{a^2-u^2}$ 형

38. $\displaystyle\int \frac{du}{a^2-u^2} = \frac{1}{2a}\ln\frac{a+u}{a-u}$

39. $\displaystyle\int \frac{du}{\sqrt{a^2-u^2}} = \sin^{-1}\frac{u}{a}$

40. $\displaystyle\int \frac{u^2\,du}{\sqrt{a^2-u^2}} = -\frac{1}{2}u\sqrt{a^2-u^2} + \frac{1}{2}a^2\sin^{-1}\frac{u}{a}$

41. $\displaystyle\int \frac{du}{u\sqrt{a^2-u^2}} = -\frac{1}{a}\ln\frac{a+\sqrt{a^2-u^2}}{u}$

42. $\displaystyle\int \frac{du}{u^2\sqrt{a^2-u^2}} = -\frac{\sqrt{a^2-u^2}}{a^2u}$

43. $\displaystyle\int \sqrt{a^2-u^2}\,du = \frac{1}{2}u\sqrt{a^2-u^2} + \frac{1}{2}a^2\sin^{-1}\frac{u}{a}$

44. $\displaystyle\int u^2\sqrt{a^2-u^2}\,du = -\frac{1}{4}u(a^2-u^2)^{3/2} + \frac{1}{8}a^2u\sqrt{a^2-u^2} + \frac{1}{8}a^4\sin^{-1}\frac{u}{a}$

45. $\displaystyle\int \frac{\sqrt{a^2-u^2}}{u}\,du = \sqrt{a^2-u^2} - a\ln\frac{a+\sqrt{a^2-u^2}}{u}$

46. $\displaystyle\int \frac{\sqrt{a^2-u^2}}{u^2}\,du = -\frac{\sqrt{a^2-u^2}}{u} - \sin^{-1}\frac{u}{a}$

47. $\displaystyle\int \frac{du}{(a^2-u^2)^{3/2}} = \frac{u}{a^2\sqrt{a^2-u^2}}$

48. $\displaystyle\int \frac{u^2\,du}{(a^2-u^2)^{3/2}} = \frac{u}{\sqrt{a^2-u^2}} - \sin^{-1}\frac{u}{a}$

49. $\displaystyle\int \frac{du}{u(a^2-u^2)^{3/2}} = \frac{1}{a^2\sqrt{a^2-u^2}} - \frac{1}{a^3}\ln\frac{a+\sqrt{a^2-u^2}}{u}$

50. $\displaystyle\int \frac{du}{u^2(a^2-u^2)^{3/2}} = -\frac{\sqrt{a^2-u^2}}{a^4u} + \frac{u}{a^4\sqrt{a^2-u^2}}$

51. $\displaystyle\int (a^2-u^2)^{3/2}\,du = \frac{1}{4}u(a^2-u^2)^{3/2} + \frac{3}{8}a^2u\sqrt{a^2-u^2} + \frac{3}{8}a^4\sin^{-1}\frac{u}{a}$

52. $\displaystyle\int \frac{(a^2-u^2)^{3/2}}{u}\,du = \frac{1}{3}(a^2-u^2)^{3/2} + a^2\sqrt{a^2-u^2} - a^3 \ln \frac{a+\sqrt{a^2-u^2}}{u}$

삼각 함수형

53. $\displaystyle\int \sin u\,du = -\cos u$

54. $\displaystyle\int \sin^2 u\,du = \frac{1}{2}u - \frac{1}{2}\sin u \cos u$

55. $\displaystyle\int \sin^3 u\,du = -\cos u + \frac{1}{3}\cos^3 u$

56. $\displaystyle\int \sin^n u\,du = -\frac{1}{n}\sin^{n-1} u \cos u + \frac{n-1}{n}\int \sin^{n-2} u\,du \quad (n \ge 2)$

57. $\displaystyle\int \cos u\,du = \sin u$

58. $\displaystyle\int \cos^2 u\,du = \frac{1}{2}u + \frac{1}{2}\sin u \cos u$

59. $\displaystyle\int \cos^3 u\,du = \sin u - \frac{1}{3}\sin^3 u$

60. $\displaystyle\int \cos^n u\,du = \frac{1}{n}\cos^{n-1} u \sin u + \frac{n-1}{n}\int \cos^{n-2} u\,du \quad (n \ge 2)$

61. $\displaystyle\int \tan u\,du = \ln \sec u$

62. $\displaystyle\int \tan^n u\,du = \frac{1}{n-1}\tan^{n-1} u - \int \tan^{n-2} u\,du \quad (n \ge 2)$

63. $\displaystyle\int \cot u\,du = \ln \sin u$

64. $\displaystyle\int \cot^n u\,du = -\frac{1}{n-1}\cot^{n-1} u - \int \cot^{n-2} u\,du \quad (n \ge 2)$

65. $\displaystyle\int \sec u\,du = \ln(\sec u + \tan u)$

66. $\displaystyle\int \sec^2 u\,du = \tan u$

67. $\displaystyle\int \sec^n u\,du = \frac{1}{n-1}\sec^{n-2} u \tan u + \frac{n-2}{n-1}\int \sec^{n-2} u\,du \quad (n \ge 2)$

68. $\displaystyle\int \csc u\,du = \ln(\csc u - \cot u)$

69. $\displaystyle\int \csc^2 u\,du = -\cot u$

70. $\displaystyle\int \csc^n u\,du = -\frac{1}{n-1}\csc^{n-1} u \cot u + \frac{n-2}{n-1}\int \csc^{n-2} u\,du \quad (n \ge 2)$

71. $\displaystyle\int \sec u \tan u\,du = \sec u$

72. $\int \csc u \cot u \, du = -\csc u$

73. $\int \sin au \cos bu \, du = \frac{1}{2(a-b)} \sin (a-b)u - \frac{1}{2(a+b)} \sin (a+b)u$

74. $\int \sin au \cos bu \, du = -\frac{1}{2(a-b)} \cos (a-b)u - \frac{1}{2(a+b)} \cos (a+b)u$

75. $\int \cos au \cos bu \, du = \frac{1}{2(a-b)} \sin (a-b)u + \frac{1}{2(a+b)} \sin (a+b)u$

76. $\int \sin^m u \cos^n u \, du = \frac{1}{m+n} \sin^{m+1} u \cos^{n-1} u + \frac{n-1}{m+n} \int \sin^m u \cos^{n-2} u \, du$

77. $\int \sin^m u \cos^n u \, du = \frac{1}{m+n} \sin^{m-1} u \cos^{n+1} u + \frac{m-1}{m+n} \int \sin^{m-2} u \cos^n u \, du$

여러 가지 형

78. $\int e^u \, du = e^u$

79. $\int a^u \, du = \frac{1}{\ln a} a^u$

80. $\int u e^{au} \, du = \frac{1}{a^2}(au-1) e^{au}$

81. $\int u^n e^{au} \, du = \frac{u^n e^{au}}{a} - \frac{n}{a} \int u^{n-1} e^{au} \, du$

82. $\int \ln u \, du = u \ln u - u$

83. $\int \frac{\ln u}{u} \, du = \frac{1}{2}(\ln u)^2$

84. $\int \frac{du}{u \ln u} = \ln(\ln u)$

85. $\int (\ln u)^n \, du = u(\ln u)^n - n \int (\ln u)^{n-1} \, du \quad (n \geq 1)$

86. $\int u^n \ln u \, du = \frac{u^{n+1}}{n+1}\left(\ln u - \frac{1}{n+1}\right) \quad (n \neq -1)$

87. $\int u \sin u \, du = \sin u - u \cos u$

88. $\int u^2 \sin u \, du = 2u \sin u - (u^2-2) \cos u$

89. $\int u \cos u \, du = \cos u + u \sin u$

90. $\int u^2 \cos u \, du = (u^2-2) \sin u + 2u \cos u$

91. $\int e^{au}\sin bu\,du = \frac{1}{a^2+b^2}(a\sin bu - b\cos bu)e^{au}$

92. $\int e^{au}\cos bu\,du = \frac{1}{a^2+b^2}(a\cos bu + b\sin bu)e^{au}$

93. $\int \sin^{-1}u\,du = u\sin^{-1}u + \sqrt{1-u^2}$

94. $\int \cos^{-1}u\,du = u\cos^{-1}u - \sqrt{1-u^2}$

95. $\int \tan^{-1}u\,du = u\tan^{-1}u - \frac{1}{2}\ln(1+u^2)$

96. $\int \sinh u\,du = \cosh u$

97. $\int \cosh u\,du = \sinh u$

98. $\int \tanh u\,du = \ln(\cosh u)$

99. $\int \coth u\,du = \ln(\sinh u)$

100. $\int \operatorname{sech} u\,du = \tan^{-1}(\sinh u)$

101. $\int \operatorname{csch} u\,du = \ln\left(\tanh\frac{u}{2}\right)$

월리스의 공식

102. $\int_0^{\frac{\pi}{2}} \sin^n x\,dx = \int_0^{\frac{\pi}{2}} \cos^n x\,dx = \begin{cases} \frac{1}{2}\cdot\frac{3}{4}\cdots\frac{2n-1}{2n}\frac{\pi}{2} & (n\text{은 짝수}) \\ \frac{2}{3}\cdot\frac{4}{5}\cdots\frac{2n}{2n+1} & (n>1,\ n\text{은 홀수}) \end{cases}$

103. $\int_0^{\frac{\pi}{2}} \sin^m x\cos^n x\,dx = \begin{cases} \frac{2\cdot4\cdot6\cdots(n-1)}{(m+1)(m+3)\cdots(m+n)} & (n>1,\ n\text{은 홀수}) \\ \frac{2\cdot4\cdot6\cdots(m-1)}{(n+1)(n+3)\cdots(n+m)} & (m>1,\ m\text{은 홀수}) \\ \frac{1\cdot3\cdots(m-1)\cdot1\cdot3\cdots(n-1)}{2\cdot4\cdot6\cdots(m+n)}\frac{\pi}{2} & (n,\ m\text{은 짝수}) \end{cases}$

정 적분과 특이 적분

104. $\int_0^{\infty} \frac{dx}{x^2+a^2} = \frac{\pi}{2a}$

105. $\int_0^{\infty} \frac{x^{p-1}}{1+x}dx = \frac{\pi}{\sin p\pi} \quad (0<p<1)$

106. $\int_0^a \frac{dx}{\sqrt{a^2-x^2}} = \frac{\pi}{2}$

107. $\int_0^a \sqrt{a^2-x^2}\, dx = \frac{a^2\pi}{4}$

108. $\int_0^\infty \frac{\sin x}{x}\, dx = \frac{\pi}{2}$

109. $\int_0^\infty \frac{\sin^2 px}{x^2}\, dx = \frac{p\pi}{2}$

110. $\int_0^\infty \frac{1-\cos px}{x^2}\, dx = \frac{p\pi}{2}$

111. $\int_0^\infty \frac{\cos mx}{x^2+a^2}\, dx = \frac{\pi}{2a} e^{-ma}$

112. $\int_0^\infty \frac{x \sin mx}{x^2+a^2}\, dx = \frac{\pi}{2a} e^{-ma}$

113. $\int_0^\infty \frac{\cos px - \cos qx}{x}\, dx = \ln\frac{q}{p}$

114. $\int_0^{2\pi} \frac{dx}{1-2a\cos x + a^2} = \frac{2\pi}{1-a^2} \quad (0<a<1)$

115. $\int_0^\infty \sin(ax^2)\, dx = \int_0^\infty \cos(ax^2)\, dx = \frac{1}{2}\sqrt{\frac{\pi}{2a}} \quad (a>0)$

116. $\int_0^\infty \frac{\sin x}{\sqrt{x}}\, dx = \int_0^\infty \frac{\cos x}{\sqrt{x}}\, dx = \sqrt{\frac{\pi}{2}}$

117. $\int_0^\infty e^{-ax^2}\, dx = \frac{1}{2}\sqrt{\frac{\pi}{a}} \quad (a>0)$

118. $\int_0^{\frac{\pi}{2}} \ln(\sin x)\, dx = \int_0^{\frac{\pi}{2}} \ln(\cos x)\, dx = -\frac{\pi}{2}\ln 2$

119. $\int_0^\infty x^{-1/2} e^{-x}\, dx = \sqrt{\pi}$

B.4 테일러 급수 및 매클로린 급수

1. $f(x) = f(c) + f'(c)(x-c) + \frac{1}{2!}f''(c)(x-c)^2 + \cdots + \frac{1}{n!}f^{(n)}(c)(x-c)^n + R_n,$

$R_n = \frac{1}{(n+1)!} f^{(n+1)}(\xi)(x-c)^{n+1} \quad (c<\xi<x$ 또는 $x<\xi<c)$

2. $\dfrac{1}{ax-b}=\dfrac{1}{a}\left\{1+\dfrac{bx}{a}+\left(\dfrac{bx}{a}\right)^2+\left(\dfrac{bx}{a}\right)^3+\left(\dfrac{bx}{a}\right)^4+\cdots\right\}\ \left(|x|<\left|\dfrac{a}{b}\right|\right)$

$(a\neq 0,\ b\neq 0)$

3. $(1+x)^s=1+sx+\dfrac{s(s-1)}{2!}x^2+\dfrac{s(s-1)(s-2)}{3!}x^3$

$$+\frac{s(s-1)(s-2)(s-3)}{4!}x^4+\cdots\ (|x|<1)$$

4. $e^x=1+x+\dfrac{1}{2}x^2+\dfrac{1}{3!}x^3+\dfrac{1}{4!}x^4+\cdots\ (-\infty<x<\infty)$

5. $a^x=1+x\ln a+\dfrac{1}{2}(x\ln a)^2+\dfrac{1}{3!}(x\ln a)^3+\dfrac{1}{4!}(x\ln a)^4+\cdots\ (-\infty<x<\infty)$

6. $\ln(1+x)=x-\dfrac{1}{2}x^2-\dfrac{1}{3}x^3+\dfrac{1}{4}x^4-\dfrac{1}{5}x^5+\cdots\ (-1<x\leq 1)$

7. $\dfrac{1}{2}\ln\left(\dfrac{1-x}{1+x}\right)=x+\dfrac{1}{3}x^3+\dfrac{1}{5}x^5+\dfrac{1}{7}x^7+\cdots\ (-1<x<1)$

8. $\sin x=x-\dfrac{1}{3!}x^3+\dfrac{1}{5!}x^5-\dfrac{1}{7!}x^7+\cdots\ (-1<x<1)$

9. $\cos x=1-\dfrac{1}{2!}x^2+\dfrac{1}{4!}x^4-\dfrac{1}{6!}x^6+\cdots\ (-\infty<x<\infty)$

10. $\tan x=x+\dfrac{1}{3}x^3+\dfrac{2}{15}x^5+\dfrac{17}{315}x^7+\cdots\ \left(|x|<\dfrac{\pi}{2}\right)$

11. $\sec x=1+\dfrac{1}{2}x^2+\dfrac{5}{24}x^4+\dfrac{61}{720}x^6+\cdots\ \left(|x|<\dfrac{\pi}{2}\right)$

12. $\sin^{-1}x=x+\dfrac{1}{2}\dfrac{1}{3}x^3+\dfrac{1}{2}\dfrac{3}{4}\dfrac{1}{5}x^5+\dfrac{1}{2}\dfrac{3}{4}\dfrac{5}{6}\dfrac{1}{7}x^7+\cdots\ (|x|<1)$

13. $\cos^{-1}x=\dfrac{\pi}{2}-\sin^{-1}x\ (|x|<1)$

14. $\tan^{-1}x=x-\dfrac{1}{3}x^3+\dfrac{1}{5}x^5-\dfrac{1}{7}x^7+\cdots\ (|x|<1)$

15. $\cot^{-1}x=\dfrac{\pi}{2}-\tan^{-1}x\ (|x|<1)$

16. $\sinh x=x+\dfrac{1}{3!}x^3+\dfrac{1}{5!}x^5+\dfrac{1}{7!}x^7+\cdots\ (-\infty<x<\infty)$

17. $\cosh x=1+\dfrac{1}{2!}x^2+\dfrac{1}{4!}x^4+\dfrac{1}{6!}x^6+\cdots\ (-\infty<x<\infty)$

18. $\tanh x=x-\dfrac{1}{3}x^3+\dfrac{2}{15}x^5-\dfrac{17}{315}x^7+\cdots\ \left(|x|<\dfrac{\pi}{2}\right)$

19. $\operatorname{sech} x=1-\dfrac{1}{2}x^2+\dfrac{5}{24}x^4-\dfrac{61}{720}x^6+\cdots\ \left(|x|<\dfrac{\pi}{2}\right)$

20. $\sinh^{-1} x = x - \frac{1}{2}\frac{1}{3}x^3 + \frac{1}{2}\frac{3}{4}\frac{1}{5}x^5 - \frac{1}{2}\frac{3}{4}\frac{5}{6}\frac{1}{7}x^7 + \cdots \quad (|x| < 1)$

21. $\tanh^{-1} x = x + \frac{1}{3}x^3 + \frac{1}{5}x^5 + \frac{1}{7}x^7 + \cdots \quad (|x| < 1)$

연습 문제 &
종합 문제 해답

제1장 벡터와 공간 기하

연습 문제 1.1

1. (1) 정삼각형 (2) 직각삼각형
2. $x^2+y^2+(z-\sqrt{3})^2=4$; $x^2+y^2=1$, $z=0$
3. $(x-1)^2+(y-3)^2+(z-2)^2=6$
4. (1) 평면 $y=3$에 있는 직선 $x=2z$

   (2) 평면 $y=3$에 있는 중심이 $(1, 3, -2)$이고 반지름이 1인 원 $(x-1)^2+(z+2)^2=1$

   (3) $x=3$을 지나고 yz평면에 평행인 평면

   (4) $z=3$이고 xy평면에 평행인 평면 위에 있는 포물선 $x=y^2$
5. $y=-x+1$
6. 2개

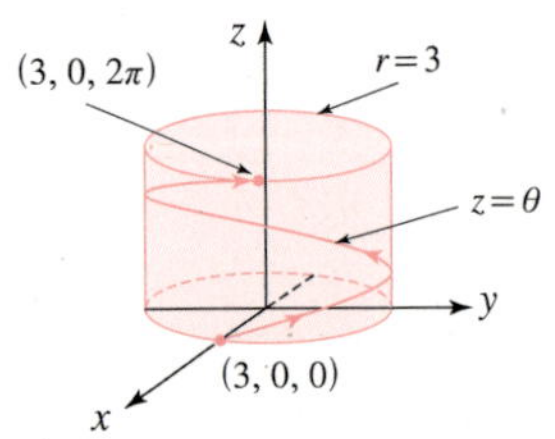

그림 A

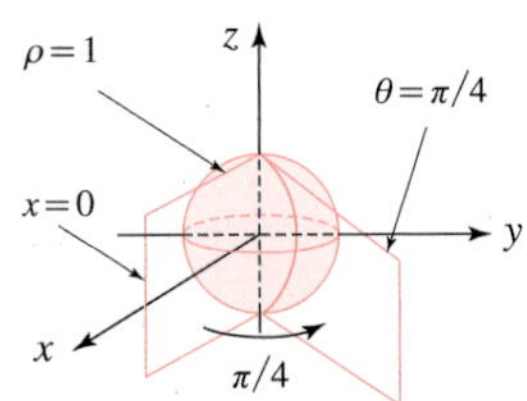

그림 B

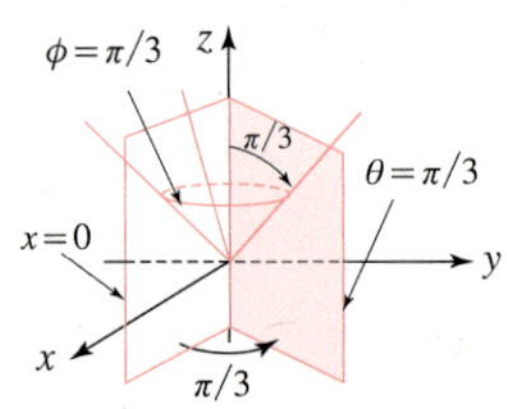

그림 C

8. (1) 원기둥 $(2, \pi/3, 2)$, 구면 $(2\sqrt{2}, \pi/3, \pi/4)$

   (2) 직교 $(0, 1, 1)$, 구면 $(\sqrt{2}, \pi/2, \pi/4)$

   (3) 원기둥 $(2\sqrt{2}, 3\pi/2, 0)$, 직교 $(0, -2\sqrt{2}, 0)$
9. (1) $x+y=1$ (2) $x^2+(y-2)^2=4$

   (3) $y=x$
10. (1) $z=1$ (2) $x^2+y^2=z$
12. $0 \le \phi \le \dfrac{\pi}{4}$, $0 \le \rho \le 2\cos\phi$

연습 문제 1.2

1. (1) $(1/2)\mathbf{i}-(\sqrt{3}/2)\mathbf{j}$ (2) $(1/\sqrt{2})\mathbf{i}+(1/\sqrt{2})$

   (3) $(1/3)(2, 1, -2)$
2. (1) $(2, 2\sqrt{3})$ (2) $(2\sqrt{2}, 2\sqrt{2})$
3. (1) 4 (2) 0

   (3) -7 (4) -15
4. (1) 불가능 (2) 가능 (3) 가능 (4) 가능
5. $\mathbf{k}$ 또는 $-\mathbf{k}$
6. (1) $(0, -2/5)$ (2) $(1, 1/2, -1/2)$

7. (1) 거짓 (2) 참

8. 15/2

9. (1) $(2\sqrt{3},\ -4)$ (2) 2
(3) 2 (4) $\pi/3$
(5) $(0,\ 1)$

10. (1) 7 (2) $(-17,\ -5,\ 1)$
(3) 0 (4) $(-26,\ 85,\ -17)$
(5) $\sqrt{14}$ (6) $(1/\sqrt{26})(0,\ 1,\ 5)$

11. (1) $-3/2$ (2) 6
(3) $1,\ -9$

12. (1) $\overrightarrow{\mathrm{BD}}=(9/17)(4,\ 1)$, $\overrightarrow{\mathrm{BA}}-\overrightarrow{\mathrm{BD}}=(-19/17,\ 76/17)$
(2) $\dfrac{19}{2}$

13. 1

17. 반례: $\mathrm{u}=(1,\ 0,\ 0)$, $\mathrm{v}=(0,\ 1,\ 0)$

20. (1) $(-1,\ 5,\ 1,\ 3)$ (2) 0

21. 3

22. 약 417N

23. (1) $\mathbf{b}=3\mathbf{a}-5\mathbf{a}'$ (2) $\mathbf{b}=-\mathbf{a}+\dfrac{1}{2}\mathbf{a}'$

24. 700N, $\cos\theta=13/14$

25. $\pi/3$, $1/(10\sqrt{3})$ 시간

연습 문제 1.3

1. (1) $x=2+2t,\ y=-2t,\ z=5+3t$
(2) $x=2,\ y=-2t,\ z=5+8t$
(3) $x=1+t,\ y=7+t,\ z=-2+t$
(4) $x=-3+5t,\ y=1+t,\ z=7+2t$

2. (1)
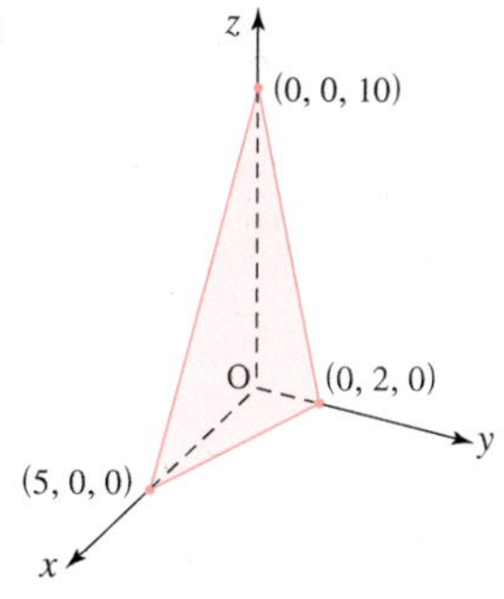

(2)
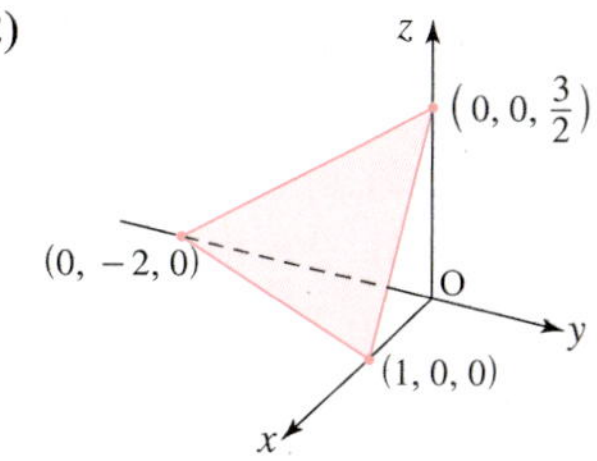

3. (1) $\left(\dfrac{3}{2},\ 2,\ \dfrac{13}{4}\right)$ (2) $(1,\ 0,\ -1)$

4. (1) $-\dfrac{x^2}{9}-\dfrac{y^2}{4}+\dfrac{z^2}{36}=1$ (2) $\dfrac{x}{6}=\dfrac{y^2}{3}+\dfrac{z^2}{2}$

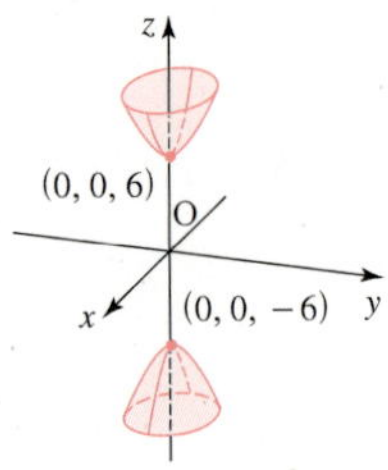

주축이 z 축인 이엽 쌍곡면

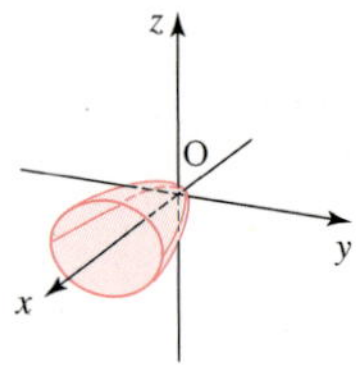

주축이 x 축이고 꼭짓점이 원점인 타원 포물면

(3) $x^2+\dfrac{(y-2)^2}{4}+(z-3)^2=1$

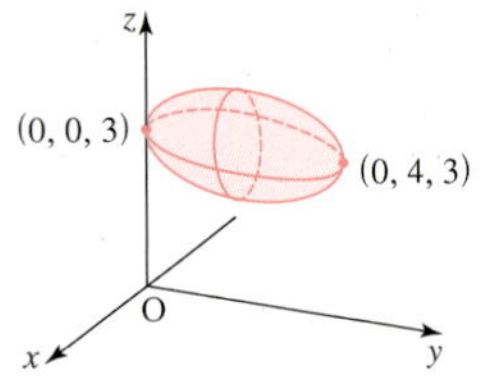

중심이 $(0, 2, 3)$인 타원면

(4) $(y+1)^2=(x-2)^2+(z-1)^2$

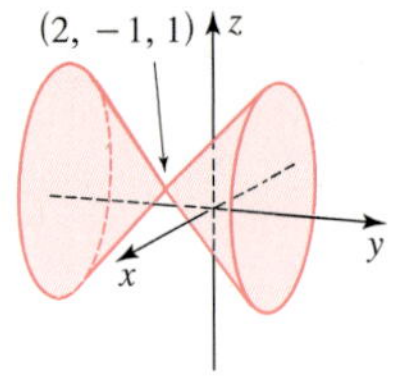

주축이 y 축과 평행이고 꼭짓점이 $(2, -1, 1)$인 원뿔면

5. $\dfrac{\sqrt{194}}{3}$

6. $\dfrac{5\sqrt{2}}{3}$

7. $2x+2y-z=17$

8. $x-2y+5z=-5$

9. $x+y-2z=4$

10. $4x+2y+3z=9$

11. $\dfrac{7\sqrt{27}}{27}$

12. $\dfrac{x}{8}=\dfrac{2y-1}{-20}=\dfrac{z}{-4}$

14. $x^2+y^2+z^2=\dfrac{49}{14}$

17. $9x-6y+7z=0$

18. (1) 원기둥면 (2) 타원포물면 (3) 타원면 (4) 포물기둥면
(5) 타원포물면 (6) 쌍곡기둥면 (7) 단엽쌍곡면 (8) 이엽쌍곡면
(9) 쌍곡포물면 (10) 타원뿔면

19. (1) 두 개의 평면 $(y=-2,\ y=10)$ (2) xz평면과 y축

20. $y^2+\dfrac{z^2}{2}=\dfrac{(x-2)^2}{2}$

21. (1) 원점을 중심으로 하고 반지름이 3인 구면
(2) $(x^2+y^2)+3z^2=1$ 이므로 원점을 중심으로 하고 $x=\pm 5,\ y=\pm 5,\ z=\pm\dfrac{1}{\sqrt{2}}$을 절편으로 갖는 타원면

1장 종합 문제

1. (1) $(2x, -\pi/3, 2x)$ (2) $(2\sqrt{2}, -\pi/3, \pi/4)$
2. $a=-1,\ b=3$
3. 최댓값 5, 최솟값 1
4. 74
5. $\{(x, y, z) \mid (x-x_0)^2+(y-y_0)^2+(z-z_0)^2=1\}$
6. (1) $\dfrac{\sqrt{30}}{5}$ (2) $\dfrac{1}{\sqrt{6}}(1, 1, -2), \dfrac{1}{\sqrt{6}}(-1, -1, 2)$
7. $x-2=t,\ y-5=-7t,\ z=2t$
8. $-2\sqrt{2} \le x \le 2\sqrt{2},\ -2\sqrt{2} \le y \le 2\sqrt{2},\ \sqrt{2} \le z \le \sqrt{2}$
9. $x=11,\ y=9/2,\ z=39/2$
10. (1) 타원면 (2) 쌍곡 포물면
11. $x^2+\dfrac{y^2}{4}=\dfrac{(z-5)^2}{3}$

제2장 벡터 함수와 곡선

연습 문제 2.1

1. (1) $(1, 0)$ (2) $(0, 1, 2)$
   (3) $(1, 0)$ (4) $(0, 1, -1)$
2. (1) $(0, 3, 7)$ (2) $(0, -2, 0)$
3. (1) $t\in\mathbb{R}$ (2) $t\ne -1$
   (3) $-1\le t\le 1$ (4) $t\ne 1, 2, 3$
4. (1) $\mathbf{f}'(t)=\left(\dfrac{1}{2(1+t)}, \dfrac{-t}{\sqrt{1-t^2}}\right),\quad -1<t<1$
   (2) $\mathbf{f}'(t)=\left(\dfrac{2}{\sqrt{1-4t^2}}, \dfrac{3}{1+9t^2}, -\dfrac{1}{t^2}\right),\quad -\dfrac{1}{2}<t<\dfrac{1}{2},\ t\ne 0$
   (3) $\mathbf{f}'(t)=\left(\dfrac{-4}{(2t+1)^2}, \dfrac{-8t}{1-4t^2}\right),\quad -\dfrac{1}{2}<t<\dfrac{1}{2}$
   (4) $\mathbf{f}'(t)=\left(\dfrac{13}{3t\sqrt{9t^2-1}}, 2\sinh t, 4\operatorname{sech}^2 t\right),\quad t<-\dfrac{1}{3},\ t>\dfrac{1}{3}$
   (5) $\mathbf{f}'(\mathrm{t})=\dfrac{1}{\sqrt{1-(2\mathrm{t})^2}}\mathbf{i}-\dfrac{\mathrm{t}}{\sqrt{1-\mathrm{t}^2}}\mathbf{j}+\mathbf{k},\quad -\dfrac{1}{2}<t<\dfrac{1}{2}$
   (6) $\mathbf{f}'(t)=\mathbf{a}\times\mathbf{b}+2t(\mathbf{a}\times\mathbf{c}),\quad t\in\mathbb{R}$
5. (1) $\mathbf{f}'(t)=\left(1+\ln t, \dfrac{1}{t\ln t}\right)$ (2) $\mathbf{f}'(t)=(\exp(e^t+t)(1+e^t), 1)$
6. (1) $\mathbf{f}'(s)=\left(-\dfrac{1}{4(s-1)^{5/4}}, \dfrac{\cos\sqrt{s-1}}{2\sqrt{s-1}}, \dfrac{1}{s}\right)$

(2) $\mathbf{f}'(s)=\left(-2(s+1)\sin(s+1)^2,\ \dfrac{2(s+1)}{1+(s+1)^4},\ \dfrac{1}{(s+2)^2}\right)$

7. $\mathbf{f}'(s)=d\mathbf{f}(t)/ds=(t^2\cos t)\mathbf{i}+(t^2\sin t)\mathbf{j}$

8. (1) $\mathbf{f}''(t)=(0,\ 20t^3)$ (2) $\mathbf{f}''(t)=\left(-\dfrac{1}{t^2},\ 9e^{3t}\right)$

10. (1) $(\sin t)\mathbf{p}-(\cos t)\mathbf{q}+C$ (C는 적분 상수)

(2) $\dfrac{\pi}{4}\mathbf{p}+\dfrac{\pi}{2}\mathbf{q}$

12. $\mathbf{r}(t)=(t^2+1)\mathbf{i}+t^3\mathbf{j}+\left(\dfrac{2}{3}t^{\frac{3}{2}}-\dfrac{2}{3}\right)\mathbf{k}$

연습 문제 2.2

1. (1) $x-1=\dfrac{y-2}{2}=\dfrac{z-1}{2}$ (2) $\dfrac{x-e^3}{3e^3}=\dfrac{y-e^{-3}}{-3e^{-3}}=\dfrac{z-3\sqrt{2}}{3\sqrt{2}}$

2. 90°

3. $(2,\ 0,\ 4),\ (18,\ 4,\ 12)$

4. (1) $\mathbf{v}=\dfrac{a\omega}{2}(-\sqrt{3},\ 1),\ \ \mathbf{a}=-\dfrac{a\omega^2}{2}(1,\ \sqrt{3}),\ \ v=a\omega$

(2) $\mathbf{v}=(1,\ 4),\ \mathbf{a}=(0,\ 2),\ v=\sqrt{17}$

(3) $\mathbf{v}=\left(\dfrac{2}{3},\ \dfrac{4}{3}\right),\ \mathbf{a}=\left(\dfrac{10}{3\sqrt{3}},\ \dfrac{4}{9}\right),\ v=\dfrac{2\sqrt{3}}{3}$

(4) $\mathbf{v}=(3,\ 0),\ \mathbf{a}=(0,\ 2),\ v=3$

(5) $\mathbf{v}=(0,\ 2),\ \mathbf{a}=(-2,\ 0),\ v=2$

(6) $\mathbf{v}=\left(\dfrac{1}{2},\ 2\right),\ \mathbf{a}=\left(-\dfrac{1}{4},\ 2\right),\ v=\dfrac{\sqrt{17}}{2}$

5. (1) $t=\sqrt{5}$ (2) 항상 직교한다

9. (1) $\dfrac{1}{2}(\sqrt{6}+\ln(\sqrt{2}+\sqrt{3}))$ (2) $\dfrac{1}{4}(2\sqrt{5}+\ln(\sqrt{5}+2))$

(3) e^2 (4) $7\alpha^3$

(5) $\sqrt{13}\pi$ (6) $\sqrt{3}(e^\beta-1)$

11. (1) $\dfrac{\sqrt{b^2c^2\sin^2 t+a^2c^2\cos^2 t+a^2b^2}}{(a^2\sin^2 t+b^2\cos^2 t+c^2)^{3/2}}$ (2) $\dfrac{ab}{(a^2\sin^2 t+b^2\cos^2 t)^{3/2}}$

(3) $\dfrac{2\sqrt{9t^4+9t^2+1}}{(9t^4+4t^2+1)^{3/2}}$

13. (1) $\mathbf{T}=(\cos t,\ \sin t),\ \mathbf{N}=(-\sin t,\ \cos t),\ \kappa=\dfrac{1}{t}$

(2) $\mathbf{T}=\dfrac{1}{\sqrt{2}}(\cos t-\sin t,\ \sin t+\cos t),\ \mathbf{N}=-\dfrac{1}{\sqrt{2}}(\sin t+\cos t,\ \sin t-\cos t),$

$\kappa=\dfrac{1}{\sqrt{2}}e^{-t}$

(3) $\mathbf{T}=\dfrac{1}{\sqrt{2}}\left(\sqrt{1-\cos t},\ \sin\dfrac{t}{\sqrt{1-\cos t}}\right),$

$$\mathbf{N} = \frac{1}{\sqrt{2}}\left(\frac{\sin t}{\sqrt{1-\cos t}},\ \frac{\sin^2 t}{(1-\cos t)^{3/2}}+\frac{\cos t}{\sqrt{1-\cos t}}\right),\ \kappa=\frac{1}{4a\sqrt{1-\cos t}}\sqrt{2}$$

(4) $\mathbf{T} = \sin(2t)|\csc(2t)|(-\cos t,\ \sin t),\ \kappa=\frac{2}{3}|\csc 2t|$

14. (1) $\mathbf{T} = \frac{1}{\sqrt{3}}((1+t)^{1/2},\ -(1-t)^{1/2},\ 1),\ \kappa=\frac{\sqrt{2}}{3}(1-t^2)^{-1/2},$

$\mathbf{N} = \frac{1}{\sqrt{2}}((1+t)^{1/2},\ (1-t)^{1/2},\ 0),\ \mathbf{B} = \frac{1}{\sqrt{6}}(-(1+t)^{1/2},\ (1-t)^{1/2},\ 2)$

(2) $\mathbf{T} = \frac{\sqrt{2}}{2}(\tanh(2t),\ 1,\ \mathrm{sech}(2t)),\ \kappa=\frac{1}{6\cosh^2(2t)},$

$\mathbf{N} = (\cosh(2t)-\tanh(2t)\sinh(2t),\ 0,\ -\tanh(2t)),$

$\mathbf{B} = \frac{\sqrt{2}}{2}(-\tanh(2t),\ 1,\ \tanh(2t)\sinh(2t)-\cosh(2t))$

(3) $\mathbf{T} = \frac{\sqrt{2}}{2}(-\sin(2t),\ \cos(2t),\ 1),\ \kappa=\frac{1}{2}$

$\mathbf{N} = (-\cos(2t),\ -\sin(2t),\ 0),\ \mathbf{B} = \frac{\sqrt{2}}{2}(\sin(2t),\ -\cos(2t),\ 1)$

(4) $\mathbf{T} = \frac{\sqrt{10}}{10}(-3\sin(3t),\ 3\cos(3t),\ 1),\ \kappa=\frac{9}{10}$

$\mathbf{N} = (-\cos(3t),\ -\sin(3t),\ 0),\ \mathbf{B} = \frac{\sqrt{10}}{10}(\sin(3t),\ -\cos(3t),\ 3)$

15. (1) $\mathbf{v} = \frac{1}{2}(-\sqrt{3},\ \sqrt{2}),\ \mathbf{a} = \frac{1}{2}(1,\ \sqrt{6}),\ v=\frac{1}{2}\sqrt{5},\ \mathrm{a}_T=\frac{1}{10}\sqrt{15},\ \mathrm{a}_N=\frac{2}{5}\sqrt{10}$

(2) $\mathbf{v} = (1,\ 2,\ 2),\ \mathbf{a} = (0,\ 0,\ 2),\ v=3,\ \mathrm{a}_T=\frac{4}{3},\ \mathrm{a}_N=\frac{2}{3}\sqrt{5}$

(3) $\mathbf{v} = (1,\ 1,\ \sqrt{2}),\ \mathbf{a} = (0,\ 2,\ \sqrt{2}),\ v=2,\ \mathrm{a}_T=2,\ \mathrm{a}_N=\sqrt{2}$

(4) $\mathbf{v} = (1,\ 0,\ 1),\ \mathbf{a} = (0,\ 2\ 0),\ v=\sqrt{2},\ \mathrm{a}_T=0,\ \mathrm{a}_N=2$

(5) $\mathbf{v} = 2(-\sin 1,\ \cos 1),\ \boldsymbol{a} = -2(2\cos 1+\sin 1,\ 2\sin 1-\cos 1),\ v=\sqrt{2},\ \mathrm{a}_T=2,\ \mathrm{a}_N=4$

(6) $\mathbf{v} = \left(-\frac{3}{4}\sqrt{2}a,\ -\frac{3}{4}\sqrt{2}a,\ 1\right),\ \mathbf{a} = -\frac{3}{4}\sqrt{2}a(1,\ 1,\ 0),$

$v=\frac{1}{2}\sqrt{4+9a^2},\ \mathrm{a}_T=0,\ \mathrm{a}_N=\frac{2}{3}|a|$

16. $\mathbf{T} = \frac{a}{\sqrt{a^2+b^2}}(-\sin t,\ \cos t,\ b),\ \kappa=\frac{a}{a^2+b^2},\ \mathbf{N} = (-\cos t,\ -\sin t,\ 0),$

$\mathbf{B} = \frac{1}{\sqrt{a^2+b^2}}(b\sin t,\ -b\cos t,\ a),\ \tau=\frac{b}{a^2+b^2}$

21. (1) $\mathbf{T}(0) = \frac{\sqrt{5}}{5}(2,\ 0,\ 1)$　(2) $\kappa(0) = \frac{4}{5}$

(3) $\mathbf{N}(0) = (0,\ -1,\ 0)$　(4) $\mathbf{B}(0) = \frac{\sqrt{5}}{5}(1,\ 0,\ -2)$

22. $\kappa=\frac{1}{3}\sqrt{3},\ \tau=0$

23. 42

24. (1) $\mathbf{r}(t(s))=\frac{2}{\sqrt{21}}s\mathbf{i}+(1-\frac{1}{\sqrt{21}}s)\mathbf{j}+(3+\frac{4}{\sqrt{21}}s)\mathbf{k}$

(2) $\mathbf{r}(t(s))=\left(\frac{1}{\sqrt{2}}s+1\right)\cos\left(\ln\left(\frac{s}{\sqrt{2}}+1\right)\right)\mathbf{i}+2\mathbf{j}+\left(\frac{1}{\sqrt{2}}s+1\right)\sin\left(\ln\left(\frac{s}{\sqrt{2}}+1\right)\right)\mathbf{k}$

25. $x=-\frac{3}{4}\ln 2,\ 0$

26. $(1,\ 2,\ 1)$

2장 종합 문제

1. $\mathbf{f}'(t)=(e^t(\cos t-\sin t),\ e^t(\sin t+\cos t),\ 2t)$, $\mathbf{f}''(t)=2(e^t\sin t,\ e^t\cos t,\ 1)$

2. (1) $e+\frac{1}{e}-2$ (2) $10\sqrt{109}+9\ln\left(\frac{\sqrt{109}+10}{3}\right)$

(3) $\frac{8}{3}$

3. (1) $\mathbf{T}=\frac{\sqrt{13}}{13}(2\cos t,\ 2\sin t,\ 3)$, $\kappa=\frac{2}{13}$

$\mathbf{N}=(-\sin t,\ -\cos t,\ 0)$, $\mathbf{B}=\frac{\sqrt{13}}{13}(3\cos t,\ -3\sin t,\ -2)$

(2) $\mathbf{T}=\frac{\sqrt{3}}{3}(\cos t-\sin t,\ \sin t+\cos t,\ 1)$, $\kappa=\frac{1}{3}\sqrt{2}e^{-t}$

$\mathbf{N}=\frac{\sqrt{2}}{2}(-\cos t-\sin t,\ -\sin t+\cos t,\ 0)$, $\mathbf{B}=\frac{\sqrt{6}}{6}(\cos t-\sin t,\ \sin t-\cos t,\ 2)$

제3장 다변수 함수

연습 문제 3.1

1. (1) $\{(x,\ y)\in\mathbb{R}^2 : x^2+9y^2<9\}$

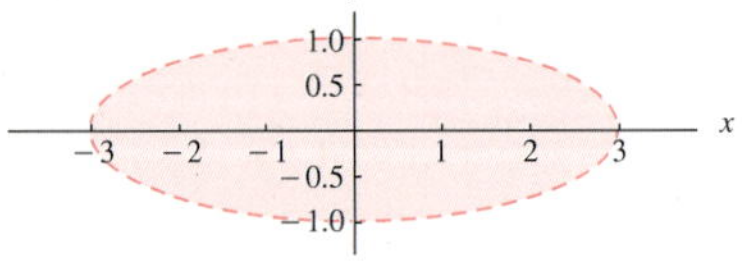

(2) $\{(x,\ y)\in\mathbb{R}^2 : y^2\le 1,\ y\ge x^2\}$

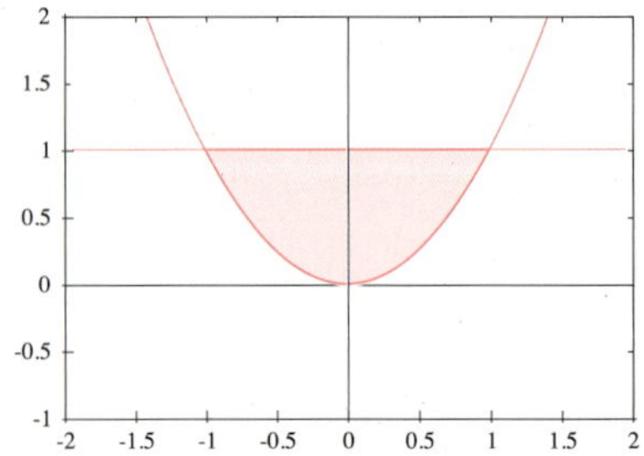

(3) $\{(x,\ y) \in \mathbb{R}^2 : y \geq x+1,\ x \neq 1\}$

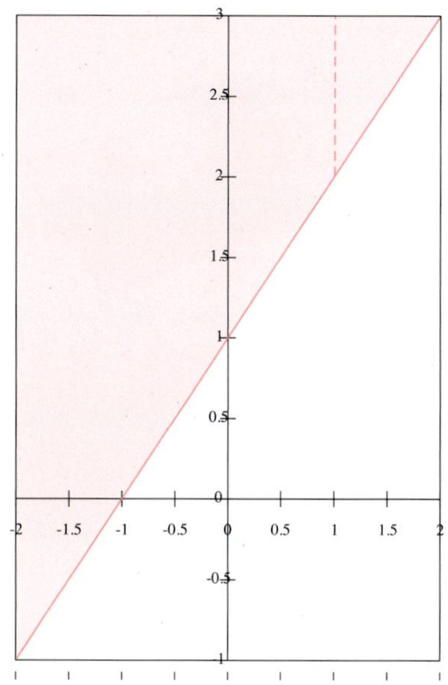

(4) $\{(x,\ y,\ z) \in \mathbb{R}^3 : z > x^2 + y^2\}$

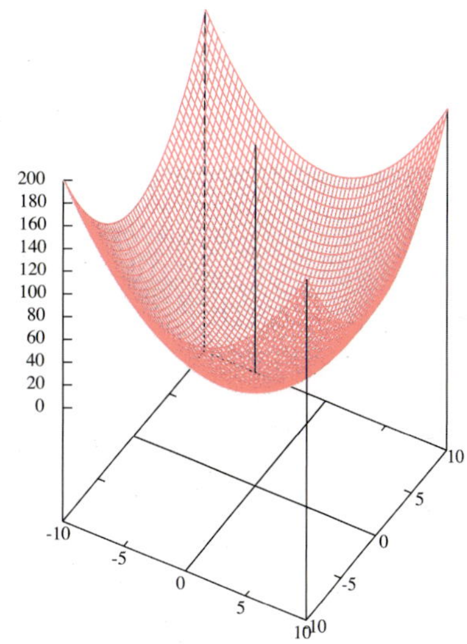

2. (1) 평면

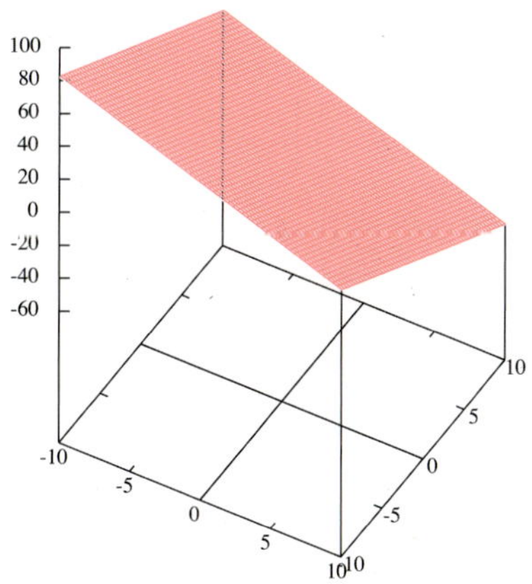

(2) 포물면

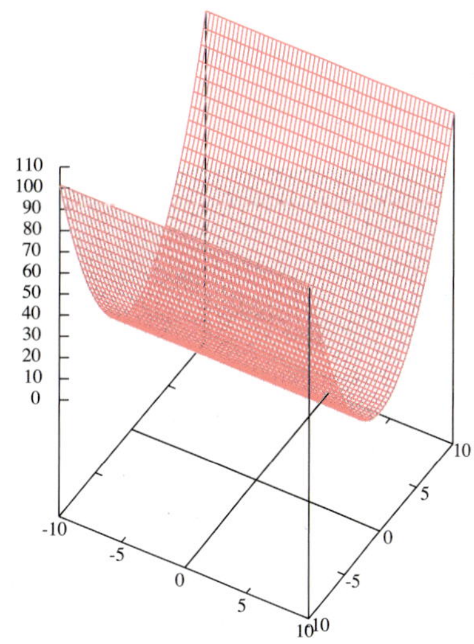

(3) 타원 포물면

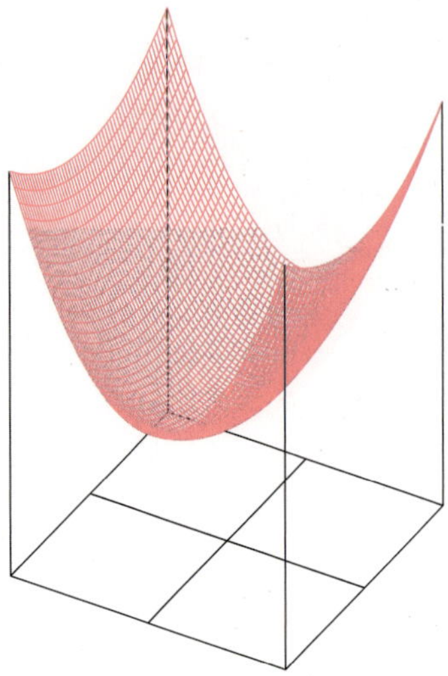

(4) 상반 타원면

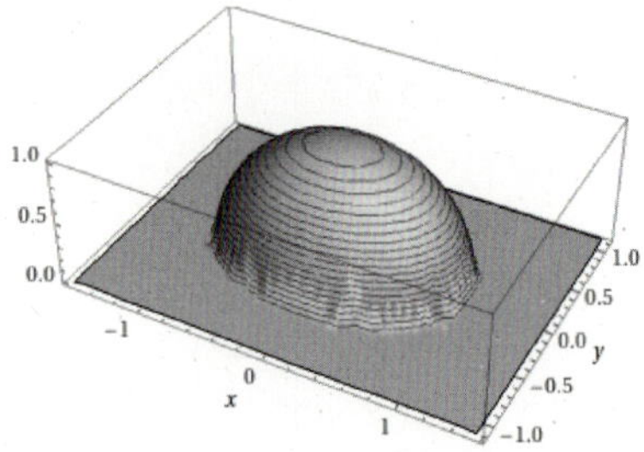

3. (1) 정의역: $\{(x, y)\in\mathbb{R}^2 \mid x^2+y^2\neq 0\}$; 치역: $(0, \infty)$; 등위 곡선: $x^2+y^2=c,\ c>0$
(2) 정의역: $\mathbb{R}^2$; 치역: $(-\infty, 1]$; 등위 곡선: 원 $(x-1)^2+y^2=c,\ c\geq 0$
(3) 정의역: $\{(x, y)\in\mathbb{R} \mid xy>0\}$; 치역: $\mathbb{R}$; 등위 곡선; $xy=c,\ c>0$
(4) 정의역: $\{(x, y)\in\mathbb{R}^2 \mid y\geq 0,\ x\neq 0\}$; 치역: $\mathbb{R}$; 등위 곡선: $\sqrt{y}=cx,\ c\in\mathbb{R}$
(5) 정의역: $\mathbb{R}^2$; 치역: $\mathbb{R}$; 등위 곡선; $x=ce^y,\ c\in\mathbb{R}$
(6) 정의역: $\mathbb{R}^2$; 치역: $[-1, 1]$; 등위 곡선; $xy=c,\ c\in\left[-\frac{\pi}{2}, \frac{\pi}{2}\right]$
(7) 정의역: $\{(x, y)\in\mathbb{R}^2 \mid x\neq 0\}$; 치역: $\left(-\frac{\pi}{2}, \frac{\pi}{2}\right)$; 등위 곡선; $y=\tan(c)x,\ c\in\left(-\frac{\pi}{2}, \frac{\pi}{2}\right)$
(8) 정의역: $\mathbb{R}^2$; 치역: $[-1, 1]$; 등위 곡선: $x^2+y^2=c,\ c\in[0, \pi]$
(9) 정의역: $\{(x, y)\in\mathbb{R}^2 \mid x^2+y^2\neq 0\}$; 치역: $\mathbb{R}$; $x^2+y^2=c,\ c>0$
(10) 정의역: $\{(x, y)\in\mathbb{R}^2 \mid y\in\mathbb{R},\ x>0\}$; 치역: $\mathbb{R}$; 등위 곡선: $y\ln x=c,\ x>0,\ c\in\mathbb{R}$
(11) 정의역: $\{(x, y)\in\mathbb{R}^2 | -1\leq xy\leq 1\}$; 치역: $\left[-\frac{\pi}{2}, \frac{\pi}{2}\right]$; 등위 곡선; $xy=c,\ c\in[-1:1]$
(12) 정의역: $\{(x, y)\in\mathbb{R}^2 \mid x-y\neq 0\}$; 치역: $\mathbb{R}$; 등위 곡선: $y=cx(c\neq 1),\ x=0$

4. (1) 정의역: $\{(x, y, z)\in\mathbb{R}^3 \mid x^2+y^2+z^2\neq 0\}$; 치역: $[0, 1]$
(2) 정의역: $\{(x, y, z)\in\mathbb{R}^3 \mid x+y+z\neq 0\}$; 치역: $[-1, 1]$
(3) 정의역: $\{(x_1, x_2, , x_3, x_{4)}\in\mathbb{R}^4 \mid x_1^2+x_2^2+x_3^2+x_4^2\neq 1\}$; 치역: $(-\infty, -1]\cup(0, \infty)$

5. (1) $x^2+y^2+z^2=c,\ c>0$; 공간에서 원점이 중심인 구면
(2) $x=c,\ c\in\mathbb{R}$; 공간에서 x축에 수직인 평면 또는 yz평면과 평행인 평면
(3) $x-c(y-z)=0,\ c\in\mathbb{R}$; 공간에서 원점을 지나고 벡터 $(1, -c, c),\ c\in\mathbb{R}$에 수직인 평면
(4) $xy=cz,\ c\in\mathbb{R}$; $c\neq 0$이면 쌍곡 포물면, $c=0$이면 평면 $x=0$ 또는 평면 $y=0$
(5) $x+2y+3z=c,\ c\in\mathbb{R}$; $c\neq 0$이면 x, y, z절편이 각각 $c, \frac{c}{2}, \frac{c}{3}$인 평면, $c=0$이면 원점을 지나고 벡터 $(1, 2, 3)$에 수직인 평면
(6) $x^2+y^2=c,\ c\geq 0$; $c\neq 0$이면 z축이 중심인 원기둥면, $c=0$이면 z축

(7) $y^2+z^2=c,\ c\ge 0$; $c\ne 0$이면 x축이 중심인 원기둥면, $c=0$이면 x축

(8) $z+c=x^2+y^2,\ c\ge 0$; 포물면

(9) $x^2+y^2+z^2=c,\ c>0$; 공간에서 원점이 중심인 구면

(10) $x^2+y^2+z^2=c,\ c>0$; 공간에서 원점이 중심인 구면

6. (1) $y=\dfrac{x\pm c}{2},\ c\ge 0$

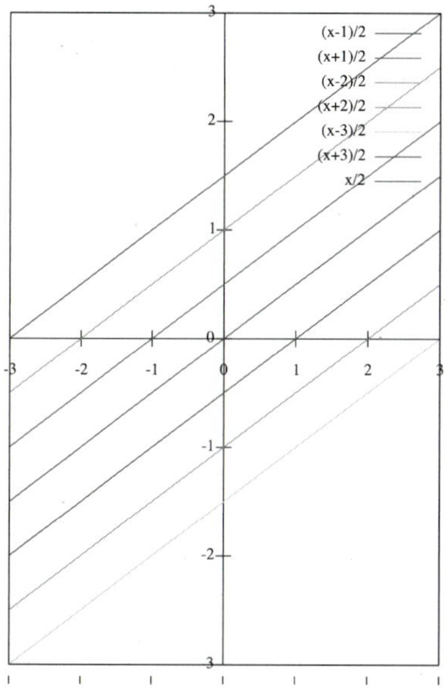

(2) $y=\dfrac{c}{\ln x},\ c\in\mathbb{R},\ x>0$

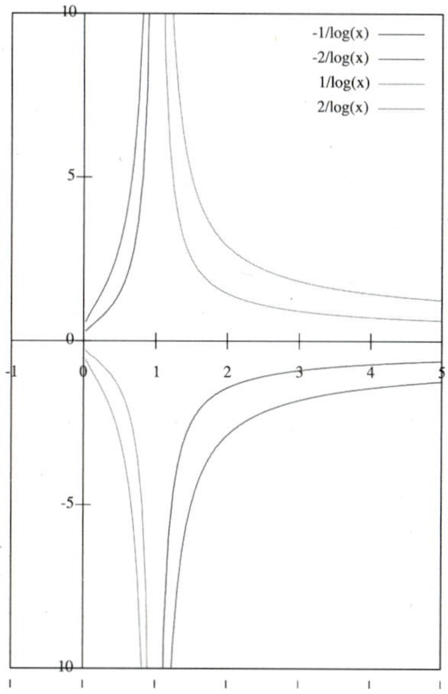

(3) $y=c-x,\ c\in\mathbb{R}$

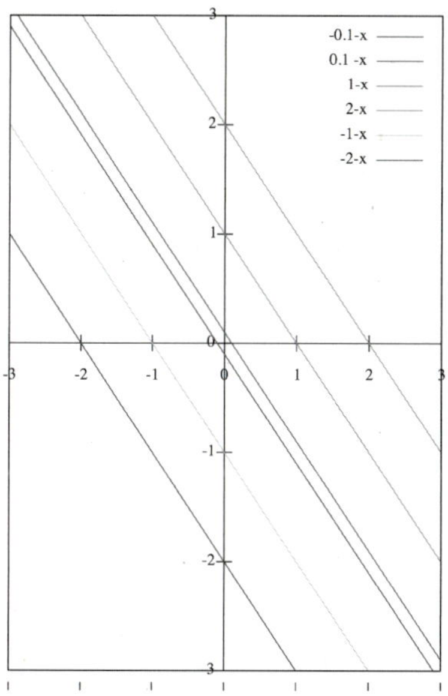

(4) $y=cx^2,\ c\in\mathbb{R}$

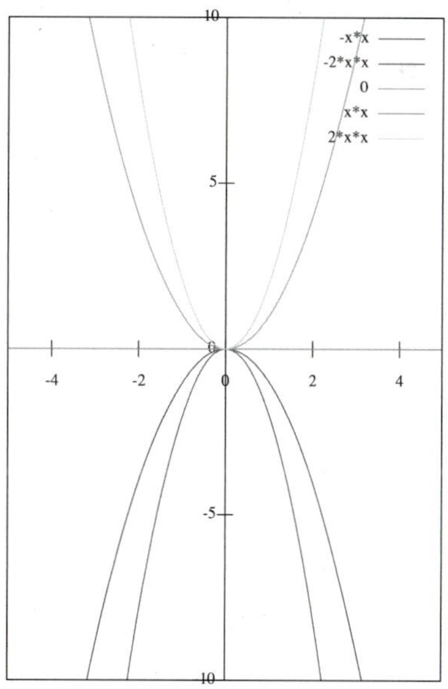

7. 정의역: $\{(x,\ y)\in\mathbb{R}^2 \mid y\ge x^2\}$; $f(2,\ 1)=\sqrt{3},\ f(\sqrt{2},\ 1)=1$

8. 정의역: $\{(x, y)\in\mathbb{R}^2 \mid x^2-y^2\neq 0\}$; 치역: $\mathbb{R}$; $f(2, 1)=\frac{2}{3}$

9. $x^2+3y^2=c$, $c\geq 0$, 타원 또는 원점

연습 문제 3.2

1. (1) $\frac{1}{2}$ (2) 1

2. $1-c$

3. (1) -3 (2) 8

(3) 존재하지 않음. 직선 $x=0$을 따라 $(0, 1)$에 가까이 가면 $f(x, y)\to 0$이고, 직선 $y=1$을 따라 $(0, 1)$에 가까이 가면 $f(x, y)\to 1$이다.

(4) 0 (5) $\frac{5}{7}$

(6) 존재하지 않음. 직선 $x=0$을 따라 $(0, 0)$에 가까이 가면 $f(x, y)\to 1$이고, 직선 $y=0$을 따라 $(0, 0)$에 가까이 가면 $f(x, y)\to\frac{1}{2}$이다.

(7) 3 (8) 2

(9) 존재하지 않음. z축을 따라 $(0, 0, 0)$에 가까이 가면 $f(x, y, z)\to 0$이고, $x=0$일 때(yz평면에서) 직선 $y=z$를 따라 $(0, 0, 0)$에 가까이 가면 $f(x, y, z)\to\frac{1}{2}$이다.

(10) 0

4. (1) 직선 $y=mx$을 따라 원점에 접근하면 $f(x, y)\to\frac{1+m^2}{m+(1-m)^2}$이다. m은 임의로 정할 수 있으므로 극한이 존재하지 않음.

(2) 포물선 $y=mx^2$, $m>0$을 따라 원점에 접근하면 $f(x, y)\to me^{-m}$이다. m은 임의로 정할 수 있으므로 극한이 존재하지 않음.

(3) $y=mx^2$을 따라 원점에 접근하면 $f(x, y)\to -\frac{m}{1+m^2}$이다. m은 임의로 정할 수 있으므로 극한이 존재하지 않음.

(4) $0<\left|(x+y)\sin\frac{1}{x}\sin\frac{1}{y}\right|\leq|x+y|$이므로 $(x, y)\to(0, 0)$일 때 $f(x, y)\to 0$이므로 극한은 존재하고 그 값은 0이다.

5. (1) $h(x, y)=(2x+3y-12)^2+\sqrt{2x+3y-12}+6$이다. 함수 h는 근호 안의 값이 0 이상인 범위에서 정의되므로 정의역은 집합 $D=\{(x, y)\in\mathbb{R}^2 \mid 2x+3y-12\geq 0\}$이다. 이때 f가 일차 함수이므로 $\mathbb{R}^2$에서 연속이고, g는 $\{t\in\mathbb{R}\,|\,t\geq 0\}$에서 연속이므로 합성 함수 h는 집합 D에서 연속이다.

(2) h의 정의역은 $D=\left\{(x, y)\in\mathbb{R}^2\,\middle|\,\frac{2-xy}{1+x^2y^2}>0\right\}=\{(x, y)\in\mathbb{R}^2 \mid xy<2\}$이다. f는 $\mathbb{R}^2$에서 연속인 유리함수이고 g는 $\{t\in\mathbb{R} \mid t>0\}$에서 연속이므로 합성함수 h는 집합 D에서 연속이다.

6. $\mathbf{a}\in\mathbb{R}^n$를 임의로 주어진 점이라 하자. 먼저 $|\mathbf{x}-\mathbf{a}|^2=|\mathbf{x}|^2+|\mathbf{a}|^2-2|\mathbf{x}||\mathbf{a}|\cos\theta\geq(|\mathbf{x}|-|\mathbf{a}|)^2$이므로 $||\mathbf{x}|-|\mathbf{a}||\leq|\mathbf{x}-\mathbf{a}|$이다. 따라서 임의의 양수 ϵ에 대하여 $\delta=\epsilon$라고 하면 $|\mathbf{x}-\mathbf{a}|<\delta$일 때 $||\mathbf{x}|-|\mathbf{a}||\leq|\mathbf{x}-\mathbf{a}|<\delta=\epsilon$이 성립한다.

7. 먼저 $\mathbf{c}$가 영벡터이면 $f(\mathbf{x})=0$이므로 분명히 $\mathbb{R}^n$에서 연속이다. 이제 $\mathbf{c}\neq\mathbf{0}$라면 임의의 $\epsilon>0$에 대해 $\delta=\dfrac{\epsilon}{|\mathbf{c}|}$라 하자. 그러면 임의의 점 $\mathbf{a}\in\mathbb{R}^n$에 대해 $|\mathbf{x}-\mathbf{a}|<\delta$을 만족시키는 $\mathbf{x}$에 대하여 다음이 성립하므로 주어진 함수 $f(\mathbf{x})=\mathbf{c}\cdot\mathbf{x}$는 $\mathbb{R}^n$에서 연속이다.

$$|f(\mathbf{x})-f(\mathbf{a})|=|\mathbf{c}\cdot\mathbf{x}-\mathbf{c}\cdot\mathbf{a}|\leq|\mathbf{c}||\mathbf{x}-\mathbf{a}|<|\mathbf{c}|\delta=|\mathbf{c}|\left(\frac{\epsilon}{|\mathbf{c}|}\right)=\epsilon$$

8. 직선 $y=mx+1$을 따라 점 $(0,\ 1)$로 접근하면 $f(x,\ mx+1)=\dfrac{m}{1+m^2}\to\dfrac{m}{1+m^2}$이므로 원점에서 주어진 함수의 극한이 존재하지 않는다. 따라서 주어진 함수는 점 $(0,\ 1)$에서 불연속이다.

9. x축($y=0,\ z=0$)을 따라 원점에 접근하면 $f(x,\ 0,\ 0)\to 1$이고, z축($x=0,\ y=0$)을 따라 원점에 접근하면 $f(0,\ 0,\ z)\to -1$이므로 원점에서 주어진 함수의 극한이 존재하지 않는다.. 따라서 주어진 함수는 원점에서 불연속이다.

10. 먼저 $\mathbf{p}=(a,\ b)$라 하고, 주어진 집합 $\Omega=\{\mathbf{x}:|\mathbf{x}-\mathbf{p}|<\delta,\ \mathbf{x}=(x,\ y)\}$의 원소 $\mathbf{x_0}=(x_0,\ y_0)$에 대하여 $s=|\mathbf{p}-\mathbf{x_0}|$라 하자. 그러면 $s\leq\delta$이다. 이제 점 $\mathbf{x_0}$의 근방 $N=\left\{\mathbf{x}\in\mathbb{R}^2:|\mathbf{x}-\mathbf{x_0}|<\dfrac{d}{2},\ d=\delta-s\right\}$을 생각하자. 그러면 집합 N의 임의의 원소 $\mathbf{x}=(x,\ y)$에 대하여 삼각부등식에 의해 다음이 성립한다.

$$|\mathbf{x}-\mathbf{p}|\leq|\mathbf{x}-\mathbf{x_0}|+|\mathbf{x_0}-\mathbf{p}|<\frac{d}{2}+s=\frac{\delta+s}{2}\leq\delta$$

따라서 근방 N은 집합 Ω의 부분 집합이므로 점 $\mathbf{x_0}$는 집합 Ω의 내점이다. 여기서 점 $\mathbf{x_0}$는 임의로 택한 점이므로 집합 Ω의 모든 점이 집합 Ω의 내점이다. 따라서 주어진 집합은 열린 집합이다.

11. 주어진 집합의 여집합이 열린 집합임을 보이면 된다.

(1) 주어진 집합의 여집합 U는 $U=\{\mathbf{x}\in\mathbb{R}^2: x<0$ 또는 $x>1,\ \mathbf{x}=(x,\ y)\}$이다. $\mathbf{x_0}=(x_0,\ y_0)\in U$일 때 $x_0<0$이면 $d=\dfrac{1}{2}|x_0|$, $x_0>1$이면 $d=\dfrac{x_0-1}{2}$라 하고, 근방 $N=\{\mathbf{x}\in\mathbb{R}^2:|\mathbf{x}-\mathbf{x_0}|<d\}$가 집합 U의 부분 집합임을 보인다.

(2) 여집합 U는 $U=\mathbb{R}^2\setminus\{(x,\ x)\in\mathbb{R}^2:0\leq x\leq 1\}$이다. $\mathbf{x_0}=(x_0,\ y_0)\in U$이면 $\mathbf{x_0}$가 U의 내점임을 보이면 된다. $\mathbf{x_0}$가 U의 원소이면 $\mathbf{x_0}$는 다음 집합 $U_1\sim U_5$ 중에서 오직 한 집합의 원소이다.

$U_1=\{(x,\ y)\in\mathbb{R}^2:x<0\}$, $U_2=\{(x,\ y)\in\mathbb{R}^2:x>1\}$,
$U_3=\{(x,\ y)\in\mathbb{R}^2:0\leq x\leq 1,\ y>1\}$, $U_4=\{(x,\ y)\in\mathbb{R}^2:0\leq x\leq 1,\ y<0\}$,
$U_5=\{(x,\ y)\in\mathbb{R}^2:0\leq x\leq 1,\ 0\leq y\leq 1,\ y\neq x\}$,

$\mathbf{x_0}\in U_1$이면 $N_1=\left\{\mathrm{x}\in\mathbb{R}^2:|\mathbf{x}-\mathbf{x_0}|<\dfrac{|x_0|}{2}\right\}$가 U의 부분 집합임을 보인다.

$\mathbf{x_0}\in U_2$이면 $N_2=\left\{\mathrm{x}\in\mathbb{R}^2:|\mathbf{x}-\mathbf{x_0}|<\dfrac{x_0-1}{2}\right\}$가 U의 부분 집합임을 보인다.

$\mathbf{x_0}\in U_3$이면 $N_3=\left\{\mathrm{x}\in\mathbb{R}^2:|\mathbf{x}-\mathbf{x_0}|<\dfrac{y_0-1}{2}\right\}$가 U의 부분 집합임을 보인다.

$\mathbf{x_0}\in U_4$이면 $N_4=\left\{\mathrm{x}\in\mathbb{R}^2:|\mathbf{x}-\mathbf{x_0}|<\dfrac{|y_0|}{2}\right\}$가 U의 부분 집합임을 보인다.

$\mathbf{x_0}\in U_5$이면 $N_5=\left\{\mathrm{x}\in\mathbb{R}^2:|\mathbf{x}-\mathbf{x_0}|<\dfrac{|x_0-y_0|}{2\sqrt{2}}\right\}$가 U의 부분 집합임을 보인다.

12. (1) 내점의 집합: 공집합, 경계점의 집합: $\{(0, 0)\} \cup \left\{\left(\frac{1}{n}, 0\right) \in \mathbb{R}^2 : n \in \mathbb{N}\right\}$

(2) 내점의 집합: $\{(x, y) \in \mathbb{R}^2 \mid x^2+y^2 < 1, x < 0\}$

경계점의 집합: $\{(x, y) \in \mathbb{R}^2 \mid x^2+y^2 = 1, x < 0\} \cup \{(x, y) \in \mathbb{R}^2 \mid -1 \le y \le 1, x = 0\}$

(3) 내점의 집합: 공집합, 경계점의 집합: $\mathbb{R}^2$

(4) 내점의 집합: $\{(x, y) \in \mathbb{R}^2 \mid y < x+1\} \cup (x, y) \in \mathbb{R}^2 \mid y > x+1\}$,

경계점의 집합: $\{(x, y) \in \mathbb{R}^2 \mid y = x+1\}$

13. (1) $\{(x, y) \in \mathbb{R}^2 : \sqrt{x^2+y^2} < 0.1\}$ (2) $\{(x, y) \in \mathbb{R}^2 : |y| < 0.01\}$

(3) $\{(x, y) \in \mathbb{R}^2 : |xy| < 0.01\}$ (4) $\{(x, y) \in \mathbb{R}^2 : |x+y| < 0.01\}$

(5) $\{(x, y, z) \in \mathbb{R}^3 : |x+y+z| < 0.015\}$ (6) $\{(x, y, z) \in \mathbb{R}^3 : |xyz| < 0.008\}$

(7) $\{(x, y, z) \in \mathbb{R}^3 : \sqrt{x^2+y^2+z^2} < 0.1\}$

(8) $\{(x, y, z) \in \mathbb{R}^3 : \sqrt{x^2+y^2+z^2} < 0.1\}$ (귀띔: $|x| < \frac{\pi}{4}$일 때 $|\tan x| < |x|$)

15. 연속

연습 문제 3.3

1. $h \to 0$일 때, $\frac{f(1+h, 2)-f(1, 2)}{h} = \frac{(1+h)^2+2^3-1-2^3}{h} = \frac{2h+h^2}{h} = 2+h \to 2$이므로 $f_x(1, 2) = 2$이다. 한편 $k \to 0$일 때,

$\frac{f(1, 2+k)-f(1, 2)}{h} = \frac{1+(2+k)^3-1-2^3}{k} = \frac{12k+6k^2+k^3}{k} = 12+6k+k^2 \to 12$이므로

$f_y(1, 2) = 12$이다.

2. (1) $z_x = 2xy,\ z_{xx} = 2y,\ z_{xy} = 2x,\ z_y = x^2,\ z_{yx} = z_{xy},\ z_{yy} = 0$

(2) $f_x = \sin(yz) - \frac{z}{x},\ f_{xx} = \frac{z}{x^2},\ f_{xy} = z\cos(yz),\ f_{xz} = y\cos(yz) - \frac{1}{x}$

$f_y = xz\cos(yz) - \frac{z}{y},\ f_{yx} = f_{xy},\ f_{yy} = -xz^2\sin(yz) + \frac{z}{y^2},$

$f_{yz} = x\cos(yz) - xyz\sin(yz) - \frac{1}{y},$

$f_z = xy\cos(yz) - \ln(xy),\ f_{zx} = f_{xz},\quad f_{zy} = f_{yz},\ f_{zz} = -xy^2\sin(yz)$

(3) $z_x = \frac{2x}{x^2+y^2},\ z_{xx} = 2\frac{y^2-x^2}{(x^2+y^2)^2},\ z_{xy} = \frac{-4xy}{(x^2+y^2)^2},$

$z_y = \frac{2y}{x^2+y^2},\ z_{yx} = z_{xy},\ z_{yy} = 2\frac{x^2-y^2}{(x^2+y^2)^2}$

(4) $f_x = -2xyz\sin(x^2yz),\ f_{xx} = -2yz\sin(x^2yz) - 4x^2y^2z^2\cos(x^2yz),$

$f_{xy} = -2xz\sin(x^2yz) - 2x^3yz^2\cos(x^2yz),\ f_{xz} = -2xy\sin(x^2yz) - 2x^3y^2z\cos(x^2yz)$

$f_y = -x^2z\sin(x^2yz),\ f_{yx} = f_{xy},\ f_{yy} = -x^4z^2\cos(x^2y^2z),$

$f_{yz} = -x^2\sin(x^2yz) - x^4yz\cos(x^2yz)$

$f_z = -x^2y\sin(x^2yz),\ f_{zx} = f_{xz},\ f_{zy} = f_{yz},\ f_{zz} = -x^4y^2\cos(x^2yz)$

(5) $f_x=\dfrac{1}{x}$, $f_{xx}=-\dfrac{1}{x^2}$, $f_{xy}=0$, $f_{xz}=0$, $f_{xw}=0$,

$f_y=\dfrac{1}{y}$, $f_{yx}=f_{xy}$, $f_{yy}=-\dfrac{1}{y^2}$, $f_{yz}=0$, $f_{yw}=0$,

$f_z=\dfrac{1}{z}$, $f_{zx}=f_{xz}$, $f_{zy}=f_{zy}$, $f_{zz}=-\dfrac{1}{z^2}$, $f_{zw}=0$,

$f_w=\dfrac{1}{w}$, $f_{wx}=f_{xw}$, $f_{wy}=f_{yw}$, $f_{wz}=f_{zw}$, $f_{ww}=-\dfrac{1}{w^2}$

(6) $f_x=2\cos(2x)\cosh(3z)$, $f_{xx}=-4\sin(2x)\cosh(3z)$, $f_{xy}=0$,
$f_{xz}=6\cos(2x)\sinh(3z)$, $f_{xw}=0$,
$f_y=3\cosh(3y)\cos(4w)$, $f_{yx}=f_{xy}$, $f_{yy}=9\sinh(3y)\cos(4w)$, $f_{yz}=0$,
$f_{yw}=-12\cosh(3y)\sin(4w)$,
$f_z=3\sin(2x)\sinh(3z)$, $f_{zx}=f_{xz}$, $f_{zy}=f_{yz}$, $f_{zz}=9\sin(2x)\cosh(3z)$, $f_{zw}=0$,
$f_w=-4\sinh(3y)\sin(4w)$, $f_{wx}=f_{xw}$, $f_{wy}=f_{yw}$, $f_{wz}=f_{zw}$, $f_{ww}=-16\sinh(3y)\cos(4w)$

3. (1) $z_x=f'(x+y)$, $z_y=f'(x+y)$ (2) $z_x=yf'(xy)$, $z_y=xf'(xy)$

(3) $z_x=\dfrac{1}{y}f'\left(\dfrac{x}{y}\right)$, $z_y=-\dfrac{x}{y^2}f'\left(\dfrac{x}{y}\right)$ (4) $z_x=f'(x)$, $z_y=g'(y)$

(5) $z_x=f'(x)g(y)$, $z_y=f(x)g'(y)$ (6) $z_x=\dfrac{f'(x)}{g(y)}$, $z_y=-f(x)\dfrac{g'(y)}{\{g(y)\}^2}$

4. (1) $z_x=2xf'(x^2+y^2)$, $f_y=2yf'(x^2+y^2)$, $yz_x=xz_y$

(2) $z_x=-\dfrac{1}{x^2}f\left(\dfrac{x}{y}\right)+\dfrac{1}{xy}f'\left(\dfrac{x}{y}\right)=-\dfrac{z}{x}+\dfrac{1}{xy}f'\left(\dfrac{x}{y}\right)$이다. 또 $z_y=-\dfrac{1}{y^2}f'\left(\dfrac{x}{y}\right)$이므로

$f'\left(\dfrac{x}{y}\right)=-y^2z_y$이다. 따라서 $z_x=-\dfrac{z}{x}+\dfrac{1}{xy}f'\left(\dfrac{x}{y}\right)=-\dfrac{z}{x}-\dfrac{y}{x}z_y$에서 $xz_x+yz_y+z=0$

5. $\dfrac{\partial K}{\partial m}=\dfrac{1}{2}v^2$이고, $\dfrac{\partial K}{\partial v}=mv$, $\dfrac{\partial^2K}{\partial v^2}=m$이므로 $\dfrac{\partial K}{\partial m}\dfrac{\partial^2K}{\partial v^2}=\dfrac{1}{2}v^2m=K$

6. $f_z=4x^2y^2(2z+1)$이므로 $f_{zy}=8x^2y(2z+1)$, $f_{zyx}=16xy(2z+1)$, $f_{zzy}=f_{zyz}=16x^2y$이다. $(1,\ -1,\ 1)$을 각각 대입하면 $f_{zy}(1,\ -1,\ 1)=-24$, $f_{zyx}(1,\ -1,\ 1)=-48$, $f_{zzy}(1,\ -1,\ 1)=-16$

8. $f_x=(y-z)(z-x)-(x-y)(y-z)$, $f_y=-(y-z)(z-x)+(x-y)(z-x)$,
$f_z=-(x-y)(z-x)+(x-y)(y-z)$

9. (1) $\sqrt{x^2+y^2}$ (2) 1 (3) 0

13. $\dfrac{\tilde{k}^2}{k_i^2}$

14. $\dfrac{f(1+h,\ 0)-f(1,\ 0)}{h}=0$이므로 $f_x(1,\ 0)=0$이다. 한편 $\dfrac{f(1,\ k)-f(1,\ 0)}{k}=\dfrac{|k|}{k}$이다. 그러면 $k\to0$일 때 $\dfrac{|k|}{k}$의 극한이 존재하지 않으므로 점 $(1,\ 0)$에서 주어진 함수는 변수 y에 대해 편미분 가능하지 않다.

15. 연속성은 연습 문제 3.2의 6번을 참조하라. 편미분 가능성은 $\dfrac{f(h,\ 0)-f(0,\ 0)}{h}$와 $\dfrac{f(0,\ k)-f(0,\ 0)}{k}$가 각각 $h\to0$, $k\to0$일 때 극한의 존재성에 대해 생각해 보라.

16. $f_x(0,\ 0)=0$, $f_y(0,\ 0)=0$, $f_{xy}(0,\ 0)=0$, $f_{yx}(0,\ 0)=1$ (귀띔: $y \neq 0$일 때, $f_x(0,\ y)=0$이고 $x \neq 0$일 때 $f_y(x,\ 0)=x$이다.)

연습 문제 3.4

1. (1) $\left(\frac{1}{x},\ \pi\cos(\pi y)\right)$ (2) $\left(\frac{x(x+2y)}{(x+y)^2},\ -\frac{x^2}{(x+y)^2}\right)$

   (3) $\left(\frac{x}{\sqrt{x^2+y^2+z^2}},\ \frac{y}{\sqrt{x^2+y^2+z^2}},\ \frac{z}{\sqrt{x^2+y^2+z^2}}\right)$

   (4) $\left((1-\cos\theta)\frac{1-r^2}{(r^2+z^2)^2},\ \frac{r\sin\theta}{(r^2+z^2)},\ -\frac{2zr(1-\cos\theta)}{(r^2+z^2)^2}\right)$

   (5) $\left(\frac{1}{x},\ \frac{1}{y},\ \frac{1}{z},\ \frac{1}{w}\right)$

   (6) $(2\cos(2x)\cosh(3z),\ 3\cosh(3y)\cos(4w),\ 3\sin(2x)\cosh(3z),\ -4\sinh(3y)\sin(4w))$

2. (1) $df=6x(x^2+2y)^2dx+6(x^2+2y)^2dy$, 0.6

   (2) $df=\frac{2x}{y}dx-\frac{x^2}{y^2}dy$, 0.1

   (3) $df=(y\ln x+y)dx+x\ln x dy$, 0.4

   (4) $df=(x+y+1)e^{x-y}dx+(1-x-y)e^{x-y}dy$, 0.3

   (5) $df=e^x\cos y dx-e^x\sin y dy$, 0.1

   (6) $df=\left(y^2-y\sin(x-1)\right)dx+(2xy+\cos(x-1))dy$, 0.9

3. (1) $z=x+1$ (2) $z=x+y-1$

   (3) $z=2x+4y-5$ (4) $z=x+\frac{1}{2e}y-\frac{1}{2}$

   (5) $z=-2$ (6) $z=-x+y+2$

5. (1) $\nabla f=(y,\ x)$이고 각 편도함수가 다항식이므로 xy평면에서 연속이다. 정리 3.4-3에 의해 모든 점에서 미분 가능하다. 선형 근사식은 $L(x,\ y)=1+2(x-1)+(y-2)$

   (2) $\nabla f=\left(\frac{y}{2\sqrt{xy}},\ \frac{x}{2\sqrt{xy}}\right)$ 각 편도함수는 주어진 점 $(4,\ 1)$에서 연속이므로. 주어진 점에서 미분 가능하다. 선형 근사식은 $L(x,\ y)=2+\frac{1}{4}(x-4)+y-1=\frac{1}{4}x+y$

   (3) $\nabla f=\left(\frac{1}{1+y},\ -\frac{1+x}{(1+y)^2}\right)$은 주어진 점에서 연속이므로 정리 3.4-3에 의해 미분 가능하다. 선형 근사식은 $L(x,\ y)=\frac{1}{2}+\frac{1}{4}(x-1)-\frac{1}{8}(y-3)=\frac{1}{4}x-\frac{1}{8}y+\frac{5}{8}$

   (4) $\nabla f=\left(e^x\ln y,\ \frac{e^x}{y}\right)$는 주어진 점에서 연속이므로 미분 가능하다. 선형 근사식은 $L(x,\ y)=2(y-1)$

6. (1) $dz=(4x^3+y^2-2x)dx+2xydy$ (2) $df=(2xy^3+ye^{xy})dx+(3x^2y^2+xe^{xy})dy$

   (3) $dw=\frac{1}{2\sqrt{x}}\ln(y^3+z)dx+\frac{3y^2\sqrt{x}}{y^3+2z}dy+\frac{2\sqrt{x}}{y^3+2z}dz$

   (4) $df=\left(\sin(yz)-\frac{z}{x}\right)dx+\left(xz\cos(yz)-\frac{z}{y}\right)dy+(xy\cos(yz)-\ln(xy))dz$

7. $dx=\Delta x=-0.1,\ dy=\Delta y=0.05$ 편도함수는 $z_x=2x,\ z_y=10y$

$dz=z_x(2,\ 1)dx+z_y(2,\ 1)dy=4\times(-0.1)+10\times 0.05=0.1$

$\Delta z=f(1.9,\ 1.05)-f(2,\ 1)=(1.9)^2+5(1.05)^2-9=0.1225$

8. (1) $f_x(x,\ y)=6x-y,\ f_y(x,\ y)=-x+2y$이다. 이를 이용하면 점 $(-1,\ 3)$)에서 주어진 함수의 일차 근사식은 $L(x,\ y)=15-9(x+1)+7(y-3)$이므로 $f(-0.95,\ 2.96)$의 근삿값은 $L(-0.95,\ 2.96)=14.27$

(2) $f_x(x,\ y)=\dfrac{-2x}{\sqrt{15-2x^2-6y^2}},\ f_y(x,\ y)=\dfrac{-6y}{\sqrt{15-2x^2-6y^2}}$이다. 이를 이용하면 점 $(2,\ 1)$에서 일차 근사식은 $L(x,\ y)=1-4(x-2)-6(y-1)$이므로 $f(1.95,\ 1.08)$의 근삿값은 $L(1.95,\ 1.08)=0.72$

(3) $f_x(x,\ y,\ z)=\dfrac{x}{\sqrt{x^2+y^2+z^2}},\ f_y(x,\ y,\ z)=\dfrac{y}{\sqrt{x^2+y^2+z^2}},\ f_z(x,\ y,\ z)=\dfrac{z}{\sqrt{x^2+y^2+z^2}}$ 이다. 이를 이용하면 점 $(2,\ 3,\ 6)$에서 주어진 함수 f의 일차 근사식은 $L(x,\ y,\ z)=7+\dfrac{2}{7}(x-2)+\dfrac{3}{7}(y-3)+\dfrac{6}{7}(z-6)$이므로 $f(2.01,\ 3.01,\ 5.98)$의 근삿값은 $L(2.01,\ 3.01,\ 5.98)=6.99$

9. $\Delta z\approx dz=2(0.01)+2(-0.03)=-0.04$

10. $\left|\dfrac{dV}{V}\right|=\left|2\dfrac{dr}{r}+\dfrac{dh}{h}\right|\le 2\left|\dfrac{dr}{r}\right|+\left|\dfrac{dh}{h}\right|\le 0.09$

11. (연속성) $x^2+y^4\ge 2\,|\,x\,|\,y^2$이므로 $\left|xy^2\dfrac{\sqrt{x^2+y^2}}{x^2+y^4}\right|\le\dfrac{\sqrt{x^2+y^2}}{2}$

(편미분) $\nabla f(0,\ 0)=(0,\ 0)$

(미분 불가능성) 원점에서 미분 가능하다면 미분 가능성의 정의식을 만족시키는 함수는 $\epsilon(x,\ y)=\dfrac{xy^2}{x^2+y^2}$이고 $\lim\limits_{(x,\ y)\to(0,\ 0)}\epsilon(x,\ y)=0$이어야 한다. 그런데 포물선 $x=my^2$에 있는 점에서 $\epsilon(x,\ y)=\dfrac{m}{1+m^2}$이므로 서로 다른 포물선 위를 따라 원점에 접근하면 $\epsilon(x,\ y)$는 하나의 값에 접근하지 않으므로 함수 $\epsilon(x,\ y)$의 원점에서 극한은 0이 아니다.

12. (필요조건) 점 $\mathbf{x}_0\in\mathbb{R}^n$의 근방에서 정의된 함수 f가 점 $\mathbf{x}_0$에서 미분 가능하다고 하자. 그러면 정의에 의해 다음을 만족시키는 벡터 $\mathbf{a}\in\mathbb{R}^n$와 함수 $\epsilon(\mathbf{x})$가 존재한다.

$$f(\mathbf{x})=f(\mathbf{x}_0)+\mathbf{a}\cdot(\mathbf{x}-\mathbf{x}_0)\mathbf{x}+\epsilon(\mathbf{x})|\mathbf{x}-\mathbf{x}_0|,\quad \lim_{\mathbf{x}\to\mathbf{x}_0}\epsilon(\mathbf{x})=0$$

그러면 정리 3.4-1에 의하여 f의 일계 편미분 계수가 모두 존재하고 $\mathbf{a}=\nabla f(\mathbf{x_0})$이다. 따라서 f의 일계 편미분 계수가 모두 존재하고 다음 식을 만족시키는 함수 $\epsilon(\mathbf{x})$가 존재한다.

$$f(\mathbf{x})=f(\mathbf{x}_0)+\nabla f(\mathbf{x}_0)\cdot(\mathbf{x}-\mathbf{x}_0)+\epsilon(\mathbf{x})|\mathbf{x}-\mathbf{x}_0|,\quad \lim_{\mathbf{x}\to\mathbf{x}_0}\epsilon(\mathbf{x})=0$$

(충분조건) 이제 점 $\mathbf{x_0}$에서 f의 일계 편미분 계수가 모두 존재하고 다음 식을 만족시키는 함수 $\epsilon(\mathbf{x})$가 존재한다고 하자.

$$f(\mathbf{x})=f(\mathbf{x}_0)+\nabla f(\mathbf{x}_0)\cdot(\mathbf{x}-\mathbf{x}_0)+\epsilon(\mathbf{x})|\mathbf{x}-\mathbf{x}_0|,\quad \lim_{\mathbf{x}\to\mathbf{x}_0}\epsilon(\mathbf{x})=0$$

이때 $\mathbf{a}=\nabla f(\mathbf{x_0})$라 하면, 정의에 의해 분명히 f는 점 $\mathbf{x}_0$에서 미분 가능하다.

13. (스케치) 열린 집합 Ω의 점 $\mathbf{x}\in\Omega$에서 두 함수 f와 g가 미분 가능하면 각각 점 $\mathbf{x}$의 근방 $N_1,\ N_2\subset\Omega$에서 미분 가능하다. 따라서 정리 3.4-2에 의하여 점 $\mathbf{x}$의 근방 $N=N_1\cap N_2$에서 다음

을 만족시키는 함수 $\epsilon_1(\mathbf{y})$, $\epsilon_2(\mathbf{y})$가 존재한다.

$$f(\mathbf{y})=f(\mathbf{x})+\nabla f(\mathbf{x})\cdot(\mathbf{y}-\mathbf{x})+\epsilon_1(\mathbf{y})|\mathbf{y}-\mathbf{x}|,\quad \lim_{\mathbf{y}\to\mathbf{x}}\epsilon_1(\mathbf{y})=0 \tag{A}$$

$$g(\mathbf{y})=g(\mathbf{x})+\nabla g(\mathbf{x})\cdot(\mathbf{y}-\mathbf{x})+\epsilon_2(\mathbf{x})|\mathbf{y}-\mathbf{x}|,\quad \lim_{\mathbf{y}\to\mathbf{x}}\epsilon_2(\mathbf{y})=0 \tag{B}$$

먼저, 두 식 (A)와 (B)를 더하여 다음을 얻는다.

$$f(\mathbf{y})+g(\mathbf{y})=f(\mathbf{x})+g(\mathbf{x})+\{\nabla f(\mathbf{x})+\nabla g(\mathbf{x})\}\cdot(\mathbf{y}-\mathbf{x})+\{\epsilon_1(\mathbf{y})+\epsilon_2(\mathbf{y})\}|\mathbf{y}-\mathbf{x}|$$

여기서 $\mathbf{a}=\nabla f(\mathbf{x})+\nabla g(\mathbf{x})$, $\epsilon(\mathbf{y})=\epsilon_1(\mathbf{y})+\epsilon_2(\mathbf{y})$라 하자. 그러면 N에서 $\lim_{\mathbf{y}\to\mathbf{x}}\epsilon(\mathbf{y})=0$이고 다음 식이 성립하므로 $f+g$는 점 $\mathbf{x}\in\Omega$에서 미분 가능하다.

$$(f+g)(\mathbf{y})=(f+g)(\mathbf{x})+\{\nabla f(\mathbf{x})+\nabla g(\mathbf{x})\}\cdot(\mathbf{y}-\mathbf{x})+\epsilon(\mathbf{y})|\mathbf{y}-\mathbf{x}|,\ \lim_{\mathbf{y}\to\mathbf{x}}\epsilon(\mathbf{y})=0$$

한편, 두 식 (A)와 (B)를 곱하여 얻는 식을 다음과 같은 형태로 변형한다.

$$(fg)(\mathbf{y})=(fg)(\mathbf{x})+\mathbf{a}\cdot(\mathbf{y}-\mathbf{x})+\epsilon(\mathbf{y})|\mathbf{y}-\mathbf{x}|$$

그 과정에서 $\mathbf{a}=f(\mathbf{x})\nabla g(\mathbf{x})+g(\mathbf{x})\nabla f(\mathbf{x})$임을 확인하고, 함수 $\epsilon(\mathbf{y})$에 대응하는 식을 찾아내어 $\lim_{\mathbf{y}\to\mathbf{x}}\epsilon(\mathbf{y})=0$임을 보인다.

14. $W(-4,\ 7)\approx-7.17$ (지수항의 값을 계산할 때, 계산기를 이용하라.)

15. 세로의 길이를 s, 가로의 길이를 w라 하면, 넓이는 $A(s,\ w)=sw$이다. 따라서 측정 오차에 따른 넓이의 변화는 $dA=wds+sdw$이고 $\dfrac{dA}{sw}=\dfrac{ds}{s}+\dfrac{dw}{w}$이다. 이때 자로 길이를 측정하므로 ds와 dw의 한계는 비슷할 것이지만, 가로의 길이 w가 매우 길고, 세로의 길이 s가 매우 짧다고 했으므로 어느 경우든 세로 길이의 측정에 더 유의하여야 한다.

연습 문제 3.5

1. (1) $e^t(\cos t-\sin t)$

(2) $15t^4e^{3t^5}$

(3) $(e^{2t}-e^{-2t})[1+\log(e^{2t}+e^{-2t})]$

(4) $\dfrac{du}{dt}=u_x\dfrac{dx}{dt}+u_y\dfrac{dy}{dt}=(\sin 2t+\cos t+2(1-t)\sin t)e^{2\sin t-(1-t)^2}$

(5) $\dfrac{du}{dt}=yx^{y-1}\dfrac{dx}{dt}+x^y\ln x\dfrac{dy}{dt}=2t(1+2t)(t^2+1)^{2t}+2(t^2+1)^{1+2t}\ln(t^2+1)$

(6) $\dfrac{du}{dt}=2(2t^3+t)\cos\dfrac{1}{t}+(t^2+1)\sin\dfrac{1}{t}$

(7) $\dfrac{du}{dt}=4(t+1)(3t^2+1)$

2. (1) $u_x=u_ss_x+u_tt_x=-\dfrac{1+2y}{(1+2xy)^2}e^{\frac{1-x}{1+2xy}},\ u_y=-\dfrac{2x(1-x)}{(1+2xy)^2}e^{\frac{1-x}{1+2xy}}$

(2) $u_x=u_rr_x+u_\theta\theta_x=2y,\ u_y=2x$

(3) $u_x=f'(x+2y),\ u_y=2f'(x+2y)$

(4) $u_x=\dfrac{5}{y}f'(5x/y),\quad u_y=\left(-\dfrac{5x}{y^2}\right)f'(5x/y)$

(5) $u_x=\dfrac{3}{(3x+u)y-1},\ u_y=\dfrac{-u(3x+u)}{(3x+u)y-1}$

(6) $u_x = \dfrac{2 - yu\cos(xyu)}{xy\cos(xyu) - 1}$. $u_y = \dfrac{3 - xu\cos(xyu)}{xy\cos(xyu) - 1}$.

3. $f_s(-1,\ 2) = f_x x_s + f_y y_x + f_z z_s\big|_{(-1,\ 2)} = \tan 1 - \dfrac{1}{2}$, $f_t(-1,\ 2) = \dfrac{1}{4}$

4. $\dfrac{\partial p}{\partial t} = -\dfrac{F_t}{F_p}$를 이용.

5. $w_r = f_x x_r + f_y y_r + f_z z_r = f_x - f_z$와 같이 w_s, w_t를 찾는다.

6. 이변수 테일러 급수에 적용

7. $(0,\ 0)$에서 $T_1(f)$를 찾는다.

8. (1) $4s$ (2) $-2\cos s$

(3) $f(x,\ s) = \dfrac{e^{-x} - e^{-sx}}{x}$라 두면 $\lim\limits_{x \to 0} f(x,\ s) = s - 1$이므로 $f(0,\ s) = s - 1$이라 두면 f와 $\dfrac{\partial f}{\partial s}$는 $[-1,\ 1] \times (0,\ \infty)$에서 연속이다. 정리 3.5-2에 의해 $\displaystyle\int_{-1}^{1} \frac{\partial f}{\partial s} dx = \int_{-1}^{1} e^{-sx} dx = \frac{2\sinh s}{s}$.

9. $\left|\dfrac{e^{-\alpha x}\sin x}{x}\right| \le \left|\dfrac{\sin x}{x}\right|$이므로 정리 3.5-2 조건을 만족시킨다.

$F(\alpha) = \displaystyle\int_0^\infty \frac{e^{-\alpha x}\sin x}{x} dx$라 하면 $F'(\alpha) = \dfrac{-1}{\alpha^2 + 1}$. 따라서 $F(\alpha) = \dfrac{\pi}{2} - \tan^{-1}\alpha$

10. (1) $2\alpha^2$ (2) $t + 2\alpha \ln \dfrac{\alpha}{t + \alpha}$

11. $f_n(x,\ \alpha) = x^n e^{-\alpha x}$, $F_n(\alpha) = \displaystyle\int_0^\infty f_n(x,\ \alpha) dx$로 두면 $F_n(\alpha) = \displaystyle\int_0^\infty (-1)^n \frac{\partial^n f_0(x,\ \alpha)}{\partial \alpha^n} dx$이다.

조건은 $F_0(\alpha) = \displaystyle\int_0^\infty f_0(x,\ \alpha) dx = \frac{1}{\alpha}$이다.

이로부터 $F_0^{(n)}(\alpha) = \displaystyle\int_0^\infty \frac{\partial^n f_0(x,\ \alpha)}{\partial \alpha^n} dx = \frac{(-1)^n n!}{\alpha^{n+1}}$. 따라서 $F_n(\alpha) = (-1)^n F_0^{(n)}(\alpha) = \dfrac{n!}{\alpha^{n+1}}$ 이다.

12. (1) $\dfrac{3}{4} - \dfrac{1}{4}(x - y)$ (2) $1 + 2x - y$

(3) $1 + x$ (4) $2 - z$

(5) $\dfrac{\pi}{4} - \dfrac{3}{2} + \dfrac{1}{2}(x + y + z)$

13. (1) $-1 + \dfrac{1}{2}(x - \pi)^2 + \dfrac{1}{2}\left(y - \dfrac{\pi}{2}\right)^2$

(2) $2 - \dfrac{3\pi^2}{4}(y - 1) - \dfrac{1}{2}\left(x - \dfrac{\pi}{2}\right)^2 + \dfrac{\pi^2}{4}(y - 1)^2 - \dfrac{7\pi}{2}\left(x - \dfrac{\pi}{2}\right)(y - 1)$

14. $f(x,\ s) = \dfrac{e^{x} - e^{-sx}}{x}$라 두면 $0 < x < 1$에서 유계인 연속 함수이므로 적분 가능하다. $1 \le x$이면 $M(x) = 2\max\{e^{-x},\ e^{-sx}\}$이 적분 가능하므로 정리 3.5-2가 적용된다.

(1) $\dfrac{1}{s}$ (2) $\ln 3$

15. $2x\sqrt{x^3 + x^8} + \displaystyle\int_0^{x^2} \frac{3x^2}{2\sqrt{x^3 + t^4}} dt$

연습 문제 3.6

1. (1) $(2,\ 0,\ -1)$ (2) $(-2,\ 0,\ 0)$
   (3) $(0,\ 0,\ -5)$ (4) $\left(1,\ \sqrt{2},\ \frac{\pi}{4}\right)$
2. (1) $\frac{\sqrt{8}}{10}$ (2) $1+\frac{\pi}{4\sqrt{2}}$
   (3) $4\sqrt{2}$ (4) $\sqrt{2}$
3. (1) $\nabla f=(y+z,\ x+z,\ x+y)$, $\mathbf{g}'(t)=(e^t,\ \cos t,\ -\sin t)$
   $(f\circ\mathbf{g})'(\pi)=\nabla f\circ\mathbf{g}'(\pi)=-2e^{\pi}+1$
   (2) $\nabla f=(yze^{xyz},\ zxe^{xyz},\ xye^{xyz})$, $\mathbf{g}'(t)=(1,\ 6t,\ 3t^2)$
   $(f\circ\mathbf{g})'(\pi)=\nabla f\circ\mathbf{g}'(\pi)=18\pi^5e^{3\pi^6}$
   (3) $\nabla f=[1+\log(x^2+y^2+z^2)](x\mathbf{i}+y\mathbf{j}+z\mathbf{k})$, $\mathbf{g}'(t)=(e^t,\ 1,\ -e^{-t})$
   $(f\circ\mathbf{g})'(\pi)=\nabla f\circ\mathbf{g}'(\pi)=(e^{\pi}-e^{-\pi}+1)[1+\log(e^{2\pi}+e^{-2\pi}+\pi^2)]$
4. (1) $(-3,\ 4)$, 5
   (2) 최대 증가 방향과 수직인 방향이므로 $(4,\ -3)$ 혹은 $(-4,\ 3)$
5. $(1,\ 0,\ 0)$
6. $\frac{774}{25}$
7. (1) 법선 $\frac{x-1}{2}=\frac{z-2}{-1}$, $y=0$, 접평면 $2x-z=0$
   (2) 법선 $x=0$, $y-1=-(z+1)$, 접평면 $y-z=2$
   (3) 법선 $\frac{x+1}{-2}=z-2, y=1$, 접평면 $2x-z+4=0$
   (4) 법선 $\frac{x+1}{-4}=\frac{y-1}{2}=z-2$, 접평면 $4x-2y-z=-8$
8. 법선 벡터 $(6,\ 4,\ 8)$로 일치
9. $(x,\ 2y,\ 3z)=t(3,\ -1,\ 3)$, $t=\pm\frac{\sqrt{2}}{5}$, $\left(\pm\frac{3\sqrt{2}}{5},\ \mp\frac{\sqrt{2}}{10},\ \pm\frac{\sqrt{2}}{5}\right)$
10. $\left(-\frac{3}{4},\ \frac{5}{8},\ -\frac{1}{4}\right)$
11. $D_{(\cos\theta,\ \sin\theta)}f(0,\ 1)=1$을 풀면 $(0,\ 1)$과 $(-1,\ 0)$

연습 문제 3.7

1. (1) $(0,\ 0)$ 안장점
   (2) $(0,\ 0)$에서 극댓값, $\left(\frac{3}{4},\ -\frac{3}{8}\right)$, $\left(\frac{3}{4},\ \frac{3}{8}\right)$에서 안장점
   (3) $(0,\ 0)$ 안장점
   (4) $(-1,\ 0)$, $(1,\ 0)$에서 안장점, $(0,\ 0)$에서 극솟값, $(0,\ -1)$, $(0,\ 1)$에서 극댓값
   (5) $(-1/4,\ -1/4)$ 극소
   (6) $(0,\ 0)$ 극소
   (7) $(0,\ 0)$, $(0,\ \pi)$, $(0,\ 2\pi)$에서 안장점, $\left(-1,\ \frac{\pi}{2}\right)$, $\left(1,\ \frac{3\pi}{2}\right)$에서 극솟값

2. $\dfrac{\sqrt{3}}{2}$

3. 임계점은 $y=x$ 위의 점들이고 모두 극소

4. $a=-\dfrac{1}{4}$, $b=-\dfrac{1}{2}$, $c=\dfrac{3}{2}$

5. $xyz=V$에 대하여 $S=2xy+2yz+2zx$를 최소화 한다. (V는 상수)

6. $2\sqrt{3}$

7. (1) $f(2,\ 2)=8$ (2) $f(2,\ 2)=e^4$

8. $-\dfrac{1}{2}$

9. $\left(\dfrac{1}{\sqrt{3}},\ -\dfrac{1}{\sqrt{3}},\ \dfrac{1}{\sqrt{3}}\right)$에서 최댓값 $\sqrt{3}$

$\left(-\dfrac{1}{\sqrt{3}},\ \dfrac{1}{\sqrt{3}},\ -\dfrac{1}{\sqrt{3}}\right)$에서 최솟값 $-\sqrt{3}$

10. $\dfrac{81}{4}$

11. 24

12. 점 $(\pm 1,\ 0,\ 0)$, $(0,\ \pm 1,\ 0)$, $(0,\ 0,\ \pm 1)$에서 최고 온도 1,

점 $\dfrac{1}{\sqrt{3}}(1,\ 1,\ \pm 1)$, $\dfrac{1}{\sqrt{3}}(1,\ -1,\ \pm 1)$, $\dfrac{1}{\sqrt{3}}(-1,\ 1,\ \pm 1)$, $\dfrac{1}{\sqrt{3}}(-1,\ -1,\ \pm 1)$에서

최저 온도 $\dfrac{1}{3}$

14. $A\left(\dfrac{-2-\sqrt{2}}{2},\ \dfrac{-2-\sqrt{2}}{2},\ -1-\sqrt{2}\right)$, $B\left(\dfrac{-2+\sqrt{2}}{2},\ \dfrac{-2+\sqrt{2}}{2},\ -1+\sqrt{2}\right)$

15. $(3,\ 3,\ 3)$

16. 2억원

17. (b) 최댓값은 없다. $f(2,\ 0)>f(0,\ 0)$

연습 문제 3.8

1. (1) $|J_T(1,\ 1)|=0$이므로 C^1가역이 아님

(2) $|J_T(\pi,\ \pi/2)|=\pi\neq 0$이므로 C^1가역

(3) C^1가역

(4) C^1가역

(5) C^1가역

2. 정리 3.8-6을 사용

$\nabla G(x,\ y)$에 수직인 직선과 $y=f(x)$의 그래프의 접선은 일치한다.

3. (1) $\dfrac{\partial z}{\partial x}=(2\sin x-3\cos x)(2\cos x-\sin y)+3,$

$\dfrac{\partial z}{\partial y}=(3\sin x+2\cos x-2\sin y)\cos y$

(2) $\dfrac{\partial z}{\partial x}=\left(3x-\dfrac{1}{2}\right)\cos(3x^2+x-4y)+\left(3x+\dfrac{1}{2}\right)\cos(3x^2-x+2y),$

$$\frac{\partial z}{\partial y} = -2\cos(3x^2+x-4y) + \cos(3x^2-x+2y)$$

4. (1) $\begin{pmatrix} 2t & 2s \\ -4t^3 & 4s^3 \end{pmatrix}$

(2) $\begin{pmatrix} (2t-s)\cos(t^2-s^2-st) & -(2t+s)\cos(t^2-s^2-st) \\ -(2t+s)\sin(t^2-s^2+st) & (2t-s)\sin(t^2-s^2+st) \end{pmatrix}$

(3) $4\begin{pmatrix} t & s \\ s & t \end{pmatrix}$

5. (1) $x_0^2+y_0^2 \neq 0$

(2) $f'(z) = -z(x+2y)/(x^2+y^2)$

$g'(z) = z(y-2x)/(x^2+y^2)$

6. (1) $\phi'(1) = 0$ (2) $\phi'(1) = -\frac{\pi}{2}$

(3) $\phi'(1) = -\frac{1}{3}$ (4) $\phi'(0) = -1$

7. (1) $\phi_x(0, 0) = 1$, $\phi_y(0, 0) = 1$ (2) $\phi_x(1, 1) = \frac{4}{9}$, $\phi_y(1, 1) = \frac{1}{3}$

(3) $\phi_x(1, 1) = -\frac{3}{2}$, $\phi_y(1, 1) = 2$

3장 종합 문제

1. (1) 정의역: $\{(x, y) \in \mathbb{R}^2 \mid xy \neq 0\}$; 치역: $(-\infty, 0) \cup (0, \infty)$; 등위 곡선: $xy = c$, $c \neq 0$

(2) 정의역: $\{(x, y) \in \mathbb{R}^2 \mid x+y \geq 0\}$; 치역: $[0, \infty)$; 등위 곡선: $x+y=c$, $c \geq 0$

(3) 정의역: $\{(x, y) \in \mathbb{R}^2 \mid x+y > 0\}$; 치역: $(-\infty, \infty)$; 등위 곡선: $x+y=c$, $c > 0$

(4) 정의역: $\mathbb{R}^2$; 치역: $[-1, 1]$; 등위 곡선: $xy = \text{acos}(c)$, $-1 \leq c \leq 1$

(5) 정의역: $\mathbb{R}^2$; 치역: $[0, \infty)$; 등위 곡선: $x^2+y^2=c$, $c \geq 0$

(6) 정의역: $\{(x, y) \in \mathbb{R}^2 \mid x^2+y > 0\}$; 치역: $(-\infty, \infty)$; 등위 곡선: $x^2+y=c$, $c > 0$

(7) 정의역: $\{(x, y, z) \in \mathbb{R}^3 \mid z \leq x^2+y^2\}$; 치역: $[0, \infty)$; 등위 곡선: $z = x^2+y^2-c$, $c \geq 0$

(8) 정의역: $\{(x, y, z) \in \mathbb{R}^3 \mid x^2+y^2+z^2 \neq 0\}$; 치역: $(0, \infty)$;

등위 곡선: $x^2+y^2+z^2=c$, $c > 0$

2. $-\frac{c}{1-c^2}$

3. (1) $2\sqrt{2}$ (2) 0 (3) 0

4. (1) $f_{xx} = 2y^3+y^2e^{xy}$, $f_{xy} = 6xy^2+xye^{xy}$, $f_{yx} = f_{xy}$, $f_{yy} = 6x^2y+x^2e^{xy}$

(2) $f_{xx} = \sec(x+y)\tan^2(x+y)+\sec^3(x+y)$, $f_{xy} = f_{xx}$, $f_{yx} = f_{xy}$, $f_{yy} = f_{xx}$

(3) $f_{xx} = y^2\sec(xy)\tan(xy)$, $f_{xy} = xy\sec(xy)\tan(xy)$, $f_{yx} = f_{xy}$, $f_{yy} = x^2\sec(xy)\tan(xy)$

(4) $f_{xx} = 0$, $f_{xy} = 1$, $f_{xz} = 1$, $f_{yx} = 1$, $f_{yy} = 0$, $f_{yz} = 1$, $f_{zx} = 1$, $f_{zy} = 1$, $f_{zz} = 0$

(5) $f_{xx} = \frac{y^2+z^2}{(x^2+y^2+z^2)^{3/2}}$, $f_{xy} = \frac{-xy}{(x^2+y^2+z^2)^{3/2}}$, $f_{xz} = \frac{-xz}{(x^2+y^2+z^2)^{3/2}}$

$f_{yx} = f_{xy}$, $f_{yy} = \frac{x^2+z^2}{(x^2+y^2+z^2)^{3/2}}$, $f_{yz} = \frac{-yz}{(x^2+y^2+z^2)^{3/2}}$,

$$f_{zx}=f_{xz},\ f_{zy}=f_{yz},\ f_{zz}=\frac{x^2+y^2}{(x^2+y^2+z^2)^{3/2}}$$

(6) $f_{xx}=\dfrac{(xy)^z(z^2-z)}{x^2},\ f_{xy}=(xy)^{z-1}z^2,\ f_{xz}=\dfrac{(xy)^z(z\ln(xy)+1)}{x}$

$$f_{yx}=f_{xy},\ f_{yy}=\frac{(xy)^z(z^2-z)}{y^2},\ f_{yz}=\frac{(xy)^z(z\ln(xy)+1)}{y}$$

$$f_{zx}=f_{xz},\ f_{zy}=f_{yz},\ f_{zz}=(xy)^z(\ln(xy))^2$$

5. $f_x(0,\ 0)=0,\ f_y(0,\ 0)=0,\ f_{xy}(0,\ 0)=-1,\ f_{yx}(0,\ 0)=1$ (귀띔: 예제 3.3-10의 풀이 참조)

6. 일계 편도함수와 이계 편도함수가 연속이라면 $f_{xy}=f_{yx}$가 성립해야 한다.

7. (1) 점 $\left(\dfrac{\pi}{2},\ 1,\ 1\right)$에서 z; 점 $(2,\ 0,\ 1)$에서 $2y+1$

(2) 점 $(1,\ 1,\ 0)$에서 z; 점 $(1,\ 1,\ 1)$에서 $\dfrac{\pi}{4}+\dfrac{1}{2}(x-1)+\dfrac{1}{2}(y-1)+\dfrac{1}{2}(z-1)$

(3) 점 $\left(0,\ \dfrac{\pi}{4},\ \dfrac{\pi}{4}\right)$에서 $\dfrac{\pi}{2}-x-y$

8. (귀띔: 예제 3.4-4의 풀이 참조)

9. 접평면의 방정식은 $z-1=(x-1)/2+(y-1)/2$,

일차 근사식 $L(x,\ y)=1+\dfrac{1}{2}(x-1)+\dfrac{1}{2}(y-1)$, 근삿값 $f(1.01,\ 0.97)\approx 0.99$

10. 함수 f가 점 $\mathbf{x}$에서 미분 가능하면 정리 3.4-2에 의하여 다음을 만족시키는 함수 $\epsilon_0(\mathbf{y})$가 존재한다.

$$f(\mathbf{y})=f(\mathbf{x})+\nabla f(\mathbf{x})\cdot(\mathbf{y}-\mathbf{x})+\epsilon_0(\mathbf{y})|\mathbf{y}-\mathbf{x}|,\quad \lim_{\mathbf{y}\to\mathbf{x}}\epsilon_0(\mathbf{y})=0 \tag{A}$$

한편 함수 f가 점 $\mathbf{x}$에서 미분 가능하면 연속이고 또 $f(\mathbf{x})\neq 0$이므로 함수 $\dfrac{1}{f}$는 점 $\mathbf{x}$에서 연속이다. 따라서 다음을 만족시키는 함수 $\epsilon_1(\mathbf{y})$가 존재한다.

$$\frac{1}{f(\mathbf{y})}=\frac{1}{f(\mathbf{x})}+\epsilon_1(\mathbf{y}),\quad \lim_{\mathbf{y}\to\mathbf{x}}\epsilon_1(\mathbf{y})=0 \tag{B}$$

여기서 다음 등식을 생각하자.

$$\frac{1}{f(\mathbf{y})}-\frac{1}{f(\mathbf{x})}=-\frac{f(\mathbf{y})-f(\mathbf{x})}{f(\mathbf{x})}\frac{1}{f(\mathbf{y})} \tag{C}$$

식 (C)의 오른쪽 항의 $\dfrac{1}{f(\mathbf{y})}$에 식 (B)를 대입하여 다음을 얻는다.

$$\frac{1}{f(\mathbf{y})}-\frac{1}{f(\mathbf{x})}=-\frac{f(\mathbf{y})-f(\mathbf{x})}{f(\mathbf{x})}\left(\frac{1}{f(\mathbf{x})}+\epsilon_1(\mathbf{y})\right)=-\frac{f(\mathbf{y})-f(\mathbf{x})}{\{f(\mathbf{x})\}^2}-\frac{f(\mathbf{y})-f(\mathbf{x})}{f(\mathbf{x})}\epsilon_1(\mathbf{y}) \tag{D}$$

이제 식 (D)의 우변에 식 (A)를 대입하면 다음을 얻는다.

$$\begin{aligned}&\frac{1}{f(\mathbf{y})}-\frac{1}{f(\mathbf{x})}\\&=-\frac{\nabla f(\mathbf{x})\cdot(\mathbf{y}-\mathbf{x})+\epsilon_0(\mathbf{y})|\mathbf{y}-\mathbf{x}|}{\{f(\mathbf{x})\}^2}-\frac{\nabla f(\mathbf{x})\cdot(\mathbf{y}-\mathbf{x})+\epsilon_0(\mathbf{y})|\mathbf{y}-\mathbf{x}|)}{f(\mathbf{x})}\epsilon_1(\mathbf{y})\\&=-\frac{\nabla f(\mathbf{x})}{\{f(\mathbf{x})\}^2}\cdot(\mathbf{y}-\mathbf{x})+\epsilon(\mathbf{y})|\mathbf{y}-\mathbf{x}|\end{aligned}$$

위의 식에서 $\epsilon(\mathbf{y})$는 다음과 같은 함수이다.

$$\epsilon(\mathbf{y})=-\left(\frac{\epsilon_0(\mathbf{y})}{\{f(\mathbf{x})\}^2}+\epsilon_1(\mathbf{y})\frac{\nabla f(\mathbf{x})}{f(\mathbf{x})}\cdot\frac{\mathbf{y}-\mathbf{x}}{|\mathbf{y}-\mathbf{x}|}+\frac{\epsilon_0(\mathbf{y})\epsilon_1(\mathbf{y})}{f(\mathbf{x})}\right)$$

여기서 $\epsilon(\mathbf{y})$의 두 번째 항에 대해 코시-슈바르츠 부등식에 의해 다음 부등식이 성립한다.

$$\left|\epsilon_1(\mathbf{y})\frac{\nabla f(\mathbf{x})}{f(\mathbf{x})}\cdot\frac{\mathbf{y}-\mathbf{x}}{|\mathbf{y}-\mathbf{x}|}\right|\le|\epsilon_1(\mathbf{y})|\left|\frac{\nabla f(\mathbf{x})}{f(\mathbf{x})}\right|$$

그런데 $\lim_{\mathbf{y}\to\mathbf{x}}\epsilon_1(\mathbf{y})=0$이므로 위 부등식으로부터 $\mathbf{y}=\mathbf{x}$에서 $\epsilon(\mathbf{y})$의 두 번째 항의 극한이 0임을 얻는다. 이제 $\lim_{\mathbf{y}\to\mathbf{x}}\epsilon_0(\mathbf{y})=0$, $\lim_{\mathbf{y}\to\mathbf{x}}\epsilon_1(\mathbf{y})=0$과 극한의 성질에 의해 $\mathbf{y}=\mathbf{x}$에서 $\epsilon(\mathbf{y})$의 나머지 두 항의 극한도 0이므로 $\lim_{\mathbf{y}\to\mathbf{x}}\epsilon(\mathbf{y})=0$이다. 결론적으로 함수 $\frac{1}{f}$에 대해 다음 식을 만족시키는 벡터 $\mathbf{a}=-\frac{\nabla f(\mathbf{x})}{\{f(\mathbf{x})\}^2}$와 함수 $\epsilon(\mathbf{y})$가 존재하므로 함수 $\frac{1}{f}$는 점 $\mathbf{x}$에서 미분 가능하다.

$$\frac{1}{f(\mathbf{y})}=\frac{1}{f(\mathbf{x})}+\mathbf{a}\cdot(\mathbf{y}-\mathbf{x})+\epsilon(\mathbf{y})|\mathbf{y}-\mathbf{x}|,\quad \lim_{\mathbf{y}\to\mathbf{x}}\epsilon(\mathbf{y})=0$$

11. $22/5$
12. $20/\sqrt{3}$
13. $L=\frac{2w}{3p_1}$, $K=\frac{w}{3p_2}$
14. (1) $\frac{1}{\sqrt{2}}(1,\ 1)$ (2) $\frac{1}{\sqrt{2}}(\pm1,\ \mp1)$ (3) $\frac{1}{\sqrt{2}}$ (4) 0.1
15. $x\neq0$이고 $4xy^3\cos x\neq\sin y(y^4-3x^4)$를 만족시키는 $(x,\ y)$근방

제4장 다중 적분

연습 문제 4.1

1. (1) 0.990 (2) 1.151
2. (1) 모름 (2) 가능 (3) 가능 (4) 가능
3. (1) 4 (2) 8/3
4. (1) 7/12 (2) $1/(m+1)(n+1)$ (3) $2\sin1-\sin2$ (4) $e-2$
5. $ab\pi$
6. 피적분 함수가 원점에서 불연속이므로 푸비니 정리를 적용할 수 없다.
8. (1) 1/7 (2) 1/3 (3) 8 (4) 1/2 (5) 2 (6) $2+(\pi^2/2)$ (7) $(\pi/2)-1$ (8) 1/5 (9) 99/10 (10) $1/\{(2n+3)(n+2)\}+1/\{(m+2)(m+3)\}$
9. (1) $(\sqrt{2}-1)/2$ (2) $(e^2+1)/4$ (3) $(e^2-3)/2$ (4) $\sqrt{2}-1$ (5) 1/4 (6) 1/4
10. (1) 1/2 (2) 1/4 (3) 1/3 (4) $\pi/4$

(5) 1　　(6) π^2

(7) π^2

11. (1) $(\sin 1)/2$　　(2) $1-(L/e)$

(3) $1-\cos 1$

12. (1) $11/6$　　(2) $256/21$

(3) $147/20$　　(4) 0

(5) $(1-\cos 1)/2$　　(6) $-1/2$

(7) $-2/3$

13. $\Omega = \{(x, y) \mid x^2+2y^2<4\}$

14. $166/27$

15. (1) $4/3$, $(4/3, 0)$　　(2) 6, $(3/4, 3/2)$

(3) $\dfrac{e^2-1}{4}$, $\left(\dfrac{e^2+1}{2(e^2-1)}, \dfrac{4(e^3-1)}{9(e^2-1)}\right)$　　(4) $\dfrac{L}{4}$, $\left(\dfrac{L}{2}, \dfrac{16}{9\pi}\right)$

16. (1) $\delta bh^3/3$, $\delta b^3h/3$, $b/\sqrt{3}$, $h/\sqrt{3}$　　(2) $\delta a^4\pi/16$, $\delta a^4\pi/16$, $a/2$, $a/2$

17. $\left(0, \dfrac{3}{2\pi}\right)$

18. $40{,}000(1-e^{-2})\ln(7/2)$

19. $2/3$

20. $2/3$

22. (3) $\ln 8$

연습 문제 4.2

1. (2) $\displaystyle\int_{-2}^{2}\int_{0}^{\sqrt{4-x^2}} y\sqrt{x^2+y^2}\,dy\,dx$　　(3) 8

3. (1) $a^2\pi$　　(2) $2a^2\pi/3$

(3) π　　(4) $2a^2$

4. (1) $(1-\cos 9)\pi/2$　　(2) $2\sqrt{2}/3$

(3) $31\pi/15$　　(4) $(1-\ln 2)\pi$

5. $\dfrac{4}{3}abc\pi$

6. $(6/5, 0)$

7. $I_x = I_y = \dfrac{I_0}{2} = \dfrac{\pi a^4 b}{4}$, $R_x = R_y = \dfrac{R_0}{\sqrt{2}} = \dfrac{a}{2}$

8. $(5\sqrt{5}-1)\pi/6$　　9. $49\pi/3$

10. $a^2(\dfrac{\pi}{2}-1)$　　11. (1) $3/2$　　(2) $2/3$

12. 16　　14. $\sqrt{2}\pi/4$

15. $\dfrac{8}{9}(3\pi-4)$

연습 문제 4.3

1. $\int_0^1\int_0^{1-x}\int_0^{1-x-y} dz\,dy\,dx$

2. $\int_0^1\int_0^{1-y}\int_0^2 dx\,dz\,dy$, $\int_0^1\int_0^2\int_0^{1-x} dy\,dx\,dz$,

   $\int_0^1\int_0^2\int_0^{1-z} dy\,dz\,dx$, $\int_0^1\int_0^2\int_0^{1-y} dz\,dx\,dy$, $\int_0^2\int_0^1\int_0^{1-y} dz\,dy\,dx$

4. (1) $1/36$ (2) 16 (3) -28π (4) $2/3$

   (5) $1/3$ (6) $\frac{19}{3}\left(\frac{8}{e}-e\right)$ (7) $-1/3$ (8) $48/5$

5. $\pi/8$

6. $4/3$

7. $\frac{16}{3}$

8. $1/3$

9. (1) $4(8-3\sqrt{3})\pi/3$ (2) $\frac{4}{3}$

10. $\pi/12$

11. (1) 3π (2) $a\pi/2$

12. $4a^3\pi/3$

13. $5a^3\pi/12$

14. $2a^3(1-\cos\alpha)\pi/3$

15. $\frac{2\pi}{3}(2-\sqrt{2})$

16. $(8\sqrt{2}-7)a^3\pi/6$

17. $m=ka^4\pi/4$, 질량 중심 $(0,\ 0,\ 8a/15)$, $I_z=ma^2/3$

18. $m=8\pi(4-\pi)$, 질량 중심 $\frac{1-\ln 2}{4-\pi}(1,\ 1,\ 1)$, $I_z=(3\pi-8)\pi/36$

19. (1) $(0,\ 0,\ 0)$ (2) $(7/6,\ 1,\ 1)$

    (3) $(0,\ 0,\ 16/(5\pi))$

20. (1) $I_x=I_y=I_z=25000\pi/3$ (2) $I_x=I_y=624\pi$, $I_z=96\pi$

연습 문제 4.4

1. (1) -2 (2) u

   (3) $u-v$ (4) $\frac{1}{uv}+1$

   (5) $2uvw$ (6) 2

2. (1) $2(1-e^{-2})$ (2) $32(2\sqrt{2}-1)/9$

3. (1) $1/2$ (2) e^4-1

   (3) $128/15$ (4) $164/27$

4. (1) $\frac{3}{4}\pi$ (2) $-101/49$

   (3) $ab(a^2+b^2)\pi/4$ (4) 1

6. $a^2b^2c^2/6$

7. $2+\ln 8$

4장 종합 문제

1. (1) $\dfrac{\ln 17}{4}$ (2) $\dfrac{e-1}{4}$

2. $\dfrac{4}{3}$

3. $-\dfrac{\pi}{8}$

4. $\dfrac{\pi-2}{4}$

5. $\dfrac{4\pi}{3}$

6. $\dfrac{4\pi\rho r^3}{3}$

7. $\dfrac{2\pi^2}{5}$

8. $2\pi e^2-4\pi$

제5장 벡터 해석

연습 문제 5.1

1. (1)

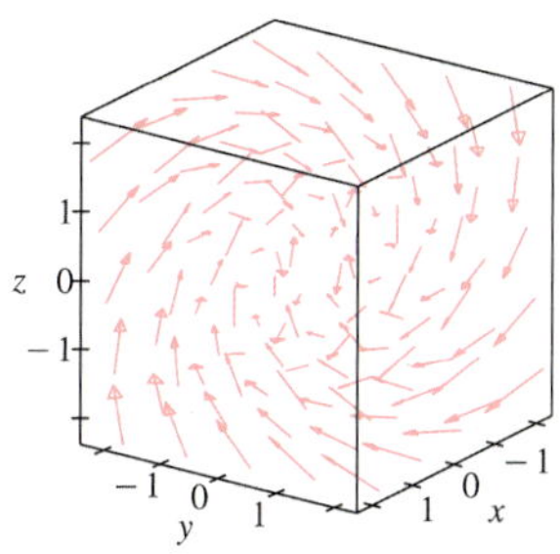

(2)

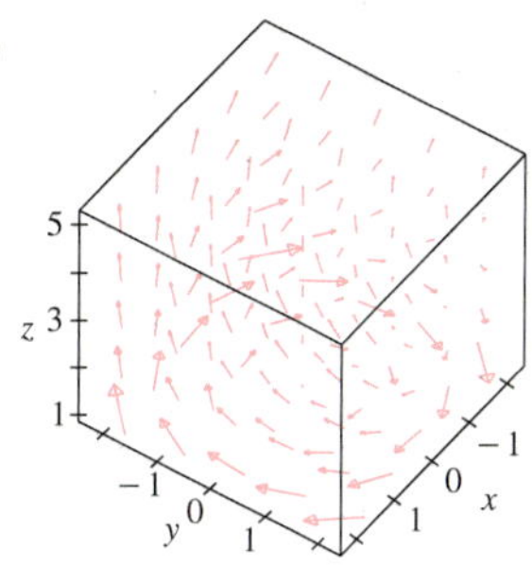

2. (1) $\text{curl}\mathbf{F}=(-2x^2,\ -18x^2,\ 4xz-10x),\ \text{div}\,\mathbf{F}=10y$

(2) $\text{curl}\mathbf{F}=\big(e^{5xy}(1+5xy)-\cos(xz^3)+3z^3x\sin(xz^3),\ x^2y\cos(yz)-5y^2e^{5xy},$
$-z^4\sin(xz^3)-x^2z\cos(yz)\big),\ \text{div}\,\mathbf{F}=2x\sin(yz)$

(3) $\text{curl}\mathbf{F}=\big(xy\{(2+y)e^y+x^2(1+z)e^z\},\ -y^2e^y,\ -x(3xyze^z+e^x)\big),$
$\text{div}\,\mathbf{F}=ye^x+xye^x-x^3ze^z$

(4) $\text{curl}\mathbf{F}=(2xyz^3+3y,\ y\ln x-y^2z^3,\ 2-z\ln x),\ \text{div}\,\mathbf{F}=\dfrac{yz}{x}-3z+3xy^2z^2$

8. (1) $\dfrac{1}{3}$ (2) $\dfrac{5}{6}\sqrt{2}$

(3) $\dfrac{8}{7}(8\sqrt{2}-1)$ (4) $\dfrac{1}{27}(40\sqrt{5}-16\sqrt{2})$

(5) $\frac{200}{189}$ (6) $2\sqrt{2}\pi^2$

9. (1) 24 (2) $-\pi$ (3) $-\frac{5}{6}$

(4) $-\frac{19}{8}$ (5) 1 (6) $\frac{13}{6}(e-1)$

10. (1) 460 (2) $\frac{512}{7}$

(3) 2 (4) 165

12. (1) 0 (2) $-\frac{3}{2}$

13. $4\sqrt{3}\pi$

14. (1) $-\frac{1}{2(x^2+y^2+1)}+c$ (2) 가지지 않음

(3) 가지지 않음 (4) $x^4y^3+3x+y+c$

(5) $xe^{y+2z}+c$

15. (1) 14 (2) 1

(3) 3 (4) -3

(5) 0 (6) 63

16. (1) $e^x y+xyz-\cos(y+z)+C$ (C는 상수)

(2) $e\pi+\pi^2-1$

연습 문제 5.2

1. (1) -2 (2) 0 (3) 0

(4) $\frac{2}{3}$ (5) $-\frac{1}{24}$ (6) $\frac{59}{15}$ (7) 60

2. $\frac{45}{2}\pi$

3. (1) $ab\pi$ (2) $3a^2\pi$ (3) $\ln 2$

4. 3π

5. $\frac{44}{15}$

6. 36π

7. 2π

연습 문제 5.3

1. (1) 8 (2) $\frac{\sqrt{2}}{5}\pi$ (3) 4 (4) 1 (5) e^3-1

2. $\frac{2}{3}a^3\pi$

3. $8(2\sqrt{2}-1)\pi/3$

4. $\frac{3}{4}$

5. $\frac{k\pi}{2}\left(\frac{5}{12}17^{3/2}-\frac{1}{120}17^{5/2}-\frac{3}{40}\right)$

6. (1) 8 (2) 0 (3) 8π (4) $\frac{a^4}{8}(\pi-1)$ (5) 2

7. $4\pi q$

8. $-8a^3\pi$

연습 문제 5.4

1. (1) $\frac{3}{2}$ (2) π
   (3) π

2. (1) $\frac{3}{2}$ (2) $-\frac{2}{3}$
   (3) $-\frac{3}{2}\pi$ (4) π

3. (1) -152π (2) 112

4. π

5. (1) $\frac{3}{2}$ (2) $\frac{1}{2}$
   (3) $\frac{5}{12}$ (4) 279π

6. (1) 256π (2) 0
   (3) $4\pi(b-a)$ (4) $\frac{1}{2}\pi$

7. $-4ka^3\pi$

8. π

9. $\frac{81}{4}\pi$

5장 종합 문제

1. (1) $2\sin 1-\cos 1+\frac{22}{15}$ (2) e^3
   (3) π

2. (1) $xy+yz+xz+c$ (2) 가지지 않음
   (3) $xy\sin z+c$

3. (1) $2e^3+10$ (2) 66
   (3) 16

4. $\frac{44}{15}$

5. 36π

6. 식 (5.3-4)를 이용하면 $\iint_{\Sigma}\frac{z^3}{2xy}d\sigma=\int_1^2\int_1^3\frac{z}{y}\sqrt{1+0+z^2}\,dydz=\frac{\ln 3}{3}(5\sqrt{5}-2\sqrt{2})$

7. $\mathbf{F}=\dfrac{1}{\sqrt{(x^2+y^2+z^2)^3}}(x,\ y,\ z)$이고 곡면 Σ에서 $\mathbf{n}=(x,\ y,\ z)$이므로 $\iint_\Sigma \mathbf{F}\cdot\mathbf{n}\,d\sigma=\iint_\Sigma d\sigma=4\pi$

8. $\iint_\Sigma (\nabla\times\mathbf{F})\cdot\mathbf{n}\,d\sigma=\iint_\Sigma\left(\dfrac{2x}{\sqrt{x^2+y^2}}+\dfrac{2y}{\sqrt{x^2+y^2}}+1\right)dxdy=4\pi$ (귀띔: 극좌표계를 이용할 것)

$\partial\Sigma$: $x^2=y^2=4,\ z=2$이므로 극좌표계를 이용하면 $\oint_{\partial\Sigma}\mathbf{F}\cdot d\mathbf{x}=4\pi$

9. $\iiint_D \nabla\cdot\mathbf{F}\,dV=\iiint_D 2(1+y+z)dxdydz=\dfrac{8}{3}\pi$ (귀띔: 피적분 함수 y는 기함수이므로 $-y$부터 y까지의 적분은 0이다. z의 경우도 마찬가지)

$\oiint_{\partial D}\mathbf{F}\cdot n\,d\sigma=\oiint_{\partial D}(2x^2+y^3+z^3)d\sigma=\dfrac{8}{3}\pi$ (귀띔: 구면좌표계를 이용할 것)

부록 A 행렬과 행렬식

연습 문제 A

1. $2A+B=\begin{pmatrix}7 & 20\\ -12 & 9\end{pmatrix}$, $AB=\begin{pmatrix}3 & 50\\ -6 & 10\end{pmatrix}$

2. $A-3B=\begin{pmatrix}10 & -2 & -7\\ 2 & 5 & -6\\ 3 & -3 & -1\end{pmatrix}$, $AB=\begin{pmatrix}2 & 12 & 46\\ 10 & 8 & 34\\ 0 & 23 & 149\end{pmatrix}$

4. $\operatorname{adj}(A)=\begin{pmatrix}12 & -13 & -7\\ -3 & 5 & 2\\ -3 & 2 & 2\end{pmatrix}$

5. $\begin{pmatrix}1 & 0\\ 5n & 1\end{pmatrix}$

8. $A^T=\begin{pmatrix}0 & -2 & 2\\ 12 & 6 & 0\\ 11 & 87 & 9\end{pmatrix}$

10. $\operatorname{tr}(A)=21$

찾아보기

벡터해석학

지은이	김상목, 김영희, 김태균, 송영권, 이종우, 이진우, 이현근, 이호석, 이흥수, 최윤철, 최종성
펴낸이	조경희
펴낸곳	경문사
펴낸날	2024년 8월 30일 1판 1쇄
등 록	1979년 11월 9일 제1979-000023호
주 소	04057, 서울특별시 마포구 와우산로 174
전 화	(02)332-2004 팩스 (02)336-5193
이메일	kyungmoon@kyungmoon.com

값 31,000원

ISBN 979-11-6073-732-5